Maximilian Krieger

Neu-Guinea

Maximilian Krieger

Neu-Guinea

ISBN/EAN: 9783742868169

Hergestellt in Europa, USA, Kanada, Australien, Japan

Cover: Foto ©Andreas Hilbeck / pixelio.de

Manufactured and distributed by brebook publishing software (www.brebook.com)

Maximilian Krieger

Neu-Guinea

Neu-Guinea

von

Dr. Maximilian Krieger

mit Beiträgen von

Professor Dr. A. Freiherrn von Danckelman, Professor Dr. F. von Luschan, Kustos Paul Matschie und Professor Dr. Otto Warburg

mit Unterstützung

der Kolonial-Abteilung des Auswärtigen Amtes, der Neu-Guinea-Kompagnie und der Deutschen Kolonial-Gesellschaft

Berlin
Alfred Schall
Verlagsbuchhandlung
Hofbuchhändler
Sr. Majestät des Kaisers und Königs ⚜ Sr. Kgl. Hoh. des Herzogs Carl in Bayern
Verein der Bücherfreunde

Seiner Hoheit

dem Herzog-Regenten Johann Albrecht

zu Mecklenburg-Schwerin,

dem hohen Förderer unserer kolonialen Sache,

ehrfurchtsvoll gewidmet

vom Verfasser

Vorwort.

Der deutsche Anteil von Neu-Guinea, das Kaiser Wilhelms-Land, ist durch den Übergang der Landeshoheit über das Schutzgebiet der „Neu-Guinea-Kompagnie" auf das Deutsche Reich in ein neues Stadium seiner politischen und wirtschaftlichen Entwicklung getreten. Es mag deshalb gegenwärtig — trotz der vielfach noch unzulänglichen Unterlagen — wohl geboten erscheinen, eine zusammenfassende Darstellung der Insel zu geben, die einen Vergleich des Kolonialbesitzes der drei auf Neu-Guinea vertretenen Staaten: Deutschland, Grossbritannien und Holland, ermöglicht.

Es ist im folgenden versucht worden, auf Grund eines eingehenden Quellenstudiums und der an Ort und Stelle während eines nahezu dreijährigen Aufenthalts gesammelten Erfahrungen ein solches Gesamtbild der Insel Neu-Guinea zu entwerfen.

Die Herausgeber der „Bibliothek der Länderkunde" haben in freundlicher Bereitwilligkeit ihrem letzterschienenen Bande „Italien" Neu-Guinea als fünften und sechsten Band folgen lassen. Mit dem geziemenden Danke für die Aufnahme des vorliegenden Buches in die Bibliothek sei für die Leser von vornherein darauf hingewiesen, dass in diesem Bande das Ethnographische das Geographische überwiegt. Es findet dies seine Begründung darin, dass das Innere der Insel zum allergrössten Teile noch bis heute terra incognita ist; dagegen bieten die Küsten- und Binnen-Stämme in ethnographischer Beziehung so viel Bemerkenswertes und unter sich Verschiedenartiges, dass ihre eingehendere Schilderung den bei weitem grössten Teil des Buches einnimmt.

Durch die huldvolle Gnade Seiner Majestät des Kaisers und Königs, für welche der Verfasser seinen alleruntertänigsten Dank schuldet, sind dem Buche mehrere wertvolle Bilder aus dem

Südosten von Britisch-Neu-Guinea Allerhöchst zur Benutzung und Verfügung gestellt worden.

Die Kolonial-Abteilung des Kaiserlich Deutschen Auswärtigen Amtes, die Deutsche Kolonial-Gesellschaft und die Neu-Guinea-Kompagnie haben durch namhafte Beiträge das Werk unterstützt; endlich haben viele Freunde der deutschen kolonialen Sache, wie die Herren Professoren Freiherr v. Danckelman, von Luschan und O. Warburg und der Kustos an dem Museum für Naturkunde P. Matschie durch wissenschaftliche Beiträge, wieder andere, wie Seine Excellenz Staatssekretär a. D. Herzog, Geh. Regierungsrat Professor Dr. Freiherr von Richthofen u. a. durch geneigte Ratschläge die Bemühungen des Verfassers gefördert. Ihnen allen sei freundlichst gedankt! —

Vielleicht trägt der Inhalt des Buches, das mit grosser Freude und Liebe zur Sache geschrieben worden ist, dazu bei, das Interesse weiterer Kreise für Neu-Guinea zu heben und das Studium aller derjenigen für die Sitten und Gebräuche der Eingeborenen unseres Schutzgebiets anzuregen, welche als Mitarbeiter an dem grossen gemeinsamen Kolonialwerk nach Neu-Guinea hinausziehen.

Gross-Lichterfelde bei Berlin, im Juni 1899.

Dr. Maximilian Krieger.

Inhaltsübersicht.

	Seite
I. Lage, Grösse und Umriss	1
II. Entdeckungs- und Erforschungsgeschichte	3
III. Das Relief der Insel	12
IV. Klimatologie. Von Prof. Dr. Freiherrn v. Danckelman	20
V. Das Pflanzenkleid und die Nutzpflanzen von Neu-Guinea. Von Prof. Dr. O. Warburg	36
VI. Die Tierwelt Neu-Guineas. Von P. Matschie	73
VII. Kaiser Wilhelmsland	113
1. Küsten- und Oberflächengestalt	113
2. Die Bevölkerung	137
a. Farbe, Körperbau, Aussehen, Kleidung und Schmuck	137
b. Wohnung, Hausrat, Werkzeuge	150
c. Beschäftigung, Jagd, Fischfang	155
d. Geburt, Kindheit, Familienleben	164
e. Krankheit, Tod, Bestattung	177
3. Soziale und religiöse Verhältnisse, Geistesleben, Charakter, Sprache, Tanz, Belustigungen	181
4. Die Produktion des Landes	214
5. Handel und Verkehr	223
6. Kolonisation	229
VIII. Britisch-Neu-Guinea	252
1. Küsten- und Oberflächengestalt	252
2. Die Bevölkerung	267
a. Farbe, Körperbau, Aussehen, Kleidung und Schmuck	267
b. Wohnung, Hausrat, Werkzeuge	277
c. Beschäftigung, Jagd, Fischfang	284
d. Geburt, Kindheit, Familienleben	292
e. Krankheit, Tod und Begräbnis	302
3. Religiöse und soziale Verhältnisse	306
4. Die Produktion des Landes	335
5. Handel und Verkehr	343
6. Kolonisation des Landes	348
IX. Holländisch-Neu-Guinea	364
1. Küsten- und Oberflächengestalt	364
2. Die Bevölkerung	370
a. Farbe und Körperbau, Aussehen, Kleidung und Schmuck	370

		Seite
b. Wohnung, Hausrat, Werkzeuge .		377
c. Beschäftigung, Jagd, Fischfang . .		382
d. Geburt, Kindheit und Familienleben .		389
e. Krankheit, Tod, Begräbnis		396
3. Religiöse und soziale Verhältnisse .		400
4. Produktion des Landes		428
5. Handel und Verkehr . . .		432
6. Kolonisation		436
X. Beiträge zur Ethnographie von Neu-Guinea. Von Prof. Dr. F. v. Luschan		440
1. Die geographische Verbreitung von Bogen und Wurfholz in Neu-Guinea und den angrenzenden Gebieten		453
2. Bogenförmige Geräte zum Aderlassen		460
3. Schilde zum Umhängen		462
4. Drillbohrer und ähnliche Geräte		466
5. Entwicklungsgeschichte und geographische Verbreitung der Kopfbänke in Neu-Guinea		472
6. Verzierte Signal-Trommeln		492
7. Ahnenfiguren und Schädelkult		498
8. Masken		509
9. Zur Kenntnis der Ornamentik in Neu-Guinea		512
10. Zur geographischen Nomenklatur in Neu-Guinea		520
Verzeichnis der wichtigeren Schriftwerke und Karten		523
Register		525

Verzeichnis der Tafeln und Karten.

Tafel		Seite
1	Dorf Bongu bei Konstantin-Hafen (Titelbild)	
	Karte des Huon-Golfes, Terrassenbildung der Küstengebirge bei Kap König Wilhelm	16
2	Mangrove mit Luft- und Stelzenwurzeln	48
3	*Intsia (Afzelia) bijuga* (Colebr.) O. Ktze.	50
4	Stammleisten des Eisenholzbaumes . .	50
5	Strand-Kasuarine	50
6	Waldartiger Bestand von *Cycas circinalis Roxb.*	52
7	Riesen-Pandanus	52
8	Brotfruchtbaum	56
9	*Illipe Maclayana* F. v. Müll.	56
10	*Antiaropsis decipiens* K. Sch., *Dammaropsis Kingiana Warb.* . . .	56
11	*Tapeinochilus piniformis Warb.*, *Hollrungii K. Sch.*	58
12	Wilde Sagopalme in Blüte	60
13	*Beccariodendron grandiflorum Warb.*	60
14	Zucker-Eichhörnchen	80
15	Ara-Kakadu	90
16	Bennett's Kasuar	102
	Karte der Astrolabe-Bai mit Hinterland	124
17	Dorf Bogadji bei Stephansort	150
18	Eingeborene der Insel Ragetta bei Friedrich Wilhelms-Hafen	164

Tafel		Seite
19	Dorf Erima, Dorf Suam mit dem Götzen	182
20	Ehemalige Station Butaueng der Neu-Guinea-Kompagnie	234
21	Arbeiterhaus und Europäerhaus in Friedrich Wilhelms-Hafen	240
	Karte von Kaiser Wilhelms-Land	250
22	Ehemalige Polizeitruppe von Kaiser Wilhelms-Land	260
23	Eingeborenenhütte in Britisch-Südost-Neu-Guinea	280
24	Dorfszene in Kalo, mit Kirche im Hintergrund	296
25	Häuptlingshaus in Tupuselei	314
26	Baumhaus im Dorfe Koiari, Britisch-Südost-Neu-Guinea	320
27	Häuptlinge in Koiari	348
28	Kann mit Mattensegel aus Britisch-Neu-Guinea. Dorf in Britisch-Neu-Guinea	360
29	Handelsfahrzeuge im Hafen von Dobbo. Kann mit Ausleger in Dobbo	382
30	Hauptstrasse in Dobbo	392
31	Grab eines Häuptlings in Sekar am Mac Cluer-Golf	396
32	Moschee in Sekar am Mac Cluer-Golf	436
	Übersichtskarte von Neu-Guinea	

Verzeichnis der Textbilder.

	Seite
Panorama des Bismarckgebirges von Nordosten aus gesehen	15
Federschwanzbeutler	82
Ringelschwanzbeutler	84
Zierschwanz-Rüsselbeutler	85
Langschnabel-Ameisenigel	88
Wimpelparadiesvogel	98
Chagrin-Schildkröte	106
Krokodil-Skink	108
Trepang, getrocknete Holothurie	112
Eingeborene von Malu	117
Wasserfall am Elisabeth-Fluss	126
Baumhaus bei Finsch-Hafen	152
Maske am Finsch-Hafen	156
Papua auf Fischfang ausgehend	157
Grab eines Häuptlings bei Finsch-Hafen	179
Sohn des Häuptlings von Kolem	185
Häuptling Makiri von Kolem	195
Die „Lübeck", Dampfer des Nordd. Lloyd in Friedrich Wilhelms-Hafen (1895)	227
Brandmalerei auf Kürbisflaschen, Nada und Duau	441
Brandmalerei auf einer Kürbisflasche	443
Brandmalerei auf einer Kürbisflasche, Samarai	447
Brandmalerei auf dem Boden einer Kürbisflasche, Duau	451
Wurfhölzer vom Augusta-Fluss	455
Zusammengesetzter Bogen, Sekar	456
Kinderbogen aus Sekar	457
Aderlassbogen von der Yule-Insel, Britisch-Neu-Guinea	461
„Balestra", Instrument zum Aderlassen, Athen, 17. Jahrh.	461

	Seite
Herzförmiger Schild zum Umhängen, Astrolabe-Bai	463
Mann aus der Astrolabe-Bucht mit an der linken Schulter getragenem Rundschild	464
Querovaler Schild aus der Astrolabe-Bucht	465
Tridacnascheibe zur Ausbohrung vorbereitet, Berlinhafen	466
Bohrer und Schleifholz zur Herstellung von Muschelgeld	467
Drillbohrer	470
Kopfbank aus Finschhafen	474
Kopfbank aus Doré, Holländisch-Neu-Guinea	475
Zwei Kopfbänke aus der Gegend von Doré, Holländisch-Neu-Guinea	476
Kopfbank aus Potsdamhafen	477
Kopfbank von Tappenbecks „20 Meilen-Insel" im Ramu	478
Kopfbank aus Potsdamhafen	479
Kopfbank mit Tragschnur von der Bertrand-Insel	480
Kopfbank von Tami-Insel	481
Kopfbank auf Rottang-Füssen, Kranelbucht	482
Kopfbank auf Rottang-Füssen, Augustaflusss	483
Kopfbank von der Humboldtbucht	484
Kopfbank von den Admiralty-Inseln	486
Kopfbank vom Potsdamhafen	487
Kopfbank vom Potsdamhafen	488
Signaltrommel von der Mündung des Ramu	492
Signaltrommel vom Huon-Golf	492
Teil einer Signaltrommel vom Huon-Golf	493
Teil einer Signaltrommel vom Huon-Golf	494
Henkel der Trommel vom Huon-Golf	495
Ahnenfigur von der Ramumündung	498
Ahnenfiguren und verwandte Bildwerke von der Ramumündung	499
Zwei Ahnenfiguren von der „20 Meilen-Insel"	501
Zwei Ahnenfiguren von der Ramumündung	502
Zwei Ahnenfiguren von der Ramumündung	503
Ahnenfigur von der Geelvink-Bucht	504
Ahnenfigur, sicher aus Holländisch-Neu-Guinea, aber auf einer Insel der Admiralty-Inseln gefunden	505
Spatel für Kalk zum Betelkauen, wahrscheinlich von Samarai oder Kiriwina	506
Spatel für Kalk zum Betelkauen, in Port Moresby erworben	507
Menschlicher Schädel mit einer riesigen hölzernen Nase, das Gesicht mit Coix-Kernen ausgelegt	508
Motu-Motu-Mann mit grosser Maske	509
Maske von der Ramumündung	510
Brustschmuck mit einem maskenartigen Schnitzwerk, umgeben von Eberzähnen, Muschu-Insel	510
Tabakspfeife mit einer Darstellung der Insel Mer	513
Detail der Tabakspfeife	514
Geschnitzter Beilgriff vom Potsdamhafen	516
Schlagbeil mit runder Steinscheibe und reich geschnitztem Griff, Finschhafen	518

I. Lage, Grösse und Umriss.

Neu-Guinea, das Bindeglied zwischen den ostasiatischen und polynesischen Inselgruppen, wird im Westen von den molukkischen Gewässern, im Norden, Osten und Süden vom Stillen Ozean begrenzt.

Die Insel steht auf dem Festlandssockel von Australien, von dem es nur durch die seichte Torres-Strasse getrennt wird, und bildet das Hauptglied des grossen Inselbogens, der den Austral-Kontinent im Nordosten umrandet und in Neu-Kaledonien seinen südöstlichen Abschluss findet.

Nach Grönland ist Neu-Guinea die grösste Insel der Welt. Es erstreckt sich in einer Ausdehnung von 2390 km von 0° 15′ S. bis zum 12. Parallelkreis. Die grösste Breite beträgt 600 km, die schmalste zwischen Geelvink-Bai und Mc. Cluer-Golf etwa 30 km. Neu-Guinea nimmt ziemlich genau $1/_3$ des Areals von Grönland ein, denn es misst, wenn man die der Südküste dicht vorgelagerte Frederik Hendrik-Insel zurechnet, 785 362 qkm, ohne diese 774 362. Die Insel hat nicht eine massige Form wie der australische Kontinent. Ihre äussere Gestalt ist mit der eines Vogels verglichen worden: den Kopf stellt die vorgeschobene nördliche Halbinsel dar, den Hals das Stück zwischen Geelvink- und Etna-Bai, das übrige den Rumpf, dessen Schweif sich nach Südosten verlängert. Im Westen bilden der Mc. Cluer-Golf, die Tritons-Bai und der Papua-Golf grosse Einschnitte in der von Nordwesten nach Südosten verlaufenden Küste, im Osten die Geelvink-Bai und der Huon-Golf.

Folgt man der Küste von Nordwesten nach Südosten, so erscheint dieselbe von dem Kap der Guten Hoffnung bis zur Geelvink-Bai als Steilküste und als solche auch von dort bis zur deutschen Grenze bis auf kleine Strecken, wo Flussmündungen wie die des Key, des Ambernoh, Wiriwai und Witriwai u. a. das Küstenland zu einem Flachland gestalten. Wenige Meilen vom Humboldt-Hafen beginnt die Finsch-Küste, welche dicht bewaldete, hier und da von Grasflächen unterbrochene Hügelketten aufweist. Auf diese folgt die Hansemann-Küste, welche ungefähr bis zum Caprivi-Fluss als Steilküste, dann aber bis zum Kaiserin Augusta-Fluss als Flachland erscheint. Vom Hatzfeldt-Hafen bis zum Huon-Golf tritt an die Küste ein stark gegliedertes Bergland heran. Von hier aus bis zur englischen Grenze nimmt die Steilheit der Küste im grossen und ganzen immer mehr ab und geht im äussersten Südosten des deutschen Schutzgebietes in eine dicht bewaldete Ebene über. Von der deutsch-britischen Grenze bis zur Collingwood-Bai bildet die buchtenreiche Küste anfänglich meist dicht bewaldetes Flachland, erst von der Kap Vogel-Halbinsel steigt sie wieder an und bleibt Steilküste bis in die Gegend des Elema-Distriktes. Die Küste des Papua-Golfes und die Küstenstrecke bis zur holländischen Grenze sind meist niedrig und sumpfig. Erst in der Gegend der Tritons-Bai steigt die Küste wieder an und ändert ihre Gestaltung nicht bis zur äussersten nordwestlichen Halbinsel von Neu-Guinea.

II. Entdeckungs- und Erforschungsgeschichte.

Die Entdeckung der Insel fällt in die Epoche des lebhaften Streites der Spanier und Portugiesen um den Besitz des reichen Molukken-Archipels zu Beginn des XVI. Jahrhunderts. Im Verlauf dieser Kämpfe wollte der berühmte portugiesische Seefahrer Don George de Meneses die Spanier durch einen Handstreich von den Molukken vertreiben und folgte, von Malakka aussegelnd, zu diesem Zweck aber nicht der gewöhnlichen Fahrstrasse südlich von Borneo und Celebes, sondern nahm seinen Kurs nördlich Borneos. Durch widrige Winde und Strömungen zu weit südöstlich getrieben, ward er unversehens an die Nordküste Neu-Guineas verschlagen, wo er im Jahre 1526 landete und einen Monat lang im Hafen von Versyn (Warsai) verweilte.

Bereits elf Jahre früher findet sich in einem Briefe des Florentiners Casani die Erwähnung eines östlich von den Molukken gelegenen weiten Landes, womit wahrscheinlich Neu-Guinea gemeint ist.

Im Jahre 1528 war es ein Spanier, Alvarez de Saavedra, welcher als Zweiter längs der Nordostküste Neu-Guineas segelte und die Insel in der Voraussetzung, dass sie Gold berge, Isla de Oro nannte. Einige Jahre hören wir dann nichts von Neu-Guinea. Erst 1537 war es wiederum ein Spanier Grijalva, der an der Nordküste Schiffbruch litt. Ein Quinquennium darauf wurde im Nordosten Neu-Guineas die Humboldt-Bai von L. Vaez de la Torres entdeckt. Den Namen, den die Insel noch heute hat, erhielt sie 1546 durch den Spanier Ortiz de Rete. Auf dem „San Juan" von den Molukken kommend, fuhr er eine Strecke von 250 Seemeilen längs der Nordostküste entlang und nannte die Insel, welche er für Spanien annektierte, im Hinblick auf die Ähnlichkeit ihrer Bewohner mit denen des afrikanischen Guinea Nueva Guinea. Auf den Molukken hiess und heisst sie heute noch Tanna Papua.

Im nächsten Jahrhundert sind es die Holländer, die hauptsächlich an der West- und Südwestküste zur weiteren Entdeckung und Erforschung der Insel beitragen. Im Jahre 1605 erreichte William Jams an der Südwestküste die Frederik Hendrik-Insel, und Jan Lodewijkez und Rosengeyn besuchten 1806 die Arru- und Key-Inseln, während sie an der Westküste Neu-Guineas entlang segelten. In den folgenden Jahren entdeckte William Schouten im Osten die Insel Jappen und die nach ihm benannten Schouten-Inseln, und der Holländer Jan Vos besuchte die Südwestküste. Bald darauf im Jahre 1623 entsandte die Holländisch-ostindische Kompanie den Kapitän Jan Karstens zur Befahrung der Südküste, und Gerhard Pool, Abel Tasman Vischer, Maerten Vriess, Frederik Gennersdorp, Wilhelm Buyts, Nikolaus Vink und Johannesen Keyts befuhren längere Küstenstrecken; verschiedene Buchten, die weite Mc. Cluer-Bai im Nordwesten und die Geelvink-Bai im Nordosten, wurden bei dieser Gelegenheit entdeckt, sowie mit den Häuptlingen der Arru- und Key-Inseln Verträge abgeschlossen.

Im XVIII. Jahrhundert lösten die Engländer und Franzosen die Holländer in der weiteren Erforschung des Landes ab. James Cook segelte 1770 längs der Küste, ohne jedoch zu landen. Der Engländer Forrest, von der British East India Company entsandt, besuchte Waigu und Doreh. Kapitän Edwards auf der „Pandora" landete ebenfalls auf Neu-Guinea, und Kapitän Bligh auf der „Bounty" durchfuhr die Torres-Strasse. Im Jahre 1768 befuhren die französischen Schiffe „La Boudeuse" und „Etoile" unter der Führung von Bougainville die Süd- und Ostküste, und 1795 gab der Franzose d'Entrecasteaux dem von ihm im Südosten entdeckten Busen den Namen Huon-Golf. Zwei Jahre früher bereits wurde Neu-Guinea für England in Besitz genommen: Kormutzen und Chesterfield, Führer der englischen Schiffe von der East India Company, hissten die britische Flagge in der Geelvink-Bai, und ihre Truppen hielten dort einige Zeit die Insel Manasvari für England besetzt.

Im Jahre 1824 kam es zu einem Abgrenzungsvertrage zwischen den Niederlanden und England, in welchem sich die niederländische Regierung die Insel Neu-Guinea bis 141° 47' O. vorbehielt.

Mit mächtigen Schritten ging nun die Erforschung des Landes vorwärts. Duperry und Lesson auf der „Coquille" und der bekannte französische Admiral Dumont d'Urville auf der „Astrolabe" besuchten Neu-Guinea. Letzterer befuhr vornehmlich die

Nordostküste und gab als Bewunderer des grossen deutschen Gelehrten der Humboldt-Bai ihren Namen. Der Holländer Kolff entdeckte 1826 die Prinzess Mariannen-Strasse im Südwesten zwischen der Prinz Frederik Hendrik-Insel und dem Festlande, und Kapitän Steembom befuhr auf dem „Triton" die Südküste und nahm offiziell und thatsächlich von Neu-Guinea westlich 141° 47′ O. für Holland Besitz. In der neuentdeckten Tritons-Bai wurde 1828 von den Holländern Fort Dubus angelegt, jedoch bald wieder aufgegeben.

Den ersten grossen Fluss auf Neu-Guinea fand das englische Kriegsschiff „Fly" unter Führung des Kapitäns Blackwood im Jahre 1845 auf, und den ersten grösseren Hafen im englischen Gebiet der „Basilisk", ebenfalls ein englisches Kriegsschiff. Der Fluss wurde nach dem Schiffe „Fly", der Hafen nach dem Führer des Fahrzeugs, das dort zuerst geankert hat, „Port Moresby" benannt. Küstenaufnahmen wurden von holländischen Kriegsschiffen im Südwesten, seitens der Engländer von dem Kapitän Owen Stanley an der Südostküste gemacht, und Kapitän Moresby befuhr dieselbe 1873 mit dem „Basilisk" nach Norden bis zum Huon-Golf hinauf und machte ebenfalls Aufnahmen. Inzwischen hatten die ersten Missionare in das Land Eingang gefunden, die Utrechter Mission siedelte 1855 ihre Missionare an der Geelvink-Bai an, katholische Missionare kamen zur Rook-Insel (1852), und 1871 begann die Londoner Missionsgesellschaft unter Rev. Chalmers Mc. Farlare und Lawes ihre fruchtbare Thätigkeit an der Südostküste am Port Moresby.

Gleichzeitig kamen Forscher ins Land. Der Engländer Wallace besuchte 1858 Neu-Guinea, einige Jahre darauf der Deutsche Bernstein. Die Italiener d'Albertis und Dr. Beccari besuchten 1872 die Westküste bei der Karras-Insel und die Nordwestküste bei Doreh. Dr. Bernhard Meyer durchquerte als Erster die Insel an der schmalsten Stelle zwischen dem Mc. Cluer-Golf und der Geelvink-Bai, und in Sydney und London traten die British New Guinea-Company und die New Guinea-Colonisations-Company zur weiteren Erforschung des Landes ins Leben, von denen nur die letztere grössere Bedeutung gewonnen hat.

Erneute Versuche zur endgültigen Besitzergreifung der ganzen Insel, soweit sie nicht bereits im holländischen Besitze war, wurden 1846 von Engländern unter Leutnant Yule und 1883 von der Regierung von Queensland durch Vermittelung ihres Beamten auf Thursday-Island Chester gemacht. Diese erhielten jedoch ebensowenig wie der Annektierungsversuch zu Ende des vorigen Jahrhunderts die Bestätigung der englischen Krone.

Eine dritte Macht endlich, unser deutsches Vaterland, war in dieser Zeit mit berechtigten Ansprüchen auf Neu-Guinea hervorgetreten. Die Entwickelung, die der deutsche Handel in der Südsee gewonnen hatte, hatte im Anfang der achtziger Jahre in Berlin zur Bildung der „Neu-Guinea-Kompangie" unter dem Vorsitz des Geh. Kommerzienrats von Hansemann geführt, die sich die Erwerbung deutschen Kolonialbesitzes und Förderung des deutschen Handels in der Südsee zum Ziele gesetzt hatte. Weitere massgebende Kreise wurden dafür interessiert, und nach eingehenden diplomatischen Verhandlungen wurde am 6. April 1884 eine Vereinbarung zwischen Gross-Britannien und Deutschland geschlossen, nach welcher der britische Anspruch auf den Südosten von Neu-Guinea bis zum 8° S. beschränkt wurde. Von nun an sind es drei Kolonialmächte, welche sich in die hohe Aufgabe der Kolonisation Neu-Guineas teilen. In welcher Weise eine jede dieser Mächte ihre Aufgabe erfasst hat und ihr gerecht geworden ist, soll im Nachstehenden dargelegt werden.

Zur Prüfung und Beurteilung der Frage ist es zunächst erforderlich, Land und Volk näher kennen zu lernen, wie sie von jeder der drei Nationen bei Beginn der Kolonisationsarbeit vorgefunden wurden.

Viel können wir von den Holländern über ihr Schutzgebiet auf Neu-Guinea und ihre papuanischen Unterthanen nicht erfahren, aus dem einfachen Grunde, weil sie selbst bisher Land und Leute zu wenig kennen. Erst in neuerer Zeit, seit 1875, haben sie sich die Küstenerforschung mehr angelegen sein lassen. Ihre Kriegsschiffe „Soerabaya", „Egeron", „Anjer", „Tagal", „Hawik", „Sin Tjin", „Bromo", „Batavia" haben hier und da die Küste festgelegt und die umliegenden Inseln besucht. Einige Aufklärungen über Land und Leute verdanken sie den Missionaren und den bereits erwähnten Forschern wie Rosenberg, Beccari, d'Albertis und Finsch. So ist durch die Veröffentlichungen dieser Reisenden, die Zusammenstellung ihres Robinson van der Aa und die Berichte der holländischen Kriegsschiffe und der Utrechter Missionare uns nur ein spärliches Material zur Beurteilung des Landes und der Leute des holländischen Schutzgebietes an die Hand gegeben.

In viel grösserem Masstabe als in Holländisch Neu-Guinea haben die Missionare in Britisch Neu-Guinea zur Erforschung und Kenntnis des Landes durch Expeditionen und Veröffentlichungen beigetragen. So ist die Entdeckung eines grossen Teiles der Hauptflüsse Neu-Guineas Missionaren zu verdanken. Reverend J. Chalmers hat den Mai Kussa entdeckt; Mc. Farlane ist dann später mit Mr. Chester diesen Fluss etwa 143 km weit hinaufgefahren und am Papua-Golf auf dem Fly, Baxter und Katau ins Land gedrungen. Chalmers hat ferner die Umgegend von Port Moresby und im Südosten die Gegend von Milne-Bai erforscht und die ganze Südostküste vom Aird-Fluss bis Goodenough-Bai teils mit Boot, teils mit Dampfschiff oder Barkasse befahren und insbesondere durch die Entdeckung des Purari-Flusses zur Erforschung des Landes beigetragen.

Grössere Expeditionen sind später von Morison in den Ebe-Distrikt, von Forbes, Chalmers, Mac Gregor in das Owen Stanley-Gebirge, von Cuthberston in das Obree-Gebirge, von Edelfeld nach dem Mount Yule, von Mr. Armit in das Gebiet der Sogeri-Leute und des Kemp-Welch-Flusses hinauf gemacht worden. Um die weitere Erforschung des Fly-Flusses haben sich Mac Gregor und Everil verdient gemacht, um die des Mai Kussa Kapitän Strachan, Mr. Chester, Strode Hall, Beswick u. a., um die des Aird Bevan, um die des Kemp Welch ebenfalls Beswick und Chalmers um die des Arva. In jüngster Zeit hat Mac Gregor durch seine unerschrockene Durchquerung Neu-Guineas von der Mündung des Mambare bis zu der des Vanapa in der Redscar-Bai gezeigt, dass ein solches Vorhaben nicht allzuschwer durchführbar ist, wenn man es richtig anfängt.

Nicht nur in seiner Eigenschaft als Gouverneur, sondern auch als geographischer Forscher hat Mac Gregor in seinem Lande Hervorragendes geleistet. Seiner Durchquerung Neu-Guineas ist ruhmreich an die Seite zu stellen die Besteigung des Owen Stanley-Gebirges, welche er am 22. April 1889 von Manu Manu in der Redscar-Bai aus mit vier Europäern, einem Samoaner, fünf Polynesiern und 32 Melanesen unternahm. Mac Gregor hatte richtig erkannt, dass von der Küste aus die gegebene Route in das Owen Stanley-Gebirge der Vanapa-Fluss bietet. Nachdem dieser Fluss fünf Tage lang stromauf bis zu einer Stelle befahren worden war, wo seine Breite zwar noch etwa 70 m betrug, aber immer häufiger werdende Stromschnellen das Weiterfahren unmöglich machten, beschloss die Expedition, von dort aus nach vorheriger gehöriger Verproviantierung den Weitermarsch zu Fuss zurückzulegen. Nach Passierung der Glees- und Guba-Berge wurde nach Übersteigung des Kammes des Mt. Kowald der Vanapa, an dessen rechtem Ufer man sich bis dahin gehalten hatte, überschritten und gleichzeitig eine kleine zuverlässige Abteilung zur Küste entsandt, um die weitere Verproviantierung der Expedition in die Wege zu leiten. Weiter ging es — von hier nur noch zwei Europäer, zwei Polynesier, ein Samoaner und acht Melanesen — über den Mt. Belford und an der Quelle des St. Joseph-Flusses vorbei, über den Mt. Musgrave zunächst auf den Mt. Knutsford (3400 m). Am 8. Juni langte man auf dem Mt. Knutsford an. Hier mussten mit Rücksicht auf ihre schweren Fusswunden wieder ein Europäer, ein Polynesier und fünf Papuas in das Lager am Vanapa zurückgeschickt werden. Für alle Fälle wurde an dieser Stelle ein Sack mit 20 Pfund Reis in einem Versteck zurückgelassen, und der Rest der Expedition, bestehend aus Mac Gregor, einem Samoaner, einem Polynesier und drei Papuas, brach noch am Nachmittag des 8. Juni wohlgemut zur Fortsetzung des Marsches in der Hoffnung auf, in einigen Tagen am Ziele zu sein. Der Proviant reichte nur noch für sechs Tage und konnte bei kleinen Rationen auf zehn Tage ausgedehnt werden: Mac Gregor rechnete für den Anstieg noch auf vier, für den Abstieg bis zu der Stelle, wo man den Reis verborgen hatte, auf weitere vier Tage. Bereits nach drei Tagen, am 11. Juni 1889, hatte man nach einem mühevollen Marsche über den Dickson-Pass und Mt. Douglas, den Gipfel des Owen Stanley-Gebirges, den Mt. Victoria, eine Höhe von 4280 m, 26 Tage nach dem Aufbruch vom Vanapa-Lager und 51 Tage nach dem Aufbruch von der Küste, ohne einen Verlust an Menschenleben, ohne Fährlichkeit erreicht. Ein herrlicher Fernblick entschädigte für die grossen Strapazen, die besonders in den letzten Tagen sehr erheblich gewesen waren. Im Osten waren die höchsten Spitzen der d'Entrecasteaux-Inseln sichtbar, nach Ost und Südost zeigten sich viele Rauchsäulen, die Dichtigkeit der Bevölkerung andeutend; zwischen dem Owen Stanley und der Nordküste ragten die Bergriesen Mt. Gillies und Mt. Parkes deutlich hervor. Auf der nordwestlichen Spitze wurde zwei Tage gerastet und die Ruhezeit zur Aufzeichnung geographischer Daten und zur Anlage botanischer und geologischer Sammlungen benutzt. Am 13. Juni morgens wurde der Rückweg angetreten und am 25. Juni die Küste wieder erreicht.

Die Küste von Kaiser Wilhelms-Land ist erst seit den 20er Jahren dieses Jahrhunderts etwas näher bekannt geworden. Die französischen Kriegsschiffe „Coquille" unter Duperry und „Astrolabe" unter Dumont d'Urville haben 1826 und 1827 die Küste besucht und 1873 und 1874 hat, wie bereits oben erwähnt, der englische Kapitän Moresby auf dem „Basilisk" derselben einen Besuch abgestattet. Festen Fuss am Lande hat als einer der ersten Europäer dort der russische Forscher Miklucho Maclay gefasst, der von 1871—72 und von 1876—77 von Bongu an der Astrolabe-Bai aus die Umgebung derselben erforscht hat. Auch der Engländer Hugh-Hastings Romilly hat sich einige Jahre später kürzere Zeit an der Astrolabe-Bai aufgehalten. Sie alle bezeichnen die Küste von Kaiser Wilhelms-Land als geschlossen, arm an Häfen, reich an Riffen. Erst der genaueren Erforschung der Küste durch Dr. Otto Finsch und Vizeadmiral a. D. Freiherrn von Schleinitz, welche bekanntlich im Anfang der achtziger Jahre dieselbe befahren bez. genauer festgelegt haben, verdankt dieselbe ihren besseren Ruf: entgegen der früher herrschenden Ansicht über die Gefährlichkeit der Schiffahrt hat von Schleinitz festgestellt, dass für die Reise von China nach Australien ohne Frage der Weg entlang der Küste von Kaiser Wilhelms-Land die kürzeste und zugleich gefahrloseste Seereise ist.

In unermüdlicher Weise hat sich Freiherr von Schleinitz weiter in seiner Eigenschaft als erster Landeshauptmann des Schutzgebiets der Neu-Guinea-Kompagnie insbesondere die Erforschung des Huon-Golfes angelegen sein lassen, und auf seine Anregung und unter seiner bewährten Leitung sind dann Expeditionen ins Innere des Landes, hauptsächlich dort, wo Flussläufe dieses schwierige Werk erleichterten, mit Erfolg von geeigneten Männern wie Hunstein, Kubary, Dr. Schrader, Dr. Hollrung, Dr. Schneider ausgeführt worden. Die Erforschung des Landes ist besonders in neuerer Zeit dank der Rührigkeit der Neu-Guinea-Kompagnie und der hilfreichen Unterstützung seitens des Kaiserlich Deutschen Auswärtigen Amtes sowie des freudigen Opfermutes einzelner Forscher wie Zöller, Ehlers, Dr. Kersting, Dr. Lauterbach, Tappenbeck u. a. so weit gefördert worden, dass wir uns von dem Küstenland wie auch von dem Innern, insbesondere da, wo Flussläufe den Weg ins Innere öffnen, heute bereits ein schon etwas klareres Bild machen können.

Die leider verunglückte Expedition Ehlers war von diesem auf eigene Kosten unter Unterstützung der Neu-Guinea-Kompagnie ausgerüstet worden. Sie bestand aus dem bekannten Forschungsreisenden Otto Ehlers, Polizeiunteroffizier Piering, dem 14jährigen Diener Shokra des Herrn Ehlers und 13 Eingeborenen von den Salomons-Inseln, Neu-Mecklenburg und Neu-Pommern und brach am 15. August 1895 von der Bayern-Bucht am Huon-Golf in das Innere von Kaiser Wilhelms-Land auf. Sie hatte sich zur Aufgabe gestellt, den südöstlichen Teil Neu-Guineas von dieser Stelle bis zur gegenüberliegenden Küste am Heath-Fluss in möglichst kurzer Zeit zu durchqueren. Leider war an die Ausführung des Vorhabens mit zu grosser Übereilung und ohne gehörige Vorbereitung gerade zu einer Zeit gegangen worden, da im Südosten von Neu-Guinea die Regenperiode einsetzte. Ehlers, unbekannt mit den Schwierigkeiten einer Expedition durch den dichtesten Urwald, hoffte die in Luftlinie gegen 160 km betragende Strecke in etwa 30 Tagen zu durchqueren. Nachdem er etwa bis zum 22. September mit seiner Schar unter den ungünstigsten Temperatur- und Wegeverhältnissen (in der Regel musste erst jeder Fuss breit, den man vordrang, durch dichtes Unterholz mit dem Beil passierbar gemacht werden) marschiert war, gingen der Expedition die Nahrungsmittel aus. Während der nächsten 14 Tage mussten sich Ehlers und seine Begleiter von Gras und Kräutern nähren, welche sie im Busch fanden, und hatten von Blutegeln durch Bisswunden, in welche sich noch dazu rote Würmer setzten, unsäglich zu leiden. Nur ganz im Anfang der Reise war die Expedition, welche zunächst dem Franziska-Fluss und dann einem kleinen Nebenfluss desselben gefolgt war, auf ein grosses Eingeborenen-Dorf gestossen, dessen Bewohner sich friedlich und gastfreundlich gezeigt hatten. Auf dem ganzen weiteren Marsch bis zum Heath-Fluss war man Eingeborenen nicht mehr begegnet; im Busch, der sich aus Hochwald und Unterholz zusammensetzte, war es unheimlich still; kein Vogel regte sich, und trotz emsigen Suchens gelang es der Expedition nicht, irgend ein Jagdwild zu entdecken. Die Gegend, durch welche man zog, war Gebirgsland. Fortwährender Regen, dichter Nebel und Felsstücke hemmten ausserdem den Marsch. Drei grosse Flüsse mussten durchschwommen werden. Zu Füssen eines durch einen Axthieb gezeichneten Baumes wurden schliesslich, als die Kräfte der Träger immer mehr abnahmen, die Zelte und alles irgendwie entbehrliche Gepäck zurückgelassen; ja die letzten zehn Marschtage bis zum Heath-Fluss hatte man ohne Kompass zurücklegen müssen, da von den beiden mitgenommenen der eine bald nach dem Aufbruch verloren gegangen der andere bei einem unglücklichen Sturze Piering's an einem Felsblock zertrümmert war.

Erst sieben Wochen nach dem Aufbruch erreichte die Expedition den Heath-Fluss, der bereits auf britischem Gebiet liegt. Hier wurden bekanntlich Ehlers selbst, sein Begleiter Piering und

Shokra, als sie im Begriffe waren, ein nach Ehlers' Anordnung am Heath-Fluss von den Farbigen gebautes Floss zu besteigen, um den Fluss bis zur Küste hinunter zu fahren, von Ranga und Opia, zwei Salomons-Insulanern, die aus der Polizeitruppe von Kaiser Wilhelms-Land der Expedition mitgegeben waren, hinterrücks ermordet. Der Rest, 22 Eingeborene, langte gegen Ende Oktober in dem Dorf Moviawi an (etwa 40 km von der Küste), wurde von dort durch die Eingeborenen nach der englischen Missionsstation Motu-Motu und von hier durch die Missionare nach Port Moresby gebracht.

Ein besseres Ergebnis hat die von Dr. Lauterbach, Dr. Kersting und Ernst Tappenbeck im Jahre 1896 mit der Hilfe des Auswärtigen Amtes, der Gesellschaft für Erdkunde und der Neu-Guinea-Kompagnie unternommene Expedition zur Erforschung des Bismarck-Gebirges gehabt. Sie hat insbesondere zur Entdeckung des Ramu-Flusses und zur Anbahnung friedlicher Beziehungen mit den Eingeborenen im Innern geführt.

Über die Erfolge der im Jahre 1898 auf Veranlassung der Neu-Guinea-Kompagnie in das Ramu-Gebiet und Bismarck-Gebirge entsandten Expedition unter Führung des bereits erwähnten Forschers Tappenbeck ist bisher folgendes bekannt geworden: Am 13. April 1898 hatte Tappenbeck mit dem „Johann Albrecht" die Mündung des Ottilien-Flusses und nach einer glücklichen fünftägigen Fahrt die Stelle erreicht, bis zu welcher auf der Ramu-Fahrt im Jahre 1896 die Kaiser Wilhelms-Land-Expedition gekommen war. Da die sehr starke Strömung die Weiterfahrt von hier den Ramu hinauf verbot, wurde noch an demselben Tage die Rückfahrt angetreten und weitere 15 km flussabwärts an einer Stelle, wo der Dampfer auf eine Sandbank geraten war, vorläufig eine Station errichtet. Zu ihrem Ausbau bez. ihrer Bewachung wurden zwei Weisse, mehrere Javanen und zwanzig Melanesen mit einem für sechs Monate berechneten Proviant zurückgelassen, während Tappenbeck mit der übrigen Mannschaft an die Küste eilte, um den für die Expedition bestimmten im Adalbert-Hafen ankernden Heckraddampfer „Herzogin Elisabeth" zu holen. Durch widrige Umstände zurückgehalten, langte er erst wieder am 3. September an der Zwischenstation am Ramu an, brachte den bisherigen Leiter derselben an eine neu zu begründende Station direkt an der Mündung des Ottilien-Flusses, während er selbst den Ramu wieder hinauffuhr, um an die Errichtung einer Station am Fusse des Bismarck-Gebirges zu gehen.

III. Das Relief der Insel.

Die ganze nordwestliche Halbinsel zwischen 1° 15′ und 2° S. ist von west-östlich verlaufenden Höhenzügen mittlerer Höhe durchzogen, die ihre höchste Erhebung im Arfak-Gebirge mit 2740 bis 2900 m erreichen. Dieses letztere liegt etwa zwischen 133° und 134° O. und 1° 30′ bis 1° S. Hohe waldige Ufer, die bis zu 1000 m ansteigen, umsäumen im Westen den Mc. Cluer-Golf, und im Osten ziehen sich längs der Geelvink-Bai die Wandammen-, Jauer- und Kudiri-Berge hin. Die höchsten Erhebungen sind in Holländisch Neu-Guinea die Karl Ludwig-Berge, die in direkter West-Ost-Richtung sich längs des 4. Parallelkreises zwischen 134° 30′ bis etwa 139° O. erstrecken. Im Nordosten des Holländischen Schutzgebietes haben wir dann noch einige niedrigere Gebirgszüge, das van Rees-Gebirge, auf welchem der grösste bis jetzt in Holländisch Neu-Guinea entdeckte Strom, der Ambernoh oder Rochussen-Fluss, entspringt, mit dem Wakseri-Berge, das Gautier-Gebirge mit dem Wunsuddu-Berge (2000 m) und nordwestlich der Humboldt-Bai das Kyklopen-Gebirge, das nur bis zu 900 m aufsteigt. Nur wenige Seeen sind bisher in Holländisch Neu-Guinea entdeckt, so der von Miklucho Maclay im Norden der Tritons-Bai aufgefundene Kamaka-See, der Santani-See landeinwärts der Humboldt-Bai und der von Dr. Meyer entdeckte Yamoor-See landeinwärts der Geelvink-Bai. Den Flächeninhalt des Satani-Sees giebt der Entdecker, Missionar Bink, als ebenso gross als den der Humboldt-Bai selbst an.

In Kaiser Wilhelms-Land treten in den Küstengebieten Korallenkalkbildungen wohl bis 100 m hoch an den Berghängen auf, welche wie das Hansemann-Gebirge und deutlicher noch die Gegend östlich von Dorf-Insel, mehrere Terrassen erkennen lassen. Auf dem Sattelberg wie auf den Höhen am Bupollum-Flusse zeigt sich Kreidegestein, und die Gegend südlich des Herkules-Flusses und das Ramu-Gebiet enthält, sicheren Anzeichen nach, goldführende Riffe. Die Küste ist bald steile Korallenküste wie z. B. zwischen Konstantin-Hafen und Kap König Wilhelm, teils Korallensand, hier und da auch grobes Flussgeröll.

Der Teil von Kaiser Wilhelms-Land von Prinz Albrecht-Hafen bis nördlich des Huon-Golfes ist stark gegliedertes Bergland. Ausgedehnte Tiefebenen machen westlich des Kaiserin Augusta-Flusses und weiter nach der holländischen Grenze zu, zwischen dem Prinz Alexander- und Torricelli-Gebirge, dem Berglande Platz. Das Torricelli-Gebirge hat seine höchste Erhebung im Hohenlohe Langenburg-Berge, während das Prinz Alexander-Gebirge bis zu 1260 m ansteigt. Südöstlich des Kaiserin Augusta-Flusses ziehen sich das Hunstein-Gebirge und westlich und östlich davon noch mehrere andere, bisher nicht erforschte Höhenzüge zwischen 142⁰ und 145⁰ O., und nördlich des 5⁰ S. hin, an die sich weiter westlich in der Nähe der britisch-deutschen Grenze, etwa zwischen 141⁰ 40' und 142⁰ 20' O. die gegen 2000 m hohen Viktor Emanuel-Berge anschliessen. Niedrige Hügelketten umsäumen die Küste zwischen Kap Gordon und Pallas-Spitze, die landeinwärts zwischen Prinz Albrecht-Hafen und Hatzfeldt-Hafen in der Tamberro-Kette bis zu 200 m ansteigen.

Die weiter südöstlich liegende Franklin-Bai ist ebenfalls von einer bewaldeten Hügelkette umsäumt, die sich weiter landeinwärts zu einer höheren Bergkette erhebt und ihre höchsten Spitzen in dem Prinz Oskar-, Prinz August- und Prinz Adalbert-Berg hat (etwa 1200 m). Das linke Ufer des mittleren Ramu-Flusses begleitet ein etwa 1500 m hoher Gebirgszug, während sich am rechten Ufer dieses Flusses eine weite Ebene ausdehnt. An der Küste des „Archipels der zufriedenen Menschen" zwischen Grossfürst Alexis-Hafen und Friedrich Wilhelms-Hafen zieht sich in nordwestlich-südöstlicher Richtung das dicht bewaldete Hansemann-Gebirge hin (440 m).

Die geologische Beschaffenheit der buchtenreichen Astrolabe-Bai weist ebenfalls korallinische Bildungen auf. Überall kann man an dieser Küste isolierte Madreporenstöcke beobachten, die wohl zweifellos durch Hebungen des Meeresbodens an diese Stelle gelangten.

In 14 km Luftlinie von der Gorima-Spitze an der Astrolabe-Bai erhebt sich das Örtzen-Gebirge, ein im wesentlichen von Norden nach Süden streichender Gebirgszug, der durch zahlreiche kleine Küstenflüsse, die in die Astrolabe-Bai ausmünden, entwässert wird. Der Hauptstock des Gebirges, das von den Eingeborenen bald Mudju bald Tajomanna genannt wird, steigt bis zu 1100 m auf und ist durchweg mit Wald bedeckt. Er besteht aus steil aufgerichteten Konglomeraten, deren Bestandteile jung-vulkanisches Gestein, Korallenkalk und Thonschiefer sind. Der mittlere und östliche Teil des Gebirges sind stark zerklüftet. Hinter dem Mittelgrat erheben sich in östlicher und westlicher Richtung eine Reihe von Parallelketten, Suor Mana, Sambu Mana mit dem Konstantin-Berg, Horegorn mit dem Baer- und Meschtersky-Berg. Der Bergstock Suor Mana wird von den Eingeborenen auch Szigaun genannt; aus ihm entspringt der Nuru oder Elisabeth-Fluss, ein Nebenfluss des Gogol, der im Jahre 1890 vom Pflanzungsvorsteher Kindt entdeckt und zuerst von Lauterbach von seiner Einmündung in den Gogol an eine Strecke aufwärts verfolgt worden ist.

Der Szigaun-Bergstock erstreckt sich ungefähr in südöstlicher Richtung vom Nuru bis zum Kabenau und verdeckt wieder nach Süden zu eine etwa 1500 m hohe Bergmasse, die von den Eingeborenen Karfa genannt wird, vor derselben laufen etwa zehn weitere bis 2000 m hohe Parallelketten von NW. nach SO., die näheren nur 400 m hoch, und in weiter Ferne erblickt des Spähers Auge vom Szigaun aus den nördlichen Teil des Bismarck-Gebirges, ja, wenn die Witterungsumstände günstig sind, im blauen Dunst die Sir Arthur Gordon-Kette im englischen Gebiet. Vermutlich hängt das Bismarck-Gebirge mit dieser wie auch mit der Albert Victor-Kette in Britisch Neu-Guinea zusammen. Ein weites Thal trennt die Bismarck-Kette von einem sich weiter westlich erhebenden etwa 4000 m hohen Gebirge, dem Hagen-Gebirge.[1]) Eine Eigentümlichkeit bietet das Bismarck-Gebirge mit seinen mit der Tageszeit infolge der verschiedenen Beleuchtung rasch wechselnden Formen. Es besteht, soweit bis jetzt bekannt ist, aus einer Anzahl von in der Richtung von NW. nach SO. streichenden Parallelketten, deren höchste Teile äusserst schroff und zerrissen und entschieden ohne Vegetation sind; die mittleren waldbedeckten Höhen

---

[1]) Lauterbach in „Zeitschrift der Gesellschaft für Erdkunde", Bd. 33. Berlin 1898, S. 178.

zeigen mehr abgerundete Formen, und nach
Norden zu flacht sich die Gebirgskette bis auf
etwa 2000 m ab. Die höchsten Erhebungen
hat das Gebirge im Herbert-, Wilhelm-,
Marien- und Otto-Berg (4300—5000 m).
Diese Spitzen scheinen nach vorhergegangenen regnerisch-kalten Tagen in weisse Schneekappen gehüllt zu sein; weiter unterhalb
zeigen leichte, graue Schimmer das Vorhandensein von Gräsern und Alpenkräutern an.[1])
Dem Geröll seiner Flüsse nach zu urteilen,
setzt sich der mittlere Teil des Gebirges aus
Schiefer, der von grossen Quarzgängen durchsetzt ist, zusammen. Daraus ist, wie Lauterbach meint, auf das Vorkommen von Gold zu
schliessen. Die Neu-Guinea-Kompagnie hat
deshalb in jüngster Zeit unter Führung von
E. Tappenbeck eine Expedition, den Ramu-Fluss hinauf, in das Bismarck-Gebirge entsandt, um die Gegend auf das Vorkommen
von Gold hin zu untersuchen.[2]) Die nach
der Küste zu folgenden Bergketten enthalten
Sedimentgesteine von Thonschiefer und Sandstein bis zu groben Konglomeraten, abwechselnd mit Korallengestein durchsetzt.
Dem Bismarck-Gebirge OSO. vorgelagert ist
das Krätke-Gebirge mit dem Hellwig- und
Zöller-Berg (3300 m) und in südöstlicher Richtung von dem Krätke-Gebirge erstrecken sich
von 146° 50' bis 147° 20' O. die Rawlison-Berge, 1000—1300 m hoch, bis in die höchsten Spitzen mit hochstämmigem Urwald bestanden, hin. Diesen beiden Gebirgszügen ist
nördlich das durch die Zöllersche Besteigung
etwas näher bekannt gewordene Finisterre-Gebirge vorgelagert, das mit dem Neven

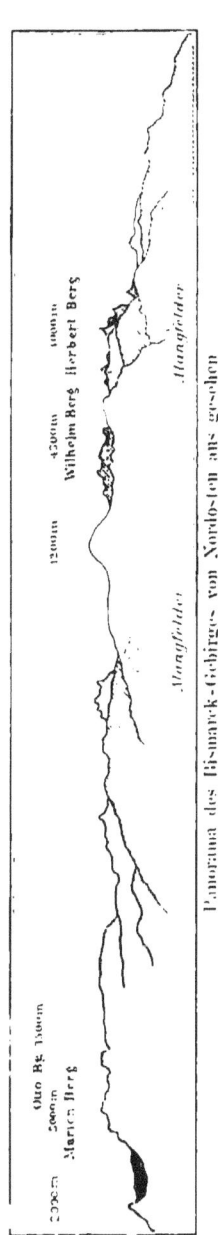

[1]) Lauterbach in „Verhandlungen der Gesellschaft für Erdkunde", Bd. 24, Berlin, 1897, S. 51.
[2]) Siehe hierüber weiter unten Kap. VII, Abschn. 6.

du Mont (2660 m), Kant- (3175 m) und Schopenhauer-Berg (3353 m) sich südlich des 6. Parallelkreises zwischen 146° und 147° 20′ O. hinzieht. An der Maclay-Küste, etwa zwischen 145° 30′ und 147° O., erstreckt sich das Küstengebirge, und südöstlich von der Dorf-Insel begegnen wir dem merkwürdigen, bereits oben erwähnten Terrassenlande. In drei Stufen baut sich das Land in einer Ausdehnung von etwa 20 Seemeilen längs der Küste amphitheatralisch in drei Terrassen 250—300 m hoch auf. Jedenfalls hat eine Hebung des Landes stattgefunden, wofür auch der Umstand spricht, dass es noch in einer Höhe von mehr als 30 m korallinischen Untergrund hat. Die beiden ersten Terrassen sind nur 1 bis $1^1/_2$ km breit und haben nur am Rande Korallenboden. Die dritte Terrasse hat eine Tiefe von 1—3 km und enthält mehr Korallen. Die Terrassen sind buschfrei und nur mit Gras bewachsen und für Baumkultur wohl verwertbar.

In südöstlicher Richtung des Terrassenlandes erheben sich die Ausläufer des Finisterre-Gebirges in den Cromwell- und Money-Bergen bis zu einer Höhe von 2350 m, und etwa 12 Sm. südöstlich beherrscht als die höchste Kuppe eines Systems von niedrigen Bergzügen der Sattelberg (970 m) die Gegend. Die Formation ist, wie bereits oben erwähnt, Kreidekalk. Steile, tief ausgeschnittene Thäler charakterisieren diese Bergzüge; zu den Thälern und Flüssen muss man an äusserst steilen Abhängen hinabklettern. Vom Hänisch-Hafen bis Arkona-Spitze, an der nördlichen Ecke des Huon-Golfes, treten die Vorberge der Rawlinson-Berge nahe an den Strand heran. Weiter nach Westen vorschreitend bemerkt man bald einen gewaltigen Einschnitt, nördlich von den 1200 m hohen Rawlinson-Bergen, südlich von den etwa gleich hohen Herzog-Bergen begrenzt. Die Herzog-Berge sind ein massiver, zusammenhängender Gebirgszug, der von SO. nach NW. streicht. Die höchste Erhebung hat dieses Gebirge im Süden, mit etwa 1000 m. In seiner mittleren Höhe scheinen die Hänge von grosser Steilheit zu sein. Nach der Küste ziehen sich mehrere Seitenkämme in östlicher Richtung und fallen flach nach der Küste ab. Der oben erwähnte tiefe Einschnitt wird durch das Thal des Markham-Flusses gebildet; zwischen diesem und dem Adler-Fluss liegt der etwa 150 m hohe Burgberg, ein Ausläufer der 400 m hohen Markham-Berge; weiter landeinwärts am rechten Ufer des Markham-Flusses finden wir den gegen 300 m hohen Schloss-Berg und an seinem linken Ufer den etwa ebenso hohen Haus-Berg. Die letzten Erhebungen auf deut-

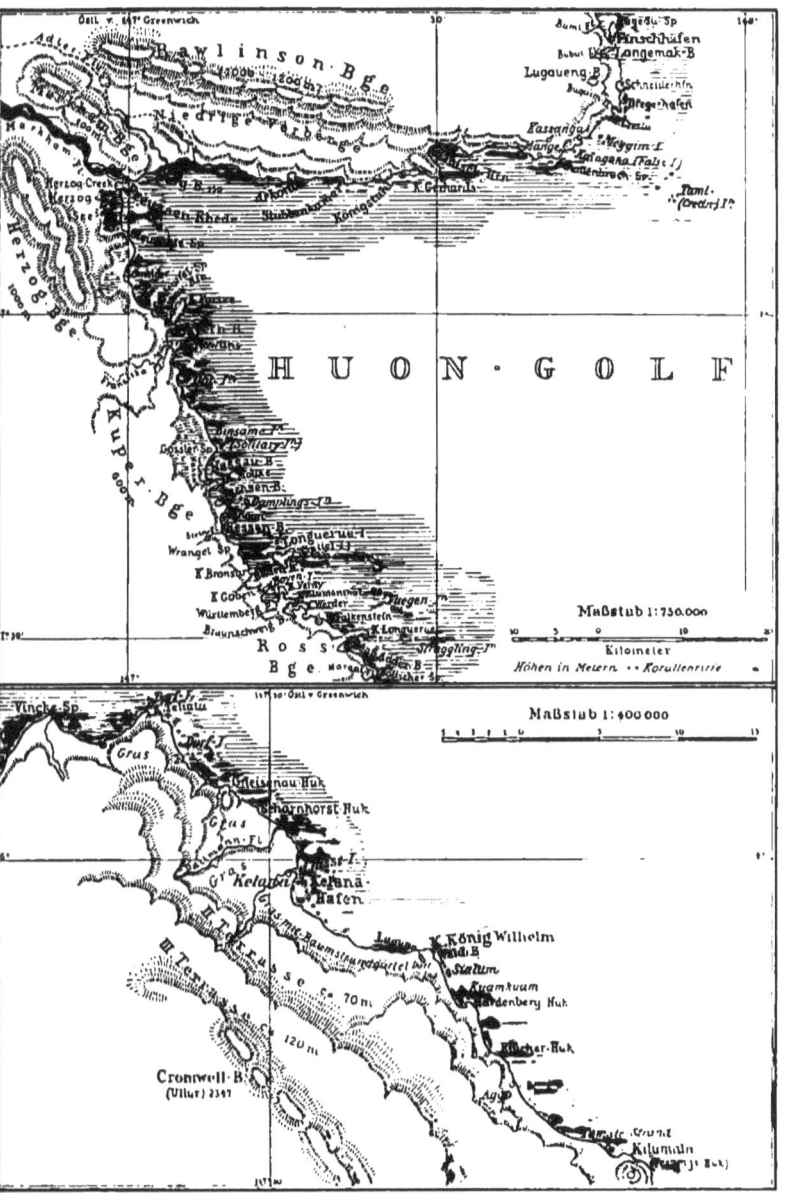

Der Huon-Golf — Terrassenbildung der Küstengebirge bei Kap König Wilhelm.

schem Gebiet bilden die etwa unter 7° 12' S. gelegenen 600 m hohen Kuper-Berge, dann die etwa 10 Seemeilen südöstlich sich erhebenden, etwas niedrigeren Ross-Berge und der in der Nähe des Adolph-Hafens gelegene 350 m hohe Ottilien-Berg. Das ganze Gebiet zwischen der Küste des Huon-Golfes und der britischen Grenze ist noch unerforscht.

Die erste nennenswerte Erhebung auf britischem Gebiet nach Überschreitung der Südostgrenze von Kaiser Wilhelms-Land bilden die etwa zwischen 148° und 148° 30' O. und 8° 40' und 9° 10' S. zuerst in Richtung WO. und dann NS. streichenden Hydrographen-Berge, ein niedriger Gebirgszug, der sich nur bis zu 600 m erhebt und nach Süden zu in eine wellenförmige Ebene übergeht. Auf der zwischen der Dyke Acland-Bucht und der Collingwood-Bai vorspringenden Halbinsel steigen die mit Gras bedeckten Küstenabhänge später zu einer bewaldeten Gebirgslandschaft an, die im Trafalgar- und Sieges-Berg Höhen von 1200 m erreicht. In südlicher Richtung, 60 km davon, erheben sich die Hornby-Berge zwischen 148° 53' und 149° 20' O., und der ganze weitere südöstliche Zipfel von Britisch Neu-Guinea ist weiter stark gegliedertes Bergland. Südöstlich der Kap Vogel-Halbinsel ziehen sich längs der Küste in fast ununterbrochener Reihe die Fünf Zinnen-, Basilisk- und Stirling-Kette, im Zentrum von SO. nach NW. die Kobio-, Owen Stanley-, Obree-, Suckling- und Herkus-Kette hin (1500—3500 m).

Der Owen Stanley-Kette vorgelagert finden wir in östlicher bez. nordöstlicher Richtung von dieser den Parkes- (2400 m), Scratchley- (3700 m), Gillies- (2400 m), Otovia- (2400 m), Wharton- (3000 m) und Albert Edward-Berg (3800 m). Südwestlich von dem Parkes-Berge breitet sich ein weites, dicht bewaldetes Thal mit drei grossen Binnenseen und südlich des Scratchley-Berges das Jodda-Thal aus.[1]) Beide Bergriesen sind auch vom Owen Stanley-Gebirge durch tiefe Einschnitte getrennt. In einer Höhe von 2000 m besteht die Vegetation hier nur aus Moosen und Flechten; in einer Höhe von 3400 m zeigte sich bei Mc. Gregors Besteigung des Mt. Scratchley bereits Eis; die Temperatur in dieser Höhe war unangenehm kühl; kleine Grasflächen bedeckten den Boden, und die Region der kriechenden Pflanzen war bereits überschritten. Die Owen Stanley-, Wharton- und Albert Edward-Ketten hängen alle mit einander zusammen, während ein tiefer Ein-

---

[1]) Mc. Gregor, Annual Report of British New Guinea. 1888/89. S. 84 ff.

schnitt die Obree-Kette von dem Owen Stanley-Gebirge trennt. Der Mt. Victoria, die östlichste Erhebung dieses Gebirges, ist zugleich seine höchste (4337 m); er verläuft von O. nach W. ohne irgend welche Unterbrechung.

In dieser Ausdehnung beträgt die Breite des Gebirges 36 bis 40 km. Die letzten Ausläufer im Westen sind Mt. Thymne (2002 m) und Mt. Lilley (2217 m). Von dem Mt. Obree trennen das Owen Stanley-Gebirge eine Anzahl runder Hügel, die nach Norden zu in ein weites Thal auslaufen.

Der bereits erwähnte, von Mc. Gregor nach dem Prinzen von Wales benannte Albert Edward-Berg ist nach dem Mt. Victoria der höchste Berg in Britisch Neu-Guinea; er ist etwa 4250 m hoch, auf seinem höchsten Felskegel unbewaldet und nur mit Gras bedeckt. Weitere hohe Erhebungen des Owen Stanley-Gebirges sind Mt. Belford (2000 m), Mt. Musgrave (2393 m) und Mt. Knutsford (3700 m), Mt. Service, Mt. Morehead und Mt. Mc. Ilwraith (3000—3700 m). Die Owen Stanley-Kette ist erst infolge der Besteigung derselben durch den derzeitigen Gouverneur von Britisch Neu-Guinea im Jahre 1888 näher bekannt geworden. Der Mc. Suckling ist zum erstenmale im Jahre 1891 durch Mr. Moreton bis zu einer Höhe von 2500 m erklommen worden; die Obree-Kette ist verschiedentlich das Ziel von Expeditionen gewesen, zu Anfang des Jahres 1887 einer von Hunter und Hartmann ausgerüsteten und Ende 1887 einer solchen unter Führung von Cuthbertson. Dieser letztere ist bis zu einer Höhe von 2700 m gelangt, Hunter und Hartmann haben dagegen nur die Kammhöhe von 2000 m erreicht.

Längs der Küste zwischen Keppel Point bis in die Höhe von Pt. Moresby ziehen sich weiter binnenwärts zuerst die Mac Gillivray- und die Astrolabe-Kette hin, letztere in ihrer höchsten Erhebung 1080 m hoch. Die Kobio-Kette hat ihre höchste Spitze in den Navarre-, Tully-, Verjus- und Yule-Bergen (3064 m), welch letzterer auch bereits verschiedentlich Expeditionsziel gewesen ist. Noch gänzlich unerforscht sind die Albert-Berge, welche sich etwa 15 km von der Frischwasser-Bucht in nordwestlicher Richtung hinziehen, und das sich an diese Kette anschliessende Albert Victor- und Sir Arthur Gordon-Gebirge (etwa 4000 m). Auch das Land zwischen diesem Gebirge und den Herzog- und Kuper-Bergen auf der gegenüberliegenden deutschen Seite ist noch gänzlich unbekannt. In den Aird-Hügeln, etwa unter 7° 27′ 33″ S., steigt das Land bis zur holländischen Grenze noch einmal bis zu einer Höhe von 900—1200 m an. Es sind dies sehr steile, von allen Seiten von einem Wasserkanal umgebene Erhebungen, die mit dichtem Gestrüpp und Urwald bekleidet sind. Über den geologischen Aufbau der Gebirge von Neu-Guinea lässt sich bisher noch nichts sagen, da über denselben kaum etwas bekannt geworden ist.

IV. Klimatologie.

Von Prof. Dr. A. von Danckelman.

Die von etwa 1° bis 11° S. sich erstreckende Lage von Neu-Guinea bedingt ein echt tropisches Klima, das im allgemeinen mit seinen gleichmässigen Temperatur- und Feuchtigkeitsverhältnissen dem des ostindischen Archipels entspricht, wenn auch — und das gilt besonders für die Südküste der grossen Insel — die Nähe des australischen Festlandes etwas modifizierend einwirkt, indem sich etwas extremere Temperatur- und Feuchtigkeitsverhältnisse dort bemerkbar machen.

Die zahlenmässigen Unterlagen für eine Charakteristik der klimatischen Verhältnisse der Insel sind noch recht spärliche, und was noch schlimmer ist, ihre Güte und Zuverlässigkeit lässt vieles zu wünschen übrig. Am besten ist es noch in dieser Richtung mit den Küstengebieten von Kaiser Wilhelms-Land bestellt. Für Britisch Neu-Guinea hat selbst die Energie eines so vorzüglichen und an der Landeserforschung so hervorragend beteiligten Gouverneurs wie Mc. Gregor keine längeren und zuverlässigen Beobachtungsreihen mit Hilfe seiner Beamten zu schaffen gewusst, und für Holländisch Neu-Guinea liegen ausser einer Beobachtungsreihe von der Geelvink-Bai nur ganz spärliche Notizen von Reisenden vor.

Häufige berufliche Abhaltungen und Krankheit der Beobachter, verbunden mit Gleichgültigkeit gegen derartige Aufgaben, hier und da auch aus Bequemlichkeit entspringender böser Wille, welcher zu direkten Fälschungen der Beobachtungsjournale führt, sowie der aus den noch ungeordneten Verhältnissen hervorgehende häufige Wechsel des Stationspersonales sind die Ursachen der im allgemeinen wenig befriedigenden Güte des meteorologischen Zahlenmaterials aus unserem Gebiet.

Bei einem orographisch so mannigfaltig gestalteten Lande wie Neu-Guinea müssen sich selbstverständlich bei näherer Erforschung trotz der allgemeinen Gleichförmigkeit des Tropenklimas grosse örtliche Verschiedenheiten der meteorologischen Verhältnisse je nach der Höhenlage und Exposition der betreffenden Beobachtungspunkte den vorherrschenden Winden gegenüber herausstellen. Augenblicklich ist unsere Kenntnis dieser Verschiedenheiten noch eine minimale.

Was zunächst die Wärmeverhältnisse betrifft, so beträgt die mittlere Jahrestemperatur an den Küsten von Kaiser Wilhelms-Land etwa 26°, dabei hat aber der wärmste Monat, gewöhnlich Februar, nur eine um etwa 1.5° höhere Temperatur wie der kühlste Monat, welches in der Regel der August ist, dessen Mitteltemperatur etwa 25.5° beträgt. Im Jahresverlauf schwankt hier die Luftwärme ungefähr zwischen 19° und 35°, so dass die ganze Jahresschwankung der Wärme nur 16° beträgt. Jähe Temperaturwechsel kommen überhaupt nicht vor. Die tiefste Temperatur fällt regelmässig auf die frühen Morgenstunden; nach Sonnenaufgang steigt das Thermometer schnell, so dass mitunter die höchste Tagestemperatur schon gegen 11 Uhr morgens erreicht wird. Dann setzt gewöhnlich eine leichte Seebrise ein und mässigt die Hitze. Zwischen 4 und 5 Uhr nachmittags beginnt die Wärme fühlbar abzunehmen, der Abend ist meist erfrischend, und die Nächte werden fast das ganze Jahr über durch eine leichte Landbrise nicht nur erträglich, sondern sogar angenehm gemacht. Es ist etwas Ungewöhnliches und z. B. an der Astrolabe-Bai höchst selten zu beobachten, dass nachts eine warme Seebrise einsetzt, durch welche die Temperatur statt abgekühlt erhöht wird. Die Temperatur pflegt unter gewöhnlichen Verhältnissen nachts auf 22°—23° herabzugehen, um am Tage bis auf 29°—32° zu steigen. Im Durchschnitt schwankt die Temperatur täglich um 8°.

In Britisch Neu-Guinea, wo nur von Port Moresby einigermassen zuverlässige Temperaturmessungen für einige Jahre vorliegen, ist die mittlere Jahrestemperatur anscheinend etwas höher, etwa 27°, der kühlste Monat ist ebenfalls der August (25.3°), der wärmste aber der Dezember (28.2°). Die höchste Temperatur steigt bis etwa 38°, die niedrigste sinkt bis 20° oder 21°. Die Jahresschwankung der Wärme erreicht also etwa 18°. Die grössten täglichen Wärmeschwankungen fallen in die Periode des Windwechsels April—Mai und Oktober—November.

Über die klimatischen Verhältnisse der Berg- und Hochgebirgsregionen Neu-Guineas sind wir nur äusserst mangelhaft unterrichtet. An der Neuen Dettelsauer Missionsstation auf dem 970 m hohen Sattelberg bei Finsch-Hafen hat der Senior der deutschen Glaubensboten, Missionar Flierl, zwar mehrjährige gute Beobachtungsreihen über Bewölkung und Regenfall angestellt, Temperaturbeobachtungen liegen aber nur für die Monate Mai und Juni 1898 vor. Hiernach betrug die Temperatur im

	6 Uhr morgens	mittags	6 Uhr abends
Mai	20.1⁰	25.9⁰	22.4⁰
Juni	19.5⁰	24.8⁰	21.6⁰

Die Station ragt in das Gebiet häufiger Wolkenbildung, daher ist das Klima ausserordentlich feucht, die Bäume sind mit Flechten und Moos bedeckt, die Bewölkung ist eine sehr starke das ganze Jahr hindurch. Durchschnittlich zählte der Beobachter im Jahre 115 Nebeltage, 170 trübe und nur 10 heitere Tage. In diesen Höhen ist das Klima zwar wesentlich erfrischender als an den Küsten, die übermässige Luftfeuchtigkeit erzeugt aber Neigung zu rheumatischen Affektionen, und als völlig fieberfrei kann dieselbe noch durchaus nicht gelten, wie die Erfahrungen aus dem Jahre 1895 lehren, wo Bewohner der Station, die seit langer Zeit nicht in das Küstengebiet herabgekommen waren, trotzdem von schweren Fiebern ergriffen wurden. In der Regel ist allerdings diese Station von Malariaerscheinungen fast verschont.

Auf den Plateaus der Astrolabe-Berge in Britisch Neu-Guinea beobachtete C. Ferfloth, welcher sich 1895 mehrere Monate daselbst aufhielt und regelmässig um 7 Uhr morgens Thermometerablesungen vornahm, Temperaturen von 23.5—20⁰ in einer Seehöhe von etwa 700 m. Das, was wir über das Klima der Hochgebirge wissen, verdanken wir den Reisen Mac Gregors im Owen Stanley-Gebirge. Die Zone der Moose und Nebel hörte bei 2400 m Höhe auf. Die Temperatur betrug dort gegen 18⁰; bis zur Höhe von 3200 m zeigte sich tagsüber nur noch bisweilen Nebel, weiter oben begann ein angenehmes, heiteres Klima und die Region des Bambus. Ein mächtiges Wolkenmeer von etwa 1400 m Dichte lagerte 600—700 m tiefer und dehnte sich gleich einer gefrorenen Schneemasse in majestätischer Erhabenheit zu Füssen des Beobachters aus. Auf der höchsten Spitze des Mt. Victoria (4370 m) fand Mac Gregor ungewöhnliche Trockenheit vor, es schien wochenlang nicht geregnet zu haben. Am frühen Morgen war der Grasboden mit Reif bedeckt und grosse Eiszapfen hatten sich gebildet. Der Himmel war wolkenlos und blau, auch am Nachmittag. Die Temperatur betrug 21—16⁰ bei Tage, 7—4⁰ bei Nacht, der Wind wehte vielfach lebhaft aus SO. Dass auf den höchsten Gipfeln der zentralen Bergzüge der Insel zuweilen Schneefälle vorkommen, erscheint fraglos, wenn auch manche darauf bezügliche Angaben auf Ver-

wechslung mit festlagernden Wolken- und Nebelbänken beruhen
mögen. Zur Bildung von dauernden Eismassen und Gletschern
scheint es aber nirgends zu kommen.

Unter dem Einfluss der starken Erwärmung, welche der
australische Kontinent während des südhemisphärischen Sommers
erfährt, wird Neu-Guinea während dieser Jahresperiode der Herrschaft des sonst wehenden Südostpassates entzogen, an dessen
Stelle dann der Nordwestmonsun tritt. Die Dauer des Süd-
passates erstreckt sich in der Regel auf die 5–6 Monate April
oder Mai bis Oktober oder November. Im nordwestlichen Teil der
Insel werden diese Verhältnisse etwas unregelmässiger. Nach den
Beobachtungen A. B. Meyers herrscht zu Andei am Arfak-Gebirge
von Mai bis November vorwaltend Ostwind mit ziemlich trockener
Witterung, von Dezember bis April SW.- bis NW.-Winde mit zahlreichen Regentagen.

In engem Zusammenhange mit den jeweilig herrschenden
Winden steht die jahreszeitliche Verteilung der Niederschläge.
Neu-Guinea gehört zu denjenigen tropischen Gebieten, in denen
eine scharf ausgesprochene Trockenzeit in der Regel nicht vorkommt, sondern in denen alle Monate mehr oder weniger nieder-
schlagsreich sind. Die sog. „Trockenzeit" hat lediglich den Charakter einer gewissen Verminderung der Häufigkeit und Intensität
der Regenfälle. Im allgemeinen ist die Zeit der Herrschaft des
Südostpassates die regenärmere und die angenehmste des Jahres.
Der Himmel ist meist wenig bewölkt, die Wärme wird gemildert
durch die beständige Luftbewegung, die nicht belästigend ist, da
der Wind nur mässig stark weht. Mit dem Eintritt des Nordwest-
monsunes im November, bisweilen auch erst im Januar beginnt die
eigentliche Regenzeit, die dann bis in den Mai hinein währt. In
dieser fällt fast allenthalben der Regen reichlicher, jedoch je nach
den Örtlichkeiten in verschieden grossen Mengen.

Nur in einzelnen Jahren, wie es scheint besonders in denjenigen, in welchen der Passat besonders kräftig einsetzt, zeigen
sich längere Perioden mit Regenmangel. So herrschte in den
Jahren 1895 und 1896 im Gebiete der Astrolabe-Bai, besonders in
der Gegend um Stephansort eine so auffällige Dürreperiode um
die Jahresmitte, dass dadurch der Plantagenbetrieb, besonders der
Tabakbau erheblichen Schaden erlitt und auch in gesundheitlicher
Beziehung schwere Malariaerkrankungen in Erscheinung traten.
Andererseits machte sich gegen Ende des Jahres 1891 in der

Umgebung von Port Moresby eine ungewöhnliche Trockenperiode geltend, welche die Regierung veranlasste, den teilweise um ihre Ernte gekommenen, darbenden Eingeborenen mit Lebensmitteln zu Hülfe zu kommen, nachdem schon im Jahre 1886 der Regenmangel in dem gleichen Gebiet einen Notstand veranlasst hatte. Wenn auch in Neu-Guinea, wie bereits bemerkt, die Zeit des NW.-Monsunes die eigentliche Regenzeit bildet, so giebt es doch sehr augenfällige und bemerkenswerte Ausnahmen von dieser allgemeinen Regel. Dort, wo der SO.-Passat direkt auf Küstenstrecken trifft, die andererseits durch Gebirge gegen den NW.-Monsun geschützt sind und gleichsam im Windschatten desselben liegen, findet eine völlige Umkehrung der jahreszeitlichen Regenverteilung statt. So hat das westliche Küstengebiet des Huon-Golfes, wie wir aus den Beobachtungen im Finsch-Hafen, auf dem Sattelberg, in Simbang und auf den Tami-Inseln sehen, seine Hauptregenzeit um die Jahresmitte, während die Monate um die Jahreswende erheblich regenärmer sind. Es zeigt sich hier also auf kurze Entfernungen eine schroffe Umkehrung in der jährlichen Regenverteilung und diametrale Gegensätze in den Regenzeiten. Die gewaltigen im Norden vom Kaiser Wilhelms-Land sich erhebenden und bis zum Kap König Wilhelm und bis zum Huon-Golf auslaufenden Gebirgszüge halten die regenbringenden Winde aus nordwestlicher Richtung von den westlichen, Nord-Süd verlaufenden Küstengebieten des Huon-Golfes ab, während letztere dem über den offenen Ozean heranwehenden SO.-Passat, der an den Küstengebirgen zum Aufsteigen und zur Abgabe von Feuchtigkeit gezwungen wird, völlig frei ausgesetzt sind. Die Grenze dieser beiden Gebiete mit so entgegengesetzten Regenverhältnissen dürfte an der Küste in der Nähe des Festungs-Hukes zu suchen sein.

Aber nicht nur die jahreszeitliche Verteilung, sondern auch die Menge des jährlichen Niederschlages zeigt sich in Neu-Guinea sehr abhängig von den orographischen Verhältnissen der Umgebung der betreffenden Station.

So weist das Gebiet der Astrolabe-Ebene recht auffällige Verschiedenheiten in der jährlich fallenden Regenmenge auf, welche von dem Streichen der Küste und der Küstengebirge zur herrschenden Windrichtung abhängig sind. Die Gegend am Alexis-Hafen ist regenreicher als die am Friedrich Wilhelms-Hafen, diese wieder feuchter als die Gebiete von Konstantin-Hafen und Stephansort, weil anscheinend die Westküste der Astrolabe-Bai auch von dem

SO.-Passat mehr Regen empfängt, als die gegen denselben geschützter, mehr im Windschatten des Finisterre-Gebirges liegenden Gebiete von Stephansort und noch mehr die von Konstantin-Hafen. So weit die teilweise verschiedenen Beobachtungsperioden überhaupt einen Vergleich zulassen, ergiebt sich dieses Verhältnis auch aus folgenden Zahlen.

Die mittlere jährliche Regenmenge beträgt

    in Konstantin-Hafen . 3072 mm
    in Erima . . . . . . 3227 mm
    Stephansort . . . . 3340 mm
    in Friedrich Wilhelms-Hafen 3778 mm

In dem sehr regenreichen Jahr 1893 betrug die Jahresmenge des Niederschlages

    in Konstantin-Hafen . . . . 2982 mm
    in Erima . . . . . 3562 mm
    in Maraga[1]) . . . . 6558 mm
    in Jomba etwas mehr als . . . . 5575 mm
    in Friedrich Wilhelms-Hafen etwas mehr als 4596 mm

Es hat auch die praktische Erfahrung gelehrt, dass der dicht bei Friedrich Wilhelms-Hafen gelegene Pflanzungsbezirk Jomba schon deshalb für Tabaksbau geeigneter ist, wie die Gegend von Erima und Konstantin-Hafen, weil die verderblichen Trockenperioden, welche, wie wir oben bereits sahen, in einzelnen Jahren zur Zeit der Herrschaft des SO.-Passates sich in der Astrolabe-Ebene zeigen, dort viel weniger ausgeprägt auftreten. Die Erkenntnis dieser Thatsache beweist wieder einmal schlagend den grossen Nutzen sorgfältiger Regenmessungen für alle tropischen Pflanzungsunternehmungen.

Zu den regenreichsten Gebieten Kaiser Wilhelms-Lands gehört die Nordwestküste des Huon-Golfs. In Simbang fallen im Jahresdurchschnitt 4862 mm, auf dem Sattelberg 4560 mm und auf Tami 6553 mm. Das letzte Gebiet ist das regenreichste der ganzen Insel soweit die Beobachtungen reichen. Regenfälle von 1430 mm im Monat kommen hier vor.

Für die ganze Insel charakteristisch sind aber die verhältnismässig grossen Schwankungen der jährlichen Regenmenge, noch mehr aber die derselben Monate in verschiedenen Jahren. Während 1898 auf Tami im Monat August z. B. 1129 mm gemessen wurden, fielen 1896 im gleichen Monat nur 113 mm, also zehnmal weniger.

---

[1]) Ob die Beobachtungen in Maraga richtig sind, steht dahin, sie scheinen zu hoch zu sein.

Eine kurze Zusammenstellung der jahreszeitlichen Verteilung der Niederschläge von den verschiedensten Punkten, von denen Regenmessungen vorliegen, möge hier folgen:

	Dore-Hafen	Hatzfeldt-Hafen	Fr. Wilhelms-Hafen	Jomba	Maraga	Erima	Stephansort	Konstantin-Hafen	Finsch-Hafen	Sattelberg	Simbang	Tami	Port Moresby	Jauari	Mabudauan Tarn-Insel
	%	%	%	%	%	%	%	%	%	%	%	%	%	%	%
Dezember-Februar	36	38	29	26	30	36	40	40	9*	10*	12*	14*	30	14*	32
März-Mai	29	29	33	37	27	35	30	31	20	21	22	27	43	18	27
Juni-August	20	12*	15*	22*	18	11*	8*	10*	45	40	40	34	16	42	15*
September-Novbr.	15*	21	23	25	15*	28	22	19	26	29	26	25	11*	26	26
Jahressumme in mm	2145	2741	3778	5591	6558	3227	3340	3072	2730	4560	4862	6533	1261	3214	1893

Aus dieser Zusammenstellung geht hervor, dass die Südküste entschieden trockener ist als die Nordküste, dass Kaiser Wilhelms-Land zu den am besten mit Niederschlägen bedachten Teilen der Insel gehört und dass die jahreszeitliche Regenverteilung ausserordentlich wechselnd und je nach der örtlichen Lage verschieden ist. Jedenfalls kann nicht davon die Rede sein, dass die Regenzeit der Nordküste der der Südküste gerade entgegengesetzt ist.

Wie es im Innern der Insel mit der jahreszeitlichen Verteilung der Niederschläge steht, darüber besitzen wir fast gar keine Nachrichten. Für Kaiser Wilhelms-Land sind wir auf die spärlichen Wahrnehmungen angewiesen, welche von den wenigen ins Innere des Landes gedrungenen Expeditionen angestellt sind. Bei der ersten Befahrung der unteren Stromstrecke des Kaiserin Augusta-Flusses durch den Dampfer „Samoa" im April 1886 wurde Hochwasser gefunden. Bei der zweiten Befahrung des Stromes Ende Juli und Anfang August 1886 wurde an den Hochwassermarken ein inzwischen eingetretenes Fallen des Flusses um 6—7 m festgestellt. Bei der Befahrung des Stromes im Jahre 1887 durch die wissenschaftliche Expedition unter Dr. Schrader ergab sich für die Zeit von Ende Juni bis Anfang November, während welcher Zeit die Expedition in dem Stromgebiete verweilte, dass im Juli diesmal noch volle Regenzeit herrschte, es fiel namentlich nachts sehr viel Regen mit zahlreichen Gewittern, im August machte sich der Übergang der Regenzeit in Trockenzeit geltend, abends traten aber noch häufig Gewitter ein. Während in den ersten zehn Tagen des Juli der Strom noch um 3 m gestiegen war, fiel er später langsam. Am „Malu-Lager" am mittleren Stromlauf schwankte der Stromspiegel vom 22. August bis 4. Oktober um 3,5 m.

Durch die Augusta-Fluss-Expedition unter Dr. Schrader besitzen wir die einzigen längeren und zuverlässigen Witterungsbeobachtungen aus dem Innern von Kaiser Wilhelms-Land. In dem sog. „Malu-Lager" (unter 4° 11′ S. 142° 56′ O.) verweilte die Expedition über zwei Monate, von Ende August bis Anfang November 1887. Da die Ergebnisse dieser Beobachtungen bisher noch nicht veröffentlicht sind, gehen wir hier etwas näher auf sie ein.

Im Juli und August wurden an verschiedenen Punkten teils unterhalb, teils oberhalb des Malu-Lagers, teils an diesem selbst in Bezug auf die Niederschlagsverhältnisse folgende Ergebnisse gewonnen:

Anzahl der Tage mit

1887	Regen	Gewittern	nur Wetterleuchten
Juli	19	13	7
August	11	13	7

Im Juli waren die Regenfälle vielfach noch sehr heftig, im August weniger stark.

Die Luftbewegung war im allgemeinen sehr gering. Morgens und abends herrschte meistens Windstille, tagsüber ganz schwache SW.–NW. Winde, sehr selten nordöstliche Winde.

1887	Lufttemperatur						Bewölkung				Regenmenge in mm			Zahl der Tage mit		
	7 a.	2 p.	9 p.	Mittel	Mittleres Max.	Mittleres Min.	Absolutes Max.	Absolutes Min.	7 a.	2 p.	9 p.	Mittel	7 a	9 p.	Summa	Regen	Gewitter	nur Wetterleuchten
Sept.	24.3°	30.0°	25.2°	26,2°	—	—	—	—	8.2	6.6	7.9	7.6	(140.1)	(62.2)	202.3[¹]	23	10	6
Okt.	23.9°	30.1°	25.2°	27.1°	30.8°	23.1°	32.8°	20.2°	7.9	5.8	6.4	6.7	92.7	75.1	167.8	18	14	7

In Hatzfeldt-Hafen an der Küste ergaben die gleichzeitigen Beobachtungen folgende Resultate:

| Sept. | 24.1° | 30.3° | 24.7° | 25.9° | — | — | — | — | 6.9 | 6.9 | 5.2 | 6.3 | — | — | 145 | 9 | 4 | 10 |
| Okt. | 24.3° | 30.3° | 24.7° | 26.0° | 32.0° | 21.5° | 33.5° | 19.7° | 6.4 | 5.2 | 4.4 | 5.3 | — | — | 149 | 12 | 7 | 3 |

Der Stromspiegel stieg vom 28. August nach den täglichen Messungen an dem aufgestellten Pegel von 40 cm bis zum 24. September – in den ersten Wochen sehr rasch – bis auf 475 cm, also um über 4 m, fiel dann ziemlich stetig bis zum 21. Oktober auf 225 cm und war am 5. November, wo die Beobachtungen abgebrochen werden mussten, wieder auf 294 cm gewachsen.

Diese Messungen deuten darauf hin, dass im Flussgebiet dieses

[¹] Die Regenmessungen begannen erst am 8. September. Da während der ersten sieben Tage jeden Tag zum Teil sehr starker Regen fiel, betrug die Gesamtregenmenge des Monats sicher über 300 mm.

Stromes um diese Jahreszeit, wenigstens im Jahre 1887, von einer auch nur relativen Trockenzeit kaum die Rede sein kann, höchstens der August könnte als solche angesehen werden. Dafür würde auch der Umstand sprechen, dass Ende August im meteorologischen Tagebuch einige Male „Dunst", „Höhenrauch" und „rote Sonne" notiert sind. Nach den Erfahrungen aus anderen Tropengebieten würde dieser Zustand durch Gras- und Waldbrände erzeugt sein, die naturgemäss nur in der trockensten Jahreszeit von den Eingeborenen für ihre Feldwirtschaft vorgenommen werden.

Die Erfahrungen der Ramu-Expedition unter Dr. Lauterbach in den Monaten Juni—August des Jahres 1896 zeigten, dass im Hinterland der Astrolabe-Bai, während an der Küste gerade eine recht ausgesprochene Trockenperiode herrschte, ziemlich viel Regen, fast ausnahmslos in den Nachmittags- und Nachtstunden fiel, der zeitweilig sehr heftig und nicht selten von Gewittern begleitet war. Der SO.-Passat machte sich deutlich geltend.

Während der zweiten Ramu-Expedition von Mitte April bis Anfang September 1898 wurde im April Hochwasser gefunden, weiterhin stieg und fiel der Flussspiegel unregelmässig, das Fallen wog jedoch vor. Vom 9. bis 15. August stieg der Fluss plötzlich um 3.3 m, um dann bis zum 24. um 2.7 m zu fallen. Regen und Gewitter waren nicht selten.

Fasst man das Ergebnis dieser Wahrnehmungen zusammen, so erhellt, dass im Flussgebiete dieser beiden grössten Ströme des Kaiser Wilhelms-Landes jedenfalls auch keine ausgeprägten Trockenzeiten vorkommen, dass die Hauptregenzeit aber in die erste Jahreshälfte fällt, dass jedoch in den Gebirgsgegenden, aus denen diese Ströme ihren Ursprung nehmen, auch in der regenärmeren Jahreszeit zeitweilig gewaltige Regengüsse niedergehen müssen, welche selbst während des niedrigeren Wasserstandes zeitweilig bedeutende Anschwellungen desselben veranlassen, so dass derselbe ein sehr unregelmässiger und wechselhafter ist.

Eigentümlich für die Nordostküste von Neu-Guinea ist die Thatsache, dass der meiste Regen nachts fällt. Schon der russische Forscher Maclay, der zu zwei verschiedenen Malen längeren Aufenthalt an der Astrolabe-Bai nahm, fand, dass in dem Beobachtungsjahre 1871/72 nur 33 mal bei Tage Regen gefallen war, dagegen 128 mal bei Nacht. Im Mittel aus durchschnittlich drei Jahren stellt sich die Verteilung des Regenfalles bei Tag und bei Nacht wie folgt:

	Fr. Wilhelms-H.	Erima	Stephansort	Konstantin-H.	Sattelberg	Simbang	Tami
Regenfall b. Tage	11%	10%	18%	25%	42%	36%	36%
Regenfall b. Nacht	89%	90%	82%	75%	58%	64%	64%

Im Bismarck-Archipel ist dagegen das Verhältnis umgekehrt, dort fällt etwa 55% bei Tage und 45% bei Nacht. Während für gewöhnlich die Regenfälle in kurzen, mehr oder weniger starken Güssen niedergehen, kommen auch zuweilen Perioden vor, in denen der Regen fast ununterbrochen mehrere Tage hindurch fällt. So regnete es vom 24. Juni bis 7. Juli 1896 an den Stationen des Huon-Golfes fast ununterbrochen Tag und Nacht, nicht in kräftigen Güssen, sondern als dünner Rieselregen, der nur ungefähr alle halben Stunden von 1—2 Minuten langen, kräftigen Schauern unterbrochen wurde.

Gewitter sind im Küstengebiet von Kaiser Wilhelms-Land für tropische Verhältnisse nicht häufig. Man kann nach der vorhandenen Statistik, die aber hier und da vielleicht nur die näheren Gewitter berücksichtigt hat, an der Küste von Kaiser Wilhelms-Land auf 50—60 Gewittertage im Jahre rechnen und ausserdem auf 40—80 Tage mit blossem Wetterleuchten.

Eigentümlich ist, dass an der Küste, einerlei ob die Hauptregenzeit auf die Jahreswende oder in die Jahresmitte fällt, die Gewitter übereinstimmend in den Monaten Mai bis September am seltensten sind. Nachtgewitter sind überall viel häufiger als solche bei Tage, sie kommen am häufigsten aus nordwestlicher bis nordöstlicher Richtung.

Ihre Stärke ist im allgemeinen an der Küste gering. Im Innern des Landes scheinen sie wesentlich häufiger zu sein und zwar zu allen Jahreszeiten, wie die Erfahrungen der oben erwähnten Flussexpedition lehren. Dort scheinen die die Gewitter begleitenden stürmischen Winde zuweilen auch von grosser Heftigkeit zu sein. So beobachtete die Kaiserin Augusta-Fluss-Expedition am 2. Juli 1887 ein Gewitter mit so starken Böen, dass in den Wäldern am Strom ganze Reihen starker Bäume geknickt waren.

Erdbeben sind im Kaiser Wilhelms-Land nicht allzuhäufig, an der Astrolabe-Bai wiederum seltener und meist weniger stark wie in der Nachbarschaft von Finschhafen, jedenfalls nicht so stark und häufig wie auf der vulkanischen Gazelle-Halbinsel Neu-Pommerns. Da die Erdbeben erfahrungsmässig sehr häufig nachts auftreten, entziehen sie sich deshalb auch nicht selten, besonders wenn sie schwach sind, der Wahrnehmung. In der Astrolabe-Ebene wird man nach den Erfahrungen der Jahre 1894–97 durchschnittlich auf 6 Erderschütterungen merklicherer Art im Jahre zu rechnen haben, im Gebiet von Finschhafen auf etwa 20.

Zum Schlusse lassen wir noch eine Zusammenstellung der Ergebnisse aller seit der deutschen Besitzergreifung in Kaiser Wilhelms-Land an den ständigen Stationen vorgenommenen Regenmessungen auf Grund einer erneuten Revision derselben an der Hand der Originaltabellen — welchen auch einige Ergänzungen entnommen sind — und unter Beseitigung einiger in früheren Veröffentlichungen vorhandener Irrtümer und Druckfehler folgen. Die infolge irgendwelcher Umstände lückenhaften Monatsummen des Regenfalles sind in den nachfolgenden Tabellen in *cursiv* gedruckt. Der Wert dieser Zahlen ist, wie bereits eingangs erwähnt, bei dem häufigen Wechsel der Beobachter wohl allerdings ein sehr verschiedener. Es ist aber nachträglich sehr schwer, die Spreu von dem Weizen zu trennen, da gute und minderwertige Monatsbeobachtungen mit Ausnahme an den Missionsstationen, wo durchgehend gewissenhaft beobachtet ist, mit einander wechseln. Im allgemeinen dürfte das Mittel aus den Beobachtungsreihen den thatsächlichen Verhältnissen ziemlich nahe kommen. Nur die an sich kurze Beobachtungsreihe von Maraga giebt zu schweren Bedenken Anlass. Vielleicht ist hier mit einem unrichtigen Messglas beobachtet worden.

Hatzfeldt-Hafen.

	Januar	Februar	März	April	Mai	Juni	Juli	August	September	Oktober	November	Dezember	Jahr
Regenmenge in mm													
1886	—	—	—	189	109	44	103	44	29	153	142	294	—
1887	191	378	52	285	221	82	177	13	145	149	210	238	2141
1888	237	295	336	626	28	37	66	10	2	0	273	271	2181
1889	476	507	340	*294*	105	39	168	59	158	206	476	*441*	*3269*
1890	622	219	290	289	160	109	—	136	84	286	433	251	—
1891	515	—	—	540	126	166	381	276	295	—	—	—	—
Mittel	408	350	255	371	125	79*	179	90	119	159	307	299	2741
Zahl der Regentage													
1886	—	—	21	16	12	7	10	9	4	11	13	18	—
1887	15	19	13	19	14	9	14	6	9	12	12	12	154
1888	20	15	25	20	6	3	—	—	1	0	9	4	—
1889	15	15	11	7	15	7	10	11	12	13	16	—	—
1890	19	16	15	14	7	9	—	11	7	14	14	12	—
1891	17	—	—	16	8	2	16	18	17	—	—	—	—
Mittel	17	16	17	15	10	6	12	11	8	10	13	12	147

— 31 —

Friedrich Wilhelms-Hafen.

Regenmenge in mm

	Januar	Februar	März	April	Mai	Juni	Juli	August	September	Oktober	November	Dezember	Jahr
1891	—	—	—	—	—	—	—	—	—	—	—	371	—
1892	485	—	524	186	158	—	—	162	234	328	842	431	—
1893	194	323	317	449	594	474	340	249	381	269	429	577	4596
1894	242	427	279	396	397	242	178	180	132	254	373	243	3343
1895	352	418	349	488	421	130	53	23	123	296	251	619	3523
1896	362	330	379	544	415	75	188	151	87	130	366	—	—
1897	283	431	487	563	198	57	—	219	122	262	—	—	—
1898	398	119	432	845	265	129	136	316	43	—	—	—	—
Mittel	331	341	395	496	350	184	179	186	160*	256	452	448	3778

Zahl der Regentage

	Januar	Februar	März	April	Mai	Juni	Juli	August	September	Oktober	November	Dezember	Jahr
1891	—	—	—	—	—	—	—	—	—	—	—	20	—
1892	21	—	17	12	13	—	—	16	17	18	25	24	—
1893	12	20	17	22	26	18	19	15	16	—	17	19	—
1894	17	21	19	26	24	22	22	18	21	15	27	21	253
1895	27	26	22	21	24	14	7	6	12	19	19	28	225
1896	23	21	28	26	24	13	13	11	7	10	11	—	—
1897	25	27	26	21	11	12	9	9	13	19	—	—	—
1898	26	21	31	29	30	19	18	21	8	—	—	—	—
Mittel	22	23	23	22	22	16	15	14	13	16	20	22	228

Jomba.

Regenmenge in mm

	Januar	Februar	März	April	Mai	Juni	Juli	August	September	Oktober	November	Dezember	Jahr
1892	—	350	—	126	—	—	—	—	—	—	—	467	—
1893	276	390	368	450	746	504	356	280	462	431	514	798	5575
1894	366	746	483	565	664	674	—	—	—	—	—	—	—
Mittel	321	495	425	380	705	589	356	280*	462	431	514	633	5594

Zahl der Regentage

	Januar	Februar	März	April	Mai	Juni	Juli	August	September	Oktober	November	Dezember	Jahr
1892	—	14	—	11	—	—	—	—	—	—	—	18	—
1893	13	18	16	13	16	21	20	15	22	21	22	21	218
1894	15	20	20	20	19	23	—	—	—	—	—	—	—
Mittel	14	17	18	15	17	22	20	15	22	21	22	20	223

Maraga.

Regenmenge in mm

	Januar	Februar	März	April	Mai	Juni	Juli	August	September	Oktober	November	Dezember	Jahr
1892	—	—	—	—	—	—	—	—	—	481	682	655	—
1893	464	504	519	694	528	600	568	258	474	331	912	676	6558
1894	652	980	684	580	489	55	—	—	—	—	—	—	—
Mittel	558	742	616	637	509	328	568	258*	474	406	797	665	6558

	Januar	Februar	März	April	Mai	Juni	Juli	August	September	Oktober	November	Dezember	Jahr
					Zahl der Regentage								
1892	—	—	—	—	—	—	—	—	—	16	18	22	—
1893	18	15	22	19	17	13	18	9	13	8	16	19	187
1894	22	18	12	18	16	5	—	—	—	—	—	—	—
Mittel	20	16	17	19	16	9	18	9	13	12	17	21	187

Erima.

Regenmenge in mm

	Januar	Februar	März	April	Mai	Juni	Juli	August	September	Oktober	November	Dezember	Jahr
1891	—	—	—	—	—	—	—	338	88	208	—	223	—
1892	—	—	—	—	—	—	—	—	—	—	—	384	—
1893	185	294	432	376	271	244	212	165	122	270	534	457	3562
1894	540	292	197	365	292	72	143	73	83	84	395	429	2965
1895	333	385	338	451	218	62	16	14	87	130	164	408	2606
1896	395	—	—	—	—	—	—	—	—	—	—	—	—
1897	—	686	795	310	—	55	146	0	90	107	277	348	—
1898	504	330	458	482	360	99	99	153	21	—	—	—	—
Mittel	391	397	444	397	285	106	123	124	82*	160	343	375	3227

Zahl der Regentage

	Januar	Februar	März	April	Mai	Juni	Juli	August	September	Oktober	November	Dezember	Jahr
1891	—	—	—	—	—	—	—	22	17	17	—	28	—
1892	—	—	—	—	—	—	—	—	—	—	—	29	—
1893	23	25	30	24	26	13	12	9	8	8	16	23	217
1894	28	16	18	22	19	7	15	11	7	6	20	20	189
1895	16	22	20	15	12	12	3	5	9	8	14	15	151
1896	17	—	—	—	—	—	—	—	—	—	—	—	—
1897	—	24	21	9	—	3	6	0	2	10	19	12	—
1898	21	17	19	17	12	7	10	11	2	—	—	—	—
Mittel	21	21	21	17	17	8	9	10	7	10	17	21	179

Konstantin-Hafen.

Regenmenge in mm

	Januar	Februar	März	April	Mai	Juni	Juli	August	September	Oktober	November	Dezember	Jahr
1886	—	—	—	—	—	—	—	105	125	367	313	358	—
1887	286	693	551	333	293	106	291	55	174	133	267	403	3585
1888	284	205	876	583	50	3	85	11	29	66	103	171	2416
1889	368	388	—	178	225	72	126	41	131	162	114	409	—
1890	358	440	392	266	103	187	—	90	189	390	—	409	—
1891	395	460	—	426	102	—	296	178	65	259	209	262	—
1892	800	540	266	196	209	167	20	148	145	203	472	464	3625
1893	326	566	284	260	142	182	201	46	131	94	264	486	2982
1894	810	231	338	340	351	144	37	24	31	50	517	559	3432
1895	448	243	445	196	165	54	12	9	109	232	208	471	2492
1896	207	384	—	—	—	—	—	—	—	—	—	—	—
Mittel	428	415	450	309	182	114	127	70*	108	196	274	399	3072

— 33 —

Zahl der Regentage

	Januar	Februar	März	April	Mai	Juni	Juli	August	September	Oktober	November	Dezember	Jahr
1886	—	—	—	—	—	—	—	11	12	17	19	19	—
1887	13	20	20	20	19	9	14	4	14	12	18	17	179
1888	25	23	30	25	7	4	4	2	3	5	9	9	146
1889	25	20	—	7	12	2	5	6	6	16	12	22	—
1890	19	18	16	9	3	5	—	7	6	15	—	12	—
1891	17	19	—	25	17	—	16	16	8	26	22	20	—
1892	27	23	17	6	7	6	3	8	8	8	13	13	139
1893	21	19	21	16	15	10	12	4	8	7	12	19	164
1894	19	14	9	15	11	4	4	5	4	5	20	19	129
1895	21	15	15	19	21	15	8	6	12	12	14	17	175
1896	10	14	—	—	—	—	—	—	—	—	—	—	—
Mittel	20	20	16	16	12	7	8	7	8	12	15	17	158

Stephansort.
Regenmenge in mm

	Januar	Februar	März	April	Mai	Juni	Juli	August	September	Oktober	November	Dezember	Jahr
1892	—	—	349	—	—	—	—	—	—	—	—	667	—
1893	—	332	435	373	124	—	—	107	132	215	648	565	—
1894	806	418	292	280	234	101	57	58	78	104	361	379	3168
1895	485	413	425	322	344	126	19	21	105	142	194	456	3052
1896	366	416	549	272	281	58	16	65	119	134	292	393	2961
1897	389	490	582	315	96	185	114	156	337	314	665	328	3971
1898	411	214	—	428	224	—	183	52	11	—	—	—	—
Mittel	491	381	439	332	217	117	78	76*	130	182	432	465	3340

Zahl der Regentage

	Januar	Februar	März	April	Mai	Juni	Juli	August	September	Oktober	November	Dezember	Jahr
1892	—	—	23	—	—	—	—	—	—	—	—	28	—
1893	—	21	16	11	12	—	—	5	7	7	13	24	—
1894	25	19	21	22	18	14	15	14	9	8	21	24	210
1895	24	19	24	14	14	10	5	8	8	8	11	14	159
1896	19	17	23	20	11	9	4	4	4	9	12	16	148
1897	17	20	28	19	21	19	13	11	9	12	18	14	201
1898	19	13	—	16	11	—	8	5	4	—	—	—	—
Mittel	21	17	22	17	14	13	9	8	7	9	15	20	172

Finsch-Hafen.
Regenmenge in mm

	Januar	Februar	März	April	Mai	Juni	Juli	August	September	Oktober	November	Dezember	Jahr
1886	—	—	—	—	—	151	660	459	141	229	209	64	—
1887	19	226	61	35	184	313	339	781	479	144	221	58	2860
1888	90	24	182	332	262	186	473	149	288	201	183	68	2338
1889	192	94	121	147	506	449	746	587	439	320	152	183	3936
1890	26	33	134	138	151	393	141	347	205	214	69	71	1922
1891	47	—	—	—	—	—	—	—	—	—	—	—	—
Mittel	75*	94	124	138	276	298	472	465	310	222	167	89	2730

— 34 —

Zahl der Regentage

	Januar	Februar	März	April	Mai	Juni	Juli	August	September	Oktober	November	Dezember	Jahr
1885	—	—	—	—	—	—	—	—	—	—	—	22	—
1886	13	7	14	—	—	15	14	21	15	16	19	16	—
1887	4	16	12	8	20	20	23	26	28	15	19	13	204
1888	14	7	16	16	14	22	22	14	18	14	11	6	174
1889	12	7	8	11	23	13	18	19	11	13	7	14	158
1890	9	8	6	15	7	11	14	13	13	11	6	6	119
1891	5	—	—	—	—	—	—	—	—	—	—	—	—
Mittel	9	9	11	13	16	16	18	19	17	14	12	11	165

Simbang.

Regenmenge in mm

	Januar	Februar	März	April	Mai	Juni	Juli	August	September	Oktober	November	Dezember	Jahr
1894	—	—	—	—	—	—	—	—	312	199	354	220	—
1895	103	111	86	184	660	901	661	552	842	645	513	192	5450
1896	142	16	220	343	662	476	420	397	354	363	685	229	4307
1897	78	132	290	640	502	901	559	670	524	243	216	160	4915
1898	74	10	141	282	314	—	—	1001	219	—	—	—	—
Mittel	99	67*	184	362	535	759	547	655	450	362	442	400	4862

Zahl der Regentage

	Januar	Februar	März	April	Mai	Juni	Juli	August	September	Oktober	November	Dezember	Jahr
1894	—	—	—	—	—	—	—	—	18	16	23	13	—
1895	13	18	14	20	23	27	27	25	20	20	18	17	242
1896	17	6	20	25	27	24	27	22	24	16	16	16	240
1897	11	19	21	20	24	27	21	25	24	15	17	19	243
1898	13	7	18	18	13	—	—	23	15	—	—	—	—
Mittel	13	13	18	21	22	26	25	24	20	17	18	16	233

Tami.

Regenmenge in mm

	Januar	Februar	März	April	Mai	Juni	Juli	August	September	Oktober	November	Dezember	Jahr
1896	—	54	422	364	665	630	488	143	368	827	705	571	—
1897	304	396	641	915	981	1240	596	506	502	348	460	364	7253
1898	161	170	229	596	457	588	1130	1429	476	—	—	—	—
Mittel	233	207*	431	625	701	819	738	693	449	587	583	467	6533

Zahl der Regentage

	Januar	Februar	März	April	Mai	Juni	Juli	August	September	Oktober	November	Dezember	Jahr
1896	—	8	22	15	26	27	25	17	22	23	23	23	—
1897	17	23	25	25	28	30	—	—	—	—	24	26	—
1898	11	10	17	22	23	26	30	27	19	—	—	—	—
Mittel	14	17	21	21	26	28	27	22	21	23	23	24	267

Sattelberg.

Regenmenge in mm

	Januar	Februar	März	April	Mai	Juni	Juli	August	September	Oktober	November	Dezember	Jahr
1894	—	—	—	—	—	—	—	—	—	261	286	273	—
1895	130	114	215	213	600	1011	520	475	817	410	266	251	5022
1896	115	48	178	401	868	452	946	365	421	717	263	175	4949
1897	124	164	389	627	353	880	469	660	781	202	259	208	5116
1898	88	81	137	226	159	216	759	—	—	—	—	—	—
Mittel	114	102*	105	367	495	640	671	500	673	397	269	227	4560

Zahl der Regentage

	Januar	Februar	März	April	Mai	Juni	Juli	August	September	Oktober	November	Dezember	Jahr
1894	—	—	—	—	—	—	—	—	—	15	21	20	—
1895	20	21	22	22	27	28	29	25	26	25	21	20	286
1896	21	13	24	21	27	23	27	23	20	22	15	16	252
1897	14	14	24	23	25	28	23	24	21	15	23	22	256
1898	23	18	24	24	15	26	26	—	—	—	—	—	—
Mittel	20	17	23	23	24	26	26	24	22	19	20	19	263

V. Das Pflanzenkleid und die Nutzpflanzen Neu-Guineas.

Von Prof. Dr. O. Warburg.

Die Vegetation Neu-Guineas ist eine überaus reiche; nur wenige Gebiete des Tropengürtels dürften in der Lage sein, in Bezug auf Mannigfaltigkeit der pflanzlichen Formen und Grossartigkeit der Verhältnisse einen Wettkampf mit Neu-Guinea aufzunehmen, in Asien wohl nur Borneo, Sumatra und die malayische Halbinsel, in Afrika vielleicht Kamerun und Gabun, in Amerika das Amazonas-Gebiet und möglicherweise Zentralamerika. Ein anderer hervorstechender Charakterzug der Botanik dieser Insel ist die grosse Zahl der für dieselbe eigentümlichen Florenelemente, eine Folge der offenbar alt-isolierten Lage Neu-Guineas.

Nichts erläutert diese alte Absonderung deutlicher als ein Vergleich des Pflanzenkleides mit demjenigen des nördlichen Australiens, beispielsweise mit der noch am meisten tropische Verhältnisse zeigenden Kolonie Queensland. Schon der unbefangene und nicht mit botanischen Kenntnissen ausgerüstete Besucher findet sich wie in eine andere Welt versetzt, wenn er z. B. von der Astrolabe-Bai nach Cooktown reist: dort verlässt er ein Land, das völlig mit dichtem tropischen Urwald bedeckt ist, der, nur hier und da durch ein kleines Fleckchen Grasland unterbrochen, der Landschaft ein ungemein ernstes Gepräge verleiht; in Cooktown findet er die weite Eucalyptus-Savanne, eine unendliche Graslandschaft mit hellblättrigen, wenig Schatten werfenden Bäumen meist ziemlich dicht besät und scheinbar waldartig, nur an den feuchten Abhängen der Berge sowie in den Thalsohlen durch düsteren Hochwald schroff unterbrochen.

So scharf freilich, wie dem Laien dieser Unterschied zu sein scheint, ist er in Wirklichkeit doch nicht, denn auch auf Neu-Guinea findet sich offenes, mit Eucalyptus bedecktes Grasland, wenn auch, soweit bisher bekannt, in nur relativ beschränkter Ausdehnung an der Südseite der Insel, dort, wo der regenbringende Südostpassat durch die gegenüberliegende York-Halbinsel stark abgedämpft die Insel erreicht. Aber auch dann muss der gewaltige Unterschied zwischen Australien und Neu-Guinea auffallen, wenn man Gleiches mit Gleichem vergleicht, wenn man die australische Savanne der Neu-Guinea-Savanne, den australischen Urwald dem Neu-Guinea-Urwald gegenüberstellt.

Die australische Savanne, auch die Nord-Queensländer, ist nicht nur in Bezug auf ihre relative Verbreitung der Savanne in Neu-Guinea weit überlegen, sondern auch der Reichtum der sie zusammensetzenden Pflanzenarten ist unendlich viel grösser. Von wirklichen Botanikern hat freilich noch niemand die Savannen in Neu-Guinea durchforscht, aber immerhin lässt die Sammlung des italienischen Reisenden d'Albertis vom Fly-River und diejenige des englischen Gouverneurs Mac Gregor vom Mai-Kussa oder Baxter-River, einem der Deltaarme des Fly-River, die Verhältnisse dort schon genügend erkennen. Drei Eucalyptus-Arten und ebensoviele Akazien, die sämtlich zu der Gruppe gehören, bei der die Blattfunktion durch die blattartig verbreiterten Blattstiele *(Phyllodien)* übernommen wird, setzen im grossen und ganzen den Baumwuchs der Neu-Guinea-Savanne zusammen; von den Akazien ist die eine nicht sicher bestimmbar, während die anderen *(A. Simsii* und *holosericea)* australische Arten sind; von den Eucalyptus-Arten sind gleichfalls mindestens zwei *(E. tereticornis* und *terminalis)* australische Formen und die dritte *(E. papuana)* steht einer australischen Art *(E. clavigera)* wenigstens ungemein nahe; ebenso ist die Busch- und Krautvegetation der Savannen fast durchweg australisch,[1]) sie besteht so gut wie ausschliesslich aus gemeinen Pflanzen des nördlichsten

---

[1]) Bisher sind von dieser Vegetation bekannt geworden die Myrtaceen *Metrosideros paradoxa, Tristania suaveolens, Melaleuca symphyocarpa, Fenzlia obtusa,* die Rutacee *Halfordia drupifera,* die Proteacee *Banksia dentata,* die Polygonaceen *Muehlenbeckia rhyticarpa* und *gracillima,* die Papilionacee *Kennedya retusa,* ein australischer Sonnentau *Drosera petiolaris,* die Loganiaceen *Mitrasacme elata,* die Apocynee *Alyxia spicata,* die Liliaceen *Xerotes Banksii* und *Schelhammera multiflora,* die Haemodoracee *Haemodorum coccineum,* sowie das Gras *Eriachne squarrosa.*

Australiens, besonders der York-Halbinsel. Es ist bei der geringen Breite der Torres-Strasse und den die Hälfte des Jahres vorherrschenden Südostpassatwinden, die über die York-Halbinsel hinüberstreichen, bevor sie diese Savannengegend in Neu-Guinea berühren, kein Wunder, dass australische Pflanzen an der Besiedelung der neuen Deltagebiete des Fly-River teilnehmen. Diese Wanderung wird dazu noch erleichtert durch die in der Torres-Strasse liegenden Inseln, die, wie Verf. der Augenschein lehrte, floristisch durchaus zu Australien gehören.[1]) Diese ganze Savannenformation des Fly-Riverdeltas ist also als ein australischer Eindringling anzusehen, es sind lauter ursprünglich landfremde Formen, wie es scheint, ohne intensivere Beimischung der Neu-Guinea ureigenen Elemente.[2])

Auch ausserhalb dieses Savannengebietes haben einige australische Formen ihren Weg nach Neu-Guinea gefunden, aber wenn man von den Bewohnern höherer Berggipfel (der sog. alpinen Vegetation) absieht, ausschliesslich in den küstennahen Gegenden von Britisch Neu-Guinea, und zwar meist an Lokalitäten, wo Windrichtung und Nähe Australiens diese Einwanderung sehr begünstigt. Die Zahl der australischen Formen daselbst ist aber so gering,[3])

---

[1]) Verf. besuchte die Thursday-Insel, deren Vegetation aus Grasflächen, Eucalyptus-Savannen und etwas australischem Buschwald besteht, aber auch die nördlicher gelegene Jervis-Insel scheint eine ähnliche Flora zu besitzen, wie die von Chalmers dort gesammelten Pflanzen *Hybanthus enneaspermus, Stackhousia viminea, Candollea uliginosa* zeigen.

[2]) Wahrscheinlich zu dieser Formation gehört auch das Neu-Guinea-Sandelholz, dessen botanische Abstammung wir zwar noch nicht kennen, dessen Ausfuhr aber eine bedeutende ist: 1894/95 wurde noch nichts exportiert, 1895/96 etwa für 80 000 Mark, 1896/97 für 46 000 Mark, ausschliesslich aus Britisch Neu-Guinea.

[3]) Ich vermochte nur folgende ausfindig zu machen, fast sämtlich nach den Bestimmungen von F. v. Müller, des bis vor kurzem besten Kenners der australischen Flora, so dass diese Angaben zuverlässig sind: *Arthropodium strictum, Hypoxis hygrometrica, Chionachne cyathopoda, Deeringia altissima, Euxolus interruptus, Polycarpaea spirostylis, Grevillea gibbosa* (Stricklandriver), *Mollinedia Huegeliana* (nach Perkins Arbeit wohl kaum richtig), *Eupomatia laurina, Capparis quinifolia, Psoralea Archeri, Hibiscus Notho-Manihot, Cochlospermum Gillivrayi, Pimelea cornucopiae, Panax Murrayi, Modecca australis, Jasminum aemulum, Maesa haplobotrys, Clerodendron Tracyanum, Gmelina macrophylla, Josephinia grandiflora, Oldenlandia auricularia, Gymnanthera nitida, Vittadinia brachycomoides.* In der Sammlung von d'Albertis vom Fly-River ist noch von australischen Waldpflanzen *Elaeocarpus arnhemicus*, die Araliacee *Kissodendron australianum*, sowie die Palme *Kentia Wendlandiana* gefunden worden; fügen wir hierzu noch die in der Owen Stanley-Kette gefundenen Bergpflanzen australischer Herkunft, *Epilobium pedunculare, Galium australe, Lagenophora Billar-*

dass es jeden, der die Wanderungsfähigkeit der Pflanzen kennt, im höchsten Grade wundernehmen muss. Es ist dies in der That eine der **auffallendsten** pflanzengeographischen Erscheinungen, die sich nur durch die Macht des tropischen Urwaldes erklären lässt, alles schonungslos zu vernichten, was sich nicht den Lebensbedingungen des Hochwaldes anzupassen, was sich demnach nicht in die Pflanzengemeinschaft des Urwaldes einzufügen vermag; mit zunehmender Kultur und Waldausrottung in Britisch Neu-Guinea wird es schon bald anders werden, da Vögel und Wind gewiss täglich Samen von Australien herüberführen und da die klimatischen Verhältnisse der York-Halbinsel und der gegenüberliegenden Küste Neu-Guineas kaum sehr verschieden sind.

Welch' einen Gegensatz zu der Savannenflora zeigt die Hoch- oder **Urwaldflora** Neu-Guineas und Australiens. Unendlich überwiegt in Bezug auf Pflanzenreichtum und -Arten unsere Insel das nördliche Australien; trotzdem dieser Kontinent weit besser erforscht ist, ist das Pflanzenkleid des australischen Tropenwaldes geradezu dürftig im Vergleich zu der überwältigenden Fülle der Arten in Neu-Guinea. Aber ein wesentlicher Unterschied gegenüber den Savannen zeigt sich hier. Der Hochwald Queenslands ist durchaus kein Abklatsch und noch weniger ein Extrakt desjenigen Neu-Guineas, sondern er ist trotz relativer Armut überaus reich an eigenen Formen; der grössere Teil der echten Urwaldarten ist streng australisch, nur ganz einzelne dieser doch immer Hunderte von Baumarten sind gleichzeitig auch in Neu-Guinea vorhanden; ja geht man die diesen beiden Gebieten gemeinsamen Arten im einzelnen durch, so findet man zu seinem Erstaunen in den meisten Fällen, dass es Arten sind mit überaus weiter Verbreitung vom malayischen Archipel, grossenteils sogar solche, deren Früchte eine besondere Schwimmfähigkeit besitzen (z. B. *Cynometra ramiflora, Aleurites triloba, Parinarium Griffithianum*), um von den wirk-

---

dierii, Styphelia montana, Euphrasia Brownii, Myosotis australis, Sisyrinchium pulchellum, Astelia alpina, Carpha alpina, Carex fissilis, Uncinia riparia, Uncinia Hookerii, Agrostis montana, Danthonia penicillata, Festuca pusilla, sowie die wenigen in Deutsch Neu-Guinea gefundenen bis auf die beiden Gräser wohl sicher nicht richtig bestimmten australischen Arten (*Faradaya splendida, Smilax australis, Dianella coerulea, Leptaspis Banksii, Paspalum parciflorum*), so haben wir so gut wie sämtliche in Neu-Guinea bisher entdeckte ausschliesslich australische Arten aufgezählt, 62 an Zahl, eine geringe Menge gegenüber den ausschliesslich mit dem malayischen Archipel gemeinsamen Arten.

lichen Bestandteilen des Küstenwaldes (*Barringtonia speciosa, Hibiscus tiliaceus, Thespesia populnea, Heritiera litoralis* etc.), sowie der Mangrove-Vegetation, die selbstverständlich an beiden Küsten so gut wie identisch ist, völlig zu schweigen. Wohl kaum eine der im tropischen Urwald Australiens vorkommenden Baumgattungen ist daselbst reichlicher vertreten als in Neu-Guinea, die meisten in vielfach geringerer Artenzahl; charakteristisch ist z. B. die Gattung *Myristica*, welche die Muskatnüsse des Handels liefert; gegenüber ein bis zwei australischen Arten sind von Neu-Guinea schon über 30 Arten bekannt, dazu noch drei sonst hauptsächlich im malayischen Gebiet vorkommende Myristicaceen-Gattungen, die in Australien gänzlich fehlen.[1]

[1] Ebenso ist die Dilleniaceen-Gattung *Saurauja*, die in Neu-Guinea mindestens 20 Vertreter hat, in Australien nur mit einer einzigen vertreten, auch die Gattung *Canarium* besitzt nur eine australische Art; die waldliebende Familie der Gesneraceen besitzt in Australien nur vier zu vier verschiedenen Gattungen gehörige Vertreter, während sie, namentlich die Gattung *Cyrtandra*, in Neu-Guinea überaus reichlich vorhanden ist. Die Anonaceen haben in Australien nur 19, die Scitamineen 11, die Piperaceen 10, die Flacourtiaceen und Melastomaceen 7, die Guttiferen und Samydaceen 3, die Connaraceen 2 Vertreter, während die Balsaminaceen, Begoniaceen, Chlorantaceen, Ternstroemiaceen, Datiscaceen u. s. w., sowie die Eichen sogar gänzlich fehlen. Umgekehrt sind die typischen australischen Familien in Neu-Guinea grossenteils gar nicht, oder doch äusserst schwach, meist in einzelnen oder wenigen Arten vertreten, gar nicht z. B. die Tremandraceen, die Frankeniaceen, Stackhousiaceen, die Myoporaceen, die Phytolaccaceen, die Utriculariaceen, die Balanopsaceen, die Xyridaceen, die Restiaceen (*Restio pilisepalus* von Waigiu ist nach Masters eine Cyperacee); in einzelnen Arten, z. B. die Droseraceen, Pittosporaceen, Violaceen, Zygophyllaceen, Casuarineen, Aizoaceen, Thymelaeaceen, Saxifragaceen, Haloragidaceen, Santalaceen, Protoaceen, Candolleaceen, Goodeniaceen, Epacridaceen, Haemodoraceen, Iridaceen, ferner die australischen Gattungsgruppen der Myrtaceen, Leguminosen, Rutaceen, sowie auch die in Australien grosse Dilleniaceen-Gattung Hibbertia. Auch eine Reihe tropischer Waldgattungen Australiens fehlen in Neu-Guinea, z. B. aus den Familien der Monimiaceen *(Daphnandra, Palmeria, Doryphora)*, Anonaceen *(Fitzalania)*, Menispermaceen *(Leichhardtia, Pleogyne, Adeliopsis)*, Malvaceen *(Lagunaria)*, Olacaceen *(Phlebocalymna)*, Meliaceen *(Hedraianthera)*, Celastraceen *(Denhamia, Caryospermum, Siphonodon)*, Rhamnaceen *(Dallachya, Emmenospermum)*, Sapindaceen *(Diploglottis, Castanospora)*, Leguminosen *(Podopetulum, Castanospermum, Archidendron)*, Saxifragaceen *(Callicoma, Gillbeea, Davidsonia)*, Combretaceen *(Macropteranthes)*, Araliaceen *(Mackinlaya, Motherwellia)*, Rubiaceen *(Abbottia, Hodgkinsonia)*, Sapotaceen *(Hormogyne)*, Bignoniaceen *(Diplanthera)*, Palmen *(Hydriastele)*, Cycadeen *(Bowenia, Macrozamia)*, sowie eine überaus grosse Zahl meist freilich Savannen bewohnender Gattungen der Myrtaceen, Proteaceen, Santalaceen und anderer Familien.

Aus all' diesen Thatsachen erhellt zur Genüge, und das ist für das Verständnis der Vegetationsverhältnisse Neu-Guineas wichtig, dass Neu-Guinea in floristischer Beziehung durchaus kein Trabant des benachbarten Kontinentes Australien ist, sondern dass es von eigenen, von den australischen völlig verschiedenen Florenelementen bewohnt wird,[1]) dass zwar dort, wo das trennende Meer schmal ist, namentlich wo die Torres-Strasse am engsten ist, einige australische Savannenelemente herüberzugelangen versuchen, aber, wie es scheint, immer wieder bald in dem Kampfe mit dem Urwalde unterliegen.

Ganz anders sind die Beziehungen zum malayischen

---

[1]) Wohl hat Ferdinand v. Müller, der verstorbene Regierungsbotaniker der australischen Kolonie Victoria, 57 auf Neu-Guinea vorkommende Phanerogamen-Gattungen aufgezählt, die, wie er angiebt, ihre grösste Verbreitung in Australien haben, jedoch hat er sich dabei sichtlich von dem Bestreben leiten lassen, die Beziehungen Neu-Guineas zu seinem Hauptarbeitsfeld so eng wie möglich erscheinen zu lassen; einerseits hat er die Gattungen der offenbar zum australischen Gebiet gehörenden Jervis-Inseln in der Torres-Strasse mit in die Liste aufgenommen, andererseits hat er eine Reihe überaus weit verbreiteter und gar nicht specifisch australischer Gattungen (*Araucaria*, *Aristotelia*, *Drimys*, *Mühlenbeckia*, *Acacia*, *Gaultheria*, *Coprosma*, *Vittadinia*, *Lagenophora*) mitgezählt, endlich hat er sogar zwei Gattungen (*Libocedrus* und *Carpodetus*) beigefügt, die im eigentlichen Australien überhaupt nicht vorkommen, *Carpodetus* nur in Neu-Seeland, *Libocedrus* dort und sogar noch in Amerika. Von den aufgezählten 57 Gattungen sind nur 10 ausschliesslich australisch (*Eupomatia*, *Halfordia*, *Brassaia*, *Kennedya*, *Fenzlia*, *Osbornea*, *Anthobolus*, *Banksia*, *Trochocarpa*, *Patersonia*, *Haemodorum*, wir fügen noch *Schelhammera* hinzu), weitere 8 sind ausserdem noch auf Neu-Seeland oder Neu-Caledonien, sonst aber nicht in Polynesien anzutreffen (*Xanthostemon*, *Quintinia*, *Ackama*, *Pimelea*, *Grevillea*, *Olearia*, *Xerotes*, *Arthropodium*), 24 kommen auch im malayischen Archipel, Indien oder China, also in Asien vor (*Drimys*, *Flindersia*, *Hearnia*, *Acacia*, *Eucalyptus*, *Melaleuca*, *Tristania*, *Drapetes*, *Haloragis*, *Stackhousia*, *Notothixos*, *Lagenophora*, *Mitrasacme*, *Gymnanthera*, *Alyxia*, *Diplanthera*, *Josephinia*, *Gaultheria*, *Styphelia*, *Phyllocladus*, *Libocedrus*, *Corysanthes*, *Gahnia*, *Leptaspis*), 14 Gattungen gehen sogar bis Amerika (*Drimys*, *Mollinedia*, *Aristotelia*, *Mühlenbeckia*, *Acacia*, *Azorella*, *Gaultheria*, *Vittadinia*, *Lagenophora*, *Araucaria*, *Libocedrus*, *Astelia*, *Carpha*, *Uncinia*), 12 sind auch im mittleren bez. nördlichen Polynesien verbreitet (*Mühlenbeckia*, *Acacia*, *Acaena*, *Coprosma*, *Vittadinia*, *Lagenophora*, *Alyxia*, *Faradaya*, *Araucaria*, *Astelia*, *Geitonoplesium*, *Gahnia*). Man sieht also, es bleiben bestenfalls die beiden ersten Kategorien, also 20 Gattungen, die als typisch australisch anzusehen sind, aber was würden selbst 57 Gattungen, von denen über 20 als Bewohner der höchsten Berggipfel Neu-Guineas für alte Wanderungen wenig in Betracht kommen, gegenüber den vielen Hunderten Gattungen anderer Herkunft beweisen?

Archipel; eine jenem grossen Gebiete eigentümliche Savannenflora, abgesehen von jenen Eucalyptus-Savannen des Fly-Rivers, giebt es nicht. Die Grasflächen sind in den meisten Teilen des Gebietes nichts weiter als indirekte Produkte der Menschenhand, sekundäre Ansiedelungen von weitverbreiteten Gräsern auf Flächen, die in Kultur genommen sind, und wo durch jahrelang wiederholtes Pflanzen von Kulturgewächsen oder auch durch häufiges Abbrennen der wieder emporstrebenden Waldvegetation die in der Erde schlummernden Samen der Waldbäume sowie die Wurzelausschläge derselben völlig zerstört wurden. Nur in den trockensten Gebieten dieses zerklüfteten Archipels, vor allem auf der im Regenschatten Australiens liegenden Insel Timor, sowie auf einigen benachbarten Inseln finden sich primäre oder ursprüngliche, also nicht durch Zuthun der Menschen entstandene Savannenlandschaften, aber gleichfalls ohne besondere Eigenart, wenn man von einer Timor eigentümlichen Eucalyptus-Art *(E. Decaisneana)* absieht. Genau die gleichen Graslandschaften nun, wie sie im malayischen Gebiete überall als sekundäre Formationen verbreitet sind, finden sich auch auf Neu-Guinea im Waldlande, unter denselben Bedingungen mit ungefähr gleicher Zusammensetzung der Arten.

Was aber den Hochwald Neu-Guineas und des malayischen Archipels betrifft, so zeigt er überraschende Ähnlichkeiten; bei weitem die meisten Gattungen kommen in beiden Gebieten vor, und zwar besitzen diejenigen Gattungen, die im östlichen Teil des malayischen Archipels viele Arten enthalten, auch meistens in Neu-Guinea zahlreiche Arten. Selbst die Artengemeinschaft der beiden Gebiete ist gross, und zwar reicht die Verbreitung der gemeinsamen Arten dann meist von Sumatra bis Neu-Guinea, selten hingegen nach Australien. Vielfach gehören die Pflanzen zwar nicht genau der gleichen Art an, wohl aber sind sie recht nahe verwandt; es sind korrespondierende Arten, wie man zu sagen pflegt.

Trotzdem würde man aber verkehrt handeln, wollte man Neu-Guinea und den malayischen Archipel als ein einziges Florengebiet ansehen, dazu ist die Zahl der Besonderheiten dieser Insel eine viel zu grosse. Genaue Statistiken über die Flora Neu-Guineas und des malayischen Archipels giebt es noch nicht, doch lässt sich aus einzelnen vollständig bearbeiteten grösseren Sammlungen ein Schluss ziehen. Von 753 Arten, die Verf. in Neu-Guinea und benachbarten Inseln sammelte, waren nicht weniger als 206, also 27 Prozent, endemisch, d. h. für das Gebiet eigentümlich, von 503 Arten der Hollrung'schen

Sammlung (Neu-Guinea-Expedition) waren 144 (28 Prozent) endemisch, von 444 Gattungen meiner Sammlung sind 15, also 3.4 Procent, von 355 Gattungen der Hollrung'schen Sammlung waren 10, also 2.9 Prozent, endemisch. Im ganzen kennt man von Neu-Guinea und den benachbarten Inseln schon jetzt gegen 50 Gattungen der Blütenpflanzen, welche nur in diesem Gebiete vorkommen, also auch im malayischen Archipel fehlen, eine überaus grosse Anzahl, wenn man bedenkt, wie viel noch auf der Insel zu entdecken ist. Borneo besitzt nach einer vom Verf. vor wenigen Jahren angefertigten Aufzählung 42 eigene Gattungen, die Mascarenen 36, die Sandwich-Inseln 35, Japan 31, Java 27, Neu-Seeland 21, Socotra 17, Fidji 14, Juan Fernandez und Ceylon 10, sämtliche übrigen Inselgruppen unter 10 eigene Gattungen; nur Neu-Caledonien mit 70 und Madagaskar mit 156 eigenen Gattungen sind Neu-Guinea in Bezug auf Florenindividualität überlegen, wenngleich Aussicht vorhanden ist, dass Neu-Caledonien bei besserer Durchforschung Neu-Guineas noch eingeholt wird. Wie man sieht, steht Neu-Guinea in Bezug auf die Endemismen fast sämtlichen Inselgruppen voran.

Schon im Jahre 1889, als ich vom malayischen Archipel über Australien kommend, in Kaiser Wilhelms-Land weilte, machte diese Besonderheit Neu-Guineas einen starken Eindruck auf mich, bei weiterem Vergleich fand ich, dass die Nachbarinseln, der Bismarck-Archipel, die Arru-Inseln u. s. w. an dieser Besonderheit teilnahmen, und so wagte ich denn im folgenden Jahre, dem malayischen Florengebiet (Malesien) das östlich daran grenzende papuanische Florengebiet (Papuasien) als gleichwertig gegenüberzustellen.[1]

Wir haben hiermit also schon die Abgrenzung Neu-Guineas nach Nord und West stillschweigend vorgenommen; in der That müssen wir den Bismarck-Archipel und die Admiralitäts-Inseln ebenso gut floristisch mit Neu-Guinea vereinigen wie die westlich und südwestlich vorliegenden Inseln Waigen, Salwatti, Batanta und die Arru-Inseln, auch die Key-Inseln darf man ohne Fehler noch hinzurechnen, obgleich sie schon deutliche Übergänge zu den Molukken verraten; ebenso den östlich an Neu-Guinea grenzenden Louisiaden-Archipel. Die Salomons-Inseln besitzen zwar schon einige Besonderheiten, z. B. die Gattungen *Cominsia* (Zingiberaceae) und *Chelonespermum* (Sapotaceae), sowie die eigentümliche, sonst tahitische Apo-

---

[1] Beiträge zur Kenntnis der papuanischen Flora in „Engler's botan. Jahrb." XIII. S. 230—455.

cyneen-Gattung *Lepinia*, doch mögen dieselben vielleicht ebenso wie schon die sonderbare Pandanacee *Sararanga* noch in Neu-Guinea gefunden werden; desgleichen sollen Steinnusspalmen, bisher nur von den Carolinen, Salomons-Inseln und Viti bekannt, nach Missionarberichten auch in Englisch Neu-Guinea vorkommen; auch die übrigen Palmengattungen *(Pinanga, Caryota, Licuala, Areca, Metroxylon)*, deuten auf enge Beziehungen zu Neu-Guinea; trotzdem lässt sich bei der äusserst unvollkommenen Kenntnis, die wir von der offenbar reichen Flora der Salomons-Inseln haben, die floristische Stellung derselben noch nicht genau fixieren. Die Flora der Fidji-Inseln möchte ich hingegen zusammen mit derjenigen der Samoa- und Tonga-Inseln, sowie der kleinen umliegenden Inselgruppen (Ellice-, Tokelau-, Phoenix-Inseln u. s. w.) als besonderes zentral-polynesisches Florengebiet ansehen, Neu-Caledonien mit umliegenden Inseln, sowie die Neu-Hebriden würden ein südwest-polynesisches, die Societäts- und Marquesas-Inseln ein südost-polynesisches, die Sandwich-Inseln ein nordost-polynesisches und die Karolinen-, Marianen-, Bonin-, und wohl auch die Marschall- und Gilbert-Inseln ein nordwest-polynesisches Florengebiet darstellen.

Alle diese fünf polynesischen Florengebiete (ja sogar noch Neu-Seeland) haben Beziehungen zu der südasiatischen, hauptsächlich zu der malayischen Flora; bei sämtlichen derselben überwiegt der asiatische Charakter bei weitem denjenigen der sonst nahe liegenden Kontinente, nur in Neu-Caledonien (und Neu-Seeland) findet sich eine grössere Anzahl australischer Elemente, und auf den Sandwich-Inseln, in geringem Grade auch auf den Societäts-Inseln giebt es einige Anklänge an Amerika; bei keiner einzigen dieser Gruppen (sogar nicht einmal in Neu-Seeland) ist aber die Vermischung mit anderen Typen auch nur annähernd so bedeutend, wie sie sich in Queensland durch das Anwachsen eines alten asiatischen Tropenkernes an den altaustralischen Kontinent historisch herausgebildet hat. **Man muss demnach die südasiatisch-polynesische Vegetation als ein einziges grosses Florenreich ansehen.**

Ebenso wie wir östlich von Papuasien in Polynesien eine Reihe von Florengebieten unterscheiden, müssen wir auch in Malesien und im festländischen Indien einige Gebiete herausschälen; in Malesien dürfte es genügen, **Westmalesien, Ostmalesien** (von Celebes an östlich) und **Nordmalesien** (die Philippinen) zu unterscheiden, im kontinentalen Indien spielt im östlichen und nördlichen Hinterindien die Mischung mit später eingedrungenen chinesischen (sinischen)

Formen schon eine gewisse Rolle, wir bezeichnen Siam, Tonking und Cochinchina deshalb als sino-indisches Florengebiet. Auch das Himalaya- sowie das Indus-Gebiet sind Mischfloren, selbst das eigentliche Dekkan-Gebiet enthält noch Eindringlinge. Das burmanisch-bengalische und das südindisch-ceylonische Florengebiet haben unter den kontinentalen Gebieten zweifellos die alten Bestandteile des südasiatisch-polynesischen Florenreiches in der reinsten Form erhalten, vorausgesetzt, dass man, wie es pflanzengeographisch richtig ist, die noch reichere und ursprünglichere malayische Halbinsel zu Malesien rechnet.

Zwei insulare Gebiete sind es aber, welche das asiatischpolynesische Florenreich in der reichhaltigsten und deutlichsten Weise darstellen, und deshalb gewissermassen als Typen zu gelten haben, das ist das westmalayische und das papuanische Florengebiet; ersteres ragt hervor durch seine Üppigkeit und Mannigfaltigkeit der Vegetation, letzteres durch die Konservierung alter spezifischer Formen; ersteres dient zum Verständnis der früheren Pflanzenverbreitung des Monsun-Gebietes über Ceylon bis nach Madagaskar hin, letzteres vermittelt die Kenntnis der Beziehungen zwischen und bis zu den entlegensten Inseln Polynesiens. Die genaue Kenntnis der Flora Papuasiens ist demnach von der grössten Bedeutung zur Aufdeckung alter pflanzengeschichtlicher Wanderungen. Neu-Guinea enthält gleichsam die lebenden Monumente einer früheren Periode der Pflanzenwelt; es besitzt den Schlüssel zu manchen bisher noch unaufgeklärten und rätselhaften Erscheinungen in der Pflanzenverbreitung Polynesiens, und wird vielleicht auch Hinweise liefern können, die zur Rekonstruktion der früheren Oberflächengestaltung jenes Gebietes von Wichtigkeit sind.

Die Pflanzenformationen von Neu-Guinea.

Selbstverständlich ist es nicht möglich, tropenbotanisch nicht geschulten Lesern in wenigen Strichen einen Überblick über die, wie wir sahen, überaus reiche Flora Neu-Guineas zu geben. Wir sehen uns daher genötigt, nur in einigen allgemeinen Zügen die Vegetation zu charakterisieren, um wenigstens ein, wenn auch oberflächliches, so doch möglichst anschauliches Bild derselben in der Vorstellung zu erwecken, und werden nur bei den auch dem Laien in die Augen springenden Elementen näher verweilen.

Man hat sich, wie wir schon oben andeuteten, fast die ganze Insel überzogen zu denken mit einer dichten Urwalddecke, nur hier und da durch Menschenhand gelichtet und mit Kulturpflanzen bedeckt, oder durch Grasflächen unterbrochen, die sich am unteren Fly-River, wie wir oben sahen, zu ausgedehnteren, doch meist mit Akazien und Eucalyptus bestandenen Savannen erweitern.

Während die Eucalyptus-Savannen natürlichen Ursprunges zu sein scheinen, möglicherweise neuere, noch nicht vom Urwald besetzte Anschwemmungsflächen darstellend, vielleicht auch als Folge einer etwa dort herrschenden grösseren Trockenheit dauernd gegen das Eindringen des Hochwaldes gesichert, so sind die übrigen Grasflächen wohl durchweg, wie wir schon sahen, eine Folge der Rodungen, des wiederholten Anpflanzens von Kulturgewächsen und wiederholter Brände. Nur an der Küste und dann wieder in den stark bevölkerten Flussthälern, beispielsweise am Ramu, bedecken diese Grasflächen grössere Strecken, meist sind es nur kleine Oasen in einer grossen Waldwüste; das Wort Oase ist freilich nicht wörtlich zu nehmen, denn es sind nicht, wie man ursprünglich, als man sie zuerst vom Schiff aus erblickte, annahm, herrliche saftige Weiden, sondern sie bestehen aus hartem, struppigem Hochgras, sie sind identisch mit den gefürchteten Allang-Allang-Wildnissen des malayischen Archipels. So lange das nach den Savannenbränden wieder aufspriessende Grass kurz ist, ähnelt es zwar etwas unseren Gräsern, doch ist der Rasen nicht so dicht, und selbst die jungen Blätter sind breiter und härter, wenn auch dem Vieh noch zusagend. Später hingegen wird das Gras mannshoch und so hart und scharf, dass das Vieh es verschmäht, und es dem Menschen eine Qual ist, wenn er sich hindurchwinden soll; ohne Schlagen eines Pfades geht es kaum auf längere Strecken, und auch dann ist es wegen der in dem Grase herrschenden Windstille und rückstrahlenden Hitze oft fast unerträglich.[1]) Nur wenige Blütenpflanzen wagen sich in dies Grasgewirr, einige benutzen die Gelegenheit, wenn das Gras nach

---

[1]) Die Graminee *Imperata arundinacea*, das eigentliche Allang-Allang-Gras des malayischen Archipels, scheint in Neu-Guinea keine derart vorherrschende Rolle zu spielen wie z. B. in Java, wo alle anderen Gräser hinter demselben zurücktreten. *Rottboellia ophiuroides* gehört bei Finsch-Hafen zu den wichtigsten Bestandteilen der Grasflächen, ebenso *Andropogon serratus*, sowie *Themeda Forskalii* und *gigantea*, in geringerer Menge auch *Ophiurus corymbosus* und *Apluda mutica;* auch *Pennisetum macrostachyum* tritt zuweilen in diesen Grasflächen auf.

den Bränden eben ausschlägt und noch nicht den Boden bedeckt, andere schiessen zwischen dem hohen Grase auf oder verstecken sich darin, nur wenige sind busch- oder baumartig, aber dennoch im stande, den Bränden zu widerstehen.[1]) Fast ohne Ausnahme sind es in Südasien, teilweise sogar auch in Afrika weit verbreitete Pflanzen, welche diese Formation zusammensetzen.

Eine zweite Formation bildet der sekundäre Buschwald, bestehend aus grossenteils baumartigen Pflanzen, welche sich entweder unmittelbar auf verlassenen Pflanzungen ansiedeln oder diese Grasflächen allmählich verdrängen; auch diese Formation ist, wenn der Mensch ihr nicht nachhilft, vergänglich und macht mit der Zeit dem Hochwald Platz, oder geht vielmehr allmählich in ihn über. Die Familien der Euphorbiaceen, Urticaceen, Moraceen und Ulmaceen nehmen hauptsächlich an der übrigens sehr bunten Zusammensetzung dieser Formation teil. Auch dies sind meist weit verbreitete Pflanzen, doch finden sich schon einige spezifische Pflanzen Papuasiens darunter.[2])

---

[1]) Zu der ersten Kategorie gehören die Leguminosen *Zornia diphylla* und *Lourea obcordata*, die Amaryllidacee *Hypoxis minor*, sowie hier und da auch *Oxalis corniculata*; zu der zweiten vor allem eine grosse Anzahl von Leguminosen, *Uraria picta* und *lagopodioides*, *Desmodium polycarpum*, *gangeticum*, *latifolium* und *triquetrum*, *Crotalaria linifolia* (im Bismarck-Archipel auch *C. alata* und *biflora*), *Indigofera enneaphylla* und *trifoliata*, sowie *Cassia mimosoides*, von Schlingpflanzen dieser Familie *Glycine javanica* und zuweilen die sonst mehr den Buschwald liebende *Pueraria novo-guineensis* (als einziger Endemismus dieser Formation), ferner treten hier auf die Malvacee *Abelmoschus moschatus*, die *Euphorbia serrulata*, die Melastomacee *Osbeckia chinensis*, die Campanulacee *Wahlenbergia gracilis*, die Convolvulacee *Convolvulus parviflorus*, die Gentianacee *Exacum tetragonum*, die Scrophulariaceen *Buchnera urticifolia* und *Striga lutea*, die Rubiaceen *Knoxia corymbosa*, *Oldenlandia herbacea*, sowie die parasitische Orobanchacee *Aeginetia indica*; Monocotyledonen sind ausser den Gräsern kaum vertreten, nur die Liliacee *Dianella ensifolia* ist hierzu zu rechnen. Buschartig sind vor allem Melastoma-Arten, wenngleich der Hauptvertreter dieser Gattung in den Graslandschaften Malesiens, *Melastoma malabathricum*, nur angegeben, aber noch nicht mit Sicherheit nachgewiesen worden ist; auch die ursprünglich amerikanische Guajave (*Psidium guajava*) vermag im Grasfeld zu gedeihen. Baumartig sind *Albizzia procera*, *Sterculia foetida* und *Sarcocephalus cordatus*, die aber infolge der Brände doch nur selten im freien Grasfeld ordentlich in die Höhe kommen. Auch der Cajeput-Baum der Molukken, *Melaleuca Leucadendron*, ist wenigstens im Fly-Rivergebiet gefunden, ob in den ursprünglichen oder sekundären Grasflächen, lässt sich nicht feststellen; in den Molukken widersteht der Baum den Bränden der sekundären Grasländereien.

[2]) Hierher gehören die meisten *Mallotus*-Arten, neben *M. philippensis*, rici-

Die dritte und bei weitem wichtigste Vegetationsform oder Formationengruppe besteht aus dem primären Walde, bei dem man die Formationen des Küstenwaldes, des Ebenen- und unteren Gebirgswaldes, des eigentlichen Bergwaldes und des Gipfelwaldes zu unterscheiden hat.

Der Küstenwald hat in Neu-Guinea wenig Besonderes, es ist der gleiche Wald, wie er sich auch im malayischen Gebiet und etwas weniger reichhaltig im tropischen Australien, sowie, je nach der Entfernung von Asien graduell immer stärker verarmt, weit nach Polynesien hin erstreckt. Man unterscheidet den Wasserwald oder die Mangrove-Formation und den Strandwald oder die Thespesiabez. Barringtonia-Formation.

Der Mangrove-Wald setzt sich meist aus eigentümlichen, gleichsam auf Stelzen stehenden Bäumchen zusammen, die häufig selbst von ihren weitausladenden Zweigen noch bogenförmige Wurzeln nach unten entsenden; daher der Name der Familie der Rhizo-

noides, tiliifolius, moluccanus, muricatus, auch einige endemische Arten (z. B. *columnaris* und *chrysanthus*), ebenso *Macaranga*-Arten (z. B. *M. tanarius, Schleinitziana, involucrata*, sowie einige endemische Arten, *M. clavata, densiflora, cuspidata* u. s. w.), ferner *Carumbium populneum, Breynia cernua, rhamnoides* und *vestita*, mehrere *Phyllanthus, Securinega, Acalypha, Claoxylon, Antidesma;* von Urticaceen finden sich Büsche oder Bäumchen aus den Gattungen *Pipturus, Villebrunea, Maoutia, Leucosyke, Cypholophus* und namentlich der Brennesselbaum *Laportea crenulata;* aus der Familie der Moraceen ist *Malaisia, Pseudomorus, Cudranus* und eine Reihe von *Ficus*-Arten hauptsächlich aus den Sektionen Scidium und Covellia vertreten (einige endemisch), aus der Familie der Ulmaceen ist *Trema amboinensis* häufig, die Rubiaceen sind durch *Morinda citrifolia* und *Mussaenda frondosa* vertreten, die Verbenaceen durch die Gattung *Callicarpa* und *Geunsia farinosa*, die Borraginaceen durch *Ehretia buxifolia*, sowie mehrere *Tournefortia*-Arten, die Vitaceen durch verschiedene *Leea*-Arten, die Rhamnaceen durch *Alphitonia excelsa*, die Olacaceen durch *Cansjera leptostachya* und *Opilia amentacea*, die Sapindaceen durch *Allophylus timorensis* und *litoralis*, die Anacardiaceen durch *Semecarpus*-Arten, die Sterculiaceen durch *Abroma molle, Kleinhofia hospita, Commersonia echinata, Melochia indica*, die Malvaceen durch *Hibiscus sabdariffa* etc. An Schlingpflanzen finden sich nur dünnere, schnell in die Höhe rankende Gewächse, besonders aus den Familien der Convolvulaceen, Dioscoreaceen, Cucurbitaceen, aber auch einige Leguminosen (z. B. *Abrus precatorius*), Aristolochien, Clematisarten, Menispermaceen (z. B. *Cissampelos Pareira*), Apocyneen, und mehr epiphytisch einige Aclepiadaceen; das Unterholz wird durch eine bunte Masse von Scrophulariaceen, Acanthaceen, Labiaten, Solanaceen, Malvaceen, Tiliaceen, Euphorbiaceen etc. zusammengesetzt; auch die bei uns als Zimmerpflanze unter dem Namen *Dracaena* bekannte *Cordyline terminalis* findet sich hier sehr häufig, ebenso die hübsche Marantaceae *Clinogyne grandis*.

Mangrove (Rhizophora mucronata Lam.) mit Luft- und Stelzenwurzeln. Sigar, Holländisch-Neu-Guinea.
Nach einer photographischen Aufnahme von Prof. O. Warburg.

phoraceen oder Wurzelträger, wenngleich auch einige andere Familien in einzelnen Arten in dem Wasserwald vertreten sind[1]) (s. Taf. 2).

Bei Flut sind die Bäume fast bis zum Beginn der Verzweigungen von Wasser umgeben, bei Ebbe stehen die Stelzen frei in dem recht widrig riechenden Schlamme. Manche Arten besitzen an Stelle der Stelzen eigentümliche spargelartig aus dem Schlamme herausragende, frei endende Wurzeläste, oder es bilden dieselben an der Luft spitzwinklige Haken oder flache Bogen; man nimmt an, dass diese Wurzelgebilde Atmungsorgane darstellen. Nur wenige Arten (besonders *Bruguiera*) bilden hohe Stämme, die meisten bleiben klein, manche buschartig. Gewöhnlich keimen die Samen schon am mütterlichen Stamme, und die Keimlinge sind so eingerichtet, dass sie sich leicht in den Schlamm einbohren. Offene Küsten meiden sie, finden sich dagegen in geschützten Buchten und namentlich in dem Brackwasser der Deltagegenden in meilenweiten Beständen. Unterholz vermag in diesen Wäldern nicht aufzukommen, ebensowenig Lianen, hingegen finden sich daselbst einige Epiphyten, z. B. einige Asclepiadaceen, selbst einige Orchideen, besonders aber einige merkwürdige Ameisenpflanzen *(Myrmedoma, Hydnophytum)*, deren kopfgrosse, knollenförmige Stengel Höhlungen enthalten, die von Ameisen bewohnt werden.

Der Strandwald und der meist davor, d. h. nach dem Meere zu, sich ausbreitende Strandbusch ist auf Neu-Guinea überaus mannigfach zusammengesetzt und übertrifft, in Bezug auf Reichhaltigkeit denjenigen der meisten Küsten; es liegt das wohl zum guten Teil mit daran, dass die in mehr kultivierten Gegenden Südasiens und Polynesiens vorherrschende Kokospalme auf Neu-Guinea noch nicht den Raum einnimmt, der ihr in anbetracht ihrer wirtschaftlichen Bedeutung zukommt. Hier finden sich sehr merkwürdige aus den verschiedensten Familien zusammengewürfelte Baum- und Straucharten zusammen. Besonders auffallend sind zwei Bäume aus der Familie der Malvengewächse, die sog. Strand-

---

[1]) Von Rhizophoraceen finden sich hier *Rhizophora mucronata* und *conjugata, Bruguiera gymnorhiza* und *parviflora, Ceriops Candolleana, Kandelia Rheedii;* ferner ist in Neu-Guinea aus dieser Formation noch beobachtet die Combretacee *Lumnitzera racemosa,* die Rubiacee *Scyphiphora hydrophyllacea,* die Myrsinaceen *Aegiceras majus* und *floridum* und als Seltenheit die kleinstrauchige Plumbaginacee *Aegialitis annulata;* die Verbenacee *Avicennia officinalis,* die Meliacee *Carapa moluccensis,* sowie die langschotige Bignoniacee *Dolichandrone spathacea* vermitteln den Übergang zu der eigentlichen Strandflora.

Linde *(Hibiscus tiliaceus)* und die Strand-Pappel *(Thespesia populnea)*; die Blätter der ersteren erinnern an die der Silberlinde, die der letzteren an die der Schwarzpappel, die grossen eibischartigen Blüten machen sie aber sofort als Malvaceen kenntlich. Die erstere Pflanze besitzt prächtigen, als Bindematerial und zu Stricken vorzüglich verwendbaren Bast. Das Strand-Schönblatt, eine Clusiacee *(Calophyllum inophyllum)*, ein Baum, der durch seine fein und dicht parallel geaderten Blätter sowie durch die grossen Blütenrispen und kugeligen, ölhaltigen Früchte leicht kenntlich ist, liefert in seinem vorzüglichen, schön geflammten roten Holze ein wichtiges Ausfuhrerzeugnis von Kaiser Wilhelms-Land; manch feines Möblement (z. B. im Reichstag, in Lloyddampfern, im Kolonialheim) ist daraus verfertigt; das Samenöl dient den Eingeborenen zum Einfetten des Körpers, das Harz (das Tacamahac der älteren Arzneibücher) dient zum Dichten der Kanus. Ein gleichfalls schönes, aber schwer zu bearbeitendes sog. Eisenholz liefert die Leguminose *Intsia [Afzelia] bijuga* (s. Taf. 3), auch dieses frisch hellrote, aber bald schwarzrot werdende, in Wasser und Erde äusserst haltbare Holz wird von der Neu-Guinea-Kompagnie nach Deutschland ausgeführt, ebenso als sog. Nussholz das schön braun gezeichnete Holz der Borraginacee *Cordia subcordata*, welcher freilich nicht sehr hohe Baum durch seine grossen orangefarbenen Blüten leicht erkennbar ist. Im westlichen Neu-Guinea und besonders auf den Key-Inseln wird das Eisenholz der mit Afzelia verwandten *Maniltoa grandiflora* vielfach ausgeführt, die riesigen Nieschen, welche die Wurzelstreben oder Stammleisten bilden, erkennt man deutlich an der auf Tafel 4 wiedergegebenen Photographie.

Wegen der noch höher aufstrebenden, wenn auch viel schmaleren Leisten wird die gleichfalls am Strande häufige Sterculiacee *Heritiera litoralis* sogar als Bretbaum bezeichnet, doch ist der Name Kahnfruchtbaum empfehlenswerter, da die Früchte in der That einem breiten, stark gekielten, gelbbraunen Boote ähnlich sehen. Als Blasenfruchtbaum könnte man die Hernandiacee *Hernandia peltata* bezeichnen, ein Baum, der sich auch durch schildförmige, grosse Blätter auszeichnet.

Von grosser Wichtigkeit ist die zu den Leguminosen gehörende Strand-Kastanie, *Inocarpus edulis*, deren am Feuer geröstete Samen wie Maronen schmecken und massenhaft von den Eingeborenen gegessen werden. In Gegenden mit sesshafter Bevölkerung (wie z. B. auf der Insel Bilibili) findet sie sich deshalb in Masse in

Tafel 3.

T. Glicke ad nat. delin.

Intsia (Afzelia) bijuga (Colebr.) O. Ktze.
A Blütenzweig, B Blüte, C Frucht.

Strand-Kasuarine *(Casuarina equisetifolia Forst.)*. Aru-Inseln.
(Nach einer photographischen Aufnahme von Prof. O. Warburg.)

der Nähe der Dörfer, sei es angepflanzt, sei es durch verschleppte Samen vermehrt und nur geschont. Für manche arme Inseln Polynesiens ist dieser Baum ausserordentlich segensreich.

Auch der Strand-Mandelbaum, *Terminalia catappa*, ist erwähnenswert, der sehr wohlschmeckende, mandelartige, aber im Verhältnis zu den grossen, bikonvexen, schwer zu öffnenden Schwimmfrüchten etwas kleine Samen trägt; der Baum zeichnet sich aus durch seinen etagenförmigen Bau und dadurch, dass er in der Trockenzeit seine grossen Blätter abwirft, nachdem dieselben erst eine herbstlich rote Färbung angenommen haben.

Zwei Strandpflanzen fallen durch reichlichen Milchsaft auf, erstens der Apocyneen-Baum *Cerbera odollam* mit langen Blättern, grossen weissen Blüten und birnengrossen, eiförmigen, gut schwimmenden Früchten, sodann ein Strauch aus der Familie der Euphorbiaceen, *Excoecaria Agallocha*, mit unscheinbaren Blütenkätzchen und kleinen Kapselfrüchten, dessen Milchsaft, in die Augen kommend, starke Entzündungen und selbst Erblindungen hervorruft.

Interessant ist die nadelholzähnlich, aber doch eigenartig (siehe Tafel 5) aussehende Strand-Kasuarine (*Casuarina equisetifolia*), deren grüne, herabhängende Endzweige ganz dünnen Schachtelhalmen ähneln, auch die haselnussgrossen Früchte haben einen besonderen Bau; das frisch wie Kienholz brennende Holz ist sehr hart und schwer, reisst aber leicht; es wird von den Engländern als *beefwood* bezeichnet.[1])

Über die allbekannte Kokospalme brauchen wir uns nicht näher auszulassen, es sei nur bemerkt, dass sie jetzt auch auf der Insel Neu-Guinea selbst beginnt, in grösserem Maassstabe auf Kopra aus-

---

[1]) Von sonstigen Bäumen des Strandwaldes sind noch zu erwähnen die Leguminose *Pongamia glabra*, die silberblättrige Borraginacee *Tournefortia argentea*, die Lecythidaceen *Barringtonia speciosa*, *acatangula* und *racemosa*, die Verbenacee *Premna integrifolia*, die Diospyree *Diospyros laxa* sowie die Sapotacee *Sideroxylon ferrugineum*, auch *Myristica Schleinitzii* könnte man zu der Strandwaldflora rechnen; von kleineren Büschen seien ferner noch erwähnt die Simarubee *Soulamea amara*, die Sapindacee *Dodonaea viscosa*, die Rhamnacee *Colubrina asiatica*, die Leguminose *Sophora tomentosa*; auch *Scaevola Koenigii*, eine buschartige Goodeniacee, kann man hierher rechnen, obwohl sie auch häufig einzeln am Strande steht, ebenso die Olacacee *Ximenia americana*, deren kirschenartige, aber fade und grosskernige Früchte häufig gegessen werden. Häufig findet man hier die prächtig blühende Rubiacee *Guettarda speciosa* sowie Arten aus der Gattung *Timonius*, wenngleich sie mehr den Küstenrand des eigentlichen Tropenwaldes vorziehen.

gebeutet zu werden. Britisch-Neu-Guinea führte z. B. 1894/95 für 57000 Mark, 1895/96 für 55000 Mark, 1896/97 für 70000 Mark Kopra aus, und ebenso ist die Ausfuhr des deutschen Teiles sowie der Neuanpflanzungen in Zunahme begriffen.

Zum Schluss sei nur noch auf die im Strandwald häufige *Cycas circinalis* hingewiesen; diese Cycadeen treten zuweilen wirklich fast Bestand bildend auf, z. B. auf den Arru-Inseln, wo man fast von einem Cycadeen-Wald sprechen kann, wie Tafel 6 deutlich zeigt. Die jungen Blattknospen werden als Gemüse gegessen, und deshalb lassen die Eingeborenen vielfach die Cycadeen stehen, wenn sie die übrigen Bäume aus irgend einem Grunde fällen.

Epiphyten giebt es im Strandwalde viele, namentlich unter den Farnen, z. B. *Polypodium phymatodes* und *Linnaei*, grosse Farne mit eigentümlichen, verschieden gestalteten Blättern; ferner einen kleinblättrigen Farn, *Drymoglossum piloselloides*, und viele andere, dann auch manche Orchideen, z. B. schöne *Dendrobium*-Arten, viele Ameisenpflanzen *(Myrmecodia, Hydnophytum)*, epiphytische Asclepiadaceen aus den Gattungen *Hoya* und *Dischidia*, aber wenig anderes; meist sind es Pflanzen mit dicken, oft den Ästen eng angedrückten, vielfach durch eine Wachsschicht bläulich bereiften Blättern; sie müssen gut gegen Verdunstung geschützt sein, da der Schatten des Strandwaldes kein sehr dichter ist. Haben wir in dem Mangrove-Walde Lianen vermisst, so treten in dem Strandwald doch eine Anzahl derselben auf, vor allem ist es die Riesenhülse, *Entada Pursaetha*, eine Leguminose mit breitem, holzigen, Spiralbogen beschreibenden Stamm, die ihre über mannslangen und handbreiten Gliederhülsen von den Kronen der Strandbäume herunterhängen lässt; die weit über thalergrossen, rotbraunen, platten Samen haben eine sehr dicke Holzschale und dienen ausgehöhlt und wieder zugekorkt in Queensland vielfach als Taschenbehälter für Streichhölzer, wozu sie sich auf Märschen in der Regenzeit wegen ihrer völligen Wasserdichte vortrefflich eignen. Interessant ist auch noch die Strand-Brennhülse *(Mucuna gigantea)*, ein Schmetterlingsblüter mit unangenehm brennenden, fuchsroten Haaren auf den Hülsen.[1])

[1]) Von sonstigen Lianen sei noch erwähnt die weitverbreitete Malpigiacee *Tristellateia australasiaca*, die auf den Papua-Archipel und Polynesien beschränkte Rhamnacee *Smythea pacifica*, die Leguminose *Derris uliginosa*, auch die Monokotyle *Flagellaria indica* findet sich vielfach im Strandgebüsch, ebenso kriechen Ipo-

Waldartiger Bestand von *Cycas circinalis* Roxb. Aru-Inseln.
Nach einer photographischen Aufnahme von Prof. O. Warburg.

Tafel 7.

Riesen-Pandanus *(Pandanus dubius Spreng.)*, links die echte Sagopalm.
Key-Inseln.
(Nach einer photographischen Aufnahme von Prof. O. Warbur.)

Vor dem Strandwald breitet sich gewöhnlich noch ein Dickicht von meist stacheligem Gebüsch aus, besonders aus Caesalpinien *(C. nuga* und *bonducella)* bestehend, oder es wird vertreten durch ein Gewirr von Pandanus-Büschen, von denen die kleinsten *(P. polycephalus)* sich schon am Boden verzweigen, die mittelgrossen *(P. fascicularis)* bis zur Krone von breitspreizigen Stelzenwurzeln gestützt werden, während eine Art *(P. dubius)* zu einem hohen, geradstämmigen Baum mit äusserst dicken Luftwurzeln (siehe Tafel 7) auswächst. Die aus vielen Einzelfrüchten bestehenden Fruchtstände sind bei *P. polycephalus* pflaumengross, bei *P. dubius* hingegen über kopfgross; bei *P. fascicularis,* dessen Fruchtstände etwas kleiner sind als von *P. dubius,* wird das spärliche Fruchtfleisch von den Kindern abgenagt, die Blätter dienen als gutes Flechtmaterial für Matten, Kasten u. s. w.

Nur wenige Arten wagen sich auf den flachen, ungeschützten Sandstrand, es sind meist kleine kriechende Gräser (z. B. *Thouarea sarmentosa, Cenchrus echinatus* sowie einige *Cyperus*-Arten), ferner vor allem die Ziegenfusswinde *Ipomoea pes caprae* mit ihren zweilappigen fleischigen Blättern, dann die violettblütige Strandbohne *Canavalia obtusa* sowie die gelbblütigen Strandbohnen *Vigna lutea* und *luteola,* ferner die fleischigblätterige Aizoacee *Sesuvium portulacastrum,* die silbergraue, violettblütige Verbenacee *Vitex trifoliata* mit bald einfachen, bald dreizähligen Blättern, die Composite *Wedelia scabriuscula* mit vulgär aussehenden, gelben Korbblüten, hier und dort eine grossblütige Amaryllidacee *Crinum macrantherum* (wohl nur eine Form des weit verbreiteten *C. asiaticum),* von Büschen die gliederhülsige Leguminose *Desmodium umbellatum,* die weissblütige Verbenacee *Clerodendron inerme* sowie die Goodeniacee *Scaevola Koenigei* mit grossen, spatelförmigen, fleischigen Blättern und versteckten, lobelienartigen Blüten. Ähnlich dem Hanf- und Leinwürger windet sich über die Strandgebüsche die weit verbreitete blattlose, fadenartige *Cassytha filiformis,* die merkwürdigerweise von den Botanikern zu der Familie der Lorbeergewächse gestellt wird. Wo sich Korallenkalkriffe am Strande finden, wuchert mit

moeen, *I. paniculata* und *Thurpetum* sowie *Calonyction grandiflorum* häufig am Strandgebüsch empor, zuweilen auch *Canavalia obtusa,* ferner auch die Apocynee *Parsonsia spiralis* sowie die Asclepindacee *Sarcolobus retusus* oder verwandte Arten. Höchst merkwürdig ist das Auftreten der vom Verf. entdeckten schönen Kannenpflanze *Nepenthes Treubii* im Küstenwald; die Nepenthes-Arten sind im allgemeinen echte Hochwaldpflanzen.

Vorliebe die Lythracee *Pemphis acidula*, zwischen den Spalten der Korallen findet man auch oft den polynesischen Arrowroot, die eigentümlich schlitzblättrige *Tacca pinnatifida*, während an steilen Küsten die schöne Rubiacee *Bikkia grandiflora* sowie die hübsch violett blühende Gesneracee *Baea Commersonii* ihren Wohnsitz aufschlägt, eine Blume, die neuerdings als Neu-Guinea-Veilchen in den Handel gelangt.

Zum Schluss sei noch der Übergang zum Uferwald der Flüsse besprochen, der Sumpfwald der Küste, in welchem neben vielen Formen des Tropenwaldes sich doch auch einige auf Brackwasser beschränkte Formen finden. Die eine ist die bekannte stammlose, aber sehr grossblättrige Nipapalme *(Nipa fruticans)*, aus der man einen guten Palmwein gewinnen kann, die aber besonders wegen ihrer zum Dachdecken in grossem Masse benutzten Blattfiedern berühmt ist, die zweite ist der stachelblättrige *Acanthus ilicifolius*, ferner ist noch ein grosser, in den Tropen weit verbreiteter Sumpffarn, *Acrostichum aureum*, in diesen Bracksümpfen häufig.

Haben wir uns im Strandwalde etwas gründlich umgesehen, weil sich daselbst so viele leicht kenntliche, immer wiederkehrende und auch dem flüchtigen Besucher der Insel auffallende Formen finden, so können wir uns bei der Beschreibung des Hochwaldes kurz fassen, weil es uns doch nicht gelingen wird, bei beschränktem Raum die überwältigende Formenfülle derart zu sichten, dass ein Nichtbotaniker Nutzen daraus ziehen kann.

Bis auf wenige steile Abhänge und Schluchten oder humusarme Kalkrücken, die mit strauchartigen Rutaceen *(Micromelum, Atalantia, Xanthoxylum)* und Euphorbiaceen *(Breynia, Securinega, Phyllanthus)* oder aber auch mit Dickichten einer kleinen Bambusart *(Schizostachyum)* bestanden sind, bedeckt der feuchte, triefende Hochwald die ganzen ebenen Gebiete der Insel sowie die niederen Berghänge. Er setzt sich zusammen aus mehreren Baumetagen übereinander, das Gepräge wird ihm verliehen durch einen äusserst heftigen Kampf um Licht. Die höchste Etage wird von Bäumen gebildet, die vielfach 30—50 m Höhe erreichen, die unterste Etage besteht aus Bäumen von 5—10 m Höhe, buschiges Unterholz giebt es nur wenig, der Boden ist ziemlich kahl, nur wo durch umgefallene Bäume, in Buschwald, Rodungen oder an Waldrändern, sowie bei jungem Anwuchs etwas mehr Licht bis auf den Boden dringt, findet sich ein dichter Teppich kleinerer Kräuter und Stauden.

Die oberen Etagen des Waldes sind in ihrer Zusammensetzung

noch sehr schlecht bekannt, nur selten erlangt man brauchbares Blüten- oder Fruchtmaterial gleichzeitig mit den sicher dazu gehörenden Blättern, zuweilen gelingt es, sich genügendes Material durch Herunterschiessen zu verschaffen, noch seltener durch Heraufsenden von Eingeborenen, meist bleibt man auf herabgewehte Fragmente angewiesen, wenn die Bäume nicht Blüten unten aus dem Stamm heraustreten lassen, was vielfach vorkommt. Nach dem vorhandenen Material spielen Ficusarten, vor allem die sog. Mörder- oder Würgfeigen, welche andere Bäume umklammern und allmählich erdrosseln, sodann Meliaceen und Anonaceen eine sehr grosse Rolle, ferner auch Clusiaceen, Leguminosen und Sterculiaceen; vielfach findet man am Boden die abgefallenen, so leicht erkennbaren Früchte und Blüten der riesigen Datiscacee *Octomeles*, häufig auch die Stachelfrucht von *Sloanea*, den steinharten, für Rosenkränze verwendbaren Samen von *Elaeocarpus*, den geröstet essbaren Samen von *Pangium edule*, den geschält und auf Stäbchen gezogen als Kerzen dienenden Samen des Lichtnussbaumes (*Aleurites moluccana*), die phantastisch gebauten Früchte von *Pterocymbium*, den Flügelsamen von *Pterygota*, wilde Muskatnüsse, echte Eicheln, die charakteristischen Früchte einer *Cedrela*, deren rotes Holz zur Kistenfabrikation (Zigarrenkistenholz) dienen könnte; den essbaren Samen der Sapindacee *Pometia pinnata*, die eigentümlichen runden und platten, geflügelten Früchte von *Pterocarpus indicus*, welcher Baum ein im malayischen Archipel beliebtes, hartes Holz liefert, das auch von Englisch-Neu-Guinea als Malavarholz ausgeführt wird; den länglich spitzen, dreikantigen, steinharten Samen von *Canarium*- arten, welche angenehm schmeckende Mandeln enthalten; die kreiselartigen Steinkerne der Anacardiacee *Dracontomelum*, deren Fruchtfleisch gern gegessen wird, ebenso wie das der gleichfalls auf Neu-Guinea häufigen verwandten *Spondias*-Arten.

Auch eine merkwürdige, für die Insel eigentümliche Proteaceengattung, *Finschia*, findet sich als hoher Baum im unteren Bergwald. Sehr auffallend ist der Ameisenbaum, *Endospermum formicarum*, der in seinen hohlen Zweigen von kampfgierigen Ameisen bewohnt wird. In geringem Maasse zeigen diese Eigentümlichkeit auch *Myristica*-(Muskatnuss-)Arten sowie eine Art der Meliaceengattung *Amoora*, ferner *Kibara*- und *Ficus*-Arten. Dipterocarpaceen, die im Ebenenwald Borneos und Sumatras eine grosse Rolle spielen und wichtige Harze, z. B. das echte weisse Damarharz von Sumatra, liefern, sind nur wenige gefunden worden, obgleich sie sich durch ihre meist mit mehreren langen Flügeln versehenen Früchte leicht verraten; häufiger hingegen sind Sapotaceen, die aber noch wenig bekannt sind, trotzdem sie wegen ihres vielfach guttaperchahaltigen Milchsaftes die genaueste Untersuchung verdienen; neuerdings sind sogar Proben vorzüglichen Guttaperchas im Hinterland von Berlin-Hafen von den Eingeborenen erhandelt, doch kennt man den Baum noch nicht. Wichtig wäre auch die Untersuchung der vielen Ficusarten auf Kautschuk; in Englisch-Neu-Guinea hat seit ein paar Jahren der Kautschuk von *Ficus rigo*, einer endemischen Art, den Weg in den Handel gefunden, und es wurde 1894/95 für 500 Mk., 1895/96 für 12 000 Mk., 1897/98 hingegen schon für 69 000 Mk. Kautschuk aus Englisch-Neu-Guinea ausgeführt; in Deutsch-Neu-Guinea hat man noch kaum den ersten Versuch gemacht, die zu Hunderten vorhandenen Ficusarten auf Kautschuk untersuchen zu lassen; der häufig vorkommende Apocyneenbaum *Alstonia scholaris* enthält zwar viel, aber unbrauchbaren Milchsaft, ebenso der Brotfruchtbaum. Die Bombacee *Bombax malaricum* könnte eine Art vegetabilische Seide in ihren wunderschön seidenglänzenden, aber leider kurzstapeligen Samenhaaren liefern; zum Kissenstopfen eignet sich das Material weniger gut als dasjenige der verwandten] in Neu-Guinea vielfach angepflanzten *Ceiba pentandra*.

Hervorzuheben ist noch besonders der Massoy-Baum (*Massoia aromatica*), ein Verwandter des Zimmtes, dessen Rinde im malayischen Archipel als Medizin sehr geschätzt wird; schon in den 70er Jahren wurden etwa für 50 000 Mk. davon jährlich ausgeführt; die gleichfalls von dort nach dem malayischen Archipel ausgeführte, ebenfalls aromatische Kulit-lawan-Rinde stammt auch von einem Verwandten des Zimmtes, während die dritte Handelsrinde von Holländisch-Neu-Guinea, die Pulassari-Rinde, von einer kletternden Apocynee *Alyxia* stammt.

Ferner sei auch noch auf einen vielleicht zur Gattung *Gluta* gehörigen Anacardiaceenbaum mit sehr giftigem Milchsaft aufmerksam gemacht, der starke Entzündungen hervorruft, weshalb man beim Fällen sehr vorsichtig sein muss.

Von den höheren Bäumen sind nur einzelne sofort an ihrem Wuchs zu erkennen. Vor allem gehören hierzu die wenigen bisher bekannten hohen Palmen Neu-Guineas, die kokosähnliche, zierliche *Kentia costata* und die majestätische *Orania;* auch die bizarre, durch ihre fischflossenartigen Blattzipfel leicht erkennbare *Caryota*, ebenso die eine der beiden vorkommenden Fächerpalmgattungen,

Tafel 8.

Brotfruchtbaum *(Artocarpus incisa Forst.)*
(Nach einer photographischen Aufnahme.)

Illipe Maclayana F. v. Mull.

A Zweig, ¹/₉. B Frucht, der Länge nach durchschnitten, ¹/₂. C Same.

Tafel 10.

T. Gürke ad nat. delin.

A—C Antiaropsis decipiens K. Sch.
A Blütenzweig, ¹/₂. B Receptaculum. C Same, ⁵/₁.

D—F Dammaropsis Kingiana Warb.
D Receptaculum, ²/₃. E dasselbe im Längsschnitt, ¹/₂. F Frucht, ⁵/₁.

Livistona, während die andere Fächerpalmengattung, *Licuala*, an ihren bis zum Grunde eingeschnittenen Blättern leicht erkennbar, nur als Unterholz auftritt.

Sehr charakteristisch ist auch die Wald-Kasuarine, *Casuarina nodiflora* sowie die riesige *Araucaria Hunsteinii*, deren Harz von den Eingeborenen zum Kitten benutzt wird. Auch die *Dammara*-Arten, die es wenigstens in Holländisch-Neu-Guinea giebt, dürften an Blättern und Wuchs leicht zu erkennen sein, das Harz derselben bildet auf den Molukken, Celebes und den Philippinen einen wichtigen Ausfuhrartikel, es giebt z. B. den Manilakopal des Handels.

Unter den kultivierten Bäumen ist vor allem der Brotfruchtbaum (*Artocarpus incisa*) von hervorragender Wichtigkeit (s. Taf. 8); er findet sich in der Umgebung der Dörfer stets in grosser Menge, aber auch sonst vielfach im Ebenenwald, meist mit samenhaltigen Früchten; der verwandte Jackfruchtbaum (Nangka malayisch) (*Artocarpus integrifolia*) sowie der Tjampeda (*Artocarpus polyphema*) finden sich nur im malayisch beeinflussten Westen der Insel. Sehr schön schmeckende Früchte liefern einige Sapotaceenbäume (*Illipe Maclayana* und *Hollrungii*), die auch zuweilen von den Eingeborenen angepflanzt werden (siehe Tafel 9). Ein prächtig beblätterter Baum mit schönen Mandeln in sehr harten Schalen ist *Terminalia Kaernbachii*, ein naher Verwandter des Strand-Mandelbaumes.

Von besonderer Wichtigkeit ist der zu den kleineren Bäumen gehörende Papua-Muskatnussbaum, *Myristica argentea*, der in Holländisch-Neu-Guinea den wichtigsten Ausfuhrartikel bildet; schon in den 70er Jahren wurde der Wert der jährlichen Ausfuhr auf 170000 Mk. geschätzt, die Nuss ist länger als die echte, heisst deshalb im Handel auch „lange Muskatnuss", und hat einen vielleicht intensiveren, aber nicht ganz so feinen Geruch wie die echte Muskatnuss; sie steht deshalb auch niedriger im Preise.

Auch die aromatische Macis (Muskatblüte) dieser Art wird neuerdings ausgeführt, sie ist schmutzig braun und kommt in Stücken von den trocknen Nüssen abgerissen, als sog. Macisschalen, nicht in so feiner Form präpariert wie die Macis der echten Nuss, in den Handel. An der Humboldt-Bai soll die Nuss noch vorkommen, vor allem wächst sie aber im westlichsten Teil, z. B. an der Sigar-Bucht; in der Astrolabe-Bai und östlich ist sie nirgends gefunden.

Besonders auffallende Formen der untersten Baumetage sind die beiden eigentümlichen Moraceengattungen *Antiaropsis* und *Dammaropsis* (siehe Tafel 10), erstere hat flach ausgebreitete Blütenstände mit roten Bracteen, letztere hat wenige riesenhafte Blätter und kopfgrosse Blütenstände, die aussen von den Bracteen wie von Schuppen bedeckt sind.

Wenn wir noch einige kleinere Ebenholzarten *(Maba)* erwähnen, merkwürdig düster aussehende Pisonien, wilde Mangobäume, schönblütige Sauraujen, Myrtaceen aus der Gattung *Eugenia*, teilweise nahe Verwandte der Gewürznelke, wohlduftende Aglaien, seltsame Eschweilerien, die niedliche Anonacee *Popowia*, die schönblütige Lythracee *Lagerstroemia Koehneana* sowie die zahlreichen, für Neu-Guinea charakteristischen Palmen, z. B. aus den Gattungen *Areca, Pinanga, Drymophloeus, Ptychosperma*, so haben wir auch von den niederen Bäumen das Interessanteste wenigstens kurz erwähnt.

Das wirkliche, bei Wanderungen im Hochwald aber nur selten lästig werdende Unterholz besteht aus Sträuchern und Stauden. Da ist vor allem die sehr häufige *Dracaena angustifolia* zu erwähnen, ferner *Pittosporum*-Arten mit sehr eigentümlichen, für die Gattung auffallend grossen und vielklappig aufspringenden Früchten, da sind viele verschiedene Rubiaceen, z. B. rotblütige Ixoren und weissblütige Pavetten, massenhafte Psychotrien, *Lithosanthes, Pachystylus*, selbst *Coffea*-Arten, *Lasianthus*, das nach Exkrementen duftende *Canthium didymum*, da ist die eigentümliche für den Papua-Archipel charakteristische Mimoseen-Gattung *Hansemannia*, mehrere Euphorbiaceen, darunter auch die Stammpflanze unseres Garten-Crotons, das auch im wilden Zustand oftmals schön bunt gezeichnete *Codiaeum variegatum*, da sind sehr stark nesselnde *Laportea*-Arten, ferner Zingiberaceen aller Art, aus den Gattungen *Costus, Globba, Amomum, Curcuma, Alpinia, Riedelia* u. s. w., vor allem aber die für den Papua-Archipel überhaupt so sehr charakteristische Gattung *Tapeinochilus*, mit ihren wie Tannenzapfen aussehenden Blütenständen (siehe Taf. 11).

Der Boden wird hier und da meist von blaublütigen Acanthaceen bedeckt (z. B. von *Rungia coerulea, Justicia angustata, Ruellia aruensis*); Gesneraceen findet man vielfach, z. B. das reizende blaue *Rhynchoglossum obliquum* und eine Reihe Cyrtandren, von Scrophulariaceen findet man hübsche Torrenien und Bonnayen, kleine weissblütige Rubiaceen *(Geophila reniformis* und *Ophiorrhiza)*, ferner die sonderbare Gattung *Chloranthus* sowie Urticaceen aus den unscheinbar blühenden Gattungen *Elatostemma, Pellionia* und *Procris;* hingegen sind die Begonien und Balsaminen nicht sehr reichlich, dafür aber in hübsch blühenden Arten vertreten. Auch Monokotylen

Tafel 11.

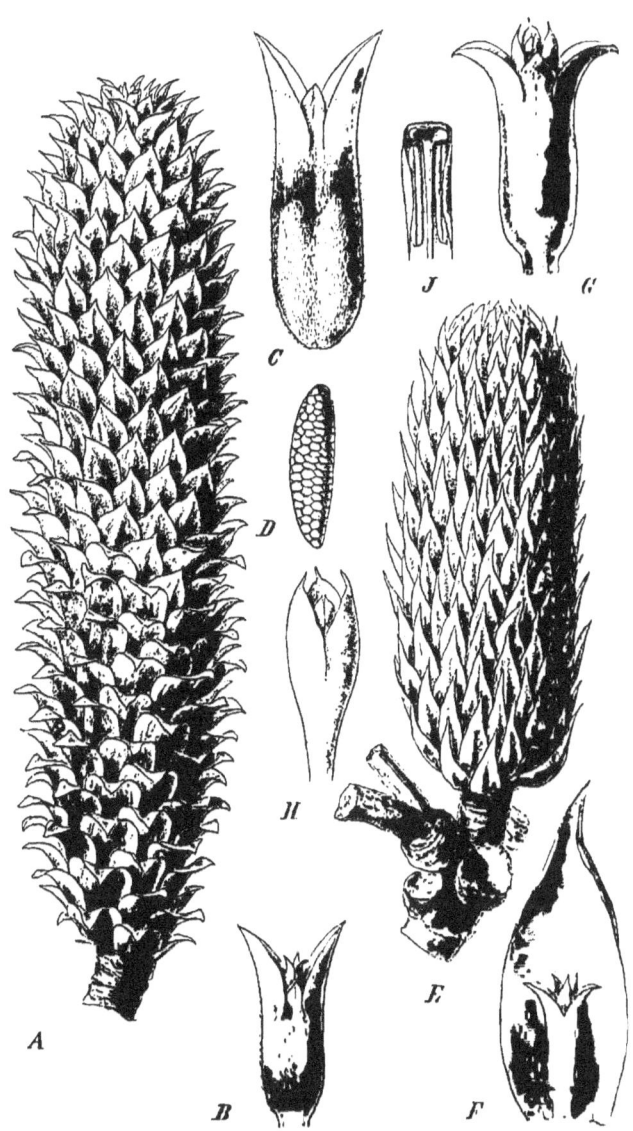

T. Gürke ad nat. delin.

A—D Tapeinochilus piniformis Warb.
A Blütenstand, ¹⁄₆. B Blüte. C Frucht. D Samen.

E—J T. Hollrungii K. Sch.
E Blütenstand, ¹⁄₆. F Deckblatt mit Blüte, ⁶⁄₇. G Blüte. H Blüte nach Entfernung der äusseren Perigonteile. J Staubblätter und Stempel, ¹⁄₁.

giebt es am Boden des Hochwaldes, so z. B. einige Erdorchideen
(z. B. *Pogonia flabelliformis*) sowie die Commelynaceen-Gattungen
Aneilema, *Commelyna* und *Pollia*, ferner grossblättrige *Curculigo*-
und *Phrynium*-Arten. Auch schmarotzende *Balanophora*-Arten
finden sich im Walde, dagegen ist bisher noch keine *Rafflesia* von
dort bekannt geworden; dafür ist aber die kleine parasitische
Gentianee *Cotylanthera tenuis* schon in Neu-Guinea angetroffen.

Schliesslich bleibt uns noch übrig, auf den Lianen- und Epi-
phytenreichtum des Hochwaldes aufmerksam zu machen. Wenn
man den Wald durchschreitet, sieht man freilich meist nicht viel davon,
hier und da dicke, kabelartige Stämme, selten schlingend, meist scheinbar in der Luft schwebend und die Bäume oder Äste mit einander
verbindend. Ganz anders ist es aber, wenn man an gefallenen
Bäumen die Unzahl von Epiphyten bewundert, die Orchideen, Farne,
Gesneraceen, epiphytischen Ficusarten, Asclepiadeen, vielleicht auch
die Santalacee *Henslowia*. Die Zahl der Lianenarten erkennt man
gut, wenn man den Wald von aussen betrachtet, oder wenn man
sich durch das Lianengewirr einen Eingang in denselben verschaffen
will. Da ist man geradezu erstaunt über die Fülle der Arten;[1])
dort treten dann aber auch kleinere Lianen auf, die im Innern des
Waldes im Kampf um das Licht schmählich unterliegen mussten.
Nur eine Gruppe von Lianen macht sich auch im Innern des
Waldes, und zwar in recht unangenehmer Weise bemerkbar, das
sind die in vielen Arten auftretenden Rottang-Palmen mit ihren
Stacheln und Widerhaken; ja viele schwingen lange, mit Widerhaken besetzte Geisseln in der Luft, die häufig ihren Zweck ver-
fehlen und statt der Zweige der Bäume den arglosen Wanderer
packen und festhalten. Es ist aber nicht unwahrscheinlich, dass
der Mensch sich rächen und dermaleinst zum Besten unserer Rohr-
möbelindustrie der Rohrflechtereien und der Rohrplattenkoffer-

---

[1]) Als kleine Auswahl mögen folgende Gattungen dienen: *Pothos*, *Rhaphi-
dophora*, *Smilax*, *Geitonoplesium*, *Dioscorea*, *Stemona*, *Freycinetia*, *Flagellaria*,
Piper, *Aristolochia*, *Clematis*, *Anamirta*, und viele andere Menispermaceen, *Te-
tracera*, *Lophopyxis*, *Jodes*, *Erythropalon*, *Causjera*, *Cissus*, *Gouania*, *Quisqualis*,
Combretum, *Salacia*, *Passiflora*, *Hollrungia*, *Modecca*, *Entada*, *Derris*, *Mucuna*,
Myxopyrum, *Petraeovitex*, *Ourouparia*, *Erycybe*, *Ipomoea*, *Lepistemon*, *Trevoa*,
Strychnos, *Ichnocarpus*, *Alyxia*, *Lyonsia*, *Anodendron*, *Marsdenia*, *Gongronema*,
Mikania und mehrere Cucurbitaceen; vor allem fallen im Innern des Waldes die
riesigen, kürbisgrossen, auf der Erde liegenden leeren Fruchtkugeln der Cucur-
bitacee *Zanonia macrocarpa* auf, die von den meist verstreuten, merkwürdigen
platten Flügelsamen umgeben sind.

fabrikation einen unbarmherzigen Vernichtungskrieg gegen diese
zuweilen über hundert Meter messenden vegetabilischen Schlangen
führen wird, wie es jetzt schon in Borneo und auf der malayischen
Halbinsel geschieht.

Im Anschluss an die Schilderung des Hochwaldes müssen wir
noch die allerwichtigste und die neben der Nipa und Kokos allein
bestandbildende Palme Neu-Guineas kurz erwähnen; es ist natürlich
die Sagopalme gemeint, die in riesigen Beständen die sumpfigen
Flächen in der Ebene bewohnt und schwerdurchdringliche Dickichte
bildet. Sie liefert den Eingeborenen einen wichtigen Teil ihrer
Nahrung; die blühreifen Palmen werden gefällt, der Länge nach
halbiert, das Mark herausgenommen und mittelst Wasser durch-
geknetet; das ablaufende und die Stärke mitführende Wasser wird
in Kanus oder in hohlen halbierten Sagostämmen aufgefangen und
die Stärke zum Absetzen gebracht. Ausser den gewöhnlichen
stacheligen (*Metroxylon Rumphii*) und stachellosen (*Metroxylon
Sagus*) Sagopalmen kommen in Neu-Guinea noch andere Arten
vor, von denen eine neue, *Metroxylon oxybracteatum*, auf Taf. 12
zur Abbildung gelangt.

Die eigentliche Süsswasserflora ist wenig bekannt, es sind
sicher im allgemeinen die gleichen Arten wie im Malayen-Archipel
und Australien, die Süsswasserflora bleibt sich ja in grossen Gebieten
ziemlich gleich. An Seerosen hat man *Nymphaea lotus* und *stellata*
beobachtet, ferner den indischen Lotus, *Nelumbo nucifera*, auch
das Schilf *Phragmites Roxburghii* findet man dort; *Myriophyllum*,
Potamogeton u. s. w. fehlen natürlich nicht.

Durch die Überfülle und Dichte des dunkelgrünen Laubes
macht der Hochwald Neu-Guineas einen düsteren und melancholischen
Eindruck, man sehnt sich in demselben nach Licht und Farben;
man atmet förmlich auf, wenn man einen mit bunten Blüten bedeckten Baum findet. Leider trifft sich das nur selten, denn die
meisten höheren Waldbäume besitzen ganz kleine, unscheinbare,
grünlich-weisse Blüten. Freilich giebt es Ausnahmen, z. B. prangt
die schon oben erwähnte Lythracee *Lagerstroemia Koehneana* in
herrlichem Blütenschmuck. Von auffallender Schönheit, wenn auch
nicht von grosser Farbenpracht, sind die auf Taf. 13 abgebildeten
Blüten der Anonacee *Beccariodendron grandiflorum*, welche zu
mehreren unmittelbar am Stamme sitzen und später zu grossen,
prächtig roten Fruchtbüscheln auswachsen.

Reicher an schönen Blüten sind schon die niederen Bäume

Wilde Sagopalme (*Metroxylon oxybracteatum Warb.*) in Blüte.
Finsch-Hafen, Neu-Guinea.
(Nach einer photographischen Aufnahme von Prof. O. Warburg.)

Tafel 13.

Beccariodendron grandiflorum Warb.
A Zweig, ¹/₄. B Blüten. C Fruchtstand, ¹/₄. D Einzelfrucht im Längsschnitt.

und das Waldgebüsch sowie das Unterholz, wie wir schon sahen. Von ganz hervorragender Schönheit sind z. B. die weissen, später gelblichen, überaus wohlriechenden Blüten der Rubiacee *Gardenia Hansemannii*, die auch von den Eingeborenen der Zierde wegen hier und da angepflanzt wird; auch die Blüte von *Randia speciosa*, gleichfalls einer Rubiacee, mit 5 m langer Blütenröhre, ist sehr schön, ebenso die Blüte der Capparidacee *Crataeva Hansemannii*. Interessant sind auch die grossen, roten Blüten der Acanthacee *Calycacanthus Magnusianus* sowie die roten Blütenstände von *Antiaropsis decipiens*, auch die von leuchtend weissen Hochblättern umgebenen Blütenstände der Mussaenda-Arten; ferner die weissblütige *Guettarda speciosa*, die prächtige Amaryllidacee *Eurycles amboinensis*, die rosa blühende *Impatiens Herzogii*, die auffallend roten Blütenstände der Zingiberacee *Hellwigia*, schöne Costus- und Alpinia-Arten, die orangefarbenen Röhrenblüten von *Ixora*, die weissen von *Pavetta;* hübsch sind auch die weissen Blütentrauben und roten Früchte der *Hansemannia*; ganz hervorragend schön sind jedoch die Büsche von *Clerodendron magnificum*, wo nicht nur die Blütenblätter, sondern auch die Staubgefässe, Griffel, Kelche, Blütenstaub und Hochblätter im prächtigsten Rot schimmern. Grosse Rispen mit Veilchenduft ausströmenden, rosafarbenen Blüten besitzt die Violacee *Schuurmansia Henningsii*, ein kleines Bäumchen mit auffallend grossen Blättern, das auf den Pflanzungen von den Eingeborenen geschont wird, da sie die Blütensträusschen gern im Armband tragen.

Auch manche Lianen haben hervorragend schöne Blüten, so die Bignoniacee *Tecoma dendrophila* mit ihren rosafarbenen, häufig abgefallen den Boden bedeckenden Trompetenblüten, so vor allem die Papilionacee *Mucuna Kraetkei* und verwandte Arten mit ihren intensiv teils feuer-, teils orangeroten Schmetterlingsblüten; auch die schöne rote *Uvaria neo-guineensis* darf nicht vergessen werden. Die Kannenpflanzen, *Nepenthes*, sind mehr barock und graziös als schön gefärbt, auch einige Asclepiadaceen aus den Gattungen *Hoya* und *Ceropegia* haben grosse, äusserst interessante, wie aus Wachs modellierte Blumen.

Vor allem aber zeichnen sich die epiphytischen Orchideen durch manche prächtige Formen aus[1]; auch haben sie schon die

---

[1] Bemerkenswert sind z. B. das herrliche *Grammatophyllum Guilelmi Secundi*, *Vanda Hindsii*, eine Reihe schöner oder interessanter Dendrobien

Aufmerksamkeit der grossen Orchideenhändler auf sich gezogen; manche sind infolgedessen im Handel, und die Insel wird von Zeit zu Zeit von Orchideenhändlern bereist; freilich so viel, wie man sich ursprünglich von der Orchideenpracht der Insel versprach, hat sie nicht gehalten; der holländische Teil scheint am reichsten an schönen Formen zu sein, dann folgt der deutsche, am wenigsten lieferte bisher der englische Teil. — Auch manche epiphytischen Gesneraceen, Ericaceen *(Dimorphanthera, Rhododendron)* und die parasitischen Loranthaceen zeichnen sich durch grosse und schön gefärbte Blüten aus.

Über die gewiss viele Besonderheiten bietende eigentliche Bergwaldflora Neu-Guineas, die sich von 900 m an bis zu mindestens 1700 m hin erstreckt, müssen wir uns leider sehr kurz fassen, da wir so gut wie gar nichts darüber wissen. Es sind bisher überhaupt nur wenig höhere Bergbesteigungen in Neu-Guinea unternommen, die einzigen botanisch wichtigen darunter sind Beccaris Besteigung des Mount Arfak, die Hellwigsche Besteigung des Finisterre-Gebirges (in Begleitung von Zöller), sowie Mac Gregors Besteigung des Owen Stanley-Gebirges. Nur Beccari hat in der mittelhohen Gegend gesammelt, doch ist bisher überhaupt nur ein Teil seiner Sammlungen veröffentlicht, und besonders wenig aus dieser Bergregion; die Mac Gregorsche Sammlung ist von Ferd. von Müller bearbeitet, die Hellwigsche vom Verfasser, doch konnte bei beiden Expeditionen beim Auf- und Abstieg wenig gesammelt werden. Der Eindruck, der sich aus den wenigen in den Herbarien befindlichen Pflanzen und aus den kurzen Notizen und allgemeinen Aufzeichnungen ergiebt, ist der, dass der Grundcharakter dieser Bergwaldflora genau derselbe ist wie im malayischen Archipel. Der von uns besuchte Gipfelwald des Sattelberges bei Finsch-Hafen, der, obgleich noch nicht ganz 1000 m hoch, doch schon typisches Bergwaldgepräge trägt, bestätigt dies zur Genüge. Der Wald hat das Gepräge eines dichten tropischen Regenwaldes, der aber reicher an Unterholz und Farnen sowie an Epiphyten ist als der Ebenen- und untere Bergwald; die im malayischen Archipel so charakteristischen sub-

---

(*D. spectabile, Hollrungii, Kaernbachii, Cogniauxianum, Warburgianum, Baeuerlenii, Lawesii, Johnsoniae, cincinnatum, rhodostictum* u. s. w.), *Vandopsis Chalmersiana, Saccolabium Schleinitzianum* und *Sayerianum, Cheirostylis grandiflora, Cypripedium glanduliferum, Latourea spectabilis, Sarcopodium grandiflorum, Cleisostoma* u. s. w.

tropischen Typen[1]) (Ternstroemiaceen, Hamamelidaceen, Ilex, Evonymus, Symplocos u. s. f.) sind bisher zwar noch nicht gefunden, doch ist gerade nach dieser Richtung hin noch sehr viel zu erwarten. Dass die Beziehungen dieser Flora zu Australien sehr enge sein werden, ist nach der Analogie der polynesischen und Molukken-Berge nicht anzunehmen.

Noch höher hinauf, bei 1700 oder 2000 m, beginnt dann die Gipfelwaldflora, die gewöhnlich, wenn auch nicht gerade korrekt, als alpine Flora bezeichnet wird. Sie entspricht nämlich dem Charakter nach etwa der Ebenenflora, nicht aber der Alpinflora der gemässigten Zone. Sie scheint bis zu 3500 m zu reichen, dort endet am Owen Stanley der Baumwuchs, der etwas niedrigere Kant- oder Gladstoneberg im Finisterre-Gebirge zeigt sogar Baumwuchs bis zum Gipfel.

Diese Gipfelwaldflora scheint genau wie die analoge Flora in den Molukken und Celebes, z. B. der vom Verf. zuerst bestiegenen Berge Sibella auf Batjan und Wawo-Kraeng in Süd-Celebes, aus einer beschränkten Zahl kleinerer, nicht sehr dicht stehender und relativ kleinblättriger Bäume zu bestehen, die aber, wenigstens in den unteren Regionen dieser Zone nach Hellwig noch Höhen von 20 m und mehr erreichen. Sie sind mit dickem Moosmantel bedeckt, Bartflechten *(Usnea barbata)* hängen von den Ästen herab, kletternde Farne und Kletterbambus ziehen sich an ihnen empor, was noch dadurch erleichtert wird, dass die Bäume sich meist schon tief unten verzweigen und ihre Zweige sparrig und krumm nach allen Seiten ausstrecken. Da die Bäume nicht dicht stehen, lassen sie viel Licht durch, der Boden ist mit Moosen oder Rasen von Blütenpflanzen und Gräsern bedeckt; die Zahl der Farne ist nicht allzu gross, doch findet man noch kleine Baumfarne, ferner treten hier auch erdbewohnende Lycopodien auf.

Von hervorragendem Interesse ist das Vorkommen von Coniferen daselbst, nämlich der grossblättriger *Phyllocladus hypophylla*, die auch auf dem Kini-Balu in Borneo wächst und die Verf. auch auf Batjan und Mindanao entdeckt hat, sowie der mehr an einen Lebensbaum erinnernden *Libocedrus papuana*, die Verf. gleichfalls im obersten Bergwalde auf Batjan angetroffen hat. Ferner ist die grosse Au-

---

[1]) Als solche seien aus der Hollrungschen Sammlung erwähnt *Hypericum japonicum, Coriaria papuana, Epilobium prostratum* (vielleicht zur alpinen Flora gehörend und nur im Flussbett so tief), *Gunnera macrophylla, Rhododendron Zoelleri, Cynoglossum javanicum, Miscanthus japonicus, Zoysia pungens.*

zahl meist sehr schönblütiger *Rhododendron* bemerkenswert, die durch den Artenreichtum an die Himalaya- und die südchinesischen Gebirge gemahnen. Ferd. v. Müller hat 5 vom Owen Stanley-Gebirge und Verf. ebensoviele vom Finisterre-Gebirge beschrieben, sämtlich neue und meist herrliche, grossblütige Arten. Auch Heidelbeer-Arten *(Vaccinium)* sind in grosser Anzahl vorhanden, ferner die auch bei uns vorkommenden Gattungen *Ranunculus, Sagina, Hypericum, Rubus, Potentilla, Epilobium, Gentiana, Veronica, Myosotis, Senecio, Aster, Galium, Scirpus, Schoenus, Carex*, sogar *Taraxacum officinale, Aira caespitosa, Festuca ovina, Scirpus caespitosus* sowie *Lycopodium Selago* und *clavatum* finden sich dort, die meisten hiervon freilich in der obersten Region, nahe den bei 4000 m liegenden Gipfeln der Owen Stanley-Kette (am Mount Victoria, Musgrave und Knutsford). Im unteren, von Hellwig ausschliesslich besuchten Teil dieser Formation finden sich noch viele an die Tropen gemahnende und nach Südasien hinweisende Formen, *Cyrtandra, Elaeocarpus, Saurauja, Cinnamomum*, sowie die Orchidee *Ceratochilus*, ebenso *Helicia, Alyxia, Mikania, Myriactis, Anaphallis, Korthalsia, Dendrobium;* im Owen Stanley-Gebirge bei 2000 m Höhe finden sich aber schon am Mount Musgrave auch die mehr nach Australien oder Polynesien hinweisenden Gattungen *Drimys* und *Metrosideros*, und auch viele der oben angeführten, anscheinend europäischen Gattungen sind gleichfalls in Australien vertreten; eben dahin weisen auch die Gattungen *Lagenophora, Styphelia, Astelia, Carpha, Uncinia, Danthonia, Vittadinia*. Die meisten Arten sind endemisch, von den nicht Neu-Guinea eigentümlichen Arten dieser Region sind in Südasien oder dem malayischen Archipel gleichfalls heimisch *Libocedrus papuana, Phyllocladus papuana, Drimys piperita, Potentilla leuconota, Galium javanicum, Korthalsia Zippelii (?), Gahnia javanica*, in Asien und Australien *Lagenophora Billardieri*, in Polynesien und Neu-Seeland *Epilobium pedunculatum*, in Polynesien und Australien *Carpha alpina, Sisyrinchium pulchellum, Danthonia penicillata*, nur in Australien *Astelia alpina* und *Uncinia riparia*, antarktisch ist *Uncinia Hookeri*, nordisch sind *Festuca ovina* und *Scirpus caespitosus*, nordisch und australisch *Taraxacum officinale* und *Aira caespitosa*. Man sieht also, selbst in dieser am meisten von Australien beeinflussten Region werden, sowohl was Gattungen als was Arten anbetrifft, die australischen weit von den asiatischen überwogen, und dabei zeigt die Sammlung Mac Gregors eine deutliche Bevorzugung der krautigen Formen, während die Bäume jedenfalls eine noch engere Verwandtschaft zu der alpinen Flora der malayischen Gebirge zeigen werden.

Die baumlose Vegetation der höchsten Berggipfel der Owen Stanley-Kette scheint nach den spärlichen darüber vorliegenden Notizen nichts weiter zu sein als die Fortsetzung der schon in tieferen Gegenden zwischen den Bäumen befindlichen niedrigen Gewächse; ob die Baumlosigkeit eine Folge der ständig niedrigen Temperatur, oder etwa zeitweilig besonders kalter Jahreszeiten, oder der Trockenheit der Atmosphäre oder vielleicht der starken Winde ist, bleibt noch zu untersuchen, geologische Faktoren hingegen sollen nach Mac Gregor keine Rolle hierbei spielen. Eine dauernde Schneebedeckung in diesen Gebirgen giebt es nicht; eine im eigentlichen Sinne alpine Flora, wie sie in den Tropen z. B. der Kilimandjaro besitzt, konnte sich demnach hier auch nicht entwickeln.

Die Nutzpflanzen Neu-Guineas.

Zum Schluss müssen wir noch einen Blick auf die Nutzpflanzen der Eingeborenen werfen. Die Grundlage der Ernährung bilden Taro und Yams, ersteres ist die Knolle der Aracee *Colocasium antiquorum*, als Yams kultivieren sie mehrere Arten der Gattung *Dioscorea*, besonders *D. alata, sativa* und *papuana*. Bataten werden mehr im westlichen Teil sowie auch am Ramu angebaut, diese Pflanze ist offenbar wie vieles andere vom Malayen-Archipel aus langsam eingedrungen. Maniok ist erst neuerdings von den Europäern eingeführt, ist aber schon bei den Eingeborenen weit verbreitet. Tacca und Amorphophallus-Knollen werden, obwohl häufig, kaum benutzt. Sago bildet in den Gegenden, wo die Palme wächst, eine sehr wichtige Grundlage der Ernährung und des Handels. Getreide wurde ursprünglich von den Eingeborenen nirgends angebaut, durch die Europäer ist jetzt etwas Mais und Reis eingeführt worden.

Als Gemüse dienen hier und da einige Bohnenarten, z. B. *Dolichos Lablab*, *Phaseolus Mungo*, doch spielen sie eine ganz untergeordnete Rolle. *Psophocarpus tetragonolobus* scheint etwas mehr angebaut zu werden, *Vigna sinensis* ist bisher nur im Bismarck-Archipel, *Cajanus indicus* nur auf den Key-Inseln beobachtet worden. Auch Erdnuss und Sesam scheinen nicht über die Arru-Inseln östlich hinausgekommen zu sein und werden in Neu-Guinea noch nicht kultiviert. Als Blattgemüse wird an manchen Orten *Abelmoschus Manihot* angebaut, ebenso auch *Amaranthus melancholicus* und vielleicht andere Arten, hier und da auch eine *Alocasia*, am wichtigsten ist aber das überall in den Dörfern gezogene Bäumchen *Gnetum gnemon*, dessen Früchte übrigens auch als Gemüse dienen. Ob die vielfach als Hecken gepflanzte Araliacee *Polyscias Rumphiana (Panax pinnatum)* und *Polyscias (Panax) fruticosum* wie in den Molukken als Gemüse oder auch nur als Medizin benutzt werden, ist noch nicht festgestellt. Blätter wilder Bäume, z. B. *Ficus, Sterculia Bammleri* (auf den Tami-Inseln) sowie *Gnetum edule* vervollständigen diesen Gemüsespeisezettel der Eingeborenen.

Das Herz mancher Palmen, z. B. von *Caryota Rumphiana*, sowie die jungen Schösslinge der Bambusarten werden als wohlschmeckende Gemüse geschätzt. Eine Art schmackhaften Blumenkohl liefert die unentwickelte Blütenrispe des vielfach als Heckenpflanze kultivierten *Saccharum edule*, die vielleicht nur eine Kulturform des verbreiteten wilden Zuckerrohrs *(S. spontaneum)* darstellt; man könnte die Pflanze als Blumenzuckerrohr bezeichnen.

Von Gurkengewächsen wird vor allem der im jungen Zustande als Gemüse essbare Flaschenkürbis *(Lagenaria vulgaris)* gebaut, in geringerem Masse der Riesenkürbis *(Cucurbita maxima)*, der Wachskürbis *(Benincasa cerifera)* und die mehr verwilderte Wassermelone *(Citrullus vulgaris)*, viel wird auch eine genau wie Gurken aussehende und schmeckende Form der Melone *(Cucumis melo)* gebaut, also eine sog. Gurkenmelone. Die Tomaten *(Lycopersicum esculentum)* und Eierfrüchte *(Solanum melongena)* scheinen nicht über das malayisch beeinflusste West-Neu-Guinea hinausgekommen zu sein.

Sehr gross ist auch die Zahl der zur Verfügung stehenden Früchte. Einen Übergang zu den Gemüsen macht die Brotfrucht *(Artocarpus incisa)*, welcher stattliche Baum in keinem Dorfe fehlen darf; ferner ist die Banane von hervorragendster Bedeutung. Eine geringere Rolle spielen die Mangos, vor allem die einheimische, vielfach wilde **Mangifera minor**, im Westen der Insel auch die viel besseren und grossfrüchtigeren Einführungen aus Malesien, *Mangifera indica* und *foetida*. Als einheimisches Obst werden von den Eingeborenen die Sapotaceen *Illipe Maclayana* (siehe Tafel 12) und *Hollrungii* angebaut. Mehr geschont als gezogen findet man auch *Spondias dulcis* und *Dracontomelum mangiferum*. Kein neuerdings eingeführtes Obst hat sich so schnell verbreitet wie die *Papaya*, die an der Astrolabe-Bai von Miklucho Maclay eingeführt wurde und noch heute häufig als Miklucho-Banane bezeichnet wird;

man findet sie schon tief im Binnenlande in Kultur. Auch *Anona muricata* und *squamosa* sowie *Passiflora quadrangularis* sind in Kaiser Wilhelms-Land bereitwillig von den Eingeborenen übernommen worden; *Psidium guayava* hat sich natürlich wie überall von selbst verbreitet, ob auch *Anacardium occidentale*, ist nicht bekannt. Eine ganze Reihe malayischer Obstarten sind über West-Neu-Guinea nicht hinausgekommen, z. B. *Lansium domesticum*, *Artocarpus integrifolia* (Nangka mal.), sowie *A. Polyphema* (Tjampeda im Malayischen), ferner *Moringa oleifera*, *Sesbania grandiflora*, sowie die Tamarinde. Selbst Ananas und Orangen beginnen erst jetzt weiter vorzudringen und waren noch vor wenigen Jahren in Kaiser Wilhelms-Land unbekannt; letztere wurden nur unvollkommen durch saure wilde Limonen ersetzt. Während die scharfkantige *Averrhoa Carambola* erst jetzt in West-Neu-Guinea eindringt, ist *Averrhoa Bilimbi* ein offenbar in den Molukken, Philippinen und Neu-Guinea wild wachsender Baum. Auch der Rosenapfel *Jambosa malaccensis* scheint in ganz Neu-Guinea wild zu sein.

Von wilden essbaren Obstfrüchten seien noch erwähnt Arten der Gattungen *Garcinia*, *Salacia*, *Antidesma*, *Rubus* (freilich sämtlich recht fade), *Eugenia* (mit kirschartigen Früchten), ferner *Phaleria papuana*, *Cudrania javanensis*, *Ximenia americana*, *Ehretia buxifolia*; von *Parartocarpus involucrata* wird das Fruchtfleisch gegessen, hingegen sind die Samen giftig; ja, selbst das spärliche Fruchtfleisch von *Pandanus fascicularis* wird abgenagt. Nicht minder reichlich ist die Zahl der Nussobstarten. Vor allen ist die Strandmandel *Terminalia Catappa* und ihre wohlschmeckende Verwandte *T. Kaernbachii* zu erwähnen, sodann die Strandkastanie *Inocarpus edulis*, die schmackhaften *Canarium*-Arten, die Sapindacee *Pometia pinnata*, der geröstete Samen verschiedener *Barringtonia*-Arten, sowie des Blausäure haltigen *Pangium edule*; auch die Samen von *Aleurites moluccana* werden gegessen, das Öl dient zum Einreiben der Haut nach dem Baden. Die Benutzung der Kokosnuss braucht nicht erwähnt zu werden, auf den Tami-Inseln werden sogar die ausgewässerten Samen von *Bruguiera* zusammen mit Kokosnuss gegessen.

Das Zuckerrohr wird in kleinen Pflanzungen oder einzelnen Stöcken fast bei jedem Dorf kultiviert, die Zuckerpalme (*Arenga saccharifera*) ist nur im westlichen Teil (bei Dorée z. B.) angepflanzt, offenbar aus dem Malayen-Archipel eingeführt.

Von Genussmitteln kommt hauptsächlich der auf der ganzen

Insel in einzelnen Pflanzen gezogene Tabak *(Nicotiana Tabacum)* in Betracht; sodann der Betelpfeffer *Piper Betle*, in Ermangelung desselben auch wilde *Piper*-Arten. Er wird zusammen mit Arecanüssen gekaut, die von einer vielfach angebauten, für Neu-Guinea endemischen Art, *Areca jobiensis*, im westlichen Neu-Guinea auch von *Areca macrocalyx*, stammen. Als Betelsurrogate dienen auf den Tami-Inseln die Triebe von *Pouzolzia hirta*, **Myristica Schleinitzii** sowie *Oldenlandia paniculata*. *Piper methysticum* findet sich viel wild, doch nur selten wird Kawa daraus bereitet. Als Gewürz dient eine Sorte Ingwer *(Zingiber amaricans)* und *Curcuma*, Muskatnüsse werden nicht benutzt, ebensowenig wohl auch die wilden Pfefferarten. Dagegen ist der spanische Pfeffer *(Capsicum longum)* schon in West-Neu-Guinea verbreitet und auch an der Astrolabe-Bai schon heimisch.

Von technischen Zwecken dienenden Pflanzenstoffen kommen für die Eingeborenen hauptsächlich die Fasern und Flechtstoffe, die Hölzer, sowie die Medizinalstoffe in Betracht, Öle (z. B. das Samenöl von *Aleurites moluccana)* nur zum Einreiben des Körpers, die Farbstoffe spielen bei der geringen Kleidung und dem wenigen Hausrat nur eine untergeordnete Rolle.

Die wichtigste Faserpflanze der Insel ist wohl die Papilionacee *Pueraria novo-guineensis*, da aus derselben die Tragnetze gemacht werden, der Bast der Sterculiacee *Abroma mollis* wird zur Verfertigung von Netzen benutzt, daneben aber auch zu Stricken verarbeitet, Stricke und Bootstaue macht man auch aus dem Bast der Strandlinde *(Hibiscus tiliaceus)* und der Urticacee *Boehmeria platyphylla;* auch eine wilde Banane liefert geschätzte Fasern; die Apocynee *Anodendron Aambe* liefert, wenigstens im Bismarck-Archipel, gleichfalls eine brauchbare Faser. Beim Hausbau wird an Stelle von Stricken hauptsächlich Rottang verwendet. Zum Flechten von Matten, kleinen Körben und Kasten dienen vor allen Pandanusblätter. Als Dachdeckmaterial dienen neben verschiedenen Gräsern auch Kokos- und Nipablätter. Die Lendentücher der Männer werden meist aus Ficusbast durch Klopfen hergestellt, in Hatzfeld-Hafen z. B. von *Ficus nodosa;* im östlichen Teil der Insel, sowohl im deutschen als im englischen Gebiet, wird die vermutlich von Polynesien aus eingeführte *Broussonetia papyrifera* hierfür benutzt. Die Schürzen der Frauen werden aus Gras hergestellt. Baumwolle ist erst durch die Europäer eingeführt, im holländischen Teil durch Missionare, im deutschen durch die Neu-Guinea-Kompagnie.

Was die Farbpflanzen anbetrifft, so dient *Morinda citrifolia*, die überall auf der Insel gemein ist, zum Gelbfärben der Lendentücher; ob *Curcuma* als Farbstoff benutzt wird, wissen wir nicht. Am Huon-Golf dient auch der Saft von Stamm und Blättern einer *Garcinia*, also eine Art Gummigutt, zum Gelbfärben. Das Wurzelholz von *Cudrania javanensis*, ein im malayischen Handel bekanntes Gelbholz, könnte auch eine schöne gelbe Farbe liefern. Woraus die blaue Farbe mancher Geräte der Eingeborenen hergestellt wird, ist noch unbekannt. *Indigofera tinctoria* wird bisher von Neu-Guinea nicht vermerkt, dagegen fand Verf. sie im Bismarck-Archipel sogar verwildert. Jetzt färben die Leute in Kaiser Wilhelms-Land meist mit importierten Kugeln von Berliner Blau. Rot und schwarz wird gewöhnlich durch mineralische Substanzen, rötel- und manganhaltige Erde oder auch durch Holzkohle hergestellt, auf den Tami-Inseln soll der Arillus von *Myristica Schleinitzii* eine rote Farbe geben; *Bixa orellana* wurde bisher nur im Bismarck-Archipel beobachtet. Zum Schwarzfärben könnten manche gerbstoffhaltige Rinden dienen, beispielsweise die Rinden von *Mangrove*-Arten. Grüne Farben besitzen die Eingeborenen nicht.

Die Hölzer spielen eine grosse Rolle beim Hausbau, bei der Anfertigung der Kanus und Ruder, für Bogen und Speere, für Mulden und kleinere Geräte. Beim Hausbau wird das Holz von *Intsia bijuga* oft für Grundpfosten benutzt, aus dem Aussenholze von Palmen (z. B. *Actinophloeus Schumanni*) machen die Eingeborenen Wände und Thüren. Auch Bambus wird natürlich viel beim Hausbau verwandt sowie Rottang als Bindematerial. Das Holz von *Massoia aromatica* ist beim Bootbau beliebt, ebenso dasjenige von *Lumnitzera coccinea*, das leichte und doch dichte Holz von *Sarcocephalus cordatus* wird als Unterbau für Kanus benutzt, das Holz von *Piptadenia novo-guineensis* dient auf der Tami-Insel zu Auslegern, *Colubrina asiatica* liefert daselbst Reifenholz, eine *Macaranga*-Art das Stangenholz für die Segel. Gutes Nutzholz liefert auch *Thespesia populnea* sowie *Hearnia sapindina*, *Premna integrifolia* liefert Reifenholz und wird zu Holzmulden sowie zu Rudern verarbeitet, das Holz von *Cordia subcordata* dient zu Trommeln und Pfählen. Die Mangrovehölzer eignen sich für allerlei Wasserbauten. Die Speere werden häufig aus dem Aussenholz von Palmen gemacht, die Bogen nur selten, da sie stark splittern; zu Pfeilen benutzt man verschiedene Bambussorten sowie die Stengel von Gräsern, auf den Tami-Inseln z. B. die im Feuer geradegerichteten und gehärteten Halme einer botanischen Seltenheit, *Erianthus pedicellaris;* als Spitzen dienen Holz, Bambus, Knochen u. ä. — Auch das Vorkommen von Teakholz wird für Neu-Guinea angegeben, doch sind darunter wohl die im Wasser unverwüstlichen Hölzer von *Intsia Maniltoa* u. dergl. zu verstehen, da das Vorkommen von *Tectonia grandis* daselbst unwahrscheinlich ist; auch Rasamala-Holz soll dort vorkommen, doch ist es keinesfalls das echte Rasamala-Holz Javas, das von *Altingia excelsa* stammt.

Die Harze und Milchsäfte spielen bei dem primitiven Hausrat der Eingeborenen nur eine sehr untergeordnete Rolle. Als Kitt dient das Harz der *Araucaria Hunsteinii* sowie der mit *Parinarium*-Fett vermischt eingetrocknete Milchsaft des Brotfruchtbaumes. Der Milchsaft von *Ficus*-Arten dient zum Dichten von Kanus. Der Saft von *Illipe Hollrungii* und *Cerbera Odollam* dient beim Anreiben von Farbe (Kohle oder Rötel) als Klebstoff, mit dem Saft der Wurzelrinde von *Terminalia Catappa* wird eine manganhaltige, zum Schwarzfärben der Holzmulden dienende Erde angerieben.

Zahlreich sind die Medizinalpflanzen der Eingeborenen, jedoch noch sehr schlecht bekannt. Als Medizinalpflanzen werden von Kaernbach *Soulamea amara* (Früchte), *Phyllanthus* (Thee gegen Dysenterie), *Massoia aromatica* (Rinde gegen eine schwere Lungenkrankheit) angeführt. Auf den Key-Inseln dienen die Blätter von *Alstonia scholaris* gegen Fieber; auch *Rauwolfia amsoniifolia* wird dort sehr geschätzt.

Der Missionar Bammler führt ferner als Medizinalpflanzen der Tami-Inseln folgende an: *Erythrina indica* (Blätter und geschabte Rinde auf die Wunden bei Kastrierung der Schweine), *Soulamea amara* (Saft der heiss gemachten Blätter gegen Läuse), *Hearnia sapindina* (Thee der Blätter für Wöchnerinnen), *Euphorbia serrulata* (Kraut in Kokoswasser gekocht gegen Katarrh), *Codiaeum variegatum* (wilde Pflanze als Abortivum), *Excoecaria Agallocha* (Rindensaft mit Kokoswasser getrunken als starkes Brech- und Abführmittel), *Ocymum canum* (Saft frisch gegen Katarrh in die Nase gezogen, gekocht als Abführmittel). Ricinus und Purginuss *(Jatropha curcas)* scheinen nur bis zu den Arru-Inseln gedrungen zu sein, *Croton tiglium* ist überhaupt noch nicht in Papuasien beobachtet.

Zum Fischfang dienen die Samen von *Anamirta Cocculus* sowie die Wurzeln von *Derris elliptica*, wenigstens im malayisch beeinflussten Westen. Auch andere Giftpflanzen giebt es in Menge, z. B. *Strychnos*-Arten, doch ist eine Benutzung vergifteter Pfeile noch nicht festgestellt. Die Gattung *Antiaris,* zu der der gefürchtete Upas-Baum Javas gehört, ist bisher noch nicht gefunden, da sie aber auf den Salomons- und Fidji-Inseln, in Australien und den Molukken vorkommt, ist das Vorkommen einer wahrscheinlich ungiftigen Art ziemlich sicher.

Gross ist die Zahl der Zierpflanzen. Als Zierrat dienen vor allem die elfenbeinfarbenen harten Ährchenhüllen des Hiobsthränen-Grases *(Coyx lacryma),* namentlich eine zylindrische Form *(Coyx tubulosa),* sodann der Korallensamen von *Adenanthera pavonina,* ferner der von *Abrus precatorius,* vielfach auch durchgeschnittene Sapotaceen-Samen sowie die violetten Früchte von *Pollia;* für Teufelsrasseln werden die Schalen der Samen von *Pangium edule* gebraucht.

Die Eingeborenen zeigen eine Vorliebe für hübsch gefärbte Blumen und Blätter, daher findet man stets in der Nähe der Ansiedelungen die schön rotblühende *Hibiscus rosa sinensis,* ferner buntblättrige Formen von *Codiaeum variegatum* (unser Garten-Croton), rotblättrige *Cordyline, Graptophyllum pictum* mit schön gefärbten und gezeichneten Blättern, die rotblütige *Boehmeria platyphylla,* sowie die Amaranthaceen *Celosia cristata, Gomphrena globosa* und *Amaranthus melancholicus (var. tricolor);* im Bismarck-Archipel kultiviert man auch eine rotblättrige Banane (*var. Bismarckiana* vom Verf. genannt) sowie schöne Formen von *Acalypha grandis;* verwildert findet man dort auch *Clitorea ternatea, Caesalpinia pulcherrima* u. s. w. Auch auf Wohlgeruch legen die Eingeborenen Wert und bauen zu diesem Zwecke die Rutacee *Evodia hortensis* sowie die Labiaten *Ocymum basilicum* und *sanctum* an. Die Violacee *Schuurmansia Henningsii* wird, wie oben bemerkt, wenn nicht kultiviert, so doch wenigstens geschont. Namentlich für ihre vielen Feste und Tänze schmücken sich die Eingeborenen mit bunten und wohlriechenden Blättern und Blüten, aber auch im gewöhnlichen Leben erblickt man sie vielfach mit wohlriechenden Blüten im Armbande.

Auf die Kulturpflanzen der Europäer brauchen wir nicht weiter einzugehen, da diese Verhältnisse in den folgenden Kapiteln des Buches ausführlich erörtert werden. Der Plantagenbetrieb dreht sich hauptsächlich um Tabak, Kokos und Baumwolle. Versuche in grösserem Maasse werden augenblicklich, hauptsächlich in Stephansort, mit Kapok, Ramie, Liberia-Kaffee, Castilloa- und Hevea-Kautschuk sowie Guttapercha *(Isonandra gutta)* gemacht.

ferner auch mit Pfeffer und Kakao. Zur Ernährung der Eingeborenen werden Mais, Reis, Taro und Bataten gepflanzt, ferner noch Bananen und Ananas; im englischen und holländischen Teil der Insel giebt es derart grosse Pflanzungen noch nicht. Schwierigkeit macht eigentlich nur die Arbeiterfrage; das Klima und der Boden des Landes ist für viele wertvolle Kulturen ganz vorzüglich. Für Kakao liegt freilich die Gefahr derselben Krankheit vor, die in Celebes, in den Molukken und Philippinen die Kultur so gut wie vernichtet hat; die Hemileia-Gefahr für den arabischen Kaffee ist weniger bedeutend.

Auf Kautschuk- und Guttapercha-Kultur sollte man den allerhöchsten Wert legen, für *Hevea* giebt es in den grossen Flussniederungen sicher vortreffliche Lagen, *Castilloa* wächst zweifellos vorzüglich; die ersten Proben des in Stephansort kultivierten *Hevea-* und *Ficus elastica-*Kautschuks wurden recht hoch taxiert; vor allem sollte man aber auch die in Neu-Guinea heimischen Kautschukbäume auf ihre Kulturfähigkeit studieren. Ebenso hat die Guttapercha-Kultur in Neu-Guinea eine Zukunft, da die klimatischen und Bodenverhältnisse sich gut dafür eignen, aber auch hier sollte man die einheimischen Guttapercha-Arten aufzufinden und in Kultur zu bringen versuchen. Wenn Ramie sich irgendwo in den Tropen zur lohnenden Grosskultur entwickelt, so ist Neu-Guinea hierfür geeignet; auch für Jute würde es an passenden Gegenden nicht fehlen, auf Zuckerrohr-Kultur im grossen weist schon das üppige Wachstum der Zuckerrohr-Pflanzungen der Eingeborenen hin; Queensland arbeitet unter viel ungünstigeren Bedingungen. Ferner sollte man wie in Ceylon und Borneo, so auch in Neu-Guinea kleine Fabriken errichten zur Herstellung von Gerbstoffextrakten aus Mangrove-Rinden. Auch die Sagobereitung für die Ausfuhr sollte ernstlich in die Hand genommen werden. Für eine Verwertung der Kokosnuss-Schalen im Grossbetrieb ist die Zahl der an den einzelnen Stellen vorhandenen Palmen wohl zu gering, eher liesse sich dies für den Bismarck-Archipel empfehlen. Vor allem ist aber, will man aus Neu-Guinea ein grosses Zentrum für Plantagenkultur machen, eine gute Verbindung mit Süd-China zu schaffen, zum Zwecke einer leichten und schnellen Überführung billiger Arbeitskräfte.

VI. Die Tierwelt Neu-Guineas.

Von Paul Matschie.

Ein Blick auf die Erdkarte zeigt uns, dass Neu-Guinea zum grösseren Teile aus noch unerforschten Gebieten besteht. Nur der Nordwesten und Südosten und einige dem Meere benachbarten Gegenden des Nordens und Südens sind uns bisher genauer bekannt geworden. Da ist es denn kein Wunder, dass die Nachrichten, welche wir über die Tierwelt von Neu-Guinea besitzen, nur sehr lückenhaft erscheinen, und wir dürfen darauf gefasst sein, dass noch manche merkwürdige Entdeckung aus jenen Ländern zu uns dringen wird.

Neu-Guinea betrachten die Zoologen, soweit es die Verbreitung der Tiere betrifft, als einen Teil des sogenannten „südlichen Gebietes", welches Australien, den Papua-Archipel und Mikronesien umfasst und auf den Molukken in das indo-malayische Gebiet übergeht. Wunderbare und eigentümliche Tierformen geben dieser Region ein ganz sonderbares Gepräge. Säugetiere mit Schnäbeln, Vögel mit Federn, die wie Haare geformt sind, Hühner, welche ihre Eier durch die Wärme der Sonne oder des Erdbodens ausbrüten lassen, Tauben von der Grösse einer Pute, Kukuke, welche wie Fasanen aussehen, Ratten mit Kletterschwänzen und andere mit Schwimmfüssen, Eidechsen, die auf zwei Beinen laufen, alle diese Tierformen tragen dazu bei, die Gegenden, deren Fauna wir hier betrachten wollen, besonders interessant zu machen.

Die im südlichen Gebiete lebenden Tiere sind keineswegs gleichmässig über die gesamte Region verbreitet, sondern man muss eine

Reihe von kleinen tiergeographischen Untergebieten unterscheiden, von denen jedes wieder eine ganze Anzahl von Formen enthält, die nur ihm eigentümlich sind.

Neu-Guinea bildet, wie es scheint, eine solche Unterregion für sich, das subtropische Australien z. B. eine zweite, der Bismarck-Archipel eine dritte. Im nördlichen Australien, nördlich vom Wendekreise, scheint sich die Tierwelt des Papua-Archipels mit der australischen zu mischen. Von den südaustralischen Gattungen sind einige auch noch in Neu-Guinea vertreten, meistens aber dann nur durch eine einzige Abart im südlichen Papua-Archipel.

Bis Celebes reichen die Einflüsse dieser südlichen Fauna nach Westen, darüber hinaus verschwinden alle Anklänge an jene so merkwürdige Tierwelt. Nur sehr wenige Familien, welche bei uns in Europa zu Hause sind, dehnen ihre Verbreitung bis ins südliche Gebiet aus.

Auch Neu-Guinea selbst ist in zoologischer Beziehung kein einheitliches Gebiet. Die Tierwelt der nordwestlichen Halbinsel zeigt grosse Ähnlichkeit mit derjenigen, welche man von Salawatti, Batanta, Mysol und Waigeu kennt. Ein zweites Untergebiet scheinen die Uferländer im Südosten der Geelvink-Bai zu bilden, ein drittes die Nordostküste bis zum Huon-Golf, ein viertes die östlich vom Owen Stanley-Gebirge gelegenen Teile der Südost-Halbinsel, ein fünftes die westlich vom Owen Stanley-Gebirge liegenden Uferländer der Torres-Strasse, ein sechstes die übrige Südküste der Insel. Die Arru-Inseln schliessen sich in ihrer Fauna sehr eng an das südliche Neu-Guinea an, während von den in der Geelvink-Bai gelegenen Inseln, Mysore, Mafor, Miosnom und Jobi, jede eine eigentümliche Tierwelt zu besitzen scheint.

Säugetiere. Für Deutschland sind, abgesehen von den Delphinen, Walen und Robben, ungefähr 65 Arten von Säugetieren nachgewiesen. Aus Neu-Guinea kennt man bis jetzt etwas über 70 Arten, zu denen noch die überallhin dem Menschen folgenden Nager, die Hausratte, Wanderratte und Hausmaus, ferner der Haushund und das verwilderte Hausschwein kommen.

Da noch weite Gebiete des Innern und namentlich die Gebirge völlig unerforscht sind, so liegt die Möglichkeit nahe, dass die Zahl der bekannten Arten im Laufe der Jahre erheblich wachsen wird, und die vor wenigen Monaten erfolgte Entdeckung eines höchst eigentümlichen grossen Nagetieres, *Mallomys*, im englischen Neu-Guinea macht es wahrscheinlich, dass auch noch andere wundersame

Tierformen in den bisher von Weissen nicht betretenen Gegenden zu finden sind.

Der aus Deutschland kommende Reisende wird mit wenig Erfolg nach Säugetieren ausschauen, welche ihm aus der Heimat her bekannt sind, oder welche wenigstens einige Ähnlichkeit mit europäischen Arten haben. Allerdings lebt in den Papua-Dörfern ein Hund als Haustier, und in der Umgebung der Ansiedelungen begegnet man nicht allzu selten schwarzen Schweinen, welche scheinbar in wildem Zustande sich befinden. Man hat sogar zwei Arten aus diesen verwilderten Borstentieren gemacht, *Sus papuensis* Less. und *Sus niger* Finsch; aber bis heute sind die Gelehrten noch sehr verschiedener Meinung darüber, ob diese beiden Arten nicht mit malayischen, durch Menschen nach Neu-Guinea gebrachten Haustierrassen zusammenfallen. Woher der Papua-Hund stammt, den Finsch in seinen „Samoafahrten", S. 53, genau beschreibt und abbildet, bleibt auch vorläufig noch fraglich.

Die einzigen Säugetiere, welche mit deutschen Arten eine gewisse Ähnlichkeit haben, sind drei Fledermäuse und einige Mäuse. Von den Fledermäusen ist die eine entfernt verwandt mit unserer Teichfledermaus, die zweite hat in der norditalienischen weissrandigen Fledermaus, *Vesperugo Kuhlii*, eine nahestehende Form, und die dritte ist der Langflügelfledermaus, *Miniopterus Schreibersi*, sehr ähnlich. Die Mäuse gehören zum Teil zu den überall auf der Erde vertretenen Parasiten, der Wanderratte, Hausratte und Hausmaus, oder gleichen in der Gestalt unserer Waldmaus, sind aber stärker und grösser. Man kennt bis jetzt kaum ein halbes Dutzend Arten von dort.

Ausser diesen typischen Vertretern der Gattung *Mus* leben auf Neu-Guinea noch grosse Ratten, die man in der Gattung *Uromys* vereinigt hat und von denen drei Abarten von dort bisher bekannt geworden sind. Sehr eigentümlich sind ferner die Greifschwanzratten, *Chiruromys*, in zwei Arten, und *Pogonomys*, in drei Arten, welche dadurch ausgezeichnet sind, dass sie den Schwanz zum Festhalten an Zweigen benutzen. Die Biberratte, *Hydromys Beccarii*, besitzt Schwimmhäute zwischen den Zehen und hat ein sehr eigentümliches Gebiss mit nur zwei Backenzähnen in jeder Kieferreihe. Sie lebt an Sümpfen und Flüssen von Krabben und Fischen. Neben diesen zu den Muriden gehörigen Gattungen findet sich dort noch eine merkwürdige Ratte, *Leptomys elegans*, und ein sehr sonderbarer Nager, welchen Baron Rothschild in Tring vor einigen Monaten aus dem englischen Neu-Guinea erhalten hat. Er ist so gross wie ein Kaninchen mit einem langen, nackten Schwanz; sein Fell besteht aus einem langhaarigen, dichten, schwarzen, grauschimmernden Pelz, aus welchem sehr lange Grannenhaare hervorstehen, die Ohren sind unter den Haaren versteckt. Die Zehen tragen, mit Ausnahme des Daumens, der mit einem kurzen Nagel versehen ist, grosse, krumme Krallen. Oldf. Thomas, der Säugetierkenner des Londoner Museums, hat diesem sonderbaren Tiere den Namen *Mallomys Rothschildi* gegeben. Wie solche Ratten leben, darüber wissen wir noch nichts. Leider hat noch kein Reisender uns bis jetzt Nachrichten über die Lebensweise der Neu-Guinea-Säugetiere gebracht.

Mit diesen wenigen Arten von Fledermäusen und mäuseartigen Tieren ist die Zahl derjenigen Säugetiere erschöpft, welche irgendwelche Ähnlichkeit mit deutschen Formen haben. Vergeblich sucht man in Neu-Guinea nach Eichhörnchen, nach einem Igel, nach dem Hamster oder Hasen; kein Hirsch oder Reh, kein Marder, kein Otter, kein Fuchs oder Dachs erinnert an die deutsche Tierwelt. Alle übrigen dort lebenden Säugetiere, ausser dem Dugong, *Halicore australis*, gehören den Beuteltieren und Kloakentieren oder aber Fledermäusen an, welche ganz anders aussehen als unsere deutschen Flattertiere.

Der Dugong gehört zu den Seekühen. Die Vorderbeine sind zu Flossen ausgebildet, die Hinterbeine fehlen; der spindelförmige, mit spärlichen Borsten besetzte Körper läuft in eine wagerechte, halbmondförmige Schwanzflosse aus. Der Kopf ist im Schnauzenteile sehr aufgetrieben und stumpfwinkelig nach unten gebogen. Die Nasenlöcher liegen vorn an der Spitze der Schnauze. Der Dugong lebt paarweise oder in kleinen Gesellschaften an den Küsten von Neu-Guinea, wo er die Tangwiesen abweidet. Verwandte Abarten sind über die Gestade des Indischen Ozeans bis zum Roten Meere und zu den Küsten von Deutsch-Ostafrika verbreitet.

Hier sei noch kurz darauf hingewiesen, dass in den Neu-Guinea umspülenden Meeren unsere Robben fehlen, dass bisher dort auch Ohrenrobben noch nicht bekannt geworden sind. Von Delphinen und Walen haben wir nur sehr unvollkommene Nachrichten, weswegen es dringend wünschenswert erscheint, über jeden Fund eines derartigen Tieres an das Berliner Museum für Naturkunde zu berichten und möglichst Schädel dieser Seesäugetiere zu sammeln, damit man die dort vorkommenden Arten bestimmen kann.

Wir hatten oben schon einige Fledermäuse kennen gelernt, welche in Neu-Guinea leben: *Vesperugo abramus* Temm., *Vespertilio muricola* Hodgs. und *Miniopterus australis* Thos. Zu ihnen kommen noch ungefähr 20 andere Arten, die in Deutschland Verwandte nicht haben.

Da sind zunächst die fruchtfressenden Fliegenden Hunde in einer Reihe von Gattungen und Arten vertreten. Am meisten in die Augen fallen wohl die baumbewohnenden Flughunde, *Pteropus*, von welchen einige Arten zur Fortpflanzungszeit in ungeheueren Scharen zusammenleben. Sie haben dann gemeinsame Schlafplätze in den Kronen der Mangroven, von denen aus sie regelmässig jeden Abend zu ihren saftige Früchte tragenden Nahrungsbäumen, den Eucalyptus, fliegen, von deren scharf riechenden Früchten die Flughunde einen eigentümlichen Geruch bekommen. Der Riese unter ihnen, *Eunycteris papuana* Ptrs., klaftert bis zu $^3/_4$ m und ist leicht an seinem nackten, in der Jugend nur mit einem schmalen, spärlich behaarten Längsfelde versehenen Rücken zu erkennen. Bei ihm trägt der Zeigefinger eine Kralle. Eine zweite Art ist schwarz mit gelbem Nackenbande und dicht behaartem Rücken. In Nord-Neu-Guinea sieht sie etwas anders aus als in Süd-Neu-Guinea, wo sie stets eine helle Augenbrauenbinde besitzt. Die nördliche Abart heisst *Pteropus chrysauchen* Ptrs., die südliche *Pt. conspicillatus* Gould. Ähnlich ersetzen sich zwei kurzschnauzige Formen ohne gelbes Nackenband im Norden und Süden, *Spectrum epularium* Rams. im Süden und *Sp. hypomelanum* Temm. im Norden.

Der Kahlrücken-Flughund, *Cephalotes Peroni* Geoffr., hat keine Kralle am Zeigefinger, ist so gross wie ein Flughund, und bei ihm berühren sich die nackten Flughäute auf dem Rücken. Er übernachtet in Felsenhöhlen. Dieser Flughund scheint in der Grösse ausserordentlich zu variieren.

Ausser diesen grösseren Flederhunden kennt man noch mehrere kleine, welche auch vorwiegend von Früchten leben, gelegentlich aber, genau wie die grossen Arten, Fliegen und Käfer verzehren. Die Röhrennasen, *Gelasinus* und *Bdelygma*, sind durch ihre sehr eigentümliche Gesichtsbildung leicht zu erkennen. Bei ihnen sind die Ränder der Nasenlöcher zu weit hervorstehenden Röhren verlängert, welche dem dicken, breitmäuligen Gesicht einen sonderbaren Ausdruck verleihen. Eine grössere Art, *Bdelygma major* (Dobs.), und eine kleinere Art, *Gelasinus cephalotes* (Pall.), kommen in denselben Gebieten nebeneinander vor, scheinen aber ziemlich selten zu sein.

Noch zwei Arten müssen wir hier erwähnen, die Langzungen-Flughunde, *Macroglossus* und *Syconycteris*, welche eine sehr lange und schmale Schnauze mit langer, weit vorstreckbarer Zunge haben, nur so gross wie unsere Speckfledermaus sind und sich dadurch auszeichnen, dass bei ihnen die Flughaut an die vierte Zehe angewachsen ist. Sie leben von Honig und kleinen Insekten, welche sie aus den Blüten vermittelst ihrer Zunge ziehen, sollen aber auch zarte Blatttriebe, Blüten und Feigen verzehren. *Macroglossus Novaeguineae* Mtsch. hat sehr kleine Schneidezähne und eine gut entwickelte Schwanzflughaut; bei *Syconycteris papuana* Mtsch. sind die Schneidezähne viel länger als breit, und die Schwanzflughaut ist an den Kniegelenken nur sehr wenig entwickelt.

Unter den in Neu-Guinea lebenden, insektenfressenden Kleinfledermäusen kennt man Hufeisennasen, *Rhinolophus*, bis jetzt noch nicht, dürfte aber solche wohl noch in Felshöhlen auffinden. Allen Kleinfledermäusen fehlt die Kralle am Zeigefinger, und bei ihnen entspringt der Innenrand des Ohres nicht wie bei den fliegenden Hunden von derselben Stelle des Kopfes wie der Aussenrand, sondern ein Stück vor der Ansatzstelle des Aussenrandes. Die Hufeisennasen haben in der Mitte des Nasenaufsatzes einen aufrechtstehenden Längskamm, während bei der zweiten Gruppe der mit einem Nasenaufsatz versehenen Fledermäuse, bei den Blattnasen, *Hipposideros*, dieser Längskamm fehlt und dafür mindestens ein bandartiger Querbesatz vorhanden ist. Vorläufig sind fünf verschiedene Arten von Blattnasen auf Neu-Guinea nachgewiesen. Eine dritte Gattung, *Nyctophilus*, hat zwei kleine Querblättchen auf der Nase und ein breites, verbindendes Band zwischen den Ohren. Diese Fledermäuse flattern sehr niedrig über dem Boden dahin.

Die sogenannten Schwanzfledermäuse, *Emballonuridae*, haben keinerlei Nasenverzierungen; bei einer Gattung, *Emballonura*, die noch nicht von Neu-Guinea, wohl aber schon aus dem Bismarck-Archipel bekannt ist, tritt der Schwanz frei aus der oberen Fläche der Schwanzflughaut hervor, bei einer anderen, den Grämlern, *Nyctinomus*, deren Vorkommen dort ebenfalls sehr wahrscheinlich ist, steht der Schwanz aus dem Hinterrande der Schwanzflughaut weit heraus. Eine nahe verwandte Gattung, *Mormopterus Beccarii*, ist aus Nordwest-Neu-Guinea nachgewiesen.

Vielleicht lebt auch ein Flügeltaschen-Flatterer, *Taphozous*, auf der Insel. Bei ihm durchbohrt, wie bei *Emballonura*, der Schwanz die Mitte der Schwanzflughaut und in der Ellenbogenflughaut befindet sich am Handgelenk eine offene Tasche. Er hängt sich mit dem Daumennagel an Felskanten zur Ruhe auf.

Wir sehen also, dass die Fledermäuse auf Neu-Guinea sich durch einen grossen Formenreichtum auszeichnen.

Ausser den Mäusen, dem Dugong und den Fledermäusen leben dort nur noch Beuteltiere und Kloakentiere. Die Beuteltiere oder *Marsupialia* haben ihren Namen davon, dass bei vielen hierher gehörigen Arten die Zitzen in einer beutelförmigen Tasche am Bauche liegen, in welche die Jungen in einem sehr frühen Stadium der Entwickelung gelangen. Die Tasche ist bei manchen Formen nur als schmale Hautfalte angedeutet. Bei den Männchen der Beuteltiere liegt der Penis hinter dem Hodensack. Gewöhnlich sind die Sehnen des schiefen Bauchmuskels als Beutelknochen verknöchert. Der Unterkieferwinkel des Schädels ist nach innen gebogen. In der Gestalt, der Form des Gebisses und in der Lebensweise zeigen die Beuteltiere ausserordentlich grosse Verschiedenheiten, und man findet unter ihnen Tiere, die an sehr verschiedene uns bekannte Formen erinnern.

Mehr als 40 Arten sind bisher aus Neu-Guinea beschrieben worden. Von echten Känguruhs, die im südlichen Australien den grössten Formenreichtum entwickeln, sind nur zwei Arten nachgewiesen, ein mittelgrosses Tier mit weissem Hüftenbande, das Papua-Känguruh, *Macropus papuanus* Ptrs. u. Dor., und eine kleinere, dunkelbraune, kurzhaarige Art, *Thylogale jukesi* Mikl.-Macl. Diese Känguruhs leben am Boden, hüpfen und springen vorzüglich und nähren sich von Vegetabilien. Die Eingeborenen in Britisch-Neu-Guinea jagen sie mit Hunden und treiben sie in Netze. Das Papua-Känguruh hält sich gern in der Nähe der Flüsse auf, wo es während des Tages im dichten Unterholze ruht. Abends geht es seiner Nahrung nach. Wie Kurt Dahl im Zoologist (1897, S. 215) erzählt, sollen sie aus Furcht vor den Krokodilen in der Nähe des Wassers sich Gruben graben und diese durch eine von ihnen gescharrte Furche mit dem Wasserspiegel in Verbindung setzen, um so gefahrlos zu trinken. Ihnen sehr ähnlich sind die Dorka-Känguruhs, *Dorcopsis*, welche in vier Abarten verschiedene Gegenden von Neu-Guinea bewohnen und sich dadurch auszeichnen, dass sie einen Haarwirbel auf dem Nacken haben. *D. Mülleri* ist im Nordwesten zu Hause, *D. luctuosa* bewohnt den Osten, *D. Hageni* Deutsch-Neu-Guinea und *D. Maclayi* die Südostspitze der Insel. Diese Gattung ist für Neu-Guinea bezeichnend und kommt nirgendwo sonst vor.

Auch die Baumkänguruhs, *Dendrolagus*, kann man unter den für die Insel charakteristischen Tierformen aufzählen; denn nur noch in Nord-Australien, welches ja mancherlei Anklänge an Neu-Guinea aufweist, sind diese merkwürdigen Geschöpfe zu finden. In keinem Teile der Insel fehlen sie, und man hat bis jetzt vier verschiedene Abarten beschrieben: *D. ursinus* aus dem Nordwesten, *D. Lumholtzi* aus dem Norden, *D. inustus* aus dem Nordosten und *D. dorianus* aus dem Südosten. Sie unterscheiden sich von den echten Känguruhs namentlich dadurch, dass bei ihnen die Hinterbeine nicht so unverhältnismässig länger als die Vorderbeine sind, und dass die Zehen an denselben ziemlich gleiche Länge aufweisen. Die Baumkänguruhs leben in den wildesten und schwer zugänglichen Bergwaldungen, klettern sehr geschickt und verbringen die meiste Zeit ihres Lebens auf den Ästen der Bäume, von deren Blättern und Früchten sie sich ernähren. Sie schlafen bei Tage. Bei allen diesen Känguruhs fehlt die grosse Zehe, und die Hinterbeine sind länger als die Vorderbeine.

Eine zweite Gruppe pflanzenfressender Beuteltiere bilden die sogenannten Kusus, *Phalangeridae*, bei denen die Vorder- und Hinterbeine ungefähr gleich lang sind, die grosse Zehe gut ausgebildet und den übrigen Zehen gegenüberstellbar ist, so dass die hinteren Extremitäten als Greiffüsse dienen. Wie bei den Känguruhs sind die zweite und dritte Hinterzehe am Grunde verwachsen. Die hierher gehörigen Formen sind sämtlich Baumbewohner und für das Leben in den Kronen der Bäume durch den Besitz eines Kletterschwanzes sehr geeignet. Unter ihnen finden wir sehr verschiedenartige Tiere; die einen haben im Gebiss und in der Gestalt gewisse Ähnlichkeit mit den Halbaffen, andere wieder gleichen mehr den Spitzmäusen oder manchen altweltlichen Nagern.

Am bekanntesten von allen Neu-Guinea-Säugetieren ist wohl die Gattung, welche dadurch sich auszeichnet, dass zwischen den Gliedmassen sich eine behaarte Flughaut ausspannt wie bei den fliegenden Eichhörnchen von Nord-Europa und Asien. Der australische Vertreter dieser Gruppe, das Beutel- oder Zucker-Eichhörnchen (s. Taf. 14), ist ein ständiger Gast in den meisten zoologischen Gärten. Es ist ein Tierchen, etwas kleiner als unser Eichhörnchen, mit seidenweichem Pelze, der aschgrau gefärbt ist, und von welchem sich ein dunkler, schmaler Strich über der Rückenmitte abhebt. Die Zucker-Eichhörnchen sind von der Halmahera-Gruppe nach Osten über Neu-Guinea und Australien bis zum Bismarck-Archipel

Zucker-Eichhörnchen, *Petaurus papuanus* Thos.
Nach einer Zeichnung von Anna Matschie-Held.

verbreitet; die Neu-Guinea-Abart, *Petaurus papuanus* Thos., zeichnet sich durch besondere Kleinheit und Zierlichkeit aus. Während des Tages schlafen sie in Baumhöhlen oder Astgabeln, nach Einbruch der Dämmerung bewegen sie sich schnell und geschickt in den Baumkronen; ihre Nahrung besteht neben Früchten und Knospen aus Insekten, namentlich Nachtschmetterlingen, und kleinen Vögeln. Die Flughaut dient ihnen als Fallschirm bei ihren weiten Sprüngen, wobei sie sogar im stande sind, die Flugrichtung willkürlich zu ändern. Unsere Abbildung stellt ein solches Tierchen dar, welches aus Neu-Pommern stammt und im Berliner Zoologischen Garten lebte.

Noch ein zweites Beuteltier mit einer Flughaut kommt auf Neu-Guinea vor. Der Sammler des Herrn Baron Rothschild erbeutete im Jahre 1892 auf einer kleinen Insel an der Küste des nördlichen Teiles von Holländisch-Neu-Guinea eine bisher unbeschriebene Abart der Beutelmaus, welche von Rothschild *Acrobates pulchellus* genannt wurde. Dieses Tierchen kommt wahrscheinlich auch in den anderen Teilen der Insel vor. Es hat die Grösse der Hausmaus; eine schmale Flughaut, die an den Weichen nur wenig entwickelt ist, zieht sich vom Ellenbogen bis zum Knie. Sehr merkwürdig sieht der Schwanz aus, er ist kaum so lang wie der Körper, oben und unten mit kurzen, zweizeilig gestellten Haaren besetzt und an den Seiten mit einem Saum von längeren Haaren versehen. Nur in Australien giebt es noch eine ähnliche Art, die in Baumhöhlen bei Tage sich aufhält und ab und zu in die Zelte der im Busch übernachtenden Trapper sich verirrt.

Als Beutelbilchmaus möchte ich einen kleinen Beutler bezeichnen, der ungefähr so gross wie unsere Brandmaus ist, in der Gestalt an die Hausmaus erinnert, aber eine spitze Schnauze hat. Die Ohren sind gross und nackt, der Schwanz sehr dünn behaart und im allgemeinen einem Mauseschwanz ähnlich, aber seine äusserste Spitze ist unten nackt und mit rauher Hornhaut bedeckt, scheint also als Greiforgan zu dienen. Von den vier Arten, die man kennt, leben zwei in Tasmanien, eine im südlichen und westlichen Australien, die vierte, *Dromicia caudata* A. M.-E., wurde im nordwestlichen Neu-Guinea auf dem Arfak-Berge entdeckt. Sie hat langes, weiches Haar von rotbrauner Farbe, gelblichweisse Unterseite, graue Beine und zwei breite, schwarze Binden im Gesicht. Ihr Schwanz ist viel länger als der Körper. Die Beutelbilchmaus scheint von Honig und Insekten zu leben.

Nicht viel grösser ist der merkwürdige Federschwanzbeutler.

Distoechurus pennatus Ptrs. (s. die Abb.), mit kurzen nackten Ohren und zweizeilig behaartem Schwanze. Sein weisses Gesicht ist durch zwei schwarze Binden geschmückt; wie die meisten Benteltiere hat er eine nackte, rosafarbene Muffel; er ist auf dem Rücken bräunlich, unten weiss. Wie er lebt, wissen wir noch nicht. Man kennt ihn bis jetzt von der Astrolabe-Bai und von Nordwest-Neu-Guinea.

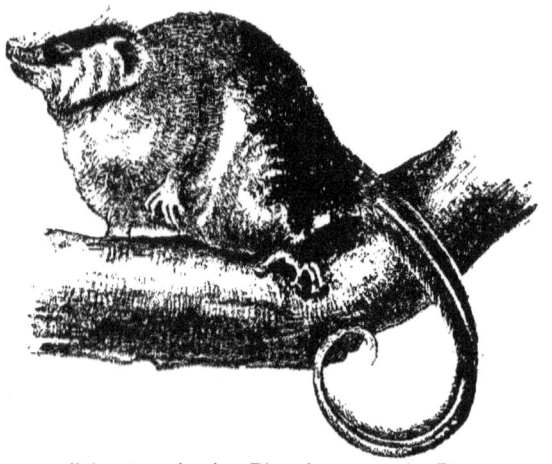

Federschwanzbeutler, *Distoechurus pennatus* Ptrs.
Nach einer Zeichnung von Hedwig von Zglinicka.

Der Streifenbeutler, *Dactylopsila*, ist etwas grösser wie eine Wanderratte, hat ein wolliges Fell und einen langen, dichtbehaarten, an der Spitze unten nackten Wickelschwanz. Der Körper ist schwarz und weiss quer gestreift. Die vierte Zehe der Vorderbeine ist auffallend lang. Die Tiere benutzen sie, um Insekten und deren Larven unter der Rinde oder aus Ritzen hervorzukratzen. Eine Abart, *D. Albertisii* Ptrs. u. Dor., kennt man von Südwest-Neu-Guinea, eine zweite, *D. palpator* A. M.-E., von Süd-Neu-Guinea, eine dritte kommt in Nord-Australien und auf den Arru-Inseln vor.

Merkwürdige Tiere sind die Kuskus, die wir in zwei Untergattungen, *Phalanger* und *Eucuscus*, auf Neu-Guinea finden. Es sind stämmige, dicht behaarte, plumpe Tiere mit kurzen Beinen und einem wolligen, am Ende nackten, warzigen Wickelschwanz. In ihrem runden Kopfe sitzen grosse, für das Nachtleben geeignete

Augen. Die Kuskus halten sich auf Bäumen auf, sollen vorwiegend von Blättern leben, werden aber wahrscheinlich auch Insekten, Vogeleier, vielleicht auch Vögel verzehren. Die Gattung *Eucuscus* zeichnet sich durch vollständig behaarte Ohren aus. Nur eine Art. *E. maculatus*, lebt auf Neu-Guinea; sie ist weit über den Papua-Archipel verbreitet. In der Färbung scheinen diese Flecken-Kuskus. *E. maculatus* Geoffr., sehr abzuändern. Man findet ganz weisse Exemplare, bei denen nur die Schwanzwurzel gelb ist, daneben auch weiss, schwarz und rot gefleckte Tiere. Die Weibchen sind gewöhnlich grau und weiss gefleckt. Die zweite Gruppe hat die Ohren auf der Innenseite kahl; diese grauen Kuskus sehen in den verschiedenen Gegenden immer etwas verschieden aus, so dass man bis jetzt schon acht Abarten von Neu-Guinea und den benachbarten Inseln beschrieben hat, *Phalanger orientalis* Pall. von Südost-Neu-Guinea, *Ph. intercastellanus* Thos. von den d'Entrecasteaux-Inseln, *Ph. Kiriwanae* Thos. von den Trobriand-Inseln, *Ph. Lullulae* Thos. ebendaher, *Ph. Carmelitae* Thos. von Britisch-Neu-Guinea. *Ph. leucippus* Thos. ebendaher, *Ph. Mecki* Thos. von den Louisiaden und *Ph. vestitus* A. M.-E. von Südwest-Neu-Guinea.

Die Kuskus sind von Celebes über die Molukken bis zu den Salomon-Inseln verbreitet, der Flecken-Kuskus kommt auch in Nord-Australien vor. Von den Eingeborenen werden sie sehr gern gegessen.

Als letzte Gruppe der pflanzenfressenden Beuteltiere von Neu-Guinea haben wir die Ringelschwanz-Beutler. *Pseudochirus*, zu betrachten. Sie haben kurze Ohren, erinnern in der Gestalt an Ratten und besitzen einen langen, auf der Mitte der Unterseite kahlen Wickelschwanz. Von den sieben auf Neu-Guinea bisher nachgewiesenen Formen haben vier, *Ps. Albertisi* Ptrs. u. Dor. vom Nordwesten, *Ps. coronatus* Thos. ebendaher, *Ps. Corinnae* Thos. vom Osten und *Ps. cupreus* Thos. vom Owen Stanley-Gebirge eine dunkle Längsbinde auf dem Rücken; die drei übrigen sind kleiner und zierlicher und haben eine graue Färbung. *Ps. Forbesi* Thos. vom Südosten, *Ps. canescens* Hombr. Jacq. vom Nordwesten und *Ps. Schlegeli* Jent. vom Arfak-Berge.

Unsere Abbildung stellt *Ps. Albertisi* dar; sie ist nach dem seiner Zeit von Mützel gezeichneten Originalbilde durch Fräulein G. von Zglinicka hergestellt.

Der kupferfarbene Ringelschwanz-Beutler. *Ps. cupreus*, ist von der Nase zur Schwanzspitze ziemlich $^3/_4$ m lang, die kleineren

Formen haben die Grösse einer Ratte. Sie leben in Gebirgswäldern und sollen Nester bauen, die denen unserer Eichhörnchen ähnlich sind. Namentlich auf Eucalyptus- und Terminalia-Bäumen findet man sie häufig paarweise; sie scheinen von den Früchten dieser Bäume sich zu ernähren.

Alle bisher betrachteten Beuteltiere sind vorwiegend Pflanzen-

Ringelschwanzbeutler, *Pseudochirus Albertisi* Ptrs. u. Dor.

fresser, bei ihnen sind die mittleren Schneidezähne im Unterkiefer immer die grössten Zähne des Gebisses und ähnlich wie bei den Nagetieren meisselförmig gestaltet. Man hat sie als *Diprotodonta* in einer Unterordnung vereinigt.

Nunmehr haben wir uns mit der zweiten Gruppe der Beuteltiere zu beschäftigen, den *Polyprotodonta*, bei welchen jederseits mindestens vier kleine Schneidezähne im Oberkiefer und drei bis vier ungefähr gleich grosse Schneidezähne im Unterkiefer stehen.

Die Eckzähne sind die grössten Zähne des Gebisses. Die hierher gehörigen Tiere sind Insektenfresser oder Fleischfresser, einige nehmen auch gelegentlich Pflanzenkost.

Bei den Rüsselbeutlern, *Perameles,* in Brehms Tierleben als **Bandikuts** oder **Beuteldachse** aufgeführt, ist die zweite und dritte Zehe des Hinterfusses verwachsen wie bei den Kuskus, die erste Zehe aber verkümmert. Die Hinterbeine sind länger als die Vorderbeine. Sie bauen sich aus Gras Nester in einer Ver-

Zierschwanz-Rüsselbeutler, *Perameles longicaudata,* Ptrs. u. Dor.
Nach einer Zeichnung von Hedwig von Zglinicka.

tiefung des Bodens oder in einer Höhlung, hoppeln wie die Kaninchen, schlafen bei Tage und ernähren sich von Würmern, Kerftieren, Wurzeln und Knollen. Die auf Neu-Guinea lebenden Arten sind sämtlich kurzhaarig, und ihre Fusssohlen sind zur grösseren Hälfte unbehaart. Sechs Arten hat man bis jetzt aus Neu-Guinea beschrieben: *P. moresbyensis* Rams. hat fünf obere Schneidezähne und deutliche Sohlenschwielen an den Zehenwurzeln, er stammt aus Ost-Neu-Guinea; bei ihm ist der Schwanz länger als die halbe Körperlänge.

Nur vier obere Schneidezähne jederseits und einen kurzen Schwanz haben *P. doreyana* Q. G. vom Norden und Osten mit langer Schnauze und *P. Cockerelli* Rams. vom Nordwesten mit kurzer Schnauze. Die übrigen drei bekannten Arten besitzen wie *P. moresbyensis* jederseits fünf Schneidezähne im Oberkiefer, haben aber keine Sohlenwülste: *P. longicaudata* Ptrs. u. Dor. vom Nordwesten, der hier dargestellt ist, hat einen langen, an der Spitze weissen Schwanz, *P. raffrayana* A. M.-E. von Ost-Neu-Guinea und *P. Broadbenti* Rams. von Süd-Neu-Guinea sind grösser als die vorigen und haben einen viel kürzeren Schwanz.

Neuerdings hat Heller einen schwanzlosen Rüsselbeutler, *Anuromeles rufiventris*, von der Astrolabe-Bai beschrieben.

Mit den hinterindischen Spitzhörnchen könnte man die kleineren Formen der papuanischen Raubbeutler vergleichen, welche die Zoologen in der Gattung *Phascogale* vereinigen. Es sind langschwänzige, spitzschnauzige, zierliche Tierchen, die auf Bäumen leben und Insekten sowie kleine Vögel auf ihren nächtlichen Jagdzügen erbeuten. Von den fünf aus Neu-Guinea bekannten Arten ist das langschwänzige Beutelspitzhörnchen, *Ph. longicaudata* Schleg., von den Arru-Inseln und Südost-Neu-Guinea, oben mausegrau, an der Schwanzwurzel rostrot, auf der Unterseite weiss; das Binden-Beutelspitzhörnchen, *Ph. thorbeckiana* Ptrs. u. Dor. von Nordwest-Neu-Guinea, ist sehr lebhaft gelb und kastanienbraun gezeichnet mit schwarzen Streifen über den Rücken, das rotschwänzige Beutelspitzhörnchen, *Ph. Wallacei* Schleg. u. Müll., von den Arru-Inseln und Süd-Neu-Guinea, ist dem vorigen ähnlich, hat aber nicht einen kastanienbraunen, sondern einen roten Schwanz und keinen deutlichen dunklen Stirnstreif. Das orangebäuchige Beutelspitzhörnchen, *Ph. Doriae* Thos., aus dem Nordwesten hat eine schwarze Rückenbinde und orangegelben Bauch, das rotbäuchige Beutelspitzhörnchen, *Ph. dorsalis* Ptrs. u. Dor., von derselben Gegend, ist dem vorigen ähnlich, hat aber einen kastanienroten Bauch.

Brehm nennt diese Tiere Beutelbilche; unsere Bilche sind aber pflanzenfressende Nagetiere, Vegetarianer, und in keiner Hinsicht mit den mordlustigen Gesellen zu vergleichen, welche zu der hier besprochenen Gattung der Beuteltiere gehören. Heck hat in dem „Hausschatz des Wissens" den Namen Beutelwiesel für die Gattung *Phascogale* vorgeschlagen. Wiesel klettern aber nicht auf Bäume, und deshalb halte ich immer noch die Bezeichnung

„Beutelspitzhörnchen" für glücklicher. Allerdings besitzen die Weibchen der Gattung *Phascologale* wie die Beutelmarder. *Dasyurus*, keinen ausgebildeten Brustbeutel, vielmehr liegen die Milchdrüsen frei an der Unterseite des Körpers, und die Beuteltasche ist nur durch eine flache Hautfalte angedeutet. Wahrscheinlich ist bei diesen sonderbaren Geschöpfen die Verbindung des Embryo mit dem Mutterleibe inniger als bei anderen Beuteltieren und die Bildung einer Placenta in gewissem Masse nachzuweisen. Wenigstens hat man bei den nahe verwandten Beutelmardern eine solche in letzter Zeit festgestellt.

Die Beutelmarder, *Dasyurus*, bewohnen Australien und sind in einer Abart auch für Neu-Guinea nachgewiesen, *D. albopunctatus* Schleg. Der Papua-Beutelmarder sieht ungefähr so aus wie ein Frettchen, hat einen weichen, dichten Pelz von graubräunlicher Färbung mit kleinen, weissen Punktflecken auf dem Rumpf. Die Unterseite ist gelblich, die Füsse sind dunkelbraun, der lange, ziemlich kurzhaarige Schwanz ist schwärzlich. Der Beutelmarder lebt von kleinerem Geflügel, von Vogeleiern, Krabben und Mäusen; er ist das einzige grössere Raubtier in Neu-Guinea.

Es bleibt mir noch übrig, einer Gruppe zu gedenken, welche die wunderbarsten Geschöpfe in der Säugetierwelt enthält. Die Ameisenigel, *Echidnidae*, gehören zu den sogenannten Kloakentieren, bei welchen die Geschlechts- und Harnorgane in den Enddarm einmünden wie bei den Vögeln und Kriechtieren. Diesen Tieren fehlt jede Andeutung einer Ohrmuschel, der Schnauzenteil des Kopfes ist schnabelförmig verlängert, Zähne sind nicht vorhanden, die Milchdrüsen münden ohne Zitzenbildung in feinen Poren auf dem Bauche aus. Beim trächtigen Weibchen bildet sich um diese Öffnungen der Milchdrüsen eine Tasche. Die Jungen verlassen den mütterlichen Körper in einem frühen Entwicklungszustande und gelangen, umhüllt von den zu einer pergamentartigen Hülle verwachsenen Eihäuten, in diesen Beutel. Dort wachsen sie heran, ernährt von dem Sekret der Milchdrüsen, welches über die Eihüllen sich ergiesst und durch dieselben zu dem Embryo hindurchdringt.

Man nennt die Kloakentiere wohl auch eierlegende Säugetiere, weil sie Eier legen sollen, aus denen die Jungen ausgebrütet werden. Allerdings sieht ja die Eihülle, welche das aus dem Mutterleibe hervorgegangene junge Kloakentier umgiebt, ungefähr so aus wie ein Reptilien-Ei; aber im gewöhnlichen Sprachgebrauch wendet man doch das Wort „Ei" auf eine Bildung an, welche dem allbekannten Hühnerei ähnlich ist, in welchem der sich entwickelnde Embryo durch den im Ei befindlichen Nahrungsdotter ernährt wird und von aussen her nur die zur Entwicklung nötige Wärme erhält. Ganz anders verhält sich aber das „Ei" des Kloakentieres, in welchem der Embryo von aussen her durch die dem mütterlichen Körper entstammenden Milchsäfte ernährt wird. Das junge Kloakentier sprengt nicht, wie man es von den übrigen Säugetieren kennt, im Augenblick der Geburt seine Eihäute, sondern bleibt in diese pergamentartige Hülle eingeschlossen noch eine Zeit lang im Brutbeutel der Mutter und empfängt die Nahrungsmilch, nachdem sie die Eihäute durchdrungen hat. Man unterscheidet zwei Familien unter

Langschnabel-Ameisenigel, *Zaglossus nigroaculeatus* Rothsch.
Nach einer Zeichnung von Hedwig von Zglinicka.

den Kloakentieren, die Schnabeltiere und Ameisenigel. Nur die letzteren sind auf Neu-Guinea vertreten.

Die Ameisenigel sind plumpe, auf kurzen, mit starken Grabkrallen versehenen Beinen sich bewegende Tiere, deren Schnauze in einen dünnen, nackthäutigen und röhrenförmigen Schnabel ausgezogen ist, an deren Vorderende die kleine Mundöffnung liegt. Eine lange, wurmförmige Zunge, die mit klebrigem Speichel benetzt ist, dient wie bei dem Ameisenbär zur Erlangung der vornehmlich aus Termiten und Ameisen bestehenden Nahrung. Auf dem Rücken, den Körperseiten und dem kurzen, dicken Schwanze stehen längere Stacheln zwischen der dichten Behaarung. Die Hinterfüsse sind stark nach aussen und hinten gestellt. Das Männchen trägt an den Hinterbeinen einen durchbohrten Sporn, welcher mit einer eigentümlichen Drüse in Verbindung steht und wahrscheinlich bei der Paarung in irgend einer Weise verwendet wird. Die Ameisenigel sind im stande, sich unglaublich schnell in die Erde einzugraben. Sie leben auf sandigem Boden in felsigem Gelände und können sich wie Igel zusammenrollen.

Die drei auf Neu-Guinea nachgewiesenen Arten gehören zu zwei verschiedenen Gattungen. Der echte Ameisenigel, *Echidna*, hat an jedem Fuss fünf Zehen, und eine gerade, mässig lange Schnabelschnauze. Er ist bis jetzt nur von Port Moresby bekannt geworden und ist dem australischen Ameisenigel sehr ähnlich; man hat ihn als *E. Lawesi* Rams. wegen seiner geringeren Körpergrösse und der kürzeren, zum Teil unter dem Haarkleide verborgenen Stacheln als Abart abgetrennt.

Zu der zweiten Gattung, *Zaglossus* oder *Proechidna*, gehören die beiden anderen Ameisenigel von Neu-Guinea, *Z. Bruijni* Ptr. u. Dor., aus dem Nordwesten und *Z. nigroaculeatus* Rothsch. (s. Abb.) aus West-Neu-Guinea. Sie haben gewöhnlich nur drei Zehen an jedem Fuss, und ihr Schnabel ist lang und etwas abwärts gekrümmt.

Vögel. Unsere deutsche Vogelwelt setzt sich aus drei verschiedenen Gruppen von Arten zusammen: erstens solchen, welche das ganze Jahr über in einer und derselben Gegend bleiben, den **Standvögeln** und **Strichvögeln**, zweitens solchen, welche bei uns brüten, aber im Herbst das Land verlassen, den **Zugvögeln**, und drittens denjenigen Arten, welche von Norden her im Winter Deutschland aufsuchen und dort eine Zeit hindurch als **Wintergäste** bleiben.

Dass in den Tropen gewisse Arten nach der Brutperiode ihre Heimat verlassen, um irgendwo anders einen Teil des Jahres zu verbringen, dafür haben wir bis jetzt noch keinen Anhalt. Wohl aber wissen wir, dass innerhalb der heissen Zone viele in den nördlichen Teilen unseres Erdballes brütenden Vögel als Gäste während derjenigen Monate erscheinen, die in den gemässigten Gegenden als Wintermonate gelten.

Auf Neu-Guinea finden wir vom September bis in den Januar hinein eine ganze Menge von Vogelarten, die in Ost-Asien oder Japan zu Hause sind. Der Kukuk, der Segler, die Rauchschwalbe, ein grauer Fliegenfänger, eine Bachstelze und viele Sumpfvögel gehören z. B. zu derartigen Wintergästen.

Abgesehen von ihnen bietet die Vogelwelt von Neu-Guinea

nicht viele Anklänge an diejenige, die wir aus Deutschland kennen
Wir vermissen den Bussard, den Uhu, den Waldkauz und die
Ohreule unter den Raubvögeln, wir finden keinen Wendehals,
keinen Specht, keinen Wiedehopf; Dohlen, Elstern, Heher,
Gänse und Schwäne, Geier und Trappen sind dort unbekannt,
die Finken, Ammern, Lerchen und Pieper, die Zaunkönige,
Meisen, Grasmücken, Drosseln, Rotkehlchen und Nachtigallen sind dort nicht vertreten.

Dafür erscheinen die Papageien, die Fliegenfänger, die
Paradiesvögel, die Honigfresser und die Tauben in ausserordentlich grosser Artenzahl und in den merkwürdigsten und buntesten Formen. Auf Neu-Guinea ist die Heimat der sonderbaren
Grossfusshühner und der Kasuare.

Kein Teil der Erde besitzt eine so grosse Menge von auffallend
gefärbten Vogelarten wie gerade Neu-Guinea.

Von Tagraubvögeln sind bisher für Neu-Guinea nur achtzehn
Arten nachgewiesen worden, also etwas weniger als für Deutschland. Sehr eigentümlich ist der Harpyienadler, *Harpyiopsis
Novae-Guineae* Salvad., ein grosser Adler mit nackten Läufen. Unseren Seeadler vertritt dort der weissbäuchige Seeadler, *Haliaetus leucogaster* Gm., mit weissem Kopf, Hals und Schwanz und
weisser Unterseite. Er nährt sich von Fischen, überfällt aber auch
die kleinen Känguruhs. Er soll an der Mac Cluer-Bai zum Fischfange abgerichtet werden. Von echten Adlern kennt man nur einen
Zwergadler, *Hieraetus morphnoides* Gould.; Bussarde und Schlangenadler scheinen zu fehlen. Dagegen lebt dort ein Milan, *Milvus
affinis* Gould, ein kleiner Schopfadler. *Limnaetus Gurneyi* Gould,
ein Fischadler, *Pandion leucocephalus* Gould, kenntlich an der
befiederten Zügelgegend, mehrere Bussardweihen, *Butastus indicus* Gm., *Haliastur sphenurus* Vieill. und *girrenera* Vieill., der
Falkenweih, *Baza Reinwardti* S. Müll. und der sehr merkwürdige
Messerschnabelfalk, *Machaerhamphus alcinus* Westerm., der den
Fledermäusen nachstellt. Die Habichte sind in mehreren Arten
vertreten und bilden die gefährlichsten Feinde der kleineren Vögel.
Der weisse Habicht, *Astur Novae-Guineae*, ist unter ihnen besonders merkwürdig, weil er ganz weiss gefärbt ist und eine nur im
papuanischen Gebiet lebende Gattung darstellt. Auch ein Sperber,
Accipiter cirrhocephalus Vieill. ist aus Neu-Guinea bekannt ebenso
wie einige echte Falken. Unseren Wespenbussard ersetzt der
langschwänzige Wespenbussard, *Henicopernis longicauda* Gurn.

Ara-Kakadu, *Microglossus aterrimus* (Gm.)
Nach einer Zeichnung von Anna Matschie-Held.

Die Nachtraubvögel finden wir nur in drei Gattungen vertreten. Uhu, Waldkauz, Ohreule fehlen, für den Steinkauz treten mehrere Arten von spitzflügeligen Stössereulen, *Ninox*, ein, die Zwergohreule hat in dem Papuakäuzchen, *Scops Beccarii* Salv., einen nahen Verwandten, und von der Schleiereule giebt es sogar zwei verschiedene Formen, eine grössere, unserer Turmeule ähnliche, *Strix tenebricosa* Gould, und eine kleinere, die Seideneule, *Strix delicatula* Gould.

Während wir unter den Eulen und Tagraubvögeln keine einzige für Neu-Guinea eigentümliche Gruppe gefunden haben, während dort nur zwei Gattungen erheblich abweichen von den aus den übrigen altweltlichen Tropen bekannten, liegen die Verhältnisse ganz anders bei den Papageien. In dem tropischen Asien und Afrika leben höchstens fünf Arten dieser vollkommensten Klettervögel nebeneinander, auf Neu-Guinea findet man in demselben Gebiet ungefähr zwanzig Arten nebeneinander, welche achtzehn Gattungen angehören, und von diesen achtzehn Gattungen ist nur eine einzige, die der Fledermauspapageien, bis Vorderindien verbreitet, nur zwei andere sind nach Westen bis zu den Philippinen nachgewiesen, vier weitere kommen noch auf den Molukken und in Australien vor, und alle anderen sind entweder auf Neu-Guinea beschränkt oder nur noch in Mikronesien zu finden. Von den neun Familien, in welche die Papageien von den Zoologen eingeteilt werden, sind nicht weniger als fünf auf Neu-Guinea vertreten, die Kakadus, Plattschweifsittiche, Zwergpapageien, Loris und Edelpapageien.

Von den Kakadus leben drei auf Neu-Guinea, der weisse Triton-Kakadu, *Cacatua triton* Temm., mit schwefelgelber Haube und blaugrauem Augenkreis, der schwarze Borstenkopf, *Dasyptilus pesqueti* Less., mit rotem Bauche und nacktem Kopf, und der grosse schwarze Ara-Kakadu (Taf. 15), *Microglossus aterrimus* Gm., mit roten, nackten Wangen und einem aus schmalen, langen Federn bestehenden Schopfe auf dem Scheitel. Die jungen Ara-Kakadus haben eine gelbgebänderte Unterseite. Alle Kakadus sind gesellige Vögel, die in alten Bäumen oder Felslöchern nisten, ausser Pflanzennahrung auch Insekten und deren Larven zu sich nehmen und in gebirgigen Gegenden oder im Urwalde zu finden sind. Mit den gelben Schopffedern des Triton-Kakadu verzieren die Eingeborenen ihre Angelschnüre.

Die Plattschweifsittiche haben einen langen, stufig gestalteten Schwanz; auch sie leben in grossen Scharen, bevorzugen aber mehr die offenen Ebenen, wo sie sich viel auf dem Erdboden herumtreiben. Während die Kakadus durch ihre kreischende Stimme weithin sich bemerklich machen, sind die Lautäusserungen der Plattschweifsittiche weniger auffällig; einige Arten lassen einen ziemlich harmonischen Gesang hören. Es sind sehr bunte Vögel, die sich hauptsächlich von Grassamen ernähren. Von diesen über Australien und Polynesien in zahlreichen Arten weitverbreiteten Papageien ist nur eine Gattung, die Königssittiche, *Aprosmictus*, auch von Neu-Guinea bekannt, und zwar in drei Arten, deren jede ein besonderes Gebiet bewohnt. Sie haben einen blauen Rücken, einen gelbgrünen Schulterfleck und rote Unterseite; die Weibchen sind grün mit blauer Zeichnung.

Die Zwergpapageien kommen, wenige Arten ausgenommen, nur auf Neu-Guinea und den benachbarten Inseln vor. Zu ihnen gehören die kleinsten Papageien, die man kennt. Sie ernähren sich von saftigen Früchten, nehmen aber auch Insekten. Zu ihnen gehören zunächst die Bindensittiche, *Psittacella*, ungefähr von der Grösse eines Kernbeissers, mit dunklen Querbinden auf dem Rücken; je eine grössere und eine kleinere lebt nördlich und südlich von dem zentralen Gebirgszuge. Die Zwergpapageien, *Cyclopsittacus*, sind sehr dickköpfig und kurzschwänzig, haben einen starken Zahnausschnitt am Schnabel und sind sehr bunt gefärbt. Nicht weniger als neun Arten hat man aus Neu-Guinea kennen gelernt. In jeder Gegend scheint eine grössere rotköpfige Form mit blauer Brustbinde und hellblauen Körperseiten, eine kleinere ohne auffallende Brustbinde und mit gelben Brustseiten, eine blauköpfige und eine braunköpfige Abart vorzukommen. Ganz merkwürdige Tierchen sind die Spechtpapageien, *Nasiterna*. Kaum so gross wie unser Zaunkönig, unterscheiden sie sich von allen anderen Papageien dadurch, dass die Schwanzfedern in eine stachelartige Spitze auslaufen und dass die Zehen sehr lang und dünn sind. Sie leben fast wie unser Baumläufer, klettern spechtartig an den Stämmen herum und suchen unter der Rinde nach Insekten. Eine Art, *Nasiterna Bruijni* Salv., hat rote Unterschwanzdecken, alle übrigen besitzen solche von gelber Farbe. Diese letzteren bewohnen getrennte Gebiete. Auf den Inseln Mafor und Misori in der Geelvink-Bai lebt je eine Art, eine andere wird nur im Nordwesten gefunden, eine weitere im Norden, je eine im Südosten, nördlich vom Owen Stanley-Gebirge, im Südosten, südlich von diesem Gebirge, und im Süden.

Die Loris haben einen ziemlich langen, oben geraden, niedrigen Schnabel, und ihre schmale Zunge ist an der Spitze mit eigentümlichen Fasern besetzt. Sie dient dazu, Insekten aus den Blüten hervorzuziehen und den Blütenhonig aufzusaugen. Diese farbenprächtigen Papageien leben in den papuanischen Urwäldern, einige fliegen sehr schnell und hüpfen viel in den Zweigen herum, andere wieder klettern mehr. Neu-Guinea ist besonders reich an diesen schönen Vögeln, acht Gattungen mit ungefähr zwanzig Arten kann man dort unterscheiden. Von den fluggewandten Keilschwanzloris seien hier nur erwähnt der grüne, blaugesichtige und rotbrüstige Breitbindenlori, *Trichoglossus cyanogrammus* Wagl., der grüne Schuppenlori, *Neopsittacus Musschenbrocki* Rosenb. mit gelbgestrichelten Wangen, der grüne Berglori, *Oreopsittacus Arfaki* Meyer, mit rotem Scheitel und roter Bauchmitte, der Papualori, *Charmosyna papuensis* Gm., ein roter Papagei mit grünem Rücken, schwarzen Hosen, rotem Bürzel, gelben Brustflecken und blauer, hinten schwarz gesäumter Scheitelbinde, und der Zierlori, *Charmosynopsis pulchella* Gray, der einen roten Kopf, blauschwarzes Hinterhaupt, grünen Rücken und rote, gelbgestrichelte Brust hat. Eine andere Gruppe bilden die Breitschwanzloris, unter denen der Frauenlori, *Lorius lory* L., rot mit schwarzem Oberkopf und goldgelben Flügeln, den Nordwesten, der ähnliche Schwarzsteisslori, *L. hypoenochroa* Gray, den Osten bewohnt. Auch die Glanzloris, *Chalcopsittacus*, gehören hierher, welche braun wie der Weissbürzellori, *Ch. fuscatus* Blyth, oder grün mit roter Stirn und schwärzlichem Scheitel wie der Schimmellori, *Ch. scintillatus* Temm., gefärbt sind. Sehr zierliche Vögel begegnen uns in den Maidloris, *Coriphilus*. Sie zeichnen sich durch schmale Oberkopffedern aus und sind grün mit roter, gelber oder blauer Zeichnung.

Die letzte auf Neu-Guinea vertretene Familie der Papageien bilden die Edelpapageien, die einen an der oberen Kante gebogenen Oberschnabel haben, der meistens weiss oder rot gefärbt ist. Hierher werden neuerdings die eigentümlichen Fledermauspapageien, *Loriculus*, gestellt, deren Oberschwanzdecken fast die Schwanzspitze erreichen. Diese Vögel laufen sowohl auf dem Boden als auf den Zweigen eilig herum, hängen sich gern wie Fledermäuse, den Kopf nach unten, an die Äste und leben von weichen Früchten und Blütenhonig. Die einzige Art auf Neu-Guinea, der Goldscheitelpapagei, *Loriculus aurantiifrons* Schleg., ist grün mit roten Oberschwanzdecken und rotem Kehlfleck. Von den echten

Edelpapageien ist der Grünedelpapagei, *Eclectus pectoralis* St. Müller, ein Bewohner von Neu-Guinea. Bei dieser Gattung ist merkwürdigerweise das Weibchen glänzender gefärbt als das Männchen; das Weibchen ist rot, das Männchen grün mit roten Weichen und hellblauem Flügelrande. Im Urwalde ist die Heimat dieser ungeselligen, paarweise lebenden Vögel. Die roten Federn der Weibchen werden von den Eingeborenen als Schmuck verwendet. Durch einen sehr grossen Schnabel, einen kurzen keilförmigen Schwanz und grüne Körperfärbung ist der Grossschnabelpapagei ausgezeichnet, *Tanygnathus megalorhynchus* Bodd. Er hat einen hellblauen Unterrücken. Noch eine Art gehört hierher, der Rotmaskenpapagei, *Geoffroyus Pucherani* Bp., mit kurzem, gerade abgeschnittenem Schwanz; er ist grün und hat einen rotbraunen Schulterfleck. Der Kopf des Männchens ist rot, derjenige des Weibchens rotbräunlich, an den Seiten gelbbräunlich.

Wir kommen nun zu den Kukuken, die in zehn Gattungen mit ungefähr zwanzig Arten auf Neu-Guinea leben. Ein Vetter unseres deutschen Kukuks, *Cuculus canoroides* S. Müll., erscheint vom September bis in den Winter hinein aus westlicheren Gegenden. Nahe Verwandte, die *Cacomantis*-Arten, sind im Papua-Archipel heimisch. Kleine, in prächtig grüner Rückenfärbung glänzende Kukuke, *Lamprococcyx*, legen ihre Eier in die Nester von Honigsaugern und überlassen diesen Vögeln die Pflege und Aufzucht der Jungen. Auch die schwarzen Guckel-Kukuke, *Eudynamis*, brüten nicht selbst, sondern beglücken krähenartige Vögel mit ihren Eiern. In Neu-Guinea ist auch der sonderbare Fratzen-Kukuk, *Scythrops Novae-Hollandiae* Lath., zu Hause, der sich durch seinen mächtigen, an den Schneiden gezähnelten und der Länge nach gefurchten Schnabel leicht kenntlich macht. Er ist oben aschgrau, unten weiss und hat einen nackten roten Augenring. Neben diesen Baumkukuken giebt es dort auch Kukuke, welche im dichten Gebüsch sich herumtreiben und nur hin und wieder auf der Spitze eines Strauches erscheinen, um Umschau zu halten. Sie ähneln kleinen Fasanen, rufen fast wie der Wiedehopf, bauen offene, napfförmige Nester und brüten selbst. Der bekannteste von diesen durch eine lange Kralle der ersten Zehe ausgezeichneten Sporenkukuke ist *Nesocentor Menebiki* Garn.

Ein Wendehals ist auf Neu-Guinea ebensowenig vorhanden wie ein Specht. Von den Nashornvögeln lebt nur eine Art in jenen Gegenden, der sogenannte Jahrvogel, *Buceros plicatus* Penn.

Er hat einen kastanienbraunen Kopf und Hals, weissen Schwanz und schwarzen Körper, ist so gross wie eine kleine Pute und trägt auf dem Schnabel einen mit Längsfurchen versehenen weisslichen Hornaufsatz. Seine Kehle und die Umgebung der Augen ist nackt und blassblau gefärbt. Dieser Vogel lebt in den Kronen der Bäume, wo er sich meistens hüpfend von Zweig zu Zweig bewegt, ernährt sich sowohl von Früchten als auch von Insekten und kleinen Wirbeltieren, und ist deshalb besonders merkwürdig, weil das in einer Baumhöhle auf den weissen Eiern brütende Weibchen vom Männchen so eingemauert wird, dass nur ein schmaler Spalt frei bleibt, durch den es die Nahrung erhält. Haben wir hier die östlichste Art einer in den altweltlichen Tropen durch zahlreiche Formen vertretenen Familie vor uns, so gilt das Gleiche von dem einzigen auf Neu-Guinea lebenden Bienenfresser, *Merops ornatus* Lath., der in Scharen den Schwalben gleich in der Luft seine Flugspiele ausführt und kolonienweise wie die Erdschwalben an Bachrändern oder Berglehnen brütet. Er ist in der Hauptsache grün gefärbt, ein schlanker Vogel von der Grösse eines Buntspechtes, mit langem, dünnem, geradem Schnabel.

Die Familie der Wiedehopfe ist auf Neu-Guinea nicht vertreten; dagegen hat sich dort diejenige Vogelgruppe, zu der unser Eisvogel gehört, sehr artenreich entwickelt. Elf Gattungen mit 25 Arten kennen wir bereits von dort. Eine unserem Eisvogel sehr ähnliche Art, *Alcedo ispidoides* Less., kommt im Winter nach dem Papua-Archipel, wahrscheinlich von Japan aus. Sonst sind die schmalschnäbligen Fischvögel nur noch durch die Dreizehenfischer, *Alcyone*, vertreten, kleine, dem Eisvogel ähnliche Formen, die in Erdlöchern brüten, auf Zweigen über der Wasserfläche sitzen und von dort aus durch Stosstauchen Fische und Wasserinsekten fangen. Alle anderen papuanischen Arten gehören zu den Liesten mit breitem Schnabel, die in Baumhöhlen nisten und auf Insekten und Kriechtiere, welche sie von irgend einem Beobachtungsposten aus erspäht haben, in blitzschnellem Fluge stossen. Die absonderlichste Gestalt unter ihnen hat der Froschliest, *Clytoceix*, dessen Schnabel sehr kurz und breit ist und mit dem Maule eines Frosches eine gewisse Ähnlichkeit hat. Auch die Hakenlieste, *Melidora*, haben einen ziemlich breiten Schnabel, dessen Spitze hakig nach unten gebogen ist. Wegen seiner, dem Lachen eines Menschen ähnlichen Töne ist der Jägerliest, *Dacelo intermedius* Salv., zu nennen. Die schönen Nymphenlieste, *Tanysiptera*, haben einen stutzigen

Schwanz, dessen mittelste Federn sehr verlängert und schmal sind und am Ende eine spatelförmige Verbreiterung zeigen. Zahlreiche Baumlieste, *Cyanalcyon, Sauropatis* und *Syma*, leben in den Urwäldern, und die kleinen Dreizehenlieste, *Ceyx*, jagen in der Nähe der Flüsse. Die Racken vertreten auf Neu-Guinea unsere Blauracke. Da haben wir den blaugrünen Roller mit schwarzer Schwanzspitze, *Eurystomus pacificus* (Lath.), und den blauschwänzigen Dickschnabelroller, *E. crassirostris* Sclat., die Baumhöhlen bewohnen und von Insekten und kleinen Wirbeltieren leben.

Zu den Nachtracken gehören die Schwalme, *Podargus*, und Zwergschwalme, *Aegotheles*. Die Schwalme sehen ungefähr so aus wie grosse Nachtschwalben, haben einen sehr flachen und breiten Schnabel, starre Borstenfedern über den an der Schnabelwurzel liegenden, schlitzförmigen Nasenlöchern und ein weiches Gefieder. Sie bauen in Astgabeln aus Zweigen ihre Nester und jagen in der Nacht auf Insekten. Man kennt eine grössere und eine kleinere Art von Neu-Guinea. Die Zwergschwalme sind ihnen ähnlich, aber nur so gross wie unser Ziegenmelker; in der Lebensweise unterscheiden sie sich von ihnen dadurch, dass sie in Baumlöchern brüten.

Der Ziegenmelker selbst ist in Neu-Guinea in einer mit der deutschen Art sehr nahe verwandten Form vertreten. Daneben kommt noch eine zweite Art vor und ausserdem noch zwei Arten von Dämmerungsschwalben, *Eurostopus* und *Lyncornis*, die einen sehr kurzen Schnabel haben und denen die Schnabelborsten fehlen.

Auch ein Vetter unseres Seglers, der sibirische Segler, *Cypselus pacificus* (Lath.), erscheint dort aus seiner Heimat, den Amur-Ländern, im Winter. Andere Gattungen bleiben das ganze Jahr über in Neu-Guinea, so der Stachelschwanzsegler, *Chaetura Novae-Guineae* Salv., dessen Schwanzfedern starre, an der Spitze stachelartig die Federfahnen überragende Schäfte haben, und der Baumsegler, *Macropteryx mystacea* (Less.), mit langem, gabelförmigem Schwanze und merkwürdig verlängerten weissen Bart- und Augenbrauenfedern, der nicht in Höhlen oder Baumlöchern brütet wie die anderen vorher erwähnten Segler, sondern ein winziges Nest aus Moos und Federn vermittels Speichel baut, das an einen Zweig befestigt wird.

Drei Arten von Salanganen, *Collocalia*, kommen auf Neu-Guinea vor, sehr kleine Segler mit ausserordentlich kurzen Füsschen. Diese fluggewandten Vögel sind die Verfertiger der bekannten, namentlich in China sehr begehrten, essbaren Schwalbennester, welche die Form eines halbdurchschnittenen Napfes haben, an Felswände angeklebt sind und aus dem an der Luft schnell erhärtenden Speichel der Salanganen bestehen.

Sehr bunte Vögel sind die Pittas, *Pitta*, etwas grösser wie Drosseln, mit sehr langen Läufen und auffallend kurzem Schwanze. Die Schwarzkopf-Pitta, *P. Novae-Guineae* Müll. u. Schleg., ist grün mit schwarzem Kopf und Hals und rotem Bauche; die papuanische Lärm-Pitta, *P. simillima* Gould, hat einen kastanienbraunen, schwarz gestreiften Kopf, grünen Rücken, weinroten Bauch und schwarzen Schwanz; die Schwarzkehl-Pitta, *P. Mackloti* Temm., ist oben olivengrün, am Bauche rot, am Kopfe braun und hat eine schwarze Kehlbinde. Die Pittas hüpfen im Gebüsch herum und bauen offene Nester wie unsere Nachtigall.

Schwalben giebt es auch auf Neu-Guinea, eine Rauchschwalbe, *Hirundo gutturalis* Scop., welche von Ostasien aus hier ihr Winterquartier bezieht, und die javanische Mauerschwalbe, *Cecropis javanica* Sparrm. Dazu kommt noch eine Felsenschwalbe, *Petrochelidon nigricans* (Vieill.), mit roter Stirn.

Die Fliegenfänger, *Muscicapidae*, welche bei uns in Deutschland in vier Arten vertreten sind, erscheinen auf Neu-Guinea sehr zahlreich. Eine unserm grauen Fliegenfänger ähnliche Art ist Wintergast und in Ostasien zu Hause, *Muscicapa griseosticta* Swinh. Nicht weniger als 17 Gattungen mit einigen 80 Arten hat man bis jetzt nachgewiesen.

Die sogenannten Stachelbürzel, *Campephagidae*, tragen ihren Namen von der eigentümlichen Gestalt ihrer Bürzelfedern, die bei diesen fliegenfängerähnlichen Vögeln am Grunde starr und stachlig, gegen die Spitze hin aber plötzlich fein und weich werden. Hierher gehören u. a. die Raupenfresser, *Graucalus*, graue Vögel mit schwarzer Zeichnung, und die schwarz und weissen Raupenschmätzer, *Lalage*, alles in allem vier Gattungen mit ungefähr zwanzig Arten.

Auch die Würger sind auf Neu-Guinea zahlreich vertreten. Zwar fehlen alle näheren Verwandten unserer deutschen Würger, dafür finden wir aber sieben andere Gattungen mit gegen vierzig Arten wie die schwarz und weiss gezeichneten Krähenwürger, *Cracticus*, und die bunten Dickköpfe, *Pachycephala*.

Die rabenartigen Vögel sind auf Neu-Guinea nur durch eine schwarze Krähe, *Corvus orru* Müll., und einen grauen Raben mit nacktem Gesicht und schwarzen Flügeln. *Gymnocorax senex* (Less.). vertreten. Dohlen, Elstern, Holzschreier und Tannenheher giebt es auf Neu-Guinea nicht.

Dagegen ist hier das Vaterland der den Raben ähnlichen Paradiesvögel, welche durch sammtartige Zügelbefiederung sich auszeichnen. Fast fünfzig Arten in einigen zwanzig Gattungen sind von diesen herrlichen Vögeln aus Neu-Guinea bekannt geworden. Es würde weit den mir zugewiesenen Raum überschreiten, wenn ich auch nur die schönsten dieser in den wunderbarsten Farben schillernden, mit den eigentümlichsten Federgebilden geschmückten

Wimpelparadiesvogel.
Nach einer Zeichnung von Hedwig von Zglinicka.

Vögel schildern wollte. Am einfachsten sehen noch die Paradiespirole, *Manucodia*, aus: sie sind so gross wie Dohlen und pirolartig gelb und schwarz gefärbt. Erwähnen möchte ich den Königsparadiesvogel, *Cicinnurus regius* (L.), dessen Armschwingen an den Aussenfahnen zerschlissen sind, die herrlichen langschwänzigen Paradieselstern, *Epimachus*, die eigentlichen Paradiesvögel, *Paradisea*, mit langen, zerschlissenen und gekräuselten Achselfedern, welche schön gelb, weiss, herrlich blau oder rot gefärbt sind. Andere wieder haben lange Federn in der Weichengegend, andere kahlschäftige, wie Draht aussehende, zuweilen mit spatelförmigen oder runden, durch Pfauenflecke geschmückten Endfahnen gezierte lange Federn am Kopf, Schwanz oder Rücken. Eine der merkwürdigsten Arten ist hier dargestellt, der Wimpelparadiesvogel.

Die Laubenvögel, *Chlamydodera*, sind wegen einer eigentümlichen Gewohnheit berühmt geworden. Sie bauen nämlich aus Zweigen lange, hohe Laubengänge, welche sie mit Grashalmen belegen und am Eingange mit bunten Schnecken- und Muschelschalen, Knochen, Steinchen und Federn verzieren. In diesen Laubengängen finden die Liebesspiele statt.

Unser Pirol wird auf Neu-Guinea durch die Strichelpirole, *Mimeta*, und die Nacktaugenpirole, *Sphecotheres*, ersetzt. Auch die schwarzen Drongos, *Dicruropsis*, gehören hierher, deren Stirnfedern borstenartig und rückwärts gebogen sind.

Echte Staare giebt es dort nicht, wohl aber verwandte Gattungen wie die rabenartigen, mit nackten Hautlappen versehenen Atzeln, *Mino*, die glänzend schwarzen, am Halse mit lanzettförmigen Federn gezierten Singstaare, *Calornis*, und die langflügeligen, den Schwalben im Fluge ähnlichen Schwalbenstaare, *Artamus*.

Die sonst in den altweltlichen Tropen zahlreich vertretenen Webevögel sind nur durch einige kleine Nonnenfinken, *Munia* und *Donacicola*, vertreten, zimmetbraune, dickschnäbelige Vögelchen, welche in Scharen auf Grasflächen leben.

Echte Finken fehlen auf Neu-Guinea, so der Sperling, der Kernbeisser, der Edelfink, der Grünling, der Zeisig, Stieglitz, Girlitz und Hänfling. Auch Gimpel, Kreuzschnäbel und Ammern sucht man vergebens. Ebenso fehlen hier Pieper, Bachstelzen und Lerchen, nur die ostasiatische Gebirgsstelze, *Motacilla melanope*, dehnt ihre Herbstwanderung bis Papuasien aus.

Eine Vogelgruppe, welche auf Neu-Guinea ausserordentlich artenreich vertreten ist, wäre noch zu erwähnen, die Honigfresser, deren Zungenspitze geteilt und entweder zerfasert oder mit Wimpern besetzt ist. Diese Vögel leben von Pflanzenhonig und von den Insekten, die in Blüten sich finden. Sie bewegen sich teilweise wie unsere Meisen, teils wie die Grasmücken, und bauen offene Nester. Ungefähr zwanzig Gattungen mit sechzig Arten kennt man bis jetzt aus jenen Gegenden. Besonders merkwürdig sind die mit einem höckerartigen Aufsatz auf dem Schnabel versehenen Höckerschnäbel, *Tropidorhynchus*, und die kleinen, grünen, mit einem weissen Federkranz um die Augen gezierten Brillenvögel, *Zosterops*.

Auch die Blumensauger, *Nectariniidae*, haben eine zum Blütensaugen eingerichtete Zunge, nur ist sie anders gestaltet als bei den Honigfressern; sie kann weit aus dem Schnabel vorgestreckt werden und hat eine Längsrinne auf der Oberseite, die Spitze ist in zwei glatte Fäden zerspalten. Der Schnabel der Blumensauger ist sehr dünn und gekrümmt. Zwei Gattungen sind auf Neu-Guinea vertreten, die schwarzen, mit schillerndem Grün geschmückten *Hermotimia*-Arten in sieben sich geographisch vertretenden Formen und eine gelbbäuchige *Cyrtostomus*-Art.

So gross wie unser Goldhähnchen sind die Blütenpicker, *Dicaeidae*, die in sechs Gattungen mit fünfzehn Arten den Papua-Archipel bewohnen.

Von den Baumläufern, *Certhiidae*, haben wir in Deutschland den eigentlichen Baumläufer, *Certhia*, und den Kleiber, *Sitta*. Auf Neu-Guinea leben eine kleine Spechtmeise, *Sitella papuensis* Schleg., ein Baumkriecher, *Climacteris placens* Sclat., und ein kurzschnäbliger, meisenartiger Spornvogel, *Orthonyx novae-guineae* Salv.

Meisen, Zaunkönige, Grasmücken, Laubsänger, Rohrsänger, Goldhähnchen, Drosseln, Wasserschmätzer, Steinschmätzer, Rotkehlchen und Nachtigallen sind in der Vogelwelt von Neu-Guinea nicht zu finden.

Für alle diese Singvögel treten die Timalien ein, welche durch eine lange erste Schwinge sich von den Sängern unterscheiden. Sehr merkwürdig sind die Sicheltimalien, *Pomatorhinus*, mit sichelförmig gebogenem Schnabel. Unsere Drosseln vertreten die Scheindrosseln, *Cinclosoma*, und die Rennschmätzer, *Eupetes*. Ein Grassänger, *Cisticola*, erinnert an unsere Schilfsänger, die Stelzentimalie, *Grallina*, an die Bachstelzen.

Wir hatten schon gesehen, dass gewisse Vogelfamilien wie die Paradiesvögel, die Honigfresser, die Fliegenfänger und die Papageien ganz besonders artenreich auf Neu-Guinea entwickelt sind. Wenn man von charakteristischen Vogelformen des Papua-Archipels spricht, darf man auch die Tauben nicht vergessen. Neunzehn Gattungen mit ungefähr siebzig Arten beleben die Waldungen und Grasländer der Insel. Es sind zum grössern Teile sehr schön gefärbte Vögel. Die metallisch grünen, bunt gezeichneten Flaumfusstauben, *Ptilopus*, haben sehr zierliche, dünne Schnäbel. Wir erwähnen hier nur die Prachttaube, *Pt. superbus* (Temm.); sie hat einen rot-violetten Scheitel, rotbraunen Nacken, weisses Kinn, grauen Vorderhals, blaue Brustbinde und grünen Rücken. Die Fruchttauben, *Carpophaga*, haben ungefähr die Gestalt unserer Ringeltaube. Einige von ihnen, die sogenannten Warzentauben, *Globicera*, besitzen einen schwarzen oder roten Fleischwulst auf der Schnabelwurzel; eine Art, *Gl. pacifica* Gm., die rotbäuchige Fruchttaube, hat einen schwarzen Schnabelhöcker, dunkelgrauen Kopf und Nacken, weisse Kehle, grünen Rücken und rotbraunen Bauch; sie lebt im Süden des Gebietes; eine zweite, die Höcker-Fruchttaube, *Gl. myristicivora* (Scop.), unterscheidet sich durch weinfarbigen Nacken und dunklen Schwanz. Andere, die echten Fruchttauben, sind ähnlich gefärbt wie die vorigen, meistens grün auf dem Rücken und mit grauem, weinrotem oder bläulichem Kopfe. Andere wieder sind in der Hauptsache weiss wie die weisse Fruchttaube, *Myristicivora bicolor* (Scop.), mit schwarzen Schwingen und schwarzem Schwanzende, in West-Neu-Guinea, und die ähnliche Friedenstaube, *M. spilorrhoa* Gray, mit grauen, schwarz gesäumten Schwingen und schwarz gefleckten Unterschwanzdecken, in Süd-Neu-Guinea.

Die Schweiftauben, *Macropygia*, sind schlank und sehr langschwänzig; ihre Färbung ist meistens rot oder zimmtbraun, Kopf und Hals sind gewöhnlich heller gezeichnet. Von Neu-Guinea kennt man eine dickschnäblige Art, *Reinwardtoenas Reinwardti* Temm., und zwei dünnschnäblige, die Binden-Schweiftaube, *M. doreya* Bonap., mit gebänderter Unterseite, und die unten einfarbige, kleinere Papua-Schweiftaube, *M. nigrirostris* Salvad. Turteltauben fehlen auf Neu-Guinea. Gewissermassen den Übergang von den Schweiftauben zu den Erdtauben bildet die Schuppentaube, *Geopelia tranquilla* Gould., eine ganz kleine Taube mit schwarz und weiss gebändertem Kropfe und weinfarbiger Brust. Bunter ist die Kupfernacken-Taube, *Erythrauchoena humeralis* Temm., mit grauem Kopfe, schwarz gebändertem Hinterkopfe, kupferrotem Nacken, braunem, schwarz gesäumtem Rücken und heller Unterseite. Die Erdtauben, *Phlogoenas*, haben rote Füsse und nackte Läufe; die Glanztauben, *Chalcophaps*, zeichnen sich durch prächtige Färbung aus; man erkennt sie leicht daran, dass sie über dem Bürzel mehrere verschieden gefärbte Binden tragen. Sehr eigentümlich sind die Fasanentauben, *Otidiphaps nobilis* Gould., in Nordwest-Neu-Guinea, und *O. cervicalis* Rams. im Südosten. Sie sind so gross wie Ringeltauben, erinnern aber in ihrer Gestalt an Fasane; die Abart aus dem Nordwesten ist kupferbraun, mit tiefblauem Rücken, grünem Schwanze und Kopfe, mit grüner Nackenbinde und schwarzer Unterseite; die südöstliche Art hat keinen Schopf und ganz schwarzen Kopf. Noch merkwürdiger sind die Krontauben. *Goura*. Sie haben die Grösse von Fasanen und tragen auf dem Kopfe eine Krone aufrechtstehender, zerschlissener Federn, die bei einigen Arten am Ende spatelförmig verbreitert sind. Diese Tauben sollen bei einigen Papuastämmen als Haustiere gehalten werden. In jedem Tiergebiete von Neu-Guinea findet man eine Abart der Krontauben.

Endlich muss ich noch die schöne Kragentaube nennen, *Caloenas nicobarica* (L.), die auf der Schnabelwurzel einen Höcker, um den Hals einen Kragen von langen schmalen Federn hat und wunderschön gefärbt ist. Wenn die Sonnenstrahlen auf ihren Rücken fallen, so schillert er in herrlichem grünen, blauen und messinggelben Schimmer. Der Kopf dieser Taube ist schwarz, der Schwanz weiss.

In Neu-Guinea sind die echten Hühnervögel nur durch Wachteln vertreten. Kein Rebhuhn, kein Waldhuhn, kein Fasan ist dort zu finden. Die Papuawachtel, *Synoecus cervinus* Gould., ist kastanienrot und schwarz gebändert. Ausserdem lebt dort noch ein kleines Laufhühnchen. *Turnix melanonota* Gould., mit einer kastanienroten Nackenbinde. Für die Hühnervögel treten auf Neu-Guinea die merkwürdigen Wallnister, *Megapodiidae*, ein, merkwürdig durch die Art, wie sie ihre Eier zur Reife bringen. Sie brüten nämlich nicht wie andere Vögel, sondern scharren entweder grosse Haufen von Laub und Pflanzenresten zusammen, versenken in diese ihre Eier und überlassen der Gährungswärme das Brutgeschäft *(Talegallus)*, oder aber sie graben Löcher in den von der glühenden Sonne durchwärmten Sand der Meeresküste oder an solchen Stellen, wo heisse Quellen dem Erdreich eine höhere Temperatur verleihen, in vulkanischen Gegenden, und bringen dort ihre Eier unter *(Megapodius)*. Die jungen Vögelchen verlassen vollständig befiedert das Ei. Drei Gattungen mit neun Arten kennt man bis jetzt aus Neu-Guinea. Das Kammhuhn, *Aepypodius arfakianus* Salvad., hat am Vorderhalse eine Fleischwamme und auf der Stirn einen Kamm. Die Grossfusshühner, *Megapodius*, haben einen dünnen Schnabel, schwärzliche Färbung und einen kurzen Schwanz; die Dickschnabelhühner, *Talegallus*, zeichnen sich durch längeren Schwanz und stärkeren Schnabel aus.

Von rallenartigen Vögeln haben wir in Deutschland das Wasserhuhn, *Fulica*, das Teichhuhn, *Gallinula*, drei Sumpfhühnchen, *Ortygometra*, die Wiesenralle, *Crex*, und die Schilfralle, *Rallus*.

Tafel 16.

Bennett's Kasuar, *Casuarius bennetti* Gould.
Nach einer Zeichnung von Anna Matschie-Held.

Auf Neu-Guinea lebt zwar kein Wasserhuhn, wohl aber ein Teichhuhn, *Gallinula frontata* Wall., mit roter Stirnplatte, ferner zwei Sumpfhühnchen, *Amaurornis moluccana* Wall. und *Ortygometra cinerea* Vieill., eine Wiesenralle, *Megacrex inepta* d'Alb., und mehrere unserer Schilfralle ähnliche Formen wie die *Hypotaenidia*, *Rallina* und *Eulabeornis*-Arten, die zum Teil ziemlich bunt gefärbt sind. Dazu kommt ein Purpurhuhn, *Porphyrio melanopterus* Temm., mit einer Hornplatte auf dem Scheitel und blauer Unterseite.

Unter den Regenpfeifern, Charadriidae, finden wir eine kleinere und eine grössere Brachschwalbe, *Glareola*, einen Austernfischer, *Haematopus longirostris* Vieill., unseren Steinwälzer, *Strepsilas interpres* (L.), einen Triel, *Oedicnemus magnirostris* (Geoffr.), unseren Kibitzregenpfeifer, *Squatarola helvetica* (L.), den sibirischen Goldregenpfeifer, *Charadrius fulvus* Gm., mehrere kleinere Regenpfeifer, *Aegialitis*, die zum grösseren Teile nur im Winter auf dem Zuge das tropische Neu-Guinea erreichen. Für den Papua-Archipel eigentümlich ist wohl nur ein Lappenkiebitz, *Lobivanellus miles* Bodd., der dort unseren Kiebitz vertritt und eigentümliche Hautlappen an den Kopfseiten hat.

Auch die Schnepfenvögel bringen uns nur bekannte Erscheinungen. Strandreiter *(Himantopus)*, Wassertreter *(Phalaropus)*, Sandläufer *(Calidris)*, Strandläufer *(Tringa)*, Wasserläufer *(Totanus)*, Pfuhlschnepfen *(Limosa)*, Brachvögel *(Numenius)*. Schnepfen *(Scolopax* und *Gallinago)* ziehen im Winter nach Neu-Guinea von Ost-Sibirien aus. Sie sind unseren deutschen Arten sehr ähnlich.

Auf den von breitblättrigen Pflanzen bedeckten Teichen laufen kleine Blätterrallen, *Parra gallinacea* Temm., umher. Ihre langen Zehen befähigen sie, über den schwankenden Grund geschickt zu eilen.

Trappen, Kraniche, Flamingos sind auf Neu-Guinea nicht vorhanden, auch die Störche werden nur durch eine Art, den australischen Sattelstorch, *Mycteria australis* (Shaw), vertreten, einen riesigen Storch mit glänzend schwarzem Kopf und Hals, schwarzen Flügeln, Schwanz und Unterrücken und sonst weissem Gefieder. Auch ein Ibis, *Ibis strictipennis* Gould., lebt dort, und der schon in Ungarn häufige braune Sichler, *Plegadis falcinellus* (L.), ist auch auf Neu-Guinea nicht selten.

Von Reihern haben wir einen Nachtreiher, *Nycticorax*

caledonicus (Gm.), eine Rohrdommel, *Botaurus heliosylus* Less., einen Zwergreiher, *Ardeiralla flavicollis* (Lath.), einen Kuhreiher, *Bubulcus coromandus* Bodd., mehrere weisse Seidenreiher, einen Fischreiher, einen Löffelreiher und einige kleinere Arten, alles Formen, die auch sonst in den altweltlichen Tropen sehr nahe Verwandte haben.

Echte Gänse und Schwäne giebt es auf Neu-Guinea nicht, und auch die Enten sind recht schwach vertreten. Eine Zwergente, *Nettopus pulchellus* Gould, mit glänzend grünem Rücken, zwei Baumenten, *Dendrocycna*, eine mit kastanienbraunem Bauche, *D. arcuata* Cuv., und eine mit grauweisser Unterseite, *D. guttata* Forst., ferner zwei Wildenten, die australische Wildente, *Anas superciliosa* Gm., mit grünem, schwarz umsäumtem Flügelspiegel, und die Kastanien-Ente, *A. castanea* Eyl., welche unserer Krickente entspricht, mit rotbraunem Unterkörper. Endlich ist noch eine sehr eigentümliche Brandgans zu erwähnen, *Tadorna radjah* (Garn.), welche unserer Brandgans ähnlich ist.

Die Küsten von Neu-Guinea werden bewohnt von Fregatvögeln, *Fregata aquila* (L.), und *F. minor* Briss., fluggewandten Vögeln von der Grösse eines Kormorans, mit tiefgegabeltem Schwanze, sehr langen, schmalen Flügeln und langem, an der Spitze hakenförmig gekrümmtem Schnabel. Sie brüten auf Bäumen und entfernen sich sehr weit vom Lande. Drei Arten von Tölpeln, *Sula*, gehören zu den häufigsten Meeresvögeln der Küste; sie brüten auf Felsenklippen. An den Flüssen lauert der merkwürdige Schlangenhalsvogel, *Plotus Novae-Hollandiae* Gould, auf Beute, und Kormorane, *Microcarbo sulcirostris* Brandt und *M. melanoleucus* Vieill., liegen eifrig dem Fischfange ob.

Auch ein Pelikan, *Pelecanus conspicillatus* Temm., bewohnt scharenweise die Flussmündungen, und der schöne Tropikvogel, *Phaethon candidus* Briss., ein seeschwalbenartiger Vogel mit langen, schmalen mittleren Schwanzfedern, brütet auf stillen Meeresklippen.

Auch einige Sturmvögel werden zuweilen an den Mündungen der grösseren Flüsse oder in der Nähe der Meeresküsten gesehen. Eine kleine Sturmschwalbe, *Fregetta grallaria* (Vieill.), zwei Sturmtaucher, *Puffinus*, und ein Taubensturmvogel, *Prion turtur* Kuhl. Bei allen diesen Sturmvögeln liegen die Nasenlöcher in hornigen Röhrenansätzen auf dem Schnabel.

Auf ihrem Winterzuge nach Süden kommen die europäische Lachseeschwalbe, *Sterna anglica* Mont., die Zwerg-Seeschwalbe,

Sternula sinensis Gm. und eine Trauerseeschwalbe, *Hydrochelidon hybrida* Pall., bis in die papuanischen Tropen. Zehn andere Seeschwalben, die auch Neu-Guinea bewohnen, sind weit über die Meere der heissen Zone verbreitet, darunter die Tölpel-Seeschwalbe *Anous*, die auf niedrigem Buschwerk Nester aus Zweigen erbaut.

Möwen und Alken scheinen auf Neu-Guinea nicht vorzukommen, dagegen findet man auf den Flüssen zwei Lappentaucher, *Tachybaptes gularis* (Temm.) mit schwarzen Kopfseiten und *Sylbeociclus tricolor* Gray mit kastanienbraunen Schläfen.

Die Ordnung der Straussvögel vertreten die Kasuare, *Casuarius*, grosse Vögel mit haarartigem Gefieder und mit mehreren langen, borstenartigen Federschäften an der Stelle der Schwungfedern. Der Kopf und der obere Teil des Halses sind nackt und lebhaft gefärbt; an der Kehle befindet sich ein grosser, häufig geteilter bunter Hautlappen und auf dem Vorderkopf ein horniger Helm. Nicht weniger als zehn Arten sind aus verschiedenen Gegenden von Neu-Guinea bisher beschrieben worden. Der abgebildete Kasuar, *C. Bennetti* Gould (Taf. 16), stammt aus dem Bismarck-Archipel.

Kriechtiere. Unter den Säugetieren und Vögeln haben wir wenigstens noch einige Arten kennen gelernt, die mit deutschen Formen eine gewisse nähere Verwandtschaft zeigen; von Kriechtieren hat Neu-Guinea keine einzige Gattung, welche auch in Deutschland vertreten ist.

Die papuanischen Schildkröten gehören vier Familien an. Da sind zunächst die Meeresschildkröten mit Flossenfüssen, die an den Küsten von den Eingeborenen mit Vorliebe gejagt werden.

Wie Herr Krieger erzählt, fangen sie dieselben auf eine eigentümliche Weise. Ein Mann bindet sich um einen Arm einen Strick und taucht dann an der Stelle, wo eine Schildkröte liegt, unter, umfasst sie mit beiden Armen und lässt sich an das Boot heranziehen. Ein zweiter Mann befestigt an dem Fuss der Schildkröte einen Strick, und nun wird das Tier in das Kanu gezogen. Ausser der riesigen Lederschildkröte, *Sphargis coriacea* L., deren Panzer mit einer lederartigen Haut überzogen ist und fünf stark vorspringende Längskiele zeigt, kommen an den Küsten von Neu-Guinea noch zwei andere Meeresschildkröten vor, die Suppenschildkröte, *Chelone mydas* L., und die Karettschildkröte, *Chelone imbricata* L.

Die letztere liefert das Schildpatt. Der Panzer der Lederschildkröte wird bis 2 m, derjenige der beiden anderen Arten höchstens 1 m lang. Aus dem Fly-Fluss hat Ramsay 1886 noch eine dritte sehr eigentümliche Gattung der mit Flossenfüssen versehenen Schwimmschildkröten beschrieben, die **Chagrin-Schildkröte, *Carettochelys inscalpta*.** Sie hat, wie unsere Abbildung zeigt, lange, zu einer Flosse verbundene Vorderzehen, ein herzförmiges Rückenschild und einen sehr kurzen Schwanz. Der Rückenpanzer ist nicht von Hornplatten, sondern von einer mit kleinen, runden

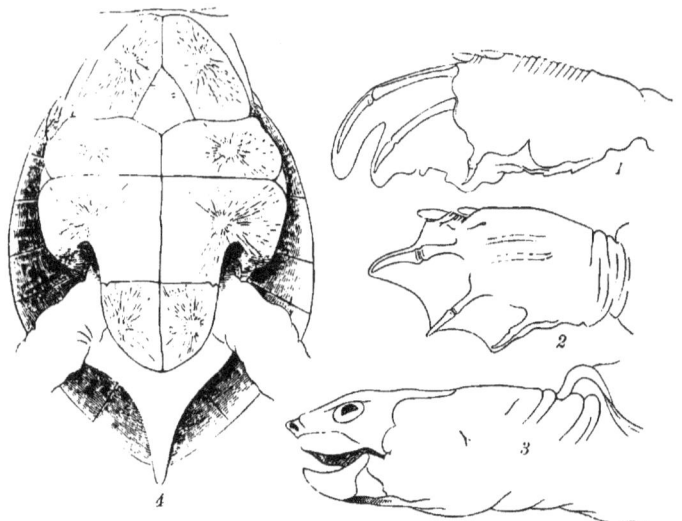

Chagrin-Schildkröte, *Carettochelys insculpta* Rams.
1 Vorderflosse. *2* Hinterflosse. *3* Kopf und Hals. *4* Panzer von unten.

Rauhigkeiten besetzten Haut bedeckt. Da bisher nur ein Exemplar dieser eigentümlichen Schildkröte bekannt geworden ist, so empfehle ich allen Reisenden, welche Gelegenheit haben, die grösseren Flüsse von Neu-Guinea zu besuchen, dieses Tier angelegentlichst zur Beobachtung.

Nur noch eine einzige Familie der Schildkröten ist sonst noch von der Insel bekannt geworden, diejenige der **Flussschildkröten, *Chelydidae*,** mit sehr langem Halse, der seitlich unter die Ränder des Panzers gelegt werden kann und nicht wie bei unseren deutschen Teichschildkröten zurückgezogen wird. Sie sind in zwei

Gattungen vertreten, den Langhals-Schildkröten, *Chelodina*, und den Papua-Schildkröten, *Emydura*, die ausser in Neu-Guinea nur noch in Australien zu Hause sind. Sie leben in den Flüssen.

Von Krokodilen kennen wir nur eine Art aus Neu-Guinea, das Leistenkrokodil, *Crocodilus porosus* Schneid., eine von Vorderindien bis zu den Fiji-Inseln weit verbreitete Art, welche ihren Namen von einer Knochenleiste erhalten hat, die vom Auge bis zur Nasenspitze an jeder Kopfseite sich erstreckt. Das Krokodil wird von den Eingeborenen gern gegessen.

Die Eidechsen, die in Neu-Guinea vorkommen, sind von den deutschen Eidechsen sehr verschieden. Weder Blindschleichen noch echte Eidechsen giebt es dort. Auch von den übrigen Familien, welche die tropischen und subtropischen Teile der übrigen alten Welt bewohnen, fehlen mehrere vollständig wie die Ringelechsen und Chamaeleons. Nur Agamen, Waran-Eidechsen, Wühlechsen und Haftzeher sind vorhanden. Ausserdem kommen aber dort noch zwei höchst eigentümliche Familien vor, die Schuppenfüsse und Trug-Skinke.

Die Haftzeher, *Geckonidae*, zeichnen sich dadurch aus, dass die grossen Augen eine spaltförmige Pupille haben, dass die Augenlider fehlen und dafür die Oberhaut sich uhrglasartig über die Augenwölbung fortzieht. Der Körper ist mit kleinen Körnerschuppen bedeckt, und an den Zehen sitzen starke Krallen. Der Schwanz bricht leicht ab. Alle Haftzeher leben von Insekten, Weichschnecken und Würmern. Diese Tiere sollen eine laute Stimme haben. Aus Neu-Guinea kennt man 4 Gattungen, nämlich 5 Arten der langzehigen Nacktfinger, *Gymnodactylus*, einen Scheibenfinger, *Hemidactylus*, einen grossen Gecko, *Gecko*, und einen Blattfinger, *Lepidodactylus*.

Die Schuppenfüsse, *Pygopodidae*, haben ihren Namen von der merkwürdig zurückgebildeten Gestalt der Beine. Die Hinterbeine sind schuppenförmig, die Vorderbeine fehlen vollständig. Der Körper ist schlangenförmig. Die Schuppenfüssler sind nächtliche Tiere. Die bekannteste Art, *Lialis Burtoni*, sieht aus wie eine Blindschleiche und hat nur noch Andeutungen von hinteren Extremitäten.

Die Agamen, *Agamidae*, haben den Kopf mit kleinen, unregelmässigen Schildern bedeckt. Einige Arten laufen gewandt auf den Hinterfüssen wie die Kehlfalten-Agamen, *Gonyocephalus*, welche einen vorn gekielten Kehlsack haben. Sie sind in mehreren Arten vertreten. Eine zweite Gruppe bilden die Kehlsack-Agamen, *Physignathus*, bei denen der Kehlsack nicht gekielt ist.

Die grössten auf Neu-Guinea vorkommenden Eidechsen gehören zu den Waranen, *Varanidae*. Sie werden über ein halbes Meter lang, haben einen langen Kopf und langen Schwanz, eine tief gespaltene Zunge, rundliche, von Ringen sehr kleiner Körnerschuppen umgebene, gewölbte Schilder auf dem Rücken und grosse in Querreihen gestellte Platten auf der Unterseite. Eine Art, *Varanus indicus*, der australische Wasser-Waran, lebt an Gewässern, eine graue Art, *V. gouldi*, und eine grüne Art, *V. prasinus*, halten sich in steinigen Gegenden auf.

Krokodil-Skink, *Tribolonotus Novae-Guineae* D. B.
Nach einer Zeichnung von Hedwig von Zglinicka.

Drei Gattungen von Wühlechsen, *Scincidae*, sind aus dem Gebiet bekannt. Sie sind leicht zu erkennen durch ihren walzigen, vom Körper nicht abgesetzten Hals und durch die sechseckigen, dachziegelartig aufeinander liegenden, glänzenden, breiten Schuppen, die auf der Unterseite ebenso gross sind wie auf dem Rücken.

Die merkwürdigste Wühlechse, welche wir überhaupt kennen, lebt auf Neu-Guinea. Der Krokodil-Skink, *Tribolonotus novaeguineae* D. B., ist eine Eidechse von der Grösse unserer Smaragdeidechse; ihr Rücken wird bedeckt von vier Reihen grosser, spitzer Höcker, die sich auch auf den langen Schwanz fortsetzen; der Kopf ist in einen Helm verlängert, der am Hinterrande sechs spitze Stacheln trägt; die Beine sind mit Kielschildern bewehrt. Wir haben also eine Wühlechse vor uns, die in dem Aussehen an ein Krokodil erinnert. Wie das Tier lebt, darüber ist nichts bekannt.

Die grösste Wühlechse des Papua-Archipels ist der Riesen-Bandskink, *Tiliqua gigas*, eine gelbkehlige, schön gebänderte Glanzechse, die so gross wird wie ein kleiner Waran.

Recht charakteristisch für Neu-Guinea sind die Schillerechsen, *Lygosoma*, kleinere, sehr lebhaft gefärbte und glänzende Arten, von denen einige dreissig allein von hier beschrieben sind. Sie leben auf der Erde an trockenen, sandigen Stellen.

Eine in den Tropen weit verbreitete, vielleicht durch Schiffe verschleppte Form ist das Natternauge, *Ablepharus Boutoni*; sie sieht aus wie eine kleine Blindschleiche, hat aber vier sehr kurze Beinchen. Bei ihr sind die Augenlider unbeweglich und durchsichtig.

Unterirdisch lebt eine sehr sonderbare von Celebes bis Neu-Guinea verbreitete fusslose, kleine Eidechse, der sowohl äussere Augen als auch eine äussere Ohröffnung fehlen. Es ist dies der Trug-Skink, *Dibamus Novae-Guineae*.

Die Schlangen-Fauna von Neu-Guinea ist nicht weniger eigentümlich als die anderen bisher behandelten Wirbeltierklassen. Nur drei von den grossen Familien, in welche die Schlangen eingeteilt werden, sind hier vertreten, nämlich Wurmschlangen, Riesenschlangen und Nattern. Vipern, d. h. Giftschlangen mit grossen durchbohrten Giftzähnen vorn im Kiefer, fehlen im Papua-Archipel. Dagegen haben sich die Giftnattern, *Elapidae*, welche hinter einer Anzahl von soliden Zähnen einen oder mehrere Giftzähne besitzen, die vorn mit einer Rinne versehen sind, in erstaunlicher Mannigfaltigkeit entwickelt. Fast ein Drittel der auf Neu-Guinea lebenden Schlangen gehört hierher.

Unter abgefallenem Laube, in faulendem Holze, oder in der Erde halten sich wenige Arten der Wurmschlangen auf, *Typhlopidae*, welche zur Gattung *Typhlops* gehören. Sie nähren sich von kleinen Kerbtieren und Regenwürmern, haben eine wurmförmige Gestalt, und ihre Augen liegen unter den Kopfschildern verborgen.

Die Riesenschlangen haben eine Andeutung von hinteren Gliedmassen, die klauenartig jederseits neben dem After hervorragen. Es sind grosse Schlangen, die von kleineren Wirbeltieren leben. Von Neu-Guinea kennt man die Amethyst-Riesenschlange, *Python amethystinus*, und die Rautenschlange, *Python spilotes*. Dazu kommen noch zwei Arten mit jederseits drei Gruben in den Unterlippenschildern, die für das südliche Gebiet charakteristisch sind, der Kinngruben-Python, *Liasis*, in zwei Arten, und die grüne Riesenschlange, *Chondropython viridis*. Endlich lebt dort noch eine Kielschuppenboa, *Enygrus carinatus*, die durch gekielte Körperschuppen sich auszeichnet.

Unter den Nattern sind zunächst die mit warzigen Höckern bedeckten Warzenschlangen, *Acrochordinae*, zu nennen, die in den Flüssen leben und Frösche und Fische jagen. Die malayische Warzenschlange, *Acrochordus javanicus*, hat stachelige Dornen auf dem Oberkörper, wird fast 2 m lang und ist von den Sunda-Inseln bis Neu-Guinea verbreitet. Noch besser ist eine andere Form dem Wasserleben angepasst, die Kielbauchschlange, *Chersydrus granulatus*, die ebenfalls stachelige Höckerschuppen hat und durch eine kielartige Hautfalte vor dem stark zusammengedrückten Schwanz leicht kenntlich ist. Ihr Verbreitungsgebiet erstreckt sich von den Küsten Vorderindiens bis Neu-Guinea. Sie lebt in beträchtlicher Tiefe.

Die echten Nattern sind nur durch einige wenige Formen vertreten, dagegen kommen mehrere Baumschlangen, *Dendrophis*, vor, die gekantete Bauchschilder besitzen. Artenreicher sind die Trugnattern, *Dipsadidae*, von denen man ein halbes Dutzend Arten der Nachtbaumschlangen, *Dipsas*, aus Neu-Guinea kennt, und die Wassernattern, *Homalopsidae*, deren Nasenlöcher oben auf der Schnauze liegen.

Wie schon oben erwähnt wurde, gehört ein Drittel aller papuanischen Schlangen zu den Giftnattern, *Elapidae*. Wohl die häufigste Giftschlange ist die Schwarzotter, *Pseudechis porphyraceus*, mit rot gerandeten Seitenschuppen; auch die Todesotter, *Acantophis antarctica*, mit senkrechter Pupille und einem gebogenen Stachel am Schwanzende, ist nicht selten.

Wir können hier nicht näher eingehen auf die verschiedenartigen Formen dieser giftigen Schlangen; erwähnt sei nur, dass keinerlei Nachrichten über gefährliche Wirkungen des Schlangenbisses auf Menschen für Neu-Guinea vorliegen. Auch in den Flüssen und in den Meeren, welche die papuanischen Küsten umspülen, leben Giftschlangen, die durch einen ruderförmig zusammengedrückten breiten Schwanz auffallen. Es sind die Plattschwänze, *Platurus*, mit grossen Bauchschildern, die schwarz und gelb gezeichnete Plättchenschlange, *Hydrus*, und die Ruderschlangen, *Distira*.

Die Lurche zeichnen sich auf Neu-Guinea nicht durch grossen Artenreichtum aus. Salamander und Molche fehlen vollständig wie alle Schwanzlurche, auch die Blindwühlen sind durch keine einzige Art vertreten. Auch über echte Kröten, *Bufo*, haben wir aus dem Papua-Archipel keine Nachricht. Verwandte unserer Frösche, *Rana*, sind der Papua-Frosch, *Rana papuana*, und der Bergfrosch, *Rana arfaki;* ausser ihnen ist die Familie der echten Frösche noch durch eine bis zu den Philippinen nach Westen verbreitete Gattung, *Cornufer*, vertreten, von welcher zwei Arten, *Cornufer corrugatus* und *punctatus*, Neu-Guinea bewohnen. Aus der Familie der Engmäuler besitzt Neu-Guinea nur zwei hier vorkommende Gattungen mit je einer Art, *Sphenophryne cornuta* und *Xenobatrachus ophiodon;* beide sind kleine krötenartige Lurche mit kurzem, spitzen Kopf und dickem Körper.

Die Krötenfrösche, *Pelobatidae*, zu denen unsere Knoblauchskröte gehört, haben sich in Neu-Guinea ganz eigenartig entwickelt. Die hierher gehörige Formen stellen drei ganz eigentümliche Gattungen dar, *Batrachopsis*, *Asterophrys* und *Kanaster*. Alle übrigen Froschlurche gehören zu den Laubfröschen, *Hylidae*, die im Blattwerk sich aufhalten. Sieben Arten von *Hyla*, nahe Verwandte unseres deutschen Laubfrosches, und eine *Hylella* sind von dort beschrieben worden.

Über die Fische von Neu-Guinea können wir uns kurz fassen. Was man darüber weiss, ist recht wenig: in die Flüsse steigen die Meeresfische, auch Rochen und Haifische; echte Flussfische kennt man überhaupt noch nicht. Gattungen, die für Neu-Guinea eigentümlich sind, hat man noch nicht gefunden. Alle Arten haben im Indischen Ozean eine weite Verbreitung.

Auch die Schnecken und Muscheln bieten uns kaum besonders merkwürdige Formen dar; die Gattung *Helix* ist dort durch eine Untergattung *Papuina* vertreten. Die Eingeborenen gebrauchen scharfrandige Muschelschalen als Messer, Stücke von Tridacna als Angelhaken und zu Äxten, Tritonmuscheln als Trompeten.

Die Insekten zeichnen sich durch einen grossen Reichtum an sehr bunten Formen aus. Näher auf diese zum Teil sehr schönen Arten einzugehen, verbietet mir der mir zugewiesene Raum.

Unter den Schmetterlingen möchte ich nur die 15 cm breite *Ornithoptera* erwähnen, die sehr lange Fühler, dreieckige, sammet-

schwarze Vorderflügel und kleine smaragdgrüne, mit gelben Tupfen
gezierte Hinterflügel hat. Von den Käfern sind die Cetonien und
Carabiden sehr gut vertreten, vor allen aber zeigen die Longi-
cornier grosse Mannigfaltigkeit. Unter den Bockkäfern giebt es
ausserordentlich schöne, in Metallfarben glänzende Formen.

Von den niederen Tieren haben wohl die Seegurken für die
Eingeborenen von Neu-Guinea die grösste Bedeutung, abgesehen
von den Larven mancher Eintagsfliegen, die gesammelt und gegessen oder als Köder für den Fischfang benutzt werden. Die
Küsten von Neu-Guinea liefern sehr viel Trepang. Die grösseren

Trepang, getrocknete Holothurie.

dickhäutigen Seegurken werden mit Schleppnetzen oder durch
Taucher gefangen, aufgeschnitten, getrocknet und geräuchert. Sie
bilden einen grossen Handelsartikel nach China, wo sie in warmem
Wasser aufgeweicht und dann als Delikatesse verzehrt werden.

Über die wirbellosen Tiere, die Neu-Guinea bewohnen, sind
bis jetzt zusammenfassende Arbeiten, die mehr als rein systematisch-
faunistische Listen oder Beschreibungen von neu aufgefundenen
Arten darstellen, kaum in der Litteratur zu finden. Die Kenntnis
der papuanischen Fauna ist auch noch so lückenhaft, dass man
jetzt noch nicht im stande ist, eine allgemeine Übersicht über die
dort lebenden niederen Tiere zu geben.

VII. Kaiser Wilhelms-Land.

1. Küste und Oberflächengestalt.

Kaiser Wilhelms-Land, der nach Kaiser Wilhelm I. benannte Nordostabschnitt der Insel, erstreckt sich von 2° 32′ bis 8° S. und von 141° bis 148° O. Die westliche Grenze gegen das niederländische Gebiet bildet zunächst der 141. Meridian bis zu seinem gedachten Schnittpunkt mit dem 5. Parallelkreis s. B.; sodann verläuft die Grenzlinie südlich der Viktor-Emanuel-Berge, durchschneidet die Blücher- und Müller-Kette und zieht sich nördlich des Sir Arthur Gordon-Gebirges hin bis zum Schnittpunkt des 144. Meridians mit dem 6. Parallelkreis. Dann führt sie weiter nördlich des Albert-Viktor-Gebirges bis zum Schnittpunkt des 147. Meridians mit dem 8. Parallelkreis, dem sie nach Osten bis an die Küste folgt.

Nach den bisherigen Angaben umfasst Kaiser Wilhelms-Land einen Flächenraum von rund 180 000 qkm, ist demnach ungefähr halb so gross wie Preussen. Die Bevölkerungsziffer wird auf $1/4$ bis $1/2$ Million geschätzt; da jedoch das Land nur teilweise erforscht ist und aus naheliegenden Gründen eine Zählung der Eingeborenen noch nicht hat erfolgen können, sind diese Angaben lediglich Vermutung und können auf Genauigkeit einen Anspruch durchaus nicht machen.

Der erste Küstenvorsprung auf deutschem Gebiet ist die Germania-Huk. Ihr folgen bis 142° O. von Nord nach Süd die Robide-Huk, die Koner-Huk, Eintrachtspitze und Baudissin-Huk. Der erste grössere Fluss auf deutschem Gebiet ist der Sechstroh, so benannt nach dem ersten Steuermann der obenerwähnten „Samoa". Der Fluss hat an seiner Mündung eine Tiefe von 7 Faden, ist aber leider dort durch eine Barre versperrt; er ergiesst sich unter 2° 32′ S. und 141° 2′ O. Südöstlich von ihm münden nördlich des 3. Parallelkreises einige kleinere Flüsse, der Ratzel-, Thorspecken- und Gossler-Fluss. Die Küste von der holländischen Grenze bis zu 3° S. und noch weiter südlich bis zum Kap Dallmann ist bewaldetes Gebirgsland. Dazwischen liegende grüne Hänge, Matten gleich, gewähren dem Auge einen freundlichen Ruhepunkt. Die ersten grösseren Buchten östlich der Humboldt-Bai sind die Friedrichsen-Bucht und der Angriffs-Hafen. An dem Versuche, diesen letzteren näher zu untersuchen, wurde Dumont d'Urville im Jahre 1827 von feindlichen Eingeborenen gewaltsam verhindert; diesem Umstande verdankt der Hafen seinen kriegerischen Namen. Die Bezeichnung „Angriffs-Hafen" soll nach der näheren Untersuchung und Schilderung des verstorbenen Landeshauptmanns Schmiele der Sachlage nicht entsprechen, da die von Dumont d'Urville genannte „anse d'attaque" nach Norden bis Nordosten gänzlich offen ist, und die See von SO. bez. NW. um die kleinen Riffchen im Norden und Süden mit voller Kraft herumläuft.[1]) Auch haben sich weder bei dem Besuche von Finsch noch bei späteren die Eingeborenen irgendwie feindlich gezeigt; sie sind allerdings stets von einer gewissen Zurückhaltung gegen die Europäer gewesen.

Hinter der Eintrachtspitze treten die Berge dicht an die Küste heran, und nach einem mit Kasuarinen umsäumten Küstenstrich beginnt dann vom Baudissin-Huk und erstreckt sich bis zum Albrecht-Fluss und darüber hinaus ein ausgedehntes, dicht bewaldetes Vorland mit Kokosnusshainen und vielen Siedelungen, die Brandenburg-Küste. Diese ist zweifellos ein zukunftsreiches Kopra-Gebiet. Ihr gegenüber liegen die Tamara- (Dudemaine-) und Sainson-Inseln. Die Sainson-Gruppe besteht aus den Inseln Aly (Faraguet), Seleo (Sainson) und Angél (Sanssouci), von denen die letzte die kleinste und bevölkertste ist. Die Inseln Aly und Seleo bilden, durch Riffe verbunden, ein hufeisenförmiges Becken, den Berlin-Hafen, unter 3° 7′ S. und 142° 35′ O. Die Insel Angél liegt südlich von Seleo und ist nur etwa 100 m lang und breit. Die beste Einfahrt in den Berlin-Hafen, zwischen Aly- und Tamara-Insel, ist vollkommen riffrei, mit Tiefen von etwa 30 m, dagegen zieht sich um die ganze Insel

---

[1]) Nachrichten über Kaiser Wilhelms-Land, 1894, S. 46.

Seleo ein leicht erkennbares Riff. Die Durchfahrten zwischen Aly- und Seleo- und Aly- und Angél-Insel sind noch nicht so genügend ausgelotet wie die zwischen Aly und Tamara (im Frühjahr 1896 durch S.M.S. „Möwe"), daher, im übrigen auch wegen ihrer Enge, zur Durchfahrt nicht zu empfehlen.[1])

Das Schlussstück der Brandenburg-Küste bildet das hübsche Dorf Tagai am Albrecht-Fluss. Nach Finschs Angaben ist der Platz infolge der Wasserkraft, die der Fluss bietet, vielleicht zur Anlage einer Sägemühle geeignet. Zwischen dem Gossler- und Albrecht-Fluss münden noch die weniger bedeutenden Hann-, Arnold-, Joest-, Bastian- und Lagmen-Flüsse und südlich des Albrecht-Flusses die kleinen Küstenflüsse: Lindemann-, Breusing-, Behm- und Petermann-Fluss. Nördlich des letzteren liegen am Kaskaden-Fluss zwei bis drei kleine Ansiedelungen, und südlich davon zwischen Guido-Cora-Huk und Sapa-Huk acht blühende Küstendörfer mit je 10—20 Häusern. Zwischen Virchow-Fluss und Paris-Spitze haben wir wieder einige Küstensiedelungen der Eingeborenen. Die reichen Kokospalmen-Bestände der Brandenburg-Küste setzen sich auf den dieser Küste im Südosten vorgelagerten Inseln Tarawai und Valise (oder Bertrand- und Gilbert-Inseln) fort. Beide Inseln haben an ihrer Südostküste je einen geschützten Hafen und im Innern je einen von Hügeln eingeschlossenen See mit klarem, süssen Wasser. Von Tarawai ist in südöstlicher Richtung in nur wenigen Stunden Kairu oder Chagur (auch d'Urville-Insel genannt) zu erreichen; ihr südlich vorgelagert ist die langgestreckte Insel Gressien mit dem Hauptdorfe Muschu. Die Insel ist sehr unfruchtbar, ihre Bewohner haben daher ihre Anpflanzungen auf Kairu angelgt. Dieses bildet an der Westseite den Viktoria-Hafen, und im Innern der Insel erhebt sich ein hoher, langgestreckter Bergrücken; die hügeligen Hänge der Gressien-Insel sind mit weit ausgedehnten Grasflächen bestanden. Westlich von dieser Insel liegen die kleinen Nyuho-Inseln, die mit ihren erst von den Bewohnern angepflanzten Kokosnusspalmen einen freundlichen Eindruck machen. Südlich von der Gressien-Insel und nördlich von der am Festland vorspringenden Bessel-Huk liegt die kleine Babuin (Meta)-Insel. Zwischen diesen beiden Inseln führt die Dallmann-Strasse in den von O. Finsch am 12. Mai 1885 entdeckten Dallmann-Hafen hinein, der mit dem Berlin-Hafen zu den besten Ankerplätzen im Norden des Kaiser Wilhelms-Landes gehört. Un-

---

[1]) Nachrichten über Kaiser Wilhelms-Land, 1896, S. 64.

gefähr 30 km südöstlich vom Dallmann-Hafen beginnt der in der Tamara-Sprache „Yamir" benannte „Cham"-Bezirk, der sich eine ganze Strecke an der Küste entlang hinzieht und dicht mit Kokosnusspalmen bestanden ist. Ein mehrere Kilometer langer Sandstrand trennt das Gebiet der Cham-Leute von dem der Suwain-Leute; zwischen beiden Bezirken liegen einige kleine Dörfer, die mit keinem von beiden auf gutem Fusse stehen. Das Küstenland zwischen Suwain und Dallman-Hafen ist bergig und wenig bevölkert, nur weiter im Innern sieht man auf den Bergkämmen Kokosnusspalmen emporragen.[1]) Binnenwärts der südlich des Dallmann-Hafens gelegenen Gauss-Bai haben die Eingeborenen am Herbert-Fluss zahlreiche Niederlassungen angelegt.

Mit der Siemens-Spitze beginnt die Hansemann-Küste, die sich bis zum Kap della Torre hinzieht. Ihr vorgelagert sind die Le Maire-Inseln, so benannt nach dem Niederländer Jacob le Maire, der im Jahre 1616 zusammen mit Wilhelm Shouten zuerst die Inseln betreten hat. Die Gruppe setzt sich zusammen aus den Inseln Roissy, Deblois, Jaquinot, Garnot, Hirt, Blosseville und Lesson; auf letzterer ist ein Vulkan in Thätigkeit, auf Hirt findet man einen grösseren Bestand an Kokosnusspalmen. In nordöstlicher Richtung liegen zwischen 2° 50′ und 3′ S. die Purdy-Inseln, die aus Fledermaus-, Maulwurf- und Maus-Insel bestehen; die flachen, dichtbewaldeten Koralleninseln sind durch die Unzahl von Vögeln (Tauben, Hühner, Möwen), die dort nisten, bemerkenswert und stehen in schlimmem Andenken durch das Scheitern des Dampfers der Neu-Guinea-Kompagnie „Ottilie", der dort im Jahre 1891 zum Wrack wurde. Das gegenüberliegende Küstenbild bewahrt auf 30 Meilen hin fast bis zur Krauel-Bucht denselben einförmigen Charakter, ausgedehntes Flachland mit Beständen von Kasuarinen und Nipapalmen, die auf sumpfiges Terrain schliessen lassen. Weiter landeinwärts zieht sich eine Reihe niedriger Hügel hin. Nur wenige Wasserläufe entwässern diese Gegend. In die Krauel-Bucht mündet der Caprivi-Fluss und der noch unbedeutendere Eckardtstein- und Hammacher-Fluss. In den Sahl-, Kortüm-, Ritter-, Richthofen- und Kasuarinen-Huks springt die Küste mehrfach vor.

Etwa 3,5 Seemeilen südöstlich vom Kap della Torre, einer flachen Ebene mit Beständen von Kasuarinen, mündet unter 3° 52′ S. und 144° 32′ O. der stolze Augusta-Strom. Er ward von Finsch

---

[1]) Nachrichten über Kaiser Wilhelms-Land, 1898. S. 47 ff.

auf seiner fünften Samoafahrt entdeckt und ist dann zu verschiedenen
Malen, vom 28. Juli bis 26. August 1886 von v. Schleinitz und
von Juli bis November 1887 von einer wissenschaftlichen Expedition
der Neu-Guinea-Kompagnie befahren und näher erforscht worden.
Nach ihren Angaben hat der Strom an der Mündung keine Barre,
aber zu beiden Seiten Sandbänke und dort nur eine Tiefe von fünf
Faden. Die Breite des Stromes soll durchschnittlich 300—400 m,
die Tiefe des mittleren Kanals 15 Faden und die Stromgeschwindig-
keit 3½ Seemeilen in der Stunde betragen. Der Strom fliesst in der
Hauptrichtung von WSW.-ONO. Seine Ufer sind mit palmen-
artigen Sumpfgewächsen, Kokospalmen, Kasuarinen, Brotfruchtbäumen, Sagopalmen und hohem Schilfgras abwechselnd bestanden.

Eingeborene von Malu

Im Süden ist er von einem Gebirgszug, im Norden von nur einzelnen niedrigen Höhenzügen begleitet. Auf 25 bis 30 Seemeilen
ist er ein Gebirgsstrom, da er ein Gebirge von Gneis, Glimmer-
schiefer und Quarz zu durchbrechen hat. Das Uferland des Mittel-
laufs bedecken Seeen und Tümpel, die vielfach durch einen schmalen,
schlammigen Ausfluss mit dem Strom in Verbindung stehen. Für
kleinere Dampfschiffe ist der Fluss, soviel bis jetzt bekannt ist, bis
auf etwa 380 Seemeilen schiffbar. Nach Ansicht der Mitglieder der
wissenschaftlichen Expedition, die den Fluss erforscht hat, würden
sich dazu am besten kleine, flachgehende Raddampfer eignen; mit
solchen dürften auch sämtliche vier Nebenflüsse, die bei 3—4 m
Wassertiefe nur eine verhältnismässig geringe Breite haben, befahrbar sein. Der erste bekannte Nebenfluss mündet unter 142°2′ O.

und 4° 18′ S., der weiteste bisher erreichte Punkt liegt unter 141° 50′ O. und 4° 13′ S. Die Vermutung des Entdeckers, dass dieser Strom in ähnlicher Weise wie der Hauptstrom von Britisch-Neu-Guinea eine weit ins Innere führende Schiffahrtsstrasse bilden werde, hat sich somit vollauf bestätigt. Nach v. Schleinitz' Ansicht ist der Strom bei Regenzeit noch weiter, als es bisher geschehen ist, befahrbar und daher wohl geeignet, grosse Strecken des deutschen Schutzgebietes zu erschliessen. Die Quelle des Hauptstromes liegt jedenfalls auf der zentralen Kette im holländischen Gebiet, während die unter 142° 25′ O. und 4° 16′ S. und unter 142° O. und 4° 17′ S. mündenden ersten beiden Nebenflüsse höchst wahrscheinlich in der Nähe des Quellgebiets des Hauptflusses von Britisch-Neu-Guinea, des Fly, ihren Ursprung haben. Die letzten erreichten Ansiedelungen der Eingebornen am Augusta-Fluss sind Mangi und Zenap, etwa unter dem 142° 20′ O. und 4° 15′ S. belegen. Weiter östlich stromab liegen am linken Ufer des Flusses zwischen 142° 50′ und 143° O. die Dörfer Kiranni und am rechten Ufer Mechan, Malu, Awalib, Yamboney, Tshusbandei.

Der nächste Küstenvorsprung östlich vom Augusta-Fluss ist Fransecky-Point, und zwischen diesem Kap und der darauf folgenden Venus-Spitze münden zwei weitere Wasserläufe, beide in die Brecher-Bai. Es sind dies der Prinz Wilhelm-Fluss und südlich davon unter 4° 1′ S. und 144° 35′ O. der bedeutende, in letzter Zeit viel genannte Ottilien-Fluss. Die Venus-Spitze ist ein Vorsprung des bewaldeten Flachlandes, das sich hier weit ausdehnt, bis zu einer niedrigen Hügelkette, die sich längs der Küste hinzieht. Der Ottilien-Fluss, identisch mit dem durch die Lauterbach'sche und Tappenbeck'sche Expedition entdeckten und erforschten Ramu-Fluss, verdankt ebenfalls seine Entdeckung Otto Finsch und ist zuerst im Juli und August 1886 von Freiherrn von Schleinitz mit der „Ottilie" befahren worden, von der er seinen Namen erhalten hat. An der Mündung hat der Fluss eine Breite von 100 m, er verbreitert sich aber stromaufwärts zu einer solchen von 400 m, welche er auch noch in einer Entfernung von 10 km von der Küste beibehält. An der Mündung beträgt die Tiefe 4 m, die sich später bis auf 8 m vergrössert. Den Grund bildet fetter Lehmboden. Bis auf eine Entfernung von 8 Seemeilen von der Küste empfängt der Fluss zwei kleine Nebenflüsse. Neuerdings hat der Fluss viel von sich reden gemacht: die Kaiser Wilhelms-Land-Expedition im Jahre 1896 führte zu der Vermutung, dass der durch diese Expedition entdeckte und eine Strecke weit stromab befahrene Ramu-Fluss identisch sei mit dem Ottilien-Fluss, eine Annahme, die durch die neuerdings ausgesandte Tappenbecksche Expedition, wie wir gesehen haben, ihre Bestätigung gefunden hat.

Die von dieser Expedition gemachten Beobachtungen haben ergeben, dass der Wasserstand des Flusses sehr starken und plötzlichen Änderungen unterworfen ist, dass er in den Monaten März und April am höchsten ist und dann unter starken Schwankungen bis zum September abnimmt. Die in dem Flussbett festgerammten Baumstämme bilden unter Umständen, namentlich bei Niederwasser, erhebliche Verkehrshindernisse, die sich aber beseitigen lassen werden. Von dem Punkte, von dem aus die Lauterbachsche Expedition[1]) am 3. August 1896 ihre Kannflotte flott machte und den Fluss unter mannigfachen Schwierigkeiten hinabfuhr, wendet er sich zunächst nach Westen und hat eine durchgängige Tiefe von 4 bis 5 Faden. Eine Anzahl kleiner Nebenflüsse strömen ihm von links aus dem Bismarck-Gebirge zu.

Nach einer Strecke von rund 500 km wendet sich sein Lauf dann unmittelbar nach Norden und wird hier 200 bis 300 m breit. Das Gebirge tritt mehr zurück und ist nur noch gegen 1000 m hoch. Nach weiteren 100 km wurde von der Expedition am 15. August 1896 aus Mangel an Lebensmitteln der Rückzug angetreten. Auf diesem wurde in der Nähe des Ortes, wo sich die Expedition eingeschifft hatte, von einem geeigneten Aussichtspunkte aus festgestellt, dass der Fluss noch etwa 100 km weit sich in annähernd gleicher Breite thalaufwärts windet und sein Quellgebiet höchst wahrscheinlich im südöstlichen Teil des Bismarck-Gebirges und dem Krätke-Gebirge sowie dem Südabhang des Finisterre-Gebirges hat.[2]) Die Ebene, welche von dort übersehen werden konnte, erstreckte sich ziemlich weit, anscheinend hinter dem Finisterre-Gebirge beginnend und dem Bismarck-Gebirge nach Norden folgend, und verbreiterte sich dort noch bedeutend. Wie am Tage aufsteigende Rauchsäulen und bei Nacht aufblitzende Feuer kundthaten, schien sie gut bevölkert zu sein.

Zwischen Venus-Spitze und Hansa-Bucht macht die Küste einen schönen, kulturfähigen Eindruck. Das Land ist mit Alang-Alang[3])

---

[1]) Lauterbach in Nachrichten für Kaiser Wilhelms-Land, 1896, S. 36.
[2]) Zeitschr. d. Ges. f. Erdk., Berlin, Bd. XVIII., 1898, S. 163.
[3]) Hohes, schilfartiges Gras.

dicht bestanden und zwar bis nahe an den Strand heran. Westlich von der Hansa-Bucht verraten grosse Palmenbestände das Vorhandensein von zahlreichen Dörfern. Die Bucht selbst bietet einen guten, 10 Faden tiefen und gegen Winde geschützten Ankerplatz. In der Bucht liegt die kleine bewaldete flache Insel Rombi (Laing), die vermöge ihrer reichen Palmenhaine sich gut zur Koprastation eignen dürfte. Auf dem Festlande, ihr gegenüber, liegen mehrere Eingeborenen-Dörfer, Jaguda, Sangur und Big, zwischen dem Festland und der nordöstlich gelegenen Vulkan-Insel (Manmmudar) führt die Stephan-Strasse hindurch. Auf der Insel befindet sich ein thätiger Vulkan (1300 m). Die drei vorspringenden Kaps der Insel sind nach unseren drei Hansastädten benannt, und zwar heisst das nördliche Kap Bremen, das südliche Kap Hamburg und das östliche Kap Lübeck. Die nächste Bucht nach Süden zu, der Potsdam-Hafen, ist nur 6 Faden tief; in ihm liegt die kleine Kirchhof-Insel. Sodann beginnt ein schöner Sandstrand, und ein guter Kokosnussbestand zeigt die Fruchtbarkeit der Gegend an.

Als nächster Küsteneinschnitt folgt der Prinz Albrecht-Hafen; eine bewaldete Landzunge trennt den südlichen Teil des Hafens in zwei sackartige, über eine Seemeile tiefe Abschnitte. Das Land erscheint vom Augusta-Fluss ab bis zu diesem Hafen ziemlich eben. In der Bucht, durch welche der Prinz Albrecht-Hafen gebildet wird, liegen die Nielsen-Inseln, südlich davon unbewohnte Koralleneilande, die Legoarant-Inseln. An der Küste bildet die demnächst einschneidende Bucht den Hatzfeldt-Hafen mit der in ihm belegenen, von den Eingeborenen Tschirimotsch genannten Mahde-Insel. Der Hafen, der im Jahre 1886 durch S. M. Kreuzer „Adler" aufgenommen und vermessen wurde, bildet mehrere Buchten, die Dalua-, Banim-, Bilan-, Tschirimotsch- und Tombenam-Bucht. Zwischen Tschirimotsch- und Tombenam-Bucht springt die Küste im Ostkap vor und zwischen Tschirimotsch- und Dugumur-Bucht im Westkap. Der Hafen wird an seinem südöstlichen Ende durch das Kap Tombenam begrenzt. Von dem in der Nähe des Hafens belegenen Bergdorf Akikia kann man die Vulkan- und Legoarant-Inseln übersehen. Weiter landeinwärts liegen die Ansiedlungen Duk und Amutak. Die Dalua-Bucht hat von dem an ihr liegenden gleichnamigen Dorf den Namen, an der Banin-Bucht liegt Daku, an der Bilan-Bucht haben wir die Dörfer Nambar, Bilan und Eidibal. In die Dugumur-Bucht münden fünf kleine Wasserläufe, Abuhi, Matowotan, Dagaputa, Nanidsinwag, Woragagg. An der Tschirimotsch-Bucht sind nur zwei Ansiedelungen, Gabitsch und Kilibott, und es fliesst hier der kleine Daigun-Fluss ins Meer. In der südlich davon belegenen Tombenam-Bucht finden wir endlich an der Mündung des Toto das grosse gleichnamige Dorf, ferner die Ansiedelungen Kaitu, Mbudsip (Mutschi), Kalelat, Tsimbin, weiter Tschiriar, Munummadak, Beiadat, Kawoyen. Die Gegend wird durch die Flüsschen Dodo Bub, Dsudur, Kaletsag, die für Ruderboote befahrbar sind, entwässert; dagegen verdienen der Bolabab, Adsumambar, Bair-Ag nur die Bezeichnung von Bächen. Etwa eine deutsche Meile von der früheren Station Hatzfeldt-Hafen und zwischen den Dörfern Kaitu und Mudschi fliesst der an seiner Mündung 50 m breite Margarethen-Fluss (Kaukombar) ins Meer. Den Boden bildet teils Sand, teils Steingeröll. Der Fluss hat ein starkes Gefälle, ohne tiefe Wasserrinne. Das Hinterland von Hatzfeldt-Hafen ist ein hügeliges Gebiet mit sanft geneigten Abhängen. Der eigentliche Hafen unter $145° 9'$ O. und $4° 24'$ S. liegt in einer Einbuchtung zwischen zwei Landspitzen, den genannten Ost- und West-Kaps, zu beiden Seiten der kleinen Insel Tschirimotsch, und ist durch Korallenriffe gegen die See geschützt. Ein isoliertes Riff teilt ihn in eine östliche und westliche Hälfte. Für grössere Schiffe ist die Einfahrt westlich der Sechstroh-Insel (Patakai) zu empfehlen. Ostwärts von Hatzfeldt-Hafen, von Samoa-Huk bis Kap Gourdon folgt nach Finsch der beste und mit am dichtesten bevölkerte Küstenstrich von Kaiser Wilhelms-Land. Die nächste Bai, Franklin-Bai, hat durch die Ermordung der Missionare Scheidt und Bösch (von der Rheinischen Mission) eine traurige Berühmtheit erlangt. Die Bucht ist von bewaldeten Hügelketten eingesäumt, die sich bis zur Dove-Spitze hinziehen. Die Gegend an den weiter südlich folgenden Kronprinzen- und Prinz Eitel Friedrich-Häfen — beide Häfen sind von Bergen umschlossen und sicher — und weiter über die Neptuns-Spitze hinaus ist gut bevölkert. Nördlich und südlich von dem nächsten Küstenvorsprung, der Puttkamer-Spitze, münden zwei kleine Flüsse. Von der sich in südöstlicher Richtung anschliessenden Dove-Spitze bis zur Pallas-Spitze ist die Küste mit Kasuarinen bestanden, ein schlechter und wenig bevölkerter Landstrich.

Auf der Höhe der Insel Krakar[1]) (Dampier-Insel), deren längst erloschen geglaubter Vulkan in jüngster Zeit seine Thätigkeit wieder

---

[1]) Dies ist die richtige Schreibweise, nicht Karkar, wie es meist fälschlich geschrieben wird, sie entspricht so auch dem Sinsschen Ksa-Kas.

begonnen zu haben scheint, liegt etwa unter 4° 48′ S. der Prinz Adalbert-Hafen, eine Bucht, die durch ein Felsriff in zwei Teile getrennt wird. In beide mündet je ein kleiner Fluss. Die Insel Dampier mit einem Querdurchmesser von etwa 40 km ist ein gegen 1500 m hoher, dicht bewaldeter Kegel mit wenigen Buchten und ohne einen einzigen brauchbaren Hafen oder Ankerplatz.

Das nun folgende Land ist flach oder sanft ansteigendes Hügelland, hinter dem die Berge erst in etwa 15 km Entfernung aufsteigen. Somit haben wir hier wieder einen Küstenstrich, der sich wohl für Plantagenbau eignen würde, zumal dort mehrere kleinere Küstenflüsse münden: Ama, Kau, Sabak, Gabaron. Der Ama hat zwar an der Mündung eine Barre, ist aber späterhin für Boote befahrbar. Er erhält 5 km vom Dorf Bagili einen kleinen Zufluss, der das reiche Hinterland zwischen seiner Mündung und Kap Croisilles entwässert. Durch den Hauptfluss wird die Landschaft südlich von Tumuraran in zwei Teile gegliedert: während die Gegend südlich des Ama- bis zum Gabaron-Fluss ein von kleinen Bächen durchkreuztes Gelände voll stagnierender Gewässer bildet, und der Zugang zu dem Innern dadurch sehr erschwert wird, ist der nördliche Teil ein schönes Hügel- und Flachland, das zum Teil von Anpflanzungen und Ansiedelungen der Eingeborenen besetzt ist, für europäische Niederlassungen aber immerhin noch genügenden Raum bietet. In den nördlich vom Ama liegenden Landschaften Bunu, Erembi und Sempi befinden sich die Ansiedelungen der Eingeborenen fast alle eine gewisse Strecke von der Küste entfernt, nur die beiden Hauptdörfer Matukar und Tumumaran liegen unmittelbar am Meere.

Etwa 150 m vom Kap Croisilles hat Hollrung auf seiner Expedition im Jahre 1887 einen 1 km langen Teich, Dimirr, entdeckt, von länglich ovaler Form, der sich in einer Breite von 120 m von Südwest nach Nordost erstreckt. Dieser Teich erhält einen Zufluss, Susunol, und steht an seinem Südende durch einen kurzen Ausfluss mit dem Meere in Verbindung.

Das Land südlich des ebenfalls für kleine Boote (und wohl auch für kleine Barkassen) passierbaren Gabaron hat ungefähr bis zur Juno-Spitze Korallenboden. Es gewinnt allerdings durch die südlich davon einschneidende Bucht, den Grossfürst Alexis-Hafen, der im Jahre 1883 durch Offiziere der russischen Korvette „Skobeleff" aufgenommen wurde. Die Eingeborenen nennen den Landstrich um den Hafen Bndup. Landeinwärts liegen die

Dörfer Kekar und Wollembik; in den Hafen mündet, von Norden kommend, der kleine Ju-Fluss. Seine Breite beträgt, 6 km von der Meeresküste, etwa 10 m, seine Tiefe 1½ m. Von Kap Jmo bis Kap Kusserow haben wir ein flaches, ebenes, reich bewaldetes Küstenland, dessen Abschluss im Hintergrund eine mässig hohe Hügelkette bildet.

Vom Grossfürst Alexis-Hafen bis zur Insel Bilibili erstreckt sich der „Archipel der zufriedenen Menschen", etwa 20 bis 30 kleine Inseln, unter ihnen die grösste, Segu. Andere bedeutendere sind Graget (Ragetta), Siar und Beliao. Siar hat wie auch die etwa 12 km weiter südlich belegene Insel Bilibili in dieser Gegend eine herrschende Stellung.

Südlich von Segu folgen hintereinander einige wertvolle Buchten: der Friedrich Karl-Hafen, Prinz Heinrich-Hafen, in den der Gauta-Fluss mündet, und endlich wohl der beste aller Häfen von Kaiser Wilhelms-Land, der Friedrich Wilhelms-Hafen. Dieser ausgezeichnete, für die grössten Seeschiffe wegen seiner Tiefe und Geräumigkeit benutzbare Hafen ist am 19. November 1884 von Otto Finsch entdeckt und hat seinen Namen nach dem Kronprinzen Friedrich Wilhelm, dem späteren Kaiser Friedrich, erhalten. Der Friedrich Karl-Hafen ist noch nicht genügend untersucht, dagegen sind der Friedrich Wilhelms-Hafen und Prinz Heinrich-Hafen von S. M. S. „Elisabeth" eingehend ausgemessen worden. Landeinwärts der Küste zieht sich in südöstlich-nordwestlicher Richtung das bereits erwähnte Hansemann-Gebirge hin. Es ist ganz bewaldet und ziemlich gut besiedelt. In den inneren Friedrich Wilhelms-Hafen mündet der unbedeutende Yomba-Fluss, der nur in seinem Unterlauf mit Booten befahren werden kann, da er schon etwa 6 km von seiner Mündung bald hinter der Pflanzung Yomba nur als kleiner Bach fliesst. Der Strand besteht hier wie vermutlich auch das dahinter liegende Hansemann-Gebirge aus gehobenen Korallenkalken.

Auf Graget (Ragetta) finden wir eine schöne Parklandschaft und einen langgestreckten See, der einen Ausfluss zum Meere hat. Nördlich von Ragetta liegen die Örtzen- und Follenius-Insel. Die dem Prinz Heinrich-Hafen vorgelagerten kleinen Koch- und Götz-Inseln sind jetzt beide unbewohnt. Etwas nördlicher liegt Rio (Wonad). Die Insel Siar im nördlichen Teile des Prinz Heinrich-Hafens ist an der Westseite stark besiedelt; die Plantagen der Bewohner befinden sich auf dem Festlande.

Im äusseren Friedrich Wilhelms-Hafen liegt die kleine Kutter-Insel, auf der sich das Eingeborenen-Hospital der Station Friedrich Wilhelms-Hafen befindet, die, auf der Schering-Halbinsel angelegt, bis zum Jahre 1896 der Sitz der Zentralverwaltung des Schutzgebietes der Neu-Guinea-Kompagnie gewesen ist. Die Einfahrt in den Friedrich Wilhelms-Hafen ist westlich der Follenius- und Örtzen-Insel wegen der vielen Riffe nicht angängig. Sie erfolgt von Südsüdost zwischen der Ragetta-Insel und der Schering-Halbinsel durch die Dallmann-Einfahrt. Die Schiffe ankern für gewöhnlich in dem sehr geräumigen Aussenhafen, zwischen Kutter-Insel, Beliao und dem Festland, doch ist auch der Binnenhafen tief und geräumig genug, um die grössten Schiffe aufzunehmen. Die Kriegsschiffe gehen wohl aus Besorgnis vor Malaria meist ausserhalb des Hafens westlich von Ragetta vor Anker.

Nimmt man von Kap Kusserow aus seinen Kurs nach Süden zu auf die Insel Bilibili, so passiert man bald die drei kleinen Yomba-(Jombombo-)Inseln, die, gegenüber der Mündung des Gum-(Marien-)Flusses, nur wenige 100 m vom Festlande entfernt sind. Sie führen die Namen König-, Gronemann- und Colomb-Insel. Zwischen der am meisten nach Westen belegenen König-Insel und dem Festland befindet sich ein guter Ankerplatz mit 9 Faden Tiefe. Die Gronemann-Insel ist ein kleines bewaldetes Koralleneiland und unbewohnt. Die König-Insel mit mehreren Kokosnusspalmen und liebenswürdiger Bevölkerung sowie die Colomb-Insel sind dagegen bewohnt. Etwa fünf Seemeilen südlich liegt die ungefähr 1 km lange Insel Bilibili, die mit ihrem flachen Sandstrande im Westen, ihren mächtigen, hohen Bäumen und stattlichen grossen Häusern auf jeden dort ankommenden Fremdling einen angenehmen Eindruck macht. An der Insel hat man keinen Ankergrund, nur wenige Kokosnusspalmen schmücken das Eiland. Im Südosten der Insel erhebt sich ein etwa 20 m hoher Korallenhügel.

Vom Kap Kusserow beginnend breitet sich bis zum Kap Rigny die Astrolabe-Bai aus, die im Jahre 1827 von Dumont d'Urville mit der französischen Korvette „Astrolabe" entdeckt worden ist. Leider besitzt die Bai keinen einzigen geräumigen Hafen oder sicheren Ankerplatz. Denn der Konstantin-Hafen bietet nur wenigen Fahrzeugen Raum und ist auch wegen seiner grossen Tiefe zum Ankern ungeeignet, und die bei Erima-Hafen ausgelotete und durch vorgelagerte Riffe geschützte Landungsstelle ist für grössere Fahrzeuge überhaupt nicht verwendbar. Hier wie an der ganzen

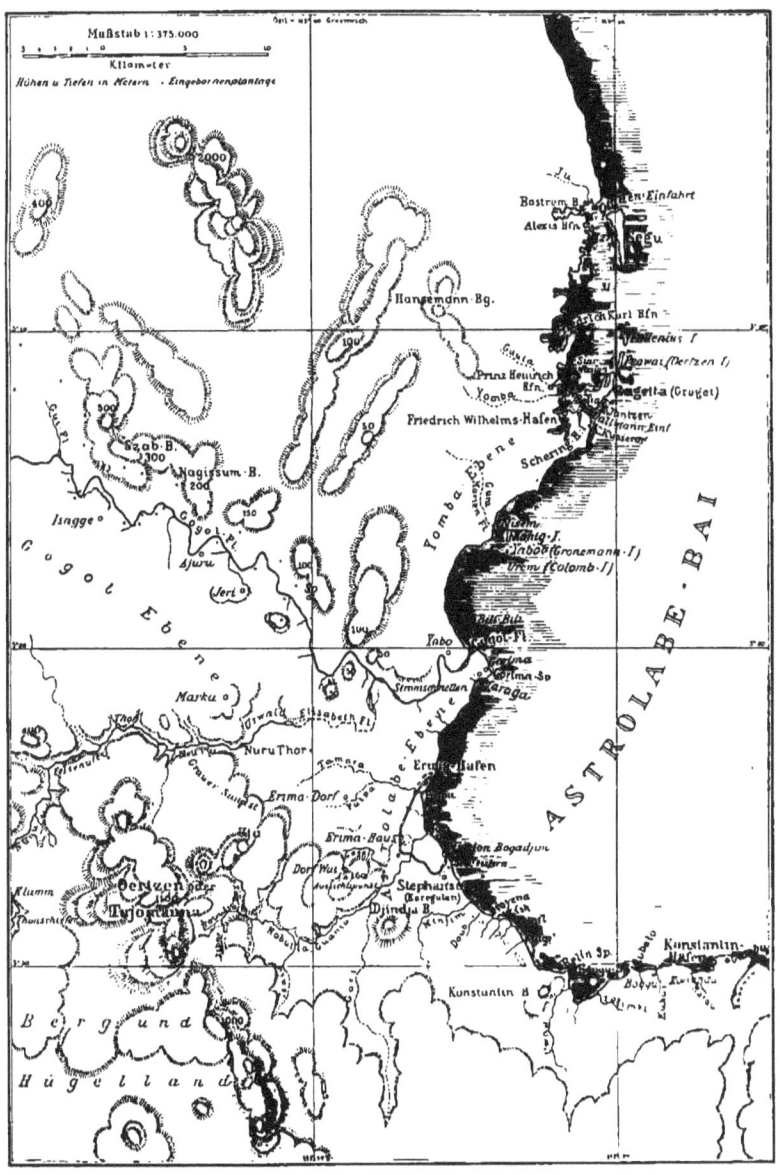

Die Astrolabe-Bai mit Hinterland.

Astrolabe-Bai steht besonders während des Nordwest-Monsuns eine so hohe Dünung, dass ein Landen überdies schier unmöglich ist. Der Meeresgrund fällt steil vom Strande zu grosser Tiefe — durchschnittlich 200 m — ab. Den Sandstrand löst bei Konstantin-Hafen gehobener Korallenkalk ab. Der oben erwähnte Fluss Gum hat an seiner Mündung eine Breite von 80—90 m und eine Tiefe von 1,5—2,5 m, verflacht sich aber bereits bei einer Seemeile auf 0,90 m und nimmt später den Charakter eines Gebirgsflusses an. In der Richtung Süd 40° von der Südwestseite der Insel Bilibili und 3—4 km nördlich von dem Dorfe Gorima fliesst der zum Eindringen ins Innere wohlgeeignete Gogol ein. Er kommt aus nordwestlicher Richtung und hat im grossen und ganzen nicht den Charakter eines Gebirgsflusses, eine durchschnittliche Breite von 50 m und eine solche Tiefe von 1—2 m. Jedenfalls ist er der bedeutendste der in die Astrolabe-Bai mündenden Wasserläufe. Der Fluss führt viele kleine Rollsteine aus den Bergen mit, meist roten Jaspis und Schiefer.

Der Küstenstrich vom Gogol bis zum Jori-Fluss gehört den Gorima-Leuten. Ihre Landungsstelle liegt bei dem Dorfe Maraga. Der Jori ist in seinem Unterlauf ungefähr 20—30 m breit und nicht ganz 1 m tief; in der Regenzeit dehnt sich das Flussbett bis über 100 m breit aus. Von der rechten Seite nimmt der Fluss den Guangji, von links den Nobúlji auf. Mehrere kleine Bäche münden zwischen Maraga und Erima (Pflanzungsstation der Neu-Guinea-Kompagnie, vergl. Tafel 19) ins Meer. Das Land sieht hier aus der Ferne sehr einladend aus, doch zieht sich hinter dem Sandstrand ein fast undurchdringlicher, sumpfiger Strandwald hin, durch den sich die Eingeborenen nur mühsam den Weg durch Fällen der Baumstämme bahnen. Ihre Pflanzungen haben sie weiter landeinwärts im dichtesten Urwalde angelegt. Die Gorima-Ebene ist nur schwach bevölkert. Der Gogol nimmt rechts den Elisabeth-Fluss auf, dessen Lauf im Jahre 1896 die Kaiser Wilhelmsland-Expedition bei ihrem Vordringen an den Ramu-Ottilien-Fluss eine Strecke weit gefolgt ist.

Lauterbach giebt die Breite dieses Flusses, den die Eingeborenen Naruba oder Nuru nennen, auf 50—100 m an. Er entspringt in 600 m Höhe auf dem Sziganu-Bergstock und ist fast in seinem ganzen 60 km langen, von Südwest nach Nordost gerichteten Laufe Gebirgfluss.

Auf die Gorima-Landschaft, welche, wie erwähnt, südlich bis zum Jori (auch Juria oder Jur) sich erstreckt, folgt das Gebiet der Bogadji-Leute. Der Jori fliesst in drei Armen ins Meer. Den nördlichen bildet der eigentliche Jori, den mittleren der Buram und den südlichen der Zibir. Südlich vom Zibir münden die beiden Flussbäche Labuga und Kakar, zwei andere Kay und Manja durchschneiden einen früher bewaldeten, sumpfigen Landstrich. Südlich vom Kakar erhebt sich das Land etwa 8 m über die See. Der Platz, auf dem jetzt die Station der Neu-Guinea-Kompagnie Stephansort steht, heisst bei den Eingeborenen Karegulan. Die Grenze der Bogadji-Landschaft nach Süden bildet der Minjin, hinter dem die Male-Ländereien beginnen. Der Landstrich ist nach der Küste zu bewaldeter Sumpf, nach dem Lande zu bergig und hier für

Wasserfall im Elisabeth-Fluss.

Kaffeekultur geeignet. Zwischen dem Minjin und den Bogadji-Dörfern finden sich viele kleine Anpflanzungen. Der an seiner Mündung gegen 200 m breite Minjin ist von Kpt. Webster im Jahre 1894 etwa 42 Meilen hinauf verfolgt worden bis zu 1600 m, in welcher Höhe er nach diesem ungefähr entspringt. Am Unterlauf des Flusses liegen einige Dörfer, im Oberlauf hat er ein sehr starkes Gefälle. Nicht weit von der Quelle des Minjin befindet sich die Wasserscheide zwischen diesem und dem Ramu-Fluss, so dass der Minjin als bequemster Zugang von der Küste zu der Ramu-Ebene dienen kann. Ausser dem Minjin fliessen in der Male-Landschaft noch zwei kleine Wasserläufe, Doub und Drayena, ins Meer. Der Kisk-Fluss (Kior) bildet die Grenze gegen das Koliku-Gebiet, eine hügelige und an der Belim-Spitze höher ansteigende Korallen-Landschaft. Hinter Belim folgt eine kleine Bucht, in die mehrere kleine Bäche sich ergiessen, Marjenga, Jombaha, Yen und Tolimbi; letzterer ist wieder der Grenzfluss zwischen Koliku und Bongu, und das Gebiet dieser trennt schliesslich der Kukur-Bach von dem der Korrendu-Leute. Die Korrendu-Bongu-Landschaft macht einen schönen parkartigen Eindruck; beides sind wohlhabende Dörfer mit gut erhaltenen Häusern.

Die westlich von Melamu bis an die Ufer tretenden Berge schliessen mit dem 600 m hohen Konstantin-Berge ab. Der unter dem 145° 45' O. und 5° 30' S. liegende Konstantin-Hafen, wo am 17. Oktober 1884 durch Finsch zum erstenmale auf Neu-Guineas Boden die deutsche Flagge gehisst wurde, ist wie erwähnt ein enges Becken und wegen seiner grossen Tiefe zum Ankern unbequem. In seiner unmittelbaren Nähe befindet sich bereits seit dem Jahre 1886 eine Station der Neu-Guinea-Kompagnie. An dem Westrande der weiten Astrolabe-Bai münden ausser den bereits genannten Flüssen noch der Wein, und an der Südseite der Kajagi, Uwag, Tolumbu, Jelegde, Sobola, Gurur, Tjenioku, Golangsamba, Charendele und Maran. Von diesem bis zum Kabenau (Gabina-Fluss) erstreckt sich das Gebiet der Gumbu-Leute. Östlich des Kabenau fliesst der Bok mit geringem Gefälle, schmalem Mündungsgebiet und ohne Barre ein; während der Kabenau ein so starkes Gefälle hat, dass er nicht einmal für Boote passierbar ist, kann der Bok mit Booten und kleinen Barkassen befahren werden. Östlich vom Bok folgen noch einige kleinere Wasserläufe: Kolle, Maku, Kabarau und einige kleinere Bäche.

Die der Küste von Kaiser Wilhelms-Land von Kap Croisilles bis Kap König Wilhelm vorgelagerte Inselreihe von Dampier- bis Tupinier-Insel bildet eine Kette von Reihenvulkanen, die aber heute fast durchweg erloschen sind. Ungefähr fünf Seemeilen in südöstlicher Richtung von Dampier liegt die Insel Bagabag oder Wagwag (Rich-Insel), ein gesunkener Krater mit hohem, zackigem Rand an der Nordseite. Die Insel bildet an der Südostseite eine tief einschneidende Bucht, in der nach v. Schleinitz' Ansicht ein brauchbarer Hafen liegt. An der Nord- und Ostseite befinden sich zahlreiche Korallenriffe. Die Inselreihe setzen in derselben Richtung die unter 5°8' S. und 146°56' O. belegene kleine Kronen-Insel (600 m und südlich davon die viel grössere Long-Insel fort. Erstere ist ein dicht bewaldeter Bergkegel, ohne irgend eine Spur von Kokosnusspalmen. Auf Long-Insel erheben sich drei hervorragende Kegel, die Réaumur-, Coriz- und Cerisy-Spitze (600 m). Da auf weitere Entfernungen beim Passieren der Insel immer nur zwei Berge sichtbar werden, von denen der nördliche und westliche sich gleichzeitig sehr ähnlich sehen, so ist man auf die Vermutung gekommen, dass die Insel überhaupt nur zwei höhere Berge besitzt.[1])

Im übrigen bedecken das Eiland zum grossen Teil flache abgestumpfte Hügel, die meist mit Gestrüpp bestanden sind. Nach der Sage der Eingeborenen an der Astrolabe-Bai sind die Long- und Rich-Inseln folgendermassen entstanden: An dem Bache Gileb, in der Nähe des Dorfes Bogadji wohnten zwei Brüder zuerst friedlich beisammen. Als sie sich später aber nicht mehr vertragen konnten, trennten sie sich, und der jüngere zog in den Busch. Hier zimmerte er sich ein Boot, in das er Lebensmittel und allerhand Tiere, von jeder Art eins, aufnahm, dann gewann er die hohe See, und, als er an eine bestimmte Stelle gelangt war, nahm er etwas Sand, den er gleichfalls im Boot hatte, in seine Hand und streute ihn ins Meer. Nachdem er eine Strecke weiter gefahren war, wiederholte er dies; das erste Mal wurde aus dem in die See gestreuten Sande die Rich-, das zweite Mal die Long-Insel.[2]) Ungefähr 20 Seemeilen östlich von der Long-Insel erhebt sich der 1585 m hohe Vulkankegel Lottin mit deutlicher Kraterbildung aus der See, der zu der südöstlich in einer Entfernung von zehn Seemeilen gelegenen grossen Umboi-(Rook-)Insel hinüberleitet.

Ihr sind im Süden sechzehn kleinere Inseln vorgelagert, die Siassi-Inseln, von denen die bedeutendsten Mulawaja, Tamomga, Arratama und Tu sind, während im Nordwesten die hohe und reich bewaldete Tupinier-Insel liegt, dieselbe scheint bewohnt zu sein; denn die gelben Ziersträucher, welche die Eingeborenen in der Nähe ihrer Siedelungen zu pflanzen pflegen, sind hier schon von weitem sichtbar. Die westlich hiervon gelegene Hein-Insel ist ein kleines Inselchen mit schönem Sandstrand und bewaldet. Zwischen der Long-Insel und dem Festlande führt die 30 Seemeilen breite Vitiaz-Strasse, zwischen Rook-Insel und diesem die Dampier-Strasse hindurch.

Nach den Angaben der Eingeborenen der Umboi-Insel ist diese wenigstens teilweise auch von der grossen Flutwelle betroffen

---

[1]) v. Schleinitz in Nachrichten über Kaiser Wilhelms-Land, 1889, S. 86.
[2]) Hoffmann in Mitt. d. Geogr. Ges. f. Thüringen. Jena. 16. S. 48.

worden, die am 13. März 1888 an der Südwestspitze von Neu-Pommern so grosse Verheerungen anrichtete, und der die dort mit der Anlage einer Station beschäftigten Beamten der Neu-Guinea-Kompagnie, v. Below und Hunstein, zum Opfer fielen. Aller Wahrscheinlichkeit nach hatte diese Flutwelle ihre unmittelbare Ursache in der Explosion eines thätigen Vulkans der Ritter-Insel, der einige Tage nach der Katastrophe Unebenheiten an der Basis und an der Seite aufgewiesen haben soll.[1]) Die Umboi-Insel ist in ihrem grösseren Teile sehr gebirgig, der südöstliche Teil trägt Bergspitzen von 2000 m, darunter zwei kegelförmige erloschene Vulkane. In die Südspitze ist der ganz geschlossene, sichere Marien-Hafen, in den man zwischen dem Inselchen Galelum und der Graat-Spitze einfährt, eingeschnitten; der im Nordosten ehemals so bevölkerte Luther-Hafen ist seit der Flutwelle ganz von Eingeborenen verlassen; die damals Überlebenden haben sich in die Berge zurückgezogen.

Kehren wir nun wieder zur Beschreibung der Küste von Kaiser Wilhelms-Land zurück.

Sie springt zwischen Novosilsky-Spitze und Kap Rigny zweimal vor. Kap Rigny (Tewalib) selbst ist dicht bewaldet, und von ihm aus sind die Spitzen der Örtzen-Berge sichtbar, die südlich der Astrolabe-Bai allmählich zur Yomba-Ebene abfallen. Von Kap Rigny etwa 15 Seemeilen südöstlich folgt ein sich 30 Seemeilen nach dem Innern zu ziehendes, sanft ansteigendes, wenig gewelltes Land. Die niedrigen Ufer sind von einem Baumgürtel begrenzt oder mit Gras bewachsen. Keine Korallenriffe hindern die Seefahrt, dafür fällt das Meer hier gleich am Rande des Ufers zu sehr grosser Tiefe ab. Ausgedehnte Alang-Alang-Flächen werden im Vorbeifahren sichtbar, daher ist dieser Landstrich für Viehzucht wohl ganz geeignet, aber leider ohne grössere Flüsse und Ankerplätze; die Küste bis zur Dorf-Insel heisst Maclay-Küste und ist anscheinend bis zur Herwarth-Spitze sehr schwach bevölkert, erst hinter derselben finden sich häufiger Niederlassungen der Eingeborenen. In die Pommern-Bucht münden zwei kleine Wasserläufe, der Jahoi und Bringe, beide mit versandeter Mündung. Etwa 7 km südlich von der Iris-Spitze liegt das grosse Dorf Massai mit 25 Hütten. Zwischen der Herbert-Spitze und der Saremak-Bai münden wieder zahlreiche kleine Gebirgsbäche mit mächtigen Kaskaden.

Die Küste springt östlich mehrfach in der Keppler-, Iris-, Helm-

---

[1]) v. Schleinitz a. a. O., S. 86.

holtz-, Gauss- und Weber-Spitze und südlich der Sarenak-Bai in der Lepsius-Spitze vor. Hinter diesem Küstenvorsprung sind wieder zahlreiche Ansiedelungen der Eingeborenen an der Küste sichtbar. Zwischen der Reiss-Spitze und dem südlich von ihr mündenden kleinen Fluss liegt das grosse Dorf Singor. Der Charakter des Landes wird dann hügelig und waldig und geht allmählich in ein zerklüftetes Schluchtenland über, bis das Vorland wieder breiter wird. Das Gelände an der Iris-Spitze ist vielfach mit Gras bedeckt und scheint nur von geringer Fruchtbarkeit zu sein. In der Richtung Ostsüdost dicht hinter der Dorf-Insel (Teliata) begegnen wir dem bereits oben erwähnten, jedem Vorbeifahrenden sofort in die Augen fallenden merkwürdigen Terrassenland (siehe S. 15).

Auf der kleinen Insel Chissi am Kelana-Hafen hat sich zeitweilig eine Baumwollen-Versuchsstation der Neu-Guinea-Kompagnie befunden. Der Kelana-Hafen ist ein kleiner, aber sicherer, 7—8 m tiefer und 60 m breiter Einschnitt. In der Bucht an der Dorf-Insel liegen sieben bis acht Dörfer und längs des Terrassenlandes weitere vier, darunter das Dorf Sus auf einem kahlen Korallenriff. Die Gegend scheint gut bevölkert zu sein. 5—6 km südöstlich von Dorf-Insel wird durch einige kleinere Flüsse eine Alluvialebene von geringer Ausdehnung gebildet. Die Küste steigt dann bald zu einem 30 m hohen Grasplateau mit felsigem Boden auf. Südlich vom Dorfe Sus heisst die Landschaft Bole. Es ist eine flache Grasebene. An der Küste mündet ein kleiner, an seiner Mündung etwa 30 m breiter Fluss, westlich davon der Dallmann-Fluss, mit kühlem, wohlschmeckenden Wasser. Östlich der Alluvialebene springt die Küste in Kap König Wilhelm, der Hardenberg- und Blücher-Spitze vor. Die Berge treten hier bis nahe an die Küste heran und geben ihr am Fortifikations-Point (Festungs-Huk) das Aussehen einer anscheinend künstlichen Befestigung, was eben dieser Name andeuten will. Unmittelbar hinter dem Festungs-Huk mündet der für Boote befahrbare Bupollum-Fluss, die Küste ist unmittelbar am Strande von dichtem Urwald umsäumt. Dahinter ziehen sich sanft ansteigende Hügelreihen mit grünen Flächen hin, die sich trefflich für Weideland eignen würden. Südlich vom Bupollum münden der Sankua und Baja in die Langemak-Bucht und weiter der bedeutendere Bubui. Die Langemak-Bucht bietet nur in ihrer südwestlichen Ecke einen guten Ankerplatz. Südlich der Stelle, wo der Bubui mündet, herrscht meist eine mächtige Brandung. Steigt man von der Mündung des Bubui eine Viertelstunde

Weges mühsam bergan, so erreicht man auf einem langgestreckten Hügel, der eine prächtige Aussicht gewährt, das Dorf Simbang und nahe demselben die gleichnamige Hauptstation der Neuen Dettelsauer-Mission. Der Bubui kommt aus den Rawlison-Bergen, ist 15—20 km lang und nimmt als Nebenflüsse den Butaueng und Bukuang auf. Er ist eine gute Strecke für Barkassen befahrbar, ja selbst für noch etwas tiefer gehende Fahrzeuge. Am Butaueng befand sich eine im April 1887 gegründete Baumwollenpflanzung der Neu-Guinea-Kompagnie, die aber bald nach dem Verlassen der Station Finsch-Hafen im September 1891 wieder aufgegeben werden musste (siehe Taf. 20). Das Flüsschen bildet in der Nähe der aufgegebenen Station einen imposanten Wasserfall, der von der Mündung des Bubui in etwa $^3/_4$ Stunden im Boot leicht zu erreichen ist. Noch heute findet man auf dem Platze, wo sich einstmals die Station befand, zwischen hohem Grase und wildem Gestrüpp würzige Bananen und saftige Ananas, die dort in tiefster Wildnis prächtig weiter gedeihen und dem zufällig einmal dorthin Verirrten einen unverhofften Genuss bereiten. Auch einzelne Kaffeesträucher sind noch als letzte Reste der dort angelegten Versuchsplantagen vorhanden.

Nördlich vom Bubui münden mehrere kleinere, kaum für Boote befahrbare Wasserläufe, so der Burui, Buja, Busim und Kaluen. Bevor man in die Langemak-Bucht einfährt, passiert man den sicheren, wenn auch nicht sehr geräumigen Finsch-Hafen. Er wurde am 23. November 1884 von Otto Finsch entdeckt, drei Tage später wurde dort am Lande die deutsche Kriegsflagge gehisst und zwei Jahre darauf schlug auf dem südlich vom Dorfe Suam (vgl. Taf. 19) gelegenen Platz Salankaua der erste Landeshauptmann von Neu-Guinea seine Residenz auf.

Der Finsch-Hafen besteht aus einer Aussenreede und drei durch Verengung des Fahrwassers getrennten Abteilungen. Der südlichste Abschnitt ist nur für Barkassen und Boote zugänglich, da der aus dem mittleren Hafen in ihn hineinführende Kanal nicht einmal 1 m breit ist. Die beiden anderen Abteilungen sind auch für grössere Schiffe brauchbar.

Auf der ausgedehnten Kuppe des Sattelberges, die wohl der Bebauung wert ist, haben die Neu-Dettelsauer-Simbang-Missionare eine Zweigstation errichtet, die bisweilen von Europäern als Gesundheitsstation aufgesucht wird. Eine dritte Station der Missionare befindet sich auf den unter 6°45′ S. belegenen Tami-Inseln Kalal und Wonnam. Im ganzen bestehen die Tami-Inseln aus einer Gruppe von vier teils flachen, teils hohen Korallenkalkinseln und zwei kleinen Felsen.

Die nächste Bucht südlich des Finsch-Hafens bildet der Dreger-Hafen. Er ist viel geräumiger wie der Finsch-Hafen, vielleicht 1 1/2 mal so gross und wird auf der Westseite vom Festlande, an der Ostseite durch die Insel Mattura und an der Südseite durch die Gingala-Inseln, Kumban und Mussing, gebildet. Für grössere Schiffe ist er nur von Süden her durch eine 350 m breite Einfahrt zugänglich und gegen Seegang durch in der Nähe liegende Riffe geschützt. Die Ankertiefe beträgt 12—15 Faden. In den Hafen mündet der Bach Bubarun. Parallel der Küste verläuft ein Bergzug, der ein einigermassen ausgedehntes Plateau bildet. Südwestlich des Bubarun fliesst der an seiner Mündung gegen 10 m breite Bugain-Fluss in das Meer. Eine Barre und vorgelagertes Steingerölle hindern die Einfahrt. Durch die Dreger-Inseln wird der Schneider-Hafen geschaffen, der nur eine schmale, 5—6 m breite und 3 Faden tiefe Einfahrt besitzt.

Die beiden eben beschriebenen Häfen gehören bereits zum Huon-Golf, dem tiefen Küsteneinschnitt, der sich von Kap Cretin im Norden bis zum Mitra-Fels im Süden hinzieht. Um seine Erforschung haben sich v. Schleinitz, Finsch und Korvetten-Kapitän Rüdiger[1]) in neuerer Zeit verdient gemacht. Eine grosse Anzahl von Buchten charakterisiert den Golf, nicht alle von gleich guter Beschaffenheit. Die Küste bis zu den Luard-Inseln wird im grossen und ganzen durch eine vom Meer aufsteigende, dicht bewaldete Berg- und Hügelreihe gebildet. Nur hier und da findet sich etwas sumpfiges, bewaldetes Vorland. Von Hänisch-Hafen bis zur Arkona-Spitze treten die Vorberge der Rawlison-Berge näher an den Strand.

Der Hänisch-Hafen ist zum Ankern zu tief. An der ganzen Küstenstrecke herrscht hier starke Dünung. Südwestlich von Kap Gerhards, welches die Südspitze der Bai bildet, mündet ein kleiner Bach. Vor Kap Arkona springt die Küste noch an zwei Stellen hervor, am Kap Königsstuhl und Kap Stubbenkammer. Etwa 8—9 Sm. westlich von Kap Arkona wurde bei Gelegenheit einer Anwerbetour im März 1890 von zwei Beamten der Neu-Guinea-Kompagnie ein bis dahin auf den Karten noch nicht verzeichneter grösserer Fluss entdeckt, den die Eingeborenen Busso nannten.

---

[1]) Rüdiger, Der Huon-Golf, in Verhdl. Ges. f. Erdk. Berlin 1897, S. 280 ff.

Etwas weiter westlich unter 6° 47′ S. mündet der Adler-Fluss, der auch wieder an seiner Mündung leider eine Barre bildet. Da die Meerestiefe etwa 60 m von der Barre 10—13 Faden beträgt, so ist das Ankern in der Nähe des Flusses möglich. Nach der Vermutung von Rüdiger[1]) bildet der Adler-Fluss nur einen zweiten Arm des etwa 5 km weiter südlich mündenden Markham-Flusses. Nach Hauptmann Dreger fehlen der bisher erforschten Strecke dieses Flusses die Kennzeichen für einen grösseren Fluss. Er fliesst in die Preussen-Reede ein, die durch das von diesem Fluss gebildete Flach geschützt wird und für kleine Schiffe befahrbar ist. Leider verflacht sich der Markham an der Mündung bis auf 3 Faden und ist hier nur mit Booten befahrbar. In seinem weiteren Laufe bildet er mehrere grössere Inseln und hat hier bei etwa 2 m Tiefe eine Breite von 300—500 m. Die Gegend am Fluss ist gut bevölkert. Jedenfalls ist durch das Flussbett für den Forscher der Weg ins Innere gebahnt. Der Bericht der Kaiser Wilhelms-Land-Expedition lässt allerdings sehr zweifelhaft erscheinen, ob der Markham weit ins Innere führt, da der Ramu-Ottilien-Fluss, wie sich bei Gelegenheit dieser Expedition herausgestellt hat, ein grösserer Wasserlauf ist als anfangs vermutet wurde. Zweifellos hat der Markham seinen Ursprung in den Rawlison-Bergen und den südlichen Ausläufern des Bismarck-Gebirges. Südlich des Flusses, zwischen den Ausläufern in den Ecken der Herzog-Berge befindet sich niedriges Alluvialland, und es öffnet sich hier eine grossartige Lagunenbildung, die Herzogs-Seeen, in die man durch einen etwa 2 km langen Kanal einfährt. In den Lagunen liegen zahlreiche kleine Inseln, die zum grössten Teil von einer sehr scheuen und misstrauischen Bevölkerung bewohnt sind. In dieser sumpfigen Landschaft herrscht der Mangrove-Baum, nur selten erblickt man hier Kokospalmen.

Die Küste vom Markham-Fluss bis Parsee-Point bilden hohe, bewaldete Bergzüge von 300—700 m Höhe. Hat man die Steinmetz-Spitze passiert, so kommt man an einzelnen kleinen Ansiedelungen vorbei nach der Küstenlandschaft Kella, die erst 10 Sm. südlich von Parsee-Point ihren Abschluss findet. Hier auf Parsee-Point liegen acht kleine Ansiedelungen, weiter landeinwärts zwei Berg-Dörfer. Die ganze Gegend, auch weiter südlich, ist gut besiedelt. Durch die Parsee-Halbinsel wird der Samoa-Hafen gebildet, der

---

[1]) Rüdiger a. a. O., S. 282.

durch mehrere Riffe sehr eingeengt ist. Der innere Winkel des Hafens giebt auch für grössere Schiffe guten Ankergrund und ist vor der hohen See geschützt. Die Tiefe beträgt an der Südseite bis auf $3/4$ Kabellänge, an den übrigen Seiten bis auf $1^1/_2 - 3$ Kabellängen vom Lande 3 Faden. Das Küstenland ist teils flach, teils hügelig, halb mit Wald, halb mit Gras bestanden.

In die südlich dieses Kaps sich ausdehnende Bayern-Bucht mündet der Franziska-Fluss, der Ausgangspunkt der im Jahre 1895 verunglückten Expedition Ehlers. Die grosse Tiefe der Bayern-Bucht macht das Ankern dort schwierig. Der Franziska-Fluss hat leider auch eine versandete Mündung; er ist an derselben 150 m breit und verengt sich aufwärts bis zu 50 m, in reissender Strömung in einem Bett von Quarz- und Granitstücken, zwischen steilen Bergwänden dahinfliessend. Der Fluss ist wegen der Flachheit an der Mündung und der in seinem Weiterlauf leicht wechselnden Tiefe nur für Boote (am besten tragbare) befahrbar. Das Flussbett ist von bedeutender Breite und seine Ufer sind von landschaftlicher Schönheit. An der Mündung liegt ein kleines Dorf, das wie auch die weiter landeinwärts auf einem 30 m hohen Bergrücken belegene Ansiedelung seinerzeit die Ehlers'sche Expedition freundlich aufgenommen und bewirtet hat. Über die Bodenbeschaffenheit des Binnenlandes hätte der auf so hinterlistige Weise von seinen Begleitern hingemordete Ehlers am besten Auskunft geben können; nach der Aussage seiner schwarzen Begleiter ist das Land bis zum Heath-Fluss undurchdringlicher Urwald, bergigen Charakters und von drei Flüssen entwässert,[1]) doch kaum von Menschen, noch weniger von Tieren belebt und unwegsam.

Ungefähr 10 Sm. südlich von Parsee-Point passiert man die hübschen, kleinen, bewaldeten Punkt-Inseln. Das Land an der Küste nimmt dann weiter den Charakter eines ausgedehnten Flachlandes an bis zur Einsamen-Insel. Schöne Ansiedelungen liegen hier an der Küste, die sich vorteilhaft von den elenden Siedelungen, die man weiter südlich bis zur englischen Grenze antrifft, unterscheiden. Nahezu parallel mit der Küste laufen in drei etwa 1000—1200 m hohen Ketten die Kuper-Berge mit anscheinend sehr steilen Abhängen; die obigen Schilderungen von der Unwegsamkeit und Verlassenheit der Gegend haben somit viel Wahrscheinliches

---

[1]) Wohl dem Markham tributär: Zeitschr. Ges. f. Erdk. Berlin. Bd. XXXIII. S. 164.

für sich. Südlich von der Einsamen-Insel, auf welcher sich unter Kokospalmen ein Eingeborenendorf befindet, mündet unmittelbar hinter der an der Küste vorspringenden Gossler-Spitze ein gegen 10 m breiter Fluss, und in das südliche Ende der darauf folgenden Nassan-Bai der an seiner Mündung ungefähr 30 m breite Nassau-Fluss. Er ist dort jedoch nur $1/_2$ m. weiter stromauf aber bis zu $2^1/_2$ m tief, um dann wieder flacher zu werden. Leider hat er an der Mündung eine Barre.

Von hier bis zum Adolf-Hafen besteht die Küste in einer sich ununterbrochen fortsetzenden Reihe von offenen, weiten Buchten, die durch die der Küste vorgelagerten Damplings-, Longuerne-, Kap Verdy-, Fliegen-, Zerstreute-, Bienen-, Layard- und Luard-Inseln genugsam geschützt werden. Auf die Nassau-Bai folgen von Nord nach Süd die Sachsen-, Hessen-, Baden-, Württemberg- und Braunschweig-Buchten. Die vorspringenden Punkte an der Küste heissen südlich von der Nassau-Bai Kap Moltke, südlich der Sachsen-Bai Kap Roon, südlich der Hessen-Bai Kap Wrangel, nördlich und südlich der Baden-Bai Kap Bronsart und Göben, südlich der Württemberg-Bai Kap Verdy und nördlich und südlich der Braunschweig-Bai Kap Blumenthal und Werder. Endlich folgen mit als die letzten Küstenvorsprünge von Kaiser Wilhelms-Land Kap Falkenstein und Kap Longuerne, welches letztere die Nordspitze von Deaf-Adders-Bai bildet, und als allerletztes vor dem Mitra-Felsen die Alligator-Spitze.

In die Hessen-Bai mündet der Stein-Fluss, nördlich vom Adolf-Hafen zwei kleinere Flüsse und südlich von ihm der Herkules-Fluss. Der Stein-Fluss, der an seiner Mündung 200 m breit und $1^1/_2$ Faden tief sein soll, hat leider einen sehr reissenden Strom und verflacht sich schon eine halbe Seemeile von der Küste. Er ist daher nicht befahrbar und sein Bett lediglich beim Eindringen in das Innere zu Fuss zu verwerten.

Die der Küste vorgelagerten Dampling- und Longuerne-Inseln sind felsige Koralleninseln und als Fortsetzung der Berge des Festlandes anzusehen.

Eine merkwürdige Erscheinung ist Otto Finsch in dem von ihm am 18. November 1884 entdeckten Adolf-Hafen entgegengetreten. Finsch hatte nämlich wunderbarerweise in diesem Hafen süsses Wasser vorgefunden, giebt aber zu, dass dieses Vorkommnis nur ein periodisches sein könne. Korvettenkapitän Rüdiger, der bei seiner Befahrung des Huon-Golfes im Frühjahr 1896 dieser

Erscheinung nachgeforscht hat, erklärt die Beobachtung von Finsch einfach dadurch, dass „nach schweren Nachtregengüssen das Wasser des Hafens von einer mehr oder minder starken Süsswasserschicht bedeckt sein mag, die bei stillem Wetter stundenlang sich über dem Seewasser hält". Überdies hat der Hafen, wie Rüdiger weiter ausführt, nur Zufluss durch ein unbedeutendes Flüsschen, dessen Wasser, wie er selbst erprobt hat, bei seiner Mündung nur wenig anders als Seewasser schmeckt.

In der inneren südlichen Bucht steht der Hafen durch eine etwa $1^1/_2$ Sm. breite Strasse mit einer hinteren Lagunenreihe, den Martha-Seeen,[1]) in Verbindung. Diese Einfahrt wurde bei der Auffindung anfänglich für einen grossen Strom gehalten wegen der brausenden Gewalt, mit der der Durchbruch erfolgt; jedoch ist das gewaltige Herausströmen des Wassers nach Rüdiger lediglich ein Phänomen der Ebbe und Flut. Die Martha-Seeen bilden eine 5 Sm. lange und 4 Sm. breite Binnenwasserfläche mit mehreren kleinen Inseln. Die Küste ist von Mangrove-Bäumen eingefasst. Eingeborene sind hier nicht sesshaft; nur das Vorhandensein einzelner Fischerhütten zeigt an, dass Eingeborene benachbarter Dörfer ab und zu die Lagunen, wohl um zu fischen, aufsuchen. Die Nordseite des Adolf-Hafens ist dagegen bevölkert. Etwas weiter nördlich von diesem Hafen, und von ihm getrennt durch einen sumpfigen 100 m breiten Landstreifen, ergiesst sich der Rüdiger-Fluss, der in seiner Mündung eine bedeutende Breite und Tiefe aufweist und für Boote befahrbar ist. Etwa 2 Stunden stromauf liegt am linken Ufer des Flusses ein grosses Eingeborenendorf. Die durch den Fluss gebildete Ebene wird auf 6000 ha geschätzt.[2]) Weiter landeinwärts liegt der 350 m hohe Ottilien-Berg.

Vom Adolf-Hafen südlich zeigt das Küstenland eine ganz andere Physiognomie als bisher; es wird zuerst von dicht bewaldeten Hügelreihen begrenzt, späterhin bis zur englischen Grenze treten an deren Stelle flache, dicht bewaldete Ebenen. Auf der ganzen Strecke mündet nur ein nennenswerter Fluss, der etwa unter 7° 45' S. mündende Herkules-Fluss, der letzte auf deutschem Gebiete; er bildet an seiner Mündung ein Flach, ist etwa 7 m breit und für Boote befahrbar. Südlich von ihm beginnt eine Gegend, die allem Anscheine nach Goldfelder enthält. Die deutsch-britische Grenze bildet

---

[1]) Entdeckt durch Korvettenkapitän Rüdiger im Frühjahr 1896.
[2]) Rüdiger a. a. O. S. 293.

der Mitra-Fels, eine 12—18 m hohe, kegelartige Felsmasse, deren Spitze mit Gras und Gesträpp bedeckt ist. Jedem Vorbeifahrenden springt der Fels schon von weitem ins Auge; ein Riff verbindet ihn mit der Küste. Nach neueren Vermessungen soll die deutsche Grenze allerdings etwas nördlicher liegen; denn nach einer bei Gelegenheit der Vermessungsarbeiten S. M. S. „Möwe" im Herbst 1895 vorgenommenen genaueren Breitenbestimmung, die mit Beobachtungen Mc. Gregors, des Gouverneurs von Britisch-Neu-Guinea, übereinstimmt, schneidet der die Grenze bildende 8. Parallelkreis die Küste nicht beim Mitra-Fels, sondern sein Schnittpunkt mit der Küste liegt 1 Sm. südlich von der Mündung des Ikore-Flusses, so dass die Clyde-Mündung schon in britisches Gebiet fällt.[1])

2. Die Bevölkerung.

a. Farbe und Körperbau, Aussehen, Kleidung und Schmuck.

Die Bevölkerung der Insel bilden die Papuas.[2]) — Sind diese Autochthonen oder Eingewanderte, und, wenn sie eingewandert sind, woher sind sie gekommen? Ferner, bilden sie eine selbständige Rasse für sich, oder sind sie ein Mischvolk?

Verschiedene Forscher und Gelehrte haben sich eingehend mit diesen Fragen beschäftigt. Einige Schriftsteller leiten die papuanische Rasse von einem grossen malayo-polynesischen Stamme ab: von Asien, seiner Urheimat, kommend, hat sich dieser Stamm nach ihrer Meinung auf den Inseln des ostindischen Archipels niedergelassen, teils aber ist er, weiter nach Osten dringend, auf die Inseln im Stillen Ozean gelangt, auf welchen wir ihn jetzt finden. Diese Ansicht ist unhaltbar. Weder mit dem Malayen, noch mit dem Polynesier hat der Papua etwas stammverwandtes; während der Malaye schlichtes Kopfhaar hat und auch am Körper unbehaart

---

[1]) Nachrichten über K. W. L. 1896 S. 51.
[2]) Der Name hat bisher noch keine genügende Erklärung gefunden. J. C. F. Riedel bringt ihn mit habua oder fafun, dem Fungus der Arenga saccharifera, der grosse Ähnlichkeit mit dem Haar der Papua-Kinder haben soll, in Verbindung; b und p können, wie Riedel meint, vertauscht und im Munde der Malayen in p übergegangen sein. Andere leiten das Wort Papua vom malayischen Wort pun-pua — wollig- oder kraushaarig her. Die Eingeborenen selbst haben keine Gesamtbezeichnung für das Land, das sie bewohnen; sie nennen sich nach ihrem jedesmaligen Wohnsitz.

ist, ist der Papua kraushaarig, oft mit einem Barte von derselben Art wie das Kopfhaar geschmückt und auch an Armen, Beinen und Brust stellenweise behaart. Der Papua ist gewöhnlich gross, der Malaye dagegen von kleinem Wuchse. In dem langen Gesichte des Papua treten die vorspringende Nase und die vorstehenden Augenbrauenbogen deutlich hervor. Das breite Gesicht des Malayen zeigt eine platte Nase und flache Augenbrauenbogen. Der ruhige, ernste Malaye lacht selten und ist zurückhaltend. Der Papua ist heiter und ausgelassen, dreist und zudringlich.

Noch mehr Verschiedenheiten zeigen sich zwischen den Polynesiern und Papuas; allerdings weisen hier und da Sprache und Aussehen, insbesondere Schädelbildung der Papuas polynesische Elemente auf,[1] doch alles in zu geringem Masse, um daraus auf eine Stammverwandtschaft der Papuas mit den Polynesiern schliessen zu können.

Octave Sachot[2] und Häckel[3] suchen Beziehungen der Papuas zu den Afrikanegern. Sie finden eine merkwürdige Ähnlichkeit beider Völker in der Haartracht und Körperfarbe, der Eigentümlichkeit des Färbens der Haare und des Durchbohrens des Nasenknorpels, der Sitte des Tätowierens und endlich in der Sprache. Häckels Theorie gründet sich hauptsächlich auf die eigentümliche Ähnlichkeit des Haarwuchses der Papuas und der Buschmänner oder Hottentotten. Bei beiden, so führt er aus, wächst das Haar in eigentümlich kleinen Büscheln oder Zotten, die in der Jugend sehr kurz und dicht sind, später aber zu einer beträchtlichen Länge auswachsen und die kompakte gekräuselte Form bilden. Finsch und Miklucho Maclay, gründliche Kenner der Papuas, haben aber gezeigt, dass diese Eigentümlichkeit des Haarwuchses bei den Papuas nur eine Folge der Behandlung des Haares mit Fett u. s. w. sei. Auch Dr. Bernhard Meyer, der bei seiner Durchquerung Neu-Guineas Zeit und Musse genug zu eingehenden Beobachtungen fand, hat auf der glattrasierten Kopfhaut verschiedener Papuas die gleichen kreisförmig angeordneten Haarlinien mit mehreren Zentren vorgefunden, wie sie auch bei uns vorhanden sind. Er hat nichts von Tuffs oder Zotten entdeckt. Den Zauberglauben, das Tätowieren, Färben der Haare und Durchbohren des Nasenknorpels

---

[1] Wallace II, S. 192 und Waitz Anthropologie V, S. 552.
[2] In „Récits des voyages". Nègres et Papouas. Paris 1883. S. 283 ff.
[3] In „Globus" Bd. 48 (1885). S. 16.

finden wir auch noch bei anderen unzivilisierten Völkerstämmen als bei den Afrikanegern und Papuas, sodass deren Beziehungen zu den Afrikanegern somit kaum aufrecht zu erhalten sind.

Auf der Tiger- oder Matty-Insel, die ihrer Nähe wegen zu Neu-Guinea zu rechnen ist, hat man ferner Spuren einer mongolischen Rasse gefunden.

Der Umstand, dass die Papuas mit mehreren anderen Rassen Ähnlichkeiten aufweisen, hat jedenfalls mehrere Forscher zu der Ansicht geführt, dass wir verschiedene Rassen auf Neu-Guinea vor uns haben. Romilly[1]) und d'Urville[2]) unterscheiden drei Rassen, so der letztere die Papuas, dann eine Mischrasse von Melanesiern, Malayen und Polynesiern und endlich die Alfuren, die er als die Ureinwohner des Landes ansieht. Romilly stellt fest, dass die Bewohner von Neu-Guinea in ihren Adern polynesisches, malayisches und papuanisches Blut führen und drei unter sich ganz verschiedene Rassen bilden; er giebt aber zu, dass es ganz unmöglich sei, irgend welche geographischen Grenzen zu ziehen und festzustellen, wo die eine Rasse aufhört und die andere anfängt. Trotter, d'Albertis, Dumontier, Gill, Seymour, Lesson und Garnot unterscheiden nur zwei Rassen auf Neu-Guinea. Nach Trotter[3]) ist die eine die papuanische Rasse, die mit beträchtlichen Modifikationen hauptsächlich im Westen Neu-Guineas vertreten ist, während die andere, die nach ihm entschieden Beziehungen zu der polynesischen Rasse hat, den Südosten der Insel bewohnt. Wie er weiter ausführt, zeigen beide Rassen unter sich wieder sehr verschiedene Abweichungen. D'Albertis unterscheidet eine urpapuanische Rasse an der Ostküste und eine polynesisch-papuanische Mischrasse im Westen Neu-Guineas. Er hält die Mischrasse für die schwächere und heruntergekommenere, da ihre Frauen liederlich seien, bei den Männern die Beschneidung fehle und die Bevölkerung ganz nackt gehe. Nach Gill ist die im Südosten sich findende braune Mischrasse eine malayisch-papuanische, während er die im Südwesten wohnende dunklere für die ursprüngliche Papuarasse hält; jene unterscheide sich von dieser hauptsächlich in der Sprache, durch die Sitte der Beschneidung und den Betelgenuss, der bei den eigentlichen Papuas unbekannt sei. Seymour folgt Gill in der

---

[1]) Hugh Hastings Romilly, From my verandah in New Guinea. Sketches and Traditions. London 1889. S. 37.
[2]) Waitz. Anthropologie V. S. 603.
[3]) Proceedings of the Royal Geographical Society 1884. S. 198 ff.

Hauptsache, ist aber der Ansicht, dass man die reine Papuarasse nur im Innern und Nordwesten der Insel findet. Nach Lesson und Garnot sind die Bewohner an den Küsten Neu-Guineas ebenfalls eine Mischlingsrasse von Malayen und Papuas, während die schlichthaarige Urbevölkerung im Innern lebe und sich „Endamener" nenne. Endlich unterscheidet v. Baer[1]) unter den kraushaarigen Bewohnern Neu-Guineas zwei Typen; zu der einen gehören nach ihm insbesondere die Bewohner des westlichen Neu-Guineas mit flachem Schädel, zurückliegender Stirn und mehr zurücktretendem Kinn, zu der zweiten die Bewohner der Südwestküste, des Arfak-Gebirges, der Nordküste und der Torres-Strasse, die einen mehr gewölbten Schädel und höhere Stirn haben. Hopp stellt sogar genau die Rassengrenze zwischen der urpapuanischen und malayisch-papuanischen Rasse fest und bezeichnet als solche den Manumann-Fluss in Britisch-Neu-Guinea, welcher in die Redscar-Bai mündet. Nördlich von ihm nähme die papuanische Rasse ihren Anfang.

Alle Vertreter der letzterwähnten Ansicht sind darin einig, dass die Ureinwohner Neu-Guineas Melanesier d. h. Papuas sind. Pitcairn behauptet, dass sie Wanderungen durchgemacht haben, und dass der Osten Asiens somit auch die Wiege der Papuas gewesen sei. Diese Forscher suchen dafür nach Gründen und weisen auf die Ähnlichkeit der Papuas mit den Bewohnern der Inseln des ostindischen Archipels hin. Als weiteren Beleggrund ziehen sie die Leichtigkeit in Betracht, mit der sich für einen nach Neu-Guinea vordringenden Volksstamm bei dem 10 Monate im Jahre herrschenden Nordwestmonsun und den günstigen Strömungsverhältnissen von Westen her das Vordringen bewerkstelligen lässt. Doch ist mit Waitz entschieden in Zweifel zu ziehen, dass die Melanesier, von Westen kommend, das Gebiet der Malayen, die ihnen in jeder Beziehung, besonders aber als Seefahrer weit überlegen sind, durchbrochen haben.

Jedenfalls können wir daran festhalten, dass sich, wie in Flora und Fauna, so auch in dem Aussehen, den Sitten und Gewohnheiten der Bewohner des nördlichen Australiens und Neu-Guineas noch heute viele Übereinstimmungen und Ähnlichkeiten zeigen. Bei ihrem Vordringen von Westen haben dann ohne Zweifel die Malayen und Polynesier die Papuas bereits als Bevölkerung auf Neu-Guinea vorgefunden; sie haben sich mit ihnen an der Küste

---

[1]) Finsch, Neu-Guinea und seine Bewohner. Bremen 1865. S. 34.

oder auch weiter im Innern, soweit sie eben Eingang gefunden haben, vermischt. Die Polynesier haben sie die Schiffahrt gelehrt und den Begriff des Tabu wie die Beschneidung bei ihnen eingeführt. Die Malayen wiederum haben ihnen den Pfahlbau, die Kunst des Tätowierens und die Architektur und Ornamentik gezeigt. Von den Malayen haben sie die Unsitte des Betelkauens, von den Polynesiern die des Kawatrinkens angenommen.

Abgesehen von der Berührung und Mischung mit den Einwanderern haben dann hier schlechte Nahrungsweise, dort vielleicht klimatische Einflüsse das Ihre gethan, um die grossen Verschiedenheiten hervorzubringen, die wir mehr als bei irgend einer anderen Bevölkerung bei der Neu-Guineas finden. Oft sieht man selbst tief im Innern des Landes, wohin doch höchst wahrscheinlich fremde Einwanderer nicht gekommen sind, in einem und demselben Dorfe ganz dunkle und ganz hellfarbige, schlicht- und kraushaarige Bewohner, Leute mit schmalem und breitem Gesicht, mit Adler- und platter Nase nebeneinander, ohne sogleich eine Erklärung für diese Eigentümlichkeiten zu finden; sie bilden eine der merkwürdigsten Erscheinungen der Bewohner Neu-Guineas. Ein Gegenstück zu der Verschiedenheit im Aussehen der Papuas bildet ihre sprachliche Zerfahrenheit. Können sich doch oft genug die Einwohner nur wenige Kilometer von einander entfernter Dörfer nicht mit einander verständigen! Die Zahl ihrer Dialekte ist Legion; sie sind zwar nach dem sachverständigen Urteil von v. d. Gabelentz und anderer Sprachforscher, die sich mit dem Idiom der Papuas eingehend beschäftigt haben, fast alle entweder mit dem Malayischen oder Polynesischen verwandt, haben aber doch unter sich weit mehr Verwandtschaft und gehen oft unmerklich in einander über. Und, wie Waitz richtig bemerkt, zeigen auch die nicht genauer bekannten Dialekte der Papuas so viele Spuren von Gleichheit untereinander, dass wir auch ohne sonstige Kenntnis von den Menschen, die sie sprechen, doch notgedrungen zu der Vermutung kommen müssten, dass diese Menschen zu einander gehören oder besser von einem einzigen Stamme herrühren.

Die Eingeborenen von Kaiser Wilhelms-Land sind in ihren äusseren Anlagen im grossen und ganzen von guter Statur, mittelgross, schlank, in der Regel weniger muskulös und kräftig als die Europäer und mit üppigem dunklen, krausen Haarwuchs versehen. Wie überall in Neu-Guinea, so haben auch hier Mischungen und die Verschiedenheit in der Ernährung und Beschäftigung Abweichungen von der Regel hervorgerufen. Wie bereits oben hervorgehoben wurde, finden sich Anklänge an den malayischen Typus auf Gressien-, Bertrand- und den benachbarten Inseln, ferner auch in der Bunu-Landschaft und besonders im Dorfe Matukar und am Ama-Fluss. Die Eingeborenen auf der Matty-Insel[1]) erinnern in ihrem Äusseren an die mongolische Rasse und sind vermutlich Abkömmlinge von vor längerer Zeit dorthin versprengten Chinesen, die sich mit der dort vorgefundenen Papua-Bevölkerung vermischt haben. Weiter finden wir bei den Eingeborenen auf dem Sattelberg gewisse Ähnlichkeit mit den Australnegern. Die Jabim in der Gegend von Finsch-Hafen wiederum zeigen wie auch die Papuas am oberen Augusta-Fluss und am Hatzfeldt-Hafen einen hervorstechend semitischen Typus, während die Eingeborenen an der Astrolabe-Bai mehr an den kaukasischen erinnern.

Die Hautfarbe variiert vom tiefsten Schwarzbraun biz zum hellsten Gelbbraun; bisweilen finden sich ganz ungewöhnliche Abweichungen, und hier und da tauchen Albinos auf. Sehr dunkle Hautfärbung zeigen auch die Eingeborenen am Angriffs-Hafen, am Augusta-Fluss in der Hansa-Bucht, in der Gegend von Hatzfeldt-Hafen, Finsch-Hafen und auf Dampier. Mehr dunkel als hell sind die Papuas an der Kranel-Bucht, in der Bunu-Landschaft, am Huon-Golf, die Salengs und die Leute südlich von Parsee-Point; nördlich von Parsee-Point ist die Bevölkerung von hellroter bis dunkelbrauner Färbung, und eigentümlich berührt hier wie am ganzen Huon-Golf das gänzliche Fehlen der Augenbrauen. Von etwas hellerer Hautfärbung sind die Leute am Berlin-, Dallmann- und Grossfürst Alexis-Hafen, wie im Archipel der zufriedenen Menschen und an der Astrolabe-Bai. Die hellste Hautfärbung in Deutsch-Neu-Guinea, heller als die der Malayen, haben die Matty-Insulaner. Die Männer sind hier über mittelgross, kräftig gebaut, die Frauen kleiner und zierlicher. Beide Geschlechter weichen im übrigen Aussehen ganz von dem Papuatypus ab. Die Augen sind geschlitzt, die Nase ist nicht so breit wie sonst bei den Eingeborenen von Deutsch-Neu-Guinea, das Haar ist schlicht und wird von den Männern in langen korkenzieherartigen Strähnen von 70—80 cm Länge getragen. Die Frauen scheiteln es in der Mitte, bei den Kindern ist es stark und lockig.[2])

---

[1]) Aufgefunden 1892 von dem 1897 verstorbenen Ludwig Kärnbach.
[2]) Nachrichten über Kaiser Wilhelms-Land. 1897. S. 58.

Im übrigen unterscheidet sich die Bevölkerung der kleinen Nebeninseln nicht allzuviel von der der Hauptinsel, im allgemeinen nicht mehr als die Küstenbewohner von den Bergbewohnern; allerdings verfügt die Bergbevölkerung von Kaiser Wilhelms-Land über stärkere Beinmuskeln und einen kräftiger entwickelten Unterkörper als die Strandbevölkerung, deren Arme und Oberkörper dagegen durch die Bewegung des Ruderns mehr entwickelt sind. Ferner haben ohne Frage in reichen Kopra- und Sago-Bezirken die gut genährten Papuas ein besseres Aussehen als die Bevölkerung, welche in Gegenden wohnt, wo der Boden mit Kasuarinen bestanden und weite Flächen mit Alang-Alang bewachsen sind.

Für die Körpergrösse lässt sich eine genaues mittleres Mass nicht angeben; sehr grosse Leute findet man am oberen Augusta-Fluss im Dorfe Zenap; kleiner als die Vertreter anderer Stämme sind die Jabim und die Leute am Huon-Golf. Die Namalas am Huon-Golf sind im übrigen durchweg gut gebaut; ihre schönen schwarzen Augen und kräftigen Adlernasen verleihen dem Gesicht etwas ausserordentlich interessantes und einnehmendes. Auf dem Sattelberg und in der Nähe von Simbang sollen nach den Erzählungen der Eingeborenen Zwerge vorkommen; doch haben die dort stationierten Missionare noch niemals solche zu Gesicht bekommen. Die Frau ist im allgemeinen zierlicher gebaut als der Mann, und dieser in der Regel grösser als jene. Bartwuchs findet man selten, indessen kommen auch bärtige Leute vor, so z. B. unter den Eingeborenen am Dallmann-Hafen, an der Krauel-Bucht, in der Gegend zwischen Augusta- und Caprivi-Fluss und auf den Inseln im Archipel der zufriedenen Menschen; ungewöhnlich starken Bartwuchs haben die Leute am Huon-Golf und in der Gegend von Finsch-Hafen; es lassen hier aber nur ältere Leute den Bart stehen, der in seiner schwarzen Farbe und Form bei einzelnen noch mehr den semitischen Typus hervortreten lässt; jüngere Leute rasieren sich mit Muschelschalen oder gefundenen Glasscherben.

Bei allen Naturvölkern schmückt sich bekanntlich das männliche Geschlecht mehr als das weibliche, bei letzterem herrscht dann dafür die Tätowierung, das Bemalen des Körpers sowie Schwarzfärben der Zähne vor. In Kaiser Wilhelms-Land scheint allerdings die Tätowierung unbekannt zu sein, dagegen ist das Bemalen des Gesichts und der Brust mit schwarzer, gelber und roter Farbe beliebt sowie das Einbrennen von kleinen Ziernarben in die Haut. Die Tagai-Leute, nördlich von Berlin-Hafen, z. B. bemalen sich die

Brust mit grauen Streifen, und im Archipel der zufriedenen Menschen findet man das Bemalen des Gesichts mit roter Farbe (bem), das unbedingt zum Ausputz gehört. Das Schwarzfärben der Zähne ist eine so mühevolle und kostspielige Sache, dass es sich nur Wohlhabende gestatten können. Eingebrannte Narben als Schmuck kommen häufig bei den Eingeborenen im Archipel der zufriedenen Menschen, am Hatzfeldt-Hafen und am Huon-Golf vor.

An Farbe, Schädelbildung und Statur sind die Papuas von Kaiser Wilhelms-Land im allgemeinen ebenso verschieden untereinander, wie ihre Dialekte von einander abweichen. Die bestentwickelten Gestalten findet man ohne Frage in den Flussgegenden, am Augusta-, Ottilien-, Gogol- und Elisabeth-Fluss und zwar in nicht zu weiter Entfernung von der Küste, wo die Eingeborenen durch ihren gleichzeitigen Verkehr mit den Berg- und mit den Strandbewohnern Gelegenheit haben, ihren Körper durch Rudern und Bergsteigen wechselseitig auszubilden. Gewandte, leicht bewegliche, behende Gestalten im Gegensatz zu anderen sind die Berlin- und Dallmann-Hafen-Leute, die Jabim, die Eingeborenen in der Nähe der Dot-Insel und die im Archipel der zufriedenen Menschen. Schwerfälliger und unbeholfener dagegen sind z. B. die Leute am Herkules-Fluss, denen ein zu langer Oberkörper, lange Arme, plumpe Hände und Füsse ein ungeschicktes Aussehen geben. In Kleidung und Ausschmückung sind die Papuas mehr im Innern von Kaiser Wilhelms-Land einfacher als die Küstenbewohner; die Männer am oberen Augusta- und Rüdiger-Fluss im Norden und Süden von Kaiser Wilhelms-Land gehen noch völlig unbekleidet.[1]) Am Sechstroh-Fluss tragen sie zur Bedeckung der Geschlechtsteile eine mit zierlichen eingebrannten Mustern versehene Kalebasse.

Die Eingeborenen weiter landeinwärts am Ottilien-, Gogol- und Elisabeth-Fluss leben noch ganz in der Steinzeit. Die Männer tragen hier gewöhnlich einen Tapaschurz, Weiber und Knaben Bastschürzen. Die Schlankheit erhöht bei den Männern ein breiter Bastgurt, durch den der Leib so sehr zusammengepresst wird, dass die Brustmuskeln stark hervortreten. Nasen-, Ohren- und Armschmuck ist selten bei der Binnenbevölkerung. Eigentümlich ist den Eingeborenen am Gogol- und Elisabeth-Fluss ein breiter Stirnschmuck aus Kasuarfedern und ein Kopfschmuck aus steifen, bemalten Basttuchstreifen, die

---

[1]) Nachrichten über Kaiser Wilhelms-Land, 1886, S. 127, und Rüdiger, a. a. O., S. 180 ff.

mit einem flachen geflochtenen Ringe auf dem Kopfe befestigt werden und nach hinten herabhängen.[1]) Die Eingeborenen am oberen Augusta-Fluss tragen eigenartige Ohrringe aus den gebogenen ersten Schwingen des Kasuar und Brustbeutel nach Filetmanier gearbeitet mit kleinen eingeflochtenen Samenkernen und besonders reichem Anhängselschmuck. Ferner schmücken sich die Eingeborenen hier mit geflochtenen Armringen, Halsketten und halbmondförmigen Halsschildern.

Die Küstenstämme von Kaiser Wilhelms-Land zeigen in Schmuck und Kleidung mannigfache Verschiedenheiten. Die Gegend zwischen Gnap-Insel und Kranel-Bucht bildet anscheinend die ethnologische Grenze zwischen Ost und West.[2]) Wir finden hier nicht nur in dem Brust-Kampfschmucke eine Übergangsform der westlichen zu der östlichen Art des Kampfschmucks, auch die Schildpattarmbänder, die östlich von dieser Gegend so sehr häufig getragen werden, hören westlich davon ganz auf. Anscheinend kommt auch das Behängen des Körpers mit Kuskusfellteilchen bei den Küstenstämmen nur westlich von Gnap-Insel vor.

Die Bekleidung der Männer beschränkt sich fast überall auf den lohfarbenen schmucklosen Tapaschurz. Dieser Schurz, von den Stämmen im Archipel der zufriedenen Menschen „Mal" genannt, besteht aus weichgeschlagener Baumrinde: er wird mehrmals um den Leib geschlungen und dann zwischen den Beinen hindurchgezogen. Es finden sich von diesem Mal besonders auf Siar sehr hübsch gefärbte Muster in Schwarz, Weiss oder Rot. Die Eingeborenen von Finsch-Hafen verfertigen aus demselben Stoff zugleich eine Lendenbekleidung und Kopfbedeckung: die Bezeichnung dafür ist „Obo"; man kennt beides auch weiter südöstlich bis hinunter nach dem Huon-Golf.

Die Frauen haben in der Regel einen bis auf die Knie herabreichenden Gras- oder Faserschurz, nur auf der Matty-Insel hat die weibliche Bevölkerung als einziges Bekleidungsstück ein Blatt vor den Schamteilen. Ganz ohne Bekleidung gehen, so weit bis jetzt bekannt ist, von der weiblichen Bevölkerung in Kaiser Wilhelms-Land nur kleine Mädchen im Alter bis fünf Jahren. Die Weiberschurze sind meist allerliebst gemustert, so z. B. in der Gegend östlich vom Kap della Torre weiss und schwarz gefärbt und mit Muscheln reich verziert. Diese Röckchen kleiden sehr

---

[1]) Lauterbach a. a. O. S. 161.
[2]) Otto Finsch, Samoafahrten. S. 316.

hübsch; von den jungen Mädchen im Archipel der zufriedenen Menschen, kleinen, aber nicht unschönen Gestalten, die besonders auf Siar und Bilibili allerliebst zu kokettieren verstehen, werden diese bunten Schürzchen vorn und hinten und mehrere über einander getragen. Auf Schmuck geben die Weiber, wie bereits erwähnt, sehr viel weniger als die Männer; sie tragen, um von oben anzufangen, das Haar meist kurz und fast nie eine Kopfbedeckung; nur am Huon-Golf haben sie filetgestickte Kappen. Als Ohrenschmuck bedienen sich die Frauen sehr häufig zu Scheiben geschliffener Hundezähne, als Halsschmuck Ketten von aufgereihten roten Samenkernen, Muscheln oder Flechtwerk, als Brustschmuck Eiermuscheln, Hunde- und sehr selten Eberzähne, Armringe aus Flechtwerk, Muscheln oder Schildpatt. Häufig tragen die Frauen an einem Tragbande, das auf dem Vorderkopfe befestigt ist, grosse sackartige Beutel, in denen sie besonders ihren Tabak, Betelnüsse, Kalk und andere Requisiten mit bei sich führen.

Auf die Pflege des Haares wird, wie gesagt, von den Weibern fast gar kein Wert gelegt, um so mehr aber von den Männern, die ihren Haarreichtum in den verschiedensten Formen zur Schau tragen. In der Regel geschieht dies in Form einer zottigen Kappe. Die weit aufgebauschte Haarperrücke wird von ihnen meist sehr sorgfältig bearbeitet und mit Blumen und Kakadu-, Kasuar-, selten Hühner- und Paradiesvogelfedern geschmückt. Die Eingeborenen am Angriffs-Hafen pudern das Haar mit roter Erde, während dies sonst im allgemeinen in Kaiser Wilhelms-Land mit Kalk geschieht. Einen eigentümlichen Haarschmuck der Insel Gragett (Ragetta) am Eingang des Friedrich Wilhelms-Hafens bilden etwa 3 cm breite, durchbrochen gearbeitete Bändchen aus feingespaltenem Rohr, die gleichzeitig zum Niederhalten des Haares dienen, und der „Szi", der das Festhalten des Kammes bewirkt. Dieser ist ein kleines Stäbchen mit gelb, rot und schwarz gefärbtem Grasgeflecht umwickelt und mit einigen kleinen Flaumfedern versehen. Hübsch gearbeitete Kämme findet man am Huon-Golf. Hier ist die Haartracht mannigfaltig; einzelne haben die Haare nach hinten gestrichen und in einen Schopf mit einem Bande zusammengebunden, andere tragen sie wiederum über die Stirn hoch aufgerichtet und befestigen sie mit einem Stirnband, wieder andere tragen sie in kleinen Klümpchen oder Kügelchen fest zusammengeklebt. Die Haarkämme sind hier aus Bambus, bald breit, bald schmal, vierzinkig und durchbrochen gearbeitet; einige sind sehr lang und mit rotgefärbtem

Schilfgras überflochten, mitunter mit Kasuar-, Papagei- und weissen Hahnenfedern verziert. Die Kämme der Berlin-Hafener Leute bestehen aus mehreren zusammengebundenen Stäben. Ähnlich gemustert wie die Haarkämme auf Samoa sind die der Eingeborenen am Angriffs-Hafen; sie sind hier meist mit Büscheln aus Kuskusfell verziert.

Als dicht verfilzte Masse (etwa 30 cm breit und 20 cm lang) hängt den Eingeborenen des Dorfes Tagai, gegen 15 Sm. östlich von Berlin-Hafen, das Haar im Nacken herab; ähnlich wird es von den Guap- und Dampier-Insulanern, von den Leuten östlich vom Kap della Torre am Potsdam-Hafen und am Huon-Golf getragen. In der Nähe von Berlin-Hafen findet man auch vereinzelt Haarkörbchen mit einem Kranz von Kasuarfedern und Stückchen aus Kuskusfell verziert. Haarkörbe als Kopffrisur sind ferner beliebt bei den Eingeborenen zwischen Augusta- und Caprivi-Fluss, an der Kranel-Bucht und am Venus-Huk. Ähnlich trägt man das Haar am Dallmann-Hafen; der dicht verfilzte Zopfansatz ist hier mit Bändern aus dem Pandanusblatt rings umwickelt. Als Kopfbedeckung finden sich am Dallmann-Hafen Röhren aus Pandanusblättern, die mit einer Nadel aus Vogelknochen an dem Haarfilz befestigt werden. Am Angriffs-Hafen tragen die Eingeborenen als Kopfschmuck Reifen aus schwarzem Flechtwerk, im Dorfe Massilia, 28 Sm. östlich vom Angriffs-Hafen, Kopfbänder aus geschorenen Kasuarfedern, die bürstenartig auf Flechtwerk befestigt sind, manche auch Binden aus einem breiten Stück Kuskusfell (schwarz und dunkelrot gefärbt). Eine eigentümliche kegelförmige Mütze aus Mattengeflecht dient den Finsch-Hafener Leuten als Kopfbedeckung; andere charakteristische Kopfbedeckungen sind in der Finsch-Hafener Gegend gerade, runde hohe Zylinder aus Baumrinde und über ein Holzgestell geflochtene Mützen aus Menschenhaar; letztere heissen Parung. Eine ähnliche turbanartige Kopfbedeckung finden wir am Parsee-Point und am Huon-Golf, nach der dieser Küstenvorsprung von Kapitän Moresby in Erinnerung an die „Parsi" oder Feueranbeter in Bombay, welche bekanntlich solche hohe Mützen tragen, seinen Namen erhalten hat.

Das Material zu dem Stirnschmuck der Eingeborenen von Kaiser Wilhelms-Land liefern im Nordosten häufig rote Abrusbohnen wie z. B. am Angriffs-Hafen und an der Venus-Spitze, ferner auch graue Samenkerne und Kaurimuscheln, die mittelst einer Art Wachs aufgeklebt sind. Aus letztgenannten Muscheln und

Hundezähnen besteht der Stirnschmuck der Rook-Insulaner; an der Krauel-Bucht sind die Stirnbänder aus Flechtwerk mit Randbesatz aus Kauris und Schweinezähnen. Schnüre aus Menschenhaaren trägt man in der Gegend zwischen Augusta- und Caprivi-Fluss als Stirnbänder und am Parsee-Point solche aus gelbem Geflecht mit vier Querriegeln von Hundezähnen. Die Ohren werden im Archipel der zufriedenen Menschen, auf Dampier und am Parsee-Point mit Schildpattohrringen geschmückt. Nicht selten sind diese wie z. B. bei den Eingeborenen im Dorfe Massilia, nordöstlich vom Angriffs-Hafen und anderswo mit Kaurimuscheln, Büscheln von Kuskusfell, Troddeln aus Federn und Samenkernen besetzt. Endlich begnügt man sich mit Kuskusfellstückchen allein als Ohrenschmuck, ja selbst mit getrockneten Blättern wie z. B. bei den Eingeborenen am Thorspecken-Fluss und weiter südöstlich davon.

Der vornehmste Nasenschmuck sind Eberhauer; sie werden von den Wohlhabenden überall in Kaiser Wilhelms-Land getragen, in zweiter Linie kommen Keile aus Tridacnamuschlen in Betracht, wie sie z. B. die Leute am Angriffs-Hafen lieben, oder Perlmutterschmuck, mit dem die Eingeborenen zwischen Caprivi- und Augusta-Fluss ihre Nasen schmücken. Von der ärmeren Bevölkerung werden Blätter, Rohr oder Holz als Nasenschmuck verwandt. Den Hals der Papuas in Kaiser Wilhelms-Land zieren am häufigsten schmale Graskettchen wie z. B. am Dallmann-Hafen, oder Schnüre aus grauen oder schwarzen Fruchtkernen wie in Massilia, oder aus Muscheln wie am Parsee-Point. Reichere nehmen Hundezähne, Kauris oder gar Eberhauer. In der Astrolabe-Bai gilt ein um den Hals getragener fingerdicker Strick als Zeichen eines angesehenen Mannes.

Einfache Rottangbänder bilden einen häufigen Arm- wie Fussgelenkschmuck unserer Schutzbefohlenen auf Neu-Guinea. Armringe aus Trochusmuschel findet man im Norden wie am Thorspecken-Fluss, aber auch im Süden wie am Parsee-Point. Armbänder aus Samenkernen tragen die Leute am Angriffs-Hafen gern, und breite Schildpattarmringe, oft mit eingravierten Mustern und hübsch durchbrochener Arbeit, kommen in besonders schönen Formen im Archipel der zufriedenen Menschen, an der Astrolabe-Bai, am Festungs-Huk und Parsee-Point vor. Auf die gefällige Ausschmückung der Brust scheinen die Eingeborenen besonderen Wert zu legen; selbst kleine Kinder sind schon mit Brustschmuck versehen, z. B. tragen Knaben und Mädchen am Angriffs-Hafen schmale mit Samenkernen besetzte Brustbänder, die kreuzweis über die Brust zusammengeknüpft sind. Erwachsene schmücken hier in der Regel ihre Brust mit einem Flechtwerk, das sie mit Kaurimuscheln besetzen; an der Hansa-Bucht und in der Gegend zwischen Caprivi- und Augusta-Fluss besteht der Brustschmuck aus einer ovalen Scheibe von Cymbium und ist mit zierlich aus Gras geflochtenen dünnen Kettchen sowie mit einer besonderen Art schwarzer Fruchtkerne geziert; weiter südlich am Dalhmann-Hafen hat man kleine herzförmige Schilde aus Eberhauern und roten Abrusbohnen als Brustschmuck, im Archipel der zufriedenen Menschen und an der Astrolabe-Bai bilden Ovula-, Cymbium- und Conusmuscheln und in der Finsch-Hafener Gegend Hundezähne das hauptsächliche Material für den Brustschmuck der Männer. Die Bogadjim-Leute an der Astrolabe-Bai nennen ihn Darram, wenn er aus Ovulamuschel, Koambim, wenn er aus Cybiummuschel und Baum, wenn er aus Conusmuschel besteht.

Schliesslich tragen die Männer häufig Gürtel um den Leib, welche in der Regel aus Baststreifen mit Kaurimuschelbesatz bestehen; abweichend bilden am Thorspeckenfluss aufgereihte Vogelknochen und auf Ragetta im Archipel der zufriedenen Menschen Delphinzähne den Besatz der Leibgürtel. Endlich haben die Männer ebenso wie die Frauen ihre geflochtenen Tragebeutel, die ebenfalls hier und da mit kleinen Muscheln besetzt sind. Die kleinen Brustbeutel der Männer sind besonders im Norden mit ovalen Scheibchen aus Cymbiummuscheln behangen oder mit Kaurimuscheln besetzt. Was ist der Inhalt eines solchen Tragebeutels eines Papuas? Greifen wir einmal hinein! Als grössten Gegenstand ziehen wir dann wohl eine Kalebasse heraus, die zur Aufbewahrung des pulverisierten Kalkes für den Betelgenuss dient. Weiter finden wir ein Bambusmesser, Stückchen von Kuskusfell, vielleicht eine Bogensehne von Rottang, von Handwerkszeug selbst gearbeitete Raspel und Feile, an einer Schnur aufgereihte Hundezähne, Betelnüsse, Tabak, Pfeffer und Baumblätter, den Pfeffer als Zubehör zum Sirih und die Blätter als Decklage für den Tabak, endlich in Gegenden, wo sie vorkommt, essbare Erde, und selten fehlt als Färb- und Russmaterial Gelberde und Kohle.

Eine Zählung der Eingeborenen ist selbstverständlich bisher nur auf einigen kleinen Inseln möglich gewesen, im übrigen ist selbst eine annähernde Schätzung der Bevölkerungsziffer der Eingeborenen z. Z. unmöglich. Zöller schätzt die Bevölkerung von

Kaiser Wilhelms-Land auf 0,68 auf das qkm,¹) die von ganz Neu-Guinea auf 2 Millionen.

Im allgemeinen ist die Küste in dem grösseren Teile ihrer Ausdehnung nicht sehr stark bevölkert. Dichter wie sonst sitzen die Eingeborenen am Berlin-, Dallmann-, Grossfürst Alexis-Hafen, am Juno-Huk, am Augusta- und Ottilien-Fluss und auf den Inseln in den Herzog-Seeen; sehr schwach bevölkert ist anscheinend die Gegend zwischen Herkules-Fluss und Mitra-Fels; auch im Innern des Friedrich Wilhelms-Hafens und im Hansemann-Gebirge ist die Bevölkerung spärlich, wenigstens spärlicher als auf den davorliegenden Inseln. Den Grund hierfür giebt uns eine schöne Sage kund, die an der Astrolabe-Bai von den Eingeborenen erzählt wird. Rich- und Long-Insel sind, wie oben erwähnt wurde durch Mandumba und Kelibob geschaffen. Als dies geschehen, wurde von Mandumba eine Büchse geöffnet, in der sich abgeschnittene kleine Teile von Sehnen und Adern befanden, welche Kelibob auf Rat seines Onkels Mandumba seiner Mutter, der Riesin, ausgezogen hatte. Sobald der Deckel der Büchse gehoben war, hüpfte, wie es in der Sage weiter heisst, eine grosse Menge Tamus, Männer und Weiber, heraus; diese bevölkerten zuerst Rich- und Long-Insel und von hier aus die übrigen, insbesondere auch die Insel des Archipels der zufriedenen Menschen; auf die Hauptinsel ging keiner.

b) Wohnung, Hausrat, Werkzeuge.

Die Wohnstätten der Eingeborenen sind am primitivsten im Südosten. An dem Küstenstrich vom Herkules-Fluss bis zum Mitra-Fels stehen sie auf ebener Erde und sind so niedrig, dass sie eher Tieren als Menschen als Aufenthaltsort zu dienen scheinen. Auch an der Astrolabe-Bai und landeinwärts derselben finden wir noch teilweise Wohnungen zu ebener Erde. Die Häuser haben ein stumpfwinkliges Dach mit geradem First, das bis zum Boden reicht. Vor dem Hause ist eine Art Plattform errichtet, von der eine schmale Thür in das Innere führt. Die meist sauberen Hütten sind mit Gras gedeckt, bei den Bergbewohnern im Innern mit Matten oder Laub. Es finden sich aber auch recht geschmackvolle Pfahlbauten an der Astrolabe-Bai, besonders in dem Bogadjim-Dorfe und weiter landeinwärts. In dem Dorfe Wodsa am Sziganu-Bergstock an der Quelle des Elisabeth-Flusses sind die kleinen recht-

---

¹) Dies würde eine Bevölkerungsziffer von 127840 Einwohnern ergeben.

eckigen Häuser ganz mit einer fussdicken Schicht Blätter umhüllt, die lagerweise kunstvoll zwischen das Gerüst eingesteckt sind. Das Giebeldach besteht hier aus geflochtenen Palmblättern und reicht ebenfalls bis zum Erdboden hinab. Im Innern haben die Häuser zum Unterschied von Holländisch-Neu-Guinea in der Regel nur einen grösseren, ziemlich finsteren Raum, in dem eine dumpfe, schlechte Luft herrscht. Während die Eingeborenen am mittleren Ramu-Fluss recht primitive Wohnstätten haben, finden wir am unteren Ramu langgestreckte Pfahlhäuser, die auf hohen Pfosten errichtet sind und deren Dächer über der angebrachten Plattform kapuzenartig hervorspringen. Hier in dieser Gegend ist der die Ufer des Flusses umsäumende Urwald gefällt, und nur die den Menschen nutzbringenden Bäume sind von den Eingeborenen stehen gelassen worden.

So finden wir überall dort, wo das Volk besser wohnt, eine vorgeschrittenere Kultur, und umgekehrt verraten schlechte Behausungen von vornherein den Mangel einer solchen. So sind z. B. am neuentdeckten Rüdiger-Fluss, wo, wie gesagt, die Männer völlig unbekleidet gehen, die Häuser noch in gar schlechtem Zustande und auf ebener Erde errichtet, ebenso am oberen Augusta-Fluss, wo die Bevölkerung ärmlich ist und auf niedriger Kulturstufe steht, nicht so gut gebaut wie am mittleren Fluss, wo wir es mit einem intelligenteren Stamme zu thun haben. Die schönsten Wohnstätten des Schutzgebietes weisen die Inseln Bilibili und Siar, die Gegend am Pomone-Huk, am Dallmann- und Berlin-Hafen auf, die an die Bauten im Kerepunu in Britisch- und in der Humboldt-Bai in Holländisch-Neu-Guinea erinnern. Starke Pfähle tragen das Gerüst; die Seitenwände bestehen aus Mattenflechtwerk von Kokosnusspalmblättern. Ein Ast führt als Aufstieg zu der Plattform hinauf, von der man ins Innere kommt, und von hier führt eine Art Leiter zum Bodenraum. Die Häuser liegen in der Regel in kleinen Gruppen im Dorfe zerstreut. Abweichungen hiervon findet man in der Nähe des Kap Teliata und den Sattelberg-Dörfern Sellili und Hessimbu. Hier sind die auf hohen Pfählen stehenden Häuser dicht aneinander gereiht, in Sellili und Hessimbu in Ellipsenform und von einem Zaun umgeben. Ausserhalb des Zaunes liegen nur noch einige vereinzelte Häuser. In der Gauss-Bucht, nahe dem Dallmann-Fluss liegt das Dorf Rabun, eine Niederlassung von zwanzig soliden Häusern, einzelne darunter 40—50 Fuss lang und 24 Fuss breit. Sie ruhen auf Pfählen und sind bis unter die Giebelspitze bis

20 Fuss hoch. Das Dach ist mit Gras bedeckt, die Seitenwände bestehen aus rot und schwarz bemalten Blattscheiden der Nipa- oder Nibon-Palme; als Fussboden dienen Latten aus dem Holz der Betel-Palme; eine Plattform fehlt hier. Eine Stiege führt zu einer auf eigentümliche Weise verschiebbaren Thür.

Regel ist im Kaiser Wilhelms-Land, dass jedes Haus nur einer Familie Raum giebt. Anders ist es am mittleren Augusta-Fluss und an der Gauss-Bucht, wo die umfangreichen Wohnstätten mehrere Familien zugleich beherbergen; jedenfalls finden sich dort in jedem Hause mehrere Feuerstätten. Im Dorfe Zenap am oberen Augusta-Fluss, etwa unter 4° 16′ S. 142° 10′ O. stehen die Häuser auf sehr starkem Unterbau und haben eine turmartige Giebelspitze, die das Dach 3—4 m überragt. Solche Wohnstätten trifft man in der Umgegend von Finsch-Hafen und besonders am Huon-Golf, wo die Seitenwände der Häuser aus Kanuplanken bez. Bohlen zusammengefügt sind. Diese sind mit Schnitzereien versehen, die aber nicht so kunstvoll sind wie die auf den Seitenplanken einzelner Häuser im Dorfe Boarla in der Umgebung von Finsch-Hafen, in die Figuren von Menschen und Tieren kunstvoll eingeschnitzt sind.

Baumhaus bei Finsch-Hafen.

Eine eigene Art von Häusern treffen wir hier und da am Huon-Golf und in den Kaidörfern nördlich von Finsch-Hafen an. Hoch oben in den Bäumen sind dort auf den abgeschnittenen kahlen Kronen Wohnstätten in Gestalt wirklicher Häuser mit Plattform errichtet; jedenfalls haben sie vor anderen den Vorzug, dass sie den herrlichsten Fernblick gewähren; zugänglich sind sie mittelst einer Strickleiter, die leicht aufziehbar ist. Europäische Vorbilder finden auch bereits beim Hausbau in Kaiser Wilhelms-Land

Nachahmung, so auf der Insel Tarawai und neuerdings an der Astrolabe-Bai.

Fast in jedem Dorfe finden wir in der Mitte desselben oder an anderer hervorragender Stelle ein die übrigen an Grösse und Ausdehnung weit überragendes Haus, das Versammlungshaus. Ferner trifft man nicht selten in den Dörfern ein einfaches, auf 4 Pfählen ruhendes, etwa $1^{1}/_{2}$ m hohes Gerüst an, das bald als Tabu-Platz den Geistern geweiht ist, bald auch nur den Männern als Ruhe- und Essplatz dient, wo sie unbehelligt von ihren vierfüssigen Haus-Tieren, bez. -Genossen ihre Mahlzeiten einnehmen können. Die Frauen haben nur das Recht, darunter zu hocken.

Sehr primitiv ist der Hausrat. Ausser Schüsseln und Näpfen aus Holz, Töpfen aus Thon, Röhren aus Bambus (zum Holen und Aufbewahren des Wassers), finden wir in den Häusern Kürbisschalen, geflochtene Körbe und als Dielenbelag Matten. In der Regel befindet sich in der Mitte des Hauses die Feuerstätte, ein mit Sand gefüllter Kasten, in dem einige Kohlen glimmen. Die Feuerstätte dient hier nicht selten weniger zum Kochen, was meist ausserhalb des Hauses geschieht, als zum Unterhalten des Feuers; in manchen Küstendörfern kennt man nämlich die Kunst Feuer zu machen noch nicht; das vorhandene muss deshalb andauernd genährt werden; geht es unversehens aus, so müssen die Bergvölker, die diese Kunst verstehen, mit Feuer aushelfen.

An der Astrolabe-Bai hat man an den meisten Häusern an den Seiten erhöhte Bänke aus gespaltenem Bambus und mit Kokosnussmatten belegt, die bei Nachtzeit als Bett und am Tage als Buffet dienen; nachts schläft man auf ihnen und bei Tage stellt man Töpfe, Schüsseln und Lebensmittel darauf. Am mittleren Ramu-Fluss schläft man in Schlafsäcken, die in hängender Lage im Innern des Hauses angebracht sind. Dieselben sind aus weichem Faserstoff geflochten, etwa 3 m lang und 2 m breit, bald grösser, bald kleiner. Sie werden an dem spitzen Ende so aufgehängt, dass der Sack zum grösseren Teile auf dem Boden schleift.[1]) Die so häufig in Holländisch-Neu-Guinea vorkommenden Kopfruhebänke finden sich im deutschen Gebiet hauptsächlich an der Brandenburg-Küste und am Dallmann-Hafen. Hier bestehen sie aus einem 29 cm langen und 9 cm breiten Holz, sind an beiden Enden mit reicher Schnitzerei versehen und ruhen auf einem 15 cm hohen Fusse. Die Schnitzerei stellt Menschen-

---

[1]) Lauterbach, Verh. Ges. Erdk. XXIV. S. 64.

gesichter dar und läuft an jedem Ende in einen Krokodilkopf aus. Die primitivsten Kopfkissen sind den Eingeborenen einfache Holzscheite, deren sich die Wodsa-Eingeborenen im Innern der Astrolabe-Bai beim Schlafengehen bedienen, oder Palmenblattscheiden, die man überall in Kaiser Wilhelms-Land als Kopfunterlage antrifft.

Die Holzschüsseln, die man in den Häusern findet, sind oft mit hübscher Schnitzerei versehen und tragen das Bild einer Eidechse, eines fliegenden Hundes oder gewöhnliche Zickzacklinien. Thongeschirre findet man gleichfalls in den meisten Häusern, kolossale Thontöpfe als Sagobehälter in der Nähe des Dallmann-Hafens. In Wodsa am Elisabeth-Fluss sind die Thontöpfe von sehr dicker Wandung und länglicher Form.

An Steingeräten hat man zunächst die Sagoklopfer; sie bestehen aus einem Holzstiel und einem 12 cm langen konischen sauber bearbeiteten Stein, bisweilen mit drehbarem Holzeinsatz, wie am Sechstroh-Fluss. Das Hauptsteingerät ist die Steinaxt. Man findet sie heute fast noch überall im Schutzgebiet, doch giebt es Distrikte, wo auch sie bereits zu schwinden beginnt, besonders an der Küste, wo mit europäischer Kultur europäische Bedürfnisse angefangen haben Eingang zu finden; hier ist fast überall grosses Begehr nach Eisen, und bereits kleine Knaben ziehen mit praktischem Blick das Bandeisen Glasperlen und anderem Tand vor. Am Angriffs-Hafen haben die Eingeborenen Steinäxte mit drehbarer Steinklinge, der Stein ist anscheinend Nephrit und der Stiel ein gerades, rundes Holzstück, in welches das Holzfutter mit der Steinklinge hineingebohrt ist. Am Caprivi-Fluss ist der Stein mit Flechtwerk an dem Stiel befestigt; ähnlich wie am Angriffs-Hafen sind die Äxte am Sechstroh-Fluss, nur ist die Spitze des Stiels hier nicht abgeplattet, sondern endet in einem stumpfen, runden Knopf. Der Holzstiel ist oft mit Schnitzerei versehen. Am Dallmann-Hafen, auf der Insel Guap und am Ramu-Fluss sind die Äxte nicht quer, sondern in gleicher Flucht mit dem Holzstiel eingesetzt; es finden sich aber auch quer eingesetzte. In der Gegend des Finsch-Hafens sind die Steinäxte (Kaiki oder Gadi) aus hartem dioritischen Gestein und dienen hier wie allgemein als Gerät zum Bau von Häusern und Kanus, wie als Waffe. Auch im Innern der Astrolabe-Bai wie am Huon-Golf ist die Steinaxt noch heute das Haupthandwerkszeug; am Huon-Golf sind die Äxte wie am Caprivi-Fluss mit Rotang an dem Stiel befestigt.

Von anderen Geräten haben die Papuas von Kaiser Wilhelms-

Land zum Trennen des Sagomehls vom Spülwasser Siebe oder Filter aus dem Gewebe der Kokosnuss. Die Löffel sind meist aus Kokosnussschale, grössere Rührlöffel aus Holz, nicht selten mit kunstvoller Schnitzerei versehen. Messer fertigt man aus Kasuarknochen, Menschenknochen oder Bambusrohr; mit jedem dieser sind die Leute im stande, Bananen zu schälen, Yams zu reinigen und selbst Fleisch zu zerteilen. Steinerne Schläger dienen ihnen zur Tapabereitung. Raspeln stellen sie sich aus der Haut der Rochenfische dar, Feilen aus Koralle, Schaber aus Perlschale, Mörser aus Holz und Betelnussbrecher aus Känguruhknochen. Unsere Nähnadel ersetzt ihnen ein durchlöcherter Fischknochen.

c. Beschäftigung, Jagd, Fischfang.

Bei den mehr als primitiven Werkzeugen, welche die Eingeborenen von Kaiser Wilhelms-Land zur Verfügung haben, muss es uns Wunder nehmen, zu welcher Kunstfertigkeit sie hie und da, besonders in den Küstendistrikten und auf den kleinen Inseln, in den verschiedenen Beschäftigungsarten gelangt sind. So leisten z. B. die Tami-Insulaner im Südosten von Kaiser Wilhelms-Land auf mehreren Gebieten recht Bedeutendes: Wenn der Reichspost-Dampfer „Stettin" auf seinen achtwöchentlichen Fahrten sich der Langemak-Bucht nähert, so finden sich auch regelmässig an dem Ankerplatz des Dampfers Kanus der Tami-Insulaner ein, um den Passagieren aus schüchterner Entfernung Erzeugnisse ihrer Kunst zum Tausche anzubieten, insbesonders allerliebst geschnitzte und bunt bemalte kleine Kanumodells. Sie verfertigen auch fein gearbeitete kleine Schildpattohrringe aus dem Panzer einer kleinen Schildkröte auf höchst kunstvolle Weise: mit einem selbstgemachten Bohrer, den sie zwischen den Handflächen hin und her bewegen, bohren sie in ein vorher in heissem Wasser gebogenes Stückchen des Rückenschildes verschiedene Löcher ein. Hierauf zerteilen sie das Stück in ebensoviele Teile, als Löcher hineingebohrt sind, und arbeiten sie mit Zuhilfenahme eines kleinen glühenden Holzscheites zu Ringen aus. Diese werden zum Schluss fein nachpoliert und eingekerbt. Schildpattarmbänder stellen sie ebenfalls sehr geschickt und kunstvoll her. Hierbei erfordert das gleichmässige Rundbiegen mittels Erhitzens viel Mühe und Geschicklichkeit. Zu einer grossen Fertigkeit sind hierin ferner im Archipel der zufriedenen Menschen die Ragetta- und Siar-Insulaner gelangt.

Wie Tami die Heimat der geschnitzten Schiffsmodelle ist, so findet man in der Nähe von Berlin- und Dallmann-Hafen die besten geschnitzten Masken, auf Bilibili sehr feingearbeitete, bunt bemalte, gewundene Kanuschnäbel, auf Beliao, Siar und Ragetta wieder ausserordentlich kunstvoll geschnitzte Fischfiguren und endlich in Maraga an der Maclay-Küste hübsch gearbeitete, runde Holzschüsseln. Die auf Ragetta geschnitzten Fische findet man in verschiedener Gestalt und Grösse: solche, die in einen Menschenkopf beissen mit einem viereckigem Loch zum Aufhängen, dann grössere, oft 1$^1/_2$ m lang, und ferner eine Art Makrelen, bunt bemalt und kleine Fische im Maule haltend. Auf Siar sind auf dem Platz in der Nähe des Versammlungshauses solche geschnitzte Fische an langen Stöcken angebracht, oft auch an den Häusern. Noch andere Fischdarstellungen findet man auf Beliao, so z. B. von einer Hemiramphus-Art, etwa 2 m lang und grün angemalt, auch eine Delphinart als Kanuverzierung. Die Masken in der Gegend des Dallmann-Hafens sind eigentümlich durch die spitze, weit hervorragende Nase und durch die originelle Bemalung mit Ockerfarbe. Meist haben sie auch einen ungeheuer breiten Mund und einen bunt bemalten Aufputz aus Bast, ähnlich den Raupen auf den früheren bayerischen Helmen. Mitunter schmückt sie auch ein Bart aus Menschenhaaren. Ähnliche Masken finden wir auch bei den Guap-Insulanern. Hier hat man auch zahlreiche roh geschnitzte Holzfiguren, und die grossen trogförmigen Holztrommeln sind ebenfalls mit schöner Schnitzerei versehen, die Krokodile oder Menschen darstellen. In ihre Holzschüsseln ist bisweilen die Gestalt eines fliegenden Hundes eingeschnitzt. Meister in künstlichen Schnitz- und Kerbarbeiten sind die Bewohner von Tarawai und Valise; aber infolge der Einführung moderner Werkzeuge scheint die Blütezeit

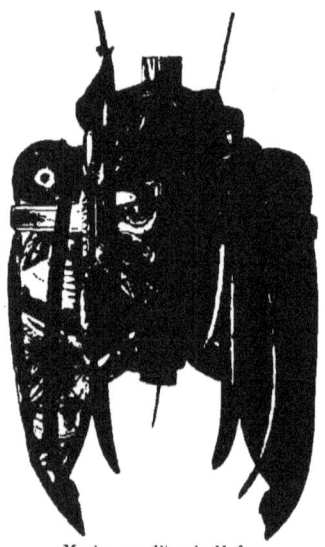

Maske am Finsch-Hafen.

ihrer Kunstfertigkeit vorüber zu sein, auch haben sie wie auch
bereits die Tami-Insulaner die Vorliebe der Weissen für ihre
Schnitzereien erkannt und stellen nun leider statt der früheren
kunstvollen und viele Mühe und Zeit erfordernden Arbeiten oberflächliche „Dutzendware" her, die sie den Fremden anbieten und,
wie sie sehen, reissend loswerden. Im Dallmann-Hafen sind in
der Regel die Spitzen der Kanus schön ausgeschnitzt.

Als Verfertiger von Kanus haben in Kaiser Wilhelms-Land den
besten Ruf die Siar-, Bilibili-, Tami- und Guap-Leute. Gute Kanus
sind ferner zu finden bei den Eingebornen im Berlin- und Dallmann-

Papuas auf Fischfang ausgehend.

Hafen, am Augusta- und Ottilien-Fluss. Kanus primitivster Art dagegen sind Otto Finsch am Albrecht- und Sechstroh-Fluss begegnet.
Hier ruderten sich die Eingeborenen selbst auf Baumwurzeln und
grossen Kokosnuss-Palmenblättern an das Schiff heran, indem sie
sich der Blattstiele als Ruder bedienten. So sehen wir, wie für den
Papua der Kokosnussbaum alles ist; er nährt und tränkt ihn mit
seiner Frucht, liefert ihm das Holz zu seinem Haus und Kanu,
deckt mit seinen Blättern das Dach seiner Hütte, kleidet ihn mit
dem Bast seiner Rinde und verhilft ihm mit dem Fasergewebe der
Blätter zu seinem Sieb.

Den besten Kanus reihen sich an diejenigen der Eingeborenen
am Albrecht-Fluss, von denen einzelne 10—13 m lang mit Seiten-

borden, einem Schnabelaufsatz vorn und hinten, einem gewaltigen Plattformaufbau und Auslegern versehen sind. An jeder Seite der Plattform ist ein hoher, schmaler Kasten aus Gitterwerk angebracht, der zugleich als Sitz dient.[1]) Aber auch am Sechstroh-Fluss sind die Baumwurzeln nicht das einzige Fortbewegungsmittel, auch hier findet man grosse Kanus mit kunstvollen an der Plattform befestigten Schnitzereien, die meist Fische in bunter Bemalung darstellen. Am Angriffs-Hafen sind die Kanus klein und nur einzelne haben Mast und Segel. Das ganze Kanu ist in der Regel aus einem Baumstamm hergestellt ohne aufgebundene Randborde. Die Seiten der S-förmig in einen Vogelkopf endenden Schnäbel sind mit Schnitzereien von Vögel- und Fischfiguren versehen und gelb bemalt. Auch auf den Stäben, die sich auf den Auslegern befinden und zur Aufbewahrung von Wasser dienen, findet man Schnitzereien.

Am Thorspecken-Fluss fehlen den Kanus sowohl Plattform als Schnabelaufsatz. Die Randleisten sind aufgebunden und bunt bemalt. Die Mastspitze schmücken Kasuarfedern. Die Kanus von Berlin-Hafen haben mitunter riesige Masse und wie die vom Albrecht-Fluss an jedem Ende einen Vorsprung, der in der Regel in eine Figur ausläuft. Auf der Matty-Insel sind sie mit grösster Sauberkeit gearbeitet; der Schnabelaufsatz nach hinten fehlt hier. Auf Guap sind die Fahrzeuge zum Teil so schmal, dass die Ruderer darin nicht beide Füsse nebeneinander setzen können; sie sind mit Auslegern und mit einer Plattform versehen, aber nicht zum Segeln eingerichtet. Die Kanus am Dallmann-Hafen sind schön geschnitzt, den Mast schmücken Ketten aus Pflanzenfasern und Blattbüschel. Einfache Boote ohne Ausleger und Aufputz hat man am mittleren Augusta-Fluss, die von den Männern im Stehen, von den Weibern im Sitzen gerudert werden. Am oberen Augusta-Fluss sind die Kanus grösser, können oft 15 Personen fassen und sind am Bug mit grossem, fratzenhaft bemalten schildförmigen Aufsatz versehen. Auch am unteren Lauf des Flusses halten die Eingeborenen Kanus ohne Ausleger, um bei dem Hochwasser besser zwischen den Bäumen hindurchfahren zu können. Ihre Boote sind ebenfalls mit schönen Schnitzereien versehen.

Fährt man den Ottilien-Fluss hinauf, so begegnet man sehr grossen Fahrzeugen von 6 m Länge und mehr, die aus äusserst hartem Holz und sehr sauber gearbeitet sind. Sie sind flach ge-

---

[1]) Finsch a. a. O. S. 327.

baut mit allmählich ansteigendem, schön geschnitzten Vorder- und Hinterteil. Zur Fortbewegung dienen lanzettförmige Ruder mit langem Stiel, die sowohl zum Stossen als zum Rudern verwendet werden können. Am Oberlauf des Flusses sind die Kanus viel kleiner und einfacher mit fast senkrecht abgestutztem Vorder- und Hinterteil und dienen mehr zum Übersetzen und Fischen als zu grösseren sei es kriegerischen oder Handelsfahrten. An der Venusspitze sind die Fahrzeuge mit einem merkwürdigen Putz an der Mastspitze verziert, mit der Nachbildung eines Fregattvogels und auch mit Faserschmuck. Die üblichen Schnitzereien finden sich auch hier und stellen meist Krokodile dar, am unteren Raum meist Menschköpfe im Halbrelief. Im Archipel der zufriedenen Menschen weisen die Bilibili-Kanus S-förmig gebogene Schnäbel am Vorderteil auf, an den Ausläufern der Siar-Kanus ist als Schmuck meist eine Nautilusmuschel angebracht. Die Bilibili-Kanus bestehen aus einem 7—10 m langen ausgehöhlten Baumstamm. An den Seiten der Fahrzeuge sind ein bis zwei Bretter aufgefügt, welche mit Malerei und Schnitzerei versehen sind, die Fische oder Schildkröten darstellen. Vorn und hinten laufen die Kanus in eine Spitze aus, nach rechts und links sind Ausleger von 3—5 m Länge angebracht. Über der in der Mitte des Kanus aufgebauten Plattform erhebt sich hier meist noch ein kleiner hüttenähnlicher Aufbau zur Unterbringung der Handelswaren, Waffen und des Feuerbehälters. Als solchen hat man oft nichts weiter als einen einfachen Topfscherben, der die glimmenden Kohlen enthält.

Die Bilibili-Kanus haben nicht selten zwei Masten. Das Segel besteht aus Mattengeflecht, den Anker ersetzt ein Stein oder ein schwerer Holzkloben, dessen kurz abgehackte Äste den Ankerhaken bilden. Das Tauwerk besteht aus Baumbast, die Ruder sind meist aus Holz, mit zum Teil sehr kunstvoller Schnitzerei an der Basis des Blattes oder am Griff, der die erhabene Figur eines Mannes, eines Vogels, Fisches, Krokodils oder einer Eidechse zeigt. Wie am Venusbuk so ist auch hier die Mastspitze mit einem roh geschnitzten Vogel oder einer streifenweis rot bemalten Nautilusmuschel verziert. Die Long-Insulaner haben als Kanuverzierung eine Art Triangel aus Holz mit Bastbüschel und roh aus Holz geschnitzten Vögeln, die Bogadjim-Leute Holzschnitzereien, die z. B. einen Vogel mit ausgebreiteten Flügeln und einem Schildkrötenkopf darstellen. Neben Siar und Bilibili liefert auch Ragetta am Eingang des Friedrich Wilhelms-Hafens sehr ansehnliche Kanus mit stolzem Aufbau und guter Takelage.

Längs des Terrassenlandes südlich von Dortinsel haben die Eingeborenen anscheinend gar keine Kanus oder doch nur sehr schlechte. Bessere Fahrzeuge finden sich erst wieder in der Gegend von Finsch-Hafen und der Langemak-Bucht, wo der Einfluss der Tami-Leute auch in dieser Beziehung vorbildlich wirkt. In dieser Gegend sind die Kanus meist zweimastig, mit grossen viereckigen Mattensegeln. An den Seiten sind oft zwei bis drei Planken übereinander aufgefügt, und auf der ersten Plattform ist wie bei den Bilibili-Kanus eine Art Käfig für Unterbringung von Waffen und Waren angebracht. Die Schnäbel sind mit Schnitzerei, die Seitenwände mit Malerei verziert.

An der ganzen Küste des Huon-Golfes bietet der Bau der Kanus nichts Bemerkenswertes. Sie sind von ganz einfacher Art und nur vorn unterhalb des Bugs mit Schnitzereien versehen. Auf den zahlreichen kleinen Inseln, die in den Herzog-Seeen liegen, von denen einzelne nur eben über dem Hochwasser liegen, haben die Eingeborenen, da überdies der Raum auf den kleinen Inseln ein sehr beschränkter ist, wenig Platz zum Aufschleppen der Kanus. Sie haben daher im Wasser hölzerne Galgen erbaut, die so hoch sind, dass sie das Hochwasser nicht erreichen kann. Auf diese Galgen werden dann die Boote des Nachts über aufgezogen.[1]) Am Rüdiger-Fluss sind die Kanus so gross, dass 25—30 Leute darin Platz haben. Weiter südlich bedienen sich die Eingeborenen der Cantamarans. Sie binden mehrere 4—5 m lange Baumstämme mit Lianen aneinander, die auf diese Weise ein Floss bilden. Um die auf ihnen zu transportierenden Tauschwaren trocken zu erhalten, ist auf dem Floss eine Art Sitz angebracht. Ein solches Fahrzeug trägt nur ein bis zwei Leute, ersetzt aber im südlichen Teil von Kaiser Wilhelms-Land das Kanu.

Die vielseitigen Tami-Leute beschäftigen sich ausser mit ihrer Schnitzerei und dem Kanubau noch vorzugsweise mit der Muschelschleiferei und Perlenfabrikation, einer Kunst, welche auch die Eingeborenen von Berlin-Hafen und die Rook-Insulaner verstehen. Sehr häufig sieht man in Kaiser Wilhelms-Land auf Täschchen, Armbändern und dem Brustschmuck kleine, unseren Stickperlen sehr ähnliche Perlen aufgereiht. Diese entstammen kleinen konischen Schnecken. Sie werden, sobald sie vom Meere ausgeworfen sind, von den Eingeborenen auf Tami, Rook und Berlin-Hafen gesammelt

---

[1]) Rüdiger a. a. O. S. 287.

und ihre Gehäuse nach allen Regeln der Kunst geschliffen.¹) Wie die Tami-Leute Meister in der Muschelschleiferei sind, so haben es die Berlinhafener zu einer grossen Fertigkeit in der Herstellung von Muschelarmringen gebracht, die sie auf folgende Weise anfertigen.²) Aus einer Tridacna- oder einer anderen geeigneten Muschel schlagen sie zunächst eine Platte, die sie in ein Stück weiches Holz, das sie zwischen ihren Füssen festklemmen, eindrücken; darauf wird eine Bambusstange mit einem gleichen Durchmesser wie der des gewünschten Ringes auf der Platte im Kreise hin und her bewegt, so dass schliesslich ein kreisrundes Stück herauskommt; zuletzt wird die Aussenseite des Ringes fein abgeschliffen.

Von anderen Gewerbszweigen wird von unseren Schutzbefohlenen auch die Flechterei und Gerberei betrieben. Wegen ihrer prachtvollen Geflechte mit Muschelbesatz sind die Rook-Insulaner weit und breit bekannt; sie verwenden zu der Verzierung ihrer Flechtarbeiten eine Art Nassa-Muschel. Hübsche, flache, längliche Tragkörbe aus Pandanus- und Kokosnusspalmenblättern, mit langen Grasbüscheln verziert, werden am Angriffs-Hafen und Venus-Huk geflochten. Auf hoher Stufe steht die Flechterei auch am Huon-Golf und an der Mündung des Ottilien-Flusses; hier wie dort werden schöne, gefällige Basttaschen und sauber geflochtene Fischnetze gefertigt. Treffliche Gerber und Verfertiger des bekannten Obo sind vor allem die Kai-Leute. Sie benutzen zu seiner Herstellung die weisse Bastschicht des Kaobo-Baumes, welche unmittelbar unter seiner Rinde haftet. Das zu verarbeitende Stück des Stammes wird zunächst leicht im Feuer gewärmt und angekohlt, die dünne Rinde darauf abgeschabt und die zum Vorschein kommende Bastschicht gespalten, abgeschält und mit dem Tapaklopfer weich geklopft.³) Weiter wird dann das Basttuch über ein Stück Holz geschlungen, hierauf der Länge nach zusammengefaltet und nochmals geschlagen, schliesslich wird es dann noch einmal quer gefaltet und zum dritten Male geklopft. Durch dieses Verfahren dehnt sich das Tuch ganz ungeheuer aus. Man färbt es auf eigentümliche Weise. Den Färbstoff liefert eine niedrige Pflanze mit lanzettförmigen dunkelgrünen Blättern, Gballa genannt. Die Eingeborenen nehmen ein Stück der Rinde in den Mund, kauen

---

¹) Wilhelm Joest im Internat. Archiv f. Ethnogr. Leyden 1888. S. 220.
²) Nachrichten für Kaiser Wilhelms-Land 1894 S. 46.
³) Internat. Archiv f. Ethnogr. Leyden 1888. S. 220f.

es und ziehen dann den Obo mehrere Male durch den Mund, der auf diese Weise dann streifenartig gefärbt wird.

Die Gerberei wird nur von Männern betrieben, von den Frauen hier und da die Seilerei und vor allem von den letzteren die besondere Frauenindustrie: die Töpferei. Einer der Haupttöpfermärkte ist Bilibili, der „κεραμαῖκος" des Archipels der zufriedenen Menschen, ja der ganzen Gegend von Kap Croisilles bis Kap Rigny; aber auch am Sechstroh-, Caprivi-, Albrecht-, Ottilien-, Augusta- und Franziska-Fluss, am Angriffs-, Berlin-, Dallmann-Hafen und an anderen Orten versteht man sich auf das Töpfereihandwerk. Das Handwerkszeug, dessen sich die Eingeborenen dabei bedienen, ist mehr denn primitiv: denn ein flacher Stein und ein Holzschlegel ist alles, was sie dazu gebrauchen. Der Thon wird einfach mit den Händen geknetet und dann auf dem Stein mit Hilfe des Holzschlegels geformt; trotzdem zeigen die Töpfe ein schönes, regelmässiges Aussehen. Das Brennen geschieht überall im Freien. Die Töpfe werden dann mit Holz leicht überdeckt und auf kurze Zeit einer scharfen Glut ausgesetzt. Die Bilibili-Frauen lassen die Töpfe nicht auf den Markt gehen, ohne ihnen vorher mit dem Nagel eine gewisse Marke, ihr Fabrikzeichen, einzudrücken. Man fertigt in Bilibili nur zwei Sorten von Thongefässen, eine engere, die als Wasserbehälter, und eine weitere, die als Kochtöpfe dienen. Am Dallmann-Hafen hat man noch eine dritte Art, riesige Töpfe als Sagobehälter. Im Norden versorgt den Markt an der Küste mit Töpfen zum grössten Teil das Dorf Tagai am Albrecht-Fluss, das der Sitz einer bis an das Gebiet des Prinz Adalbert-Hafens reichenden Topfindustrie ist. Von hier beginnt dann der Markt der Bilibili-Leute, welche nach Süden zu ihre Töpferwaren bis nach Finsch-Hafen zu vertreiben.

Selbstverständlich verfertigen sich die Eingeborenen auch all' ihr Fischerei- und Jagdwerkzeug selber. Allerdings wird der Fischfang sowie die Jagd von den Männern mehr als Sport ausgeübt, denn als Nahrungszweck betrieben. Überall haben die Inselbewohner und Eingeborenen an der Küste Fischreusen, Angelhaken und Netze. Die Angelhaken sind meist aus Knochen oder Schildpatt, so in der Finsch-Hafener Gegend, und sehr fein gearbeitet. Der Stiel ist aus Tridacnamuschel, die Schnüre bisweilen mit gelben Kakaduhauben und roten Elektusfedern verziert. Wie im übrigen Neu-Guinea speert man auch hier die Fische oder man schiesst sie mit dem Pfeil. Die Unsitte, die Fische mit Dynamit zu töten, wie dies leider fast überall an den mit Europäern besetzten Küstenplätzen geschieht, ist von den Weissen auf die Eingeborenen glücklicherweise noch nicht übergegangen; sie selbst besitzen Sprengstoffe natürlich nicht, aber auch die Verabfolgung solcher an sie ist durch eine Verordnung ausdrücklich untersagt. Ein ganz bewundernswertes Geschick entwickeln die Leute beim Speeren der Fische: Auf der Plattform ihrer Kanus, auf den Schiffen der Europäer oder am steilen Uferrand liegen sie lange auf der Lauer; haben sie dann einen grösseren Fisch erspäht, so schleudern sie gewandt den Speer nach ihm; unmittelbar darauf stürzen sie in der Richtung des geworfenen Speeres ins Meer und frohlockend bringen sie den Fisch heraus. Unter hundert Malen misslingt ihnen vielleicht einmal solcher Wurf.

In vortrefflichem Ruf als Fischer stehen die Eingeborenen am Hatzfeldt-Hafen und im Südosten die Bewohner am Parsee-Point, die besonders kunstvoll gearbeitete Fischhaken haben. Auch die Siar- und Bilibili-Leute sind geschickt im Fischen, die letzteren besonders verfertigen hübsch gearbeitete Reusen. Hierauf verstehen sich auch fast alle Eingeborenen an den grösseren Flüssen wie am Augusta-, Kabenau- und Ottilien-Fluss. An den Sandbänken dieses letzteren Flusses haben sie zum Fangen von Krebsen oder einer Art Garneelen grosse, aus Bambus geflochtene Körbe. Selbst Seefische werden hier und da in den grösseren Flüssen gefangen. Sehr häufig sind Krokodile, deren Fleisch die Eingeborenen als Leckerbissen schätzen, und doch jagen sie das Krokodil nur höchst selten. Ihre Jagd ist nur auf wenige kleine Säugetiere und Vögel beschränkt. Sie bedienen sich hierzu ihrer Bogen und Pfeile; mitunter fangen sie die Tiere auch in Netzen, Schlingen oder Gruben. Dabei entwickeln sie eine grosse Geduld und vor allem staunenswerte Ausdauer und Geräuschlosigkeit. So gelingt es ihnen z. B. ganz leicht, die Kronentauben, wenn sie sich, um zu trinken, auf dem Boden aufhalten, zu beschleichen und mit einem sicheren Pfeilschuss zu erlegen. Um sie anzulocken, stellen sie nicht selten am Strande eine ausgestopfte Kronentaube aus und halten sich dann ganz in der Nähe schussbereit auf der Lauer. Wollen sie Wildschweine erlegen, so graben sie sich oft in der Nähe des Schweinewechsels ein Loch und liegen dort stundenlang auf dem Anstand. Meist erlegen sie dann die vorbeikommenden Tiere mit Pfeil und Bogen, seltener mit dem Speer. Bisweilen umstellen sie auch grosse Alang-Alang-Flächen, zünden dann das Gras an und treiben durch das Feuer das darin hausende Wild in ihren Schussbereich.

Die Jagd auf Vögel ist nicht ergiebig, da die Eingeborenen mit ihren primitiven Waffen das auf den höchsten Gipfeln der Bäume nistende gefiederte Volk nicht erreichen können.

Auf das Sammeln von Insekten, Vögeln u. s. w. scheinen sie keinen Wert zu legen; sie sind für sie als Sammelobjekt ohne Interesse, und es fehlt ihnen jedes Verständnis dafür, so dass man sich auch nur der Intelligentesten von ihnen beim Sammeln bedienen kann. Es ist umsonst, ihnen begreiflich zu machen, dass nur vollkommen unverletzte Exemplare von Schmetterlingen, Käfern und anderen Insekten Wert haben; ihnen scheint es lediglich darauf anzukommen, dass sie des Tieres habhaft werden, ob mit vier oder sechs Beinen, halbem oder ganzem Flügel, das erscheint ihnen ganz als Nebensache. So ersetzen sie in der Regel ein Schmetterlingsnetz durch eine Hand voll Sand oder Erde, die sie nach dem zu fangenden Tiere werfen.

d. Geburt, Kindheit, Familienleben.

Glücklich zu schätzen ist der Papua in seiner Anspruchslosigkeit und Sorglosigkeit. Heiter fliesst besonders sein Kindesleben dahin, vornehmlich das des Papua-Knaben. Von den Eltern zärtlich geliebt und verhätschelt, von jedermann freundlich behandelt, selten ein Scheltwort hörend, niemals darbend, verlebt der Papua die Tage der Kindheit wie im Paradiese. Für die Erstgeborenen wird besonders gesorgt.[1]) Diese dürfen bis zu ihrem zehnten Jahre nicht die geringste Arbeit thun; es ist Sitte, dass bei ihrer Geburt die Weiber des Dorfes zusammenlaufen und die männlichen Angehörigen des Kindes werfen und jagen und ihnen schliesslich ein Mahl bereiten. Das Festmahl wiederholt sich mit einem sich daran anschliessenden Tanz, sobald das Kind zehn Jahre geworden ist. Stirbt der Erstgeborene im Kindesalter, so wird dies Ereignis gleichsam als Schuld des Vaters angesehen, der dann verpflichtet ist, den Brüdern der Mutter Geschenke zu geben.

Die Zeit der Schwangerschaft des Weibes schreibt dem Manne in mancher Beziehung ein bestimmtes Verhalten vor: das Meer ist ihm gefährlich und der Fischfang nicht lohnend; entsagt der Vater dem Betel und Tabak während der Schwangerschaft seiner Frau,

---

[1]) Vetter in Nachrichten von Kaiser Wilhelms-Land etc. 1897. S. 91.

so soll das später dem Kinde zu gute kommen. Steht im Dorfe eine Geburt bevor, so bleiben die Dorfgenossen besser zu Hause; sonst gedeihen die Plantagen nicht. Den Schwangeren ist eine gewisse Diät vorgeschrieben; sie dürfen keine schweren und fetten Speisen essen, sonst wird das Kind monströs, auch Hundefleisch ist zu vermeiden. Bei den Jabims haben sich die Schwangeren auch der Leguan- und Tintenfischkost zu enthalten. Tabak ist ihnen gleichfalls verboten. Raucht die Frau dennoch, so kommt das Kind nach der Meinung der Papua tot zur Welt. Missgestaltene Kinder werden nicht selten unmittelbar nach der Geburt von den Weibern, welche der Schwangeren Hilfe leisten, erdrosselt, ohne dass man erst hierzu des Vaters Zustimmung einholt. Unfruchtbarkeit ist selten. Bleibt eine Frau ohne Nachkommenschaft, so kauft sie wohl gern ein kleines Kind ihrer Verwandten gegen eine bestimmte Vergütung und zieht es als ihr eigenes auf. Da das Kind dann über seine Beziehungen zu seinen eigentlichen Verwandten nicht aufgeklärt wird, so lebt es oft mit seinen Eltern und Geschwistern in ein und demselben Dorfe zusammen, ohne sie als solche zu kennen.

Man liebt die Kinder, aber zieht nicht gern mehr auf als drei, hauptsächlich aus Furcht vor Nahrungssorgen oder auch aus Bequemlichkeit und Überdruss am Aufziehen. Abortus wie auch Mittel zur Verhütung der Schwangerschaft sind bekannt; Zwillinge findet man selten. Ist das Kind noch ganz klein, so nimmt es die Mutter schon mit nach der Pflanzung, meist in einem Flechtwerk, das sie auf dem Rücken trägt. Die Nabelschnur wird erst fortgeworfen, wenn das Kind zu laufen anfängt; erst dann ist man sicher, dass niemand die Schnur zum Schaden des Kindes missbraucht. Bei dem ersten Ausgehen des Kindes legt die Mutter Holz- und Grasbündelchen auf seinen Weg, damit es sicher ist vor den Geistern, und hat es ein Wasser zu passieren, so werden von den Angehörigen erst Steine hineingeworfen, damit die Geister sich an diese halten können und das Kind in Ruhe lassen.[1]) Die Namengebung erfolgt bald nach der Geburt; meist erhält das Kind seinen Namen nach Verwandten und lieben Verstorbenen, aber auch nach anderen Personen, Sachen oder bestimmten Ereignissen, die man durch die Namengebung festhalten will. Fremde Personen, nach denen das Kind benannt ist, dürfen das Kind erst berühren, wenn es ungefähr zehn Jahre alt ist; dann wird den Paten von der

---

[1]) Vetter a. a. O. S. 191.

Mutter ein Fest gegeben. Patengeschenke in unserem Sinne giebt es nicht.

Das Verfügungsrecht über die Kinder haben neben dem Vater die Brüder der Mutter. Verwandt gilt das Kind nicht sowohl mit Vater und Mutter als mit einer Verwandten-Gruppe. Als Väter und Mütter angesehen und so benannt werden auch die Brüder des Vaters und ihre Frauen, sowie die Schwestern der Mutter und deren Männer. Die Kinder geschlechtsgleicher Geschwister gelten als richtige Geschwister, während die Kinder geschlechtsungleicher nur als Vettern und Basen betrachtet werden. Die Verwandtschaft der Eingeborenen ist somit weit ausgedehnter als bei uns, während der Verwandtschaftsbegriff der Vetterschaft im besonderen ein engerer ist. Erwähnenswert ist noch, dass der Altersunterschied der gegenseitigen Eltern bestimmend ist für die Bezeichnung eines Geschwisterkindes als älteren oder jüngeren Bruders oder als älterer oder jüngerer Schwester; es kann also vorkommen, dass jemand älter ist als sein Vetter und von diesem dennoch als jüngerer Bruder bezeichnet wird, weil seine Eltern jünger sind als die des anderen.[1])

Es giebt bekanntlich drei Grundsysteme der Verwandtschaft: man kann annehmen, dass ein Kind lediglich mit seiner Mutter und seinen Verwandten durch den Mutterstamm verwandt ist oder mit seinem Vater und seinen Verwandten durch seinen Vatersstamm oder endlich mit beiden Eltern und deren beiderseitigen Verwandten. Bei den Papua in Kaiser Wilhelms-Land ist keines von diesen Systemen recht ausgebildet. Nirgendwo ist dem Vater das Verfügungsrecht über die Kinder ganz entzogen, heimatsberechtigt sind diese aber in dem Geburtsorte der Mutter, wie auch bei Todesfällen und bei Verteilung des Nachlasses die Verwandten mütterlicherseits vorgehen; die Verwandtschaft mütterlicherseits wird als die nähere betrachtet. Dennoch zeigt sich aber auch das Mutterrechtssystem nicht mehr vollständig ausgebildet, wie wir weiter unten sehen werden. Ebensowenig herrscht reines Vaterrechtssystem. Bei diesem erscheint bekanntlich die Frau in einer sklavenartigen Stellung dem Manne gegenüber; in Kaiser Wilhelms-Land sind aber die Frauen nichts weniger als Sklavinnen, der Mann darf weder sein Weib verkaufen noch verpfänden und verleihen, und nur selten hört man etwas von schlechter Behandlung der Frauen, die immer

---

[1]) Vetter a. a. O. S. 88.

an ihren Familien einen Rückhalt finden werden, besonders dann, wenn der Mann nur geringen Anhang und wenig Einfluss im Dorfe hat. Wir werden daher nicht fehl gehen, bei den Papua von Deutsch-Neu-Guinea eine Mittelstufe zwischen Vater- und Mutterrechtssystem anzunehmen, bei dem sowohl der Verband der Mutter als der des Vaters auf das Kind Ansprüche erhebt, und welche zu allen erdenklichen Ausgleichen führt. So richtet sich z. B. die Muntschaft in der Regel nach dem Mutterrechtssystem, während die Erbfolge bald dem Mutter- bald dem Vaterrechtssystem folgt.

So gleichgiltig die Eltern gegen ihre Kinder frühesten Alters sind, so zärtlich sind sie gegen die lebenden. Sie verziehen sie, wie gesagt, in jeder Weise, was in der Regel zur Folge hat, dass die Kinder später, wenn sie grösser sind, unfolgsam und bald zu selbstbewusst werden. In neuester Zeit hat sich unter befreundeten Nachbarstämmen die Sitte herausgebildet, die Kinder, wenn sie ein gewisses Alter erreicht haben (10—12 Jahre), wechselseitig auf Jahre „in Pension zu geben", einesteils um ihren Horizont zu erweitern, andernteils um ihnen Gelegenheit zu geben, die fremde Stammessprache zu erlernen; solche Kinder gewinnen dann später, wenn sie zurückkommen und erwachsen sind, ein gewisses Ansehen im Heimatsdorf und haben gleichzeitig die Befähigung erlangt, bei vorkommenden Gelegenheiten als Dolmetscher zu dienen.

Der Eintritt der Mannbarkeit wird bei den Knaben nicht besonders gefeiert, wohl aber die Beschneidung, die wohl meist mit jenem Zeitpunkte zusammentrifft; sie ist aber an keine besondere Altersstufe gebunden; kleine Kerle von 5 Jahren und Bursche von 16 Jahren und darüber, ja sogar solche, die schon verheiratet sind, können dabei vertreten sein. Sie erfolgt eben nicht regelmässig und kommt nur in grösseren Perioden in einem Bezirke vor, da ihre Ausführungsart in der Regel von dem Vorhandensein grosser Schweine abhängig ist; denn das Verspeisen der Schweine und die Zeremonien und Gebräuche, die bei der Vornahme der Beschneidung beobachtet werden, erscheinen den Papua wichtiger als diese selbst. Die Weiber dürfen den wahren Sachverhalt unter keinen Umständen erfahren, widrigenfalls sie sterben müssen; sie sollen an ein Ungeheuer (Balum) glauben, das die Kinder verschlingt, die dann durch die Schweine ausgelöst werden müssen. Sie glauben aber nur scheinbar daran, in Wirklichkeit sind sie schlau genug, den wahren Sachverhalt zu durchschauen. Sie wissen sehr wohl, dass die Knaben beschnitten und die Schweine von ihren Männern verspeist werden, hüten sich aber sehr wohl, ihre Kenntnis zu verraten. Die Beschneidung wird in verschiedener Weise vorgenommen, meist wird die Vorhaut gespalten oder die Eichel eingeschnitten. Die Jabim wiederholen sie wohl auch bei Gelegenheit von Schweinemärkten an einzelnen Knaben, dann aber ohne Zeremonien; die Wunden heilen im allgemeinen gut, schmerzen auch nicht über eine Woche. Als Grund und Nutzen dieses Brauches wird von aufgeklärten Papua die Entfernung des schlechten Blutes angegeben, wonach die Entwickelung der Jungen eine kräftigere und raschere sein soll. Üblich ist die Beschneidung in der Umgegend von Finsch-Hafen, bei den Kai-, Poom- und Bukaua-Leuten, in der Nähe von Simbang, an der Astrolabe-Bai, auf einigen Inseln im Archipel der zufriedenen Menschen, auf Rook und an anderen Orten. Durchgängig wird sie in Kaiser Wilhelms-Land nicht geübt, so z. B. nicht am Augusta-Fluss.

Die Operation an sich ist, wie bereits gesagt, mit grossartigen Zeremonien verbunden. Zunächst müssen die Beschneidungskandidaten etwa einen Monat vor der Beschneidung strenge Diät halten und alle Kost vermeiden, die reichere Blutungen verursachen könnte. Dann werden die Knaben unter dem Heulen der Weiber, die fern bleiben, und unter den Rutenstreichen der Männer nach dem für die Beschneidung bestimmten Platze geführt. Dort befindet sich die Behausung des Balum, der dem Mythus gemäss die Jungen in seinen Magen aufnimmt, um sie nach einiger Zeit als kräftige Burschen herauszugeben. Als Magen des Balum gilt eine lange Hütte von etwa 30 m Länge, die nach hinten zu niedriger wird. Missionar Vetter beschreibt die Vornahme des Brauchs in der Simbanger Gegend folgendermassen: Vor dem Eingang der Hütte sind auf das Palmengeflecht grosse Augen gemalt, und oben steckt zur Andeutung der Haare des Ungetüms die Wurzel einer Betelpalme hervor, der übrige Stamm der Palme soll das Rückgrat vorstellen. Aus dem Innern der Hütte ertönt dann und wann ein Brummen, die Stimme des Balum. Dieses Geräusch wird durch die sogenannten Balum-Hölzer hervorgerufen; etwa fusslange, flache, lanzettartige Hölzer schwingt man an einer Schnur in weitem Kreise um einen $3/4$ m langen Bambusstock, bald schneller, bald langsamer, und erzeugt dadurch abwechselnd höhere und tiefere Töne. Je schneller das Schwingen der Hölzer erfolgt, desto melodischer ist das Summen. Ähnliche Hölzer findet man in dem

Archipel der zufriedenen Menschen in Beliao; sie sind hier 30 cm lang, flach, spatelförmig und aus Bambus mit eingekerbten Mustern; in den Tauschhandel kommen diese Hölzer niemals. Hat man sich dann bei der Balumfeier der oben beschriebenen Hütte genähert, so wird der Balum bei Namen gerufen und durch Blasen auf Muschelhörnern zum Herauskommen aufgefordert. Lässt er seine Stimme vernehmen, so heisst es, „der Balum steigt herauf". Die Männer erheben einen geschreiähnlichen Gesang und, um die Knaben vor dem Untergange zu retten, müssen dem Balum einige Schweine geopfert werden. Die Frauen und Kinder haben vorher das Dorf zu verlassen. Sie müssen so lange fortbleiben und in Hütten, die zu diesem Zwecke in der Nähe des Dorfes errichtet sind, kampieren, bis der Geist das Dorf wieder verlassen hat. Aber auch vorher, während man die Hütte für den Balum errichtet, sollen die Frauen es vermeiden, diesem selbst oder den Beschneidungskandidaten nahe zu kommen. Sie haben sich, so lange sie in der kritischen Zeit noch im Dorfe sind, für alle Fälle zum Schutze vor dem Balum-Geiste und vor der gefährlichen Annäherung an die Beschneidungskandidaten mit gewissen trommelartigen Instrumenten zu versehen; es sind dies fusslange Bambusrohre mit längsverlaufendem fingerbreiten Spalt; indem man mit einem Hölzchen dagegen klopft, werden dumpfe Töne erzeugt. So oft dann die Frauen im Dorfe herumgehen, d. h. ihr Haus verlassen, schlagen sie unaufhörlich gegen die Stäbe, während die Beschneidungskandidaten sich ihrerseits eigenartiger Bambusflöten bedienen, um ihre Nähe anzuzeigen, damit ja eine gegenseitige Begegnung vermieden wird. Die Flöten bestehen aus einem Tubus, in den schräg von oben hineingeblasen wird, und einem darin befindlichen Stempel. Je nachdem durch Hin- und Herziehen desselben der Tubus verlängert oder verkürzt wird, entstehen höhere oder tiefere Töne. Jede Papua-Frau, die solche Flöte zu Gesicht bekommt, ist nach den Anschauungen der Eingeborenen des Todes; sobald sie daher solchen Ton von ferne hört, zieht sie sich eiligst in das Dickicht zurück. Solch' Flötenspiel ist nur in dieser kritischen Zeit vor der Beschneidung der Jünglinge gestattet, und die Flöten werden später sorgsam in dem Versammlungshause aufbewahrt. Als Missionar Vetter einst, um den kleinen Jungen seiner Schule in Simbang eine Freude zu machen, diesen kleine Bambuspfeifen geschnitten hatte, wurde ihm dies von den Alten des Dorfes sehr übel gedeutet, und die Flöten wurden den Jungen, welche sehr betrübt darüber waren, fortgenommen.

Haben schliesslich die Frauen das Dorf allesamt verlassen, so geht die Beschneidung vor sich. Die vorgeschriebenen Zeremonien müssen aber alle erfüllt werden. Hier, im Balum, müssen die Knaben nach der Beschneidung eine gewisse Zeit zubringen. Stirbt zufällig, was wohl sehr selten vorkommt, bei der Beschneidung einmal ein Jüngling, so hilft man sich mit folgender Ausrede oder Deutung: man sagt, das Balum-Ungeheuer hat ausser dem Menschen- noch einen Schweinemagen, in welchen der Knabe zu seinem Un- heil irrtümlich geraten ist. Aus dem Menschenmagen kommen alle Knaben nach gewisser Zeit heil und unversehrt heraus, nachdem sie durch die Schweine ausgelöst sind. Der Balum ist dadurch befriedigt und giebt die Knaben frei. Damit der Balum während der Zeremonie nicht etwa davonläuft, und auch schon vorher, zur grösseren Sicherheit für Weiber und kleine Kinder, wird der Balum von den Männern mit Stricken festgebunden. Das Loslösen dieser Stricke bildet mit den letzten Akt der Zeremonien, wonach der Balum selbst, nach der Eingeborenen Glauben, in seine unter- irdische Behausung zurückkehrt. Zu Gunsten der Männer hat er auch auf die Leiber der Schweine schliesslich verzichtet und sich mit der Seele der Opfertiere begnügt. Die Hölzer werden in das Versammlungshaus zurückgebracht und die Knaben in feierlichem Zuge aus ihrer Abgeschiedenheit in das Dorf geführt. Sie haben nun das Recht erlangt, sobald das Gespräch auf Beschneidungs- Angelegenheiten kommt, zuzuhören und Festteilnehmer bei Be- schneidungs-Feierlichkeiten im Dorfe und ausserhalb zu sein.

In Berlin-Hafen nennt man die Hütten, in denen die Be- schneidung der Jünglinge vorgenommen wird, Karewaris. Diese sind turmähnliche Häuser mit kleinen Kämmerchen, wo die Kan- didaten auch nach der Beschneidung längere Zeit isoliert bleiben. Das Betreten dieser Hütten ist Unberufenen untersagt; im krassen Widerspruch scheint damit zu stehen, dass die Karewaris unter- schiedslos mitten unter den Wohnhäusern im Dorfe liegen und dass der unverschlossene Eingang nur mit einfachen Grasvorhängen be- deckt ist, ein Hineingehen oder -sehen somit nur allzu leicht ge- macht ist. Zweifellos ist das einem Bienenkorb ähnliche grosse Geflecht mit bunten Blättern, welches Dr. Lauterbach im Jahre 1896 in Wodsa in der Nähe des Elisabeth-Flusses angetroffen hat und dessen Bedeutung er sich nicht erklären konnte, auch nichts anderes als eine Balum-Hütte gewesen. Die Eingeborenen nannten es dort „Tomburan". In jedem Falle bringt das Fest der Beschneidung überall hin grossen Trubel; die Eingeborenen sind während dieser Zeit für Verhandlungen, Anwerbungen u. s. w. nicht zu haben. Während derselben soll überdies bei den Jabims — was besonders bemerkenswert ist — eine Art „Treuga dei" bestehen; es darf kein Totschlag vorkommen, doch wird durch dieses Verbot die gegenseitige Furcht und Fehdelust bei ihnen in Wirklichkeit nur sehr wenig gedämpft.

Die Mädchen müssen bei Eintritt der Mannbarkeit etwa sechs Wochen im Hause bleiben. Nach Ablauf dieser Periode werden sie von den Frauen gebadet und geschmückt und dann den feierlich versammelten Dorfgenossen vorgestellt. Zu ihren Ehren werden natürlich einige Schweine geschlachtet und die Frauen bewirtet. Die gefeierten Mädchen haben das Zusehen, da sie nichts von dem Festbraten geniessen dürfen. Sehr bald nach diesem Zeitpunkt findet in der Regel die Verheiratung der Mädchen statt, also in einem Alter von 14—16 Jahren. Es kommt selten vor, dass ein Mädchen ledig bleibt.

Bei den Papua herrscht die Polygamie, allerdings ist bei ihnen wie bei allen tiefer stehenden Völkern, bei denen die ehelichen Verhältnisse noch in der Entwickelung sind, die Anschauung vertreten, dass das Weib, solange sie ledig ist, sich jedem Stammesgenossen preisgeben darf und erst, nachdem sie in die Ehe getreten ist, dem Manne treu bleiben muss. Hat bei den Völkern auf polygamischer Stufe ein Mann nur eine Frau, so liegt das daran, dass er den Preis für mehrere nicht erschwingen kann. Die Verhandlungen vor der Ehe geschehen mit der Sippe der Braut, und die Braut wird verkauft, ob sie in die Ehe eingewilligt hat oder nicht. Es gilt hierbei eben noch die Anschauung, dass die Weiber wie auch sonstige Güter Eigentum der Blutsfreunde sind. Bekanntlich kommt man in der allerersten Entwickelungsstufe der individuellen Ehe zur Frau noch durch Raub. Die Papua in Kaiser Wilhelms-Land haben diese Stufe bereits überschritten; als ein Ausfluss dieses Brauches erscheint bei ihnen die auch noch bei anderen Völkern auf niedriger Stufe verbreitete Sitte, dass nahe Verwandte, Schwiegervater und Schwiegertochter, Schwiegermutter und Schwiegersohn wie auch Schwager und Schwägerinnen sich möglichst wenig sehen und miteinander nicht sprechen dürfen. Dieser Brauch hat sich später dahin entwickelt, dass die oben bezeichneten Personen nicht einmal gegenseitig ihre Namen aussprechen dürfen, ja selbst dann nicht, wenn dieser Name bereits auf ein jüngeres Familienmitglied übergegangen ist. Ist dann z. B. ein Kind nach seinem verstorbenen väterlichen Grossvater benannt, so darf die Mutter des Kindes diesen Namen nicht aussprechen, und das Kind muss noch einen besonderen Namen erhalten, bei dem die Mutter es ruft. Ja, der Papua geht sogar so weit, dass er sich scheut, seinen eigenen Namen auszusprechen. Und es berührt eigentümlich, dass er, gefragt, wie er heisst, meistens keine Antwort giebt, sondern sich an einen Freund oder Genossen wendet, welcher gerade in der Nähe ist, der dann den gewünschten Bescheid giebt.

Hat ein junger Papua sein Herz an eine Papua-Schöne verschenkt und will er um sie freien, so hat er sich in erster Reihe an die mütterlichen Verwandten der Auserwählten, zunächst an ihre Oheime zu wenden. Die Zustimmung des Vaters hat er natürlich auch einzuholen, die ausschlaggebende Stimme haben aber jene; sie und ihre Söhne erhalten auch einen grossen Anteil an dem Kaufpreise, der an den Vater des Mädchens von den Verwandten des Mannes, Vater, Brüdern, Oheimen, Vettern, gezahlt wird. Er besteht etwa in einem Eberzahn, einigen Netzen, Speeren, Töpfen und Eisen. Hat man keinen Eberzahn, so thut es auch ein mit Hundefangzähnen besetztes Täschchen. Jedenfalls ist der Preis nicht höher, als man ihn für ein zwei Zentner schweres Schwein entrichtet. Könnte der Bräutigam auch ohne Beihülfe volle Zahlung leisten, so geschieht es doch selten. In der Anschauung der Eingeborenen weiss man aber sehr wohl den Unterschied zwischen dieser Art Kauf oder richtiger Eintausch und dem Kauf oder Tausch von Wertgegenständen zu würdigen; so haben sie auch für beide Arten verschiedene Worte. Verheiratet sich die Tochter nach aussen, so erhält der Vater den grössten Gegenstand der Morgengabe; bleibt sie in demselben Dorfe, so geht er in der Regel leer aus, es wird die Arbeit des Schwiegersohnes in Anrechnung gebracht, der Vater muss aber dann die Ansprüche der mütterlichen Verwandten des Mädchens befriedigen.

Bei der Kaufehe fehlt es an einem ehelichen Güterrecht, da die Frau gleichsam als Vermögensstück des Mannes Vermögen nicht haben kann. Erhält die Papua-Frau in Kaiser Wilhelms-Land ausnahmsweise etwas zur Aussteuer, so pflegt sie das wohl als ihr Sondergut zu behalten. Dies verpflichtet den Ehemann jedoch, sich mit einem entsprechenden Gegengeschenk bedeutend zu revanchieren. Sachen von Wert, über welche die Frau allein verfügen könnte, bekommt sie aber nicht mit in die Ehe. Wohnt der Bräutigam ausserhalb und ist der Kaufpreis noch nicht oder noch nicht ganz entrichtet, so bleibt der Mann bis zur vollständigen Bezahlung am Wohnsitz der Frau; auch sonst lebt das Paar bisweilen noch längere Zeit nach der Verheiratung bei den Eltern der Frau, in der Regel folgt sie aber dem Manne nach seinem Dorfe.

Die Gatten sind meist gleichaltrig oder der Mann ist einige Jahre älter als die Frau; ein jüngerer Mann hat nie eine alte Frau, er heiratet auch keine Witwe. Neigungsheiraten kommen vor, aber auch bei diesen durch Kauf; hat die Maid eine entschiedene Abneigung gegen den ihr bestimmten künftigen Gatten, so fügt sie sich meist bald auf Zureden der Mutter und übrigen Verwandten, die ihr vorstellen, dass sie im Weigerungsfalle vielleicht verzaubert werden könnte, in ihr Schicksal. Selten haben die Papua mehr als vier Frauen, und wohl nur die Wohlhabenderen und Häuptlinge mehr als eine. Die Papuaweiber sind keine Freundinnen der Polygamie, und oft haben sie Einfluss und Macht genug, die Wahl eines Nebenweibes zu verhindern. Hat jemand mehrere Weiber, so ist gewöhnlich die zuletzt erworbene die am meisten bevorzugte. Äusserlich tritt dies dadurch hervor, dass sie die Wertsachen des Mannes zur Aufbewahrung hat.

Hochzeitsfeierlichkeiten finden nicht statt; die Verwandten des Mädchens nehmen den Kaufpreis in Empfang, die des Mannes schlachten für die Familienangehörigen der Frau, insbesondere für die Oheime, Brüder und Vettern derselben ein Schwein oder einen Hund. Die Verwandten der Braut nehmen das Mahl in Abwesenheit der Brautleute und ihrer Eltern ein; die Braut geht umher wie sonst, und der Bräutigam lässt sich an diesem Tage nicht blicken. Bei den Jabims soll es Sitte sein, dass er dann gegen Abend von seinen Freunden gesucht und gepackt wird; man schleppt ihn in das Haus seiner Erwählten, und nicht selten legt sich dann noch wohl einer der Verwandten vor das Haus, damit beide die Nacht über zusammen bleiben. Auch Entführungen kommen vor, aber nur mit dem Willen der Frau. Das Paar flieht dann in den Wald oder auch wohl in ein Nachbardorf. Können die Verwandten des Entführers gut bezahlen, so lässt man wohl die Sache auf sich beruhen und das Paar zusammen. In andern Fällen geht es aber nicht so glatt ab.

Ehehindernisse finden sich schon auf primitiven Stufen der individuellen Ehe; sie beschränken sich aber auf die allernächsten

Verwandtschaftsgrade und werden nicht regelmässig beachtet. Nahe Blutsverwandtschaft ist in der Regel Ehehindernis bei den Papua. Geschwisterkinder, Oheim und Nichte, Tante und Neffe können sich nicht heiraten, wohl aber Schwager und Schwägerin, d. h. ein Mann und die Frau des verstorbenen Bruders. Es kommt auch vor, dass einer die Tochter des Bruders seiner Mutter nimmt. Die Tochter der Mutterschwester dürfte er aber nie nehmen. Bei den Jabims kommt es vor, wenn auch sehr selten, dass einer ine Witwe samt ihrer Tochter zugleich zu Weibern nimmt, doch ist ein solches Verhältnis selbst den Eingeborenen widerwärtig. In der Regel werden die älteren Töchter zuerst verheiratet, nur in Ausnahmefällen die jüngeren. Abweichungen von dem Herkommen geben stets Anlass zu Gerede im Dorf. Die eheliche Treue wird sehr oft auf beiden Seiten verletzt; auch die jungen Mädchen halten sich selten rein. Es ist dies auch nicht anders zu erwarten, da die Kinder, besonders bei den Jabims, von Jugend auf unflätige Reden und Zoten aus dem Munde ihrer Eltern hören. Diesen ist das leichtfertige Betragen ihrer Töchter meist nicht verborgen, sie hindern es aber nicht. Wenn trotzdem uneheliche Kinder selten sind, so liegt es eben daran, dass die mannbaren Mädchen bald verheiratet werden und auch Witwen nur kurze Zeit ledig bleiben. Lässt eine Ehefrau sich von einem anderen Manne verführen, so muss der Kaufpreis von ihren Verwandten wenigstens zum Teil den Verwandten des Mannes zurückgezahlt werden; dies geschieht dann nicht, wenn auch auf Seiten des Mannes irgend welche Schuld liegt, sei es Misshandlung, Untreue oder Ähnliches. Selten kommt es vor, dass der verlassene Ehegatte die Frau zu sich zurückholt; er unterlässt dies stets, wenn der Anhang der Frau mächtiger ist als der seinige. Bei einer Trennung der Ehegatten bleiben die grösseren Kinder in der Regel beim Vater, während die kleineren von der Mutter mitgenommen werden. Eine formelle Ehescheidung giebt es jedenfalls nicht.

Stirbt der Mann, so geht die Witwe gewöhnlich zu ihren Angehörigen zurück. Bei den Kai-Stämmen wird die Witwe nach dem Tode ihres Mannes mit ihrer Zustimmung von ihren eigenen Verwandten erdrosselt und zusammen mit dem Dahingeschiedenen begraben. Von den Missionaren in Simbang, bez. auf dem Sattel-Berg, ist dieser Fall bereits zweimal beobachtet worden. Die Kinder bleiben meistens nicht mit der hinterlassenen Witwe zusammen, sondern gehen zu anderen nahen Verwandten, einem verheirateten Bruder oder Oheim; eine feststehende Norm giebt es jedoch nicht. Die kleinen Kinder behält vorläufig die Mutter.

Äusserlich sind die Frauen in Kaiser Wilhelms-Land scheu und zurückhaltend, und nur selten legen sie besonders dem Europäer gegenüber dieses oft nur zur Schau getragene Wesen ab. Hübsche liebliche Mädchengestalten finden wir in der Bunu-Landschaft, und sie verstehen sich auch nett zu schmücken; in dieser Hinsicht treten gleichfalls die kleinen Siar-Mädchen im Archipel der zufriedenen Menschen vor den anderen Frauen des Schutzgebietes hervor; sehr sauber und schmuck sehen ferner die Mädchen aus Bogadji an der Astrolabe-Bai aus, ebenso die Bilibili-Frauen. Hässliche Vertreterinnen des Frauengeschlechts finden wir in der Langemak-Bucht, am Ottilien- und Augusta-Fluss und besonders unsauberes und lüderliches Weibervolk auf Dampier oder Karkar.

Herzlich bedauert man die armen Weiber, wenn man sie des Abends oft keuchend unter ihrer schweren Last von den Pflanzungen heimkehren sieht. Sie schleppen auf ihrem Rücken in einem Tragekorbe oder in Bast eingebunden, bez. eingeknüpft, Feuerholz, Wasserkrüge, Taro, Yams und andere Früchte, die sie vom Felde heimbringen. Die Frauen an der Küste haben es besser als die im Binnenlande; sie benutzen in der Regel, um zu ihren Pflanzungen zu gelangen, kleine Kanus, die sie selbst oder ihre Kinder rudern. Die Weiber sehen dann ganz fröhlich und guter Dinge aus und machen ganz und gar nicht den Eindruck, als ob sie abgearbeitet wären; ruft man sie im Vorbeigehen an, so nicken sie einem höchst vergnügt zu; ein bisschen kokettieren mögen sie gar zu gern. Beglückt man sie gar mit ein paar Stangen Tabak, so zeigen sie lächelnd ihre schönen weissen Zähne und mit dem üblichen „o tamu" verabschieden sie sich, dem nahen Heimatsdorfe zueilend. Hier erwartet sie die Arbeit des Kochens und das Bereiten des Mahles. Und ist dieses vorüber, so wird es bald still im Papuadorf; die Schatten der Nacht senken sich herab auf die friedlichen Bewohner, die ihre Matten aufgesucht; nur ab und zu unterbricht die Ruhe die abscheulich heulende Stimme eines Papuahundes. Beim ersten Morgengrauen sind es wieder die Frauen, die zuerst ihr Lager verlassen. Nachdem sie die Flure gereinigt und wohl auch den Strand fein säuberlich gefegt haben, machen sie sich nach einer leichten Mahlzeit, von den kleinen Mädchen und bisweilen auch von den Knaben begleitet, nach der Arbeit auf. Abschiedsworte werden kaum gewechselt; es befremdet uns dies wie auch die Wahrnehmung, dass das Wiedersehen selbst naher Verwandter, sogar nach längerer Trennungszeit, ohne jede Gefühlsäusserung vor sich geht.

Allerliebst sind die kleinen Papuakinder, Knaben und Mädchen; auch sie thun wohl etwas scheu, wenn man sie bemerkt, und halten, besonders die kleinen Mädchen, bei der Anrede eines Fremden verschämt die Hand vor Augen, sind aber schon zutraulicher, wenn man das zweite Mal zu ihnen ins Dorf kommt. Lässt man sich häufiger sehen und wissen sie gar aus Erfahrung, dass man Tabak oder kleines Spielzeug bei sich hat, so springen sie einem bei der Ankunft freundlich entgegen, zeigen ihre kleinen Bogen und Pfeile, oder was sie sonst nach ihren Begriffen Merkwürdiges haben, und suchen nach ihrer Weise die Aufmerksamkeit des Ankömmlings für sich zu gewinnen. Im Durchschnitt sind sie klug und gelehrig, und die Missionare haben öfters versichert, dass, wenn sie die Kleinen nur zu einem regelmässigeren Schulbesuch bringen könnten, sie keine schwere Arbeit mit ihnen haben würden. Lesen zu lernen macht ihnen mehr Vergnügen als der mühsame Schreibunterricht, der ihnen bald über wird. Viel lieber würden sie sich zu einem nützlichen Handwerk anlernen lassen, doch scheinen in dieser Beziehung von den Missionaren in Kaiser Wilhelms-Land Versuche noch nicht gemacht worden zu sein.

Wie unsere Kinder, sind auch die kleinen Papua gross im Erfinden von allerlei Spiel. Man hat wirklich Freude daran, die kleinen schwarzen Gestalten bei ihren kindlichen Vergnügen zu beobachten. Sie spielen „schwarzer Mann" wie unsere Kleinen, haben Ballspiele wie wir und ein unserem Barrlauf ganz ähnliches Spiel; Kriegs- und Jagdspiele mögen sie besonders gern, selbst unser allbekanntes „Zeck" und „Kettenreissen" scheint bei ihnen vertreten zu sein. Seltener sieht man die kleinen Mädchen sich im Dorfe umhertummeln, nur dann, wenn sie ganz klein sind. Ausgezeichnet verstehen und lieben es diese kleinen Papuamädchen, Wartedienste bei Kindern der Europäer zu versehen, und ihr Eifer hierbei ist bewunderungswürdig. Gern kommen sie zu den Missionaren, wenn sie wissen, dass diese kleine Kinder haben, und bestürmen dann die Missionarfrauen, ihnen den Wartedienst bei ihren kleinen Lieblingen zu übertragen; und ist es ihnen gewährt, mit welchem Ernst und Pflichteifer walten sie ihres Amtes! Sie wissen ganz genau, wie sie einen kleinen Schreihals am besten beruhigen, und nehmen leuchtenden Auges, falls sie besonders gut gewartet haben, das Lob aus dem Munde der Mutter ihres Schützlings entgegen. Die kleinen Mädchen des Dorfes reissen sich so sehr darum, diese Kindermädchendienste zu versehen, dass die Missionarfrauen sich veranlasst sehen, täglich eine andere Kleine mit dem Ehrendienst bei ihrem Baby zu betrauen. Mit der halben Stange Tabak als Belohnung oder Gastgeschenk ziehen sie vergnügt am Abend heim und zählen schon die Tage, wann sie wieder an der Reihe sind, Kindermädchen zu spielen. Die Papuakinder sind lieb, und bei dem Dahinscheiden ihrer kleinen Nachkommen zeigen die Eltern tiefe und aufrichtige Betrübnis; dies geht bei einzelnen Stämmen selbst so weit, dass sie es nicht übers Herz bringen können, den Leichnam ihrer kleinen Lieblinge zu begraben. Sie balsamieren ihn nach dem Tode mit Rötel ein, umwickeln ihn mit Bast und bewahren ihn auf diese Weise noch lange im Hause auf. Hat sich dann der erste Trennungsschmerz gelegt, so bestatten sie die Leiche in der Erde.

e. Krankheit, Tod, Bestattung.

Dank ihrer einfachen Lebensweise haben die Eingeborenen nicht viel unter Krankheit zu leiden, doch sind sie ebensowenig malariafrei wie die Europäer. Eine Eigentümlichkeit des Fiebers bei den Eingeborenen ist, dass sich der Körper bei vielen Fieberkranken mit grossen roten und nässenden Flechten bezieht. Als Fieberheilmittel wenden sie ihr Universalmittel an: Blutabzapfen an der Stirn oder am Rücken, oder sie umwickeln auch Schläfe und Hinterkopf fest mit einer Schnur, oder endlich, sie setzen die Leidenden, um das Fieber zu vertreiben, vor ein kräftiges Feuer. Noch ein anderes Fiebermittel, das viel in der Gegend von Simbang und Finsch-Hafen von den Eingeborenen gebraucht wird, ist die Muju-Rinde, deren Rauch die Krankheit vertreiben soll.

Die Bevölkerung von Simbang leidet mehr an Krankheiten als die Eingeborenen sonst überall, und nach den Berichten der in Simbang stationierten Missionare geht die Einwohnerzahl dort in den letzten Jahren schnell zurück, da die Todesfälle die Geburten bei weitem übersteigen. Ein Mann von vierzig Jahren ist hier eine Seltenheit. Auch in einigen Dörfern der Astrolabe-Bai, in Gumbu-Korrendu, nimmt die Bevölkerungsziffer immer mehr ab, während sie sonst fast überall, wenigstens an der Küste von Kaiser Wilhelms-Land, stetig im Steigen begriffen ist. Sehr verbreitet ist im Süden von Kaiser Wilhelms-Land, besonders bei den Jabim,

Beri Beri oder Elephantiasis. Von Hautkrankheiten ist in erster Reihe der Ringwurm zu erwähnen, eine hässliche und so ansteckende Krankheit, dass man selten ein ringwurmfreies Dorf in Kaiser Wilhelms-Land findet. Ganz frei von diesem Hautübel scheinen die Bunu-Eingeborenen zu sein wie auch die Bevölkerung am mittleren Augusta-Fluss.

Die Hälfte aller Erkrankungen bei den Papua bilden Geschwüre, unter denen Fuss- und Beingeschwüre besonders häufig sind. Der Grund dafür liegt zum Teil an der mangelnden Bekleidung, teils auch daran, dass die Wunden zu wenig ernst genommen werden und infolge der nachlässigen Behandlung und Unsauberkeit sich schnell verschlimmern. Weniger häufig sind Geschlechtskrankheiten; Syphilis ist noch nie unter den Eingeborenen beobachtet worden. Die Pocken haben bereits zu verschiedenen malen Kaiser Wilhelms-Land heimgesucht; im Jahre 1893 sind sie durch einen javanischen Kulitransport leider in Stephansort eingeschleppt worden und damals trotz aller erdenklichen Absperrungsmassregeln bis nach Dorfinsel bei Kelana gedrungen. Von den Papua, die damals als angeworbene Arbeiter im Dienste der Neu-Guinea-Kompagnie standen, sind jener Epidemie 351 Personen zum Opfer gefallen. Einige Jahre später haben die Pocken, wahrscheinlich von Norden her durch malayische Händler eingeschleppt, ganz furchtbar am Berlin-Hafen und in dessen Umgegend gewütet. Auch unter den Jabim hat einmal vor vielen Jahren eine Pockenepidemie geherrscht. Von anderen gefährlichen Krankheiten tritt hier und da in der Regenzeit Dysenterie auf, die erst mit der Trockenzeit weicht.

Geisteskrankheiten sind selten. Allerdings kommt es hier und da einmal vor, dass ein Kranker, vielleicht vom Sonnenstich befallen, wie halb verrückt im Dorfe herumrennt und von den Kindern nach Herzenslust gefoppt wird. Die Erwachsenen kommen dann hinzu, beruhigen den Kranken und veranlassen ihn, sich niederzulegen. Solche Zustände sind meist mit Fieber verbunden, aber gewöhnlich nur vorübergehend.

Erwähnung verdient noch die in letzter Zeit unter den Eingeborenen beinahe endemisch gewordene Grippe, die besonders häufig in der Regenzeit auftritt. Von Fuss- und Hautübeln abgesehen, macht der Eingeborene sehr viel Aufhebens von seiner Krankheit. Man hört ihn stöhnen und jammern, und mit wahrem Märtyrergesicht klagt er dem ihn Besuchenden seine Leiden. Schlägt man ihm dies oder jenes zur Heilung oder Linderung vor, so schüttelt er traurig abwehrend mit dem Kopfe, was wohl so viel heissen soll als: „das ist ja alles vergebens, ich bin ja doch verzaubert." Denn jedes ernste Unwohlsein führen unsere Papua lediglich auf Verhexung zurück, und, ist der Erkrankte seinem Leiden erlegen, so war das Zaubermittel seines Feindes allein die Ursache seines Todes.

Die Bestattung erfolgt in der Regel in der Erde, unter oder nahe den Häusern. Wie die Leichen von Kindern, so behält man auch gern solche von angesehenen Personen länger im Hause zurück und bestattet sie erst nach geraumer Zeit. In den Bogadji-

Grab eines Häuptlings bei Finsch-Hafen.

Dörfern begegnete man früher oft der Unsitte, dass die Leichen mit Sagopalmenblättern bedeckt und meist in sitzender Stellung im Hause bewahrt wurden. Die in der Erde bestatteten Leichen gräbt man nicht selten nach kurzer Zeit wieder aus. Der Unterkiefer wird vom Schädel getrennt und als Reliquie aufbewahrt, das übrige fortgeworfen. Die eben erwähnte Bestattungsweise in den Häusern selbst hat Zöller ebenso landeinwärts der Astrolabe-Bai gefunden, z. B. in dem Dorfe Kadda. In jeder der Dorfhütten waren dort ein bis zwei in Matten gehüllte Leichen in hockender Stellung an die Wand gelehnt mit bis an die Nasen hochgezogenen Knieen. Überdies findet man in der Gegend der Astrolabe-Bai bis an den Szigamu-Bergstock nicht selten eine oder mehrere in Rauch getrock-

12*

nete, fest zusammengewickelte Mumien in den Häusern, die von den Angehörigen ängstlich gehütet werden; sonst ist im Norden wie im Süden die Bestattung in der Erde üblich. Die Pflicht der Bestattung liegt den Verwandten mütterlicherseits ob, in den Bogadji-Dörfern daneben dem Namensvetter des Verstorbenen, der dafür einen kleinen Anteil an der Nachlassmasse zu beanspruchen hat;[1]) ob er diesen Teil als Entgelt oder Erbberechtigung erhält, ist noch nicht genügend aufgeklärt. Über dem Grab wird wohl häufig eine Hütte errichtet, in der die Angehörigen wochenlang nach dem Tode kampieren, der Witwer oder die Witwe ganz in eine Ecke gekauert und vor Schmutz fast unkenntlich geworden. Denn nach Papua-Sitte ist es dem verwitweten Teil verboten, in der ersten Zeit nach dem Tode des Angehörigen sich zu waschen. Der eigentliche Grund ist nicht ersichtlich. Auf den Rook-Inseln sind die Gräber, die sich hier vor den Häusern befinden, meist mit einem kleinen Rohrzaun umgeben; innerhalb des Zaunes wird einen Monat lang nach dem Tode von den Angehörigen des Verstorbenen ein Feuer unterhalten, damit die Seele nicht friere, und die Witwe hat noch mehrere Monate lang jeden Morgen und jeden Abend auf dem Grabe eine Trauerklage anzustimmen. Erst nach dieser Zeit zerstört man den Zaun, und ein Fest beschliesst das Ganze.

Grössere Feierlichkeiten werden nach dem Tode eines Häuptlings veranstaltet. Es wird nach dem Begräbnis, das sich sonst von den übrigen nicht unterscheidet, längere Zeit nachts ein Trauertanz aufgeführt und ein Trauergesang dabei angestimmt. Von allen Seiten kommen die befreundeten Dörfler und geben den von dem Verluste Betroffenen ihren Unwillen darüber kund, dass sie den Häuptling hätten sterben lassen. Als Trauerzeichen gilt ganz allgemein Schwarzfärben der Brust und des Gesichtes mit Manganerz. Bei den Jabim legt man Trauerschnüre an. Der Witwer pflegt überdies einen Trauerhut aus Bast und die Witwe ein Trauernetz zu tragen; dieser Trauerschmuck ist in Kaiser Wilhelms-Land fast allgemein. Das Glockengeläute bei der Leichenbestattung wird bei den Papua ersetzt durch das Blasen von Muschelhörnern oder Bambusflöten, die nach dem Todesfalle schauerlich durch das Dorf tönen und in den Bergen wiederhallen. Mit der Abnahme der Trauerzeichen ist in der Regel ein grosses Fest mit Schweineschmaus verbunden. Das Ende der Trauerzeit bestimmen die Ver-

---

[1]) Hoffmann, in Nachrichten über Kaiser Wilhelms-Land, 1898, S. 74.

wandten des Verstorbenen; es hängt davon ab, ob der überlebende Teil bereits in der Lage ist, ein Schwein zum Besten zu geben oder nicht. Nicht selten wird die Abnahme der Trauerzeichen an verschiedenen Witwen bez. Witwern zugleich vorgenommen, damit der Schmaus desto grösser wird. So kommt es, dass die Zeichen der Trauer oft erst nach Jahren abgelegt werden; indes ist es dem oder der Verwitweten unbenommen, sich bereits früher zu verheiraten.

3. Soziale und religiöse Verhältnisse, Geistesleben, Charakter, Sprache, Tanz, Belustigungen.

An ein Weiterleben nach dem Tode glauben wohl alle Papua in Kaiser Wilhelms-Land, allerdings sind ihre Vorstellungen darüber sehr unklar. Die Siar-Leute und andere Eingeborene des Archipels der zufriedenen Menschen versetzen das Jenseits in die Berglandschaft am Kap Rigny; sie preisen es als ein Land, wo es alles im Überfluss giebt. Die Jabim geben der Seele des Toten Feuer mit auf den Weg. Der Brauch hierbei ist folgender: in der ersten Nacht nach dem Tode des Abgeschiedenen nimmt einer der angesehensten Dorfbewohner ein brennendes Stück Holz, streckt es vor sich aus und ruft: „Deine Kinder weinen um dich, komm, hole dir Feuer!" Nach der Vorstellung der Eingeborenen kommt der Geist dann herbei, nimmt das Feuer und eilt damit von dannen, damit gleichzeitig die Richtung andeutend, die man einzuschlagen hat, um nach dem Hause seines Verzauberers zu gelangen. Um den Lichtschein besser verfolgen zu können, fahren die nächsten Verwandten aufs Meer hinaus oder erklettern hohe Bäume. Furchtsam, wie die Eingeborenen sind, gehen sie des Abends nie ohne Feuerstock aus und wollen daher auch nicht die Seele im Jenseits ohne solchen lassen. Die Kai-Leute verlegen das „Gefilde der Seligen" auf eine der Siassi-Inseln südlich von Rook.

So hat jeder Stamm sein anderes „Lambon", in das die Seele nach dem Tode schwebt, und zwar giebt es, insbesondere nach dem Glauben der Jabim, in jedem „Lambon" wieder verschiedene Abteilungen für die einzelnen Todesarten, so eine besondere für die vom Feinde Erschlagenen, eine andere für die durch Zauberei ums Leben Gekommenen, noch eine andere für Selbstmörder. Als Mittler, dessen Hilfe und Geleit den abgeschiedenen Seelen bei dem Hinübergleiten in das „Lambon" unentbehrlich ist, wird von den Kai-Leuten der Balum angesehen. Der papuanische Charon hat somit dieselbe Bezeichnung wie der Geist, der die Beschnittenen verschlingt und der, wie wir noch unten sehen werden, bei der Ahnenverehrung eine Rolle spielt.

Es ist bereits oben angedeutet worden, dass der Balum-Kultus auch mit der Ahnenverehrung im Zusammenhange steht. Jedes Dorf hat ein ganzes Pack Balum-Hölzer, darunter stets einige wenige, die von den Lebenden zu Ehren der Verstorbenen benannt sind. Diese werden besonders hoch gehalten und sorgsam gehütet und bewahrt Es ist dies eine Art Ahnendienst. Mit dem Eintritt in das Geisterreich wird auch die Seele zum Balum, und damit finden wir noch einen vierten Begriff mit demselben Worte bezeichnet.

In dem Geisterreich leben die Seelen der Verstorbenen ein glückseliges Dasein weiter; nur das Verzaubern, das so tiefe Wurzeln im Aberglauben der Papua geschlagen hat, geht auch dort weiter.[1]) Auf diese Weise ist nach der Anschauung der Papua noch ein zweiter Tod möglich, der dann die Verwandlung in ein Insekt, z. B. in eine weisse Ameise zur Folge hat.

In der Regel bleibt die Seele, nachdem sie den Körper verlassen hat, nicht etwa dauernd in dem „Lambon", sondern sie zieht es vor, besonders zur Nachtzeit das Heimatsdorf wieder aufzusuchen; und der schädliche Einfluss, den sie dann während eines solchen Aufenthaltes in dem Dorfe ausübt, bildet eine stete Sorge im Leben der Papua. Sie hören sie des Nachts im Walde ihr Wesen treiben, sie wissen, dass sie die gegen Abend bei Dunkelwerden ruhig nach Hause Wandernden gern irre führt und ihren Spuk mit ihnen treibt, ja sie glauben auch, dass sie sogar bei Tage in der Nähe des Dorfes sich aufhält, sich dann aber, um ungesehen zu bleiben, in Blätter, Ameisen, Würmer und dergleichen verwandelt. Wie die Seelen ihrer Verstorbenen, so schweben nach dem Glauben der Papua auch die Seelen dahingeschiedener Europäer Irrwischen gleich umher; so sollen bei dem Tode der Frau des Landeshauptmanns v. Schleinitz die Eingeborenen von Simbang steif und fest behauptet haben, dass sie den Geist der bei ihnen sehr beliebt gewesenen „Daukeo", wie sie Frau v. Schleinitz nannten, in Gestalt eines weissen Lichtes durch alle Dörfer der Küste haben dahinfliegen sehen.

---

[1]) Vetter a. a. O. S. 94.

Tafel 19.

Dorf Erima.

Dorf Samm mit dem Götzen.

Da man die Geister der Verstorbenen fürchtet, bereitet man dem Toten, noch ehe man ihn bestattet, ein Totenmahl und legt ihm alles, was er etwa auf der Fahrt nach dem Geisterreich brauchen könnte, ins Grab; ferner opfert man den Geistern bei Anlegung einer Pflanzung, um keine schlechte Ernte zu haben, mit folgender Apostrophe: „Ihr Heuschrecken, Würmer und Raupen, die ihr gestorben seid, geht ins Dorf zurück." Kurz, man thut alles, um die Geister der Verstorbenen zu Freunden zu behalten. Jedoch wissen die Eingeborenen auch von Hausgeistern, die Gesundheit und Wohlstand verleihen, dennoch schaden die Geister der Verstorbenen mehr als sie nützen, und schon kleine Kinder sind, wie wir oben gesehen haben, ihrem schädlichen Einflusse ausgesetzt.

Die religiösen Vorstellungen der Papua in Kaiser Wilhelms-Land beschränken sich, soweit wir wissen, im grossen und ganzen auf ihren Geister- und Ahnendienst. Bei den Jabim und anderen denkt man sich hier und da in einzelnen Familien das Fortleben der Dahingeschiedenen in Gestalt von Tieren, Krokodilen, Schweinen, Würmern und anderem Getier, und so ist auch der Totemismus ihnen geläufig, d. i. die Vorstellung, ehemals ein Tier in der Verwandtschaft gehabt zu haben, und seine Verehrung aus diesem Grund. Mancher leitet seine Herkunft von einem Schweine ab und enthält sich deshalb des Genusses von Schweinefleisch; von anderen wird wieder das Krokodil geschont, weil ihre Stammmutter neben ihren Ahnen gleichzeitig einem Krokodil das Leben gegeben hat. Wer durch die Mutter solche Verwandtschaft hat, wird nach der Anschauung einzelner Stämme nach seinem Tode in das verwandte Tier verwandelt. Bemerkenswert ist, dass, falls andere ein solches Tier töten, dem man verwandt zu sein glaubt, man mit diesem, wohl nur zum Scheine, ein Gefecht aufzunehmen hat und ein Trauermahl zu Ehren des dahingeschiedenen verwandten Krokodils, Känguruh, oder was es gerade war, geben muss.

Im Innern der Versammlungshäuser sieht man an den Querbalken des Giebels, so auf Bilibili, häufig kunstvolle Tiergestalten eingeschnitzt wie Eidechsen, Schildkröten, Fische und Vögel, ohne Zweifel zu Ehren der in solche Gestalt übergegangenen oder von diesen Tieren abstammenden Ahnen. Bei den Eingeborenen im Nordosten von Kaiser Wilhelms-Land auf dem Festlande wie auch auf den Inseln finden wir fein geschnitzte und bunt bemalte groteske Holzfiguren mit vogelschnabelartiger Nase, in der Astrolabe-

Bai charakteristisch durch eine weit ausgestreckte Zunge. Kleinere Holzfiguren kommen ebenso häufig vor, Nachbildungen männlicher und weiblicher Gestalten mit einem Haarkörbchen auf dem Hinterkopf und einem Bart aus Menschenhaaren. Die meisten dieser Figuren halten die Arme herabhängend und sind rot bemalt. Diese Darstellungen sind wohl ebenfalls nichts anderes als Bilder von Ahnen, die man in dem Glauben, dass sie Glück und Schutz gewähren, hochhält. Dieselbe Bedeutung haben ohne Frage Miniaturmasken, die die Männer zuweilen an ihren Tragebeuteln befestigen.

Hand in Hand mit der Ahnenverehrung ist bei einzelnen Stämmen ein beschränkter Naturkult zu erkennen. Vornehmlich werden Mond und Sonne verehrt. So glauben die Jabim, dass in der Sonne ein Abmntau (Mächtiger) wohne, und das jedesmalige Erscheinen des Vollmondes giebt allen Papua in Kaiser Wilhelms-Land willkommene Gelegenheit, Tänze aufzuführen und Schweinegelage abzuhalten. In Finsch-Hafen werden auch Mond, Blitz und Sterne mit „Abmntau" bezeichnet. Dieselbe Bezeichnung geben sie ihren am Versammlungshaus aufgestellten, geschnitzten menschlichen Figuren. Sämtliche Kai-Stämme wissen von höheren Wesen zu erzählen, einem männlichen „Ding" und einem weiblichen „Gakweng", denen sie eine ungeheuer grosse Gestalt andichten; sinnbildlich stellen sie beide durch die Bambusflöten dar, auf denen sie zu Beschneidungszeiten blasen. Jedoch übt die Vorstellung von einem höheren Wesen auf die Papua so viel wie gar keinen Einfluss aus, wohl aber beherrscht, wie wir bereits des öfteren zu bemerken Gelegenheit hatten, der Glaube an Verzauberung und Verhexung ihr Thun und Treiben im höchsten Grade; jeder Versuch, sie hiervon abzubringen, würde ein ganz vergebliches Beginnen sein. Als grösserer Zauberer in der Nähe der vormaligen Station Finsch-Hafen galt der Häuptling von Kolem, Makiri, der nicht nur Wind und Wetter, Regen und Sonnenschein hervorbringen, sondern auch den mit Tod und Krankheit verfolgen konnte, dem er übel wollte. So erzählen Ohrenzeugen aus jener Zeit, dass, als Saguan, Häuptling von Sin, an irgend einem Leiden krank lag, er allen fest versicherte, Makiri, der Bösewicht, hätte ihn verzaubert. In der Regel schweben aber die Verzauberten, d. h. diejenigen, welche sich für verzaubert halten, im Ungewissen über die Person ihres Verzauberers. Um solche zu ermitteln, lauscht man ängstlich und gespannt auf die Worte, die ein Kranker in Fieberphantasieen oder im Traume ausstösst, oder man zündet am Abend des Sterbetages ein Feuer im Dorfe an und nennt nacheinander viele Namen von Personen, von denen man vermutet, dass sie durch Verzauberung den Tod des Freundes verursacht haben könnten. Diejenige Person, bei deren Namennennung das Feuer hell auflodert, wird als Thäter angenommen. Gegen diesen geht der Anhang des Verstorbenen, wie wir oben gesehen haben, auf verschiedene Weise vor, aber auch nur dann, wenn der Verstorbene von Ansehen war. Langsamer und seltener geschieht dies, wenn der Anhang des mutmasslichen Verhexers ein zu mächtiger ist, oder dieser ein professionierter Verzauberer war, mit dem man es für künftige Fälle, in denen man seiner Hilfe gegen einen Feind bedürfen könnte, nicht gern verderben möchte. Hat er jedoch keinen grossen Anhang, so thut er, besonders wenn er kein professionierter Zauberer ist, sobald es ruchbar geworden ist, dass er der Verhexer war, wohl am besten, das Dorf zu verlassen; im andern Falle schwebt er in steter Lebensgefahr. Aber auch der professionierte Zauberer ist nicht selten Gefahren und Unannehmlichkeiten ausgesetzt. So wird er häufig in Fällen, wo er es nicht nach Wunsch gemacht hat, zum Schadenersatz herangezogen. Ist er z. B. um Regen angegangen, und will der Regen, der dann in Strömen herabkommt, nicht wieder aufhören, so muss er den Schaden tragen, den die Feldfrüchte von

Sohn des Häuptlings von Kolem.

dem übermässigen Niederschlag genommen haben. Die Hilfsmittel, deren er sich bei seinen Manipulationen zu bedienen pflegt, sind mannigfacher Art.

Als Zaubermittel wird fast immer etwas gebraucht, was mit der Person dessen, der verzaubert werden soll, in irgend welcher Beziehung gestanden hat, wie Speiseabfälle, ausgefallene Haare, ein Stück altes Zeug u. s. w. Alle diese Sachen sind dem Zauberer Hilfsmittel; daher geben die Eingeborenen mit peinlicher Sorgfalt auf ihre Abfälle acht, besonders beim Essen werfen sie Schalen und Reste ins Feuer, ebenso vernichten sie ausgerupfte Haare. Bleiben sie zufällig einmal mit ihrem Haarwust an einem Strauche hängen, so suchen sie jedes einzelne Haar sorgfältig ab. Die

Angst der Leute vor dem Verzaubertwerden ist so gross, dass sie schliesslich sich scheuen über ihr Dorf hinauszugehen aus Furcht, sie könnten auf dem Gebiet des Nachbardorfes etwas verlieren, was einem Feind ein Zaubermittel bieten könnte.

Als Zauberkunststücke und Orakel kennt der Papua folgende. Er legt z. B. einen kleinen Gegenstand, sei es ein Steinchen oder eine kleine Muschel auf die Spitze eines in die Erde gesteckten Stabes und zwar so, dass der Gegenstand darauf nur eben das Gleichgewicht hält. Vorher bestreicht er Stab und Gegenstand mit roter Zauberfarbe. Hierauf wird eine Frage gestellt, die man gern beantwortet wissen will. Rührt sich der Gegenstand nicht, so bedeutet das nein, fällt der Gegenstand herunter, so wird hierdurch die Vermutung des Fragestellers als richtig bestätigt. Oder man bedient sich, um z. B. die Person seines Verzauberers zu erkunden, folgenden Hilfsmittels: auf einen starken Blattstiel wird ein kleines Gefäss gestellt, das sich bei Nennung des richtigen Namens zu drehen anfängt. Oft wird auch wegen eines Kranken beim berufsmässigen Zauberer angefragt, den man für den Verursacher der Krankheit hält. Man bietet ihm ein Lösegeld, nach dessen Annahme, wie man sich einbildet, die Krankheit weichen wird. Im allgemeinen kann der Zauberer alles bewirken und herbeiführen wie Regen auch Sonnenschein, guten Fischfang, Glück auf der Jagd und auf der Handelsreise.

Auch sonst hat der Aberglaube grossen Einfluss auf alle Handlungen. Steht ein grösserer Fischzug bevor, so werden die Vorbereitungen dazu in aller Stille getroffen, denn falls dabei ein Wort gesprochen wird, missglückt der Fischzug. Weisse Punkte in den Fingernägeln bringen, umgekehrt wie bei uns, Unglück. Daher sind alle Männer, die solche auf den Nägeln haben, vom Fischzuge ausgeschlossen. Hat ein Unberufener das Netz oder die fertig gelegten Angelschnüre berührt, so sind sie zum Gebrauch für den bevorstehenden Fischzug untauglich. Die Fische würden, falls man sich des Netzes dennoch bediente, nicht hineingehen, und die Angelschnur würde reissen. Den Seeadler hält man bei den Jabim für einen Unglücksvogel. Fliegt er zufällig vorbei, wenn man Bananen pflanzt, so kann man sicher sein, dass die Staude keine Früchte tragen wird. Da Rot die glückverheissende und als solche am meisten beliebte Farbe ist, pflanzt man auch gern rote Sträucher zwischen den Taros, um eine gute Ernte zu haben.

Als Talisman zum Schutze vor bösen Feinden oder Ungemach

tragen unsere Schutzbefohlenen an ihren Brusttäschchen die erwähnten kleinen Holzfiguren und in den Beutelchen alles Mögliche, was sie vor Gefahren beschirmen soll, so runde Kieselsteine, vertrocknete Baumblätter, Ingwer und weiter im Norden Massoirinde.

Auch die Institution des Tabu ist in Kaiser Wilhelms-Land wie überhaupt in ganz Neu-Guinea bekannt. Es ist die von den Polynesiern überkommene Sitte, gewisse Sachen und Personen oder Plätze durch die Belegung mit dem „Tabu" auf Zeit oder für immer unantastbar oder unbetretbar zu machen. Besprochenes getrocknetes Gras, worin zuweilen noch eine Fischzunge eingewickelt ist, an einem Gegenstand in Wald oder Feld befestigt oder auf den Stamm eines Fruchtbaumes gelegt, schützt das Eigentumsrecht an diesem Gegenstande. Ein Büschel Kokosnuss- oder anderer Blätter an geeigneter offenkundiger Stelle an einem Kokosnussbaumstamme angebracht, bewahrt den Baum davor, seiner Früchte beraubt zu werden, solange das Tabu-Zeichen daran haftet. Verletzung des Tabu zieht Krankheit und Tod nach sich. Eigentümlich ist der Brauch, dass bei unabsichtlicher Verletzung des Tabu als Heilmittel besprochenes Wasser gilt, das der Hinterleger des Tabu dem Frevler reicht. Gar häufig sieht man in Kaiser Wilhelms-Land Kokosnussbäume mit solchem Tabu belegt und wundert sich, so lange man den Brauch noch nicht kennt, nicht selten darüber, warum die Eingeborenen einzelne Bäume schonen und ihre Früchte nicht pflücken. In gewissen Gegenden herrscht der Brauch, dass nach dem Tode eines Dorfeingesessenen seine Kokosnussbäume unantastbar sind, oder auch, dass ihm zu Ehren ein Kokosnussbaum, der ihm gehörte, umgehauen wird. Für die Frauen und Kinder sind auch die Versammlungshäuser tabu, und jede Papua-Frau ist abergläubisch genug, anzunehmen, dass das Übertreten dieses Gebots ihren Tod nach sich ziehen würde. Der eigentliche Grund, weshalb man die Frauen von vornherein von dem Zutritt zu den Versammlungshäusern ausgeschlossen hat, mag hauptsächlich darin zu suchen sein, dass die Männer dort Dinge treiben und beraten, die nicht für Frauenaugen und -Ohren passen (z. B. Beschneidung, Kriegsrat, Menschenfresserei), dann aber auch, dass die Männer bei ihren Schmausereien in den Versammlungshäusern nicht von den Frauen beobachtet und gestört sein wollten.

Auch andere Häuser pflegt man bei längerer Abwesenheit für die Zeit einer solchen durch irgend ein äusseres Zeichen, das man an offenkundiger Stelle anbringt, tabu zu machen. Knaben und

Mädchen sind, wie wir bereits sahen, längere Zeit vor Eintritt ihrer Mannbarkeit ebenfalls tabu.

An Mythen und Erzählungen haben wir von den Eingeborenen in Kaiser Wilhelms-Land nur sehr wenige und bisher fast nur aus solchen Gebieten, wo Missionare sitzen, die ihr Beruf der Sprache und dem Geistesleben der Eingeborenen näher geführt hat. Wir haben Sagen und Geschichten aus dem Munde der Bogadji, Kai-, Simbang- und Jabim-Leute, dagegen fehlen sie uns ganz aus dem Norden und Innern des Schutzgebietes. Die Jabim erzählen sich von geschwänzten Menschen, die in den Bergen leben, von Riesen und Zwergen wissen die Bogadji- und Kai-Leute zu berichten. Auf Rook erzählt man sich, dass dort vor uralter Zeit ein ungeheuer grosser Mann „Puru" gelandet sei, der das Land aber bald wieder verlassen habe, nachdem er den Eingeborenen die Sprachen der beiden Inseln gelehrt hatte. Bereits verschiedentlich erwähnt haben wir die Bogadji-Sage von den beiden Brüdern Kelibob und Mandumba, den ersten Fischern in der Astrolabe-Bai, zu denen eines Tages eine Frau aus dem Geschlecht der Riesen aus den Bergen herabsteigt. Kelibob heiratet sie, nachdem er im Kampfe über seinen Bruder obgesiegt. Die Brüder machen Frieden, doch ist dieser, wie zu erwarten war, nur von kurzer Dauer. Als Kelibob eines Tages allein zum Fischen gezogen war, verführt Mandumba dessen Frau. Wie Kelibob nun zurückkehrt, erfährt er dies alsbald, sagt Mandumba zunächst nichts davon, sondern schnitzt die Ehebruchsgeschichte seines Bruders in die Eckpfoste seines Hauses ein, das sie gemeinsam bewohnen. Bald darauf rächt er sich an Mandumba. Bei dem Graben der Löcher für die Pfosten eines neuen Hauses verschüttet er ihn. Mandumba gelangt aber mit Hilfe der Erdhummel, die ihm einen langen Gang gräbt, wieder an die Oberfläche und siedelt sich zuerst im Walde und später zusammen mit seinem Neffen, Kelibobs Sohn, auf den von ihm durch einen Zauber geschaffenen Inseln Bagabag und Merejn (Rich- und Long-Insel), an.[1]

Das Märchen vom Selbstsüchtigen der Jabim ist so eigenartig, dass es hier folgen mag. Wir verdanken es Missionar Vetter, der es ungefähr so erzählt. Ein Egoist pflegte sich überall bei Schmausereien in Nachbardörfern pünktlich einzustellen, bekam auch meist einen Teil noch mit nach Haus. Statt diesen aber seinen An-

---
[1] Genaueres in: Mitteilungen der Geographischen Gesellschaft für Thüringen zu Jena Bd. 16. S. 48 ff.

gehörigen mitzubringen, ging er damit in den Wald und verspeiste ihn dort allein. Er hatte die Gewohnheit, hierbei seine Augen herauszunehmen und sie neben sich zu legen. War er mit seinem Mahle fertig, so setzte er sie sich wieder ein. Bald kamen seine Angehörigen hinter sein Geheimnis, und eines Tages, als er, um seiner Esslust zu fröhnen, mit seinen Schmausvorräten wieder in den Wald gezogen war, schlichen sich ihm seine beiden Söhne nach. Hier bemerkten sie zu ihrer Freude, dass er die Augen von sich geworfen hatte; während der Vater noch ass, nahmen sie die Augen an sich und machten sich mit ihnen davon. Zu Hause angekommen, legten sie sie in ein Gefäss mit Wasser. Als der Selbstsüchtige sich seinen Leib vollgeschlagen hatte und sich zum Aufbruch rüstete, vermisste er seine Augen. Da er sie nicht finden kann, tappt er sich mit vieler Mühe unter kläglichem Geheule nach seinem Dorfe. Mit verstelltem Mitleid kommen die Angehörigen heran und lassen ihn bis zum Eintritt der Dunkelheit seinen Verlust bejammern. Schliesslich gaben sie sie ihm mit der Ermahnung, künftighin etwas weniger an sich selbst und mehr an Weib und Kinder zu denken, eine Lehre, die sich alle Papua in ihrer Selbstsucht zu Herzen nehmen sollten.

Das Märchen von geschwänzten Menschen finden wir auch anderswo in Neu-Guinea[1]) als bei den Jabim. Diese wollen solche ganz gewiss in den Bergen erblickt haben, ebenso auch Zwerge. Sie erzählen sogar, dass vor nicht allzulanger Zeit sich zu ihren Stammesgenossen einmal ein solcher kleiner Kerl verirrt habe. Sein Aussehen sei bis auf seine Kleinheit nicht anders als das der übrigen gewesen, nur habe er einen sehr langen Haarwuchs gehabt. Leider soll sich dann einer von den Dorfeingesessenen den Scherz gemacht und dem Zwerge sein langes Haar abgeschnitten haben. Darnach sei er krank geworden und nicht lange darauf gestorben.

Bei der Besprechung des Balum-Mythus wurde erwähnt, dass die Balum-Hölzer und -Flöten in den Versammlungshäusern aufbewahrt werden. Ein Wort daher noch über diese selbst. Sie dienen in Kaiser Wilhelms-Land als Versammlungs-, Beratungs- und Schlafraum der Männer und als Aufbewahrungsort für gewisse Gegenstände, die vor profaner Berührung bewahrt werden sollen. Gleichzeitig gewähren sie Verfolgten ein Asylrecht. Wir finden solche Versammlungshäuser in jedem Dorfe in Kaiser Wil-

---

[1]) Vergl. Kap. VIII, 3.

helms-Land. Im Norden heissen sie „Karewari", auf Bilibili
„Dschelum", auf Beliao „Szirit", auf Siar „Dasem", in Bogadji „Assa",
in Bongu „Bruambrambra". Im Norden von Kaiser Wilhelms-
Land, z. B. in Dallmann-Hafen[1]) haben sie in der Regel ein
schüsselförmiges Dach, vorn und hinten eine Thür mit spitz-
winkligem Vordach, von dem Blattfasern als Vorhang herunterhängen. Am Augusta-Fluss scheinen die dort vorgefundenen offenen
Hütten als Versammlungshäuser zu dienen; jedenfalls galten sie
als Aufbewahrungsort für die grossen Signaltrommeln, die bei
Festen als Musikinstrumente dienen. Am mittleren Ottilien-Fluss
sind die Versammlungshäuser sehr gross und lang (6 m breit, 30 m
lang und 10 m hoch). Es befinden sich darin Waffen, Masken und
Gerätschaften aller Art. In ihnen vorgefundene Feuerstätten und
Schlafsäcke zeigten deutlich, dass die Häuser bei Tage bewohnt waren
und zur Nachtzeit als Schlafraum dienten. Eine eigentümliche
Schnitzerei weist der etwa 8 m hohe Mittelbalken des Versammlungshauses auf Bilibili auf, der nach Finschs Ansicht eine Ahnenreihe
darstellt. Auf diesem sind vier männliche und zwei weibliche Figuren,
eine über der anderen eingeschnitzt und rot und schwarz bemalt. Die
Eingeborenen nennen diese Figuren Maika. Eine aus Kokosnuss-
palmenblättern geflochtene Matte dient unten als Eingangsthür. Das
obere Stockwerk hat eine Plattform, welche nach dem Bodenraum
führt. Sie dient als Schlafstätte für unverheiratete Männer und
Gäste. Im Innenraum des unteren Teils liegen Schilde, Trommeln,
Schlafbänkchen, und eine Menge von Schweine-Unterkiefern sind dort
aufgehängt. Das Assa-Haus der Bogadji-Leute hat gleichfalls zwei
Stockwerke und ist dem Dschelum auf Bilibili ganz ähnlich. Das
Szirit auf Beliao ist nur klein; an beiden Giebelseiten, deren Wände
aus Mattengeflecht bestehen, befindet sich eine kleine Thür; aus Holz
geschnitzte Fische hängen zum Giebel hinaus. Im Innern finden
wir hier den Balum-Hölzern der Jabim ähnliche Hölzchen, die mit
hübschen Schnitzereien versehen sind. Vor der Front des Versammlungshauses auf Siar halten zwei mächtige Holzbildnisse Wacht,
eine männliche und eine weibliche Figur. Die männliche Figur
hat sehr lange Arme, einen helmartigen Kopfputz und eine ungeheuer
breite Nase, während die Nase der weiblichen Figur spitz ausläuft.
Im Innern hängen von der Decke mehrere geschnitzte Figuren
herab, darunter die eines Hundes. Die Siar-Leute bezeichnen diese

---

) Finsch, Neu-Guinea, Bremen 1865, S. 310.

mit Agaun. Das „Tzelum" im Bruambrambra in Bongu ist ein grosses Schnitzwerk von $2^{1}/_{2}$ m Höhe, das einen männlichen Papua darstellt, mit einem Kopf, der die Hälfte der ganzen Figur einnimmt. In Kolem am Finsch-Hafen zieren lange, vom Dach herabhängende Pflanzenfasern die Giebelseiten des Versammlungshauses. Schnitzereien an dem Balken sind hier nicht vorhanden, doch findet man den Tzelum-Figuren der Bongu-Leute ähnliche Schnitzwerke; zwei übermannshohe Figuren aus Baumstämmen gezimmert, die noch in der Erde wurzeln, auf deren Rückseite ein Krokodil eingeschnitzt ist und unten an der Vorderseite eine Eidechsenart.

Alle Ereignisse von grösserer Wichtigkeit werden in diesen Versammlungshäusern von den Männern beraten, nach Papua-Art in ungezwungener Weise. Die einen kauen Betel, die anderen rauchen, die dritten scherzen und lachen; es geht dabei sehr friedlich zu, selten kommt es zu Streit, da man sich nach dem Althergebrachten richtet. Der Väter Sitte und das Herkommen sind meist ausschlaggebend. Selten wird etwas Bedeutenderes unternommen, ehe zuvor wenigstens einige, wohl meist die Angesehensten unter den Dorfeingesessenen, darüber beraten hätten; so liegt die Entscheidung über ein gemeinsames Unternehmen in der Hand einiger tonangebender Leute.

Eigentliche Rang- und Standesunterschiede giebt es indessen bei unseren Papua ebensowenig wie den Unterschied von arm und reich. Die im Papua-Charakter tief begründete Missgunst und Scheelsucht einerseits und die Furcht vor Verzauberung auf der andern Seite lassen weder Macht noch Wohlhabenheit unter ihnen aufkommen. Auf diese Weise kommt es, dass bei den Papua niemals der eine Überfluss hat, während der andere darbt. Sie können solchen Unterschied überhaupt nicht ausdrücken, da ihnen ein Wort dafür in ihrer Sprache fehlt. In der Regel besteht ein Papua-Dorf aus einer grösseren Anzahl kleiner Familienverbände mit einem Familienoberhaupt, das bei den Bogadji-Leuten „Samo koba" heisst. Auswärtige finden Aufnahme durch Heirat, Kinder durch Annahme. Der Familienverband hat in der Regel Fischerei- und Jagdgerechtigkeiten an bestimmten Stellen der Flüsse bez. Teilen des Waldes, Miteigentum an den Versammlungshäusern und eventuell an den darin aufbewahrten grossen Holztrommeln, schliesslich auch an den Beständen an Sagopalmen im Dorfe. Aus einzelnen Dorfgemeinden geht bisweilen, aber nicht durchgängig, und nur dort, wo das Zusammengehörigkeitsgefühl mehr entwickelt ist, der Stamm hervor.

Hier und da bringt es ein Familienoberhaupt durch seinen Einfluss und Reichtum zu dominierender Stellung im Dorfe und erlangt so zu sagen „Häuptlings"-Stellung. Das Ansehen des Häuptlings richtet sich natürlich nach der Grösse des Ortes. Von einer Herrschaft auf der einen und einem Gehorsam auf der anderen Seite kann jedoch kaum die Rede sein. Alle Dorfbewohner fühlen sich frei und selbständig, und die Ausführung eines Vorhabens, bei dem die ganze Ortschaft in Anspruch genommen wird, beruht auf gegenseitiger Übereinkunft. So finden wir bei unseren Papua die ersten Anfänge eines Staats- und Rechtslebens, kleine Schutz- und Trutzgenossenschaften, teils noch begründet auf der Blutsverwandtschaft, teils schon auf der Gemeinsamkeit des Zusammenwohnens, ein Mittelding der Geschlechts- und Gaugenossenschaft. Innerhalb ihrer Genossenschaften haben sie einen gemeinsamen Frieden, dessen Bruch von den übrigen Geschlechtsgenossen gerächt wird; nach aussen stehen sie denjenigen feindlich gegenüber, die nicht zu ihrer Genossenschaft gehören, und die von ausserhalb einem von ihnen zugefügte Unbill wird in der Regel gemeinsam an dem Übelthäter gerächt. Und wie die Dorfgenossen nach aussen zusammenstehen, so treten sie auch nach innen oft für den ein, dessen Habe zur Befriedigung gewisser an ihn von aussen gestellter Ansprüche nicht ausreicht. Der Dorfverband wird nach aussen hin zusammengehalten durch Gemeinsamkeit der Sprache, der Interessen und insbesondere der religiösen Traditionen. Erweitert sich dann die Genossenschaft zu Stämmen oder grösseren Verbänden, wie sie in Kaiser Wilhelms-Land durch die Jabim-, Saleng-, Tigeddu-Leute oder Bongu-, Gumbu-, Korrendu-, Matukar-, Bumi-, Dschundschumbi-, Bang-, Ladebu-Vereinigungen vertreten sind, so ist hier noch als besonders starkes Bindemittel das Recht des Konnubiums und die gemeinsame Feier der grösseren Feste hervorzuheben. Holt man sich aus dem Stamm oder dem durch das Recht des Konnubiums verbundenen Dorf eine Frau, so gilt sie als voll- und ebenbürtig, nicht aber die aus einem fremden Dorfe. Bongu, Gumbu und Korrendu haben Konnubium untereinander, Bongu wieder mit Kolliku, Male mit Burramana, letzteres mit Korrendu u. s. w. An anderen Verbänden finden wir im Südosten von Festungs-Huk den Perru-Stamm, ferner im Süden von Finsch-Hafen die Bukana-Leute, am Hatzfeldt-Hafen den Kaiti-, Tombenan-, Amutak-, Dug-Verband, am Augusta-Fluss den Verband Mechan-Malu, die Bogadji-Dörfer an der Astrolabe-Bai, endlich die Verbände im Hansemann-Gebirge und auf Dampier. Solche grössere Verbände scheinen aber nicht allzu häufig vorzukommen.

In der Regel kommen die Papua nicht über die Dorfgemeinschaft hinaus. Der Grund liegt in ihrer sprachlichen Zersplitterung und in ihrer gegenseitigen Furcht voreinander. Meist schliessen sie sich schon gegeneinander ab, und selbst bei dem gegenseitigen Besuch der Bewohner befreundeter Dörfer bedient man sich fast immer der Vermittelung eines Gastfreundes, der den Fremden einführt und herumgeleitet. Ist man im Dorfe nicht bekannt, so wird man von vornherein als Feind angesehen, jedenfalls aber mit sehr misstrauischen Augen betrachtet. Als Freund wird einem jeden meist im Versammlungshause Obdach und in freundlicher Weise Bewirtung gewährt, doch erfordert es der Anstand, nicht viel umherzulaufen und neugierig umherzuspähen. Das erschüttert sofort das Zutrauen. Bei Europäern, besonders wenn sie von einem eingeborenen Gastfreund im Dorfe eingeführt werden, sieht man häufig darüber hinweg, dass sie sich neugierig alles anschauen und anfassen. Einlass in die Hütten gewährt man ihnen jedoch nur ungern und verlässt das Haus (dies gilt besonders von den Frauen und Kindern), sobald ein Europäer es betritt. Ja, die Weiber ziehen sich regelmässig, sobald sie schon von ferne wahrnehmen, dass ein Weisser ihrer Hütte sich nähert, laut kreischend in das Innere ihrer Behausung zurück. Mit Vorliebe zeigen die Väter den Europäern ihre kleinen Kinder, wobei sie immer nachdrücklich betonen, dass es die ihrigen sind; auch bei dem Papua regt sich der Vaterstolz! Ein eigentümlicher Gebrauch bei der Begrüssung eines Fremden herrscht am Augusta-Fluss. Kommt dort ein Freund ins Dorf, so wird ihm eine Rolle von Sagokuchen in den Mund geschoben, wozu der Chor der Umstehenden laut aaä-aa-aäa ruft.[1]) Auch am Ottilien-Fluss ist es üblich, Freunde, die ins Dorf kommen, bei der Begrüssung mit Sagokuchen zu bewirten. Mit einer gewissen Feierlichkeit wird der Häuptling eines befreundeten Dorfes empfangen; es ist dies eines seiner wenigen Privilegien. Ihm zu Ehren wird wohl ein Hund oder gar ein Schwein geschlachtet, und als Gastgeschenk erhält er auch hier und da einen Eberzahn. Freilich dürfen solche kostspieligen Besuche nicht zu häufig vorkommen; und der Häuptling des besuchten Dorfes giebt dann bei einem baldigen Gegenbesuch seinerseits Gelegenheit zur Wiedervergeltung.

---

[1]) Nachrichten über Kaiser Wilhelms-Land 1888, S. 32.

Zu den vornehmsten Obliegenheiten der Häuptlinge gehört ferner der Kauf von Schweinen für das Dorf auf den Märkten, wie solche in grösseren Zwischenräumen von den untereinander befreundeten Dörfern veranstaltet werden. Zu solchen Märkten werden sie vorher feierlichst eingeladen und finden sich von allen Seiten gern zusammen. Da schreiten sie dann stolz einher und geben als Hauptbeitrag für den Kaufpreis meist einen Eberhauer, während die übrigen Dorfgenossen geringere Wertstücke beisteuern. Ein weiteres Vorrecht des Häuptlings ist sein Verteilungs- und Vorlegerecht bei Schweineschmäusen; ferner ist er es, der zu dem befreundeten Dorfe Botschaft schickt, wenn in seinem Dorfe irgend eine festliche Veranstaltung, Beschneidungsfest oder dergleichen bevorsteht. Endlich giebt auch das Haus des Häuptlings ein gewisses Asylrecht, und sein Tod wird, wie wir bereits oben gezeigt haben, besonders betrauert. Im übrigen ist, wie gesagt, sein Einfluss und seine Macht nur gering. Er kann weder über das Gut noch das Leben der Dorfeingesessenen verfügen. In der Regel hat er einen grösseren Besitz als die anderen, bei ihm sammeln sich die meisten Eberhauer; er trägt aber kein Abzeichen seiner Würde, kleidet sich oft auch nicht besser als die übrigen und wohnt auch kaum anders als diese. Vielleicht darf er sich hier und da etwas mehr erlauben als andere, man hört auf seinen Rat; dafür erwartet man auch, dass er eine offene Hand hat und seine Freigebigkeit bei festlichen Gelegenheiten bethätigt.

Die Würde ist somit mehr ein Ehrenamt, und das Ansehen des Häuptlings im einzelnen hängt ebenso von der Grösse seines Anhangs als seiner eigenen Tüchtigkeit ab. Bekannt sind die Häuptlinge Makiri von Kolem, Saul von Bongu, Amang von Siar, Kurom von Beliao, Szebock auf Ragetta, Abel von Bogadjim. Andere Häuptlinge, die grösseren Einfluss haben, sind Kujanwei, der weitgereiste Häuptling von Matukar in der Bunu-Landschaft, der die Insel Dampier, Rich-Insel, Bilibili und die Dörfer an der Astrolabe-Bai besucht hat, Nabock von Matschi am Hatzfeldt-Hafen, Annuro und Angara auf Rook-Insel, Sumä von Boarba auf dem Sattelberg, Koji von Male und der alte Massoi von Tarawai. Dieser geniesst bei den Stammesgenossen weit und breit ein sehr grosses Ansehen. Er ist nach Papuabegriffen ein sehr wohlhabender Mann, der seinen grossen Einfluss hauptsächlich wohl auch seinem Reichtum zu verdanken hat. Am wenigsten scheint das Häuptlingswesen im Süden des Schutzgebietes entwickelt zu sein. Voraussetzung für die Würde des Häuptlings ist, dass er Ortsangehöriger ist, d. h. seine Mutter muss in demselben Orte geboren sein. Nachfolger in der Würde ist meist sein Sohn. Ist dieser noch klein, dann tritt vorläufig ein Schwestersohn oder auch ein Bruder des Verstorbenen an seine Stelle.

Allen Papua in Kaiser Wilhelms-Land ist ein gewisser Kommunismus eigen, der jedem Fortschritt wehrt. Das Land ist Gemeingut, d. h. jede Dorfschaft hat ihr besonderes Gebiet, auf dem sich kein Auswärtiger ohne vorherige Übereinkunft ansiedeln oder ein Feld anlegen darf. Ein Zugezogener muss sich der Gemeinschaft anschliessen und mit ihr das Feld bestellen. Von einem Entgelt in solchem Falle würde keine Rede sein. Ein jeder, der durch seine Mutter in einem Dorfe heimatsberechtigt ist, gilt wieder als Miteigentümer am Landbesitz. Individuelles Eigentum am Lande giebt es nicht, daher ist auch jede Landveräusserung seitens eines einzelnen ausgeschlossen. Es kommt überhaupt unter den Eingeborenen selbst Veräusserung bez. Tausch von Land gegen Wertgegenstände schon aus dem einfachen Grunde nicht vor, weil jedes Dorf genug davon hat. Der Einzelne oder die Familien können das Gemeindeland usufructualisch benutzen, und,

Häuptling Makiri von Kolem.

solange sie das thun, wird dieses ihr Recht von den übrigen Dorfgenossen respektiert; der Brauch giebt ihnen ein Besitzrecht an demselben, aber ein sonstiges nicht, so auch kein Erbrecht. Hört das persönliche Nutzungsrecht spätestens mit dem Tode auf, so tritt das Gemeindeeigentum wieder in volle Kraft.

Die Ungeteiltheit des Landeigentums hat bei den Papua eine gemeinsame Bearbeitung zur Folge; das Roden des Landes und Setzen des Zaunes um das zu bebauende Land geschieht seitens der Dorfgenossen oder des Familienverbandes in der Regel gemeinschaftlich. Üblich ist aber, dass der jedesmalige Nutzniesser des Feldstücks für die Bewirtung der übrigen zu sorgen hat, auch bei Festlichkeiten im Familienverbande von den Früchten seines Feldstückes beizusteuern hat. Gemeindegut sind auch die bei der Gründung des Dorfes schon vorgefundenen Fruchtbäume, sonst gehören sie dem, der sie gepflanzt hat, und seinen Nachkommen. Die wilden Schweine sind ebenfalls gemeinschaftliches Eigentum der Dorfgenossen. Man kann somit nicht frei über solche Jagdbeute verfügen, sie wird gemeinsam verspeist. Solche Ehre widerfährt auch den gekauften grunzenden Vierfüsslern, wenn auch nur einzelne zu ihrer Bezahlung beigetragen haben. Auf irgend eine Weise findet sich dann schon wieder ein Ausgleich, und übrigens haben der oder die Käufer den Ruhm, das Dorf bewirtet zu haben. Das Schlachten der Schweine ist in der Regel Sache der Verwandten mütterlicherseits, die auch bei dem Tode eines Eingeborenen den Hauptteil des Viehbestandes erhalten. Nicht einmal mit den Zähnen kann der Käufer oder Erleger eines Ebers nach Belieben verfahren; auch ihre Anwendung soll der Gemeinschaft zu gute kommen. Es dürfte sich daher niemand einfallen lassen, die Eberhauer zu behalten oder sonst eigenmächtig darüber zu verfügen. Will man aber sein Schwein nach auswärts verkaufen, so steht dem nichts im Wege. Dass ein solcher Kommunismus den Aufschwung und das Weiterstreben hemmt, ist nur zu klar. Unter diesen Umständen ist es für den Papua zwecklos, zu sparen oder darnach zu trachten, sich Reichtümer zu erwerben; er müsste doch den anderen abgeben oder würde im anderen Falle aus Hass oder Neid verzaubert oder umgebracht. Es ist auf diese Weise nur natürlich, dass er lieber abgiebt als stirbt, und so erscheint es uns auch nicht mehr wunderbar, wenn wir hören, dass abgelohnte Arbeiter, die in ihr Heimatsdorf zurückkehren, kaum drei Tage im glücklichen Alleinbesitz der mühsam unter schwerer Arbeit während dreier Jahre erworbenen Waren bleiben.

Eine bestimmte Grundlage des Wertes kennen die Eingeborenen nicht. Der Handel bewegt sich auf dem Wege des Tausches, und das augenblickliche Bedürfnis oder Begehren ist entscheidend. Ein und derselbe Gegenstand wird das eine Mal um ein Hobeleisen, das andere Mal ebenso gern um eine Stange Tabak weggegeben. Ist ein besserer Gegenstand nicht da, so nimmt der Papua bisweilen auch mit geringerem vorlieb. Das grösste Wertstück ist der Eberhauer, aber er muss ringförmig geschlossen sein. Er ist den Eingeborenen so gut wie uns das Goldgeld. Unserem Silbergeld würden die Hundefangzähne entsprechen, von denen etwa 200 auf einen Eberhauer kommen. Ein grosses Schwein gleicht 2 Eberhauern, diese 400 Hundefangzähnen oder einem Eberhauer und entsprechenden Zugaben. Es werden aber auch weit billigere Käufe abgeschlossen, sodass man von feststehenden Preisen nicht sprechen kann; nicht selten kommt es vor, dass der Verkäufer die Sache aus Furcht vor dem Einfluss und Anhang des Käufers billiger lässt. Dieses schliesst aber nicht aus, dass er gelegentlich seinem Ärger durch Schimpfen Luft macht mit dem festen Vorsatz, bei nächstpassender Gelegenheit Vergeltung zu üben. Als Tauschmittel bei kleineren Käufen dienen Netze, Töpfe, Speere, Farbe, Rötel, Lavaglas zum Rasieren, Täschchen, Armbänder und andere Sachen. Im allgemeinen geben die Eingeborenen im Tauschverkehr unter sich reichlich.

Zuweilen werden Hunde und Schweine in Pflege gegeben; manchmal trägt die Auffütterung ein Messer oder ein Netz ein, bisweilen auch einen Eberhauer. Krepiert das Vieh oder kommt es abhanden, so verlangt der Eigentümer Schadenersatz, ebenso im Tauschverkehr, wenn sich dieser oder jener Gegenstand als schlecht erweist. Verendet ein eingetauschtes Schwein bereits beim Transport nach dem Wohnort des neuen Eigentümers, so kann der Tausch rückgängig gemacht werden. Gegen Kredit wird in der Regel nichts gegeben. Leihen von Gegenständen oder Werkzeugen ist üblich, es wird dafür bei Gelegenheit ein Gegendienst erwartet. Dasselbe trifft zu bei Geschenken. Erhält jemand ein solches, so erhofft der andere Teil bald ein Gegengeschenk. Fundsachen müssen in der Regel ausgelöst werden. Leute von Anhang und Ansehen nehmen es mit der Rückgabe gefundener Gegenstände nicht so genau; bei ihnen deckt sich dann der Begriff des Findens mit dem des Stehlens. Selbst Kinder werden auf solche Weise „gefunden". So wird in den „Nachrichten über Kaiser Wilhelms-Land" erzählt, dass einst bei einer festlichen Gelegenheit in einem Jabimdorfe ein kleiner Knabe von Angehörigen eines benachbarten mächtigen Dorfes, die dorthin zu Besuch gekommen waren, trotz des Protestes der jammernden Mutter als „verlorene Sache" aus Mitleid mitgenommen wurde.[1])

In der geschlechtsgenossenschaftlichen Zeit ist von einem Erb-

---

[1]) Nachrichten u. s. w. 1897, S. 97.

recht der Frau und Kinder dem Manne und Vater gegenüber noch nicht die Rede, und wo sich solches Erbrecht bei unzivilisierten Völkern findet, sind die alten Traditionen bereits in Verfall geraten. In der geschlechtsgenossenschaftlichen Periode und wohl auch noch in der späteren Entwickelungsperiode vererben sich die Güter lediglich durch die Frauen, so dass nach dem Tode des Vaters die Söhne seiner Schwester zunächst als Erben in Betracht kommen. In den ersten Anfängen der Staatenbildung findet sich nicht selten ein Mischsystem zwischen dem Neffenerbrecht der alten geschlechtsgenossenschaftlichen Zeit und dem Sohneserbrecht des staatlichen Verwandtschafts- und Erbfolgesystems wie z. B. bei den Völkern Australiens und Neu-Guineas.

In Kaiser Wilhelms-Land müssen bei Todesfällen zunächst die Verwandten mütterlicherseits befriedigt werden; sie erben vorweg die besten Sachen, Waffen und Schmuckgegenstände. Die Kinder erhalten nur das allernotwendigste, einen Lendenschurz, Kochutensilien, einen Speer, Bogen und Pfeile. Nach den Verwandten mütterlicherseits kommen die Schwestern des Verstorbenen, sodann seine Oheime und Vettern. Zwischen Mann und Frau besteht keine Gütergemeinschaft. Stirbt die Frau vor dem Mann, so wird sie von den Töchtern und Verwandten mütterlicherseits beerbt. Die nächsten Angehörigen, Witwen, Eltern und Kinder müssen oft von ihrer geringen Habe noch hinzulegen, um insbesondere die auswärtigen nächsten Erbberechtigten, die von ferne zur Bestattung kommen, zufriedenzustellen. Da bei jedem Todesfall ein Nachlass verteilt werden muss, so pflegen beim Tode eines unerwachsenen Kindes seine Eltern und Geschwister vor allem an die auswärtigen Verwandten Geschenke zu geben. Es kommt sogar oft vor, dass, wenn diese wegen des geringen Nachlasses grollen, selbst die ganz unbeteiligten Dorfgenossen noch zulegen, damit nur der Friede nicht gestört werde. War der Verstorbene ein Häuptling oder ein im Dorfe besonders angesehener Mann, so ist es üblich, dass auch die Häuptlinge der befreundeten Dörfer, die zur Totenklage sich eingefunden, ihren Anteil vom Nachlass erhalten.

Neben diesen feststehenden Normen des Erbrechts werden letztwillige Verfügungen sehr wohl beachtet. Wir finden somit Testat- und Intestatrecht nebeneinander. Auch kommt es vor, dass ein besonders Begüterter bereits bei seinen Lebzeiten seinen Kindern aus seinem Vermögen Sachen von Wert zusteckt, besonders schöne Eberhauer, die man gern in der Familie forterben lässt. Ja, bei einzelnen

Stämmen wie bei den Jabim können Söhne beim Tode des Vaters vom Nachlass, zumal wenn er bedeutend ist, geradezu einen Teil von diesem beanspruchen. Ist dann der Sohn noch klein, so wird nicht selten für ihn eine Kleinigkeit zurückgelegt, und der Bruder des Vaters, oder wie in Siar der Bruder der Mutter, nimmt die Sachen, bis der Sohn erwachsen ist, in Verwahrung. Das meiste von der Hinterlassenschaft muss jedoch sofort als Nachlass verteilt werden, und der vorhandene Vorrat wird bei dem oft mehrere Wochen dauernden Trauergelage von den Verwandten aufgegessen; um des lieben Friedens willen und auch wohl aus Furcht vor Verhexung begiebt sich manch einer der Blutsverwandten selbst seines gerechten Anspruchs zu gunsten eines weiteren Erbberechtigten. Eine Abweichung von der oben geschilderten Erbfolge findet sich in der Landschaft Kela am Franziska-Fluss, wo die Witwe als Erbin des Mannes gilt.

Nach aussen stellt sich in der Periode, die zwischen der geschlechtsgenossenschaftlichen Zeit und den ersten Anfängen der Staatenbildung steht, die Zusammengehörigkeit der Genossen hauptsächlich in der Blutrache dar, einem Fehdezustand zwischen mehreren Geschlechtsgenossen und deren Familien. Es herrscht dabei der Grundsatz, dass jede Kränkung, auch die geringste, blutig gerächt wird und zwar mit Hilfe der Blutsfreunde. Auch die Papua stehen noch auf dieser Stufe der Selbsthilfe. In einem Dorfe in der Nähe von Simbang ereignete sich noch jüngst der Fall, dass eine beim Tarostehlen ertappte Frau von den racheerfüllten Geschädigten auf der Stelle totgespeert wurde. Selbstverständlich erforderte der Tod dieser Frau seine Sühne und musste durch Blut oder Zahlung eines Blutgeldes gerächt werden. Ein solcher Friedensbruch im Inlande ist in der Regel der Anfang eines Kriegszustandes und vielen Blutvergiessens.

Weitere unmittelbare Ursachen der Fehden sind Zauberei und wie überall die Weiber. Ist z. B. ein Angesehener eines Dorfes durch einen Unglücksfall oder infolge einer Krankheit ums Leben gekommen, so war er nach Papua-Anschauung verhext, und sein Tod muss gerächt werden. Tritt dann nicht der Häuptling des Dorfes, in dem der Verzauberer lebt, vermittelnd ein und wird die Fehde nicht bald durch Zahlung eines Blutgeldes beigelegt, so fordert die Blutrache ihr Opfer. Lebt dazu der Verzauberer in einem anderen Dorfe, so ist der Ortschaft, in der er wohnt, ein baldiger Überfall von seiten des Dorfes, in dem der andere Teil seinen Wohnsitz gehabt, sicher, und die Ortsangehörigen des angeblichen Zauberers haben mit zu leiden. Den Frieden vermittelt oft der Häuptling des Dorfes, in dem der Verzauberer wohnt. Dieser oder auch dessen Angehörige, d. h. Brüder und Vettern, haben den Verwandten des Verstorbenen Geschenke zu geben, die in der Regel aus Eber- und Hundezähnen bestehen müssen. Wird aber die Sache ohne vorherigen Kampf durch Zahlung des Blutgeldes beigelegt, so müssen vor allem die Geister durch äussere Zeichen benachrichtigt werden, dass der Ermordete bereits gerächt ist; sonst würden sie seinen Angehörigen wegen unterlassener Blutrache keine Ruhe lassen. Daher ist es Sitte, dass die das Bussgeld Zahlenden den Empfängern desselben die Stirn mit Kreide bestreichen.

Eigentliche Herausforderung zum Streit um des Kampfes selbst willen ist selten. Ist man nicht ganz sicher, ob ein Nachbardorf freundliche oder feindliche Gesinnungen hegt, so pflegen gewisse Stämme in Kaiser Wilhelms-Land wie die Jabim und Saleng dem betreffenden Dorfe durch Angehörige eines befreundeten Dorfes einen entzweigebrochenen Speer zu übersenden mit einem Krotonbüschel an der Spitze. Hiermit will man symbolisch anfragen, ob Krieg oder Frieden sein soll; im letzteren Falle kommen die Gesandten mit den Versicherungen der Freundschaft zurück; will das andere Dorf den Krieg, so bringen die Gesandten überhaupt keine Antwort. Der Kampf selbst besteht meist in heimlicher Überrumpelung. Hat das bedrohte Dorf frühzeitig genug Nachricht, so ziehen sich seine Bewohner in den dichtesten Urwald zurück oder flüchten sich wie die Kai-Leute auf ihre Baumhäuser oder wie andere Stämme auf die an hohe Felswände angebauten Wohnstätten. War es bereits zu solchem Rückzuge oder zur Flucht zu spät, hat man aber noch Zeit, zu den Waffen zu greifen, so setzt man sich zur Wehr; es entbrennt ein längerer Kampf, der meistens nur aus dem Hinterhalte geführt wird. Sind einige Parteigenossen gefallen, so läuft der übrige Teil davon. Von weiterer Verfolgung steht man in der Regel ab, und gar eine Belagerung des feindlichen Dorfes, das sich zur Wehr setzt, ist in den meisten Fällen nicht üblich; nur auf dem Sattelberg und östlich von der Pommern-Bucht finden wir Dörfer, die zum Schutze gegen ihre Nachbarn mit pallisadenartigen Zäunen umgeben sind. Geschieht der Überfall unvermutet, so wird in der Regel alles niedergemetzelt, um zu verhindern, dass jemand Hilfe herbeihole. Die siegreiche Partei zieht dann frohlockend heim, und dort beendet in der Regel ein Tanz den Kriegszug. Für die in solchem Kampfe Getöteten wird wieder von ihren Freunden Rache genommen.

Es giebt noch Stämme in Kaiser Wilhelms-Land, die ihre Rache so weit treiben, dass sie mitunter die Leiber der erschlagenen Feinde aufessen; dazu gehören die Kemboa-Leute, die Poom-Leute in der Nähe von Finsch-Hafen, der Ago-Stamm zwischen Blücher- und Festungs-Huk, auch die Bukana-Leute. Die Saleng und Jabim beschuldigen sich ebenfalls gegenseitig der Anthropophagie, und bei den ersteren soll nach authentischem Berichte der Missionare in Simbang in der That Kannibalismus heute noch vorkommen. Nach den Berichten von Hauptmann Dreger, Zöller und Kärnbach, von denen besonders letzterer ein genauer Kenner des Südostens von Kaiser Wilhelms-Land war, soll auch hier und da am Huon-Golf Anthropophagie noch bestehen. Wenn Mikluho Maclay die Landschaft Erembi südlich von Bunu am Kap Croisilles als Kannibalenland bezeichnet, so beruht diese Angabe wohl mehr auf Vermutung und dem Umstande, dass er dort in den Häusern Unterkiefer und Schädel von Menschen gesehen hat, die die Papua jedoch lediglich als Andenken an ihre Toten aufzubewahren pflegen. Kommt Anthropophagie in unserem Schutzgebiet heute noch vor, so tritt dieses Laster jedenfalls nur noch sehr sporadisch auf und ist im Aussterben begriffen.

Kriegerische Leute sind die Stämme an dem nördlichsten Küstenstrich unseres Schutzgebietes, die alljährlich Kriegszüge unternehmen, um den reichen Berlin-Hafener Distrikt auszuplündern, sobald der Nordwest-Monsun die Fahrt gegen Süden erleichtert. Die Berlin-Hafen-Leute sind selbst nicht gerade fehdelustig, und doch ist die im Berlin-Hafen gelegene Ali-Insel der Schauplatz eines kleinen Kampfes gewesen, den im Frühjahr 1897 S. M. Vermessungsschiff „Möwe" dort mit den Eingeborenen zu bestehen hatte. Von den sonst auch friedlichen Eingeborenen des Archipels der zufriedenen Menschen und an der Astrolabe-Bai sind es bisher nur die Mies- und Gorima-Leute gewesen, mit denen es seitens der Verwaltung bisweilen zu kleinen Reibereien gekommen ist.

Kriegerisch sind ferner die Dampier-Insulaner, und auch sonst giebt es hie und da in Kaiser Wilhelms-Land eine Bevölkerung, die streitsüchtig ist. Haben doch Forscher wie Zöller, Lauterbach, Hollrung, Schrader u. a. sich auf ihren Expeditionen ins Finisterre-Gebirge, am Ottilien- und Augusta-Fluss zu verschiedenen Malen gegen hinterlistige Angriffe der Eingeborenen zur Wehr setzen müssen. Auch die Saleng und die Jabim sind fortwährend unter einander in Fehde begriffen, die Simbang-Leute wieder feindlich mit ihrem Nachbardorf Gama, und im Innern von Konstantin-Hafen gährt es immerfort zwischen den Jadabi-, Ingellam- und Songu-Leuten. Weiter an der Astrolabe-Bai lebt Bongu mit Koliku und Gorima mit Bogadjim in Fehde. Endlich klagen auf den kleinen Inseln in den Herzog-Seeen die Eingeborenen über die Bussi-Leute am Markham-Fluss, die bei oft wiederkehrenden räuberischen Überfällen viele der ihrigen töteten. Diesem Treiben der Eingeborenen Einhalt zu thun, wie überhaupt das Ansehen der Regierung erst zur Geltung zu bringen, wird sich jedenfalls die Reichsregierung mit einer starken Schutztruppe angelegen sein lassen. Das kleine Häuflein von kaum zwei Dutzend gänzlich unzuverlässigen, angeworbenen Eingeborenen von Neu-Mecklenburg, Neu-Pommern und den Salomon-Inseln, aus denen sich bisher die sogenannte Schutztruppe von Kaiser Wilhelms-Land rekrutierte, hat auch nicht im entferntesten dazu ausgereicht.

Oft sind die Waffen nur Schmuckgegenstände. Sehr häufig sieht man in den Dörfern schöne mit Federn geschmückte Freundschaftsspeere und auf Bilibili hat man Schwerter aus Palmenholz auch wohl mehr zum Schmuck als zum Streit. Die eigentlichen Angriffswaffen sind Bogen, Pfeil, Speer und Steinkeule. Letztere ist seltener. Zur vollständigen Bewaffnung gehört Speer, Pfeil und Bogen. Trifft man die Eingeborenen in ihren Dörfern nur mit dem Speer bewaffnet, so ist nichts zu fürchten, greifen sie aber zu Pfeil und Bogen, dann heisst es auf der Hut sein. Ganz unbekannt sind bei unseren Papua die auf Britisch-Neu-Guinea vorkommenden Menschenfänger.[1]) Durch die Verordnung vom 13. Januar 1887 ist die Verabfolgung von Waffen und Munition an Eingeborene untersagt, und dank dieser Verordnung sind auch Schusswaffen noch nicht in ihren Besitz gekommen.

Am Angriffs-Hafen finden wir ausser den üblichen Waffen reich mit Ornamenten versehene viereckige Holzschilde, etwa 1,10 m hoch und 0,50 m breit, mit Griff und Handhabe aus Tapa. Die Schnitzereien stellen unter anderem menschliche Figuren dar. Ausserdem finden wir hier, wohl einzig in Kaiser Wilhelms-Land, hübsch gearbeitete Kürasse aus gespaltenem Rottang, die durch

---

[1]) Weiteres hierüber siehe unten Kap. VIII, 3.

eine Binde über der Achsel festgehalten werden. Sehr einfache Bogen aus Palmenholz hat man hier wie auch am Sechstroh-Fluss, ohne jede Schnitzerei, aber hübsch mit Flechtwerk und aufgereihten Samenkernen verziert. Die Pfeile in dieser Gegend zeichnen sich durch mehrere schwarz gemalte Ringe auf dem Rohr aus und haben kunstvoll geschnitzte Kerbzähne und Widerhaken; sie sind etwa $1^1/_2$ m lang. Die Spitze ist aus Bambus oder Vogelknochen oder auch aus Holz, dann meist in der Mitte durchbrochen. In die Spitzen aus Knochen sind in der Regel hölzerne Widerhaken eingelassen. Ebenso lange Pfeile sieht man bei den Eingeborenen am Albrecht-Fluss im Dorfe Tagai, mit feingeflochtenem Knauf, der mit aufgeklebten Federn und Coixkernen reich geschmückt ist, mitunter sind sie auch mit Schnitzereien und einer Art Wachs verziert. Die Bogen sind hier aus dem Holz der Betelpalme verfertigt; hübsche Schnitzereien, Troddeln aus Bindfaden und Federn bilden ihren Schmuck. Weiter östlich auf Gnap und am Dallmann-Hafen und darüber hinaus haben die Eingeborenen schwere Wurfspeere aus Palmenholz, oft 2,80 m lang, die bisweilen in einen feingeschnitzten Widerhaken auslaufen. Die Spitze ist aber ebenso häufig ganz glatt. In der Mitte haben diese Speere einen nach rückwärts gebogenen, kurzen, fest mit Bambusgeflecht verbundenen Dornenfortsatz, der dazu dient, sie mittels eines Wurfstocks zu schleudern. Daneben kommen aber auch Bogen und Pfeile als Waffen vor. Die Bogen sind dann aus Betelpalmenholz und die Pfeile aus Holz oder Bambus mit glatter oder feingeschnitzter Spitze. Ähnliche Wurfstöcke wie am Dallmann-Hafen finden wir in der Nähe des Angusta-Flusses am Kap della Torre. Sie weichen von den oben beschriebenen nur insofern ab, als mitunter der hölzerne Spitzenteil in der Mitte mit einem aufgesteckten Rückenwirbel vom Kasuar verziert ist. Den unteren Teil schmücken nicht selten Kauris, Haarschnüre und buntes Geflecht.

Eine besondere Waffe bildet am Dallmann-Hafen eine flache plattförmige, etwa 1 m lange Keule aus Kokosnusspalmenholz mit Schnitzerei am Handgriff, die auch an der Astrolabe-Bai benutzt wird. Am Venus-Huk haben wir wieder die Wurfstöcke, die hier Bogen und Pfeile ersetzen. Am Hatzfeldt-Hafen gehen schon die Knaben bewaffnet. Die Wurfspeere sind hier bis zu 3 m lang, mit einer langen Spitze aus gehärtetem Palmenholz und oft mit Stückchen Kuskusfell und Federn verziert. Ausserdem finden sich hier Bogen und Pfeil. Um den Rückschlag der Bogensehne nicht so fühlbar zu machen, tragen die Eingeborenen hier wie auch an anderen Plätzen in Kaiser Wilhelms-Land, wo Bogen und Pfeil üblich sind, aus Rottang geflochtene Armbänder. Am Sechstroh-Fluss bestehen diese aus einem Strick und zwei Konusscheiben. Sehr einfach und in der Regel fast ohne Schmuck sind die Waffen der Eingeborenen im Archipel der zufriedenen Menschen. Die besten Waffen haben hier die Bilibili-Leute, die schlechtesten findet man auf Segu und auf den Yombomba-Inseln. Die Wurfspeere auf Bilibili sind in der Regel 2,5—3 m lange, schwere Stangen aus Palmenholz. An diese ist mit feingespaltenem Rottang eine lanzettförmige Bambusspitze festgebunden, und, um die Verbindungsstelle zu verdecken, sind dort Federn und Kuskusfellstückchen kunstvoll angebracht. Die Bogadji-Leute bedienen sich sehr schwerer und langer Speere aus Betelpalmenholz, sie haben aber auch leichtere Wurfspeere aus Bambus, 1,70 m lang, erstere nennen sie „Galgull", die Bogen heissen bei ihnen „Manembu"; sie sind aus Palmenholz, 1,80 m lang, mit einer Sehne aus Rottang oder spanischem Rohr. Die Ragetta-Leute haben starke Speere aus Palmenholz mit bunt bemalter Bambusspitze; sie sind ausserdem mit rot und gelb gefärbtem Stroh zierlich umflochten und hübsch mit Federn verziert. Die Bogen im Archipel der zufriedenen Menschen sind die gewöhnlichen, gegen 2 m lang. Dazu gehören Pfeile, die mit Widerhaken versehen sind. Endlich hat man auch hier eine aus schwerem Palmenholz verfertigte, etwa $1^{1}/_{2}$ m lange Keule, die am Griff hübsch verziert ist.

Die Schilde, welche die Eingeborenen haben, sind in der Regel von riesiger Grösse und als Verteidigungsmittel im Kampfe zu schwer; man hat aber auf Bilibili auch kleinere von etwa $1/_{2}$ m Durchmesser; auch auf Ragetta giebt es kleinere runde Kampfschilde aus Holz, mit feiner erhabener Schnitzerei und Bemalung, ganz wie die von Bilibili; die Bezeichnung für diese Schilde ist „Gubir". In der Finsch-Hafener Gegend hat man nur riesige Schilde, die aus einem konkav gebogenen Stück Holz bestehen und an ihrem breiten Ende abgerundet sind. Sie haben einen breiten Rand mit doppelter Handhabe für Arm und Hand. Die Grösse beträgt $1^{1}/_{2}$ m, die Breite $1/_{2}$ m. Charakteristisch sind die bunten Malereien darauf, die meist menschliche Figuren darstellen. Die Bogen sind gegen 2 m lang, die Pfeile meist aus Rohr und die Speere roh gearbeitet. Ihre Keulen sind aus schwerem Holz, an jeder Seite kantig und an beiden Enden rechtwinklig abgestumpft, meist sind sie rot und schwarz bemalt und mit Schnitzerei versehen. Bogen und Pfeile fehlen am Huon-

Golf; als Speere hat man einfache, lange, geglättete und oben zugespitzte Stöcke ohne jeden Schmuck und Zierrat. Am Rüdiger-Fluss scheinen die Angriffswaffen überhaupt zu fehlen, es lebt hier ein ähnlich friedlich zufriedenes Völkchen wie auf Ragetta oder Bilibili, unbehelligt von ruhestörenden Nachbarstämmen und ohne Sorgen um die Zukunft.

Unter sich in der Dorfgemeinschaft fliesst das Leben der Papua meist friedlich und ohne Störung dahin. Feststehende Strafen für einzelne Vergehen sind ihnen unbekannt; denn ein jeder hilft sich selbst, so gut er kann. Und geschieht einem Dritten ein Unrecht, so ist der Gerechtigkeitssinn zu sehr abgestumpft oder noch zu wenig entwickelt, um ein Einschreiten zu veranlassen; ja, man fürchtet sich oft, dem eigenen Widersacher, besonders wenn er mächtig ist, das von ihm erlittene Unrecht vorzuhalten, aus Furcht, er könnte sich durch Verhexung rächen. Diese ist stets als letztes Mittel der Selbsthilfe in Gebrauch. Leider offenbaren uns besonders diese Manipulationen hinter dem Rücken des Feindes einen versteckten, hinterlistigen Zug in dem Charakter unserer Papua. Furchtsam und misstrauisch, wie ihr Wesen ist, zeigen sie selten offenes Visir und scheuen stets eine direkte Offensive. Begegnet man ihnen das erste Mal, so sind sie fast immer zurückhaltend und scheu, werden aber bald lautlärmend und zutraulich, sowie sie Gefahr für sich nicht mehr sehen. Im allgemeinen ohne Initiative, ohne Ehrgeiz und doch eigennützig, unzuverlässig, hab- und rachsüchtig bis zum äussersten, empfiehlt sich uns der Papua bei der ersten Annäherung und auf den ersten Blick keineswegs. Lügenhaftes Wesen und Übertreibungssucht, Grausamkeit und Scheelsucht vollenden das Charakterbild eines Durchschnitt-Papua. Eigentümlich, mehr spasshaft berührt ihr grosser Eigendünkel, der sich bei so mancher Gelegenheit auch dem Europäer gegenüber kundthut. Sie hängen fest an der altväterlichen Weise und am Althergebrachten und dünken sich trotz gelegentlichen Bewunderns europäischer Kunst und Leistung doch so sehr viel gescheiter und klüger als die Weissen. Glücklich sind die Schwarzen in ihrem Thun und Treiben sicher nicht zu preisen, denn es fehlt ihnen Zufriedenheit und vor allem das gegenseitige Vertrauen, das wohl in den meisten Fällen durch ihre abergläubische Furcht vor Verzauberung erschüttert wird. Gerade dieser schwer auszurottende Aberglaube, diese Furcht vor Geistern und Verhexung macht uns den Papua oft zu dem wenig sympathischen Genossen. Ihm fehlen andererseits nicht gute Eigenschaften, die ihn uns näher bringen können; doch auch diese werden nicht selten durch eben diesen Aberglauben geradezu entwertet und unterdrückt.

Warum ist der Papua nicht so ausdauernd wie andere auf derselben Kulturstufe stehende Völker? Weil sein Aberglaube ihm zu Zeiten und bei gewissen Gelegenheiten das Arbeiten untersagt. Warum ist er feige, misstrauisch, scheu und unzuverlässig, warum lügenhaft und unaufrichtig? Weil sein Denken und Thun so oft von der Furcht vor Verzauberung und Verhexung beeinflusst und irregeleitet wird. Würde es uns durch redliches Bemühen gelingen, ihn von den Fesseln seines Aberglaubens zu befreien, so würde sich uns gar bald ein anderes Bild darbieten, als es oben entworfen ist.

Anheimelnd besonders für uns Deutsche ist die grosse Liebe und Zärtlichkeit der Papua zu ihren Kindern. Weiter gefällt uns ihre Geschicklichkeit und ihr im grossen und ganzen friedliches Zusammenleben. Auch kann man nicht gerade sagen, dass der Papua Arbeit scheut, wie ihm das oft zum Vorwurf gemacht ist. Kommt man an seinen Pflanzungen vorbei, so freut man sich über die grosse Sorgfalt und Ausdauer, mit der dort gearbeitet wird, und über das Geschick, mit dem die meisten Felder angelegt sind. Vor eine bestimmte Arbeit gestellt, deren Ende er absieht, wird der Papua eifriger beim Werke sein als dann, wenn er nicht weiss, wie lange sie sich noch hinzieht. Hat er ein bestimmtes Ziel vor Augen und redet man ihm freundlich zu, so wird er auch treulich und fleissig bei dem Werke ausharren. Wird er nur zu rechter Zeit an den rechten Ort gestellt und mit Nachsicht und Geduld behandelt, so wird er dies durch Fleiss und Freude an der Arbeit lohnen. Frohndienste zu thun ist er weder gewohnt noch gewillt: ihm bietet die Natur ja in reichem Masse alles, was er zum Leben braucht, und stellt sich bei ihm einmal hier und da das Bedürfnis nach Gegenständen ein, die er nicht hat, so sollten die Weissen klug genug sein, ihm nicht allzu eilig zur Befriedigung seiner Wünsche zu verhelfen, Wunsch und Begierde rege erhalten und neue Bedürfnisse bedachtsam für ihn herausfinden.

Bei allen seinen Fehlern und schlechten Eigenschaften ist der Papua nichts weiter als ein harmloses Naturkind, das eine entsprechende Behandlung erfordert und, statt das Kind mit dem Bade auszuschütten und zu sagen: „Mit den Leuten ist doch nichts anzufangen", sollte man versuchen, sie besser zu verstehen, mit ihren Fehlern rechnen und ihre Vorzüge nicht ausser Acht lassen.

Allerdings sind die Eingeborenen nicht alle, um mit dem Volksmunde zu reden, bei der Behandlung über einen Kamm zu scheren. Die einen wie z. B. die Leute am oberen Augusta-Fluss und am unteren Ramu, am Hatzfeldt-Hafen und an der Franklin-Bai sind vorsichtig zu behandeln; ihnen ist in keiner Weise zu trauen, auch wenn sie dem Ankömmling zuerst in freundlicher Weise entgegenkommen und ihn zum Bleiben einladen. Auch die Segu- und Siar-Insulaner im Archipel der zufriedenen Menschen sind Leute, mit denen im wahrsten Sinne des Wortes sich nicht spassen lässt. Nicht nur einmal ist es auf Siar vorgekommen, dass hier eine harmlose Bemerkung oder ein Scherz eines Europäers von den Eingeborenen so übel gedeutet worden ist, dass sie sofort zum Bogen griffen und nur durch energische und schnelle Dazwischenkunft ihrer Landsleute von einem unüberlegten Pfeilschuss zurückgehalten wurden. Recht unangenehm wird jeder Besucher der Insel Segu durch das verdriesslich-empfindliche Wesen ihrer Bewohner berührt, vor deren Tücke und hinterlistigem Wesen nicht genug gewarnt werden kann. Sehr gesetzte, friedfertige und gute Menschen sind dagegen die Ragetta-Insulaner, die wie die Bilibili-Eingeborenen etwas vornehm-zurückhaltendes in ihrem Wesen haben; freundlich wie sie waren die Beliao- und Götz-Insulaner; beide Inseln sind neuerdings aus verschiedenen Gründen von ihren Bewohnern verlassen. Liebenswürdig und entgegenkommend im allgemeinen sind die Eingeborenen am Berlin- und Dallmann-Hafen und an der Kranel-Bucht im Norden, ebenso zutraulich am Alexis-Hafen, besonders in dem Dorfe Wollenbick, dem oberen Ramu, ferner im Südosten die Tami-Insulaner und endlich die Eingeborenen am Adolph-Hafen, an der Bayern-Bucht und am Parsee-Point. Von hier hat sich schon so mancher Eingeborene als Arbeiter für die Neu-Guinea-Kompagnie anwerben lassen. — Nach ihrem Charakter und ihren Lebensgewohnheiten endlich sind uns recht sympathisch die Namala-Leute, die Papua des Huon-Golfs. Mit ihrer dunkelbraunen Hautfarbe, ihren schönen schwarzen Augen, ihrer Adlernase und ihrem hübschen Wuchs nehmen sie uns schon äusserlich für sich ein. Sie kommen dem Fremden freundlich und zutraulich entgegen, und man sieht es ihrem guten, offenen Auge an, dass ihnen List und Falschheit fern liegt. Auch unter sich sind sie friedlich.

So lange uns allerdings noch ein Verständigungsmittel fehlt, das es uns wie den Holländern ihr Küsten-Malayisch und den Engländern ihr Pidgeon-Englisch und Motu-Dialekt möglich macht, in den Geist und das Wesen der Eingeborenen näher einzudringen, werden wir nur langsam, ja nur Schritt für Schritt mit unseren Bemühungen, sie zu fördern und zu erziehen, vorwärts kommen. Und doch, wenn ein jeder, der an Ort und Stelle die Möglichkeit hat, die Sprache der Eingeborenen und diese selbst kennen zu lernen, diese Gelegenheit tüchtig ausnutzt, so machen zuletzt viele Wenige doch ein Viel und man kommt mit vereinten Kräften schneller ans Ziel. Leider ist ja die Sprachzersplitterung bei den Papua im Schutzgebiet ein Gegenstück zu ihrer politischen Zerfahrenheit. Mannigfache Gründe haben dazu geführt, diese Zersplitterung zu nähren und zu fördern, vor allen Dingen Furcht der Bewohner der einzelnen Dorfschaften und Stämme vor einander, ihre Scheu, in einen näheren gegenseitigen Verkehr zu treten, ihre Sucht, neue Bezeichnungen für Begriffe anzunehmen und die früheren zu ändern oder ganz fallen zu lassen u. a.

In sehr vielen Dialekten unserer Papua finden sich Anklänge an das Malayische und Polynesische, besonders in den Küstenbezirken. So hat z. B. der Bogadji-Dialekt an der Astrolabe-Bai einen sehr starken malayo-polynesischen Anklang, ist aber wieder ganz verschieden von der Sprache der Bilibili- und Gorima-Leute. Ungefähr 6—25 Prozent der Dialekte sind nach Zöllers Untersuchungen mit dem Malayischen oder Polynesischen verwandt, jedenfalls aber mehr mit jenem als mit diesem Idiom. Sämtliche Papua-Dialekte gleichen sich darin, dass sie arm an Bezeichnungen für abstrakte Dinge, dagegen überreich an Ausdrücken für Concreta sind. So haben z. B. die Jabim verschiedene Worte für Kauf oder Tausch einer Frau, eines Schweines, eines Bekleidungsstückes; es fehlt aber das generelle Wort für Kauf oder Tausch. Fast alle Papua-Stämme haben eine Unzahl von Worten, um die verschiedenen Bananensorten zu bezeichnen; es verschwindet aber unter der Menge dieser einzelnen Bezeichnungen das generelle Wort für Banane.

Unter sich näher verwandt sind die Jabim-, Tami-, Bukana-, Poom- und Kai-Sprachen. Jabim und Kai sind aber voneinander doch wieder schon so verschieden wie z. B. Französisch und Spanisch. Sehr empfänglich sind die Papua, wie schon erwähnt, für Annahme neuer Worte und Veränderung ursprünglicher. An der Astrolabe-Bai finden sich nicht wenige Ausdrücke, die seit dem Aufenthalt von Miklucho Maclay dort aus dem Russischen in das

Papuanische Eingang gefunden haben und in anderen Gebietsteilen finden wir wieder englische und deutsche Brocken, die nicht vorhandene papuanische Ausdrücke ersetzen oder an die Stelle von bereits dagewesenen getreten sind. Einzelne Dialekte haben auch in Kaiser Wilhelms-Land weitere Ausdehnung gefunden, so wird der Jabim-Dialekt ungefähr 30 Meilen im Umkreis der Jabim-Landschaft gesprochen, und das will viel heissen, wenn man bedenkt, dass die durchschnittliche Ausdehnung eines Sprachgebietes sich nur auf etwa 8—10 km erstreckt, ja, dass in einzelnen Gegenden z. B. zwischen Juno-Huk und Kap Croisilles fast jedes Dorf eine andere Sprache hat. Den Tsimbim-Dialekt von Hatzfeldt-Hafen findet man bis auf etwa 20 km in der Runde. Auch die beiden Haupt-Dialekte der Dampier-Leute, die Kawelo- und Waskia-Sprache haben eine ziemlich weite Ausdehnung gewonnen, erstere spricht man an der ganzen Küste zwischen Prinz Adalbert- und Grossfürst Alexis-Hafen und mit dem Waskia-Idiom ist die Küstenbevölkerung nach Norden hin bis zum Dorfe Tagai wohl vertraut. Im Archipel der zufriedenen Menschen ist die Mundart der Siar-Leute eine andere als der Dialekt der Ragetta-Leute; dieser ist wieder verschieden von dem der Yombomba-Leute, die sich ihrerseits mit den etwa 5 km südöstlich gelegenen Bilibili-Insulanern kaum verständigen können. Und weiter im Norden werden auf der nur 500 ha grossen Insel Tamara im Berlin-Hafen in fünf Dörfern fünf verschiedene Dialekte gesprochen, während auf den drei anderen Inseln desselben Hafens wieder von den Tamara-Dialekten abweichende Mundarten im Gebrauch sind.

Das Zahlensystem der Papua von Kaiser Wilhelms-Land ist ebenso primitiv wie das der übrigen. Sie haben fast alle nur das Fünfzahlen-System. Die Siar-Leute z. B. zählen taimon, asu, tol, pal, lemak, die Karkar-Eingeborenen kasek, uwaru, utol, iwawo, banin, die Rook-Insulaner bs, ru, tol, ping, lun; zehn heisst bei ihnen sangul. Über eine Schriftsprache scheinen die Eingeborenen von Kaiser Wilhelms-Land noch nicht zu verfügen. Es erscheint dies auffällig bei ihrem Geschick für gefällige Schnitzereien.

Da die Missionare von Anbeginn an in den verschiedenen Bezirken sich der Sprachforschung zugewandt haben, die neue Reichsregierung im Schutzgebiet auch das ihre thun wird, um besonders in der Nähe der Stationen die Eingeborenen-Dialekte zu sammeln, so steht zu hoffen, dass auch auf diesem Gebiet ein immer grösseres Material aufgespeichert wird. Was bis jetzt an solchem vorliegt, ist ein Wörterbuch und eine Grammatik der Siar- und Bogadjim-Sprache, eine Sammlung von Wörtern der Eingeborenen in der Nähe des Finsch-Hafens, Samoa-Hafens, Hatzfeldt-Hafens, der Simbang- und Tami-Leute sowie endlich eine Sammlung verschiedener Papua-Sprachen von Dr. Schrader.

Ihrem ausgedehnten Handelsverkehr haben es einzelne Eingeborene der grösseren Handelsplätze wie Tami, Bilibili, Siar, Tagai u. a. zu verdanken, dass sie drei bis vier Dialekte sprechen. So können sie bei Stammes-Zusammenkünften und noch grösseren Vereinigungen, Beschneidungsfesten und anderen grossen Festlichkeiten diese Sprachfertigkeit als Dolmetscher aufs beste verwerten. Bei solchen grösseren Festen, wo sich die Vertreter der verschiedensten Stämme einfinden, könnte eine Verständigung der von allen Seiten zusammengeströmten Bevölkerung ohne solche Dolmetscher überhaupt nicht stattfinden.

Von allen grossen Festbegebenheiten ist wohl die wichtigste das schon vielfach erwähnte Beschneidungsfest. Es heisst bei den Jabim Balum, auf Ragetta Marsap, in Bogadjim Assa und in Bongu Mul. Der Papua feiert wann und was er irgend kann, vor allem das Ende der Saatbestellung und den Beginn der Ernte, und die hellen Mondscheinnächte gehen auch in Kaiser Wilhelms-Land nie ohne Gesang und Tanz vorüber. Einzelne Stämme haben auch ihre besonderen Tänze. Interessant sind die mimischen Tanzweisen der Jabim. Sie führen Tänze auf, in denen sie darstellen, wie der Kasuar majestätisch einherschreitet, wie der Reiher und die Tauben ihre Jungen füttern und wie ein grosser Vogel einen kleinen verfolgt. Hierbei wirken auch die Frauen mit. Um den Zuschauern die Vorführung anschaulicher zu machen, befestigen sie an der Rückseite ihrer Bastschürzen ein den Schwanzfedern eines grossen Vogels ähnliches Gefieder. Die Bewegungen der Weiber hierbei sind äusserst graziös, und die Darstellung ist wirklich fesselnd. Die Jabim-Männer führen ihrerseits vor, wie ein Känguruh von Hunden verfolgt wird, wie der Hund der Hündin nachstellt, wie ein Mann Jagd auf fliegende Hunde macht und wie ein Hahn die Henne umkreist. Ganz meisterhaft verstehen es auch die Männer, die Tiere im Tanze wiederzugeben und pantomimisch darzustellen, wie sie sich verfolgen, necken, fliegen, so dass es eine Lust ist zuzusehen. Auf Tami führen die Eingeborenen ähnliche Tänze auf:[1]) Ein Mann,

---

[1]) Schellong in Globus, Bd. 56. S. 81.

der einen grossen Stab in der Hand hält, bewegt sich springend vorwärts, indem er ihn abwechselnd zwischen die erste und zweite Zehe des rechten und linken Fusses klemmt; er wird hierbei von einem anderen Papua verfolgt, der ganz entsprechende Bewegungen ausführt. Durch besondere Gewandtheit und vollendete Grazie beim Tanz zeichnen sich vor anderen die Papua am Finsch-Hafen aus. Weniger graziös tanzen die Eingeborenen am Hatzfeldt- und Friedrich-Wilhelms-Hafen, sie sind auch nicht so lebhaft wie die Finsch-Hafener.

Die Tanzbewegungen im allgemeinen bestehen in einem Vor- und Rückwärtsbeugen des Oberkörpers, den sie auch bald rechts und bald links drehen, in einem Vorbiegen des Kopfes, in Kniebeugen und ab und zu in einem Seitwärtsspringen. Die Frauen tanzen oft im Kreise, indem sie die wagerecht ausgebreiteten Arme gegenseitig in einander verschlingen und bei monotonem Gesang die Knie bald einknicken, bald auswärts drehen. Bisweilen tanzen sie auch paarweise in Reihen hintereinander schreitend, indem sie graziös und taktgemäss einen Fuss vor den andern setzen. Nicht selten schliessen sie einen Kreis; ausserhalb dieses tanzt eine Vortänzerin, im Takte hin und her springend. Die Frauen sind hierbei mit kleidsamen Blattwerk-Tournüren und kleinen gestickten Täschchen, auch Gras- und Blumenbüscheln geschmückt; im Gesicht und an den Unterschenkeln sind sie bunt bemalt. Die Männer haben hier und da als Tanzschmuck Masken, in Finsch-Hafen turmartige Aufputze aus weissen und bunten Kakadufedern, Federkielen und kleinen Fruchtkernen gefertigt, in Hatzfeldt-Hafen einen Aufputz aus Kaurimuschelgeflecht, einem Helmvisir gleichend, im Archipel der zufriedenen Menschen einen spitz auslaufenden Maskenaufsatz. Andere schmücken sich beim Tanz mit Federn, die sie zu haubenartigem Aufsatz am Kopfe befestigen oder einzeln in den Haarwulst stecken. Auch Farne und Gräser sind als Tanzschmuck sehr beliebt.

Die Tänze der Männer beginnen in der Regel mit einem feierlichen Aufmarsch zu zweien. Die nicht mehr Tanzfähigen und die Weiber, die sich selten am Tanze beteiligen, gruppieren sich ringsum. Kinder laufen geschäftig hin und her und schüren das Feuer oder schwingen lustig Fackeln, falls der Tanz am Abend stattfindet. Plötzlich ertönt die Trommel, und wie elektrisiert von dem bekannten Ton kommt Bewegung in die dunklen Reihen und der Tanz beginnt nach obenbeschriebener Weise mit oder ohne

Solotänzer. Das Ende jeden Reigens bekundet meist ein kurzer Aufschrei der Teilnehmer.

Sehr ansprechend sind die hübschen, seltener vorgeführten Reigen, die in ihrer Zusammensetzung und Ausführung an die in unseren Turnschulen dargestellten erinnern. In zwei langen Reihen stehen die Tänzer paarweise hintereinander, bis dann bei einem bestimmten Ton der Trommel von dem ersten Paar der eine Teil nach rechts, der andere nach links abschwenkt, um sich am Ende der Reihe anzufassen und durch die von den anderen Paaren inzwischen gebildete Gasse hindurchzuschlüpfen und an der Spitze der Reihen in der Mitte festen Fuss zu fassen. Es folgt dann das zweite Paar, und so fort, bis die so aufgelöste Reihe eine neue gebildet hat. Die Musikbegleitung ist mannigfaltig; am verbreitetsten und beliebtesten sind die zwei bis drei fusslangen, hölzernen sanduhrartigen Trommeln, deren eines Ende offen ist, während das andere mit der Haut eines Leguan oder einer Eidechse versehen ist. In der Mitte der Trommel befindet sich ein Griff. Solche Trommeln findet man besonders am Dallmann-Hafen und in der Gegend von Hatzfeldt- und Finsch-Hafen, während in der Astrolabe-Bai, am Augusta- und Ottilien-Fluss meist grosse ausgehöhlte Klötze als Trommeln dienen. Diese haben eine länglich ovale, trogartige Form und sind auf Grundton, Terz, Quint oder Oktave ziemlich rein abgestimmt; oft sind sie auch mit Schnitzereien versehen, die hauptsächlich Vögel und Krokodile darstellen. Der Rhythmus wird von den Trommelschlägern streng innegehalten; sie haben eine grosse Zahl von Rhythmen, besonders die Eingeborenen in der Finsch-Hafener Gegend. Die Trommeln geben einen dumpfen, weit vernehmlichen Ton und dienen ebenso häufig den Eingeborenen als Signale, die sie sich bei wichtigen Ereignissen von Dorf zu Dorf geben. Westlich vom Kap della Torre haben die Eingeborenen als Musikinstrument ein Stück Bambus mit einer schlitzförmigen Öffnung, auf die mit einem Stöckchen geklopft wird. Ein ähnliches Instrument dient ihnen zur Begleitung des Gesanges: in einem zugespitzten, fingerbreiten Stück Bambusrohr schwingt eine Zunge, die durch Längsspaltung des Rohres hergestellt ist. Ein an dem Ende des Instruments befindlicher Faden wird nun ruckweise an- und abgespannt, während diese Seite zwischen den Zähnen festgeklemmt ist. Hierdurch werden die Schwingungen bewirkt und durch Verstellung von Zunge, Lippen und Gaumen werden die verschiedensten Töne hervorgebracht. Ein anderes Musikinstrument der Papua, das aber nicht bei ihren

Tänzen Anwendung findet, sondern lediglich bei ihren Beschneidungs-Zeremonieen, haben wir in den Balum-Flöten und -Stäben kennen gelernt. Als Musikinstrument dient ferner die Tritonmuschel. Man bläst in ein ausgeschlagenes rundliches Loch dieser Muschel hinein und erzeugt dadurch einen Ton, der an eine Dampfpfeife erinnert. In der Astrolabe-Bai am Konstantin-Hafen haben die Eingeborenen eine Art Mundharmonika, Munki genannt, aus Kokosnuss.

Der Gesang ist meist im Fistelton gehalten und in seiner einfachsten Art ein Summen ohne Worte und Rhythmus; in der Regel kommt er nur als Begleitung des Tanzes vor, in der Finsch-Hafener Gegend jedoch finden sich bereits Melodieen nach verschiedenen Rhythmen geordnet.[1]) Gewisse Melodieen dürfen dort nur von Häuptlingen angestimmt werden; diese werden in der Finsch-Hafener Gegend *tussumite* genannt, während die gewöhnlichen Sangesweisen dort *bom-bom* heissen. Die Melodie, welche bei Totenklagen gesungen wird, nennt man ebenda *taniboa*, die festlichen Tanzmelodieen *gnssabi subi*, den Gesang vor dem Tanz, bevor sich die Männer versammeln, bezeichnet man mit *gnussalling*, den Gesang, der den Tanz einleitet, mit *nangssenagissun* und die eigentliche flotte Tanzweise mit *nangebum*.[2]) Am Rüdiger-Fluss lebt ein Völkchen, das den Gesang sehr zu lieben scheint. Wie der Entdecker dieses Flusses berichtet, begrüssten ihn bei der Hinauffahrt eine Menge fröhliche Papua, die abweichend von dem sonst üblichen Fistelgesang der Eingeborenen einen kräftigen Gesang aus vollen Brusttönen anstimmten. Auf seiner Expedition in das Finisterre-Gebirge endlich hat Zöller den seltenen Genuss eines Flötenkonzerts gehabt, das auf Bambusflöten von mehreren Männern geblasen wurde.

Ausser ihrem Jagd- und Fischsport, Tanz und Gesang haben die Papua unseres Schutzgebietes keine besondern Vergnügungen und Belustigungen. Ein mehr kindliches Vergnügen verschaffen sich die Bewohner auf dem Sattelberg durch eine Art von Schaukeln. Diese bestehen aus 10—12 m langen starken Rottangstricken, die an dem Ast eines hohen Baumes befestigt werden. Unten ist eine Schlinge angebracht, in die sich die Person, die gerade schaukeln will, hineinstellt. Um Schwung zu bekommen, lässt sie sich von einem dort angebrachten Gerüst abfallen.

[1]) Schellong hat a. a. O. einige Papuamelodieen zusammengestellt, die höchst eigenartig sind.
[2]) Schellong a. a. O. S. 81ff.

4. Die Produktion des Landes.

Wie das Vorkommen von Kasuarinen in Kaiser Wilhelms-Land in der Regel schon von weitem den Mangel an Kultur und Bodenbestellung anzudeuten pflegt, so sind Kokosnusspalmen stets das sichere Anzeichen von in der Nähe befindlichen Siedelungen und Pflanzungen. Da die Papua selten mehr als das ihnen dringend Notwendige bauen, so sind ihre Pflanzungen gewöhnlich nur von geringer Ausdehnung. Grössere Anlagen findet man auf den Abhängen der Berge, so im Hansemann-Gebirge, am Szigauu-Bergsstock, auf den Bergabhängen landeinwärts vom Konstantin-Hafen, z. B. in Buramana. Immerhin bedürfen die Eingeborenen zu ihren Anpflanzungen eine verhältnismässig grosse Fläche Landes, da sie dieselbe Stelle immer nur einmal bepflanzen. Die Bewohner der kleinen Inseln sind durch die Enge des Raumes meist dazu getrieben, ihre Pflanzungen am Festlande anzulegen. Die Anlegung eines Feldes, das jedes Jahr gewechselt wird, geschieht, wie wir oben sahen, gemeinschaftlich. Vorher bringt man oft, die Jabim in der Regel, den Geistern ein Opfer dar, damit sie das Wachsen und Gedeihen der Pflanzung nicht stören; sodann wird ein geeigneter Platz aus dem Gemeindelande ausgesucht. Jeder hat sein bestimmtes Feld, bei dessen Rodung und Umzäunung ihm die anderen Dorfgenossen helfen. Der Zaun besteht meist aus Zuckerrohr, die Zaunstäbe schlagen häufig genug von neuem aus und verleihen dadurch dem Ganzen eine grosse Festigkeit. Eine eigentliche Thür oder ein Gatter befindet sich nicht am Zaun, wohl aber sind bequeme Stellen für den Durchgang vorgesehen. Die Zäune sind notwendig zum Schutz gegen die wilden Schweine, die nichtumzäunte Pflanzungen nicht aufkommen lassen würden.

Das Roden und Umgraben des Bodens ist wie das Setzen des Zaunes fast ausnahmslos Sache der Männer; dann beginnt die Arbeit der Frauen, die das Erdreich zu sieben und die Pflanzen zu setzen haben; letzteres geschieht meist in musterhafter Ordnung. So werden die Ranken des Yams reihenweise und die einzelnen Pflänzlinge an voneinander gleichmässig entfernten Stäben aufgewunden.

Am Augusta-Fluss sind die Pflanzungen bis zu einem Viertelmorgen gross. Dort wird selten Waldland dazu benutzt, sondern meist der von wildem Zuckerrohr bestandene Boden. Die Anzahl der Pflanzungen ist hier sehr gross. Vortreffliche Plantagen haben die Eingeborenen in der Landschaft zwischen Anna und Gabarun in der Nähe des Kap Croisilles; sie sind dort meist von bedeutender Ausdehnung. In Berggegenden, wo die schmalen Kämme nicht Raum genug für die Pflanzungen gewähren, sind sie oft an so steilen Abhängen angelegt, dass an ihre Bebauung durch Europäer nicht zu denken wäre. Am häufigsten findet man in den Pflanzungen Taro, Yams, Bananen und Zuckerrohr, seltener Tabak.

In der Zeit vom März bis August wird Taro gebaut, dann kommt die Zeit des Yams, der schon im November blüht. Mais wird, wie bisher bekannt geworden, von den Eingeborenen nur am Venus-Huk gebaut; er ist wie der an der Südostküste vorgefundene eingeführt. In Verbindung mit Yams wird Tabak gebaut. Ferner kultiviert man eine Art kleiner Bohnen, Zuckerrohr, Flaschenkürbisse, eine Art Gurken, auch eine Meldeart *(Maranthus)*. Die zuletzt erwähnten Pflanzen werden alle in Gärten gezogen. Melde wird als Gemüse gegessen und dient den Eingeborenen zugleich als Abführmittel.

Tabak ist ohne Zweifel eine auf Neu-Guinea einheimische Pflanze. Auch er wird in Gärten in der Nähe der Häuser gebaut, besonders häufig an der Nordostküste. Man zieht ihn zuerst regelrecht in Saatbeeten auf; sind dann die Pflänzlinge etwa 20 cm hoch, so werden sie in einer Entfernung von 50 cm von einander eingepflanzt, bisweilen sogar angehäufelt. Fängt die Pflanze an zu blühen, so pflückt man die Tabakblätter nach und nach ab und reiht sie auf dünne Rottangstäbchen auf. Kein Tabak wird am Adolph-Hafen gebaut, viel dagegen am Augusta-Fluss, Dallmann-Hafen und an andern Orten. Der Papua-Tabak bildet in Rollen einen Teil des Tauschhandels der Eingeborenen. Man raucht die in der Sonne oder auch am Feuer getrockneten Blätter in Form einer Zigarette. Als Deckblatt dient ein Bananen-, häufiger noch ein Baumblatt. Feuer muss bei der Art Zigaretten der Papua immer bei der Hand haben, sonst widerfährt es ihm zu oft, dass er „kalt raucht", denn die auf solche Art gewickelten Zigaretten glimmen sehr schlecht.

An weiteren Genussmitteln ist allgemein der Betel bekannt. Die etwa walnussgrossen gelben oder grünen Früchte der Betelpalme reifen in Büscheln. Die Papua entfernen zunächst die Faserhülle der Früchte und geniessen dann den inneren Kern mit der Zuthat von pulverisiertem Kalk, den sie aus gebrannten Korallen gewinnen. Der erfrischende Nachgeschmack ist das Beste am Betel. Der Geschmack an sich ist beissend und säuerlich und zieht das

Zahnfleisch zusammen, ähnlich wie Alaun, hinterlässt ferner die unangenehme Wirkung, dass er das Zahnfleisch und die Zunge rot und die Zähne bei andauerndem Gebrauch beinahe schwarz färbt.

Hauptnahrungsmittel ist der Sago und die Kokosnuss. Die Bereitung des Sagos, der nicht zu verwechseln ist mit unseren Sagokügelchen, geschieht auf folgende Weise: nachdem der Baum gefällt und das Mark aus dem Stamm entfernt ist, wird es zunächst von den vielen Fasern, mit denen es durchwebt ist, sauber gereinigt und gesiebt. Als Sieb benutzen die Eingeborenen die Rippen des Basisteiles eines Palmenblattes. Auf dieses Sieb wird das Sagomark gelegt und häufig mit Wasser übergossen. Schliesslich ergiebt sich eine weissliche, mehlartige, fest zusammengebackene Masse, die in Bananenblätter eingehüllt wird. Die runden, oft 10 Pfund schweren Sagoklumpen werden demnächst zum Trocknen aufgehängt und dann in Kuchenform gebacken. Am Augusta-Fluss, wo sich die Pflanzungen der Eingeborenen wie auch am Ottilien-Fluss meist in unmittelbarer Nähe des Stromes befinden, wird viel Sago gezogen.

Durch Vorhandensein reicher Kokosnuss-Bestände zeichnet sich die Gegend an der Hansa-Bucht aus, ferner der Küstenstrich zwischen Berlin- und Dallmann-Hafen und darüber hinaus. Weitere Kopra-Gebiete sind die Bertrand-, Matty- und Purdy-Inseln. Auf den letzteren pflegen nicht selten Eingeborene, Unterthanen des holländischen Schutzgebietes, zu landen und sich längere Zeit aufzuhalten, um die dortigen reichen Kokosnusshaine zur Gewinnung von Öl auszubeuten, das sie dann in grossen Kautschukflaschen nach ihrer Heimat bringen und vertreiben. Mit der Kopra-Gewinnung haben sich unsere Schutzbefohlenen selbst noch nicht befasst, haben auch bisher nur selten Gelegenheit gehabt, hierbei Europäern hilfreiche Hand zu leisten; auch pflanzen sie leider selbst noch keine Nüsse aus, verstehen sich daher lediglich auf ihren Konsum; nachdem sie mit einem scharfen Gegenstand die grüne Schale entfernt haben, reissen sie mit den Zähnen den festen Bast herunter, dann bohren sie in die harte Schale ein Loch und schlürfen besonders auf ihren Märschen mit Behagen das erquickende Nass. Der übrige schmackhafte Inhalt dient ihnen als Nahrungsmittel.

Eine andere Pflanze, das Kawa *(Piper methysticum* Forst),[1] brauchen unsere Schutzbefohlenen, um ein bei ihnen sehr beliebtes Gericht zu bereiten, das allerdings nicht unserem Geschmack ent-

---

[1] Finsch, Samoafahrten. Leipzig 1888. S. 61.

spricht. Sie kauen die Blätter, Wurzeln und Zweige des Kawa und den so erzeugten Speichelsaft speit man zur Gärung in ein Gefäss, das eine Yams-Sauce enthält. Die Weiber haben das Glück, von der Teilnahme an dem Genuss dieses Gerichts verschont zu sein. Kawa soll erhitzen und ein schweisstreibendes Getränk sein. Kawa-Pflanzen sind von Dr. Hollrung im Kaidorf Meming bei Butaneng in der Nähe des Bubui gefunden worden.

Durch Maclay sind mehrere ausländische Früchte nach der Astrolabe-Bai gebracht worden, so vor allem die Papaya-Frucht; sie wächst jetzt fast überall in Kaiser Wilhelms-Land. Papaya ist eine melonenartige Frucht von herrlich süssem Geschmack, der an die Zuckermelone und Aprikose erinnert. An vielen Orten werden von der eingeborenen Bevölkerung Pandanus-Früchte genossen, von denen man die untere, weiche, süss schmeckende Hälfte isst. Die Eingeborenen in der Nähe von Konstantin-Hafen mögen auch ganz gern die Wurzel von Curcuma longum L., die sonst auch als Färbemittel in den Handel kommt sowie ferner die Ingwerwurzel, die sie zuweilen zusammen mit der Frucht der wilden Feige essen. Allgemein beliebt sind die Bananen als Frucht, sie kommen im Schutzgebiet in einer ausserordentlich grossen Zahl von Sorten vor, für welche alle die Eingeborenen eigene Namen haben. Weniger beliebt sind Früchte des häufig vorkommenden Brodtfruchtbaums. Sein Holz wird von den Eingeborenen am Hatzfeldt-Hafen sehr gern zum Bau von Kanus verwendet, da es leicht und zugleich widerstandsfähig ist. Hier wie in Konstantin-Hafen bieten die Früchte einiger Feigenbäume einen grossen Leckerbissen für die Eingeborenen, und in der Nähe von Finsch-Hafen fertigt man aus der im Wasser eingeweichten Rinde einer Feige die bereits mehrfach ewähnten Obos. Die Fasern der Rinde des Pipturus-Strauches verwenden sie dagegen zur Herstellung ihrer Stricke und Netze.

Es giebt ferner noch eine ganze Reihe anderer Bäume und Sträucher, die bei den Eingeborenen Verwendung finden; so brauchen sie die Schösslinge von Bambusarten zur Herstellung von Häuserwänden, Gartenzäunen und Dachsparren; aus dem wohlriechenden Kraut der *Ocimum sanctum* L. gewinnen sie einen Riechstoff, den sie durch Zusammenkneten der Pflanze mit einem Harze auf das letztere übertragen. Als Harz pflegen sie den aus dem Stamme des *Calophyllum inophillum* L. fliessenden gelblichgrünen Stoff zu verwenden, den sie gleichzeitig zur Herstellung von Fackeln gebrauchen. Noch einen anderen Farbstoff als den oben erwähnten verdanken die Eingeborenen der Rinde der *Bruguiera gymnorhiza* Bl. und Rhozophora-Arten sowie den roten Drüsen des *Mallotus philippinensis* Müll. Arg. Letzterer kommt überall auf den verlassenen Pflanzungen vor. Ein vorzügliches Öl besitzt in ihren Schalen eine wilde Citrus-Art, was die Eingeborenen am Kaiserin Augusta-Fluss, wo der Baum sich oft findet, sehr zu schätzen wissen. Als blutreinigendes Mittel benutzen die Eingeborenen die nach Sauerampfer schmeckenden Früchte der *Averrhoa Bilimbi*. Zum Ausstopfen der Vogelbälge verwenden sie vielfach die Wolle von *Bombax malabaricum;* aus einer Hibiscus-Art fertigen die Bongu-, Gumbu- und Korrendu-Leute ihren Faserstoff, und die Eingeborenen von Finsch-Hafen aus der *Abroma mollis*. Ebenso werden häufig aus dem Bast der *Kleinhovia hospita* L. Stricke gefertigt, der letztere Baum sieht unserer Linde sehr ähnlich. Eine bohnenartige Schlingpflanze, *Pueraria novo-guinensis* Warb., liefert den Eingeborenen das zur Verfertigung ihrer Tragbeutel dienende Material. Als Kanu-Bauholz dient ausser dem bereits angeführten der Stamm der *Stephegyne parvifolia* Korth (am Augusta-Fluss häufig), ferner das Holz der *Heritiera littoralis* Dryand. Durstlöschend wirken die Früchte der *Jambosa aquaea* Rumph, die sogenannten ostindischen Rosenäpfel, endlich die Beeren des Strauches *Rubus mollucanus* L. Sehr gern gegessen werden endlich von den Eingeborenen die sehr angenehm schmeckenden birnengrossen Früchte der *Bassia Hollrungii* Schum., und besonders von den Eingeborenen in der Nähe des Finsch-Hafens die dort häufiger wie sonst in Kaiser Wilhelms-Land vorkommenden wildwachsenden Mango-Früchte, die etwas faseriger sind als die echten Mangos. Als Nussobst dienen die mandelartig schmeckenden Samen der *Terminalia iatappa* L. und die bei Finsch-Hafen häufigen *Terminalia Kaernbachii* Warb.

Essbare Erde finden wir an verschiedenen Stellen im Schutzgebiet, so am Dallmann-Hafen, Angriffs-Hafen und Venus-Huk. Die Eingeborenen bereiten sie in Form von flachen, etwa 20 cm breiten Kuchen. Sie sieht wie bräunlichgrauer Thon aus und besteht nach Senator Trier aus Magnesia, Eisenoxyd-Thonerde-Kieselsäure, etwas Kalk und Phosphorsäure. Die essbare Erde zählt bei den Papua jedoch lediglich zu den Genussmitteln.

Die animalische Nahrung kommt bei den Eingeborenen erst an zweiter Stelle. In erster Reihe sind sie Vegetarianer. Als grösster Leckerbissen gilt natürlich wie überall in Neu-Guinea auch in Kaiser Wilhelms-Land das Schwein, sei es Zucht- oder Wildschwein, und der Hund; ferner der besonders gern sich in der Nähe des Wassers aufhaltende Kasuar und das Krokodil; auch das Fleisch des Baumbären, der Leguane, Schildkröten, Fische, des Seekalbes, des Huhns, sowie der fliegenden Hunde, deren Fleisch nach dem Urteil der Papua recht wohlschmeckend sein soll, werden gegessen. Das Schweinefleisch wird in gekochtem, gebratenem und geräuchertem Zustande genossen. Um es zu räuchern, schneidet man es in ganz kleine Stücke, die man vor dem Räuchern fest zusammenpresst; auch Fische räuchert man und zwar auf eine ganz eigentümliche Art am Thorspecken-Fluss: man zieht sie spiralförmig an einem stärkeren Bindfaden in der Weise auf, dass sie mit dem Maul die Schwanzflosse berühren.

Als Haustiere finden wir in Kaiser Wilhelms-Land nur das Schwein und den Hund, hier und da eine Katze und das Huhn. Die Hauptmahlzeit ist bei den Papua am Spätnachmittag. Man nimmt auch vormittags einen Imbiss, doch wird dann nicht gekocht. Das Mahl bereiten die Frauen in der Regel, wenn sie nachmittags 4 Uhr von der Plantagenarbeit heimkehren. Zuerst säubern sie die Töpfe mit Bananenblättern, zerkleinern Holz, indem sie die dürren Äste mit Steinen zerschlagen, machen Feuer an (meist vor der Hütte) und setzen Wasser auf, wobei ihnen die kleinen Mädchen geschickt zur Hand gehen. Die Stelle unserer Kartoffeln und Gemüse vertreten bei ihnen die Knollengewächse Yams, Taro und Bataten (Süsskartoffeln). Als häufiges Gericht hat man gekochte oder geröstete Yams, Taro- oder Brotfruchtscheiben. Als Butter oder Fett verwenden sie den Ölgehalt der Kokosnuss. Das Salz ersetzt ihnen das Meerwasser oder eine Pflanzenasche, die sie aus verkohlten, mit Meerwasser durchtränkten Wurzeln gewinnen. In der Astrolabe-Bai ist ein solches salzwasserdurchtränktes Holz sehr beliebt. Im Innern dieser Bai am Szigann-Bergstock hat Lauterbach bei seinem Durchmarsch nach dem Ramu-Fluss in der Nähe eines kleinen Flüsschens eine Salzquelle entdeckt, die von den Eingeborenen eingefasst war und auch häufig benutzt wurde. Als Delikatesse ist unser eingeführtes Salz bei den Papua sehr beliebt. Als Zuthat zu den Speisen verwenden sie gern den angenehm nach Mandeln schmeckenden inneren Kern der Kokosnuss.

Haben die Frauen ein Gericht kochbereit, so wird es in einem Topf über das Feuer gesetzt. Das Gefäss wird mit einem grossen Blatte zugedeckt und mit mehreren Steinen vor dem Umfallen oder

Umwerfen durch die Schweine geschützt. Die Männer können in der Regel ebenso gut kochen wie die Frauen, sie sehen aber lieber zu und treten erst nach Herstellung der Mahlzeit in Thätigkeit, als Verteiler und Vertilger; nur die Zubereitung animalischer Kost nehmen sie selbst in die Hand. Teller sind unbekannt, sie werden durch grosse Bananenblätter ersetzt; ein jeder erhält dann auf einem solchen von dem Verteiler, sei es von dem Familienhaupt oder Angesehensten der Sippe, sein Teil zugemessen, und es macht auf den unbeteiligten Zuschauer einen behaglichen Eindruck, wenn er sieht, wie der Vorleger mit würdevollem Ernst im Kreise herumgeht und jedem das seine giebt und dabei doch Zeit findet, mit diesem zu schwatzen und dort über ein Scherzwort sich zu freuen, meist heftig gestikulierend; eines Löffels zum Verteilen bedient er sich nicht, sondern benutzt hierzu die Hand.

Gewöhnlich sitzen die Männer und die älteren Knaben zusammen in einer Reihe, ihnen gegenüber im Halbkreise die Frauen, Mädchen und kleinen Kinder, die stets gesondert von den Männern essen. Bei den Jabim verzehren die grösseren Burschen nicht selten ihre Portion im Versammlungshause, wo sie auch schlafen. Überrascht die Papua bei ihren Mahlzeiten einmal ein Fremder, der ihnen nicht ganz unbekannt ist, so wird er meistens freundlich aufgefordert, am Mahle teilzunehmen; er muss sich auf ein schnell bereit gelegtes Bananenblatt niederlassen und erhält wie die übrigen seine Portion. Das Menu ist verschieden, je nach der Jahreszeit und Bedeutung des Tages. An den sehr häufigen Festen giebt es alles reichlicher und meist Schweine-, zum mindesten aber doch Hundebraten. Als Gabel bedient man sich nicht selten, wie dies ganz allgemein bei den Papua in der Astrolabe-Bai geschieht, der Zinken der Haarkämme, meist isst man aber mit den Händen. Ein beliebtes Gericht sind auch Sagoklösse, gekochte Muscheltierchen und Fische, die man, besonders wenn sie klein sind, ohne sie auszunehmen, röstet und verzehrt. Sehr reichhaltig ist der Speisezettel unserer Schutzbefohlenen auf Neu-Guinea nicht, da sie, wie schon gesagt, nur das produzieren, was sie zur Lebens und Notdurft unbedingt gebrauchen.

Von Europäern ist in Kaiser Wilhelms-Land bisher, abgesehen von den Missionaren, die Neu-Guinea-Kompagnie einzige Produzentin; denn die Ansiedlung des verstorbenen Kaufmanns Kärnbach am Berlin-Hafen ist im Jahre 1897 auf die Neu-Guinea-Kompagnie übergegangen.

Und wie reich ist Kaiser Wilhelms-Land an ertragfähigem Kulturland! Auf den Rook-Inseln befinden sich grosse, zur Kultur geeignete Tiefebenen und auf dem Festland, an der Küste insbesonders, für Kulturzwecke sehr geeignetes flaches Vorland wie auch in den Flussebenen weite fruchtbare, allerdings noch urbar zu machende Strecken. Vor anderen Gegenden würden sich die Brandenburg-Küste von Kap Lapar bis zum Albrecht-Fluss, die Gegend am Guido-Cora-Huk, am Dallmann-Hafen, dann weiter südlich das reiche Hinterland zwischen Ama-Mündung und Kap Croisilles vortrefflich für Plantagenbau eignen. Auch der Landstrich, der von den Ausläufern des Hansemann-Gebirges, dem Nordrand des Grossfürst Alexis-Hafens und der Meeresküste begrenzt wird, dürfte als gutes Kulturland in Betracht kommen. Weiter besitzt die ganze Küste zwischen Kap König Wilhelm und der Astrolabe-Bai grosse Flächen besten Bodens, der für alle Tropenkulturen, besonders aber für den Anbau von Kaffee und Kakao sehr geeignet erscheint; die in der Nähe des Dorfes Dschongumana mit Buschwald und Grasfläche bestandenen Hänge sind schon lange für eine Kaffeeplantage von der Neu-Guinea-Kompagnie in Aussicht genommen gewesen. Auch die unteren Abhänge des Hansemann-Gebirges mit ihrem tiefgründigen, humosen Boden würden guten Kaffeeboden abgeben; sie sind jetzt abwechselnd mit Busch, Gras und Zuckerrohr bestanden.

Weiter südlich von Kap Rigny, wo die Landschaft fast ganz europäischen Charakter zeigt, bieten ausgedehnte mit Alang-Alang bestandene Abhänge ein gutes Weideland. Einen sehr fruchtbaren Eindruck macht die Ebene des Kabenau in ihrem westlichen Teil in der Nähe der Mündung, ebenso die gras- und baumbestandenen Thalsohlen des Bupollum-Flusses an der Südseite der Fortifikations-Spitze. Etwas weiter nordwestlich, 2 Sm. von Kelana-Huk, an der Mündung des dortigen kleinen Flusses, dehnt sich eine anmutende Ebene aus, als deren Fortsetzung die weiter nördlich bald hinter dem Gneisenau-Huk beginnende, niedrig gelegene Grasebene angesehen werden kann. Endlich dürfte sich das bereits mehrfach erwähnte Terrassenland mit seinen ausgedehnten Alang-Alang-Flächen vortrefflich für Viehzucht, aber auch für Ackerbau-Zwecke eignen.

Die vorzügliche Tabaksernte, die Stephansort mehrere Jahre nach einander aufzuweisen hatte, ist in den letzten beiden Jahren durch nachteilige klimatische Einwirkungen beeinträchtigt worden. Dies hat die Verwaltung dazu geführt, den Tabaksbau auf der Pflanzung Stephansort einzuschränken und von den im Laufe des Jahres zu bebauenden 400 Feldern 100 wieder auf Yomba anzulegen,[1]) gleichzeitig aber eine Versuchspflanzung sowie einen botanischen Garten anzulegen. Die 1896er Tabaksernte ergab 606 Ballen, die nach Abgang aller Proben u. s. w. mit 93629 Pfund zu gutem Preise verkauft wurden. Qualität und Brand wurden beide als tadellos gerühmt. Die 1897er Ernte ist mit 79300 Pfund auf den Markt gekommen und ebenfalls recht gut bezahlt worden.

Ausser dem Anbau von Tabak wird seit 1896 auf dem abgeernteten Tabaksland auf Stephansort mit recht gutem Erfolg die Baumwollenkultur getrieben. Es stehen jetzt dort gegen 250 ha Baumwolle unter Kultur, daneben werden Kokosnusspalmen, Kapok sowie einige Nährpflanzen kultiviert. Der Kokosnusspalmenbestand beträgt 34500 Bäume in Stephansort, von denen allerdings erst fünfzig tragfähig sind. In Erima-Hafen tragen bereits 191 Kokosnüsse; der Bestand beläuft sich dort auf etwa 2500 Bäume; in Konstantin-Hafen sind im ganzen 6000 Bäume, davon 2677 mehrjährige und auf Seleo 5500 Bäume. Friedrich Wilhelms-Hafen besitzt 9760 Kokospalmen, Yomba 2000. Vorbereitungen sind getroffen worden, das Land zwischen Friedrich Wilhelms-Hafen und Yomba mit 40—50000 Palmen zu bestellen. Die Kapok-Wolle findet als Polstermaterial Verwendung und wird zu 60 Pf. das Pfund auf den Markt gebracht. Alle Wege in Stephansort sind mit Kapok-Bäumchen bepflanzt.

Von Nährpflanzen sind mit Reis und Mais Versuche gemacht worden, von letzterem sind schon 30 ha unter Kultur. Auf der Versuchsstation hat die Liberia-Plantage mit etwa 30000 Bäumchen bisher nicht den gehegten Erwartungen entsprochen, da viele davon eingegangen sind, dagegen entwickeln sich gut die Kautschuk- und Kassia-Bäume; Pfeffer und Kakao sind gleichfalls versuchsweise in jüngster Zeit angepflanzt worden. Auch verschiedene gummiliefernde Pflanzen werden in Beeten gezogen.

Die Versuche mit Nutzpflanzen haben gezeigt, dass Bohnen, Erbsen, besonders Tomaten, Kohlrabi, Radieschen, Endivien, Kürbisse, Melonen und Rettiche gut fortkommen. Im Botanischen Garten sind bereits 1000 Stück verschiedener Fruchtpflanzen und Nutzbäume ausgesetzt, die alle gut gedeihen, darunter Schattenpflanzen, Ölpalmen und edle Bambusarten.

---

[1]) Die Bebauung der Pflanzung Yomba ist neuerdings in Angriff genommen worden.

Einen Ausfuhrartikel hat seit Bestehen des Schutzgebietes verschiedenes edles Nutzholz geliefert, darunter *Calophyllum Inophyllum, Afzelia bijuga, Cordia subcordata* und *Malava*, die sich vermöge ihrer Festigkeit, ihrer Dauerhaftigkeit und ihres schönen Aussehens für Zimmerarbeiten, Zimmereinrichtungen und Bildhauerarbeiten eignen. Das Holz findet besonders in letzter Zeit solchen Absatz auf dem Markte, dass die aus dem Schutzgebiete letzteingetroffenen Sendungen bereits immer vor der Entlöschung verkauft waren.

In der Nähe der früheren Station Butaueng kommt der Nutzholzbaum Alstonia vor, dessen Rinde als Dita-Rinde besonders auf den Philippinen und auf Java als Fieberheilmittel in den Handel kommt. In dem Küstenwald zwischen Gabaron und Ama in der Nähe des Kap Croisilles finden wir neben Calophyllum- auch Sidrophyllum-, Heritiera- und Malava-Holz, die alle als Nutzhölzer in Betracht kommen; letzteres weist auch die Finsch-Hafener Gegend auf.

5. Handel und Verkehr.

Wenn wir auch nicht sagen können, dass bereits ein geregelter Handelsverkehr unter den Eingeborenen von Kaiser Wilhelms-Land besteht, so zeigen sich doch bereits die Anfänge eines solchen. So brechen die Bilibili-Leute mit dem Eintreten des Nordwest-Monsun zu ihren Handelsfahrten nach Rook-Insel und Finsch-Hafen auf und verweilen dort, bis der eintretende Südost-Passat ihre Rückkehr gestattet. Die Rook-Insulaner, ihre Hauptfreunde, begleiten sie bisweilen zurück, um ihrerseits wieder im Archipel der zufriedenen Menschen ihre Flechtereien zu vertreiben. Sie verleben dann bei den gastlichen Bilibili-Leuten eine Saison. Die strebsamen Bilibili-Insulaner sind, wenigstens im Archipel der zufriedenen Menschen, fast die einzigen von allen Inselbewohnern, die das Privileg haben, unmittelbar mit den Bergbewohnern in Handelsbeziehungen zu treten; dies geschieht fast nur durch die Vermittlung der Küstenbewohner. Diese letzteren sind so sehr von ihrem überkommenen Vorrecht, den Aussenhandel mit den Bergbewohnern zu vermitteln, durchdrungen, dass sie zu den verwerflichsten Mitteln greifen, um dieses Privileg zu erhalten.

So wurde den ersten Ansiedlern am Finsch-Hafen von den

dortigen Küstenbewohnern die Kai-Sage aufgetischt. Die Ansiedler wurden nachdrücklich vor den Kai-Leuten gewarnt, die als Menschenfresser hingestellt und anderer Scheusslichkeiten bezichtigt wurden. Wozu geschah dies? Lediglich, um die Weissen mit ihren Trade-Waren nicht an die Kai-Leute heranzulassen. Man fürchtete im anderen Falle des alten Handelsprivilegs verlustig zu gehen. Der Einfluss der Bilibili-Leute ist aber stark genug, um selbst solche alte Vorrechte zu durchbrechen. Sie stehen z. B. in direkter Handelsbeziehung mit dem Jambana-Stamm im Innern des Hansemann-Gebirges, ferner mit den Djidjuma-Leuten im Örtzen-Gebirge und den Szigann-Leuten am Elisabeth-Fluss.

Ein aufstrebendes Handelsvolk sind weiter nördlich die Suruman-Matuka-Bunu-Leute, mit denen auch Bilibili im Tauschverkehr steht. Selbst die Tami-Leute kommen mit ihren Schnitzereien und Schildpattarbeiten nach Bilibili, um dort Töpferwaren einzuhandeln. Die Guap-Insulaner beherrschen mit ihrer starken Handelsflotte die gut bevölkerte Dallmann-Strasse und Umgegend. Sie vertreiben vorzugsweise hölzerne Masken und kleinere Holzfiguren, Schildpattarmringe und Holzschüsseln. Siar steht wieder in regem Tauschverkehr mit Bogadjim; aber auch weiter südlich bis Kap König Wilhelm und Teliata dehnen die Siar-Leute ihre Handelsreisen aus, um ihren Sago und andere Erzeugnisse an den Mann zu bringen. Karkar steht merkwürdigerweise in gar keinem Verkehr mit den Bewohnern des Archipels der zufriedenen Menschen, wohl aber mit den Malala-Leuten an der Franklin-Bai und anderen Eingeborenen auf dem Festlande.

Wie wir sehen, liegt der Handel fast ganz in den Händen der Inselbewohner, die auf ihren gebrechlichen Fahrzeugen die weitesten Reisen furchtlos unternehmen. Offenbar kommen auch die Flussbewohner auf ihren Kanus hier und da an die Küste, jedenfalls die Anwohner der grösseren Flüsse wie des Ottilien- und Augusta-Flusses. So hat Lauterbach auf seiner Expedition am mittleren Ramu Seemuscheln bei den dortigen Eingeborenen gefunden, ein sicheres Zeichen für einen bestehenden Verkehr zwischen diesen und den Küstenbewohnern. Im Südosten von Kaiser Wilhelms-Land stehen die versteckt liegenden Dörfer in den Herzog-Seeen im Tauschverkehr mit anderen Stämmen, schon um den Überschuss an Fischen loszuwerden, die ihnen ihre fischreichen Lagunen liefern. Sie segeln mit ihren Kanus bis nach Kap Arkona und tauschen dort Produkte des Plantagenbaues gegen ihre Fische ein. Als rege

Handelsleute müssen schliesslich die Eingeborenen der Inseln im Berlin- und Dallmann-Hafen Erwähnung finden, die Masken, Waffen, Töpferwaren und Schnitzereien auf den Handelsmarkt bringen. Wie für die Bewohner aller der kleinen Neu-Guinea vorgelagerten Inseln ist wohl auch für die Insulaner im Berlin-Hafen und Dallmann-Hafen die Not die Erzieherin und Lehrmeisterin gewesen. Der Mangel an Raum hat sie zunächst daran verhindert, grössere Plantagen auf ihrem Inselbereich anzulegen und aus Hungersnot dazu gebracht, Schnitzereien und Thonwaren zu verfertigen und diese gegen Lebensmittel an die Festlandsbewohner einzutauschen. Allmählich haben sie dann eine gewisse Vorherrschaft in intelektueller und geschäftlicher Beziehung über ihre Nachbarn erlangt. Viel mögen sie indes mit der Zeit auch von den malayischen Händlern gelernt haben, die lange vor der Begründung unserer Schutzherrschaft auf Neu-Guinea in jenen Gegenden verkehrten und mit den Eingeborenen Handel trieben, sich seit jüngster Zeit aber nach und nach ganz zurückgezogen haben, nachdem sie mit den Gesetzen in Konflikt gekommen waren.

Ein allgemeines Tauschmittel giebt es bisher im Schutzgebiet noch nicht. Finsch will an einzelnen Plätzen eine Art Muschelgeld vorgefunden haben, so am Dallmann-Hafen, Venus-Huk und in der Nähe des Terrassenlandes, und diesem gleich aufgereihte Hundezähne an anderen Orten, jedoch ist er sich seiner Sache nicht ganz sicher, und in keinem Falle dürfte das Muschelgeld hier schon die Bedeutung eines solchen allgemeinen Tauschmittels haben als das Diwarra-Geld im Bismarck-Archipel, ohne das man in dem dortigen Handelsverkehr jetzt nicht mehr auskommt.

Im Tauschverkehr mit den Weissen richtet sich der praktische Sinn der Eingeborenen mehr und mehr auf Eisen, wenn es auch im Innern und selbst an der Küste noch viele Plätze giebt, wo Eisen ganz unbekannt ist, so am Caprivi-, Ramu- und Rüdiger-Fluss. Von einem eigentlichen Handelsverkehr zwischen Europäern und Eingeborenen kann in Kaiser Wilhelms-Land noch nicht die Rede sein, und es wird bei der Schwerfälligkeit und Bedürfnislosigkeit der Eingeborenen noch eine geraume Zeit vergehen, bis ein solcher sich entwickelt. Ein fernerer Grund dafür, dass bisher von einem nennenswerten Tauschhandel zwischen Eingeborenen und Weissen in dem Schutzgebiet nicht gesprochen werden kann, mag darin gefunden werden, dass gerade in der unmittelbaren Nähe der Stationen — abgesehen vielleicht von den Ansiedlungen am Berlin-

Hafen und auf den Missionsstationen — die Bevölkerung sehr spärlich ist. Man hat in Friedrich Wilhelms-Hafen versucht, sogenannte Markttage einzurichten und die Eingeborenen zu veranlassen, an diesen Tagen sich mit ihren Handelsprodukten auf der Station einzufinden. Sie kamen auch wohl das eine oder das andere Mal, wollten aber die für den Markt bestimmten Tage nicht dauernd einhalten. Der Papua liebt den Zwang nicht, er kommt, wann es ihm beliebt oder sein Bedürfnis es gerade erheischt; dann will er aber auch, dass man ihm freundlich begegnet. Findet er gutes Entgegenkommen, so gewöhnt er sich vielleicht allmählich an Stetigkeit; vorläufig haben die Eingeborenen aber noch zu wenig Bedürfnisse, und sie kommen zum Markt nur dann, wenn sie das Begehren nach Tabak, der noch lange die erste Rolle als Tauschmittel bilden wird, dazu treibt. Bisher hält sich der Handel und Verkehr auch unter den Eingeborenen, wie wir gesehen haben, in sehr bescheidenen Grenzen, und durch Handel ist noch kein Papua in Kaiser Wilhelms-Land zu Wohlstand gekommen. Die Gründe liegen mit in dem feigen Charakterzug des Volkes, der sie nicht über die Grenzen des Stammgebietes hinausgehen lässt, aus Furcht vor Verzauberung.

Der Warenverkehr der Europäer beschränkt sich in der Hauptsache auch auf die Neu-Guinea-Kompagnie und die daselbst bestehenden Missionen. Der Wert der Einfuhr,[1]) der im Jahre 1893/94 ungefähr 787167 Mk. betragen hat, hat im letzten Jahre bereits eine Höhe von einer Million Mark überschritten. Verschifft wurden in den letzten Jahren an Tabak 1892 — 108630 Pfund, 1893 — 160033 Pfund, 1894 — 155000 Pfund, 1895 — 105000 Pfund, 1896 93926 Pfund, 1897 — 79300 Pfund, 1898 — infolge grosser Trockenheit nur gegen 61000 Pfund. Die Holzgewinnung, die in den letzten Jahren auf die in der Nähe von Stephansort vorkommende *Afzelia bijuga* beschränkt worden war, wird neuerdings wieder in grösserem Massstabe betrieben. Von der ersten auf Stephansort gebauten Baumwolle sind bis Ende September 1898 rund 20000 kg Rohbaumwolle eingebracht worden. Grosse Erwartungen hegt man von der neuerdings begonnenen Anpflanzung von Kautschuk-Bäumen, die nach den Proben ein sehr marktfähiges Produkt geliefert haben. Auf Seleo ist mit Kopragewinnung bereits begonnen worden, es sind vom Dezember 1897 bis Oktober 1898 bereits 82,5 Tons von

---

[1]) Einschliesslich der nach Herbertshöhe eingeführten Güter.

dort verschifft worden, ebenso wie Perlschalen, Trepang, Schildpatt und 3027 Stück Green Snail Shells im Gewichte von 5477 Pfund. Von der Station Seleo aus sind Trader-Stationen auf der Bertrand-Insel eingerichtet, ferner in Wokam und Lalliep, in Suwain, Arrop Valise, Forr, Dallmann-Hafen, Tarawai und Cham. Ausserdem wurde neuerdings auf der Insel Angél eine Fischerei-Station angelegt.

Die Schiffahrt längs der Küste bietet, da Riffe im eigentlichen Fahrwasser nicht vorhanden sind, weder für Dampfer noch

Die „Lübeck", Dampfer des Nordd. Lloyd im Friedrich Wilhelms-Hafen (1895.)

für Segelschiffe Gefahr oder Schwierigkeit. Wenn trotzdem die Neu-Guinea-Kompagnie während der letzten zehn Jahre durch Strandung allein vier Schiffe verloren hat, so hat dies darin seinen Grund, dass bei den Fahrten im Dienste der Verwaltung die Schiffe sehr häufig Gegenden zu passieren haben, die noch ganz unbekannt und unvermessen sind. Dem Reichspostdampfer, der alle acht Wochen die Küste von Kaiser Wilhelms-Land vom Norden bis zu der Langemak-Bucht im Süden befährt, ist noch niemals ein Unfall begegnet, ebensowenig anderen fremden Fahrzeugen, welche das Schutzgebiet besucht und die gewöhnliche Fahrstrasse innegehalten haben. Die vielfachen Unannehmlichkeiten und Weitläufigkeiten, welche in den ersten Jahren des Bestehens des Schutzgebietes die Verkehrsverbindung über Cooktown im Anschluss an die Postschiffe der British India-Line und über Soerabaya in Verbindung mit der holländischen Stoomvaart-Maatschappij-Nedderland mit sich brachten, sind jetzt gehoben. Nach Gewährung einer Reichssubvention ist durch den Norddeutschen Lloyd zwischen dem Schutzgebiet und Singapore im Anschluss an die ostasiatische Linie eine regelmässige achtwöchentliche Verbindung hergestellt. Zuerst wurde dieser Verkehr durch den Dampfer „Lübeck" vermittelt, an dessen Stelle seit zwei Jahren die „Stettin" (3000 Registertonnen) getreten ist. Der Dampfer läuft auf der Ausfahrt Batavia, Macassar, Berlin-Hafen, Friedrich Wilhelms-Hafen, Stephansort bez. Erima, Simbang (Langemak-Bucht), Herbertshöhe und Matupi, letztere beide Stationen im Bismarck-Archipel, an, und auf der Rückreise dieselben Orte mit Ausnahme von Simbang, ausserdem im Bedarfsfalle Mioko, Amboina und Ternate.

Der Schiffsdienst innerhalb des Schutzgebietes wird durch die eigenen Dampfer der Kompagnie betrieben; leider ist der erst im vorigen Jahre neu erbaute Dampfer „Johann Albrecht" bei dem Versuche, schiffbrüchigen Händlern der Firma Hernsheim & Co. zu Hilfe zu kommen, bei seiner ersten Fahrt gestrandet. Der Anwerbedienst der Kompagnie wird durch die Segelschooner „Senta" und „Alexandra" versehen. In Zukunft will man ein zugleich als Segel- und Dampfschiff zu verwendendes Fahrzeug in den Dienst der Kompagnie stellen. Für Expeditionen in das Innere ist zur Zeit ein kleiner Heckraddampfer „Herzogin Elisabeth" von 18.2 m Länge, 3.9 m Breite und 1 m Höhe in Betrieb, der vom Bremer Vulkan in Vegesack erbaut und gegenwärtig auf dem Ramu-Fluss in Verwendung ist. Bisher ist der innere Verkehr im Schutzgebiet in der Weise gehandhabt worden, dass eine vierwöchentliche Verbindung zwischen Friedrich Wilhelms-Hafen und den Handelsniederlassungen im Osten unterhalten und auf dieser Fahrt Stephansort bez. Erima, Simbang, bisweilen auch Berlin-Hafen angelaufen wurde; so wurde auch die Post befördert.

Die Briefe und Postanschlüsse sind seit 1893 auf die Ostasiatische Linie des Norddeutschen Lloyd übergeleitet. Postpakete können ebenfalls seit dem 1. Januar 1894 zwischen dem Schutzgebiet und Europa auf direktem Wege über Bremen zum

Austausch gelangen. Auch zwischen Niederländisch-Indien und dem Schutzgebiet findet seit mehreren Jahren ein Austausch von Postpaketen statt. Telegramme können in der Richtung nach Kaiser Wilhelms-Land in Macassar dem Postdampfer zugeführt werden und brauchen so aus Europa nur acht Tage, gegen 22 Tage über Singapore. In der Richtung von dem Schutzgebiet lassen sich über Macassar Nachrichten, vom Abfahrtstage des Postdampfers aus Friedrich Wilhelms-Hafen an gerechnet, ebenfalls in acht Tagen nach Europa leiten, während sie früher über Soerabaya 13 Tage gingen.

Deutsche und fremde Kriegsschiffe haben wiederholt das deutsche Schutzgebiet angelaufen.

6. Kolonisation.

Nachdem wir nunmehr die Papua von Kaiser Wilhelms-Land, ihr Land und ihre Beziehungen zu den Europäern kennen gelernt haben, wollen wir an der Hand eines geschichtlichen Rückblicks uns die allmähliche Entwickelung des Gebietes etwas näher betrachten. Es mag vorausgeschickt werden, dass wir das gesamte Kulturwerk in Kaiser Wilhelms-Land lediglich der Ausdauer der Neu-Guinea-Kompagnie zu verdanken haben, die mit ihren beschränkten Mitteln mehr geleistet hat, als in der Regel anerkannt wird.

Führen wir uns zunächst in das Gedächtnis zurück, dass die Neu-Guinea-Kompagnie nach Wiederaufnahme ihrer im Jahre 1880 begonnenen Versuche, im Stillen Ozean für deutsche Niederlassungen Boden zu gewinnen, erst vor 15 Jahren mit der Erforschung des Landes begonnen hat.

Mit einem in Sydney erworbenen Dampfschiff „Samoa" hatte sie im Jahre 1884 den damals bereits durch seine Neu-Guinea-Fahrten bekannten Forscher Dr. Otto Finsch an die unbekannte Küste von Kaiser Wilhelms-Land gesandt, um diese wie auch die Küsten von Neu-Pommern und Neu-Mecklenburg genauer zu erkunden, auch Land von den Eingeborenen zu erwerben. Nachdem von Dr. Finsch überaus günstige Berichte über seine Reisen eingegangen und die näher erforschten Gebiete auf kaiserlichen Befehl durch deutsche Kriegsschiffe unter deutschen Schutz gestellt waren, erhielt das Unternehmen der Neu-Guinea-Kompagnie seine

Sanktion durch den ihr unter dem 17. Mai 1885 ausgestellten kaiserlichen Schutzbrief.

Dieser Schutzbrief gab der Kompagnie das Recht zur Ausübung landeshoheitlicher Befugnisse unter der Oberhoheit Sr. Majestät des Kaisers, zugleich mit dem ausschliesslichen Recht, Land in Besitz zu nehmen und darüber zu verfügen und Verträge mit den Eingeborenen über Land- und Grundberechtigungen abzuschliessen. Vorbehalten blieben der kaiserlichen Regierung die Ordnung der Rechtspflege sowie die Regelung und Leitung der Beziehungen zwischen dem Schutzgebiete und den fremden Regierungen. Inzwischen war bereits auf Veranlassung des Reichskanzlers durch den kaiserlichen Kommissar in der Südsee von Oertzen in der australischen Presse eine Bekanntmachung dahin erlassen worden, dass ohne Genehmigung der deutschen Behörde Landerwerbungen in dem neuen Gebiet ungiltig wären, dagegen ältere wohlerworbene Rechte geschützt werden sollten. Weiter enthielt dieser Erlass das Verbot der Verabfolgung von Waffen, Munition, Sprengstoffen sowie Spirituosen an Eingeborene, ferner das Verbot, sie aus dem Schutzgebiet als Arbeiter fortzuführen. Die entstandenen Reibungen zwischen unserer Regierung und England bezüglich der beiderseitigen Ansprüche auf die Südostküste von Neu-Guinea fanden in der Erklärung betreffend die Abgrenzung der deutschen und englischen Machtsphäre im Stillen Ozean vom 6. April 1886 ihre endgiltige Regelung. Daran schlossen sich unterm 10. April desselben Jahres die Erklärungen der beiden Regierungen betreffend die gegenseitige Handels- und Verkehrsfreiheit in den deutschen und englischen Schutzgebieten im westlichen Stillen Ozean, und am 12. Mai 1886 erhielt die Neu-Guinea-Kompagnie auf Grund ihres genehmigten Statuts vom 29. März 1886 die Rechte einer juristischen Person. In diesem Statut spricht die Kompagnie aus, dass sie wirtschaftliche Unternehmungen in den neuen Gebieten selbst nur so weit betreiben will, als dies zur Entwickelung des Unternehmens oder zur Anregung und Förderung privater Unternehmungen als dienlich erachtet würde.

Nachdem am 29. Juli 1885 die erste von der Neu-Guinea-Kompagnie ausgerüstete Expedition die Heimat verlassen und nach einem Abstecher auf Java am 5. November im Finsch-Hafen auf Kaiser Wilhelms-Land Anker geworfen hatte, wurde noch an demselben Tage mit der Begründung der ersten Station der Neu-Guinea-Kompagnie der Anfang gemacht. Am 10. Juni des nächstfolgenden

Jahres zog als erster Landeshauptmann von Neu-Guinea der kaiserliche Vize-Admiral a. D. Georg Freiherr von Schleinitz in Finsch-Hafen ein. Ihm war es vorbehalten, die ersten Schritte zur näheren Erforschung des Innern des Landes zu thun, und er hat sich dieser Aufgabe in hervorragender Weise gewachsen gezeigt. Durch ihn selbst oder unter seiner Leitung und auf seine Anordnung ist die Küste von Kaiser Wilhelms-Land zum grössten Teil festgelegt, der Huon-Golf erforscht, der Augusta-Fluss 380 Sm. stromaufwärts befahren worden und sind kleinere Expeditionen in das Gebiet von Gorima in die Umgegend von Butaueng und das Land zwischen Kap Juno und Kap Croisilles unternommen worden. Endlich wurde während seiner Amtsdauer die Nebenstationen Hatzfeldt-Hafen, Konstantin-Hafen, Butaueng und Kelana errichtet.

Unter dem Nachfolger des Herrn von Schleinitz, dem jetzigem Direktor im Reichspostamt, Geheimen Oberpostrat Krätke, einem äusserst tüchtigen Arbeiter und trefflichen Organisator, dessen Amtsperiode leider nur auf kurze Zeit bemessen war, ist die Erforschung des Landes erfolgreich fortgesetzt worden. Hugo Zöller unternahm in dieser Zeit seine Expedition in das Finisterre-Gebirge; die Umgebung von Hatzfeldt-Hafen, die Simbang- und Sattelberg-Landschaft sowie das Land landeinwärts der Stationen der Kompagnie wurden genauer erkundet und durchforscht.

Am 30. April 1889 erhielt das Statut der Neu-Guinea-Kompagnie in seinem § 1 einen einschneidenden Zusatz dahin, dass die Ausübung der Landeshoheit durch die Kompagnie nur insoweit erfolgen sollte, als diese Ausübung nicht von Beamten des Reichs kraft besonderer Vereinbarung ganz oder teilweise übernommen würde. Diese Änderung war für den Fall einer demnächstigen Übernahme der staatlichen Landeshoheit des Schutzgebietes durch das Reich vorgesehen worden. Diese erfolgte in der That noch im November desselben Jahres in der Weise, dass die Landesverwaltung durch einen kaiserlichen Kommissar, dem ein Kanzler, Sekretär und mehrere lokale Beamte zur Seite standen, geführt wurde, deren Besoldung aber die Kompagnie zu tragen hatte. Dieser blieben aber ihr in dem kaiserlichen Schutzbrief vorgesehenes Grund- und Bodenpriviteg sowie die übrigen ihr durch die Gesetzgebung gesicherten Vorrechte. Weiter war in dem Abkommen vorgesehen, dass Gesetze und Verordnungen, die die Verwaltung des Schutzgebietes betrafen, nur nach vorheriger Anhörung der Neu-Guinea-Kompagnie erlassen werden durften, und ferner, dass das Übereinkommen nach zwei Jahren kündbar sein und ein Jahr nach dem Kündigungstage ausser Kraft treten sollte. Als kaiserlicher Kommissar fungierte vom 1. November 1889 bis 1. September 1892, dem Zeitpunkte der Wiederauflösung des Vertrages, der Regierungsrat, jetzige Geheime Legationsrat Rose zur Zeit als Generalkonsul auf Samoa thätig.

Eine bis heute noch nicht ganz aufgeklärte Epidemie, die im Beginn des Jahres 1891 dreizehn Beamte einschliesslich des Arztes dahinraffte, veranlasste den kaiserlichen Kommissar dazu, diese Station aus Gesundheitsrücksichten für immer aufzugeben. Als Sitz der Verwaltung wurde im Frühjahr 1891 Stephansort an der Astrolabe-Bai gewählt, wo bereits im August 1888 eine Tabakspflanzung in der Nähe des Dorfes Bogadjim begündet worden war. Von hier wurde bereits ein Jahr später durch den nach der Wiederübernahme der Landesverwaltung durch die Neu-Guinea-Kompagnie neu ernannten Landeshauptmann Schmiele die Zentrale nach Friedrich Wilhelms-Hafen verlegt, einer kurz vorher neu geschaffenen Station am Friedrich Wilhelms-Hafen. Schmiele war bereits seit dem Jahre 1886 als Richter und 1889—1892 als kaiserlicher Kanzler im Bismarck-Archipel in unermüdlicher Weise thätig gewesen und kannte wie kein anderer Land und Leute des Schutzgebietes. Er schien somit nach der Abberufung des kaiserlichen Kommissars am ehesten dazu berufen, an die Spitze der Verwaltung des Schutzgebietes gestellt zu werden, zu dem ausser Kaiser Wilhelms-Land bekanntlich auch der Bismarck-Archipel und die deutschen Salomons-Inseln gehören. Unter sehr schwierigen Verhältnissen trat er nach einer längeren Vorbereitungsreise auf seinen ehrenvollen Posten am 1. September 1892 in sein Amt ein und hat während der Dauer desselben durch seltene Pflichttreue und Arbeitsfreudigkeit allen seinen Untergebenen ein leuchtendes Beispiel gegeben. Auf der Rückkehr nach der Heimat begriffen, raffte ihn am 3. März 1895 in Batavia der Tod infolge von Malaria und hinzugetretener Wassersucht dahin.

Seitdem ist das Amt des obersten Vertreters im Schutzgebiete der Neu-Guinea-Kompagnie nacheinander kommissarisch vom Korvetten-Kapitän a. D. Rüdiger, Generaldirektor Kurt von Hagen und Rechtsanwalt Skopnik verwaltet worden. Rüdiger, der sich schon in Ost-Afrika als Vertreter des Gouverneurs von Soden bewährt hatte, hat während seiner nur kurzen Amtszeit wichtige Beiträge zur Erforschung des Landes geliefert, insbesondere im Südosten und im Norden, und dem räuberischen und gesetzwidrigen Treiben malayischer und chinesischer Händler Einhalt gethan. Im August 1896 wurde er aus Gesundheitsrücksichten gezwungen, den ihm lieb gewordenen Posten aufzugeben. Sein Nachfolger, von Hagen, der sich grosse Ziele gesteckt hatte und bereits seit dem Jahre 1893 als Hauptadministrator von Stephansort thätig gewesen war, starb den Heldentod auf der Verfolgung der aus dem Gefängnis entlaufenen Mörder des Forschungsreisenden Ehlers.

Die Vorlage betreffend die Wiederübernahme der Landeshoheit durch das Reich hatte der Reichstag im Frühjahr 1896 verworfen. Auf Grund von erneuten Vorschlägen des Kolonialrats sind die Verhandlungen zwischen der Regierung und der Neu-Guinea-Kompagnie im Juli 1898 wieder aufgenommen worden und haben ihren Abschluss in einem Vertrage gefunden, der am 5. September von den Anteilzeichnern der Neu-Guinea-Kompagnie genehmigt und am 7. Oktober von dem Reichskanzler vollzogen worden war. Der wesentliche Inhalt des Vertrages ging dahin, dass die Übernahme seitens des Reichs gegen Zahlung eines Kapitals von vier Millionen Mark an die Neu-Guinea-Kompagnie und einer Landabfindung der Gesellschaft mit 50000 ha erfolgen sollte. Die Zahlung dieser Summe sollte jedoch durch ihre Verteilung auf zehn unverzinsliche Jahresraten zu 400000 Mark erleichtert und gefordert werden, dass das Geld nur zu wirtschaftlichen Zwecken im Interesse des Schutzgebietes selbst verwendet würde. Die Neu-Guinea-Kompagnie ihrerseits beanspruchte seitens des Reichs möglichste Unterstützung bei der Arbeiteranwerbung und als Sonderrecht die mineralische Ausbeutung des Ramu-Flussgebietes; ferner sollte der Kompagnie das Recht zustehen, binnen zehn Jahren Land in einer Gesamtfläche von 50000 ha unentgeltlich, jedoch unter gewissen Beschränkungen der Auswahl in Besitz zu nehmen. In dieser Fassung war das Übereinkommen mit dem Voranschlag der Einnahmen und Ausgaben, die dem Reiche aus der Übernahme erwachsen würden, zur Beratung an den Bundesrat und den Reichstag gelangt. Die Budget-Kommission des Reichstages gab am 8. März 1899 dem Vertrage ihre Zustimmung mit der Abänderung, dass das Auswahlrecht der Kompagnie auf Kaiser Wilhelms-Land allein und auf den Zeitraum von drei Jahren beschränkt würde. Dem so abgeänderten Vertrage stimmte auch das Plenum des Reichstages zu, und so wurde, nachdem auch die Neu-Guinea-Kompagnie die vom Reichstag gestellten Bedingungen angenommen hatte, der Vertrag, betreffend den Übergang der Landeshoheit von Neu-Guinea auf das Reich, am 21. März

1899, an dem er in dritter Lesung dem hohen Hause vorlag, rechtsgültig. Der Vertrag ist bereits am 1. April in Wirksamkeit getreten. Zum ersten Gouverneur von Deutsch-Neu-Guinea ist der bisherige Finanzdirektor bei dem Gouvernement von Deutsch-Ostafrika, von Benningsen, unter Beilegung des Ranges der Räte dritter Klasse ernannt worden. Zum Sitz des Gouverneurs ist die Station Herbertshöhe im Bismarck-Archipel ausersehen worden. Kaiser Wilhelms-Land wird von dort aus verwaltet und zwar wird hier voraussichtlich wieder Friedrich Wilhelms-Hafen Hauptstation. Bereits v. Hagen hatte aus Zentralisationsrücksichten im Jahre 1896 den Sitz der Verwaltung nach Stephansort verlegt, weil diese Station vor allem im Plantagenbau sich am schnellsten entwickelt hatte.

Im Hinblick auf die Trefflichkeit des Hafens und die allgemein günstige Lage ist Friedrich Wilhelms-Hafen als Hauptstation vorzuziehen. Von den früheren Stationen, die seit dem Bestehen des Schutzgebietes gegründet waren, sind aus diesen oder jenen Gründen wie ungünstige Boden- und Gesundheitsverhältnisse sowie feindseliges Verhalten der Eingeborenen inzwischen ausser Finsch-Hafen noch Kelana, Butaueng, Maraga und Hatzfeldt-Hafen aufgegeben worden.

Die ungefähr 6 km von Friedrich Wilhelms-Hafen am Jomba-Fluss gelegene Pflanzung Jomba, die zeitweise geschlossen war, ist neuerdings wieder als Tabakplantage in Betrieb genommen. Wie Jomba mit Friedrich Wilhelms-Hafen, so sind Konstantin-Hafen und Erima nebst Erima-Hafen mit Stephansort wirtschaftlich verbunden. Des weiteren ist auf der Insel Seleo im Berlin-Hafen die von dem Kaufmann Kärnbach im Jahre 1894 begründete Station gleichen Namens nach dessen im Jahre 1897 erfolgten Tode neuerdings in den Besitz der Kompagnie übergegangen und bildet eine besondere Administration. Da Seleo erst im Werden ist, kann darüber noch nicht viel gesagt werden. Jedenfalls soll die Station bedeutend ausgebaut und vergrössert werden. Zu diesem Behufe sind auf dem benachbarten Festlande und den Inseln im Berlin-Hafen eine Reihe von Landerwerbungen gemacht worden. Endlich ist neuerdings die Anlage einer Station am Fuss des Bismarck-Gebirges erfolgt.

Stephansort, das besonders in den Jahren 1895 und 1896 einen sehr umfangreichen Betrieb angenommen hat, macht auf jeden Ankömmling einen überaus freundlichen und ansprechenden Eindruck. Hat man den Strand bei Bogadjim betreten und fährt dann durch das sauber gehaltene Dorf auf gutem Wege der Pflanzung zu,

Station Butaueng der Neu-Guinea-Kompagnie.

so passiert man zunächst das zu rechter Hand liegende stattliche Haus der Rheinischen Mission; eine kleine Strecke weiter liegen an der linken Seite des Hauptweges die für eine Tropenkolonie wirklich grossartigen Hospitalanlagen. Diese umfassen zunächst das Krankenhaus für Europäer mit einem Saal, vier Zimmern und Veranda, die Apotheke nebst Frauenkrankensaal und Nebenräumen, sodann je ein Haus für einen Krankenpfleger, für ansteckende Kranke, für Diarrhöekranke, Rekonvaleszenten und zur Beobachtung im Hospital befindlicher neuangekommener Arbeiter. Da alle diese Gebäude nahe der See und zugleich an einem parkähnlichen Wäldchen liegen, so ist vor allem für gute Luft hinreichend gesorgt. Dem Vorbeifahrenden zur rechten Hand liegt nicht gar weit davon das chinesische Kadeh, ein Kaufladen, der von einem Chinesen mit Unterstützung der Neu-Guinea-Kompagnie gehalten wird; der Inhaber dieses hat wie der des malayischen Kadehs unter anderen die Verpflichtung, wöchentlich einmal zu schlachten. Hat man dann noch auf demselben stattlichen Wege die aus zwei Zimmern und einer grossen Veranda bestehende Arztwohnung nebst Nebengebäuden passiert, so kommt man an das auf einem wohl gepflegten grossen Rondel liegende imposante Hauptgebäude von Stephansort, die Wohnung des Generaldirektors der Neu-Guinea-Kompagnie, in dem sich gleichzeitig im Erdgeschoss die Schreibstuben befinden.

Ausserdem haben wir auf Stephansort ein grosses Klubhaus mit Billard, in dem die Europäer des Abends nach gethaner Arbeit oder auch Sonntags sich zwanglos zu vereinigen pflegen, und wo für angemessenen Preis Erfrischungen aller Art käuflich sind. Dieses Klubhaus ist auf Anregung des leider so früh verstorbenen Generaldirektors Kurt von Hagen, dem Stephansort so viel verdankt, aus Sammlungen der Beamten und Zuschüssen der Kompagnie entstanden. Seine hübsche Lage im Park und unmittelbar an der See ladet schon an sich den Vorüberwandelnden zum Niederlassen auf der Veranda ein. In seiner Nähe befindet sich ein Schiessstand für Europäer.

An weiteren Wohngebäuden für Europäer sind vorhanden ein Administratorenhaus, neun Häuser für Assistenten, ein Autscherhaus, zwanzig Arbeiterhäuser für Javanen, Chinesen und Melanesen, jedes im Durchschnitt für 50 bis 70 Mann eingerichtet, und schliesslich vier Chinesen-Kongsies für je 40 Mann, von denen jede zwei Arbeiterhäuser für je 20 Mann, ein Aufseherhäuschen und eine

Küche enthält. Die grosse Zahl von Arbeiterhäusern ist notwendig, da in Stephansort nicht nur mit angeworbenen Papua aus dem Bismarck-Archipel und aus dem Südosten von Kaiser Wilhelms-Land gearbeitet wird, sondern auch bereits seit dem Bestehen der Pflanzung jedes Jahr chinesische und javanische Kulis für die Tabakbestellung eingeführt worden sind. Als ein Zeichen dafür, dass selbst die arbeitenden Klassen die gesundheitlichen Zustände in Kaiser Wilhelms-Land nicht als gefährlich ansehen, mag angeführt werden, dass viele der chinesischen und javanischen Angeworbenen nach Ablauf ihrer Dienstverträge diese erneuern, ohne nach ihrer Heimat zurückzukehren, ja dass andere nach Beendigung ihres Dienstverhältnisses sich sogar als freie Leute, um Gewerbe oder Handel zu betreiben, dauernd in Stephansort niederlassen. Es leben von solchen Leuten zur Zeit 150 bis 200 Chinesen und Javanen dort, die als Handwerker, Gärtner, Diener oder Waschleute gegen Tagelohn in der Pflanzung arbeiten. An angeworbenen Arbeitern waren am 31. Juli 1897 auf der Station 926 Männer und Frauen vorhanden, darunter 167 Chinesen, 264 Javanen und 495 auswärtige Papua. Zu diesen kommt ein neuerdings eingeführter Transport von 300 Chinesen, die allerdings wohl zum grössten Teil auf der wieder neu eröffneten Pflanzung Jomba Verwendung finden dürften.

Die Anwerbung der Javanen geschieht unter Aufsicht der niederländisch-indischen Regierung und durch Vermittlung des Kaiserlich Deutschen Generalkonsulats zu Batavia. Die Leute rekrutieren sich aus verschiedenen Orten Javas. Auch der Bezug der chinesischen Kulis aus den Straits-Settlements geschieht nach vorheriger Einholung der Erlaubnis der betreffenden Kolonialregierung. Massgebend sind für die gegenseitigen Rechte und Verpflichtungen der Arbeitgeber und der Arbeitnehmer die Bestimmungen der niederländisch-indischen Regierung vom 15. Juli 1889 sowie diejenigen der Straits Settlements, nämlich die Crimping Ordinance von 1876 und die Crimping Ordinance Amendement von 1892. Die Löhne werden neuerdings den Javanen und Chinesen in deutschem Geld ausgezahlt, ihre Ersparnisse dagegen werden ihnen am Ende der Dienstzeit in Checks an die Agenten der Kompagnie in Soerabaya, Batavia und Singapore angewiesen, eine Massnahme, die sich sehr bewährt hat, da auf solche Weise die Leute nicht in Versuchung kommen, bereits auf der Rückreise ihr Geld zu verspielen oder anderweitig zu vergeuden. Die Papua erhalten ihren Lohn in Handelswaren, wöchentlich aber nur das, was sie brauchen. Am

Ende ihrer Dienstzeit wird ihnen ihre Warenkiste in Höhe ihres noch bestehenden Lohnanspruchs gepackt, wobei etwa geäusserte Wünsche, die bisweilen recht drollig sind, sehr wohl Berücksichtigung finden. Da der Transport von chinesischen Kulis aus Singapore fast jedesmal einen unverhältnismässig grossen Bestand von Invaliden und durch übermässigen Opiumgenuss geschwächten Individuen bringt, ist die Neu-Guinea-Kompagnie von dem Bezug der Kulis aus Singapore ganz zurückgekommen und hat neuerdings einen Versuch gemacht, Chinesen in Hongkong anzuwerben.

Von den Arbeitern erhalten die Chinesen und Javanen die Kost, die sie von Hause aus gewöhnt sind. Geräucherte Fische, gesäuerte Gemüse und sonstige Zuthaten werden für sie eingeführt, ebenso wird der Hauptnahrungsartikel, Reis, von der Kompagnie beschafft. Küchengemüse bauen sie selbst oder die Kadehhalter an, und zwar Kürbisse, Eierfrüchte, Bohnen, Gurken, Rettiche, verschiedene Kohl- und Salatarten. Die Kadehhalter vertreiben auch Nahrungs- und Genussmittel im kleinen zu Preisen, die unter der Kontrolle der Pflanzungsvorsteher stehen, wie sie auch den Arbeitern für etwa 40 Pf. eine gute Tageskost zu liefern haben. Ausserdem betreiben sie eine umfangreiche Geflügel- und Schweinezucht.

Das Trink- und Küchenwasser wird für Europäer und Arbeiter aus einzelnen, solches Wasser in hervorragender Güte liefernden kleinen Gebirgsbächen herangefahren. Für den Bedarf an frischem Fleisch ist durch den Unterhalt von etwa 80 Stück Zuchtvieh gesorgt. Die übrigen Bedarfsartikel für die Mahlzeiten insbesondere der Europäer liefern die grossen Stationsladen in Friedrich Wilhelms-Hafen und Stephansort, die Stationsgemüsegärten und die drei Kadehs. Die von diesen gehaltenen Hühner liefern täglich frische Eier. Überdies hält sich fast jeder Beamte einen grösseren Hühnerhof.

An weiteren Baulichkeiten finden wir in Stephansort mehrere Gebäude für den Tabak, drei Fermentier- und zwölf Trockenschennen, an Stallungen mehrere Pferdeställe für die 16 Stationspferde, einen Ochsenstall für 87 Zugochsen und einen Kuhstall, endlich Schuppen und Wagenhallen für die Feldbahn. Als Nebenstation ist mit Stephansort, wie bereits erwähnt, seit 1896 das bereits im Jahre 1886 begründete und von Stephansort nur etwa 15 km entfernte Konstantin-Hafen verbunden worden. Es kommt neuerdings nur als Versuchs- und Kokospalmenpflanzung in Betracht, auf der Mais, Sesam, Maniok und Agaven sehr gut gedeihen, und wo ausser Kautschuk liefernden Pflanzen Fruchtbäume, insbesondere Kokosnusspalmen, gepflanzt werden.

Von Stephansort führt nach Nordwesten eine etwa 7.5 km lange, breite Fahrstrasse nach Erima und von dort weiter durch den Urwald über welliges Gelände nach Erima-Hafen. Erima trennt von Stephansort der Jori-Fluss. In Erima befinden sich noch ein grosses Haupt-Assistentenhaus, Trockenscheune und Nebengebäude. Erima-Hafen ist mit Stephansort durch eine allen Anforderungen entsprechende Feldbahn von 0.6 m Spurweite verbunden, die auf gut eingerichteten Wagen auch Personen befördert und den Transport der Waren von der Reede von Erima-Hafen nach Stephansort ausserordentlich erleichtert. Die 10 km lange Bahn führt von Erima-Hafen landeinwärts in Richtung Südsüdwest mitten durch den Wald bis Erima, von hier geht sie in südöstlicher Richtung über den Jori-Fluss am Hauptadministrationshaus und der Mission vorbei bis nach Bogadjim. Zweigstrecken dieser Bahn in einer Ausdehnung von etwa 5 km führen nach Südosten zum Ufer des Minjim und nach Südwesten bis zu den letzten Ausläufern des Örtzen-Gebirges.

Erima-Hafen ist die Reede von Erima, und es findet sich dort ausser Hafenanlagen und Warenschuppen nur ein Assistentenhaus mit Nebengebäuden. Die Lösch- und Ladevorrichtungen an der Küste von Erima-Hafen haben sich für den Seeverkehr sehr nützlich erwiesen, jedoch gewährt die Anlegestelle nur Booten hinlänglichen Schutz. Nachdem der Schwerpunkt der Unternehmungen der Neu-Guinea-Kompagnie neuerdings nach dem besser geeigneten, allen Anforderungen entsprechenden Friedrich Wilhelms-Hafen verlegt worden ist, wird Erima-Hafen seine Bedeutung verlieren.

Leider führt von Erima-Hafen noch kein Landweg nach Friedrich Wilhelms-Hafen, dessen Anlegung häufig erörtert, wohl auch geplant, bisher aber noch nicht ausgeführt worden ist. Man scheut die Anlagekosten; der fertige Weg würde aber, abgesehen von den anderen greifbaren Vorteilen, zu einem gesteigerten Verkehr mit den Eingeborenen zweifellos viel beitragen. Die Station Friedrich Wilhelms-Hafen ist etwa 23 km von Stephansort entfernt; ihr wirtschaftlicher Betrieb ist zu Gunsten von Stephansort seit dem Jahre 1896 erheblich beschränkt, neuerdings aber in Erkennung ihres Wertes wieder gehoben worden. Die Station ist im Sommer 1891 errichtet worden; sie liegt an der nördlichen Ecke der Astrolabe-Bai, nach Osten zu unmittelbar am Meer, nach Norden von kleinen Koralleninseln und Riffen umrahmt. Im Halbkreis von etwa 6 km Luftlinie westwärts ist das Land eben, dann erheben sich Hügelketten bis zu 500 m; besiedelt ist nur der nordöstliche Teil des Hafens, der weder von

Mangrove-Ufern noch von versumpften Flussmündungen ungünstig beeinflusst und vor allem der Seebrise zugänglich ist. Jedenfalls ist es eine Thatsache, dass mit der zunehmenden Kultur die Gesundheitsverhältnisse stetig bessere, ja in letzter Zeit recht gute geworden sind. Allerdings bleibt auch in Friedrich Wilhelms-Hafen von leichteren Malaria-Anfällen kaum ein einziger Europäer verschont, jedoch ist andererseits zu bedenken, dass Malaria dort für Europäer fast die einzige Krankheit ist und sich bisher nicht auffallend bösartig gezeigt hat; denn solange Friedrich Wilhelms-Hafen steht, sind dort von Schwarzwasserfieber im ganzen nur neun Personen ergriffen worden; von diesen sind fast alle bei rechtzeitigem Verlassen des Schutzgebietes meist schon nach kurzem Aufenthalt auf Java wiederhergestellt, einzelne von ihnen sogar nach längerem Urlaub an den Ort ihrer Thätigkeit zurückgekehrt. Unter den farbigen Arbeitern bildete im Vorjahre in Friedrich Wilhelms-Hafen Malaria nur zwei Prozent der Krankheitstage, in Stephansort 16 Prozent aller Erkrankungen, so dass auch Stephansort seinen Ruf, ungesund zu sein, jetzt, wo die allgemeinen hygienischen Verhältnisse so vortreffliche genannt werden können, nach und nach verlieren wird.

Friedrich Wilhelms-Hafen ist in den Jahren 1893 und 1894 ausgebaut worden; es standen dort im Jahre 1896 13 auf 2 m hohen Pfählen errichtete Wohngebäude für Europäer, 10 nicht dauernd bewohnte Gebäude, darunter ein Bureau mit fünf grossen luftigen Räumen, mehrere Stores und Schuppen, ferner ein Sägewerk, eine nicht mehr in Betrieb befindliche Atapfabrik und fünf Wohngebäude für Farbige. Das bisher auf der Insel Beliao befindliche, zu Friedrich Wilhelms-Hafen gehörige Europäerhospital ist im Jahre 1897 auf die Schering-Halbinsel verlegt worden, wo das ehemals von dem Landeshauptmann Schmiele bewohnte Haus dem Bedürfnis entsprechend mit Hospitaleinrichtungen versehen worden ist. Diese sind sowohl für Europäer als auch für Farbige vorzügliche und für acht Weisse und 160 Farbige ausreichend. Das Eingeborenenhospital liegt auf der Kutter-Insel im Hafen, woselbst auch der Heilgehilfe im neuerbauten Hause wohnt.

Die Hauptnahrung für die papuanischen Arbeiter besteht in Reis, ausserdem erhalten sie auf der Station gezogene Bananen, Bataten und Taro. Allwöchentlich wird geschlachtet und öfter getischt; dann giebt es auch für die Arbeiter Fisch- und Fleischkost. Für Europäer ist ausserdem durch Hühner und anderes Geflügel sowie durch ausgiebige Vogeljagd stets für frisches Fleisch gesorgt. In dem wöchentlich zweimal geöffneten Kompagnie-Store sind Konserven und Kolonialwaren aller Art erhältlich. Für Gemüse und Früchte (Bananen, Ananas, Grenadillen, Zitronen, Papayas, Melonen) sorgen die fast vor jedem Europäerhause angelegten Gärten sowie der Stationsgarten, der auch hier unter der Pflege eines Chinesen steht. Das Wasser für die Station liefert eine Zisterne, ausserdem wird das Regenwasser von den Wellblechdächern in den an den Häusern aufgestellten Tanks aufgefangen und dient gleichzeitig als Wasch- und Kochwasser. Die Wohnhäuser sind jetzt durchgängig hoch und geräumig und mit breiter Veranda versehen. An jedem Hause befindet sich ein Nebengebäude, welches Küche und Badeeinrichtung enthält. Die Bekleidung der farbigen Arbeiter (Papua) besteht in der Regel in einem Lendentuch, die der Europäer im ganzen Schutzgebiet im weissen Waschanzug, der täglich ein bis zweimal gewechselt wird.

Für den Schiffsdienst im Hafen ist im Jahre 1895 eine 50 Fuss lange und 40 Fuss breite Pontonanlage hergestellt, die bei Ebbe etwa $7^1/_2$ Fuss über Wasserstand liegt und den Anforderungen der tiefstgehenden Schiffe entspricht. Um die Ansteuerung der Schiffe bei Nacht zu ermöglichen, ist am Kap Kusserow als Seezeichen ein ständiges Leuchtfeuer vorgesehen. Diese Hafenanlagen sind vertragsgemäss vom Deutschen Reiche übernommen. Die hübschen Wege, stattlichen Häuser, grünen Grasflächen und Gärten geben der Station ein wohlgefälliges Aussehen.

Der Arbeiterbestand war in Friedrich Wilhelms-Hafen seit der Verlegung der Zentrale nach Stephansort bedeutend eingeschränkt worden. Auch das Beamtenpersonal war in demselben Sinne vermindert worden. Es bestand 1897 nur aus einem Stationsvorsteher, der zugleich Polizeivorsteher war, einem Rechnungs- und Lagerbeamten, einem Arzte, dem ein Heilgehilfe zur Seite stand, einem Bureaubeamten, der zugleich als Hafenmeister fungierte und das Arbeiterdepot versah. Der Werkstätte und dem Sägewerk standen zwei Maschinenmeister vor. Der Betrieb beschränkte sich im grossen und ganzen auf die Erhaltung der Gebäude und die weitere Anpflanzung von Kokosnusspalmen, von denen im Jahre 1897 auf der Schering-Halbinsel 2000 und auf Beliao 82 ältere und etwa 600 einjährige vorhanden waren. Neuerdings sind diese Anpflanzungen ganz bedeutend vermehrt worden. In Friedrich Wilhelms-Hafen wird ausserdem seit Jahren ein Kohlenlager besonders für Kriegsschiffe gehalten. Die Arbeitszeit ist für die im Bureau beschäftigten Beamten

Tafel 21.

Arbeiterhaus in Friedrich Wilhelms-Hafen.

Europäerhaus in Friedrich Wilhelms-Hafen.

in der Regel von 9 bis 12 vormittags und 3 bis 5½ Uhr nachmittags, für die Pflanzungsbeamten von 6 Uhr morgens bis 11 Uhr mittags und von 2 bis 6 Uhr nachmittags; die Farbigen arbeiten von Sonnenaufgang bis Sonnenuntergang mit zweistündiger Mittagspause. Ist dann für die Beamten am Abend der Dienst beendet, so nimmt man wohl, besonders wenn man eine sitzende Thätigkeit hinter sich hat, noch gern einen kleineren oder grösseren Spaziergang vor, badet dann und geht um 7 Uhr zu Tisch. Hierauf besuchen sich die Beamten gegenseitig zum Skat oder anregender Unterhaltung, oder man giebt sich der Lektüre hin, zu der eine aus ungefähr 200 Bänden bestehende Bibliothek die Auswahl liefert, oder man besucht einen Kranken, der der Aufheiterung bedarf. Eine angenehme Abwechselung bringt in das einförmige, aber niemals langweilige Leben der Europäer alle 7—8 Wochen die Ankunft des Postdampfers, der Briefe und Passagiere bringt, dann und wann ein Kriegsschiff oder der Besuch eines unter fremder Flagge segelnden Fahrzeuges.

In Stephansort setzte sich in der letzten Zeit vor Übernahme der Landesverwaltung durch das Reich das Beamtenpersonal zusammen aus dem Generaldirektor, der zugleich kommissarischer Landeshauptmann war, dem kaiserlichen Richter des westlichen Jurisdiktionsbezirkes, der gleichzeitig als Standesbeamter und Vorsteher des Stationsgerichts und des Seemannsamtes fungierte, zwei Pflanzungsvorstehern, zwei Hauptassistenten, sieben Assistenten, einem Bureauvorsteher, einem Kanzlisten, der auch Gerichtsschreiber ist, und dem Arzt nebst einem Heilgehülfen.

Bisher standen die Einnahmen der Verwaltung, soweit sie sich aus den Rechten der Landeshoheit herleiten, in gar keinem Verhältnis zu den ungeheuren Geldmitteln, welche die Neu-Guinea-Kompagnie geopfert hat. Sie betrugen im Jahre etwa 50000 Mark. Jedoch ist das bei der so kurzen Dauer der Entwicklungszeit des Schutzgebietes auch nicht anders zu erwarten. Die Einnahmen der Verwaltung setzen sich in der Hauptsache zusammen aus der Gewerbe- und Einkommensteuer, dem Ausfuhrzoll auf Kopra, dem Einfuhrzoll auf geistige Getränke, einigen Lizenzgeldern. Ferner kommen hinzu die Gebühren für Arbeiteranmeldungs-Kontrolle, die Gerichtskosten, die Gerichts- und Polizeistrafen, die Seeamts- und Standesamtsgebühren, schliesslich die Entschädigung des Reichspostamtes für zwei Postagenturen im Schutzgebiet.

Für die Rechtspflege ist das Reichsgesetz vom 17. April 1886 massgebend, welches das bürgerliche Recht, das Strafrecht und das gerichtliche Verfahren nach den Vorschriften des Gesetzes über die Konsulargerichtsbarkeit für das Schutzgebiet mit wenigen, den besonderen Verhältnissen angepassten Modifikationen in Kraft setzt. In Ausführung der Gesetze über die Gerichtsverfassung ermächtigt der Reichskanzler den Landeshauptmann zur Ausübung der Gerichtsbarkeit zweiter Instanz und je zwei Beamte zur Ausübung der Gerichtsbarkeit erster Instanz, von denen einer in Kaiser Wilhelms-Land, der andere in Herbertshöhe im Bismarck-Archipel seinen Sitz hat.

Der Eigentumserwerb und der Besitz von Grundstücken ist geregelt durch die kaiserliche Verordnung vom 20. Juli 1887 und die dazu gehörige Ausführungsverordnung des Reichskanzlers von demselben Datum, die Anweisungen der Direktion vom 10. August 1887, 15. Februar 1888 und 20. Juli 1892, ferner durch die allgemeinen Bestimmungen für die Überlassung von Grundstücken an Ansiedler im Schutzgebiet der Neu-Guinea-Kompagnie vom 15. Februar 1888, die Verordnung betreffend die Errichtung von Grundbuchbezirken im Schutzgebiet der Neu-Guinea-Kompagnie vom 16. Oktober 1888 und 4. März 1896. Die Verordnung vom 1. August 1894, betreffend die Ausprägung von Neu-Guinea-Geld ordnet das Münzwesen. Die Neu-Guinea-Kompagnie hat bisher auf Grund dieser Verordnung 50000 Neu-Guinea-Mark in Goldmünzen, 200035 N.-G.-M. in Silbermünzen 20000 N.-G.-M. in Bronze oder Kupfermünzen geprägt. In Art. 5 des neuen, mit dem Reich abgeschlossenen Vertrage verzichtet sie auf das Recht, weitere Prägungen vornehmen zu lassen. Das Reich behält sich vor, die geprägten Neu-Guinea-Münzen unter Festsetzung einer bestimmten Einlösefrist ausser Kurs zu setzen. Für diesen Fall ist die Neu-Guinea-Kompagnie verpflichtet, die Stücke gegen den gleichen Betrag an Reichsmünzen einzulösen. Läuft die Einlösungsfrist vor dem 1. April 1905 ab, so wird die Hälfte des innerhalb desselben eingehenden Betrages auf Rechnung des Reiches eingezogen. Die Polizeiverordnung vom 13. Dezember 1889 bez. vom 17. November 1897 sowie die Quarantaineordnung vom 29. September 1891 bez. 24. April 1893 treffen weiterhin Bestimmungen über die Ordnung im Hafen und sichern vor Einschleppung ansteckender Krankheiten; schliesslich regelt die Verordnung vom 23. September 1897 den Betrieb des Bergbaues auf Edelmetalle und Edelsteine im Schutzgebiete der Neu-Guinea-Kompagnie.

Auf diese Weise sind durch fürsorglichen Schutz nach jeder

Richtung und die vorbereitende Pionierarbeit der Neu-Guinea-Kompagnie Ansiedlern die Pfade aufs beste geebnet. Trotzdem hat die Zahl der europäischen Bewohner von Kaiser Wilhelms-Land hundert noch nicht erreicht; diese setzen sich zusammen aus Verwaltungsbeamten, Pflanzern und Missionaren.

Die Hindernisse, welche sich in Neu-Guinea der Kulturarbeit entgegenstellen, entspringen zumeist der Natur. Es sind die Übel, die jedes neu zu erschliessende Tropenland aufzuweisen pflegt, da fast das ganze Land mit dichtestem Urwald bedeckt ist. Ferner hat man den klimatischen Einflüssen zu begegnen, die besonders durch die massenhaften Regengüsse, Erdbeben und bösartigen Krankheiten wie in jedem Tropenlande die Kultur hemmen. Der Pflanzenwuchs erscheint fast undurchdringlich und ist so üppig wuchernd, dass man überall, wo man keine Eingeborenenpfade findet, sich seinen Weg erst Schritt für Schritt durch den hohen Busch bahnen muss. Möchte man bald in Kaiser Wilhelms-Land, wie damit bereits im östlichen Verwaltungsbezirk begonnen ist, sich die Pflege der Eingeborenenpfade und die Herstellung von neuen Wegen angelegen sein lassen; die übrigen Hemmnisse der Existenz und des Verkehrs sind in Kaiser Wilhelms-Land nicht so hervortretend wie in anderen Kolonieen. Eine jede Tropenkolonie fordert ihre Opfer an Sumpffieber. Dass ihre Zahl gerade in Kaiser Wilhelms-Land verhältnismässig beschränkt geblieben ist, das verdankt das Land dem Umstande, dass die Neu-Guinea-Kompagnie, besonders in den letzten Jahren ihrer Verwaltungsthätigkeit, soweit es in ihrer Macht lag, darauf bedacht gewesen ist, gesunde Lebensbedingungen und vor allem gesunde Wohnungen für ihre Beamten zu schaffen. Abgesehen von der ersten Zeit und von Umzugsperioden, bei Abbruch von alten und Aufbau von neuen Stationen, sind die Wohnungsverhältnisse der Beamten im grossen und ganzen recht gute zu nennen gewesen. Die Finsch-Hafener Katastrophe zu Beginn des Jahres 1891 hatte mehr in örtlichen Ursachen ihren Grund und war wohl eine Folge von Ausdünstungen der lange Zeit blossgelegten Korallenbänke und einer ungewöhnlich langen Trockenperiode. Jedenfalls werden bei fortschreitender Bebauung jedes Jahr die Gesundheitsverhältnisse besser werden, wie sich auch in dieser Richtung die letzten ärztlichen Jahresberichte von Stephansort und Friedrich Wilhelms-Hafen überaus günstig ausgesprochen haben.

Eine gleiche Fürsorge wie den Europäern ist auch den Eingeborenen von Anfang an zu teil geworden. Durch die Verordnung vom 13. Januar 1887 sollen sie vor den schädlichen Einflüssen der geistigen Getränke, die in anderen Kolonieen auf Leben und Gesundheit der Ureingesessenen so verheerend gewirkt haben, bewahrt werden. Dieselbe Verordnung verhütet, dass sie frühzeitig mit dem Gebrauch der Schusswaffen bekannt werden und dass sie ohne Kontrolle aus dem Schutzgebiet weggeführt werden. Das Anwerbewesen wird kontrolliert durch die oben genannte Verordnung vom 15. August 1888. Nach dieser Verordnung bedürfen die Agenten der zur Anwerbung Berechtigten eines Erlaubnisscheins des obersten Verwaltungsbeamten, worin die Zahl der Anzuwerbenden, die Gegend, wo die Anwerbung vorgenommen werden soll, und die Zeit, in welcher dies geschehen darf, genau angegeben sind. Dieser Erlaubnisschein wird gegen bestimmte Gebühr, 5 Mark für den Arbeiter, nur unter der Bedingung erteilt, dass die anzuwerbenden Arbeiter zu einer Beschäftigung im Schutzgebiet bestimmt sind und dass das Schiff, welches sie überbringt, für den Transport durchaus geeignet ist. Ferner sind in der Verordnung über das Alter, die Vertragszeit, Unterbringung, Arbeitszeit und Verpflegung der Anzuwerbenden vorsorgliche Bestimmungen getroffen, auch ist für Zuwiderhandlungen eine Strafe vorgesehen. Ehe die Arbeiter ihrem Bestimmungsort zu- und andererseits in ihre Heimat wieder zurückgeführt werden, hat das sie transportierende Schiff unter allen Umständen den Amtssitz des nächsten Stationsvorstehers zum Zweck der Kontrolle der Arbeiter anzulaufen. Kein Arbeiter darf in Kaiser Wilhelms-Land angeworben werden, der nicht gesund und körperlich gut entwickelt ist. Im anderen Falle kann die Verwaltung verlangen, dass der Arbeiter sofort zurückgeführt wird. Ferner sind der Verordnung gemäss Eingeborene von der Anwerbung ausgeschlossen, die an einer gefährlichen oder ansteckenden Krankheit leiden. Sind angeworbene Arbeiter während der Vertragszeit gestorben, so werden ihre Nachlässe unter Aufsicht des Stationsvorstehers sorgfältig geregelt und bei der Zurückbringung der aus derselben Vertragszeit stammenden Arbeiter den aus demselben Dorfe Angeworbenen zur Auslieferung an die Erben übergeben. Diese Übergabe wird thunlichst überwacht, und die strenge Kontrolle geschieht nicht nur, um den Eingeborenen bis ins kleinste zu zeigen, dass die Verträge voll und ganz erfüllt werden, sondern auch um einem Aberglauben der Eingeborenen gerecht zu werden, wonach jeder Tote seine Sühne haben muss;

der den Erben übersandte Nachlass wird von diesen für solche Sühne angesehen. Kann solch' ein Nachlass aus einem zwingenden Grunde nicht ausgehändigt werden, sei es, dass man das Dorf des Verstorbenen nicht mehr fand, weil die Eingeborenen ihre Hütten abgebrochen hatten, oder dass wegen widriger Wind- und Strömungsverhältnisse das Schiff dort nicht ankern konnte, so ist sicherlich für ein zweites Mal auf eine Anwerbung aus jenen Gebieten nicht zu rechnen, ja Weisse, die späterhin zufällig in jene Gegend kommen, fallen vielleicht als unschuldige Opfer und als Sühne für die Seele des nicht Zurückgekehrten.

Für den Fall, dass unter den angeworbenen Eingeborenen eine ansteckende Krankheit ausbricht, sind besondere Quarantaine-Anlagen sowohl in Friedrich Wilhelms-Hafen auf der Insel Peawai, als auch in Stephansort, vorgesehen, und für Rekonvaleszenten und Sieche ist die Anlage einer Gesundheitsstation beschlossene Sache.

Die Disziplinargewalt über die Arbeiter steht vorab noch den Stations- und Pflanzungsvorstehern zu. Die Gerichtsbarkeit, welche der Neu-Guinea-Kompagnie durch die kaiserliche Verordnung vom 7. Juli 1888 über die Eingeborenen, unbeschadet der Bestimmung im § 2 der Verordnung vom 5. Juni 1886 betreffend die Rechtsverhältnisse des Schutzgebietes der Neu-Guinea-Kompagnie, übertragen und ihr durch kaiserliche Verordnung vom 15. Oktober 1897 bis auf weiteres verblieben war, ist seit dem 1. April d. J. auch in Kaiser Wilhelms-Land auf Reichsbeamte übergegangen. Auf Grund der erst genannten Verordnung war bereits unter dem 21. Oktober 1888 eine Strafordnung für die Eingeborenen und die ihnen gleichgestellten Angehörigen anderer farbiger Stämme, die nicht bereits naturalisierte Reichsangehörige sind, erlassen.

Den Gerichtshof bildet das Stationsgericht, dessen Vorsteher der jedesmalige kaiserliche Richter ist, und der in Fällen von todeswürdigen und schweren Verbrechen zwei Beisitzer zuzuziehen hat. In allen anderen Fällen entscheidet der Gerichtsvorsteher allein. Die Strafverfolgung ist nur zulässig wegen Handlungen, die nach den Gesetzen des Deutschen Reiches als Verbrechen und Vergehen strafbar sind; von dieser Bestimmung werden aber nicht berührt die Vorschriften, die auf Grund des Gesetzes betreffend die Rechtsverhältnisse der deutschen Schutzgebiete vom 17. April 1886 für die Eingeborenen erlassen worden sind. Als Strafen kommen in Betracht Geldstrafen, Zwangsarbeit ohne Gefängnis, Gefängnis mit Zwangsarbeit und Todesstrafe.

Ein besonderes Rechtsmittel findet gegen die Entscheidung des Stationsgerichts nicht statt, wohl aber kann der Landeshauptmann erkannte Strafen mildern oder ganz erlassen, auch in jedem Falle, wo auf Todesstrafe erkannt ist, ergänzende Ermittelungen oder unter Aufhebung des Verfahrens eine neue Verhandlung der Sache anordnen. Ist daher auf Todesstrafe erkannt, so hat das Stationsgericht die Akten mittels Berichtes dem Landeshauptmann zur Prüfung zuzustellen. Die Eingeborenen, insbesondere die angeworbenen Arbeiter auf der Station haben die Vorteile der Einrichtung eines geordneten Gerichtswesens und einer Strafbehörde nach und nach sehr wohl zu schätzen gelernt, so dass sie bereits in sehr vielen Fällen Übelthäter anbringen oder das Gericht in vorkommenden Fällen um Schutz angehen. Auch die freien Eingeborenen haben sich bereits in vereinzelten Fällen bei Übergriffen der Stationsarbeiter oder der Angehörigen eines Nachbardorfes Beschwerde führend vertrauensvoll an das Stationsgericht gewandt. In den meisten Fällen sind es kleine Vergehen wie Diebstahl, Körperverletzungen, Unterschlagungen u. s. w., nur selten Verbrechen, mit denen sich das Stationsgericht zu beschäftigen hat, und nur ein einziges Todesurteil ist bisher in Kaiser Wilhelms-Land an einem Eingeborenen vollstreckt worden.

Dass die Eingeborenen selbst alle die segensreichen Einrichtungen, die zu ihrem Wohle geschaffen sind, zu schätzen wissen, zeigt der Umstand, dass sich in den letzten Jahren besonders aus dem Südosten von Kaiser Wilhelms-Land die Eingeborenen gern und häufig für die Neu-Guinea-Kompagnie als Arbeiter anwerben lassen und in sehr vielen Fällen die mit ihr geschlossenen Verträge erneuern; auch pflegen sie seit neuerer Zeit, dem Beispiele der Javanen und Chinesen folgend, sich auf der Station selbst als freie Leute anzusiedeln; so haben sich im letztverflossenen Jahre ungefähr 23 Melanesen mit ihren Familien nach Beendigung ihrer Dienstverträge in der Nähe von Erima-Hafen niedergelassen, um gegen einen mässigen Tagelohn auf den Stationen zu arbeiten. Ihre Hütten haben sie sich selbst errichtet und bauen sich auch ihre Nahrungsmittel selbst. Hierdurch ist gleichzeitig den Arbeitskräften auf der Station ein Zuwachs entstanden. Ein weiteres günstiges Zeichen für das Vertrauen der Eingeborenen zu den immer stetiger werdenden europäischen Verhältnissen an der Astrolabe-Bai ist, dass die Dörfer an der Bogadji-Küste in jüngster Zeit ihre Einwohnerzahl durch Zuzug mehr als verdoppelt haben, und dass sich auch zwischen den Eingeborenen aus der Umgegend von Stephansort, den Bogadji-Leuten, und den Stationsarbeitern ein reger Tauschverkehr entwickelt hat. In Friedrich Wilhelms-Hafen hat sich gleichfalls in letzter Zeit ein sogenannter Marktverkehr zwischen den Eingeborenen von Beliao, Siar, Ragetta und anderen Inseln einerseits und den Festlandsstationen andererseits an bestimmten Tagen der Woche herausgebildet. Endlich ist es im verflossenen Jahre der Rheinischen Mission gelungen, Eingeborene aus Ragetta und den Yombomba-Inseln, in der Nähe von Friedrich Wilhelms-Hafen, dazu zu bestimmen, das Abkappen und Abbrennen von leichtem Busch und Alang-Alang in Akkordarbeit zu übernehmen.

Dadurch unterscheidet sich gerade Kaiser Wilhelms-Land vorteilhaft von der östlichen Hälfte des Schutzgebietes, dass die Eingeborenen dank ihrer Friedfertigkeit im grossen und ganzen der Verwaltung nicht viel zu schaffen machen. Allerdings haben der gute Einfluss, den die Missionare in Kaiser Wilhelms-Land auf die Eingeborenen ausüben, und ihre Vermittelung, die sie bei kleineren Reibereien zwischen den Eingeborenen und Arbeitern der Verwaltung in dankenswerter Weise ausgeübt haben, mit dazu beigetragen, die friedlichen Beziehungen zwischen den Eingeborenen und der Verwaltung zu fördern.

Die Missionen sind seit 13 Jahren im Lande. Die erste war die Neuendettelsauer Mission, welche im Juli 1886 den Missionar Johannes Flierl als ersten Sendboten nach Finsch-Hafen hinausschickte. Anfang Oktober wurde die erste Station Simbang an der Langemak-Bucht gegründet, ihr folgte im November 1889 die zweite auf den Tami-Inseln, und als dritte wurde drei Jahre später von den Missionaren der Sattelberg besetzt, in der Absicht, dort zugleich eine Gesundheitsstation zu errichten. Auf diese Weise ist es dieser Mission möglich, gleichzeitig zu den Küsten-, Berg- und Inselbewohnern von Kaiser Wilhelms-Land in Beziehungen zu treten. Das Missionspersonal besteht aus vierzehn Personen und setzt sich folgendermassen zusammen: auf der Inselstation Womam wirkt nur ein Missionar, dem ein in Deutschland erzogener junger Eingeborener für äussere Dienstleistungen zur Seite steht. Die Küstenstation Simbang versehen drei Missionare und eine ledige Missionsschwester, und die Bergstation Sattelberg ein Missionar nebst Frau und vier Kindern, ein lediger Missionar und ein weisser Arbeiter, der die Gartenarbeit besorgt. Die Kosten für die Mission, welche jährlich 15 000 Mark betragen, werden von

Mitgliedern und Freunden der Neuendettelsauer Missionsgesellschaft in Bayern aufgebracht. Als erstes Erfordernis, um ihre Aufgabe zu erfüllen, haben die Missionare von Anfang an die Erlernung der Eingeborenensprache betrachtet, und auf Tami und Simbang ist bereits auch ein guter Anfang gemacht worden, die betreffende Stammessprache zu erforschen. Die Missionare suchen dies auf zweifache Weise zu erreichen, einmal dadurch, dass sie die Eingeborenen besuchen und mit ihnen in Verkehr treten, dann auch durch die Haltung einer Missionskostschule bei sich. Die Knaben, welche diese besuchen, erhalten am Vormittag Schulunterricht und nachmittags Unterweisung in der Gartenarbeit. Täglich werden Andachten und Sonntags Gottesdienste abgehalten. Der Lernstoff in der Schule beschränkt sich auf etwas Buchstabieren, Schreiben, Zählen, Religionsunterricht und Singen. Bis zur Taufe der Eingeborenen ist die Missionsarbeit noch auf keiner der drei Stationen gediehen; immerhin werden durch die Erziehung und Bildung der Jugend auch Elemente der Gesittung unter die Erwachsenen getragen.

Eine zweite, die **Rheinische Missions-Gesellschaft** hat seit dem ersten Beginnen mit den grössten Schwierigkeiten zu kämpfen gehabt. Den Ausgangspunkt der Thätigkeit dieser Mission bildete das Dorf Bogadji, wo sich im Mai 1887, angezogen durch die grosse, saubere Papua-Dorfschaft, Missionar F. Eich als erster Missionar der Gesellschaft niederliess. Ihm traten einige Jahre später die Missionare Scheidt und Bergmann zur Seite. Im Januar 1891 musste Missionar Eich wegen Erkrankung das Schutzgebiet verlassen, und im Mai darauf wurden die Missionare Scheidt und Bösch, im Begriffe in der Franklin-Bai eine Ansiedlung zu gründen, von den Eingeborenen ermordet. Zwei Jahre darauf fiel Missionar Arf beim Versuche, eine weitere Station auf den Ausläufern des Finisterre-Gebirges zu gründen, der Malaria zum Opfer, und wieder zwei Jahre später verlor die Gesellschaft in Missionar Barkemeyer auf Dampier einen Mitarbeiter. Im Jahre 1889 wurde die zweite Missionsstation Siar in der Nähe des Prinz Heinrich-Hafens vom Missionar Bergmann begründet, der jetzt noch dort seinen Sitz hat. Die im Jahre 1890 auf Dampier angelegte Station musste im Jahre 1896 aus verschiedenen Gründen wieder aufgegeben werden. An ihre Stelle ist die Station Bongu in der Nähe des gleichnamigen Dorfes an der Astrolabe-Bai getreten. Die drei Missionsschulen auf Siar, dem benachbarten Ragetta und in Bogadji gehen gut vorwärts. Die vorläufigen Unterrichtsfächer sind dieselben wie die der Neuendettelsauer Mission; überdies sind auf Bogadji und Siar die Sprachstudien der Missionare so weit gefördert, dass es den dort stationierten Missionaren gelungen ist, einige Sagen und Erzählungen der Eingeborenen ins Deutsche sowie einige biblische Geschichten in die Eingeborenen-Dialekte zu übertragen.

Über die erst im Jahre 1896 auf der Dudemain-Insel nördlich des Berlin-Hafens begründete katholische Mission „Vom göttlichen Wort" lässt sich noch nicht viel sagen. Die Insel ist der Sitz der neuerdings für Neu-Guinea errichteten katholischen Präfektur, die von dem durch die Kongregation des „Heiligen Herzens Jesu" von Issondun verwalteten Vikariat abgetrennt ist. An der Spitze steht der Priester Everhard Limbrock und ihm zur Seite zwei andere Priester. Bisher sind zwei Stationen errichtet. Der Präfekt ist bereits in China als Missionar mit Erfolg thätig gewesen. Die Präfektur hat den Namen „St. José" erhalten und wird in jeder Weise von der Verwaltung unterstützt.

Die Mittel, welche besonders der evangelischen Mission in Kaiser Wilhelms-Land zur Verfügung stehen, sind leider nur recht beschränkt. Es ist dies deswegen sehr zu beklagen, weil gerade die Missionen, wenn sie Mittel in den Händen haben, um zur Erziehung und Förderung der Eingeborenen beizutragen, in vieler Beziehung schon mit Rücksicht auf ihre Stellung auf die Eingeborenen da einwirken können, wo es der Verwaltung nicht immer möglich ist. Und die Missionen in Kaiser Wilhelms-Land haben viel Geschick gezeigt, die Eingeborenen in der rechten Weise zu behandeln. So ist es der Rheinischen Mission zu Bogadji und Siar des öfteren gelungen, die Eingeborenen von ihrem Unrecht in gegebenen Fällen zu überzeugen und sie auch häufig zu verschiedenen Dienstleistungen auf den einzelnen Stationen zu gewinnen. In Stephansort liefern die Eingeborenen z. B. auf Zureden der Missionare Pflänzlinge von Taro, Bambus und Yams, bringen Wegläufer ein, schleppen Holz zum Scheunenbau heran und helfen beim Bau selbst. In Konstantin-Hafen sind die Eingeborenen aus den umliegenden Dörfern sehr häufig auf der Station thätig, und in Friedrich Wilhelms-Hafen leisten die Leute von Ragetta und Siar nicht selten hilfreiche Hand beim Löschen und Laden des Dampfers, wenn Zahl und Kräfte der angeworbenen Arbeiter bei Häufung der Arbeit nicht ausreichen. Denn der Papua versteht sich gern zur Arbeit für Europäer, wenn er nur für kürzere Zeit, Tage oder Stunden, seinen gewohnten Verhältnissen entrückt wird. Daher dürfte sich der Papua von Kaiser Wilhelms-Land in der Umgebung von den Stationen als Arbeiter auf Akkord recht gut verwerten lassen. Versuche in dieser Richtung sind bereits gemacht worden; wenn sie bisher nicht immer geglückt sind, so mag das daran liegen, dass man es unterlassen hat, den mit der Aufsicht betrauten Aufsehern die erforderliche Nachsicht anzuempfehlen. Ein weiterer Grund des Missglückens dieser Versuche ist darin zu suchen, dass die Eingeborenen in der Nähe der Stationen bei der Ankunft der Postdampfer seitens der Fremden und Neulinge, welche die in der Nähe der Ankerplätze liegenden Eingeborenendörfer besuchen, durch Empfang von Geschenken und Zahlung zu hoher Preise im Tauschverkehr verwöhnt werden. Dieser müsste von Verwaltungswegen in der Nähe der Stationen in den Eingeborenendörfern selbst nur beschränkt zugelassen werden, und auf den Stationen selbst müsste man die Eingeborenen zu regerem Besuch und Tauschverkehr unter Regelung der Preise anhalten. Die fremden Passanten und neu eintreffenden Beamten, welche mit den Tauschverhältnissen unbekannt sind, verderben die Preise in einer Weise, dass es in der Nähe der grossen Stationen von Jahr zu Jahr schwerer hält, die Eingeborenen zur preiswerten Abgabe ihrer Erzeugnisse zu bewegen und zu Arbeitsleistungen zu gewinnen.

Das Fehlen von herrschenden Häuptlingen im Schutzgebiet ist ein wesentlicher Grund dafür, dass die Eingeborenen so schwer zugänglich sind für die Annahme irgend welcher sie von den Weissen abhängig machenden Stellung. Ein weiterer Grund ist ihr Egoismus und ihr Kommunismus. Jedes Dorf, ja jede Familie schliesst sich bei ihnen streng von den andern ab, um ja den Vorteil, der dem einzelnen etwa in dem Verkehr mit den Europäern erwachsen könnte, möglichst allein einzuheimsen. Es werden zu diesem Zweck Drohungen und Verdächtigungen nicht gescheut, um andere zu bethören und abzuhalten, mit den Europäern engere Beziehungen anzuknüpfen, als der selbstsüchtige Berater es im eigenen Interesse für gut hält. Es lässt sich in dieser Beziehung nichts erzwingen. Man wird den Papua erst allmählich daran gewöhnen, in regeren Verkehr und festere Verbindung zu den Ansiedlern zu treten. Man muss ihm dies zu erleichtern suchen durch Herstellung von Wegen, freundliches Entgegenkommen und vor allem durch Studieren und Würdigen seiner Sitten und Gebräuche. Dann wird auch für Kaiser Wilhelms-Land der Zeitpunkt nicht

mehr fern sein, wo wir anstatt mit fremdem Arbeitermaterial, das so viel Geld verschlingt, mit eigenem Eingeborenenmaterial wie die Engländer in Britisch-Neu-Guinea zu arbeiten anfangen, und wir an unseren Schutzbefohlenen keine Last, sondern eine Hilfe haben werden.

Wir wollen nicht verkennen, dass die weite Entfernung des Schutzgebietes von der Heimat ein Nachteil ist, der sich nicht wegleugnen lässt; aufgewogen wird dieser Nachteil aber reichlich durch die Fruchtbarkeit des Landes, die es ermöglicht, nur edle und hochbezahlte Produkte zu bauen, und wenn es sich bewahrheitet, dass die Gegend am Fusse des Bismarck-Gebirges in lohnender Weise goldhaltig ist, so wird Kaiser Wilhelms-Land mit einem Schlage zu einer grossen Bedeutung gelangen. Die hervorragenden Eigenschaften des Landes werden sich aber erst zeigen, wenn das grosse Kapital und Unternehmungen im grossen Masstabe Eingang gefunden und dem Mutterlande vor Augen geführt haben, welche Schätze das Land birgt. Dann wird sich erst bewahrheiten, dass Kaiser Wilhelms-Land die Perle aller unserer Tropenkolonieen ist.

VIII. Britisch-Neu-Guinea.

1. Küsten- und Oberflächengestalt.

Britisch-Neu-Guinea umfasst die grössere Südhälfte des östlichen Neu-Guinea und erstreckt sich etwa von 141° bis 151° O. und von 5° bis 12° S. Die Grenze gegen das holländische Gebiet, welche an der Südküste in 141° 1′ 47″ O. in der Mitte des Bensbach-Flusses beginnt, folgt diesem Meridian, bis derselbe den Fly-Fluss schneidet, geht dann im Thalwege dieses Flusses bis 141° O. hinauf und setzt sich in diesem Meridian bis zu seinem Schnittpunkt mit der Grenzlinie fort, welche die niederländischen und englischen Besitzungen auf der Insel scheidet. Die nördliche Grenze gegen das deutsche Schutzgebiet beginnt an dem ideellen Schnittpunkt des 5. Parallelkreises und des 141. Meridians, zieht sich sodann südöstlich der Blücher-, Sir Arthur Gordon-, Wynne- und Albert Viktor-Berge bis zum ideellen Schnittpunkt des 8. Parallelkreises mit dem 147. Meridian und folgt dann dem 8. Parallelkreis bis zur Meeresküste am Mitra-Fels (Boundary Cape).[1]
Den Grenzfluss zwischen Kaiser Wilhelms-Land und Britisch-Neu-Guinea bildet der Ikore (Gira), ein Arm des Mambare-Flusses.[2]

---

[1] Die genauere Festlegung der Grenze steht noch aus, wäre aber im Hinblick auf die im britischen Grenzgebiet des Mambare neuentdeckten Goldfelder sehr wünschenswert.

[2] Nach Sir William Mac Gregor's, des früheren Gouverneurs von Britisch-Neu-Guinea, neuester Forschung und Angabe liegt der Mitra-Fels bereits 5—6 km innerhalb des britischen Gebiets.

Die Grenzstämme sind die kriegerischen Anjiga- und Gomoro-Leute. Die Mündung des Ikore befindet sich noch in Kaiser Wilhelms-Land; in seinem weiteren unteren Verlauf hält sich der Fluss bald mehr links, bald mehr rechts von der Grenze. Die Flussufer sind von brauchbarem, kulturfähigem Land umsäumt und gewähren einen ebenso schönen Anblick als günstige Ansiedelungsplätze. Die Bevölkerung ist zahlreich. In der Nähe der Küste liegen am Ufer die Hauptdörfer Wade und Diwarre, Verbündete der regierungsfeindlichen Mambare-Stämme. Der weiter südöstlich mündende Clyde ist auch nichts weiter als ein Mündungsarm des Mambare, sein Lauf geht in der Hauptrichtung von Südwest nach Nordost. Als Zugang ins Innere hat er nur geringen Wert. Der Hauptarm des Mambare mündet in die Traitors-Bai und ist für kleine Fahrzeuge zugänglich. Die Flussrinne ist nicht sehr breit, aber ziemlich tief. Leider steht an der Mündung fast immer eine so hohe Brandung, dass das Einlaufen in den Fluss selbst mit Booten gefährlich ist. Das Flussdelta ist sehr niedrig und mit Mangroven bestanden. Die Traitors-Bai selbst bietet keinen guten Ankergrund, da sie voll von Sandbänken ist.[1]) Dagegen liegt zwischen ihr und dem Einfluss des Clyde eine kleine Bucht, die während des Südostpassats eine gute Reede bietet.

Das Land dehnt sich vom Mambare bis zu den Ausläufern des Otovia-Gebirges flach aus. Nicht weit von der Küste empfängt der Mambare einen kleinen Zufluss, den Green; jenseits desselben ist das Land eine weite Strecke für Anpflanzungen durchaus ungeeignet. Weiter landeinwärts, an den Abhängen des Mount Scratchley teilt sich der Mambare in den Chisima und den grösseren Yodda. Es finden sich hier viele nutzbringende Bäume. Ungefähr 1—2 km südlich vom Mitra-Felsen findet man gute Ankerung im Douglas-Hafen, in den ein kleiner Bach mündet. Südlich vom Mambare wird die Küste durch bewaldetes Hügelland gebildet; dicht hinter der ersten kleinen Bucht auf englischem Gebiet, der Robinson-Bucht, in die der Ope mündet, liegt ein grosses Dorf mit vielen Kokosnusspalmen, in der Nähe eine Station der anglikanischen Mission. Südlich davon mündet wieder ein kleiner Fluss, der Kumusi, der für Barkassen 50 Sm. weit befahrbar ist, aber an der Mündung eine schwer passierbare Barre hat.

Eine dicht bewaldete Ebene umsäumt die Holnicote-Bai, und

[1]) Rüdiger in Verh. d. Ges. f. Erdk. Berlin 1897. S. 282.

nur wenige, aber gute Ansiedelungen finden sich hier in den Sago-Sümpfen, die sich bis zur Killerton-Spitze hinziehen. Den nächsten Vorsprung bildet das Südostkap, mit dem die Küste wieder besiedelter zu werden beginnt. Im Dorfe Oro befindet sich eine zweite Missionsstation der Anglikaner. Das Land an der südlich davon gelegenen Dyke Acland-Bai ist niedrig, sumpfig und bewaldet, keine einladende Gegend. Einige ganz kleine Flüsschen münden in die Bai. Die Vegetation ist spärlich, es herrschen Mangroven und Kasuarinen vor. Im Paiwa-Bezirk mündet der im Jahre 1893 von Mac Gregor entdeckte Musa-Fluss; dieser entsteht aus zwei Quellflüssen, Moni und Adana, die aus dem Owen Stanley-Gebirge kommen und vermutlich auf dem Mount Victoria entspringen. Südlich der Gebirgsausläufer vor der Spaltung der Flüsse liegt eine etwa 10 km breite, dicht bewaldete und besiedelte Ebene, die nach Westen hin verläuft. Bald nach dem Zusammenfluss durchbricht der Musa die Didania-Berge; an seinem rechten Ufer erheben sie sich bis zu 1000 m, das linke ist mit niedrigen, grasigen Abhängen umsäumt; in seinem Oberlaufe machen die sich bildenden Stromschnellen das Befahren des Flusses unmöglich, in seinem Unterlaufe ist er 80 km bis zur Küste befahrbar.

Auf den Abhängen der Hydrographen-Kette entspringen die kleinen Flüsse Basari, Kewoto, Umunda und der grosse Tambokoro; letzterer mündet am Südostkap, erstere fliessen weiter südlich ins Meer. Zwischen Portlock- und Collingwood-Bai finden sich an der Küste zwei brauchbare Häfen, Hennessy- und Maclaren-, und in der Collingwood-Bucht der Phillips-Hafen. Wellige Abhänge, zuerst meilenweit mit Alang-Alang bestanden, im Südosten dicht bewaldet, umsäumen die Collingwood-Bucht und streichen weit in das Innere hinein. Vor der Küste liegen, von West nach Ost zerstreut, die kleinen Cecilia-, Hilda-, Jarrad-, Sidney- und Jabbering-Inseln. Unmittelbar hinter der Collingwood-Bucht springt die Kap Vogel-Halbinsel weit ins Meer hervor. Zwischen ihr und dem Ostkap dehnt sich die Goodenough-Bai aus, der wieder die grosse D'Entrecasteaux-Inselgruppe vorgelagert ist. Diese Gruppe setzt sich zusammen aus den Inseln Danila- (Goodenough-), Moratau- (Fergusson-), Duau- (Normanby-) und den kleinen Inseln Dobu (Goulvain) und Nekumara. Danila wird von Moratau durch die Moresby-Strasse, diese Insel von Duau durch die Dawson-Strasse geschieden. Die Gruppe hat einen Flächeninhalt von etwa 3750 qkm und zählt fast 6000 Einwohner. Die nördlichste der Inseln,

Danila, wird von einer fleissigen, friedlichen Bevölkerung bewohnt, die sich eifrig dem Plantagenbau hingiebt. Die westliche Hälfte der Insel nehmen Gebirge ein, die sich 1600—2600 m erheben und vulkanischer Natur sind. Auf der weiten Ebene, die sich im Nordosten der Insel hinzieht, liegen zahlreiche Dörfer, deren Bevölkerung auf 1500 geschätzt wird. Einzelne haben über hundert Häuser. Auf Moratau lebt wie auch auf der südlichen Nachbarinsel jedes Dorf ganz und gar abgeschlossen für sich. Im Nordosten der erstgenannten am Kap Labillardière hat Mr. Adrew Goldi vor Jahren heisse Quellen gefunden, die Mac Gregor dort später bei seiner Anwesenheit erkaltet und bedeutungslos fand. Wohl aber hat Mac Gregor in der Nähe von Seymour-Bai auf dieser Insel heisse Salzquellen entdeckt, deren heilkräftige Wirkung von Professor Liversidge von der Universität zu Sydney anerkannt worden ist. Die kleine Insel Goulvain ist vielleicht 40 qkm gross. Sie ist ein erloschener Krater und zum grossen Teile mit Kokosnusspalmen bestanden. Drei Gebirgsmassen sind auf der Insel deutlich zu unterscheiden, deren höchste sich bis zu 2000 m erhebt. Die Normanby-Insel, etwa 2500 qkm gross, ist ein dicht bewaldetes Bergland, das vornehmlich aus Schiefern aufgebaut ist und sich bis zu 1200 m erhebt. Da das Land sehr gebirgig ist, ist es für europäische Kultur ungeeignet.

Von dem Festlande werden die Inseln durch die Ward Hunt-Strasse geschieden. In nordöstlicher Richtung liegen die Trobriand- oder Kiriwina-, östlicher die Guawag- und Woodlark- oder Murua-Inseln, östlich von dieser die Manemanema- oder Nadi-Gruppe. Zwischen der Trobriand- und Guaway-Gruppe liegen mehrere Inseln zerstreut, alle bewohnt bis auf die Insel Dugumenu. In die Goodenough-Bai, die sich gegen 15 km weit ausdehnt, schneiden mehrere kleine Buchten ein, im Norden die Rawdon-, in der Mitte die Chads- und Bartle-Bai und im Süden die Bentley-Bai. In der Nähe der letzteren befand sich Mitte der achtziger Jahre die erste deutsche Station auf Neu-Guinea, die jedoch nach Abschluss des deutsch-englischen Abkommens wieder aufgehoben wurde.

Das Küstengebiet bis zur Rawdon-Bai ist welliges Hügelland, weiter ostwärts folgt ein weites Flachland, das sich gut für Sago- und Kokosnusspalmen-Pflanzungen eignet. Zahlreiche kleine Flüsse, deren Flussbetten mitunter ausgetrocknet sind, münden in die Bucht. Das Ostende von Neu-Guinea zwischen Bentley-Bai und Ost-Kap ist recht gut bevölkert, ebenso der nördliche Teil von Milne-Bai

(Tauwara). Die Tiefe dieser 20 Meilen langen und 10 Meilen breiten Einbuchtung besteht aus Flachland, das sich für den Anbau der Kokospalme gut eignet. Die Milne-Bai und die auf der anderen Seite des Festlandes gelegene Pouro-Bai sind von einander durch einen 800 m hohen Bergrücken getrennt, der sich aus Kalk und jungen Eruptivgesteinen zusammensetzt. Die China-Strasse trennt das Festland von dem Moresby-Archipel, in dem wieder durch die Fortescue-Strasse die Basilisk- von der Moresby-Insel geschieden wird. Der Archipel liegt sehr malerisch, der Strand ist mit Kokospalmen umsäumt, die Abhänge der Berge sind mit Pflanzungen bedeckt. Die westlichste und wichtigste Insel, Sariba, hat eine Bevölkerung von 500—600 Eingeborenen. Südwestlich schliesst sich die Insel Logea mit einer intelligenten Bevölkerung von 300—400 Seelen an. Zu der Moresby-Gruppe gehört ferner die kleine Dinner-Insel mit Samarai, der Regierungsstation des östlichen Verwaltungsbezirkes.

In südöstlicher Richtung vom Moresby-Archipel folgen die Engeneer-, Bonvouloir-, Conflict- und die verschiedenen Inselgruppen, die den Louisiaden-Archipel bilden. Die hauptsächlichsten Glieder desselben bilden die De Boyne-Gruppe, die Insel Misima oder St. Aignan, die Kimuta-, Sabari-, Joanet-, Jena-, Südost- (Tagula-) und die wegen des Kannibalismus ihrer Bewohner berüchtigte Rossel-Insel (Duba). Dieses Eiland ist ungefähr 1800 qkm gross und gebirgig. Die Vegetation ist üppig, von Bäumen findet man eine grosse Anzahl, die reich an Gummiharz sind. Viele Riffe umsäumen die Insel, ein besonders gefährliches und weit ausgestrecktes im Südwesten in der Nähe der kleinen Adele-Insel. Die weiter nordwestlich gelegene Misima-Insel ist bedeutend kleiner, etwa 750 qkm gross, und trotz ihres gebirgigen, wild zerklüfteten Charakters gut bevölkert. Auf der Insel ist vor Jahren von den hier thätigen Goldgräbern ein Goldfeld entdeckt worden, auf dem heute noch 400 Goldgräber arbeiten und ihren Lohn finden. Auch die Berge auf Joanet- und Südost-Insel sind goldhaltig. Erstere ist nur 185 qkm gross und weniger stark bevölkert als die übrigen; es befinden sich auf ihr nur vier kleine Dörfer. Auf Misima war früher der Regierungssitz des südöstlichen Verwaltungsbezirkes, der später nach Nivani auf die Insel Panaetti verlegt wurde, wo sich auch eine Station der Wesleyanischen Mission befindet. Ungefähr 50 Sm. südlich vom Moresby-Archipel liegen eine Anzahl von kleineren Inseln verstreut, die Lebrun-, Kerakera-, Ikaikakero- und Wari-, Tschas- oder Teste-Inseln, letztere berühmt als Töpfermarkt des Ostens von Britisch-Neu-Guinea.

Die Küste der Hauptinsel erscheint von der Milne-Bai bis zum Süd-Kap sehr gebirgig. Eine Unzahl von kleinen Buchten schneidet bis Pouro-Bai in das Land ein. Der Küste vorgelagert sind mehrere kleine Inseln, darunter die Insel Suau mit einer Station der Londoner Missionsgesellschaft. In die Pouro-Bucht mündet der kleine Sagara-Fluss von Osten kommend, und von Westen der Jadi-Jadi; der Scratchley-Hafen gewährt dort einen guten Ankergrund. Der nächste Einschnitt ist nach Westen zu die Orangerie-Bai. Die Küste ist hier flach und dicht bevölkert. Der Landstrich zwischen Milne- und Pouro-Bai heisst Dahuni. Das Küstenland westlich der Pouro-Bai bis Cloudy-Bai nennen die Eingeborenen Mailin; dann folgt bis Keakaro-Bucht das Gebiet des Aroma-Stammes mit dem Hauptort Maupua. Das Küstenland von Orangerie-Bai bis in die Gegend der der Küste vorgelagerten Amazonen-Inseln ist hügelig. Weiter nach Westen folgen mehrere grössere Buchten, die Tafel-Bai, Baxter-Bai und Cloudy-Bai (Wolkenbucht). Zwischen Tafel- und Orangerie-Bai liegt die Redlick-Inselgruppe, zu ihr gehört die kleine Toulon-Insel. Das Land ist hier arm an Flüssen, und nur in die Cloudy-Bai münden der in mehrere Kriecks verlaufende Robinson-Fluss und der Domara. Von der Cloudy-Bai bis zur Mündung des aus den Obree-Bergen kommenden Kemp-Welch-Flusses wird die Küste wieder mehrmals durch Buchten unterbrochen, zuerst durch die Chestnut- und dann weiter westlich durch die Seichte- und Keakaro-Bai.

Der Kemp-Welch-Fluss ist im Jahre 1880 von Missionar Beswick zum erstenmale eine gute Strecke stromaufwärts befahren worden. Soviel bis jetzt bekannt ist, kommt der Fluss aus einem grossen Wasserbecken in den Obree-Bergen, fliesst von seiner Quelle zuerst in südöstlicher Richtung und nimmt als ersten Nebenfluss von rechts den Georg-Fluss mit dem Lala auf. In seinem Oberlauf machen grosse Felsblöcke, die mitten im Flussbett liegen, seine Befahrung unmöglich. Erst 10—20 km oberhalb des Dorfes Tarowa beginnt der Fluss für Boote passierbar zu werden und bleibt es dann bis zur Küste. Hier mündet er in die Hood-Bai, nimmt aber vorher von rechts noch mehrere kleine Nebenflüsse auf, als letzten den etwas bedeutenderen Musgrave-Fluss. Als grössten Nebenfluss von links empfängt der Kemp-Welch noch in seinem Oberlaufe den Margaret-Fluss. Die Hood-Bai wird im Westen durch eine vorspringende Landspitze von der Beagle-Bai getrennt und auch weiterhin bis nach Port Moresby löst immer eine Bucht, bald grösser, bald kleiner, die andere ab. Die Round-Head-Bai wird in einem weiten Umkreise von einem nur eine kleine Einfahrt freilassenden Korallenriff umgeben, das sich westwärts noch weitere 70 bis 80 km in der Nähe des Strandes hinzieht, mit nur wenigen Durchfahrten bei Port Neville, Dokura Inlet und Port Basilisk. Den Strand umsäumt in dieser Gegend ein dichter Busch, welcher jedoch nicht selten von den bis in die Nähe der Küste heranreichenden Eingeborenen-Pflanzungen und am Strande errichteten Ansiedelungen unterbrochen wird.

Bald hinter dem Dorfe Tupuselei nähern wir uns dem vortrefflichsten Hafen im britischen Schutzgebiet, dem unter 147° 7' O. und 9° 18' S. gelegenen Port Moresby, an dem gleichzeitig auf allmählich ansteigendem Hügelland die gleichnamige Hauptstation Britisch-Neu-Guineas aufgebaut ist. Der Hafen zieht sich in der Richtung von Nordwest nach Südost ziemlich tief ins Land hinein und wird nach Westen zu durch die kleine Insel Hanudamawa und durch eine Korallenbank gegen Seestürme geschützt. Durch die mitten im Hafen gelegene kleine Tatana-(Jane-)Insel wird die Einfahrt in den innern Hafen, den Fairfax-Hafen, der sich nach Süden zu in eine kleine Buchtung vertieft, ganz verdeckt. Er ist für die grössten Seeschiffe passierbar; der Ankerplatz liegt nördlich der kleinen Jane-Insel unmittelbar vor der Coglan-Spitze. Im Osten wird das Küstenland von Port Moresby von dem gleichnamigen Hügel, im Nordwesten von der Huhumana-Kette (210 bis 400 m), auf deren Ausläufern mehrere Dörfer liegen, begrenzt. Während das Küstengebiet zwischen Port Moresby und der als nächster Küsten-Einschnitt folgenden Vorsichts-Bai sanft ansteigendes Hügelland ist, finden wir weiter im Innern zu beiden Seiten des diese ganze Gegend entwässernden Laroki-Flusses weite Strecken flachen, sumpfigen, wenig zur Kultur geeigneten Landes. Dieses steigt erst wieder in einer Entfernung von 100 km von der Küste allmählich an und erhebt sich in den Horsley-, Lawes- und Forbes-Bergen, den Ausläufern der Owen Stanley-Kette, wieder zu einer mässigen Höhe. In diesen Bergen hat der Weoru- oder Brown-Fluss seine Quelle, ein Nebenfluss des eben erwähnten Laroki, der wie auch der im Owen Stanley-Gebirge entspringende Vanapa in die nordwestlich der Vorsichts-Bai folgende Redscar-Bucht einfliesst. Der Laroki nimmt als Nebenfluss von links in seinem Oberlaufe noch den Goldie-Fluss auf. Dem Vanapa fliessen von rechts ebenfalls aus der Owen Stanley-Kette der Evelyn-Exton, Kaboka, Atoa und

Taula zu. Der Vanapa bietet den besten Zugang zum Owen Stanley-Gebirge dar. Drei kleine Binnenseeen liegen etwas oberhalb der Einmündung des Brown-Flusses in den Laroki-Fluss, zwei in der Nähe seines rechten und einer in der des linken Ufers. Etwas östlich von Redscar-Bai bis zum Kap Suckling zeigt die Küste einen gleichmässig sumpfigen Charakter; zwei kleine Flüsse, der Kekeni und der etwas bedeutendere Tutu, münden unweit der Redscar-Bai ein. Weiter landeinwärts liegen mehrere sehr fruchtbare Bezirke und viele gut bevölkerte Eingeborenen-Ansiedlungen. Ein prachtvolles, ertragfähiges Kulturland dehnt sich von hier bis in die Nähe des William-Flusses aus, das allerdings schon zum grössten Teil in der Benutzung der Eingeborenen und nur streckenweise hier und da, teils von der Regierung, teils von der katholischen Mission in Kultur genommen ist. In die nächste Bucht Hall Sound fliesst der Ethel, mit seinem ebenso wasserarmen wie unbedeutenden Nebenfluss Hilda, beide sollen aber stets Wasser führen. Das bedeutendste Gewässer, das in die Bai mündet, ist der aus der Kobio-Kette kommende St. Joseph-Fluss. Dieser, ein Fluss mit ziemlich reissendem Gefälle, ist für kleine Dampfschiffe befahrbar und ergiesst sich in vier Armen in das Meer. Der von den Eingeborenen Paimono genannte Fluss durchströmt ein herrliches, wellenförmiges Gebiet an den Abhängen des Mt. Yule. Die Gegend am St. Joseph-Fluss gehört zu den fruchtbarsten im britischen Schutzgebiet und ist sehr stark bevölkert. Die der Flussmündung vorgelagerte Insel Yule (Roro), etwa $146^0\ 30'$ O. und $8^0\ 50'$ S., wird im Norden durch den Nordkanal, im Süden durch den Südkanal vom Festland geschieden.

Ungefähr in der Mitte zwischen dem Oberlaufe des St. Joseph-Flusses und dem kleinen, in die Rolles-Bai mündenden Makuna ($146^0\ 30'$ O. und $8^0\ 25'$ S.) erstreckt sich ein grosser Binnensee und ebenso ein etwas kleinerer in der Nähe der Maiwa-Bucht, etwa 10 km von dem Unterlaufe des St. Joseph-Flusses. Die besondere Erwähnung der Seeen geschieht deshalb, weil das Vorkommen von Binnenseeen auf Neu-Guinea selten ist. Ein hügeliges, anscheinend fruchtbares Land dehnt sich zwischen dem ebenfalls in die Rolles-Bucht einmündenden Coombes- und dem durch die Ehlers'sche Expedition zu trauriger Berühmtheit gewordenen Lakemaku-Fluss, der sich in die Süsswasserbucht ergiesst, aus. Der Coombes oder Biaru-Fluss mündet einige Meilen nordwestlich von dem zum Elema-Stamm gehörenden Dorfe Enabu ($146^0\ 20'$ O. und

8° 23' S.) und ist für Boote 25 km von der Küste aus befahrbar bis zum Dorfe Apanaipi. Mac Gregor hat den Fluss noch ungefähr 20 km zu Fuss verfolgt. Er wendet sich von dem genannten Dorfe nach Süden und seine Ufer sind niedrig und sumpfig. Der Coombes fliesst gerade auf der Mitte zwischen der Landschaft Mekeo und der nordwestlich von seiner Mündung liegenden Süsswasserbucht. Die Eingeborenen beider Gegenden treffen sich nicht selten an seiner Mündung zum Tauschverkehr.

Der mittlere Arm des ebenerwähnten Lakemaku führt die Bezeichnung William-Fluss, die anderen beiden Arme heissen Kaurepinu (Heath) und Narutu.

Der Lakemaku entspringt auf den nordwestlichen Ausläufern der Kobio-Kette (Chapman-Berg) und empfängt unmittelbar nach seiner Teilung in mehrere Arme von rechts den Tauri-Fluss. Dieser Nebenfluss ist vor seinem Einfluss bis auf eine Strecke von 20 km ungefähr 100 m breit und 1—2 Faden tief, in seinem Oberlaufe ist er flacher. Die Ufer sind von Kokosnuss-, Sago- und Brotfruchtbäumen umsäumt, dann und wann treten Anpflanzungen und Grasflächen dicht an die Ufer heran. Die hohen Ufer des oberen Lakemaku umgeben ebenfalls zahlreiche Frucht- und Pandanusbäume; er berührt in seinem weiteren Oberlaufe das Dorf Mowiavi, in dem im Jahre 1896 die Reste der Ehlers'schen Expedition gastliche Aufnahme fanden, und fliesst dann durch eine ganze Reihe schöner Sagohaine hin. Die Tiefe des Flusses beträgt etwa 70 km von der Küste ungefähr einen Faden; er ist mit Booten befahrbar.[1]

Im Innern, zwischen dem Lakemaku und dem weiter nordwestlich mündenden Kaurefrena oder Baunarhena hebt sich das Land; es dehnt sich in niedrig bewaldeten Hügeln bis 146° O. aus, wo die Ausläufer der Albert-Berge beginnen. Der Landstrich zwischen Kaurefrena, der auch noch zur Deltabildung des Lakemaku gehört, bis zum Vailala-(Annie-)Fluss, eine Strecke von 20 km, ist noch wenig erforscht. Der Vailala ist zum erstenmale im Jahre 1887 von Kpt. Henessy im Schooner „Ellangowan" befahren worden, fünf Jahre später von Mac Gregor, der etwa 100 km stromauf vordrang. Der Fluss ist breit und tief, und keine starke Strömung hindert die Fahrt auf demselben. An der Mündung trifft man mehrere schöne Kokosnusshaine, dann weiter einen Mischwald von Mangroven, Pandanus-, Brotfrucht- und Kokosnussbäumen; gegen

---

[1] Annual Report für Britisch-Neu-Guinea 1892/93. S. 24.

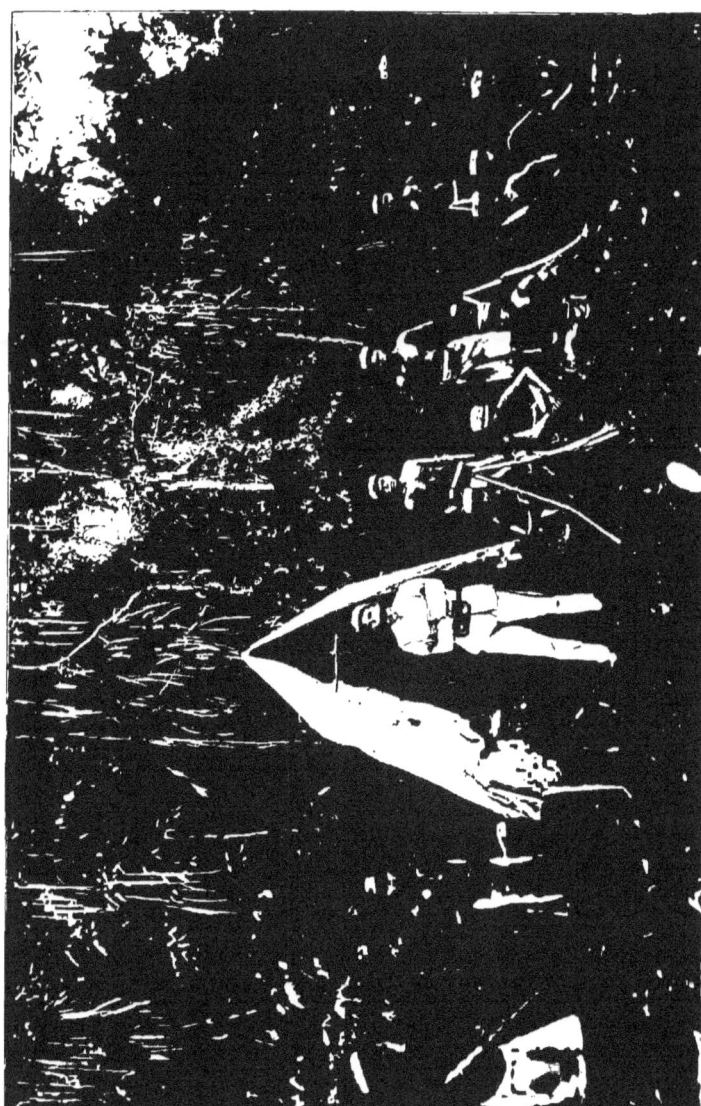

Ehemalige Polizeitruppe von Kaiser Wilhelms-Land

20 km von der Küste ist eine weite Strecke guten angeschwemmten Bodens noch unbebaut, dann steigen die Ufer zu dicht bewaldeten Hügeln an, die sich ausgezeichnet für Plantagenbau eignen. Von rechts fliesst etwa 30 km von der Küste ein kleiner schiffbarer Nebenfluss mit Hügelland auf seinem rechten und Flachland auf seinem linken Ufer ein. Weitere 20 km stromauf ist das Gebiet der Hakeko-Leute. Erst nach ungefähr 100 km beginnen Strömungen und die geringe Tiefe, die stellenweise nur fünf Fuss beträgt, die Weiterfahrt zu hindern. Das Land zwischen diesem Punkte und der Zentral-Gebirgskette scheint Flachland oder doch nur niedriges Hügelland zu sein.

Zwischen dem Kaurefrena und dem Vailala mündet der aus den Albert-Bergen kommende Varbada oder Vaibada-Fluss ein, der noch wenig erforscht ist. Hügeliges, reich bewaldetes Land zieht sich an beiden Ufern des Flusses hin, das sich nach dem Oberlaufe des Vailala zu im Pollard-Peak bis auf 400 m erhebt. Längs der Küste vom Vailala bis zur Landschaft Orokolo hat man auf dem schönen Sandstrande einen guten Weg, der mit Kokosnuss-, Sago- und Fruchtbäumen bestanden und hier und da durch kleine Salzwasserläufe unterbrochen ist. Mit dem Queens-Jubilee beginnt eine Reihe bedeutender schiffbarer Flüsse. Dieser kommt aus den aus Sandstein aufgebauten Ausläufern der Albert-Viktor-Berge, die bisher noch unerforschtes Gebiet sind. Er wendet sich in seinem Oberlaufe zuerst nach Südost und macht nach ungefähr 20 km eine Schwenkung nach West-West-Süd. Hier ist der Fluss ungefähr 180 m breit und sehr tief. Viele Anpflanzungen der Eingeborenen treten bis an das Flussufer heran, auch finden sich hier und da Eingeborenen-Lager, d. h. einfache offene Hütten, die die Leute als Nachtquartier benutzen, wenn sie in der Nähe Holz fällen. Der Boden ist schokoladenbrauner Lehmgrund, der mit hohen Bäumen bestanden ist. Am rechten Ufer des Flusses dehnt sich weiterhin eine mit dichtem Busch bewachsene Alluvial-Ebene aus, während an seinem linken Ufer zunächst niedrig bewaldete Kalkstein-Hügel ansteigen, die sich weiter südöstlich in den von Nord-Nordwesten nach Süd-Südosten ziehenden Saul Samuel-Bergen bis 610 m erheben.

In der Nähe von Woodhouse Junction ist der Fluss noch 300 m breit. Hier teilt er sich in zwei grosse Arme. Während der rechte dem Port Romilly zufliesst, wendet sich der linke in Richtung Süd-Süd-Ost der See zu. Dieser Arm teilt sich noch einmal etwa 7 km von der Küste in zwei Arme, die durch ein mit Wald bestandenes unwirtliches Sumpfland dem Meere zueilen. Erst etwa 15 km von der Küste beginnt das Land mehr und mehr anzusteigen, die Flussufer werden steiler und die Gegend wird kulturfähig. Zwischen den beiden Mündungen des Queens Jubilee-Flusses fliessen eine ganze Anzahl kleiner Kriecks der Küste zu, von denen der Maiwan, Arui (Airai), Urita, Wanne und Baroi die wichtigsten sind. Das Land zwischen dem Baroi und Port Romilly ist wie überall in dieser Gegend sumpfig und niedrig, hauptsächlich mit Nipa-Palmen und Mangrove bestanden. Am oberen Wanne liegt das Land etwas höher als an der Küste und bringt — für diese Gegend eine Seltenheit — Taros und Bananen hervor. In der Deception-Bai liegen mehrere Inseln, von denen die Maiden-, Parkes- und Griffith-Inseln hauptsächlich zu merken sind.

Hinter der Deception-Bai gegen 50 km landeinwärts erheben sich die Dawes-Hügel. Sie sind niedrig und mit Busch bestanden. In nordwestlicher Richtung von ihnen steigt die Stanhope-Kette auf. Zwischen dieser und dem Dawes-Gebirge liegt ein zerklüftetes, waldbedecktes Gebiet, das nur sehr schwach bevölkert zu sein scheint, denn nur hier und da haben sich den in diese Gegenden eingedrungenen Forschern wie Bevan Spuren einer Bevölkerung gezeigt. Südöstlich der Stanhope-Berge, deren Hauptmasse sich aus Kalkstein zusammensetzt, erheben sich die von 100—700 m ansteigenden Guthrie-, Fosbery-, Critchett-Walker- und Gill-Berge. Hier in der Nähe hat Bevan bei seiner Erforschung des Stanhope- und Philps-Flusses einen kleinen See entdeckt. Nördlich der Dawes-Berge steigt der niedrige, zerrissene und buschbestandene Cunningham-Berg empor, und südlich der Dawes-Berge zieht sich eine sehr sumpfige, nur mit wenigen Kokosnusspalmen bestandene Ebene hin, die nach Bevan einen wenig kulturfähigen Eindruck macht. Die höchsten Erhebungen der Albert Viktor-Kette bilden in ihrem südöstlichen Teile der Hunter-, Rusby-, Dalley- und Sargood-Berg, im Zentrum die Mac Arthur-, Fergusson-, Cairns-, Montrieff Paul- und Elies-Spitzen, und im äussersten Nordwesten soll das Gebirge im Barkly-, Brient- und Campbell-Berg bis zu 4000 m ansteigen. Bestiegen hat es bisher noch niemand.

Der in seinem Oberlauf Philps genannte Douglas-Strom hat seine Quellen vermutlich auch in der grossen Zentralkette der Albert Viktor-Berge. Seine Erforschung verdanken wir Kpt. Bevan, der im April 1887 auf dem Fluss bis zur Fastre-Insel, die der

Fluss unter 6° 39′ 5″ S. und 144° 11′ O. bildet, mit der Barkasse „Marbel" vorgedrungen ist. Weitere 4 km hat Bevan den Fluss dann noch zu Fuss verfolgt. Dieser Punkt kann von der deutschen Grenze kaum mehr als 15 km entfernt sein. Die Wasserscheide zwischen dem deutschen und englischen Gebiete kann somit nur wenige Kilometer von der Fastre-Insel gelegen sein. Auch Mac Gregor hat im Jahre 1891 eine kleinere Expedition den Fluss hinauf unternommen. Der Douglas oder Philps reiht sich fraglos den bedeutendsten Wasserläufen von Britisch-Neu-Guinea an. Er hat in seinem Oberlaufe häufig Stromschnellen, die die Fahrt hier und da hindern; an das rechte Ufer treten nordöstlich der Fastre-Insel die äussersten Ausläufer der Warharagi-Berge ziemlich nahe heran, und in seinem Mittellauf diejenigen hoher nach Bevan benannter Kalksteinberge. Auf dem rechten Ufer des Flusses liegen hier einige niedrige Hügel, anscheinend vulkanischen Ursprungs. Bei Bowden-Junction, etwa unter 7° 18′ S. und 144° 10′ O., fliesst von rechts der Burns-Fluss als Nebenfluss ein. Südlich hiervon liegen die nur ungefähr 100 m hohen Clarke-Hügel, an welche sich wieder nach Süden zu die Boore-Berge anreihen. In der Nähe der Clarke-Hügel liegt Bernett-Junction; durch die hier einfliessende Wasserstrasse scheint der in den 300 m breiten Langford-Sound einmündende bedeutende Centenary-Fluss mit dem Philps-Fluss in Verbindung zu stehen, wie denn das ganze Küstengebiet ein einziges grosses zusammenhängendes Flussgebiet zu sein scheint.

Zwischen dem Gama und dem etwa 35 km südwestlich einfliessenden Bebea ist die Küste anscheinend ganz unbewohnt. Der Bebea ist ein Arm des hier in drei Mündungen sich ergiessenden und ein grosses Delta bildenden Bamu-Flusses. Die mittlere Mündung führt den Namen des Hauptflusses, die westliche heisst Dibiri. In seinem Oberlauf wird der Fluss von den Eingeborenen Aworra genannt. An der Mündung hat der Bamu eine Tiefe von zwei Faden und steht durch eine natürliche Wasserstrasse mit seinem grossen Nachbarfluss, dem Fly, in Verbindung. Dem Bamu-Delta sind die drei Inseln Tusito, Nawiu und Oropai vorgelagert. Das Hinterland des Küstenstriches zwischen Georg- und Fly-Fluss ist noch gänzlich unerforschtes Gebiet und wegen seines sumpfigen, mit dichtem Urwald bestandenen Bodens schwer zugänglich.

Der Hauptstrom von Britisch-Neu-Guinea ist der Fly-Fluss, er mündet unter 8° 33′ S. und 143° 15′ O. und bildet in seinem Delta eine Anzahl von grösseren Inseln, von denen die grösste und wichtigste Kiwai oder Kewi ist. Diese und die unmittelbar vor ihr gelegene Insel Daumori sind die einzigen dauernd bewohnten. Kiwai ist ungefähr 64 km lang und 4½ km breit und zählt eine Bevölkerung von etwa 5000 Bewohnern. Die Insel ist niedrig und ganz mit Bäumen bestanden. Es hat den Anschein, als ob die See und der Fluss jedes Jahr mehr Land von der Insel abspülen. Im Süden entwässert der kleine Ugara-Fluss die Insel. Kiwai ist besonders im Westen von einer Anzahl kleinerer Inseln umgeben, die den Kiwai-Leuten, wenn sie manchmal ihrer gewohnten Plätze überdrüssig werden, zeitweise zum Aufenthaltsort dienen. Daumori oder d'Albertis Long Island ist 40—45 qkm gross und hat eine Bevölkerung von etwa 300 Seelen. Sie liegt nur etwa 1 m über dem Meeresspiegel.

Die Erforschung des Fly-Stromes ist, nachdem er in den vierziger Jahren durch das Kriegsschiff „Fly" entdeckt worden war, verschiedentlich das Ziel von Expeditionen gewesen. D'Albertis, Mac Farlane, Everill und Mac Gregor haben den Strom in den Jahren 1872, 1875, 1885 und 1889/90 befahren, letzterer bis zur englisch-deutschen Grenze. Nachdem bereits d'Albertis und Mac Farlane, die ersten Pioniere auf dem Fly, gegen 250 km weit stromauf gefahren waren, wurde im Jahre 1885 von der Australischen Geographischen Gesellschaft eine grössere Expedition unter Kapitän Everill zur Erforschung des Fly ausgerüstet. Das eigentliche Ziel der Expedition war, den Fluss und seinen Nebenfluss Strickland so weit hinaufzufahren, bis man das Hochgebirge erreichte. Everill hatte auf seiner Reise, die er mit 12 Europäern und 12 Malayen unternahm, mit mannigfachem Ungemach zu kämpfen. Die Eingeborenen erwiesen sich unfreundlich, und infolge des wechselnden Wasserstandes ist die Expedition, deren Zeit auf sechs Monate bemessen war, leider an einer Stelle allein drei Monate festgehalten worden. Mit seinem kleinen Dampfer „Bonito" drang Everill bis 7° 34′ S. und 141° 21′ O. vor und dann noch mit dem Boot auf dem Strickland bis 5° 30′ S. und 142° 22′ O. Sein Hauptverdienst ist es, den Lauf dieses Nebenflusses des Fly genau festgelegt zu haben. Mac Gregor hat den Fluss mit dem Regierungsdampfer „Merrie England" ohne alle Fährlichkeit befahren.[1])

Wahrscheinlich hat der Fly seinen Ursprung in den Bergen der grossen Zentralkette, die Neu-Guinea von Nordwesten nach

---

[1]) British New Guinea. Annual Report 1889/90. S. 21 ff.

Südosten durchzieht. Jedenfalls entspringt der Hauptnebenfluss des Fly, der diesem in seinem Oberlauf als erster von links zuströmt, schon auf deutschem Gebiet in den Blücher- oder Müller-Bergen. Hier im Palmer-Fluss haben sich auf Mac Gregors Expedition Spuren von Gold gefunden. Das Land ist an den Ufern des Palmer und am Oberlaufe des Fly kulturfähig, flache Sandsteinhügel erheben sich hier und dort bis zu einigen hundert Fuss und setzen sich in ununterbrochener Reihe und allmählich aufsteigend bis zu den Bergketten im Innern fort. Der Palmer fliesst etwa unter 5° 40' S. und 141° 40' O. in den Fly ein, viel weiter südlich empfängt dieser unter 6° 20' S. und 141° O. den weniger bedeutenden Alice Hargrave-Fluss. Demnächst beschreibt der Strom einen nach Westen vorgreifenden Bogen und fliesst wohl eine Strecke von ungefähr 70 km auf holländischem Gebiet; 40—50 km von dem Punkte, wo der Fluss wieder in britisches Gebiet tritt, empfängt er von links den Strickland oder Bonito. Das Land ist hier niedrig und sumpfig; wilde Bananen und Brotfruchtbäume wachsen in reicher Fülle. Sagobäume sind dagegen selten. Wenigen Niederlassungen der Eingeborenen begegnet man am Unterlaufe des Fly, nur ab und zu lassen sich Eingeborene blicken, die, um zu jagen und zu fischen, die Ufer des Flusses besuchen. In seinem Unterlaufe ist dieser aber selbst für grössere Seeschiffe befahrbar und führt noch 270 km von der Küste eine gewaltige Wassermenge mit sich. Zahlreiche grössere und kleinere Inseln liegen im unteren Flussbett des Fly zerstreut, so unter 7° 57' S. die Cassowary-Inseln, unter 8° 20' S. die d'Albertis-Insel, südlich davon die Fairfax-Inseln und noch an der Mündung die Inseln Bennet und Kann.

Der Oriomo wie die weiter westlich mündenden Flüsse Binature und Pahoturi sind nur mit Booten befahrbar.[1]) Der Mabudauan-Küste ist die Insel Saibai vorgelagert, westlich davon liegt die Insel Tauan. Zwischen dem Kawa-Kussa und dem etwa 60—70 km weiter westlich einmündenden, bedeutenderen Mai-Kussa erstreckt sich das Gebiet des Bern-Stammes; mehrere kleine Küstenflüsse, Hamblyn, Macrey und Ward ergiessen sich hier in das Meer. Von der Mündung des Mai-Kussa liegt 9 km in südlicher Richtung entfernt die Talbot-Insel mit der Regierungsstation Boigu. Das Eiland ist sumpfig und ungesund. Die Strachan-Halbinsel trennt den Mai-Kussa oder Baxter von dem etwa 14 km weiter westlich einmün-

---

[1]) British New Guinea. Annual Report 1889/90. S. 23.

denden Wassi-Kussa oder Chester-Fluss. Beide sind lediglich Meeresarme, welche sich 50 km von der Küste vereinigen und schliesslich in kleine Krieeks zerteilen.

Um die Erforschung aller dieser Wasserstrassen haben sich Mac Farlane, Kpt. Strachan, Mr. Chester, Mr. Brew, Mr. Strode Hall und Sir Mac Gregor verdient gemacht. Zuerst hat Mac Farlane, ein Missionar der Londoner Missionsgesellschaft, den Mai-Kussa im Jahre 1875 befahren und gleichzeitig den zweiten Mündungsarm, den Wassi-Kussa oder Chester entdeckt, welcher in seinem Oberlauf Prince Leopold heisst. Letzteren Namen hat der Fluss von Kpt. Strachan erhalten, der 1885 dieses Wassergebiet näher erkundet hat. Der Mai-Kussa ist an seiner Mündung (9° 12′ S. und 142° 21′ O.) ungefähr 1500 m breit und in der Mitte gegen 13 Faden tief; unmittelbar vor seiner Vereinigung mit dem Wassi-Kussa hat der Fluss nur noch eine Breite von 300 m und eine Tiefe von 6 Faden, während der Wassi-Kussa an der entsprechenden Stelle nur halb so breit und auch nur 5 Faden tief ist. Die Flussufer sind fast überall niedrig und mit Mangroven bestanden, mit Ausnahme einiger Stellen, an denen sich die Ufer bis zu einer Höhe von 1,5—3 m erheben. An der Mündung ist der Chester gegen 600 m breit und 5—12 Faden tief. Unmittelbar vor der Mündung liegen die drei Inseln Adaberdana, Maat und Wara-Kana. Nach der mittelsten und kleinsten von ihnen nennt sich der Papua-Stamm, der sein Gebiet auf der Strachan-Halbinsel hat. Am weitesten auf dem Prince Leopold ist Strode Hall bis zu einem Punkt gekommen, der etwa 70 km von der Küste entfernt liegt. Er hat festgestellt, dass der Mai-Kussa bis zu seinem Zusammenfluss mit dem Wassi-Kussa links den Yarro-Kussa und Tomari und rechts den kleinen Tobia-Kussa erhält, von denen der erstere 10—20 m breit ist. Auch der Wassi-Kussa empfängt von rechts einen kleinen, 8 m breiten und 1½ Faden tiefen Nebenfluss, den Herald, weiter oberhalb den Kethel-Fluss. In den Prince Leopold fliessen von links der Alice-Fluss und Wallace-Fluss ein.

Eine Wasserverbindung zwischen den Nebenflüssen des Mai-Kussa und dem Fly einerseits und den Nebenflüssen des Wassi-Kussa und dem Meere andererseits ist bisher nicht aufgefunden worden. Zwischen dem letztgenannten Fluss und dem letzten Wasserlauf auf britischem Gebiet vor der holländischen Grenze, dem Morehead, scheint der ganze, über 100 km sich ausdehnende Küstenstrich unbewohnt zu sein. Unbewaldeter, schöner Sandstrand wechselt hier mit dichtbewaldetem Sumpfland ab. Der Morehead ist an seiner Mündung gegen 180 m breit und etwa 2 m tief. Mac Gregor hat seinen Lauf im Jahre 1890 bis 8° 32′ S. und 141° 35′ O. befahren, an welcher Stelle der Fluss in mehrere kleine Krieeks verläuft. Der Fluss entwässert den grössten Teil des Landes, das zwischen dem Fly und der holländisch-britischen Grenze liegt. In seinem Unterlauf ist der Morehead von niedrigen, sumpfigen Ufern umsäumt, erst in seinem Oberlauf, etwa 100 km von der Küste entfernt, ist das Land kulturfähig. Zwischen dem Morehead und der Stelle, wo ein hoher, weit sichtbarer Pfahl die niederländische Grenze kennzeichnet, dehnt sich ein ödes, wenig anheimelndes Küstenland aus.

2. Die Bevölkerung.

a. Farbe, Körperbau, Aussehen, Kleidung, Schmuck.

Die Eingeborenen-Bevölkerung von Britisch-Neu-Guinea wird von dem derzeitigen Gouverneur auf 3—400000 Seelen geschätzt,[1]) und diese Zahl scheint eher zu hoch als zu niedrig gegriffen zu sein. Mit einigen Ausnahmen im äussersten Nordwesten und hoch im Südosten ist wenigstens das Küstenland von Britisch-Neu-Guinea gut besiedelt. Auch die grösseren vorgelagerten Inseln wie die Louisiaden-, d'Entrecasteaux- und Trobriand-Inseln sind recht gut bevölkert. Am dichtesten besiedelt ist die Gegend von Port Moresby bis Kerepunu und östlich vom Fly bis Hall-Sound, aber auch auf der Küstenstrecke von hier bis Port Moresby finden wir zahlreiche Eingeborenen-Ansiedelungen. Am oberen Fly und zwischen Morehead- und Wasi-Kussa-Fluss, an dem Stromgebiet des letzteren, ferner am Philps-Fluss, in der Gegend zwischen Kaurefrana und Vailala, endlich bei den Stämmen im Innern, südöstlich von Port Moresby, ist das Land nur dünn bevölkert. Dagegen finden sich noch Eingeborenen-Siedelungen hoch oben auf den Bergen, so noch 1000 m hoch im Owen Stanley-Gebirge auf den Abhängen des Mount Knutsford.

Die Hautfarbe variiert vom dunkelsten Schwarzbraun bis zum Hellgelbbraun. Die dunkelsten Leute finden sich im Nordwesten

---

[1]) Mac Gregor, British New Guinea. Country and people. S. 28.

des Schutzgebietes am Fly. Mehr dunkel- als hellbraun sind die Stämme am Morehead, am Beroe, am oberen Purari an den Ausläufern der Kobio-Kette, insbesondere des Mount Yule, auch in der Umgegend von Port Moresby. Die hellsten Vertreter der papuanischen Rasse in Britisch-Neu-Guinea finden sich bei den Stämmen im Innern an der deutsch-englischen Grenze. Wie in Holländisch- und Deutsch-Neu-Guinea tritt uns auch hier die Eigentümlichkeit entgegen, dass wir oft unter den Einwohnern eines und desselben Dorfes Vertreter der verschiedensten Farbenschattierungen entdecken.

Die schwarze Bevölkerung am Fly ist im allgemeinen schlank gebaut, mit langen dünnen Beinen und schwacher Brust. Die Bergbewohner sind von kräftigerem Körperbau, sie haben starke Beinmuskeln und eine breitere Brust. Die sogenannte „schwarze Rasse" hat einen kleinen Kopf, Adlernase, hohe Stirn, grosse schwarze Augen und kleine Kinnbacken. Im Osten sind die Leute besser gebaut, doch ist hier der Mund unförmig gross, und die Mundwinkel sind schlaff vom vielen Betelkauen.[1]) An Körpergrösse ist die Eingeborenen-Bevölkerung von Britisch-Neu-Guinea der indischen ungefähr gleich. Sie sind also kleiner als die Europäer und lange nicht so muskulös als diese. Albinos sind nicht selten, dann aber meist Idioten. Otto Finsch sind auf seinen Reisen im Südosten an zwei verschiedenen Plätzen Albinos begegnet. Ein solcher befand sich unter den von ihm besuchten Eingeborenen eines Dorfes in der Chads-Bai. Der Mann war so hell wie ein „sonnenverbrannter Europäer", mit geröteten Wangen und Lippen und aufgezaustem rotbraunem Haar.[2]) Ferner lernte er eine Familie kennen, die neben zwei schwarzen Kindern zwei helle hatte, die eine so weisse Hautfarbe wie Europäer besassen. Zwerge hat man öfters angetroffen, auf der Hauptinsel wie auf den anliegenden Inseln, so z. B. auf den Woodlark-Inseln.

Der Körper ist im allgemeinen unbehaart, das Haupthaar ist schwarz und gewöhnlich gekräuselt; es wird im Osten länger getragen als im Westen, ganz kurz mit Fasern verflochten am oberen Fly. Schlichthaarige Papua trifft man bei den Gonwas im Westen und im Osten auf den Guaway-(Bernet-)Inseln, zwischen Trobriand- und Woodlark-Inseln, auf Teste-Island u. s. w.

---

[1]) Mac Gregor, British New Guinea. Country and people. London 1895. S. 28.
[2]) Finsch, Samoafahrten. S. 240.

In dem Grenzbezirk am Ikore-Fluss im äussersten Nordosten geht die ganze Bevölkerung, Männer und Frauen, nackt.[1]) ebenso am Kumusi, nur die verheirateten Frauen tragen einen kleinen, aus der Rinde des Maulbeer- oder Brotfruchtbaumes verfertigten Schurz. Die Männer an der Holincote-Bai schlingen eine Binde von demselben Material, die in der Regel mit Lehm oder mit Hülfe der Blätter oder des Fruchtsaftes des Banian-Baumes gefärbt ist, um die Schamteile. Das Haar wird in geflochtenen Strängen, die vom Hinterkopf herunterhängen, getragen, und am Vorderkopf ist meist das Haar einige Zoll fortrasiert, ein Aufputz von Kasuarfedern vollendet den Kopfschmuck. Falsche Bärte sind hier als Kinnschmuck nicht selten, während sonstiger Schmuck im äussersten Nordosten fast gar nicht getragen wird. Die Bewohner am Keppel-Point haben Armbänder aus bemaltem Flechtwerk, oder schmale Muschelarmringe, Schildpattohrringe, oder solche aus Kokosnussschalen, auch kommt Kauri-Muschelschmuck als Ohr- und Armschmuck hier vor. Wenig verschieden in Kleidung und Schmuck von den eben geschilderten Papua sind die Eingeborenen von Dyke Acland, Collingwood und Goodenough-Bai. Die Bevölkerung ist hier wie überall freundlich, aber ärmlich und demgemäss ist auch Kleidung und Schmuck nur dürftig. Viel reichlicher und mannigfaltiger ist beides auf der anderen Seite im Südosten der Insel bis hinauf an den Papua-Golf.

Die Männer tragen hier den „Tikini", eine in Form eines T um den Leib und zwischen den Schenkeln hindurchgezogene Binde, die meist aus Pandanus-Streifen oder ähnlichem Material besteht.[2]) Schon kleine Knaben tragen diese Binde, und ohne dieselbe zu gehen, gilt als nicht anständig. Die Männer legen auch hier grossen Wert auf eine schlanke Taille und schnüren sich den Leib in der Magengegend oft so stark, dass das Bauchfleisch an den Seiten hervortritt. Nicht selten erhalten die auf diese Weise Eingeschnürten eine Taille von nur 58—60 cm. Im Westen wird von den Männern meist der uns von Kaiser Wilhelms-Land her bekannte Tapaschurz getragen, der aus der Rinde des Papiermaulbeerbaumes gewonnen wird, jedoch ist hier der Tapaschurz weit gröber und nicht so schön bemalt wie z. B. in der Finschhafener Gegend.

---

[1]) British New Guinea. Annual Report 1893/94. S. 74.
[2]) Vergl. hierüber wie auch über das Folgende Finsch in „Mitteilungen der Anthropologischen Gesellschaft zu Wien". Bd. 15. S. 12 ff.

Am Aird-Fluss hat Bevan Eingeborene getroffen, welche zur Verdeckung der Schamteile Muscheln trugen, was auch in Holländisch-Neu-Guinea vorkommt. Die Weiber gehen fast stets bekleidet, in der Regel mit einem enganschliessenden Grasschurz, der etwas unterhalb der Hüfte befestigt ist und bis zu den Knieen herabreicht; in einigen Gegenden lieben es die Frauen, den Schurz an einer Seite etwas offen zu lassen. Sie fertigen ihn aus den Blättern der Sagopalme, indem sie mit einer scharfkantigen Muschel aus ihren Blättern ungefähr 3 cm dünne Streifen spalten; weiter südlich von Hula bis Keppel-Point nimmt man als Material für die Schürze die breiten Blätter einer aloeartig aussehenden Pflanze.

Mehr einem praktischen Zweck als zum Schmuck dienen die aus einer feinen Grasart geflochtenen, meist schwarz und rot gefärbten Armbänder; man befestigt gern in denselben Sachen, die man schnell zur Hand haben will; auch diese Bänder werden so eng angelegt, dass das Fleisch zu beiden Seiten des Bandes hervortritt. Ein anderer Armschmuck sind die Toias, breite Ringe aus den Basisteilen der Konusmuscheln, die gleichzeitig ein wichtiger Handelsartikel sind. In Aroma und Maiwa dient ein Querschnittstreifen eines Känguruhschwanzes als Zierde des Handgelenkes; auch Fingerringe aus Kuskusschwänzen findet man hier und da im Südosten. Kinder haben oft als Halsschmuck einen perlmutterartig glänzenden Schmuck aus den Schalen von kleinen Muschelarten, die man oft am Strande findet. Der Nasenschmuck ist bald aus Tridacna-Muscheln geschliffen, bald genügt ein Stückchen Holz, mit dem die Frauen meist vorlieb nehmen müssen. Das Septum wird früh, oft schon im Alter von 6—8 Jahren durchbohrt; zuerst werden ganz dünne Stäbchen Holz und dann immer dickere und dickere hineingeführt, bis zuletzt, wie besonders im Kabadi-Distrikt, ganz dicke Keile in der Öffnung Raum finden.

Der Stirn- und Kopfschmuck ist im Südosten sehr mannigfaltig, bald sind es einfache Binden aus Hunde- oder Känguruhzähnen, Muscheln oder Glasperlen, oder sie bestehen nur aus Grasgeflecht. Häufig sieht man einen diademartigen Kopfputz aus auf Schnüren gereihten Kasuar-, Papagei- oder Paradiesvogelfedern, oder auch solche aus dem Oberschnabel eines Nashornvogels, an dessen durchbohrten Enden einige Federn und Samenkerne als Zierrat befestigt sind. Als Ohrenschmuck findet man überall trockene wohlriechende Blätter, die besonders die Weiber lieben, nicht minder häufig Schildpattringe, und an der Hood-Bai einen

Schmuck, dem wir auch bereits in Kaiser Wilhelms-Land begegnet sind, nämlich dem aus den krummgebogenen, hornartigen ersten Schwungfedern des Kasuars. Neu ist hier der Ohrenschmuck aus der äussersten Schwanzspitze eines Ferkelchens, die man sich einfach am Ohr befestigt. Die Brust ziert mitunter ein Perlmutterschild, das aber nur von Wohlhabenden getragen wird. Allgemein sind die auch in Kaiser Wilhelms-Land beliebten Schnüre aus Hundezähnen, dazu kommen hier solche aus Känguruhzähnen und im Westen aus Krokodilzähnen. Als einen besonders von den kleinen Mädchen gern getragenen Halsschmuck findet man häufig lange Schnüre aus aufgereihten runden Scheibchen von geschnittenen Rindenstückchen; ein nicht ungewöhnlicher Halsschmuck ist ferner der abgeschliffene Teil einer Konusart. Eine Brustzierde, die aber nur in einigen Gegenden vorkommt, ist eine durchbrochen gearbeitete runde Schildpattplatte, die auf eine dünne gebogene Muschelplatte aufgelegt ist. Brustschmuck aus Eberzähnen ist selten und kommt eigentlich nur in Form von zwei gekrümmten Schweinshauern vor, die mit der Basis zusammengebunden sind und sich mit der Spitze fast berühren, wie wir sie sehr häufig in Kaiser Wilhelms-Land finden, oder man trifft auch vier solche an der Basis zusammengeknüpfte Hauer an, z. B. an der Redscar-Bai und in deren Umgegend. Als Kampfschmuck findet man 20 cm lange oblonge Schildpattstücke, die an den beiden Längsseiten mit mehreren tiefen Einbuchtungen versehen sind, welche wiederum mit halbdurchspaltenen Schweinszähnen als erhabenen Rand verziert sind. Im übrigen sind die Schilde mit hübschen roten oder dunkelbraunen Bohnen beklebt. Als Eigentümlichkeit ist hervorzuheben, dass die Kämpfenden diese Schilde im Munde halten.[1]

An den unteren Extremitäten tragen die Papua von Britisch-Neu-Guinea sehr häufig ähnlichen Flechtwerkschmuck wie um die Arme, sei es aus Pandanusblättern, Grashalmen oder Rottang. Diese Fesselbänder sind nicht selten bemalt, sie werden aber nur von den Männern getragen.

Das Innere des Südostens, insbesondere die Gebirgsgegenden, scheinen nur spärlich bevölkert zu sein. Überall, wo Forscher in das Gebirge eingedrungen sind, haben sie wenige Eingeborenen-Siedelungen gefunden; auf den Ausläufern des Mt. Scratchley ist Mac Gregor im Dorfe Xeneba im Jahre 1896 Eingeborenen be-

---

[1] Finsch, in Mitt. der Anthrop. Ges. Wien XV. S. 12 ff.

gegnet, welche eine dunkelbraune Hautfarbe und schwarze gekräuselte Haare hatten. Die älteren Leute trugen einen Backenbart und als einzige Bekleidung die oben beschriebene T-Binde; die Frauen hatten einen einfachen Grasschurz. Den Hauptschmuck bildeten Ohrringe aus Eidechsenschwänzen und Zigarettenhalter, die im Ohrloch befestigt werden.[1]) Weiteren Schmuck hatten die Leute nicht, oder doch nur sehr wenig. Solcher scheint überhaupt bei den Bergbewohnern weder üblich noch beliebt zu sein. So tragen z. B. auch die Eingeborenen auf den Abhängen des Mt. Knutsford und Mt. Musgrave im Owen Stanley-Gebirge weder Nasen- noch Ohrenschmuck. Nur die älteren Leute tragen als Stirnschmuck dünne Plättchen von weissen Muscheln, die zierlich aneinander gereiht sind. Als Kopfbedeckung haben sie Lappen, die aus Kuskusfell verfertigt und zum Teil mit Eber- und Hundezähnen eingefasst sind. Die Stelle dieser vertreten bei Jünglingen zylinderartige Hüte aus Maulbeerbaumrinde, unter die sie ihr widerspenstiges Haar schwer genug zwingen. Die Brust schmückt ein Schild oder mehr Panzer aus Flechtwerk, der ungefähr 10 Zoll breit und so lang ist, dass er den Körper bis halb zu den Rippen deckt. Oben und unten befinden sich an jeder Seite zwei Bänder, um das Flechtwerk hinten am Rücken zu befestigen. Zwischen den Beinen wird auch hier das oben beschriebene Band hindurchgezogen und befestigt. Überdies tragen Männer und Jünglinge hier einen ungefähr 12 Zoll langen Schurz von Maulbeerbaumrinde, der aber nicht aus einem zusammenhängenden Ganzen, sondern aus einzelnen in Streifen gespaltenen Stücken besteht. Darüber hängt vorn herab noch ein Netz oder Beutel von 1 Fuss Länge. Hals und Beine werden mit einfachen Ringen aus rohem Flechtwerk, das bald einfach, bald bemalt ist, geschmückt. In Statur und Aussehen sind sie stärker und gedrungener als die Küstenbevölkerung, insbesondere ist ihre Beinmuskulatur ausgebildeter, ihr Gesichtsausdruck hat etwas ausserordentlich gutmütig Einnehmendes, verrät dabei Energie und Charakter. Die Backenknochen treten bei ihnen mehr hervor und sind breiter als bei den Leuten an der Küste. Die Nase zeigt einen semitischen Typus, ist aber nicht so gebogen wie sonst. Endlich sind auch Stirn und Unterkiefer stärker gebaut als gewöhnlich.[2]) Sie sind weniger scheu als sonst die Papua zu sein pflegen, aber

---

[1]) British New Guinea. Annual Report for 1896/97. S. 20.
[2]) Annual Report 1888/89. S. 70.

leicht erregbar und schnell in Furcht gesetzt, auch ebenso abergläubisch wie alle Eingeborenen Neu-Guineas. In den Obree-Bergen[1]) sind bei den Eingeborenen als besonderer Schmuck Menschenhaare beliebt, sei es, dass solche als vom Kopfe herabhängender Wulst am der Brust getragen werden, sei es, dass sie in ihren Leibgürteln, Armspangen oder Fesselbinden befestigt sind. Das Haupthaar tragen sie in ebenso langen Strähnen wie oben beschrieben. Einen eigentümlichen Schmuck finden wir bei den Eingeborenen der Insel Sariba,[2]) die Armbänder aus menschlichen Unterkiefern, als Andenken an Verstorbene, tragen. Die beiden Äste des Unterkiefers sind durch einen starken Baststreifen zusammengehalten, und oft hängen noch ein paar Schalen von nussartigen Früchten daran, die beim Bewegen des Armes kastagnettenartig aneinanderklappern.[3])

Auf Teste-Insel finden wir die echten Papua mit lang aufgezaustem Haar. Andere Teste-Leute tragen es nach Finschs Beschreibung in langen Zottelsträngen, die sie mit Cypräa-Muscheln verzieren, im Nacken. Weiter findet man hier nicht selten auch blondes schlichtes Haar bei kleinen Kindern.[4]) Die Frauen, besonders die verheirateten, tragen in der Regel das Haar kurz abgeschnitten. Eine Ausnahme hiervon machen die Frauen im Kabadi-Bezirk, die es lang wachsen lassen, auf dem Scheitel zusammenknoten und mit reichem Muschelschmuck versehen.[5]) Im Gesicht mag man das Haar nicht leiden. Man hat verschiedene Instrumente, um es zu entfernen. So zwingen manche das überflüssige Haar zwischen einen Daumennagel und ein Stück Bimsstein, andere ersetzen die Haarschneidemaschine wieder durch ein Stückchen Glasscherbe oder eine Muschel. Als Bartstärkungsmittel wird jüngeren Leuten von älteren Fischkost empfohlen. Die Kämme bestehen im Südosten von Britisch-Neu-Guinea meist aus einem 1—15 Zoll langen, flachen Stück Holz, dessen Ende in eine drei- bis sechszinkige lange Gabel ausgeschnitten ist, oder aus mehreren dünnen Stäbchen, die am Ende durch einen dünnen Bindfaden vereinigt sind und so eine Gabel bilden.

Im grossen und ganzen sind die Unterschiede in Aussehen,

---

[1]) J. P. Thompson, British New Guinea. London 1892. S. 661.
[2]) Finsch, Samoafahrten. S. 277.
[3]) Richard Semon, Im Australischen Busch und an den Küsten des Korallenmeeres. Leipzig 1896. S. 416.
[4]) Finsch, a. a. O. S. 282.
[5]) Mitt. d. Geogr. Ges. für Thür. Jena I. S. 28 ff.

Kleidung und Schmuck bei den einzelnen Stämmen im Südosten von Neu-Guinea gering. Erheblich ist dagegen die Differenz zwischen den Eingeborenen im Nordwesten und Südosten, z. B. zwischen einem Papua vom Katau-Baxter- oder Fly-Fluss und einem Port Moresby-Eingeborenen. Wie wir oben gesehen haben, wird von einigen die Grenze zwischen der schwarzen und hellbraunen Bevölkerung etwa in der Mitte zwischen Fly-Fluss und Redscar-Bai angenommen. Die Hauptunterschiede zwischen den nordwestlichen und südöstlichen Bewohnern von Britisch-Neu-Guinea sollen vor allem in der äusseren Gestalt und im Aussehen liegen, aber auch in den Gewohnheiten, Waffen, in der Sprache und der Behandlung ihrer Weiber gehen sie auseinander. Man hat so oft den Papua im südöstlichen Neu-Guinea mit dem Samoaner verglichen, doch steht er sowohl an Statur und physischer Kraft als an intellektuellen Fähigkeiten diesem nach. In ähnlicher Weise kann man den Papua im Nordwesten zu seinem Bruder im Südosten in Vergleich stellen. Schon der Unterschied in den klimatischen und örtlichen Verhältnissen zwischen dem Nordwesten und Südosten des Schutzgebietes mag auf die Verschiedenartigkeit der Menschen hier und dort einwirken. Im Südosten ein hügeliges, welliges Küstenland mit guten Häfen und verhältnismässig gutem Klima, im Nordwesten dagegen jene sumpfigen und morastigen Gegenden mit ihrer ungesunden Sumpfluft und ihrem feuchten Fieberklima. Hier an den niedrigen Ufern herrscht die in das Wasser überhängende Mangrove, dort die schlanke, himmelanstrebende Kokosnusspalme, und dieser Charakter der Gegend überträgt sich nur zu leicht auf die Bewohner. Ein grosser Teil der Bevölkerung im Westen ist eine träge, indolente Menschenklasse, die auf der tiefsten Kulturstufe steht; und wenn wir auch im Nordwesten streckenweise gute Ansiedelungen mit einer frischen, fröhlichen Bevölkerung finden, so sind dies eben nur Ausnahmen. Ein grosser Teil der Bevölkerung im Nordwesten führt ein Wanderleben, zieht ruhelos von Ort zu Ort und wird wohl kaum jemals zu Kultur und Wohlstand gelangen. Für die Westbevölkerung ist, abgesehen von der dunklen Hautfarbe, kennzeichnend der kleine Kopf, die lange Nase und die niedrige Stirn. Das Haar ist wollig und gekräuselt und sehr oft vorn am Kopf wegrasiert. Die Ohren sind durch das Gewicht der an ihnen befestigten Schmuckgegenstände meist ungewöhnlich in die Länge gezogen; denn sowohl in dem durchbohrten Ohrrand wie auch in den Ohrläppchen hängen oft die verschiedensten Gegenstände. Nicht selten werden mehr wie 50 dünne Schildpattplättchen in einem Ohr als Ohrgehänge getragen, diese sind am äusseren Rand dann und wann mit hübscher Flechtarbeit verziert. Aufgereihte Hundezähne sind hier kein seltener Ohrenschmuck, und in den Ohren von Leidtragenden sieht man hier und da Schnüre von weisslichen Samenkernen als Schmuck.

Von den Männern wird ein 15—20 cm breiter, meist rot bemalter Leibgürtel aus dünner, aber harter Baumrinde getragen. Dieser Gürtel wird in der Regel mit feingeflochtenen Pflanzen aus gespaltenem Bambus überzogen; im übrigen tragen die Männer die Schambinde, die Frauen den Schurz. Als Material zu letzterem dienen ihnen die Blätter der Sagopalme. Die Knöchel schmückt hier der Papuastutzer gern mit einem Paar schmaler Krausen oder Rüschen aus Flechtwerk, und den Leib schnürt man auch hier so eng wie nur möglich zusammen. Ein eigentümlicher Schmuck findet sich bei den Eingeborenen am Morehead-Fluss: durch die Nase wird ein Pflock gezogen und an jeder Seite von diesem Pflock eine Vogelklaue befestigt, die nach den Augen zu gerichtet ist. Um die Klauen werden Bindfäden gewunden, die durch die Ohrlöcher gezogen und am Hinterhaupt zusammengeknüpft werden. An den Bindfäden sind zur Zierde kleine Muscheln angebracht. Ferner sind Fingerringe von Känguruhfell oder Schildpatt sehr beliebt. Einen ganz merkwürdigen und unästhetischen Brauch finden wir im Westen in einigen Bezirken nahe der holländischen Grenze. Menschliche Körperteile, die nur dem männlichen Geschlecht angehören können, werden in getrocknetem Zustande, an einem Bande um den Hals befestigt, vorn auf der Brust getragen. Im Osten wird dieser „Schmuck" durch das entsprechende Glied des kleinen Känguruhs ersetzt.[1]

Eine Zierde des Körpers, der wir nur selten in Deutsch-Neu-Guinea begegnet sind, und die auch in Britisch-Neu-Guinea nur im Südosten vorkommt, ist das Tätowieren. Diese Kunst macht in Britisch-Neu-Guinea oft den Eindruck von Spritzarbeit, wegen ihres Mangels an Symmetrie; sie bedeckt in der Regel Gesicht, Rumpf, Arme und Beine. In gewissen Gegenden glaubte man wieder in den verschiedenen Zeichnungen Schriftzeichen zu erkennen, so sehr erinnern die Eindrücke an Hieroglyphen. Die

---

[1] Mac Gregor, a. a. O. S. 47.

Tätowierung wird schon im Kindesalter vorgenommen; Mädchen von 4—5 Jahren sind bereits im Gesicht tätowiert. Das Gesicht ist immer das erste, das in dieser Weise geschmückt wird, dann kommen im Alter von 6—7 Jahren die Achselgruben daran, demnächst die Arme und die untere Bauchpartie. Die Beine der Mädchen werden im Alter von 12 Jahren tätowiert, und, erst wenn die Mädchen heiratsfähig werden, die Geschlechtsteile. In einigen Gegenden giebt die Beendigung der Tätowierung eines Mädchens Anlass zu Schmausereien, während welcher die Tätowierten unbekleidet unter dem Schlagen der grossen Dorftrommeln dem versammelten Volk auf der Plattform des Versammlungshauses vorgeführt werden.[1]) Bei einzelnen Stämmen, so z. B. bei den Motu-Leuten, hat die Tätowierung noch ihre besondere Bedeutung. So pflegen dort die Weiber die Beine zu tätowieren, um Freunde zu ehren, die Partie unter den Augen beim Abschied, wenn z. B. ein Bruder oder eine Schwester das Haus verlässt, Hals und Brust, um dem Ehegemahl zu gefallen u. s. w.[2]) Die Tätowierung der Knaben und Männer ist seltener; es werden bei ihnen nur Gesicht, Arm und Brust gezeichnet.

Zur grössten Kunstfertigkeit im Tätowieren haben es in Britisch-Neu-Guinea die Hula-Leute an der Hood-Bai gebracht, wo jedes einzelne Muster seinen bestimmten Namen hat und wo man sich bemüht, bei der Tätowierung der Mädchen möglichst schöne Muster zu erdenken; denn je hübscher und kunstvoller ein Mädchen dort tätowiert ist, desto höher ist ihr Kaufpreis bei der Verheiratung. Wie bei uns durch Toiletten sucht man in Hula durch schöne Tätowierungsmuster Eroberungen zu machen. Verheiratete Frauen tätowieren sich seltener; bei ihnen sind als gefällige Muster Halsbänder oder Brustketten beliebt.

In einzelnen Bezirken ist auch im Osten die Tätowierung unbekannt, so bei den Koiari-Kabadi- und Dura-Stämmen an der Redscar-Bai, im Owen-Stanley-Gebirge und an der Milne-Bai; nur roh wird sie ausgeübt in der Gegend des Mt. Yule, in dem äussersten Nordosten in der Dyke Acland- und Collingwood-Bai, dagegen ist das Bemalen des Gesichtes und des Körpers allgemeiner verbreitet. Es beschränkt sich jedoch meist auf einige rote oder schwarze Streifen im Gesicht. Als rote Farbe wird roter Thon verwandt,

---

[1]) Finsch in Mitt. der Anthrop. Gesellsch. Wien. XV. S. 29.
[2]) Chalmers, Pioneering in New Guinea. S. 165.

und mit diesem meist ein Ring um die Augen und Striche längs der Backe gezogen. Als schwarze Farbe benutzt man Mangan oder Eisenerz. Man reibt das Erz auf die Stirn und fährt dann mit dem damit angeschwärzten Finger über Nase, Stirn und Wangen herab.

Endlich gehören auch in Britisch-Neu-Guinea die Masken, die bei Tanzfesten angelegt werden, zum Ausputz. Es sind dies in der Regel vier Fuss hohe Larven, deren Vorderansicht fast immer die Gestalt eines Reptils, Fisches oder Vogels darstellt. Das Material, das man zu den Masken verwendet, ist Holz leichterer Art, oft Bambus, aus dem das Gestell verfertigt wird; den oberen Teil bildet Faser- oder auch Flechtwerk, das mit Bast umhüllt und meist weiss, rot oder schwarz bemalt ist. Mitunter finden wir auch Masken in Britisch-Neu-Guinea, die (z. B. in Motu-Motu) ein so schweres Gewicht haben, dass mehrere Leute dieselbe halten und stützen müssen; sie sind dann bis zu 20 Fuss hoch.

b. Wohnung, Hausrat, Werkzeuge.

Alle Eingeborenen von Britisch-Neu-Guinea ohne Ausnahme haben Wohnungen und bauen sich Häuser zu ständigem Aufenthalt; und führen auch viele Stämme in den sumpfigen Gegenden im Westen ein Wanderleben und sind sie auch schnell bereit, ihre Hütten wieder abzubrechen, so bauen sie solche doch bald wieder an anderer Stelle auf. Auch die sesshaften Bewohner im Osten Neu-Guineas werden nicht selten durch Krieg oder Nahrungsmangel veranlasst, den Ort ihrer Niederlassung zu wechseln. Kein Stamm ist bisher angetroffen worden, der auf blosser Erde oder in Höhlen kampiert wie noch manche auf tiefer Kulturstufe stehende Völkerschaften. Das Material, aus dem die Häuser errichtet werden, liefert der Urwald. Steine und Lehm werden noch nirgends zum Häuserbau verwandt. In einigen Gegenden im Osten und Westen (Yule-Insel) hat man zwei Fuss hohe, längliche, aus flachen Steinen hergestellte divanartige Ruheplätze in der Mitte des Dorfes, mit und ohne Rückenlehnen, zum allgemeinen Gebrauch der Dörfler gefunden. Die Wohnungen, die bereits in den meisten Gegenden den Namen Häuser verdienen, sind in mannigfacher Art und Weise erbaut. In der Regel sind es auf dem Lande sowohl als im Wasser errichtete Pfahlbauten; in letzterem Falle hier und da in Gestalt von Booten in umgekehrter Gestalt; sie sind oft in zwei Stock-

werken erbaut. Fast jedes Haus hat eine grössere oder kleinere
Veranda. Im Mekeo-Bezirk hat man sich in letzter Zeit beim
Hausbau die Stationshäuser zum Muster genommen,[1]) und diese
Häuser dürften heutzutage im britischen Schutzgebiete die vollkommensten sein. Am unvollkommensten sind dagegen die Behausungen der Eingeborenen im Legoa-Bezirk im Süden des Landes,
und das grösste Haus in Britisch-Neu-Guinea weist der Jabuda-Stamm an der Fly-Mündung auf. Im allgemeinen machen die Behausungen, da sie aus unbehauenem Holzmaterial erbaut werden,
keinen sehr sauberen Eindruck. Befinden sich die Siedelungen im
Wasser, so werden sie in der Regel aus einer meist an Zahl ungeraden Reihe von Pfahlhäusern gebildet, selten aus zwei Reihen;
in diesem Falle wird zwischen den beiden Reihen ein breiterer
Raum als Fahrstrasse freigelassen. Von Symmetrie in der Anlage
eines Dorfes findet man noch keine Spur, die Häuser stehen bald
in weiteren, bald in näheren Zwischenräumen voneinander, oft so
nahe, dass man von der Plattform des einen Hauses sehr leicht
auf die des anderen hinüberspringen kann.

Sind die Dörfer am Lande angelegt, so bestehen sie meistens
aus zwei Reihen, zwischen denen in der Regel ein breiter Weg
zum Gehen, Spielen oder Arbeiten freigelassen ist. Gewöhnlich
trifft man in der Mitte jeder Ansiedlung einen grossen freien Platz,
auf dem das Versammlungshaus steht. Die Pfähle, auf denen die
Häuser errichtet sind, haben eine durchschnittliche Höhe von
$^{3}/_{4}$—1 m. Die Dielen bestehen aus Planken, die roh nebeneinander auf die Pfähle mit Rottang aufgebunden sind. Von den
vier Wänden sind die Seitenwände meist länger als die Vorder-
und Hinterwand. Das Dach pflegt meist stumpfwinkelig und vorn
überstehend zu sein. Die Treppe ersetzt auch hier wie in Deutsch-Neu-Guinea ein an das Haus angelehnter Baumstamm, der so breit
ist, dass die Eingeborenen ohne Mühe hinaufklimmen können.
Als Eingang dient vorn eine Öffnung ohne Thür, auch hinten am
Hause befindet sich gewöhnlich ein Einschnitt, um Licht und Luft
einzulassen. Fensteröffnungen sind dagegen nicht vorhanden.

Die Anlage eines Hauses wird gewöhnlich gemeinschaftlich
von den Angehörigen dessen, der eine Familie zu begründen gedenkt, ausgeführt. Hierbei werden gewisse Zeremonien beobachtet,
insbesondere wird den Geistern der Verstorbenen geopfert, sobald

---

[1]) British New Guinea Report for 1892/93. S. 33.

der Mittelpfosten des Hauses steht. Man stellt Pflanzen- und, wenn man solche hat, auch animalische Kost für sie auf die Erde und ersucht dann die Geister, ja recht Acht zu haben auf das Haus, damit es stets voll von guten Sachen sei und nicht beim ersten Windstoss umfalle.[1])

Im äussersten Nordosten des britischen Schutzgebietes am Mambare und Kumusi-Fluss sind die Häuser in Ellipsenform auf Pfählen erbaut; die Seitenwände sind mit Blättern oder Gras ausgefüllt, das Dach ist mit Palmenblättern gedeckt. Am Musa-Flusse im Dorfe Gewadarru findet man die besten Baumhäuser von Britisch-Neu-Guinea.[2]) Auf den Abhängen des Scratchley-Gebirges, wo die Kokosnuss selten ist, deckt man die Dächer der Häuser, die sich dort auf 2—3 m hohen Pfählen vom Erdboden erheben, mit Pandanusblättern. In der Collingwood-Bucht sind die Wände der Häuser 1 m hoch mit Kokosnussblättern ausgefüllt. Die Dächer sind sehr niedrig und auch mit Blättern gedeckt und gewähren keineswegs Schutz gegen die schweren Regen jener Gegend. In der Goodenough-Bai erblickt man oft auf hohen Felsen Semhütten ähnlich erbaute kleine Hütten, die die Eingeborenen auf leicht aufziehbaren hölzernen Leitern erklimmen.[3]) Diese Häuser sind für Verteidigungszwecke mit Waffen versehen und wohl nicht ständig bewohnt. In der Rawdon-Bai und der östlichen Ecke der Collingwood-Bai sind die Häuser recht ärmlich und dürftig, ebenso unansehnlich in der Milne-Bai. Hier findet man nicht selten wie z. B. in dem kleinen Dorfe Higibu Baumhäuser, die in den höchsten Ästen und Wipfeln der Bäume oft 15—20 m hoch angebracht sind. Es gehört eine gewisse Kunstfertigkeit dazu, in solcher Höhe ein Haus zu errichten, das den Winden Trotz bieten soll. In der Bentley-Bai im südlichsten Ende der Goodenough-Bai ist Bambus das Baumaterial der Häuser. Die Dächer sind wie gewöhnlich mit Gras oder Palmenblättern gedeckt. Im Dorfe Merani an der Clowdy-Bai hat man Häuser mit 8 m langen und $^3/_4$ m von einander entfernten Pallisaden umgeben, welche durch übergelegte Querstangen miteinander verbunden sind. Der Zaun hat vier Öffnungen. Die Häuser sind hier 4 m hoch und haben in einer Höhe von 1 m vom Fussboden eine Plattform, von der eine Leiter in den zweiten Stock des Hauses führt.[4])

[1]) Chalmers, Work and adventure in New Guinea. S. 84.
[2]) British New Guinea Report for 1895/96. S. 22.
[3]) Finsch, Samoafahrten. S. 240.
[4]) Thompson, a. a. O. S. 34.

Mit zu den saubersten Häusern in Britisch-Neu-Guinea gehören die des Motu-Stammes; sie stehen auf hohen, sehr ungleichen, armdicken Pfählen. Die vier Eckpfähle, die bis unter die Decke reichen, sind nicht viel stärker als die übrigen, die nur bis zur Diele gehen. Als Holz zu den Pfählen wird meist Eisenholz (Mangrove) verwandt, das sich vortrefflich im Wasser hält. Das Sparrenwerk ist aus beliebigem Holz. Als Dielenbelag werden oft alte Kanuplatten verwendet, sonst benutzt man unbehauene Balken der Kokosnusspalme oder Bretter eines nur den Eingeborenen bekannten, leicht spaltbaren Baumes. Die Wände sind wie auch der Dachbelag aus Ried-Gras, Pandanus- oder Sagopalmenblättern.

Eine Leiter führt zu dem überdachten Vorraume des ersten Stockes und von hier eine kleinere Leiter nach dem oberen Teil des Hauses. Die dem Wasser zugekehrte Seite ist in der Regel die Vorderfront des Hauses. Alle diese Häuser haben fast gar keinen Schmuck. Blätterbüschel sind am Giebel der Vorderfront angebracht, bisweilen auch die Schwanzflosse eines Fisches zur Erinnerung an einen guten Fang. Die Thür ersetzen Baumrindenstücke, die zu einem Ganzen vereinigt sind, aber nur nachts vor den Hauseingang gesetzt werden. Ähnliche Häuser, nur ärmlicher, finden wir bei den Binnen-Stämmen der Koitapu- und weiter westlich in Hall-Sound. Bei ersteren sind auch Baumhäuser als Wohnungen in Gebrauch, aber wohl nur in Kriegszeiten bewohnt. Diese sind gegen 15 m hoch in den Baumwipfeln errichtet und werden von den Bewohnern mit ausserordentlicher Gewandtheit erklettert. Südöstlich von Port Moresby an den Abhängen der Astrolabe-Berge sind Baumhäuser sehr häufig in den Dörfern zu finden. Schwächere Stämme wie die Weiburi- und Keile-Stämme, die in steter Furcht vor den Überfällen ihrer starken Nachbarstämme leben, nehmen zu solchen Behausungen in schwindelnder Höhe ihre Zuflucht. Die Weiburi wohnten früher eine Meile östlich von ihrem jetzigen Wohnort, näher der Küste; sie haben sich aber, von ihren Nachbarn verfolgt, weiter ins Innere zurückgezogen und an den Ufern eines kleinen Flusses mitten zwischen grossen Bäumen in den höchsten Zweigen derselben aus elf Baumhäusern ein neues Heim erbaut. Auf Leitern, deren Sprossen jede von der anderen 50 cm entfernt und welche etwa 35 cm lang sind, erklimmen sie jetzt ihre 30 m hohen Wohnstätten, die sie ständig bewohnen und nur verlassen, um sich von neuem zu verproviantieren. Nicht

Landeshauptmann des Deutsch-Südwest-Neuguineas

selten geht mitten durch das Haus der Stamm des Baumes, in dem es erbaut ist. In den Zweigen eines grossen Baumes im Gebiet der Seme-Leute, die viel von den kriegerischen Manukuro- und Garia-Leuten auszustehen haben, sind sogar vier Baumhäuser errichtet. Hiernach können wir uns einen Begriff machen von den gewaltigen Ausmassen dieser Riesen des Urwaldes. Der Lese-Stamm ist bereits auf sechs Männer und zehn Weiber zusammengeschmolzen, die in fünf Baumhäusern und einem auf der Erde erbauten Hause leben.

Der Koiari-Stamm hat eine ganze Reihe seiner Häuser an Bäumen oder hohen Felsen errichtet, die in dieser Art der Erbauung gleichzeitig als Festungen dienen (vgl. Tafel 21). Die Pfähle, die diese Behausungen stützen, sind in Anbetracht des ungleichen Geländes von verschiedener Höhe. Dielen und Wände sind aus gespaltenem Bambus; als Dachmaterial dient schilfartiges Gras. Die südlich von Motu gelegenen Dörfer Tupuselei und Kapakapa und das an der Hood-Bai liegende grosse Dorf Hula stehen beständig im Wasser (vgl. Tafel 24). Südlich davon ist Kerepunu wieder ganz auf dem Lande errichtet. Dies letzte Dorf besteht aus mehreren grösseren Häusergruppen. Hier finden wir schon Nebenstrassen, die sich von den Hauptstrassen abzweigen. Kleine Bananen-Anpflanzungen und Kokosnusshaine trennen die verschiedenen Siedelungsgruppen von einander. Auch Hula ist aus mehreren Häusergruppen zusammengesetzt und bildet in dieser Hinsicht eine Ausnahme von den anderen Wasser-Pfahldörfern. Die Häuser in Kerepunu sind an der Seite offen, haben ein verhältnismässig hohes Dach und eine breite Plattform; von hier führt eine Leiter bis zu dem gedielten Bodenraum. Die Dächer sind mit Gras oder Pandanusblättern gedeckt. Zu den grössten Dörfern im britischen Schutzgebiet gehört Maupa im Aroma-Bezirk; es zählt vielleicht 250 Häuser und mehr als 1000 Einwohner. Neun Hauptstrassen führen durch das Dorf, von denen mehrere Nebenstrassen abgehen. Die Häuser sind 10 m lang und 8—10 m hoch, aber nicht so breit wie sonst und mit der Giebelfront aneinander gebaut. Beide Giebelseiten des Daches verlaufen senkrecht und bilden in den Seitenlinien kleine Spitzbogen, die verziert sind. Die Dielung besteht aus breiten, dicken Planken, das Dach ist mit Brettern gedeckt. In diesen Häusern kann man wenigstens aufrechtstehen. Von der als Thür dienenden Öffnung im Vorderteile führt eine Leiter auf den Bodenraum; als Aufstieg zu dem ersten

Stock dienen dicke eingekerbte Baumstämme.¹) Das Dorf wird von den Weibern sehr sauber gehalten und mit Besen, die sie sich selbst aus den Rippen der Seitenfasern des Kokosnussblattes verfertigen, gekehrt. Höchst selten sieht man Unreinlichkeiten in den Papuadörfern, schon der Aberglaube der Eingeborenen hält sie davon ab.

In der Redscar-Bai ist, wie bereits oben erwähnt wurde, Manumanu das Hauptdorf mit etwa 100 Häusern. Diese sind zweistöckig und unterscheiden sich wenig von den vorherbeschriebenen. Auf der breiten Plattform des ersten Stockes der Häuser sieht man in der Regel einige Familienmitglieder sitzen. Eine niedrige Thür führt von der Plattform in den Wohnraum des Hauses, und auf einer kleinen Aussenleiter steigt man zu einem zweiten Stockwerk herauf, das auch mit einer kleinen Veranda versehen ist. Hier in Manumanu findet man nicht selten Doppelhäuser, die so dicht aneinander gebaut sind, dass sie ein einziges Haus zu bilden scheinen.²)

Westlich von Manumanu ändert sich bald das System im Bau der Häuser. Während sie im Osten in der Regel nur eine einzige Familie beherbergen, hat man im Westen kasernenartige Wohnungen, die mehreren Familien Raum gewähren. Zwischen Yule-Insel (146° 20′ O.) und der Fly-Mündung (143° O.) hat man ungeheure „Männerhäuser" und daneben besondere kleine für die Frauen und Kinder. Im Aird-Delta sind die Häuser 15—100 m lang und gegen 25 m hoch. Sie ruhen auf Pfählen oder abgehauenen Baumstämmen, sind in Keilform erbaut und mit einer Plattform versehen. Die Häuser sind vorn höher als hinten.³) In der Fly-Gegend leben beide Geschlechter zusammen in den Häusern, ja ein Haus birgt dort oft die Bevölkerung eines ganzen Dorfes. So hat z. B. die Ansiedelung Odagositia nur ein einziges Haus, das allerdings 175 m lang und 10 m breit ist.⁴) Verzierungen hat man hier selten an den Wohnhäusern. Hier und da finden sich Schnitzereien an den Thürpfosten, die menschliche Figuren oder Krokodile darstellen wie z. B. bei den Mannetti-Leuten an der linken Fly-Mündung. Häufiger sind die Versammlungshäuser verziert.

---

¹) Mitt. der Anthrop. Gesellschaft. Wien 1887. Heft 1.
²) Sir Wyatt Gill, About South Easter New Guinea. 1875 S. 248.
³) Thompson, a. a. O. S. 84.
⁴) British New Guinea Report for 1889/90. S. 21.

Am oberen Fly- und Palmer-Fluss ruhen die Häuser auf etwa 4 m hohen Pfählen, von denen einige zusammengehauene Baumstämme sind. Die Häuser sind in zwei Stockwerken erbaut, das untere bewohnen die Männer, das obere die Weiber. Die Form des Hauses gleicht einem Boot, sechs Fensteröffnungen sind im Oberstock angebracht, im oberen und unteren Stockwerk je eine Thür, zu denen Leitern hinanführen.[1]) Am Katan-Fluss bei den Manat-Leuten giebt es besondere Jünglings- und Mädchenhäuser, alle auf Pfählen erbaut. Im allgemeinen sind hier die Häuser so geräumig, dass 50—60 Leute darin wohnen können. Die Plattform bietet Raum für 12 Personen; von dieser führt eine Öffnung in das Innere. An den Wänden im Innenraum befinden sich schmale Schlaf-Unterlagen von Bambus, in den Ecken kleine Gestelle für Brennholz. Zur Nacht wird das Holz abgenommen, und das Gestell dient als Schlafvorrichtung für die kleinen Kinder. Für die älteren Kinder ist keine Schlafvorrichtung vorgesehen; diese schlafen in den Jünglings- oder Mädchenhäusern. Ältere Leute halten hier Wacht und das junge Volk in Ordnung.

In allen Häusern finden wir eine einfache Feuerstelle aus Lehm, die mehr im Hintergrunde des Innenraumes angebracht ist. Im Osten besteht sie aus einem einfachen, 1 m langen und ebenso breiten Holzrahmen, in dem Sand und Steine liegen und in denen beständig Feuer unterhalten wird. Über dem Feuer ist eine kleine Horde zur Unterbringung von Lebensmitteln angebracht. Andere Vorräte verwahrt man in grossen Thontöpfen, die an den Wänden stehen. Lagervorrichtungen finden wir im Osten in den Häusern gar nicht, auch sind Kopfbänke als Schlafunterlage hier unbekannt. Im Dorf Nauea im Mekeo-Bezirk hat man aus Bast geflochtene Hängematten, ganz nach Art der unserigen, hier und da auch aus Palmenblättern geflochtene Matten, die aber nicht als Schlafunterlage benutzt werden.[2]) Die Paihaua-Leute am Hilda-Fluss tragen solche gewöhnlich mit sich, um sich ihrer beim Niedersetzen zu bedienen. Im Maipua-Bezirk findet man häufig Menschenschädel zum Schmuck in den Häusern, sonst finden sich bei ihnen fast gar keine Utensilien.

Manche Gerätschaften, ebenso Früchte liegen häufig draussen auf der Plattform, nur an den Wänden hängen hier und da Waffen. Um

---

[1]) Thompson, a. a. O. S. 121.
[2]) J. W. Lindt, Picturesque New Guinea, S. 126.

die Feuerstelle herum stehen Töpfe mit Wasser, Kokosnussschalen als Schöpfer und Holz- und Thonschüsseln. Die besten Sachen sind in Beuteln verwahrt. Weniger wertvolle liegen auf Gestellen, die oben an der Decke angebracht sind. Hierin befinden sich Netze, Grasschürzen, Trommeln, Taschen, schlechtere Waffen, Tapaschurze, Töpfe, alles durcheinander. Hier und da bemerkt man auch eine Illustration aus Pearsons Weekly oder aus Harpers New-Monthley-Magazine, die aus der Behausung eines Europäers von der Regierungsstation sich durch irgend welchen Zufall in diese russige Kemenate verirrt haben. Von Behaglichkeit oder Gemütlichkeit sind diese Behausungen noch weit entfernt. Ist es auch nicht gerade unsauber in diesen Wohnungen, so treibt den Europäer, den einmal Neugierde oder Pflicht in solch ein Haus geführt hat, gar bald wieder die dumpfe Luft und der unangenehme Geruch hinaus. Im Osten dient als Schlafstelle meist der obere Mansarden-Raum, der gleichzeitig als Speisekammer verwandt wird; man findet darin nicht selten einen geräucherten Schweine- oder Känguruh-Schinken neben Vorräten von Taro, Yams, Bananen, Sago u. s. w., je nach dem, was gerade die Gegend und Jahreszeit hervorbringen.

c. Beschäftigung, Jagd, Fischfang.

Einen grossen Unterschied in der Beschäftigungsweise der Eingeborenen in Kaiser Wilhelms-Land und Britisch-Neu-Guinea finden wir nicht; die Arbeit verteilt sich hier in derselben Weise wie dort, so dass die Hauptarbeit auf der Pflanzung und im Haus der Frau zufällt, während der Mann häufiger seinen Vergnügungen obliegt. Mehr als in Deutsch-Neu-Guinea wird im britischen Schutzgebiet von den eingeborenen Männern Jagd und Fischerei betrieben. Kleine Fische fängt man hier auf eine ganz eigenartige Weise: wenn sich ein Schwarm von ihnen auf einer Sandbank nahe am Strande herumtummelt, so stellen sich in der Nähe drei Papua zunächst zur Beobachtung auf; zwei von ihnen sind mit Bambusrohren, die an dem einen Ende in einen Ball auslaufen, versehen, der dritte hat in der Hand einen Fangapparat aus Flechtwerk mit einer Öffnung auf der einen Seite. Sind nun die Fische bei ihrem Spiel gerade in einer Ecke der seichten Stelle zusammen, so nähern sich die beiden Männer mit den Bambusrohren ganz vorsichtig von zwei verschiedenen Seiten und treiben dadurch, dass sie mit den Rohren in einem stumpfen Winkel hinter dem Fischschwarm zusammenfahren, diese dem Strande zu und in den Fangapparat des dritten.

Den Schildkrötenfang betreibt man auf folgende Weise:[1]) hat man eine Schildkröte auf der Oberfläche des Wassers erspäht, so nähert man sich dieser Stelle ganz leise mit dem Kanu. Einer von den Insassen bindet sich einen Strick um den Arm und gleitet geräuschlos ins Wasser. Er passt den Augenblick ab, in dem die Schildkröte untertaucht. Unmittelbar darauf springt er hinzu, wirft sich auf sie, umfasst sie mit beiden Armen und sucht sie so in seine Gewalt zu bringen. Den Leuten im Boote bietet sich dabei das lustige Bild, wie Mann und Schildkröte sich im Wasser balgen, jene sich ihm zu entwinden, und er sie festzuhalten sucht. Glaubt dieser sie endlich festzuhaben, so giebt er seinen Freunden im Boote ein vorher verabredetes Zeichen. Schnell springt jetzt einer von ihnen hinzu und befestigt denselben Strick, mit dem der Arm des ersten umwickelt war, an einem Fuss der Schildkröte, und auf ein weiteres Zeichen wird von den Genossen im Boot, die das andere Ende der Leine in ihrer Hand halten, Mann und Schildkröte in das Boot gezogen.

Im Nordosten und Süden von Neu-Guinea bedienen sich die Papua, wenn sie auf Fischfang gehen, noch der Cantaramans (Flösse), und in Bentley-Bai hat man ganz brauchbare Fischfallen. Fischwehre in Form eines langen Gitterwerks, wie solche in Holländisch-Neu-Guinea vorkommen, sind bei den Eingeborenen am Aird-Fluss und auch wohl anderswo in Gebrauch. Gute Fischer sind die Eingeborenen in der Orangerie-Bai. Die Eingeborenen in der Bartle-Bai haben ein bestimmtes Zeichen, um anderen die Stelle anzudeuten, die sie sich für das Fischen am Flussufer reserviert haben: sie knoten Gras zusammen und legen es an dem Platz am Ufer nieder, von dem aus sie den Fischfang zu betreiben gedenken. Wie man des anderen Ansprüche auf einen gewissen Platz am Flussufer zu Fischereizwecken achtet, so geschieht dies auch auf den Riffen in der See für den Fang des Meerkalbes. Alt-Hula an der Ostspitze der Hood-Bai ist weit und breit durch seinen Fischmarkt bekannt, zu dem die Eingeborenen der Nachbarstämme zusammenströmen. Die Papua der Dörfer Seinkata und Oburaka

---

[1]) S. Mac Farlane, Among the Cannibals of New Guinea. London 1888 S. 122.

auf den Trobriand-Inseln sind weiter als gute Fischer bekannt. Das Meerkalb ist ein walartiges Säugetier, das ziemlich häufig in den Küstengewässern von Neu-Guinea vorkommt, aber sehr schwer zu fangen ist. Das Fleisch ist ausserordentlich schmackhaft, die Hauer und das ölige Fett des Tieres sind auch nicht zu verachten. Die Haut ist zähe und dauerhaft. Jedenfalls ist der Meerkalbfang kein lohnendes Gewerbe. Nach der Sage der Motu-Leute ist das Tier erst seit jüngerer Zeit aufgetaucht.[1]) Die Motu sind vor langer Zeit vom fernen Westen von Taurama, wo sie hauptsächlich von Fischfang lebten, nach Hanabada in die Nähe von Port Moresby gekommen. Dort haben sie sich Häuser gebaut und das Fischerleben fortgeführt. Das Land gehörte bereits einem anderen mächtigeren Stamme, den Koitapus. Dieser Volksstamm übte und übt noch heute in jener ganzen Gegend schon deswegen einen grossen Einfluss aus, weil man ihm hervorragende Zauberkräfte zuschreibt, so die Kunst, Regen zu machen, mit Mond und Sonne in Verbindung zu treten u. a. Trotzdem duldeten die Koitapus die Ansiedlungen der Motu-Leute, legten ihnen aber gewissermassen als Tribut auf, sie stets mit Fischkost genügend zu versorgen. Dieser Verpflichtung haben die Motu noch heutzutage auf das genaueste nachzukommen. Sie haben auch in der That sehr starke Netze zum Robben- und auch zum Schildkrötenfang. Jedesmal ehe sie fischen gehen, halten sie eine bestimmte Diät inne und enthalten sich ihrer Weiber.

Die Jagd wird mehr von den Bergbewohnern als von den Leuten an der Küste ausgeübt. Erstere haben nicht nur schön geflochtene weite Netze, sondern auch Fallen für den Vogelfang. Die Känguruhjagd wird meistens bei Nacht mit Hilfe von Hunden betrieben. An bestimmten Stellen werden Netze aufgestellt, in welche man mit Hülfe der Hunde die Tiere mit grossem Geschick hineintreibt und dann speert. Auch auf Schweine werden Treibjagden abgehalten, diese daneben auch in Fallen gefangen und dann in grossen Zaungehegen gehalten, bis man sie schlachtet. Den Hunden reibt man vorher mit dem Blatt einer gewissen Pflanze die Schnauze ein, damit sie besser die Schweine auftreiben.[2]) In den Bergen, so z. B. auf den Abhängen des Mount Knutsford, Musgrave und Scratchley, hat man häufig zu ebener Erde Hütten an-

---

[1]) Vgl. über die Sage Romilly, From my Veranda in New Guinea. S. XXI f.
[2]) Chalmers, a. a. O. S. 181.

getroffen, die allem Anscheine nach nur zeitweise von den Eingeborenen bewohnt wurden, wenn sie zur Jagd auf jene Höhen kamen. Eines dieser Häuser auf den Ausläufern des Mount Musgrave war ungefähr 8 m lang, 3 m breit und 2 m hoch. Das Dach war mit Blättern einer Zwergpandanusart gedeckt. In einer anderen oben auf dem Mount Scratchley aufgefundenen Jagdhütte gewahrte man drei Feuerstellen, die $\frac{1}{2}$ m tief in die Erde eingegraben waren.[1])

Schwere und langdauernde Arbeiten verrichtet auch der Papua in Britisch-Neu-Guinea höchst ungern, das überlässt er den Weibern; höchstens versteht er sich zu Schnitz- und Kerbarbeiten an Häusern, Kanus und Waffen, oder er nimmt gelegentlich Ausbesserungen an der Hütte oder am Boote vor; grössere Arbeiten wie Fällen von Bäumen, Roden und Umzäunungen bei Plantagenanlagen, Bauen von Booten u. s. w. werden in der Regel gemeinsam verrichtet.

Einen Hauptbeschäftigungszweig der Männer bildet in Britisch-Neu-Guinea der Kanubau. Ihre Fahrzeuge (Tafel 27) variieren von der einfachsten Art bis zu wahren Kunstwerken der papuanischen Schiffsbaukunst. Auf einigen roh zusammengefügten Bambusstäben setzen die Eingeborenen in Flussgegenden über die Flüsse. Um weitere Flussfahrten zu unternehmen, genügt ihnen ein ausgehöhlter, kaum behauener Baumstamm. Vergleicht man damit die grossen Kriegsfahrzeuge und Handelskanus der Küstenbewohner, so staunt man über die Kunstfertigkeit dieser Stämme, die mit ihren rohen Werkzeugen es zu solchen Leistungen bringen können: denn die Werkzeuge, über welche die Eingeborenen verfügen, sind auch hier in Britisch-Neu-Guinea von der primitivsten Art. Sie sind aus Stein, Lava, Muschel, Holz oder Knochen. Die Steinäxte bestehen aus einem hölzernen Stiel, der aus einem knieförmigen Aststück hergestellt ist. An diesem Stiel ist mittelst eines feinen Geflechts aus gespaltenem Rottang eine etwa 15 cm lange Steinklinge befestigt, die meist aus Kiesel oder Basalt verfertigt ist. An den Seiten ist sie abgerundet und hat eine breite Schärfe, die quer mit der Richtung des Stieles läuft. Die Kerepunu-Leute haben eine Steinaxt, die mit drehbarer Klinge versehen und verstellbar ist. In der Collingwood- und Clowdy-Bucht stellen die Eingeborenen die Klingen ihrer Steinäxte aus Nephritgestein her. An der Holincote-Bai sind

---

[1]) British New Guinea Report for 1888/89, p. 69, 75.

die Klingen aus Basalt. Auf den d'Entrecasteaux-Inseln endlich hat Mac Gregor vor einiger Zeit ein grosses Quarzstein-Lager entdeckt, das von den Eingeborenen für die Verfertigung ihrer Äxte ausgenutzt wird. Die Eingeborenen am Mambare-Fluss binden abweichend von der Regel die Klinge an dem Stiel nicht fest, sondern durchlöchern sie mit einem kleinen Stein, der ungefähr die Gestalt einer Patrone hat und stecken den Stiel in die kunstvoll geschaffene und zurechtgepasste Öffnung.[1]) An weiteren Werkzeugen haben die Eingeborenen von Britisch-Neu-Guinea Bohrer aus Kieselstein und Schlegel, die sie zum Weichklopfen der Tapa gebrauchen; zum Zermahlen und Zerreiben harter Gegenstände verwenden sie einen Steinhammer, und als Meissel dient ihnen ein zugespitzter scharfer Nagel. Sehr viele Eingeborene kennen bereits den Wert des Eisens, verstehen es aber noch nicht zu bearbeiten. Das Hauptwerkzeug ist überall die Steinaxt, mit der sie Bäume zur Herstellung ihrer Kanus nicht bloss fällen und behauen, sondern auch verzieren.

Die primitivsten Fahrzeuge in Britisch-Neu-Guinea finden wir auf der Küstenstrecke zwischen der deutschen Grenze und dem Ost-Kap. Wie wir bereits sahen, sind hier Flösse oder Cantamarans das Fortbewegungsmittel der Eingeborenen auf Fluss und Meer. Kanus, aber ganz einfache, ohne Ausleger, haben die Eingeborenen im Nordwesten am Chester- und Baxter-Fluss. Die Fahrzeuge sind hier 7—12 m lang, dagegen nur wenig über 1 m breit und ohne jeden Schmuck und werden durch eine Paddel fortbewegt. Sie sind so schwer und ungeschickt gearbeitet, dass sie nur bei sehr gutem Wetter benutzt werden können. Segel kennt man hier nicht. Die grösseren Kanus werden von zwei Männern, die vorn im Boot stehen, gerudert; kommt es auf See zum Kampf, so stellt sich der eine vorn, der andere hinten im Kanu auf. Die Küstenstämme zwischen Morehead- und Saibai-Fluss haben Kanus mit doppelten Auslegern; diese sind aber so klein wie etwa bei den Kanus auf Java. Die Fahrzeuge laufen vorn in eine sehr scharfe Spitze aus, sind aus einem Stück und etwas mit Kasuarfedern verziert. Zwischen Fly und Mabudauan sind sie bereits mit Segel versehen, aber klein und ohne Schmuck. Kleine Segel tragen die Kanus an der Fly-Mündung, sie sind aber roh und unschön gearbeitet. Zwischen Fly und Purari sind die Ein-

---

[1]) British New-Guinea Report for 1893/94. S. 70. 1896/97. S. 237.

geborenen ausserordentlich geschickte Ruderer. Am oberen Fly sind die Kanus 7—10 m lang und 1—1$^1/_3$ m breit, mit einem weit hervorragenden flachen Vorderteil, das in eine scharfe Spitze ausläuft, ohne Ausleger: gefährliche Fahrzeuge! Und doch sieht man oft 4—6 Mann zu gleicher Zeit in diesen gebrechlichen Booten und wundert sich, wie sie das Gleichgewicht halten können. Die Ruder sind 4 m lang und die Schaufeln 50 cm lang und 28 cm breit. Am Palmer-Fluss, nahe der deutschen Grenze, sind die Ruder aus Baumrinde, und in der Form, wie wir sie in Aden wieder finden.[1]) Hier wie an der ganzen Küstenstrecke bis zum östlichsten Ende des Papua-Golfs kennen die Eingeborenen keine Segel. Die Kanus, welche die Golfstämme östlich vom Fly benutzen, sind ohne Ausleger, aber weit stärker und hübscher gebaut als am Fly selbst. Sie sind so niedrig, dass sie vorn mit dem Wasser fast gleiche Höhe haben. Während der Fahrt ist ein Knabe, der in der Mitte des Bootes hockt, unaufhörlich damit beschäftigt, mit Hilfe einer Kokosnussschale das Wasser aus dem Kanu auszuschöpfen.

Die Fahrzeuge, die wir bei den Mekeo-Leuten finden, sind vorn und hinten fast ebenso breit wie in der Mitte. Dies giebt den Kanus ein klobiges, ungeschicktes Aussehen. Hier überall fast an der ganzen Ostküste sind die Kanus aus einem einzigen Baumstamme und sind mit Auslegern und Segeln versehen. Die Handelsfahrzeuge der Motu- und Elema-Leute sind aus sehr starken Baumstämmen gefertigt; es ist bei ihrer Erbauung weniger auf das Aussehen als auf die Dauerhaftigkeit und möglichst grosse Ladefähigkeit gesehen. Wie wir bereits oben sahen, wird bei grossen Handelsreisen eine Anzahl dieser Fahrzeuge, oft bis zu 14, zusammengebunden. In der Regel sind diese „Lakatois" 16 m lang und 8 m breit. Sie tragen zwei grosse Segel aus Mattengeflecht und halten ungefähr 50 Mann, dazu noch die Fracht, die nicht selten bis 30 Tonnen Sago fasst. Am Wanigara-Fluss hat man Baumbestände, die ein sehr gutes, weiches Holz liefern, das sich in hervorragender Weise zum Bau für diese Handelskanus eignet. Das an der Mündung gelegene Dorf Keapara, ungefähr 12 Meilen östlich von Port Moresby, ist als Kanu-Werftplatz bekannt. Gewöhnlich arbeiten zwei Leute an einem Kanu; der eine von ihnen bearbeitet das Innere mit einer Steinaxt, während der andere mit einem hammerartigen Instrumente die Aussenseite zurechtmacht.

---

[1]) Mac Gregor, a. a. O. S. 54.

Im Aroma-Bezirk und weiter östlich ist die Bauart der Kanus verschieden von der bisherigen. Auf beiden Seiten der Fahrzeuge sind auf den rohen Baumstamm Bretter aufgefügt, ein zweiter Baumstamm dient als Mast, und seine Wurzeln dienen als Befestigungsmittel. Zwischen Yule-Insel und Fly findet man nicht selten Kanus mit halbmondförmigem Segel, die sehr gefällig aussehen. Ganz einfache Kanus ohne Segel und Ausleger haben die Eingeborenen an der Milne-Bai. Im krassesten Gegensatze zu diesen stehen die prächtigen Kriegsfahrzeuge der Eingeborenen zwischen Südkap und Taupota nördlich der Chads-Bai. Sie sind sehr gross, aber schmal und mit einem Ausleger versehen, der länger als das Kanu selbst ist. In diesen sind Sitze für 30 Ruderer vorgesehen, und als Ausschmuck sind einige Menschenschädel angebracht. Einige Küstenstämme verfertigen auch wie die Tami-Leute in Kaiser Wilhelms-Land kunstvolle gefällige Kanu-Modells zum Eintausch und Vertrieb.

Auf den d'Entrecasteaux-Inseln, insbesondere auf Fergusson-Insel hat man ähnliche Kriegskanus wie in der Chads-Bai. Auf den nordöstlich davon gelegenen Trobriand-Inseln dagegen wieder nur ganz einfache Fahrzeuge. An der Holincote-Bai haben die Eingeborenen zwar ganz gute Fahrzeuge, kennen aber keine Segel. Von den Louisiaden-Inseln liefern recht gute Fahrzeuge Pannies und Murua, deren Bewohner wie die Keapara-Leute auch für andere Kanus erbauen und sie dann weiter vertreiben.[1]) Die Kanus der Rossel-Insulaner sind nicht für Segel eingerichtet, aber sonst ganz brauchbar; sie sind 7—10 m lang, aber wie gewöhnlich sehr schmal. Der Preis, den man für ein gutes Kanu bezahlt, ist verschieden; es hängt von Zeit und Nachfrage ab. Der Preis war früher im Süden 30 bis 40 Steinäxte. Jedenfalls gelten die Kanus der Insulaner und Küstenbewohner bedeutend mehr als die einfachen der Flussbewohner im Innern des Landes. Hier im Innern sind die Flüsse stellenweise überbrückt, was wir in Kaiser Wilhelms-Land bisher noch nirgends gefunden haben. So sind die beiden Teile des Dorfes Mipor im Maipua-Bezirk, das an den beiden Ufern des Aiwei liegt, durch eine kunstvolle Hängebrücke von Bambus und Rottang verbunden.

Auf Kiwai hat man gute Pfeilerbrücken und am Vanapa eine ähnliche Hängebrücke wie im Maipua-Bezirk. Diese letztere hat

---

[1]) Mac Gregor, a. a. O. S. 56.

Mac Gregor im Jahre 1889 auf seiner Expedition nach dem Owen Stanley-Gebirge passiert. Sie ist 23—27 m lang und ein Wunderwerk papuanischer Technik. Auf dem linken Ufer ist die Brücke durch einen starken Banian-Baum gestützt, der auf einem kahlen Felsen, ungefähr 7 m über dem Meeresspiegel sich erhebt. Der Baum auf der andern Seite ist den Erbauern nicht stark genug erschienen, da sie ihn vermittelst eines sehr starken Rottang mit einem in der Nähe eingerammten starken Pfahl verbunden haben. Von dem Banian-Baum am linken Ufer nimmt die Brücke etwa in einer Höhe von 16 m ihren Anfang, senkt sich dann in der Mitte des Flusses bis zu 4 oder 5 m herab und steigt dann wieder bis zu 7 m auf der andern Seite. Das Material ist Rottang. Ungefähr 15 Rottangstäbe bilden das Gerüst, einige sind, weil sie nicht von einem bis zum andern Ufer reichen, mit einander verknüpft. Den Brückenboden bilden zwei Rottangstäbe, über die anscheinend später noch zwei andere gelegt sind, da die unteren beiden bereits reparaturbedürftig erschienen. An beiden Seiten sind geeignete Zubez. Aufgänge zu der Brücke geschaffen. Diese selbst ist so stark und haltbar, dass sie zu gleicher Zeit das Gewicht von fünf Personen trägt.[1]

Überall verstehen es die Papua von Britisch-Neu-Guinea, Netze, Matten und Körbe zu flechten; zu letzteren verwenden sie insbesondere Pandanus-Blätter; ferner verfertigen sie gefällige Gürtel und verschiedenartig gemusterte Taschen- und Armbänder aus Kokosnussfasern und Flechtwerk. Die Kerepunu-Leute haben wie die Tami-Leute in Kaiser Wilhelms-Land gewissermassen ein Patent auf ihre Herstellung von feinen Muschelarbeiten, insbesondere von hübschen Halsbändern. Ein armer Krüppel in Kerepunu soll die Kunst, solche Halsbänder zu verfertigen, vor vielen Jahren erfunden haben, oder, wie die Sage geht, ein Geist soll ihm einst bei Nacht erschienen sein und dem armen Krüppel als Ersatz für seine Lahmheit die Verfertigung solcher Halsketten gezeigt haben.

Zu wenig hervorragender Bedeutung ist in Britisch-Neu-Guinea die Schnitzerei gelangt; hier und da hören wir z. B. von den Suau-Eingeborenen, dass sie geschickte Schnitzer sind, ihre Ruder und Waffen mit geschmackvollen Schnitzereien versehen und auch kleinere Fische allerliebst auszuschnitzen verstehen, auch in der Nähe von Port Moresby, in der Redscar-Bai, in Elema, in der

---

[1] British New Guinea, Annual Report No. 103, 1888/89, S. 64.

Bentley- und Rawdon-Bai werden Eingeborene angetroffen, die sich auf Schnitzerei verstehen. Weiter sind die Pfeile, deren die Eingeborenen im Westen von Britisch-Neu-Guinea sich bedienen, an den Spitzen hübsch und geschmackvoll mit Schnitzereien verziert, jedoch bleiben die Eingeborenen von Britisch-Neu-Guinea in der Kunstfertigkeit des Schnitzens und Kerbens hinter ihren Brüdern im übrigen Neu-Guinea zurück.

Lediglich Frauenarbeit ist auch im britischen Schutzgebiet die Töpferei. Im Innern allerdings wie auch im Westen (westlich des Vailala-Flusses) wird die Töpferei entweder gar nicht oder doch nur in geringem Masse betrieben. Hier werden die Koch- und Essgefässe aus Kokosnussschalen oder Holz angefertigt. Im Osten beschäftigen sich mit der Topfindustrie hauptsächlich die Weiber auf den Maschinisten-Inseln (Engeneer-Group), die Papua-Frauen an der Redscar-Bai, in Motu, an der Caution-Bai, von Lealea, Delema und Hall-Sound. Gute Thonprodukte liefern ferner die Louisiaden-Inseln. Den κεραμαῖκος des südöstlichen Neu-Guinea bildet fraglos die kleine Teste-Insel, die den Frauen ein besonders vorzügliches Material zu ihrer Topffabrikation liefert. Die Thongefässe werden hier mit den Händen geformt, und nicht wie in Bilibili in Kaiser Wilhelms-Land mittelst eines Klopfers und Steines bearbeitet. In der Gegend von Motu-Motu holen die Frauen das Material zu der Topffabrikation aus tiefen Lehmgruben, die sich in der Nähe ihrer Dörfer befinden.

Ist der Lehm zur Stelle, so wird er zunächst zum Trocknen ausgelegt, zerstossen, mit feinem Sand vermengt und mit Salzwasser befeuchtet, damit er weicher wird. Dann werden die Töpfe geformt, zum Trocknen ausgelegt und über grossen Feuern gebrannt. Zuletzt werden die fertigen Gefässe mit Mangrove-Rinde gefärbt. Der obere senkrechte Rand der Töpfe zeigt verschiedene Muster, die als Handelsmarke dienen. Jede Frau hat auch hier ihr besonderes Fabrikzeichen.

d) Geburt, Kindheit, Familienleben.

Das erheiternde Element in den meisten Papua-Dörfern sind die Kinder. Leider herrscht in manchen Gegenden von Britisch-Neu-Guinea eine Kinderarmut, die etwas Unnatürliches an sich hat und den Gedanken nahe legt, dass wohl vielfach die Leibesfrucht im Keime erstickt oder dass viele neugeborene Kinder bald nach der Geburt getötet werden. Der Resident Magistrate des östlichen

Britisch-Neu-Guinea hebt in seinem Bericht für 1891 ausdrücklich hervor, dass z. B. die Eingeborenen des Dorfes Tubetutu vor Kindesmord nicht zurückscheuen. In der Regel werden die neugeborenen Kinder dort von dem Vater selbst nach der Geburt erdrosselt, um der lästigen Aufgabe enthoben zu sein, sie aufzuziehen. Töchter schont man schon eher, weil sie dem Vater bei der Verheiratung etwas einbringen.[1]) Nicht selten gelingt es den Missionaren, die unschuldigen Opfer vor der Grausamkeit ihres eigenen Vaters zu retten, oft aber kommen sie zu spät. Abtreibung ist gang und gäbe im Westen wie im Osten; man bedient sich dazu verschiedener Kräuter. Im allgemeinen zieht man nicht gern mehr als zwei Kinder auf. Vor der Geburt von Zwillingen hat jede Papua-Frau einen Abscheu, denn sie wird in solchem Falle von den anderen Weibern im Dorfe verspottet und mit einer Hündin verglichen, die gleich ein halbes Dutzend Junge wirft, oder man verdächtigt sie auch eines unsittlichen Lebenswandels, da nach dem Glauben der dortigen Papua Zwillingsgeburten Folgen von Ehebruch sind. Andere geben dem Manne schuld und sagen, er habe ein Gelübde oder ein Tabu[2]) gebrochen, und deshalb werde seine Frau mit Zwillingen bestraft.

Während der Zeit der Schwangerschaft ist bei verschiedenen Stämmen den Frauen eine bestimmte Diät vorgeschrieben. So verbieten die Motu-Motu-Leute den schwangeren Frauen den Genuss von Taro, Yams und Süsskartoffeln. Weiber, die ihren Kindern die Brust reichen, dürfen im Westen des Schutzgebietes keine Kokosnussmilch zu sich nehmen, und Schwangeren ist dort jede scharfe Speise untersagt. Aber auch der Ehemann hat bei den Motu-Motu während der Schwangerschaft seiner Frau gewisse Kost zu meiden, so Krokodilfleisch und Fische, im anderen Falle bekommt das Kind nach ihrem Aberglauben schiefe Beine.[3]) Am Kopfe des neugeborenen Kindes nehmen die Weiber mit angewärmten Händen Manipulationen vor, um ihn hübsch rund zu gestalten. Unmittelbar nach der Geburt nimmt die Mutter gewöhnlich ein Bad in der See, ohne alle weitere Hilfeleistung. Der Mann sieht sein Weib und Kind meist erst längere Zeit nach der Geburt; er verbringt seine Zeit während dieses Zeitraumes im Versammlungs-

[1]) Mac Gregor, a. a. O. S. 45.
[2]) Vergl. unten Abschnitt 3.
[3]) Chalmers, Pioniering S. 162.

hause, und die Weiber seiner Freunde kochen für ihn. In Suau hat er es noch schlechter: dort muss er eine zeitlang nach der Geburt seines Kindes fasten und ist „tabu", d. h. ausgeschlossen von jedem Verkehr. Bei den Motu pflegt der Mann, falls die Geburtswehen seines Weibes heftig sind, sich dicht neben sie zu setzen und seine Armspangen abzunehmen, was nach dem Glauben der Leute die Schmerzen der Frau lindern soll. Ist das Kind zur Welt, so legt er die Spangen wieder an.

Nach der Geburt hat man das Kind in der ersten Zeit wohl zu hüten, damit es nicht der „aschgraue Iwaiaberi", ein Geist, der Kinder stiehlt, an sich nimmt. Durch das Schreien von Neugeborenen, so erzählt man sich im Westen des Schutzgebietes, wird er angelockt und benutzt dann die Gelegenheit, wenn die Kinder ohne Aufsicht sind, sie mitzunehmen. Die Eingeborenen glauben fest hieran, und Leute von der Schutztruppe wollen bisweilen in der Nähe der Station, wenn Kinder in der Nähe spielten, dieses Geistes ansichtig geworden sein.[1]) Der ganze Mythus mag vielleicht von den Eingeborenen nur erdacht worden sein, um Kinder zu schrecken, so wie wir unsere Kinder mit dem „schwarzen Manne" und dem Schornsteinfeger einzuschüchtern pflegen.

Mann und Weib kohabitieren erst wieder, wenn das erste Kind laufen kann; wird schon vorher ein zweites geboren, so wird das Ehepaar von den Dorfgenossen verlacht. Das Kind erhält gleich nach dem Bad der Mutter die Brust und wird sehr spät, erst wenn es zu laufen anfängt, entwöhnt. Besondere Förmlichkeiten bei der Geburt kennt der Papua nicht; nur die Geburt des Erstgeborenen giebt Anlass zu einer grösseren Schmauserei, die von den Grosseltern des Kindes ausgerichtet wird. An diesem Mahle nehmen aber bei den Motu-Motu-Leuten nur die „alten Damen" des Dorfes teil, die Verwandten des Neugeborenen sind davon merkwürdigerweise ausgeschlossen.

Die Namengebung ist bei den einzelnen Stämmen sehr verschieden. Einige legen den Kindern die Bezeichnung von Abstrakten bei und heissen sie „Holz", „Hunger", „Durst", oder benennen sie auch nach gewissen Pflanzen wie nach „Yams", „Taro", „Bananen" u. a., die Motu-Motu-Leute nach Tieren wie z. B. „Känguruh", „Schwein", „Hund".[2])

---

[1]) British New Guinea. Annual Report for 1894/95. S. 57.
[2]) Chalmers, Pioneering S. 162ff.

Die Kinder gehen bis zum vierten Jahre ganz unbekleidet, die Mädchen erhalten dann einen Schurz, die Knaben erst einige Jahre später, gewöhnlich nicht vor dem achten Jahre. Haben diese das Alter von 14—15 Jahren erreicht, so erhalten sie im Südosten das Tikini, eine in Form eines T um die Lenden gezogene Binde, nach deren Anlegung sie als Erwachsene gelten. Ist der Knabe sechs Jahre alt, so wird ihm der Nasenknorpel durchbohrt und ihm der unentbehrliche Nasenschmuck angelegt. Nach dem Glauben der Eingeborenen muss man mit demselben versehen sein, um nach dem Tode in ein Land einzugehen, wo Überfluss an Nahrungs- und Genussmitteln herrscht. Die Motu-Motu-Leute nennen diesen Platz Tageani, andere Stämme wieder anders. Stirbt ein Kind, dessen Nasenbein noch nicht durchbohrt ist, so versäumt man es nicht, diese Operation bei dem kleinen Leichnam nachzuholen, aus Furcht, es könnte ihm nach dem Tode dadurch der Einlass in das „gute Land" verschlossen sein. In der ersten Zeit, bevor das Kind laufen kann, wird es von der Mutter entweder hinten auf dem Rücken meist in einem Korb oder vorn am Leibe in einem Basttuche mitgeführt. Im Südosten, wo die Frauen den Lami-Schurz tragen, stellen sich die Kinder, wenn sie schon etwas grösser sind, auf den vorstehenden Rand dieses primitiven Kleidungsstückes und halten sich auf demselben, indem sie die Ärmchen um den Hals der Mutter schlingen.

Die meisten Papua-Kinder sind hübsch zu nennen und verständig zugleich. Selbst im äussersten Westen, wo die Eingeborenen ein abschreckend hässliches Äussere haben, sollen die Kinder mit ihrer sanften, weichen Haut, ihrem eigenartig schönen Auge und ihrem freundlichen Gesichtsausdruck einen allerliebsten Eindruck machen. Meist springen sie munter umher und schauen so fröhlich drein, dass man merkt, ihnen fehlt nichts. Wie in Kaiser Wilhelms-Land, werden auch hier die am Leben gebliebenen Kinder, besonders in der frühesten Jugend, von ihren Eltern, die ihnen die grösste Freiheit lassen, verzogen, zeigen aber doch schon früh eine hervorragende Reife des Verstandes. Dies hat eben darin seinen Grund, dass sie sich bald nach den ersten Kinderjahren viel selbst überlassen sind. Nimmt die Mutter das Kind nicht mit zu der Plantagenarbeit oder hat sie im Haushalt zu thun, so wartet der Vater inzwischen gern das Kind. Er trägt es in eine Matte gewickelt vor dem Hause umher und liebkosend legt er seine Wange an die des Sprösslings, eine einseitige Unterhaltung mit ihm beginnend. Und der kleine Weltbürger seinerseits ist so verständig, nicht zu schreien und dem Papua-Vater den Wartedienst möglichst erträglich zu machen. Im übrigen verlaufen den Papua-Kindern die ersten Jahre der Kindheit in ungetrübter Freude und Lust, in Spiel und Tanz; denn die Papua-Knaben nehmen schon frühzeitig an den Festen und Tänzen der Männer teil, während die Mädchen zu Handreichungen im Haushalt herangezogen werden und die Mütter in die Pflanzungen begleiten. Aber auch der Knabe ist nicht unthätig; er hilft dem Vater Netze und Körbe flechten, schnitzt mit ihm, begleitet den Vater, wenn er auf Jagd und Fischfang geht, und sieht lernend beim Verfertigen der Waffen zu.

Der Kinderaustausch auf Zeit ist wie in Kaiser Wilhelms-Land auch hier üblich. Auf ihren Handelsfahrten nehmen die Eingeborenen ihre halberwachsenen Kinder gern mit und lassen sie dann dort zwei Jahre bei dem befreundeten Stamme. Dafür geben ihnen die Gastfreunde wieder ihre Kinder für eine gleiche Zeitdauer in Pflege. Wie wir schon in Kaiser Wilhelms-Land sahen, bezweckt dieser Austausch, den Kindern die Möglichkeit zu geben, die Sprache des fremden Stammes zu erlernen. Ehe die Knaben mannbar werden, haben sie sich einige Zeit im Busch vor aller Augen zu verbergen und sind hier auf die Jagd und auf ihre Findigkeit, sich ihre Nahrung zu verschaffen, angewiesen. Wenn sie hierbei den Unterschied von Mein und Dein weniger berücksichtigen, als es sein sollte, so wird von den älteren Dorfgenossen darüber hinweggesehen, in der Erwägung, dass ja auch sie einmal in ähnlicher Lage waren. In der Fly-Gegend wird jedes Jahr im März oder April das Fest der Mannbarkeit gefeiert. Alle Frauen und Kinder dürfen in dieser Zeit die Häuser nicht verlassen.

Die Beschneidung kommt im Osten häufiger vor als im Westen. Sie wird in ähnlicher Weise gehandhabt wie in Kaiser Wilhelms-Land, jedoch ohne die dort vorkommenden Zeremonien. Bei den Mädchen ist die Vollendung der Tätowierung des Körpers ein Zeichen ihrer Reife. Bevor sie heiratsfähig sind, müssen auch die Mädchen eine Zeit der Abgeschiedenheit durchmachen, die sich bei gewissen Stämmen, z. B. im Kabadi-Bezirk, bis zu zwei Jahren ausdehnt. Während dieser Zeit dürfen sie ihr Haus nicht verlassen; ist aber die Zeit der Erlösung da, so wird ein grosses Fest vorbereitet, die Mädchen werden dem versammelten Volk in ihrer Tätowierungsherrlichkeit gezeigt, und alle jungen Männer aus der Nachbarschaft werden dazu geladen. Es wird ein grosser Schmaus abgehalten, und nach dem Festessen beginnt der Tanz.

Dorfszene in Kalo, mit Kirche im Hintergrund

Die Mädchen geniessen an diesem Tage die grösste Freiheit und haben das Recht, sich ihre Freier auszuwählen: der ist der Auserwählte, dem die Maid eine Betelnuss schenkt.

Bis zu ihrer Verheiratung haben die Mädchen dann in der Regel geschlechtliche Freiheit; nicht selten beginnt die Immoralität in ihrem Leben aber bereits in ihren Kinderjahren, wenn sie im Dorfe mit andern Kindern herumspielen und durch schlechte Beispiele verdorben werden. Mit einem Weissen würde ein Papua-Mädchen aus eigenem Antriebe wohl nie anbändeln. Der aus dem Verhältnis gezogene Gewinn würde doch nicht der ihre bleiben, sondern bald dem Vater, Oheim oder Bruder in die Hände fallen, überdies zieht sie ihre Stammesgenossen für ihre Tändeleien vor. Indessen kommt es vor, dass sie sich unter dem Zwange ihrer Angehörigen Europäern hingiebt, die dafür den Preis an jene zahlen; der Ruf des Mädchens erleidet durch solches Verhalten eine Schädigung in den Augen der Eingeborenen nicht. Nach der Heirat wird sie das Eigentum ihres Mannes, der, besonders im Westen, mit ihr nach seiner Laune schaltet; und ist sie dann tugendhaft, so ist sie es meist nur aus Furcht vor ihrem Manne. Trotz alledem sind Liebesheiraten nicht selten unter den Papua in Britisch-Neu-Guinea.

Im Westen ergreift die Frau, wenn sie sich verheiraten will, häufig die Initiative; hat sie einen Bestimmten im Auge, den sie zum Manne begehrt, so sendet sie ihre Verwandten zu ihm mit der Bitte, sie zu besuchen; sehr häufig führt dann eine solche Heirat zu einer zweiten, indem die Schwester des Bräutigams dem Bruder der Braut in Tausch für den Verlust dieser gegeben wird.¹) Eigentliche Verlobung in unserem Sinne, d. h. dass sich die künftigen Eheleute einander selbst versprechen, giebt es in Britisch-Neu-Guinea als Vorläufer der Verheiratung nicht. Im Osten werden bisweilen schon Kinder als Mann und Frau für künftighin bestimmt, eine Abmachung, die auch später meist zur Heirat führt. Diese selbst ist in der Regel gleichbedeutend mit der Möglichkeit, dem Vater des Mädchens, das, was er für dieselbe fordert, zu entrichten.

Einige Stämme heiraten nur untereinander, andere wieder haben mit Nachbarstämmen Konnubium, die Eingeborenen wieder anderer Stämme dürfen nur von ausserhalb Frauen nehmen. Der Vater der Braut empfängt für die Hingabe dieser von dem Bräutigam einen Kaufpreis oder Geschenk. Mitgiften kommen auch hier und

---

¹) British New Guinea, Annual Report 1892/93. S. 35.

da vor, z. B. in Banarua. Der Kaufpreis ist im Südosten dem Herkommen nach geregelt; er besteht, wie wir bereits oben sahen, aus allerhand Schmuckgegenständen, zunächst dem Muschelarmband, der sogenannten Toia, ferner einem Muschelschild aus Perlmutterschale (Mairi), einem Stirnschmuck aus aufgereihten Kängurnhzähnen (Totoma), der besonders bei den Koiaris in Gebrauch ist, und einem ebensolchen aus kleinen Muscheln (Kassidula).[1]) Ferner sind im Westen Sagokuchen und im Osten Schweine ein Hauptbestandteil des Kaufpreises. Für Witwen wird in der Regel ein höherer Preis gefordert als für junge Mädchen, weil diese bereits einen Haushalt zu führen verstehen. In Motu ist z. B. einmal für eine Witwe folgender Preis bezahlt worden: drei Schweine, verschiedene Schurze, 18 Armbänder, zwei grosse Töpfe mit Sago, ein Eberhauer, ausserdem ein Meerkalb und Schildkrötenfleisch. Die meisten Stämme hören es nicht gern, wenn man das Wort Kaufpreis mit Bezug auf die Heirat gebraucht. Man sagt, dass das, was der Bräutigam dem Vater für das Mädchen giebt, lediglich ein freiwilliges Geschenk ist, zu dem niemand gezwungen wird; die Mekeo-Leute halten vor allem darauf, dass das Wort „Preis" bei der Brautwerbung vermieden wird. Auf der Rossel-Insel ist der Kaufpreis für eine Frau ein so grosser, dass der künftige Ehemann, obwohl er bei der Bezahlung von allen seinen Angehörigen unterstützt wird, ungeheuer lange daran abtragen muss und fast Zeit seines Lebens in der Schuld der Verwandten seiner Frau bleibt. Polygamie ist im ganzen britischen Schutzgebiet üblich und im einzelnen Falle davon abhängig, ob der Mann in der Lage ist, den Preis für mehrere Frauen zu erlegen, bisweilen aber auch oft von der Zustimmung der übrigen Eheweiber. Diese letztere wird, wenigstens im Westen im Hinblick darauf, dass dann Arbeitsteilung eintritt, selten versagt.

Im Osten ist die Lage der Frauen viel erträglicher als im Westen und an der Küste wieder besser als im Binnenland. Hier wurden die Frauen vor noch nicht langer Zeit aus den geringsten Anlässen aufs grausamste gemisshandelt, ja sogar gespeert, ohne dass jemand etwas zu ihrer Hilfe that. Der bekannte Missionar Chalmers suchte erst vor wenigen Jahren einmal bei den Koiaris ein Weib solchem Schicksale zu entziehen. „Was mischst du dich dazwischen," entgegnete ihm darauf ein altes Koiari-Weib, „ist es dir nicht bekannt, dass die Koiari-Männer ihre Weiber töten können,

---

[1]) Finsch, Mitteil. d. Anthropolog. Ges., Wien XV, S. 17.

wenn sie Lust haben, und sich alsbald ein anderes Weib an Stelle des getöteten nehmen können?" Solche Zustände sind aber dank dem jetzt grösseren Einfluss der Missionare und dem energischen Eingreifen der Regierung heute nicht mehr möglich. Im grossen und ganzen ist das Familienleben bei den Papua auch hier ein bei weitem besseres und sittenreineres als bei anderen wilden Völkern. Im Westen ist das Weib allerdings häufig genug noch Lasttier, anders verhält es sich aber im Osten, wo sie mehr geachtet, oft sogar von Einfluss auf die Handlungen des Mannes ist.[1]

Besondere Heiratszeremonien sind in Britisch-Neu-Guinea bisher nicht beobachtet worden.[2] Sind die Töchter nicht schon frühzeitig vergeben, so geschieht dies spätestens dann, wenn sie die Geschlechtsreife erlangt haben, und äusserlich kennzeichnet sich dies dadurch, dass die Tätowierung an ihrem Körper vollendet ist und sie die Zeit der Abgeschiedenheit hinter sich haben. Hat ein Papuavater einmal lange nicht Schweinebraten gegessen oder fehlt es ihm an Sago oder sonst etwas, wonach sein Herz begehrt, so kommt es wohl vor, dass er sich kurz entschliesst, seine Tochter wegzugeben an einen Freier, der ihm damit dienen kann, was er gerade nötig hat. Aber auch jeder andere, der eine gute Anzahlung machen kann, ist ihm erwünscht. Von diesem Augenblick an hat der künftige Ehemann ein gewisses Anrecht auf seine Zukünftige. Zum Teil gehört sie ihm schon, zum Teil noch anderen, die sie mag. Es ist diese Seite des papuanischen Sittenlebens die uns am wenigsten zusagende. Das Mädchen wird etwaige Vorwürfe ihres Zukünftigen wegen Untreue stets mit den Worten zurückweisen: „Du hast ja noch nicht alles für mich bezahlt", und andererseits gestatten die Verwandten der Maid bereits einen Verkehr der jungen Leute im Hinblick darauf, dass eine Anzahlung gemacht ist. Die Verwaltung hat sich noch nicht entschliessen können, in diese unsaubern, aber althergebrachten Missbräuche einzugreifen. Leichter ist es ihr schon geworden, eine Verordnung zu erlassen, durch die der Ehebruch der Eingeborenen mit längerer Gefängnisstrafe geahndet wird. Gegen diese Verordnung wird nicht so häufig gefehlt; denn wie im übrigen Neu-Guinea führt das Papuaweib nach endgiltiger Entrichtung des Kaufpreises oder des abgemachten oder zu erwartenden sogenannten

---

[1] Pitcairn, Two years among the savages of New Guinea. London 1891.
[2] Mac Gregor, a. a. O. S. 45.

Geschenkes meist eine fleckenlose Ehe. Die Papua selbst bestrafen unter sich Ehebruch mit dem Tode. Der Ehemann greift hier nicht ein, weil er seine Ehe verletzt glaubt, dieser Begriff ist ihm fremd, nein, er schlägt den Verführer seiner Frau nieder, weil er an sein Eigentum gerührt hat. Er wird dies immer thun, wenn er viel von seiner Frau gehalten hat. War dies nicht der Fall, so wird er sich auch hier und da mit einer Geldbusse seitens des Verführers begnügen.

Als ein äusserlich sichtbares Zeichen, dass eine Frau verheiratet ist, gilt meist, dass ihr die Haare verschnitten sind, in Maiva dagegen lassen die Frauen gerade umgekehrt ihr Haar lang wachsen; bei anderen Stämmen ist wieder der Umstand, dass die Frau im Gesicht tätowiert ist, ein Zeichen dafür, dass sie nicht mehr ledig ist. In einigen Teilen des britischen Schutzgebietes soll es auch noch Heirat der Frau durch Raub geben; doch ist diese Art der Vereinigung selten und giebt in der Regel zu Fehden Anlass, falls der Ehemann nicht in der Lage ist, nachträglich tüchtig zu zahlen. Bei den meisten Stämmen geht heutzutage die Preisabmachung der Heirat friedlich voraus, und nicht selten geben ihrerseits die Angehörigen der Frau denen des Mannes ein der Hochzeitsgabe entsprechendes Gegengeschenk.

Die „impedimenta matrimoniae" beruhen lediglich auf zu naher Verwandtschaft. Geschwister und durch den Vater nahe Verwandte, bei anderen Stämmen durch die Mutter nahe Verwandte dürfen sich nicht heiraten. Die Wiederverheiratung einer Witwe hängt von der Zustimmung des Bruders des verstorbenen Ehemannes oder der Familie desselben ab, dem die Witwe gewissermassen als ein Gegenstand des Erbes zufällt. In der Regel ist der Preis für die Witwe auch deshalb schon höher, weil die Erben des Mannes sich durch den Kaufpreis für die Witwe des Bruders möglichst bereichern wollen. Hat die Witwe keine Kinder, so ist es üblich, dass sie nach dem Tode ihres Mannes zu ihrer Familie zurückkehrt, doch auch in diesem Falle fällt bei ihrer Wiederverheiratung der Kaufpreis an die Verwandten des Mannes. Waren Kinder da, so gehen diese gewöhnlich zu dem Bruder des Vaters, der zusammen mit dem Bruder der Mutter die Aufsicht und die Vormundschaft über die Kinder führt. Einige Stämme im Osten verbieten die Wiederverheiratung der Witwe überhaupt, wie z. B. die Naria-Leute. Die Kinder sind in der Regel nur mit der Mutter verwandt; sie gehören aber bald zu dem Stamme dieser, bald zu dem Stamme des Vaters. Das Land, das der Frau zur Zeit ihrer Verheiratung nach ausserhalb gehört, fällt unter keinen Umständen dem Manne zu. Nur in dem Falle, dass sich ein Ehemann von ausserhalb im Stamme seiner Frau ansiedelt, dort ein Stück unkultivierten Landes mit Zustimmung der Stammesangehörigen bebaut, gehört dies Land ihm und seiner Familie, und nicht selten verfügt er noch zu seinen Lebzeiten darüber zu Gunsten seiner Kinder, die dieses Erbe als Testaterben antreten.

In der Regel wohnen die Eheleute im Osten des britischen Schutzgebietes, falls sie nach der Verheiratung ein eigenes Haus noch nicht haben, bei den Eltern des Ehemannes.

In der Hochzeitsnacht, falls überhaupt von einer solchen gesprochen werden kann, schlafen Mann und Weib zusammen, sonst schläft der Mann gewöhnlich im Versammlungshause und sucht seine Frau gelegentlich nur des Nachts auf. Im Westen erhält das junge Ehepaar eine Abteilung in den grossen Familienwohnhäusern, und in den Gegenden um den Papua-Golf, wo es Männer- und Frauenhäuser giebt, wohnen die Eheleute getrennt und geben sich, um der ehelichen Pflicht zu genügen, zu gewissen Zeiten ein Stelldichein im Walde. Heiratet die Frau nach ausserhalb, so behält sie ihren Familiennamen, etwaige Kinder verbleiben in der Regel der Familie der Mutter, auch wenn sie in den Stamm des Vaters übergehen. Das Zusammenleben von Mann und Frau giebt selten Anlass zu Streit und Hader; andernfalls vermisst man wieder jede Zärtlichkeit zwischen den Eheleuten; selbst nach langer Trennung findet die Wiedervereinigung ohne herzliche Begrüssung statt. Kommt z. B. der Mann von einer längereren Handelsreise heim, so beachtet er wohl seine Frau, die Eheleute sehen sich auch fröhlich an; das ist aber alles. Der Mann wendet sich dann unmittelbar darauf zu den andern Männern, und die Frau geht an ihre Haushaltungsgeschäfte, als ob der Mann gar nicht fort gewesen wäre. Uneheliche Kinder kommen vor; ist der Bruder des Mädchens, welches ein Kind unehelich geboren hat, verheiratet, so nimmt er wohl häufig das Kind der Schwester als eigenes an, immer giebt es aber bei solcher Gelegenheit ein hässliches Gerede im Dorf, und Abtreibung ist daher nicht selten.[1] Verlässt eine Frau ihren Mann, um einen anderen zu heiraten, was nicht gerade häufig vorkommt, so haben ihre Verwandten an diejenigen ihres

---

[1] British New Guinea. Annual Report 1895/96, S. 15

Mannes eine Entschädigung zu leisten. In Maiva herrscht die eigentümliche Sitte, dass bei Ehebruch eines Mannes oder einer Frau die Kokosnussbäume, welche dem schuldigen Teile gehören, von den Verwandten des anderen Teiles niedergehauen werden,[1]) eine Unsitte, der seit neuerer Zeit durch die Verordnung betreffend die Verpflichtung der Eingeborenen, Kokosnussbäume zu pflegen und anzupflanzen, vorgebeugt ist. Die Kinder gehören in Fällen, wo die Ehe durch Ehebruch des einen Teiles getrennt wird, meist dem Ehemann, und nimmt auch die Frau, besonders wenn die Kinder noch klein sind, eins oder das andere zunächst zu sich, so erhebt der Vater später doch auf sie Anspruch, und häufig genug kommen sie schon von selbst zu ihm gelaufen. Eine Ausnahme bilden die Motu-Motu, bei denen die Frau alle Kinder behält, besonders aber dann, wenn die Schuld des Auseinandergehens auf seiten des Ehemannes liegt. Mit den Worten: „Hast du die Schmerzen während der Geburt gehabt?" weist die Frau dann den Ehemann mit seinen Ansprüchen auf Herausgabe der Kinder zurück.

Im Westen soll Sodomiterei, besonders in der Nähe des Katau-Flusses, ein verbreitetes Laster sein, weniger im Osten. Geschlechtskrankheiten sind nicht allzuhäufig; Syphilis kommt in vereinzelten Fällen erst seit den letzten zwanzig Jahren vor.

e. Krankheit, Tod und Begräbnis.

Viel leiden die Eingeborenen im Westen wie im Osten, hauptsächlich aber im Nordosten, unter Hautkrankheiten, von denen ungefähr 50 Prozent aller Eingeborenen in Britisch-Neu-Guinea befallen sind. Die Papua geben an, dass diese Ausschläge zu gewissen Zeiten des Jahres häufiger auftreten als zu anderen, daher vielleicht im Zusammenhang stehen mit dem Genuss von bestimmten Früchten, die nur zu gewissen Zeiten im Jahre gegessen zu werden pflegen; im Grunde schreibt jeder Papua diese lästigen Hautkrankheiten wie jede Krankheit leichterer oder ernsterer Art fremdem Einfluss d. h. fremder Verzauberung zu. Eine grosse Anzahl der Bevölkerung in der Fly-Gegend ist von Elephantiasis befallen. Fieber haben Eingeborene ebenso gut wie Europäer, wenn sie auch nur leichtere Anfälle erleiden. Mehr als die Europäer haben sie an Geschwüren zu leiden. Die Kindersterblichkeit, die im

---

[1]) J. W. Lindt, Picturesque New Guinea. London 1887. S. 131 ff.

allgemeinen gering ist, ist sehr hoch im Nordosten, z. B. in Tubi-Tubi. Die Pocken müssen bereits zu verschiedenen Malen ihren verderblichen Einzug in Britisch-Neu-Guinea gehalten haben, wie das aus älteren oder jüngeren Pockennarben im Gesicht der Eingeborenen im Osten und Westen deutlich hervorgeht. Eine grosse Pockenepidemie hat nach Mac Farlane in Britisch-Neu-Guinea im Jahre 1871 geherrscht und Tausende dahingerafft. Zum erstenmale seit dem Bestehen der Verwaltung in Britisch-Neu-Guinea hat im Jahre 1898 die Dysenterie in erschreckender Weise dort gewütet und zwar hauptsächlich im Osten des Schutzgebietes. Interessant ist, dass es Eingeborene im britischen Schutzgebiet giebt, welche bei Gelegenheit solcher Epidemien Quarantäne-Vorkehrungen treffen; es sind dies z. B. die Mowatta-Leute am Katau-Fluss, die zu Zeiten epidemischer Krankheiten besondere, ungefähr eine Meile vom Dorfe entfernte Hütten erbauen, in denen sie die Patienten bis zu ihrer vollständigen Wiederherstellung unterbringen. Eine weitverbreitete Kinderkrankheit ist in Britisch-Neu-Guinea die bei den Polynesiern unter dem Namen „Tona" bekannte pilzähnliche Ausschlagskrankheit (Fambösi, auch Yaros genannt). In dem weiteren Verlauf dieser Krankheit ziehen sich die anfänglichen Ausschläge zu schweren Geschwüren zusammen, an denen die damit Behafteten, namentlich Kinder häufig sterben. Lepra kommt besonders im Osten vor; fast gar nicht treten Augenkrankheiten auf.

Wie nach dem Glauben der Papua jede Krankheit durch Zauberei entsteht, so muss sie auch wieder durch Zauberei weichen; man beschwört den Geist der Krankheit, die in dem Körper des Kranken sitzt, wonach dann dieser Geist aus dem Körper weicht. Solche Geisteraustreibung hat mit ihrem Geschrei und Gejohle und mit ihren in die Luft geführten Hieben etwas ungemein Komisches, noch mehr, wenn man dabei vor sich die ernsten, ja andächtigen Gesichter der Umstehenden hat. Diese glauben aber fest daran, dass durch solche Manipulationen der Geist des Verstorbenen, der sich in dem Körper des leidenden Stammesangehörigen festgesetzt hat, ausgetrieben wird. Oder man sucht auch die in dem Körper des Kranken befindlichen Krankheitserreger durch Zauberei und dabei gesprochene Beschwörungsformeln herauszubringen. Auch Opfer, die den Geistern gebracht werden, sollen die Krankheit beseitigen. Bei leichterem Unwohlsein werden ihnen Taro, Yams, Bananen und andere vegetabilische Speisen dargebracht.

Ist die Krankheit besorgniserregend, so wird ein Schwein geopfert; gleichzeitig werden alle Sünden gebeichtet, so z. B., dass man von fremdem Feld Bananen genommen hat, ohne davon den Göttern ihren Teil zu geben. Hierbei werden die Worte gebraucht: „Nehmt das Schwein, ihr Götter, und vertreibt die Krankheit!"

Wie die Zauberer befragt werden, um Krankheiten zu vertreiben, so werden sie auch konsultiert, um solche und selbst den Tod über andere zu verhängen, denen man nicht wohl will; und hierbei bedient sich der Zauberer derselben kleinen Mittel wie die Zauberer im übrigen Neu-Guinea: er weiss sich Haare und Nägel des Opfers zu verschaffen, oder auch Speiseüberreste. Das Opfer erfährt dann in der Regel bald durch einen Dritten die Hiobspost, dass er verzaubert ist, und die Einbildung, dass sein Tod bevorsteht, macht ihn wirklich krank, von Tag zu Tag hinfälliger, bis er schliesslich keine Nahrung mehr zu sich nimmt und langsam dahinsiecht. Die Angehörigen wenden sich nun gegen den Verzauberer, d. h. gegen denjenigen, der nach ihrer Meinung durch die Mittelsperson des Zauberers den Tod ihres Verwandten herbeigeführt hat. Nach dem Glauben der Motu-Leute ist es der Geist Koitapu, der die Krankheit in Gestalt eines Steines oder als ein Feuer (Caita) in den Körper des Menschen hineinzaubert; nur ganz alte Männer und Frauen sterben nach ihrer Meinung eines natürlichen Todes. Junge Frauen müssen bei den Motu-Motu auf der Hut sein vor einem Berggeiste Kanisu; denn so oft sie über ihn schlechtes sprechen, so ist er flugs da, beraubt sie ihrer Schurze und wäscht dieselben in dem Bergquell auf Mount Yule. In den ihnen zurückgegebenen wasserdurchtränkten Kleidern steckt dann ein Krankheitskeim, der den bösen Frauen den Tod bringt.[1])

Die Begräbniszeremonien und Bestattungsweisen sind in Britisch-Neu-Guinea im grossen und ganzen dieselben wie in Kaiser Wilhelms-Land, doch hat bezüglich der letzteren die Verwaltung bereits durch eine Verordnung eingegriffen. Durch diese wird den Eingeborenen bei Strafe verboten, ihre Toten anders als auf ausserhalb der Dörfer angelegten Kirchhöfen zu bestatten. Wir begegnen daher heutzutage nur noch selten, entweder tief im Innern oder auf entlegenen Inseln des Schutzgebietes Totenbestattungen im Hause selbst oder in der Nähe desselben, ebensowenig Leichen, die auf offener Plattform ausgelegt oder an Bäumen aufgehängt sind.

---

[1]) Chalmers, Pioneering S. 162 ff.

Die Eingeborenen haben sich zuerst sehr gesträubt, von ihrer althergebrachten Bestattungsweise abzulassen. Die Durchführung der neuen Verordnung hat besondere Schwierigkeit in der Gegend der Milne-Bai gemacht, wo die Eingeborenen aus abergläubischer Furcht ihre alte Bestattungsart nicht aufgeben wollten;[1]) noch schwieriger war es für die Regierung, ihrer Verordnung am St. Joseph-Fluss Geltung zu verschaffen, da die Eingeborenen hier von der katholischen Mission in dem Bestreben, ihre lieben Verstorbenen im Hause oder in der Nähe desselben nach wie vor zu bestatten, merkwürdigerweise unterstützt wurden. Pietät gegen die Verstorbenen bei den Hinterbliebenen zu fördern, mag ganz lobenswert und besonders bei unkultivierten Völkern sehr wohl am Platze sein, aber nicht da, wo sie dazu ausartet, Leben und Gesundheit der Überlebenden zu gefährden.

Als Zeichen der Trauer ist das Schwarzfärben des Gesichts und des übrigen Körpers in Britisch-Neu-Guinea mehr im Osten als im Westen gebräuchlich; im Aroma-Gebiet sieht man auch kleine Kinder bei solchen Gelegenheiten schwarz bemalt umherlaufen. Als weitere Trauerzeichen legen die Witwen am St. Joseph-Fluss ein Netzgewand an, das den ganzen Körper bedeckt, und werfen es erst von sich, wenn es in Fetzen von ihrem Leibe fällt. Bei dem Tode des Mannes schwärzen sie Gesicht und Körper ausserdem mit Kohlen und waschen sich während der ganzen Trauerzeit nicht. Die Eingeborenen auf Teste-Insel tragen einen „fransenartigen Brustlatz" aus fein geflochtenen Strickchen;[2]) die Eingeborenen an der Hood-Bai legen bei Trauer einen Gürtel an, der aus drei Reihen aufgereihter Samenkerne besteht, an dem Gürtel sind 2 bis 3 Zoll lange Troddeln aus demselben Material mit kleinen, am Ende angefügten Muscheln angebracht. Die Weiber des Dorfes Hula tragen zur Trauer einen Kopfschmuck aus roten Samenkernen, die halbdurchschnitten und glasperlenartig aufgereiht sind; durch die Nase ziehen sie eine Schnur bis zu den Ohren und reihen auf jeder Seite dieselbe Art Samenkerne auf. Die Frauen in Maupa und die des Koiari-Stammes legen bei Trauer Ohrgehänge an, an deren Enden sie schwarze Fruchtkerne, die wie Perlen glänzen, befestigen; ferner tragen sie am Ober- und Unterarm ein Band aus eben diesen Fruchtkernen, und insbesondere die Frauen auf dem vorn rasierten

---

[1]) British New Guinea, Annual Report 1894/95, S. 16.
[2]) Finsch, Samoafahrten, S. 283.

Kopf noch einen runden Ring aus Samenkernen, die in der Mitte durchschnitten sind. Eine andere Art Ohrgehänge aus Schnüren weisslicher Samenkerne bildet in Hall Sound einen Teil des Trauerschmuckes.[1]) Die Eingeborenen am Papua-Golf kleiden sich in Trauerzeiten von Hals bis zu den Knieen in ein dichtes Weidengeflecht, sodass sie sich kaum vorwärts bewegen können, ausserdem trägt man auch hier die obenerwähnten Halsschnüre und färbt Körper und Gesicht schwarz.[2])

Der Tod eines Verwandten greift tief in das Familienleben der Papua ein, vor allem aber in das Leben der Witwe. Ihre Trauer ist jedesmal die offenkundigste. Mag diese Trauer bisweilen auch nicht eine so aufrichtige und tiefempfundene sein, eine Papuawitwe wird dies äusserlich nie bemerkbar machen; denn sofort würde in solchem Falle der Argwohn laut werden, dass die Witwe durch Verzauberung den Tod ihres Mannes verursacht habe.

3. Religiöse und soziale Verhältnisse.

Eine eigentliche religiöse Vorstellung geht, wie wir bereits bei der Darstellung der Verhältnisse in Kaiser Wilhelms-Land gesehen haben, den Papua von Neu-Guinea vollständig ab. Scheu vor den Geistern der Verstorbenen verursacht bei ihnen bis zu einem gewissen Teile die übergrosse Verehrung, die sie diesen letzteren zollen, und aus Furcht vor ihrem bösen Treiben sucht man die bösen Geister durch allerhand Opfergaben zu besänftigen. Die Papua in Britisch-Neu-Guinea glauben, dass jeder Mensch aus Körper und Geist zusammengesetzt ist, dass letzterer aber während des Schlafes den Körper verlässt und beim Tode auf Nimmerwiederkehr aus demselben scheidet. Erwecken sie einen Schlafenden, so thun sie dies nicht in schroffer Weise, sondern vorsichtig und allmählich, damit der Geist Zeit gewinnt, in seine Wohnung zurückzukehren. Beim Hinscheiden eines Verwandten bringt man dem Geiste des Verstorbenen Opfer dar, damit er in Frieden mit den Überlebenden von dannen ziehe und kein Ungemach über die Zurückbleibenden bringen möge. Man hat behauptet, dass die

---

[1]) Mitteil. d. Anthrop. Gesellsch. zu Wien. XV. S. 20.
[2]) Mac Gregor, a. a. O. S. 49.

Papua von Britisch-Neu-Guinea nur böse Geister kennen,¹) die bei jeder Zeit versöhnt und besänftigt werden müssen, um den Überlebenden wohlgesinnt zu bleiben. Es giebt aber auch Stämme, die gute Geister verehren wie z. B. die Motu-Leute.²) Die Eingeborenen glauben, dass ihre verstorbenen Angehörigen im Geisterreich in derselben Weise wie früher weiterleben, insbesondere die Fähigkeit haben, sowohl bei Tag, als auch bei Nacht ihren früheren Heimatsort aufzusuchen. Bei ihrem Eintritt in dieses Reich haben die Geister eine etwas peinliche Läuterung durchzumachen: Auf einem Rost werden sie über einem langsam lodernden Feuer so lange gedörrt, bis sie ätherisch und leicht genug sind, um in der Luft umherfliegen zu können. Hiermit haben sie aber die Anwartschaft auf einen Platz in dem Geisterland erworben, wo sie alle ihre verstorbenen Freunde treffen, wo Nahrung in Hülle und Fülle vorhanden ist und wo niemals Hungersnot herrscht. Die Papua in Britisch-Neu-Guinea machen keinen Unterschied, ob ein Mensch in seinem Leben gut oder böse gewesen ist, sie kennen nur ein Weiterleben nach dem Tode, und das ist in Freude und Herrlichkeit. Dieser Ort, wohin nach dem Glauben der Eingeborenen die Verstorbenen gelangen, ist bei den einzelnen Stämmen verschieden. Die Eingeborenen auf der Murray-Insel versetzen das Geisterreich in das Innere der Erde, andere in den Busch, wieder andere in die Berge, in die See und in den Himmel. Die Motu-Leute nennen es Tauru, die Dahuni-Leute Dindim, die Motu-Motu-Eingeborenen wieder Lavan; diese verlegen es nach Westen. An der Pforte des Geisterreichs stehen, wie die Eingeborenen glauben, bereits die Freunde zum Empfang und zur Einführung der Ankömmlinge bereit.³) Wie man die Geister einerseits fürchtet und ihnen aus diesem Grunde opfert, so schilt man sie andrerseits und greift sie thätlich an. Abgesehen von ihrer äusseren Gestalt wird auch die Stimme der Geister der Abgeschiedenen eine andere, im Gegensatz zu vorher viel heller und dünner.

Als äusserliches Kennzeichen der Ahnen-Verehrung findet man in vielen Papuahäusern in Britisch-Neu-Guinea Schädel der Verstorbenen, die man im Hause aufhängt, andere bewahren als Reliquien Daumenknochen, Fingernägel oder Haare der dahingeschiedenen Angehörigen auf.

¹) So Romilliy, Mac Gregor u. a.
²) Chalmers, Pioneering, S. 162 ff.
³) Ebenda.

Mit der Ahnenverehrung mögen im Zusammenhang stehen die Darstellungen von männlichen und weiblichen Figuren, die besonders im Elema- und Nama-Bezirk, vor dem Eingang der Versammlungshäuser und zuweilen in diesen selbst zu finden sind. Die Versammlungshäuser heissen in diesen Bezirken „Elamo", am St. Joseph-Fluss weiter östlich „Marea" und an dem ganzen Küstenstrich von Port Moresby bis zum Südkap werden sie von den Eingeborenen „Dubu", „Lubu" oder auch „Rubu" genannt. In dieser Gegend sind die Häuser bereits zu blossen Plattformen zusammengeschrumpft, die auf drei bis vier hohen, mit Schnitzerei versehenen Pfählen ruhen, aber auch als heilige Stätten gelten. Der einzige Raum der Elamo und Marea dient den Männern als Schlaf- und Wohnstätte, Versammlungsort und Unterkunftshaus für Fremde. Vor diesen Häusern befinden sich Plattformen, auf denen bei festlichen Gelegenheiten die Schweine und Hunde geschlachtet und die Mahlzeiten eingenommen werden. Den Weibern ist selbstverständlich das Betreten der Elamo, Marea und Dubu streng untersagt; an den Pfosten der letzteren sieht man häufig als Zierrat Menschenschädel angebracht, an ihnen hängen auch die Waffen und erbeuteten Trophäen, die in den Elamo und Marea im inneren Raume untergebracht werden. Die Jünglinge werden in die Marea oder Elamo aufgenommen, sobald sie dem Kindesalter entwachsen sind; dies geschieht gewöhnlich unter feierlichen Zeremonien. Am Schlusse derselben erhalten sie den Maro (Mar in Kaiser Wilhelms-Land), d. i. den Leibgurt für Männer. Vor der Aufnahme in die Marea haben die Knaben eine Periode der Abgeschiedenheit durchzumachen, und zwar in den Versammlungshäusern selbst. Sie dürfen diese während dieser Zeit nicht verlassen, um ja von keinem weiblichen Wesen erblickt zu werden. Die Motu-Leute schneiden den Jünglingen vor dem Beginn dieser Periode die Haare ganz kurz ab und lassen sie aus dem Versammlungshaus erst wieder heraus, wenn die Haare wieder ganz lang geworden sind.

Ist dieser Zeitpunkt dann eingetreten, so werden sie unter grösseren Feierlichkeiten und unter dem Opfer von Schweinen dem Dorfe gezeigt. Bei den Elema-Leuten dürfen die Knaben auch dann erst die im Elamo aufgestellte verhüllte Figur des Semese oder Hiovaki sehen, die bei dieser Gelegenheit den Blicken der Jünglinge enthüllt wird. Semese ist nämlich nach dem Glauben der Eingeborenen der Begründer der Dubu, Elamo u. s. w., und alle Versammlungshäuser sind ihm heilig. Deshalb zollen ihm besonders die Elema-Leute eine grosse Verehrung, und die Frauen pflegen sich auf ihn zu berufen, wenn einmal ein Mann die Nacht bei seiner Frau zubringen will. Für die Männer, so sagen sie dann, hat Semese die grossen Elamos[1]) zum Schlafen bestimmt und für die Frauen die kleinen Hütten. In den Dörfern im Innern von Kerepunu wird ein grosser Geist Palaku-Barn verehrt, der in den Bergen wohnt. Ein besonderer Ort ist dort für seine Verehrung bestimmt. Die Nama-Leute halten viel auf Kurian, einen weiblichen Geist, der in der See lebt, und von Harai, dem Sternengeist, der in dem Himmel wohnt; der Geist der Erde ist bei ihnen Emara. Kurian und Harai sind die Stammeseltern des Area-Stammes. Als Harai einmal vom Himmel herabgestiegen war, hörte er in einer Höhle am Seegestade singen: wie er näher hinzukam, entdeckte er darin das Meerweib Kurian, begattete sie und ihr Sohn war der Begründer der Area-Leute.[2]) Eine andere Figur, der man in Elema häufig opfert, ist der Geist Taparu. Dieser verursacht nach dem Glauben der dortigen Eingeborenen den Blitz, Semese den Regen, und einer weiblichen Gottheit, Kewakuku genannt, gehört die Sonne. Ihr Kopf, wie er meist dargestellt wird, gleicht einer Fettgans, und den Körper stellt ein Gestell aus Flechtwerk dar.

So scheint neben dem Geisterglauben der Papua gleichzeitig eine Verehrung der Naturkräfte einherzugehen. Die Nama-Leute z. B. sprechen das Wort Sonne nur im Flüsterton und sehen dabei stets nach oben. Wenn die Motu-Leute, so berichtet Chalmers, gegen Abend auf ihrem Heimwege gewahren, dass die Sonne im Untergehen ist, pflegen sie an sie folgende Apostrophe zu richten: „Sonne beeile dich nicht so und warte noch, bis ich zu Hause bin, der Speck des nächsten Schweines soll dir auch gewiss sein." Andere verehren das Feuer als eine Art Gottheit, andere wieder den Donner, Blitz, Wind und Regen, wie wir schon sahen. Nach der Annahme der Motu-Leute hat der Südostpassat zwei Thore und der Nordwest deren sechs. Sind die Thore geschlossen, kann der Wind nicht heraus; doch sobald nur eines offen ist, so blast der Wind. Den Nordwind nennen sie Matana. Vor den Erdbeben fürchten sie sich nicht, im Gegenteil ersehnen sie es, denn es bringt gute Ernten nach ihrem Dafürhalten. Nach der Erzählung der Orokolo-Leute ist das Feuer ursprünglich aus dem Innern der Erde gekommen, später

---

[1]) Chalmers, Pioneering. S. 162 ff.
[2]) Ebenda S. 81.

aber wieder ausgegangen, so dass die Menschen ganz ohne dieses
Element waren. Wie die Orokolo-Sage weiter berichtet, ist es
dann später auf folgende Weise zur Erde gelangt: Die Geburt der
Kinder pflegte in früherer Zeit bei den Orokolo-Leuten in der Regel
durch die gewaltsame Operation des bei uns unter der Bezeichnung
„Kaiserschnitt" geübten Schnittes zu erfolgen, bei dem die Mutter
dann meist das Leben verlor. Eine ljunge Papua-Mutter, der ihr
Leben lieb war, bat eines Abends, als die Geburt ihres Kindes
nahe bevorstand, ihren Mann flehentlich, sie zu schonen, den
Schnitt nicht zu thun und sie zu ihren Eltern zu bringen. Er
that es, und noch in derselben Nacht erfolgte die Geburt eines
Knäbleins auf natürlichem Wege. Nachdem die Frau am Morgen
ein Bad genommen hatte, fror sie ganz fürchterlich und sie wünschte
sich etwas Wärme. Siehe da, alsbald fiel ein Stück Feuer vom
Himmel herab, und ihr Vater nährte es mit trockenem Holz. Es
nahm zu und bald darauf verbreitete es solche Hitze, dass es dem
Weibe schön warm wurde. Gar bald hörte man im Dorfe von
der wunderbaren Geburt und dem Herabfallen des Feuers vom
Himmel. Alles kam mit Geschenken herbei, die dem Neugeborenen
zu Füssen gelegt wurden, mit der Bitte um etwas Feuer. Und
seitdem ist das Feuer nicht wieder in Orokolo erloschen. Die Motu-
Leute halten Hiovaki für den Schöpfer von Meer und Land. Aus
der Erde sollen dann der erste' Mann und das erste Weib entsprungen sein, und diese sollen drei Söhne, Koiari, Koitapu und
Motu, gehabt haben. Himmel und Erde grenzten nach dem Glauben
der Motu-Leute früher aneinander. Die Erdenbewohner brauchten
nicht zu arbeiten, sondern nur eine Matte vor der Himmelsthür
auszubreiten und ein Gebet zu sprechen, alsbald öffnete sich der
Himmel und alles, was sie zu haben wünschten, erhielten sie von hier.
Durch der Frauen Schuld wurde diesem herrlichen Leben ein jähes
Ende bereitet: ein Mann hatte zwei Weiber und als er nach einer
Zeit die eine vor der andern bevorzugte, geriet der Mann über die
ewigen Eifersuchtsszenen so in Wut, dass er den schmalen Stab,
der Himmel und Erde verband, mit einer Axt durchhieb und auf
diese Weise die Bewohner der Erde und sich selbst zur Arbeit
verdammte.

Die Legoa-Leute verehren den Mond und die in demselben
sitzende Gottheit Eaboahme. Die Keile-Leute halten ihn für eine
Tochter der Erde und die Gattin der Sonne, doch sind die Einzelheiten dieser ihrer Heirat in ein gewisses Dunkel gehüllt. Der

Geburtsort des Mondes wird in das Dorf Keile selbst verlegt, ungefähr vier geographische Meilen südöstlich von Port Moresby. Wie die Sage erzählt, ist durch die Neugier eines Keile-Mannes diese Geburt einige Zeit zu früh erfolgt, und seiner Schuld hat man es zuzuschreiben, dass die Erde nicht beständig belehntet ist. Die Eingeborenen denken gern über die Entstehung und den Zusammenhang der Naturkräfte nach und suchen ihr Wirken nach ihrer Art zu ergründen, besonders interessieren sie Dinge, die ihnen mit Übernatürlichem in Zusammenhang zu stehen scheinen. So fragte einst, wie Mac Gregor erzählt, ein Eingeborener von Port Moresby einen Arzt, der einen Mann chloroformierte, nachdem er diesen Vorgang genau beobachtet hatte, ob, wenn der Arzt auch das Herz tot gemacht hätte wie den übrigen Körper, er auch dann den Mann wieder lebendig machen könnte. Vieles, was die Eingeborenen von den Europäern nicht verstehen, bringen sie in Zusammenhang mit den Geistern derselben, vor denen sie eine grosse Furcht haben. Stirbt einmal ein Europäer, z. B. ein Händler bei ihnen, eines natürlichen oder unfreiwilligen Todes, so wird die Leiche nicht beerdigt, sondern, falls sie nicht verzehrt wird, in das Wasser geworfen, damit sie die Wellen möglichst bald fortschwemmen und der mächtige Geist des Verstorbenen nicht das Dorf beunruhige. Ist umgekehrt einer der Ihrigen bei den Weissen gestorben, ohne dass durch eine Entschädigung sein Tod gesühnt ist, so muss an Stelle des Schädels des Verstorbenen ein Schädel eines Weissen treten, sonst kann der Geist des Verstorbenen nicht zur Ruhe kommen. So waren einmal vor Jahren einige Leute aus Bakera (Duau) der Aufforderung eines griechischen Händlers gefolgt, für ihn Trepang zu fischen. Bei einem Unwetter ging sein Schiff mit Mann und Maus unter. Einige Zeit darauf kam ein anderer europäischer Händler in ihre Gegend und sie machten sich kein Gewissen daraus, ihn als Entgelt und Busse für die Seelen der Untergegangenen zu ermorden. Diese Fälle stehen leider auch heute noch nicht vereinzelt da.

Der Aberglaube der Eingeborenen ist ein Übel, gegen das sowohl Mission als Regierung schwer anzukämpfen haben. Im Westen giebt es gewisse Plätze, die von den Eingeborenen gemieden werden, weil, wie sie sagen, dort Geister umgehen. Zu diesen Plätzen rechneten sie noch bis vor kurzem Daru, den Hauptsitz der Regierung im Westen. Als die Station dorthin von Mabudauan verlegt werden sollte, war ein grosser Teil der Eingeborenen nicht dazu zu bewegen, die Weissen dorthin zu begleiten. Erst als ein ganzes Jahr auf der Station, die ausserordentlich günstig gelegen ist, vergangen war, ohne dass ein Todesfall sich ereignet hatte, liessen sich die Eingeborenen der Umgebung herbei, auf der Station zu arbeiten, und ebenso die Mabudauan-Leute sich als Polizeisoldaten anwerben. In der Nähe von Daru stand bis vor kurzem ein grosser Feigenbaum, den, wie die Eingeborenen behaupteten, eine Art weiblicher Geister, buhere-buhere genannt, sich zu ihrem Sitze erwählt hatten. Einer der grossen Zweige des Baumes war dem Verkehr hinderlich und sollte abgehauen werden. Nur zwei Männer auf der ganzen Station getrauten sich, den Befehl auszuführen, und als sie den Zweig des Gespensterbaumes wirklich abgehauen hatten, waren die Übrigen fest davon überzeugt, es würde ihnen etwas Schreckliches zustossen. Als nichts geschah, half man sich mit der Annahme, dass gegen die Regierung und ihre Organe die buhere-buhere nichts ausrichten könnten. Auf dem Hügel von Marbudauan trieb, nach dem Glauben der Eingeborenen, der weibliche Geist Wanwa sein Unwesen und kündigte von Zusammenklappen von zwei grossen Steinen stets den Tod eines Mitgliedes des Kadawa- oder Fureture-Stammes an. Als der Stationsvorsteher diese Steine entzweischlagen liess, hiess es, die Macht des Geistes wäre damit noch nicht gebrochen, er würde sich jetzt nur einen anderen Wohnsitz aussuchen.[1]

Eine Waffe, die die Eingeborenen seit jüngster Zeit gegen ihren Aberglauben der Regierung selbst in die Hand spielen, sind die Zauberer, die durch ihre unlauteren Manipulationen und Intriguen beständig Zwietracht und Unfrieden unter die Eingeborenen säen. Die Eingeborenen sehen dies seit jüngster Zeit selbst ein und vorkommenden Falles geben sie die Namen der Zauberer, die Unfrieden angerichtet haben, der Regierung an. Dies hat es der Behörde erleichtert, einer Verordnung Geltung zu verschaffen, durch die dem Zaubereiunwesen gesteuert wird.[2] Harmlose Kindereien, mehr Spielereien der Eingeborenen, die ebenfalls mit ihrem Aberglauben zusammenhängen, z. B. das Halten von Talismanen u. s. w. werden von dieser Verordnung nicht berührt. Man würde den Eingeborenen auch zu tief ins Fleisch schneiden, wollte man ihnen gleichzeitig auf einmal alles nehmen, woran sie in ihrem Aberglauben hängen. Die Eingeborenen im Elema-Bezirk

---

[1] British New Guinea. Annual Report 1894/95. S. 57.
[2] Regulation II of 1893/4 British New Guinea. Annual Report for 1893/94. S. 58.

tragen z. B. eine Art Baumharz (tomana) in ihren Brusttäschchen, mit dem sie sich einschmieren, um das Seekalb in ihr Netz zu locken. Die Papua eines anderen Bezirkes im britischen Schutzgebiet bedienen sich eines wohlriechenden Pflanzenstoffes (tohni), um vor Schlangenbissen sicher zu sein. Ausserdem giebt es Liebes-, Jagd-, Fischfang-Talismane wie im übrigen Neu-Guinea. Die Wailala-Leute treiben sogar einen schwunghaften Handel damit. Diese scheinen wie die Koitapu einen Ruf als Zauberer zu haben. Mit ihren Gottheiten gehen sie aber nicht sehr zart um, denn wie Chalmers erzählt, haben sie einst ihren Semese, den Regenbringer, der bei ihnen stets vor dem Versammlungshause stand, während eines grossen Festes, bei dem sie schönes Wetter haben wollten, einfach eingesperrt und erst wieder hinausgelassen, als das Fest sein Ende erreicht hatte.[1]

Totemismus[2] besteht in seinen verschiedenen Formen im Süden des britischen Schutzgebietes von den Louisiaden-Inseln bis zur Orangerie-Bai. Es finden sich aber Spuren davon nur im Osten von Britisch-Neu-Guinea, dagegen anscheinend gar keine im Westen. Das Sinnbild des Totem ist ein Tier, von dem die Ahnen des betreffenden Inhabers abstammen. Dieses Tier ist ihm dann heilig und er muss jeden töten, der solchem etwas zu Leide thut. Personen, welche das gleiche Totem haben, dürfen sich nicht heiraten, mag die Frau oder das Mädchen aus einem noch so entfernten Stamme sein. Zuwiderhandlungen gegen die Totem-Gebräuche werden unnachsichtlich und blutig gerächt. Die Kinder haben in der Regel das gleiche Totem wie die Mutter. Einige haben zu ihrem Totem den Delphin, andere die Schildkröte, wieder andere die Schlange, den Kasuar oder einen anderen Vogel. Das allgemeine Totem des Masingara-Stammes ist der Alligator.

Die Tabu-Gebräuche[3] fehlen selbstredend auch in Britisch-Neu-Guinea nicht. Sie finden sich überall da, wo polynesische Einflüsse sich geltend gemacht haben. Im Westen ist der Ausdruck „Tabu", der bekanntlich die Unverletzlichkeit, Unantastbarkeit, Heiligkeit gewisser Personen, Gegenstände und Orte sowie diese Orte selbst bezeichnet, ersetzt durch das Wort sabi. Sabi in ihrem Verhältnis zu einander sind z. B. Personen, die sich aus zu naher

---

[1] Chalmers, Work and adventure in New Guinea. S. 152.
[2] British New Guinea. Annual Report 1895/96, S. 40.
[3] British New Guinea. Annual Report 1892/93, S. 38, 1894/95, S. 510.

Verwandtschaft oder anderen Gründen nicht heiraten dürfen. Man bezeichnet solche Personen mit Emapura-Personen, die in ihrem Stamme sabi sind, hören es auf zu sein, sobald sie die Stammesgrenze überschritten haben. Die Anwendung des „sabi" geht somit nicht über den Stamm hinaus. Weiter sind sabi für den Ehemann die Namen der Eltern seiner Frau oder deren Verwandten, solange dieselben im Stammesgebiet weilen, und ebenso für die Ehefrau die Verwandten ihres Mannes. Nicht unter dieses „sabi" fallen die Namen der jüngeren Brüder und Schwestern des Mannes oder der Frau. Wer gegen das sabi gefehlt hat, muss demjenigen, den er dadurch verletzt hat, eine Busse erlegen. An diesem Brauche wird so streng festgehalten, dass den Männern, die das sabi verletzt und dafür noch keine Entschädigung geleistet haben, der Zutritt zu dem Versammlungshause untersagt ist; sie sind gewissermassen geächtet. Sehr gebräuchlich ist es im Westen, Privateigentum, z. B. Bäume, sabi zu machen. Es geschieht dies sowohl, um die Früchte für ein bevorstehendes Fest anzusammeln, als auch um Diebstahl oder vorzeitige Abnahme unreifer Früchte zu vermeiden.

Die Eingeborenen im Westen pflegen Pflanzungen nicht durch das sabi zu schützen; sie suchen Diebstahl an Feldfrüchten auf andere Weise zu verhindern: man steckt in den Boden des Pfades, der zur Pflanzung führt, kleine Pflöcke, die leicht mit Erde bedeckt werden und beim Betreten des Weges, da sie unsichtbar sind, die Füsse verwunden. Der Dieb, welcher die Pflanzung heimgesucht hat, verrät sich dann gar bald an seiner Lahmheit; dagegen werden Wege und Pfade, die zu Sabi-Plätzen führen, häufig dadurch als sabi kenntlich gemacht, dass man eine trockene Kokosnuss auf einen Pfahl steckt, den man vor den Weg oder den Pfad, der nicht betreten werden soll, aufsteckt. Kommen Eingeborene auf ihren Märschen in die Nähe solchen Ortes, der schon von weitem als sabi bemerklich ist, so verhalten sie sich ganz still; keiner spricht ein Wort und man vermeidet das Betreten des Platzes, um ja das sabi nicht zu verletzen. Die Übertretung des sabi würde nach dem Glauben der Eingeborenen zum mindesten Krankheit nach sich ziehen. Trinkwasser oder der Zutritt zu Flüssen ist niemals sabi oder tabu, ebensowenig alles andere, was seiner Natur oder dem Stammesgebrauche nach gemeinsames Eigentum ist, so Feuerholz, Tänze, Gesänge, Märchen. Viele Leute legen sich bezüglich ihrer Nahrung nicht selten selbst ein „tabu" auf oder haben es bereits von ihren Vorfahren überkommen; am häufigsten sind in solchen

Häuptlingshaus in Tupuselei (Nähe von Port Moresby).

Fällen Krokodile, Kasuare und Hunde „tabu". Ein hierher gehörender Brauch ist der, dass man sich beim Tode eines Verwandten oder Freundes dasjenige Nahrungsmittel nie mehr anzurühren gelobt, das der Verstorbene zuletzt berührt oder verzehrt hat; doch hält man solche Gelübde in der Regel nicht länger als bis zur nächsten Jahreszeit, d. h. bis der entgegengesetzte Wind einsetzt; gewissenhaftere Leute wie z. B. Duaui, der Häuptling von Mawatta, bleiben solchem Gelöbnis für Lebenszeit getreu.[1]

In einzelnen Bezirken, z. B. in Dobu, gab es bis vor kurzem noch zweierlei Arten von tabu, das durch den Zauberer auferlegte und das althergebrachte; ersteres war ein spezifisches ererbtes Recht der Dorfzauberer, ist aber jetzt durch die schon erwähnte Verordnung gegen das Zaubereiunwesen abgeschafft. Um einen grossen Vorrat für Feste zu sichern, kennt man in den meisten Landschaften auch das Pflanzungstabu. Schon oben erwähnt wurde das mit der Nennung des Namens eines Verstorbenen verknüpfte tabu, ebenfalls erwähnt wurde, dass es in einzelnen Gegenden ein tabu giebt, welches Männer daran hindert, aus einem fremden Stamme eine Frau zu nehmen. Das tabu, das den Frauen und Kindern das Betreten des Versammlungshauses verbietet, wird selbstverständlich auch hier in Britisch-Neu-Guinea streng beobachtet.

Die Versammlungshäuser unterscheiden sich in nichts besonderem von denen in Kaiser-Wilhelms-Land; sie finden sich wie dort auch hier in jedem Dorfe. In diesen Versammlungshäusern werden in allgemeiner Versammlung alle wichtigeren Angelegenheiten des Dorfes beraten, die Stimme eines gilt so viel wie die des anderen, doch führen in der Regel die Familienhäupter das Wort, d. h. die Häupter einer Gruppe von Söhnen, Töchtern, Oheimen, Vettern, Nichten u. s. w. Die Häuptlinge haben nur selten eine entscheidende Stimme; ihr Einfluss und ihre Macht sollen früher, wie die Eingeborenen selbst, besonders im mittleren Britisch-Neu-Guinea, gern erzählen, viel grösser gewesen sein. So z. B. behaupten die Motu-Leute, vor alten Zeiten nicht viele verschiedene Häuptlinge in einem Stamme, sondern nur einen Stammes-Häuptling gehabt zu haben, der über Krieg und Frieden entschied. Der bei der Protektionserklärung des Landes durch England vom englischen Kommandanten zum Oberhäuptling des Motu-Stammes, der damals an 50 Häuptlinge zählte, ernannte Boi Vagi soll aus dem Geschlecht dieser grossen

---

[1] British New Guinea. Annual Report 1894-95. S. 56.

Häuptlingsfamilie gewesen sein, wie Chalmers berichtet. Die Häuptlinge sollen früher grosses Ansehen gehabt haben, auch Boi-Vagis Einfluss soll sich nicht bloss über den Motu-Stamm, sondern über denselben hinaus erstreckt haben; seit seinem Tode aber haben die Häuptlinge im Motu-Stamm keine solche Macht mehr. So viel steht jedenfalls fest, dass im Osten des britischen Schutzgebietes die Häuptlinge noch viel mehr zu sagen haben als im Westen, wo ihr Ansehen sehr oft gleich Null ist. Thatkräftige Häuptlinge, die es im Elema-, Maiwa-, Motu-, Mekeo-, Sarua-, Gosoru-, Kalo-, Aroma-Stamm giebt und die sich in einzelnen Dörfern wie Maupa, Wabaraba, Kaware, Mara, Hula, Kerepunu, Vailala finden, werden selbstverständlich von der Regierung auf alle mögliche Weise unterstützt, weil ein intelligenter energischer Führer, der der Regierung freundlich gesinnt ist, Hunderte von Eingeborenen aufwiegt, auch wenn diese sonst willig und fügsam sind. Auf einzelnen kleineren und grösseren Inseln, so z. B. Yule, Murray, Trobriand-Inseln, haben es ebenfalls einzelne Papua zu Ansehen und Einfluss als Häuptlinge gebracht.

Im Aroma-Bezirk ist die Häuptlingserbfolge aufs beste geregelt. Dem verstorbenen Häuptling folgt dort, ohne irgend welche Störung des Friedens, sein Schwestersohn. Diese Seitenerbfolge ist auch bei anderen Stämmen im Osten üblich, im Motu-Stamm, auf den Tobriand-Inseln und in der Bentley-Bai. Hier ist Komodon von Polutona als hervorragender, einflussreicher Mann zu nennen, in der Milne-Bai — Yacoba von Mita, in Kalo — Saul, in Quaipo — Makopolo, in Gosaro — Kaboka, in Maupa — Guapana, in Vailala — Ipai, in Delana (Hall Sound) — Lavon und im Aroma-Bezirk — Koapena. Semon[1]) berichtet, dass der Einfluss dieses Mannes stark genug ist, um Gut und Leben der dort angesiedelten Missionare vor den Eingeborenen zu schützen. Andrerseits wieder scheut er nicht davor zurück, das seinen Stammesgenossen von anderen angethane Unrecht blutig zu rächen. So hatten sich vor einigen Jahren sieben im Dorfe Maupa angesiedelte Chinesen an mehreren Eingeborenen-Weibern vergangen; sie wurden sämtlich von Koapena getötet und ihre Köpfe an den Pfosten des Versammlungshauses des Dorfes zu Schau und Schmuck aufgesteckt.

Doch oft ist es schwer, in den Dörfern den tonangebenden „Master", wie die Eingeborenen, die Englisch verstehen, den

---

[1]) Semon. a. a. O. S. 386.

sogenannten Häuptling zu bezeichnen pflegen, herauszufinden, denn weder tritt er durch besondere Kleidung und Körperschmuck vor den andern hervor, noch bewohnt er in der Regel ein besseres Haus als die übrigen, noch endlich wird ihm von den Dorfbewohnern eine besondere Achtung entgegengebracht oder Tribut gezollt. Im Westen finden wir im Badu- und Masingara-Stamm auf Parama, (Bampton-Insel) und Jasa Männer, die allenfalls den Namen von Häuptlingen verdienen. Zuweilen entstehen hier auf Grund von Tapferkeit, Stärke, Klugheit und Alter Autoritäten, meist ist es aber der Besitz, der auch hier einem gewöhnlichen Papua zur Häuptlingswürde verhilft. Ähnlich wie im übrigen Neu-Guinea hat solcher Häuptling kaum ein Vorrecht vor den andern, abgesehen von einzelnen Privilegien beim Schweinekauf und kleinen Ehrungen. Eine besondere Auszeichnung geniessen die Häuptlinge auf den Trobriand-Inseln; sie werden dort auf ihren Besuchsreisen von Dorf zu Dorf von ihren Leuten abwechselnd auf den Schultern getragen. Ihr Ansehen ist aber auch hier mehr ein äusserliches. Im Kriege schwingen sich die Häuptlinge bisweilen zu Führern auf, doch Neid und Missgunst der Dorfgenossen und Furcht der Häuptlinge vor der Rache ihrer Leute tragen bald nach Beendigung des Streitzuges das ihrige dazu bei, ihre Stellung herabzumindern.

Furcht ist es auch, welche die Dorfgemeinden untereinander zusammenhält. Angst und Besorgnis vor gemeinsamen Feinden schliesst die einzelnen Familien, welche zusammen wohnen, zu einer Dorfgemeinschaft enger zusammen. Das Haupt der Familie hat innerhalb derselben meist Ansehen und ziemlichen Einfluss, und die verschiedenen Familienhäupter des Dorfes beraten und beschliessen dann gemeinsam über das Wohl der Gemeinde. Die Dorfgemeinden sind bald grösser und zählen dann bis zu 1000 Einwohner, meist kleiner, oft sogar nur 10 Mann stark und in ihrer Schwäche in steter Furcht vor den anderen. Sobald sie sich aber stärker fühlen, werden sie leicht anmassend und übermütig und führen durch ihre Herausforderungen oft gegen sich die Zusammenschliessung mehrerer kleiner benachbarter Gemeinden mit gemeinsamer Sprache und Sitten zu einem Stamme herbei. So kommen Stammesbildungen zustande, lose zusammenhängende Vereinigungen ohne Führerschaft und festes Gefüge, denn Freiheit und Gleichheit herrscht auch in Britisch-Neu-Guinea im Papua-Dorf und -Stamm. Unsere grössten Denker sind der Ansicht, dass der vollkommenste und ideale soziale Zustand der der Selbstregierung und Bewahrung der individuellen

Freiheit ist. Hier in Neu-Guinea haben wir eine Art solchen Idealstaates, in dem die Menschen, unumschränkte Beherrscher des Grund und Bodens und mit ihren geringen Ansprüchen und in ihrem Unabhängigkeitsgefühl, ohne rechte Führer und Gesetze, keiner mehr besitzend als der andere, sich selbst regieren. Hier finden wir keinen Unterschied von arm und reich, keinen Gegensatz von hoch und niedrig, Gelehrten und Unwissenden, Herren und Knechten, keinen Kampf um das Dasein und kein Hasten nach Erwerb. Doch wer sich gegen seinen Nächsten vergeht, hat dessen Faust zu fühlen oder fällt durch seine Hand, falls sich nicht Freunde ins Mittel legen; geschieht einem Dorf- oder Stammesgenossen Unrecht von aussen, so tritt für ihn die Dorf-, in selteneren Fällen die Stammesgenossenschaft ein. Die grosse Liebe und das treue Zusammenhalten der Familienangehörigen führt zur Blutrache, die als die unmittelbare Folge der moralischen Pflicht der Blutsverwandten erscheint. Nicht die Mordlust, sondern die Zuneigung zu den Angehörigen führt hier zur Blutthat. Selten kommt es vor, dass eine Dorfgemeinschaft als solche sich gegen einen der Ihrigen wendet, es müsste denn schon ein notorischer Mörder oder Dieb sein. Kleine Diebstähle kommen selten vor, aber auch bei solchen, zu denen sie ihre Habsucht treibt, schrecken sie selbst vor Mord nicht zurück.

Im allgemeinen sind die Eingeborenen von Britisch-Neu-Guinea viel blutdürstiger und kriegerischer als die Eingeborenen unseres Schutzgebietes. Ihre Waffen unterscheiden sich dagegen nicht viel von denen der Papua in Kaiser Wilhelms-Land. Eine spezifisch nur in Britisch-Neu-Guinea vorkommende Waffe ist der sogenannte Menschenfänger, der, was sein Ausseres anbetrifft, ein ganz hübsches Machwerk ist. Die Waffe soll von den Eingeborenen in der Hood-Bai erfunden worden sein und besteht aus einem Reifen, der an einer Stange befestigt ist und an dessen äusserem Ende ein nagelartiger zugespitzter Keil sich befindet. Der Verfolger hat den Reif beim Werfen auf das Opfer so geschickt zu handhaben, dass der spitze Keil entweder im Kopf oder im Rücken des Verfolgten stecken bleibt.

Im Westen des britischen Schutzgebietes sind die Hauptwaffen Bogen und Pfeil, weiter im Osten treten sie als solche mehr zurück und kommen im Osten nur noch selten vor. Die Bogen sind in der Regel aus Bambusholz, etwa $1\frac{1}{2}$—$2\frac{1}{2}$ m lang und in der Mitte 2—3 cm breit, an den Enden sind sie ungefähr fingerdick. Die innere Seite des Bambus bildet beim Bogen die äussere. Die Sehnen bilden Streifen aus Bambus oder Zuckerrohr, sie sind $1/2$, $3/4$ cm stark. Die Binnenstämme nehmen zu den Bogen Palmenholz; der Schaft der Pfeile ist aus Rohr, die Spitze aus starkem Palmenholz, bisweilen auch aus Knochen oder der starken Klaue eines Kasuar. Wie bereits bemerkt, sind diese Pfeile mit hübschen Schnitzereien versehen und verschiedentlich gemustert; die Pfeilspitze ist nicht vergiftet; da dieselbe, wie wir sahen, häufig aus Knochen oder Kasuarklauen ist, an denen oft noch Fleischreste sitzen geblieben sein mögen, die zu Eiterung der Wunden das Ihrige beitragen, so mag die Mär von der Vergiftung der Pfeile hierin ihren ursprünglichen Grund haben. Die Pfeile, die die Eingeborenen im Westen im Kampfe benutzen, sind oft bis 2 m lang, kleinere werden zum Fischeschiessen verwendet.

Zur Bewaffnung eines Kriegers gehört ferner die Keule, meist aus schwerem Eisenholz, bisweilen tragen die Männer im Westen, wenn sie in den Kampf ziehen, ein scharfes Bambusmesser bei sich, das an einem Strick um die Schulter geschlungen ist. Meist sind diese Messer Erbstücke, die vom Vater auf den Sohn übergehen; sie werden benutzt, um dem gefallenen Feinde den Kopf abzuhauen, und die Zahl der in die Messer geschnitzten Kerben giebt an, wieviel Feinde der Besitzer des Messers und seine Vorfahren, die es besessen, bereits erlegt haben. In anderen Gegenden werden diese Kerben in die Speere eingeschnitten. Weiter östlich wird das Bambusmesser durch einen Dolch aus Kasuarknochen ersetzt; er gehört zur Bewaffnung und dient dazu, dem Feinde im Nahkampf den Garaus zu machen, in der Regel stösst man es dem Gegner oberhalb des Schlüsselbeins in den Hals.[1]) Die Hauptwaffe im Osten ist der Speer, der bisweilen geschmackvoll verziert ist. Schilde findet man im Westen des Schutzgebietes gar nicht, im Osten sind sie dagegen die steten Begleiter der Krieger.

Im Innern des Landes, im Owen Stanley-Gebirge, haben die Eingeborenen sowohl Bogen als auch Speere zur Bewaffnung, und auf den Abhängen des Mt. Scratchley Bogen, Pfeil und Steinkeulen. Im Nordosten des Schutzgebietes bedienen sich die Papua ausser Speeren der Steinäxte und Steinkeulen aus Basalt; auch hier wie fast überall in Britisch-Neu-Guinea sind die „Menschenfänger" in Gebrauch. Im Süden des Landes hat man ausser Speeren und Keulen nicht selten Schleudern, vermittelst deren man den Feind

---

[1]) Mac Gregor, a. a. O. S. 60.

mit Steinen bewirft. Das Tragen der Waffen war früher ganz allgemein; jetzt, wo besonders im Osten die Verwaltung mit starker Hand eingegriffen hat und die Eingeborenen wissen, dass sie nicht mehr ungestraft zu den Waffen greifen dürfen, andererseits aber auch, dass sie Schutz bei der Verwaltung finden, trägt man nicht immer Waffen bei sich.

Weitere Verteidigungsmittel sind ausser dem Davonlaufen, das der Eingeborene sehr liebt, Baumhäuser, Pallisaden, mit denen die Dörfer befestigt werden, oder Felsenhäuser, die hoch oben an Felsenwände angebaut sind. Der Kampf wird wie im übrigen Neu-Guinea nicht in offener Schlachtreihe, sondern aus verstecktem Hinterhalt geführt. Da die Papua eigentliche Führer im Kampfe nicht haben, so streitet jeder im Kampfe mehr für sich als für die Allgemeinheit. Zum Kampfe schmückt man sich im Nordosten gern mit Masken, um den Feind zu schrecken, und, um sich selbst mehr Mut zu machen, stösst man bei Beginn des Kampfes ein Kriegsgeschrei aus. Wer einen Feind im Nahkampfe erschlägt, wird als Held gefeiert und erhält bei einzelnen Stämmen als äusseres Zeichen der Tapferkeit die obere Kinnlade eines Nashornvogels, die er vorn an der Stirn befestigt. Bei den Motu-Leuten wird diese Belohnung oder Schmuck eines Helden durch einen Büschel Kakadufedern ersetzt, die der Held auf dem Kopfe trägt. Die Sucht, ein solches Zeichen zu erlangen, führt nicht selten zu blutigen Fehden zwischen sonst befreundeten Dörfern. Sonstige Kampfesursachen sind Eifersucht, Aberglaube, Mordlust und die Weiber. Besonders im Süden sind häufig die Frauen geradezu die Anstifterinnen zum Kampf. Wie Furien, erzählt Chalmers, stürzen sie sich, falls die Männer ihren Wunsch, eine Fehde auszufechten, nicht sofort zu erfüllen geneigt sind, auf sie los, werfen die Schilde der Männer zur Erde und diese selbst mit Steinen, sie „die ärgsten Feiglinge auf der Welt" scheltend.[1]) Nicht selten führen geringere Ursachen, oft nur ein unbedeutender Wortstreit zu Krieg und Blutvergiessen.

Zu den angeführten Ursachen kommen bei den Eingeborenen im Südosten, insbesondere bei dem Logea-Stamm in der Nähe von Samarai, noch weitere hinzu.[2]) Es ist dort Sitte, dass bei dem Ein-

---

[1]) Chalmers, Work and adventure in New Guinea. S. 73.
[2]) Dr. Lamberto Loria in British New Guinea Annual Report for 1894/95. S. 45 ff.

Tafel 26.

(Original im Besitz S. M. des Kaisers und Königs.) Lindt.
Baumhaus im Dorfe Koiari, Britisch-Südost Neu-Guinea.

tausch von grösseren Gegenständen, Schweinen, Kanus u. s. w. Teilzahlungen gewährt werden. Lässt dann der Schuldner den Gläubiger über Gebühr und trotz vorheriger Mahnung mit der Abzahlung einer Rate warten, so tötet der Gläubiger einfach den Schuldner und nimmt sich dann, was ihm zukommt, aus dem Nachlass, was seitens der Verwandten des Schuldners selbstverständlich nicht ungerächt bleibt. Eifersucht ist ferner bei diesen Stämmen des Südens ein nicht seltener Grund zum Blutvergiessen. Kommt z. B. ein junger Adonis aus einem Nachbardorf in ein befreundetes zum Besuch und hat das Unglück, dass die Weiber sich in ihn verlieben, so ist das Grund genug, den unschuldigen Usurpator der Herzen ihrer Ehehälften aus dem Wege zu räumen. Bei den Festen kommt es häufig vor, dass einer oder der andere sich mit Heldenthaten brüstet. Übertreibt dann einer einmal zu sehr und wagt es ein zweiter, die Wahrheit der Schilderungen in Zweifel zu ziehen, so macht sich der Erzähler kein Gewissen daraus, den Beleidiger niederzuhauen. Will es der Zufall, dass zwei Papua-Jünglinge in Liebe zu derselben Schönen entbrennen und rühmt sich der Bevorzugte seiner Erfolge bei der Maid, so entflammt dies die Wut des Zurückgesetzten, und der glückliche Liebende fällt als ein Opfer der Eifersucht des anderen. Oft ist blosse Lust am Blutvergiessen die Veranlassung zu Fehden untereinander. Man schafft durch die Ermordung irgend eines Angehörigen eines fremden Dorfes, mit dem man gern einen Kampf ausfechten will, einen Anlass zum Beginn desselben. Noch ein anderer Grund ist Zauberei und alles, was damit zusammenhängt. Es regnet z. B. tagelang hintereinander fort. Dies hindert vielleicht mehrere Dorfgenossen, die einen Jagdausflug oder anderes vorhaben, an der Ausführung. Sie langweilen sich zu Hause, werden ärgerlich, schliesslich machen sie ihrem Unmut dadurch Luft, dass sie den fortwährenden Regen der Zauberei irgend eines Angehörigen eines fremden Dorfes, dem sie nicht wohlwollen, zuschreiben. Er hat mit seinem Kopfe dafür zu büssen, dass es so lange geregnet hat, und selbstverständlich nimmt das Dorf, dem der Getötete angehört, Rache. Endlich führen Familienzerwürfnisse nicht selten dazu, dass das eine oder andere Familienmitglied, das sich von einem seiner Verwandten geschädigt glaubt, sich mit den Feinden verbündet, um den Verwandten, mit dem er sich im Streit befindet, aus dem Wege zu räumen. Nachdem dies geschehen, thut ihm sein Vorgehen leid, und er wendet sich nun selbst gegen die Mörder seines Blutsverwandten, um diesen zu rächen.

Die tödlichste Beleidigung, die im Süden ein Papua dem andern anthun kann, ist, den Namen seines verstorbenen Verwandten auszusprechen; schon die geringste Anspielung auf den Tod desselben ist zu vermeiden, sonst „kommt sein Geist zurück."[1]) Dieser Brauch kann oft zu den grössten Verwickelungen führen. Ist z. B. ein Dorfgenosse aus irgend einer Veranlassung eine zeitlang vom Dorf abwesend, und stirbt inzwischen einer seiner Verwandten, so wird es niemand bei der Zurückkunft des Heimkehrenden wagen, diesem von dem Verluste, der ihn betroffen hat, Mitteilung zu machen. Er kommt vergnügt in seine Heimat zurück und liest es auf den Gesichtern der Freunde, dass ein Todesfall sich ereignet hat, jedoch fragt er nicht. Niemand würde antworten. Er hat selbst Umschau im trauernden Kreise zu halten, welcher von seinen Angehörigen fehlt. Sollte es jemand aus diesem Kreise einfallen, den Namen des Verstorbenen zu nennen, so würde diese Beleidigung alsbald blutig gerächt werden.

Nicht zu vergessen ist die Habsucht als häufige Veranlassung zu den Fehden der Eingeborenen: zwei Eingeborene mögen ganz gut miteinander stehen und friedlich miteinander auf die Jagd gehen. Unterwegs rasten sie. Der eine nimmt seine Tasche von der Seite, um seine Betelbüchse herauszuziehen. Der andere schaut ihm zu, und seine habgierigen Augen bleiben an der hübsch ausgelegten Kalk-Kalebasse seines Begleiters haften. Er möchte sie gern sein eigen nennen. Kurz entschlossen greift er zur Keule und schlägt den glücklichen Besitzer derselben nieder, und das Kleinod ist sein. Er hat sich aber nicht überlegt, dass er nun der Blutrache der Verwandten des Erschlagenen verfallen, und sein Heimatsdorf durch seine Unthat in zwei feindliche Parteien gespalten ist.

Ehe die Papua im Südosten des britischen Schutzgebietes in den Kampf ziehen, halten sie in der Regel eine gewisse Diät. Die Legoa-Leute[2]) z. B. trinken einige Zeit vorher Salzwasser, um abzuführen und dadurch ihr Fett zu verlieren; sie enthalten sich der Weiber; ferner vermeiden sie animalische Kost, um Fettansatz zu verhüten. In die Vegetabilien thun sie, um stark zu werden, Ingwer; um schlank und gewandt zu werden, verbrennen sie eine

---

[1]) Mac Gregor, a. a. O., S. 79.
[2]) Loria, a. a. O., S. 51 u. 52.

Pflanze, die sie Gabusihesihehe nennen, und atmen den Rauch, der aus dem Feuer aufsteigt, ein.

Kriegerische Eingeborene im Südosten sind ausser den Legoa die Silasila in der Orangerie-Bai, die Garia-, Manuhuro-, Babaka-, Quaipo- und Kalo-Leute an den Abhängen der Astrolabe-Berge, die Dahuni- und Maihu-Bezirke an der Milne-Bai, in den Zentral-Landschaften die Maiwa- und Motu-Leute, die Maipua- und Orokolo-Stämme; an der Frischwasser-Bucht ist weder den Toaripi- noch den Karama-Leuten zu trauen, erstere sind so mordlustig und stehen auf so tiefer Kulturstufe, dass sie noch unlängst einen kleinen Knaben eines Nachbarstammes, der, um Wasser zu holen, an den Fluss hinabgegangen war und sich verirrt hatte, aus reiner Blutgier getötet haben. Die weiter oben am Heath-Fluss gelegenen Dörfer Mowiawi und Hetuari haben vor mehreren Jahren einen dort stationierten Lehrer der Londoner Missionsgesellschaft, Tauraki mit Namen, samt seinem kleinen vierjährigen Söhnchen ermordet und das Weib des Missionars schwer verwundet.

Auch im Südosten giebt es Stämme und Dörfer, die durch ihre unbezähmbare Fehdelust der Verwaltung viel Unruhe bereiten. An der deutsch-englischen Grenze ist im Jahre 1891 ein europäischer Händler von den Goodenough-Inseln durch von ihm angeworbene Eingeborene, seine eigene Schiffsbesatzung, ermordet worden. An dem Mambare-Fluss hat im Jahre 1897 das feindliche Verhalten der Eingeborenen dazu geführt, die landeinwärts gelegene Regierungsstation mehr nach der Küste zu verlegen, und in der Goodenough-Bai hat das Dorf Murawawa noch im Jahre 1897 Anlass zu kriegerischem Einschreiten seitens des Gouverneurs gegeben. Auch die Dörfer Kaiboda und Roianai sind regierungsfeindlich; das Dorf Awaiama in der Chads-Bai ist berüchtigt durch die Ermordung des Kpt. Ansell. Auch auf den Woodlark-Inseln hat es Zusammenstösse zwischen der Schutztruppe und den Eingeborenen gegeben, die wegen Ermordung europäischer Händler bestraft werden mussten.

Endlich giebt es im Westen Stämme, die wie die Tagota-Leute am unteren Fly, die Sisiama am unteren Bamu, die Koriki am Purari-Delta zu Übergriffen neigen, jedoch ist der Westen von Neu-Guinea lange nicht so kriegerisch wie der Osten. Bereits oben wurde erwähnt, dass die Lese- und Veiburi-Leute früher den stetigen Überfällen der Garia- und Manukuro-Stämmen ausgesetzt gewesen sind. Der Lese-Stamm, der jetzt so sehr zusammengeschrumpft ist, war früher stark und mächtig, aber ebenso blutdürstig und grausam wie seine Nachbarn. Er stand früher auch mit den viel weiter nördlich wohnenden Paihama-Leuten auf Kriegsfuss.

Im Kampfe kennt der Papua kein Mitleid, und Grausamkeit ist ihm zur zweiten Natur geworden. Bei den Maipua-Leuten gilt nach Chalmers der erst voll als Held, der seinem Gegner, nachdem er ihn im Kampf getötet, die Nase abgebissen hat. Kommt man bei einer Fehde nicht auf geradem Wege zum Ziel, so hilft man sich durch Verrat, und wohl immer wird sich in dem zu überfallenden Stamm jemand finden, der aus Habsucht oder Hoffnung auf eine grosse Belohnung oder Anteil an der Beute gern die Verräterrolle übernimmt. Will man Frieden machen, so schickt man Pfeile in das feindliche Dorf oder schiesst solche angesichts der Feinde in die Luft oder zerbricht sie. Grüne Zweige in den Händen weisen auf dieselbe Absicht hin. In den wenigsten Fällen kommt es zur Zerstörung des feindlichen Dorfes und zu einer allgemeinen Niedermetzelung. Meist begnügt man sich mit einem oder einigen Opfern, die man tot oder lebendig heimführt. Sind in dem Kampfe Gefangene gemacht, so werden diese im Kanu festgebunden und während der Heimfahrt aufs grausamste verhöhnt und gefoltert. Oft sind es dabei ganz Unschuldige, die niemals gegen ihre jetzigen Peiniger etwas unternommen haben. Es liegt an dem Willen des Verwandten desjenigen, dessen Tod zu sühnen der Zug unternommen war, ob die Gefangenen getötet werden sollen, oder ob sie frei ausgehen. Das letztere geschieht gewöhnlich dann, wenn noch andere Opfer, insbesondere im Kampfe gefallene Feinde vorhanden sind. Bleiben die Gefangenen am Leben, so werden sie gut behandelt und gehören zur Familie. Die Glücklichen, die Gefangene gemacht oder einen Feind erschlagen haben, werden besonders durch die Angehörigen des durch den Zug Gerächten gefeiert und mit Geschenken bedacht; sie müssen sich aber einige Zeit, wenigstens so lange, bis der Leichnam der gefallenen Feinde verspeist ist, verbergen; denn sie dürfen, wie die Eingeborenen sagen, „das Blut nicht riechen". So ist es wenigstens in dem Südosten bei den Legoa Sitte.

Dass ausserdem auch bei anderen Papuastämmen im Südosten Kannibalismus herrscht, dafür sind sichere Spuren vorhanden. Mac Gregor sagt zwar in einem seiner Verwaltungsberichte[1]) wörtlich:

---
[1]) British New Guinea Annual Report 1892/13. S. 35 unten.

„There has been no cannibalism to contend with in the west, nor it may be said elsewhere. No district is known to the government in which it was customary to eat human flesh."

Loria aber, ein zuverlässiger Gewährsmann, dessen Schilderungen sämtlich den Stempel der Wahrheit an sich tragen, berichtet in seinen „Notes on the Ancient War Customs of the Natives of Logea and Neighbourhood"[1]) ausdrücklich, dass die Logea-Leute die Leichname ihrer erschlagenen Feinde rösten und verzehren. Der Körper wird in getrocknete Kokosnussblätter gewickelt und an einem Strick, der an einem Baum befestigt ist, über dem Feuer aufgehängt. Ist der Strick verbrannt und fällt der Körper zur Erde, so stürzt alles mit diabolischem Geheul herzu, bemächtigt sich schnell eines Messers und schneidet sich von dem verkohlten und am Boden liegenden, inzwischen recht schmutzig gewordenen Leichnam ein Stück ab. Ebenso giebt Hugh Hastings Romilly,[2]) der in seiner Eigenschaft als Resident Magistrate sowohl im Ost- als im West-Bezirk lange Jahre Gelegenheit gehabt hat, die Sitten und Gewohnheiten der Eingeborenen kennen zu lernen, mit den Worten „minority are cannibals", zu, dass der Kannibalismus heute noch in Britisch-Neu-Guinea besteht. Er leugnet auch nicht, dass die Sitte der Kopfjägerei noch heute unter den Papua im britischen Schutzgebiet vorkommt, und teilt die Kopfjäger in verschiedene Klassen ein.[3]) Er unterscheidet solche, die ihren Feinden den Kopf abschneiden, nachdem sie dieselben auf irgend eine Weise zu Tode gebracht haben, und weiter solche, die in der Absicht, ihrer Schädelsammlung ein neues Exemplar hinzuzufügen, auf Kopfjägerei gehen. Zu den Vertretern dieser letzteren Klasse gehören nach Romilly die Stämme in der Orangerie- und Cloudy-Bai, die aber nicht Anthropophagen sind. Zu einer dritten Klasse dürften solche Kopfjäger zu rechnen sein, die aus irgend welchen religiösen Motiven auf die „Kopfjagd" gehen. So hatten z. B. die Wabuda-Leute an der nördlichen Seite der Fly-Mündung im Jahre 1891 bei Gelegenheit verschiedener Kanu- und Hausbauten nach glücklicher Vollendung derselben 15 Köpfe der Eingeborenen verschiedener Nachbarstämme zu opfern gelobt, und dieses Gelübde ohne Säumen erfüllt.[4])

[1]) Appendix S to Annual Report 1894 95, S. 51.
[2]) Hugh Hasting Romilly, a. a. O., S. 57, 60 ff.
[3]) Romilly, a. a. O., S. 59.
[4]) Annual Report for 1892 93, S. 24.

Die Maipua- und Walili-Eingeborenen haben in früheren Jahren dem Missionar Mac Farlane gelegentlich zugestanden, dass sie früher recht gern Menschenfleisch gegessen haben, und die Eingeborenen von Rossel-Island müssten ihren Gewohnheiten ganz untreu geworden sein, wenn sie jetzt Menschenfleisch verachteten, früher wenigstens waren sie, wie wir bereits sahen, die ärgsten Anthropophagen. Endlich berichtet Mac Gregor selbst, dass er im Jahre 1897 im Nordosten des britischen Schutzgebietes auf dem Musa-Fluss Eingeborenen begegnet sei, die auf der Rückkehr von einem Kriegszuge begriffen waren; sie kamen in mehreren Kanus den Fluss herab und hatten die Leichname mehrerer getöteter Feinde an Bord, einige derselben waren bereits in Stücke geschnitten und zum Teil gekocht. Aus all diesem geht hervor, dass der Kannibalismus in Britisch-Neu-Guinea vielleicht im Erlöschen begriffen, aber noch nicht erloschen ist. Jedenfalls wird es den Bemühungen der Regierung und dem guten Einfluss der Missionare in Kürze gelingen, auch dieses Lasters der Eingeborenen endlich Herr zu werden.

Der Grund und Boden, den ein Stamm in Besitz genommen hat, ist unter die einzelnen Familien verteilt, und ein jedes Familienmitglied erhält vom Familienoberhaupt wieder seinen Anteil zur Benutzung zugewiesen. Einige Stämme sind seit mehr als vier Generationen im Besitz ihres Landes wie z. B. die Aroma- und Kemaria-Leute, die Kamales schon seit zehn Generationen, und wieder andere bereits seit elf bis sechzehn Menschenaltern. Die Motu-Leute, welche der Sage nach von Westen eingewandert sind, wohnen schon seit Menschengedenken auf derselben Scholle, ebenso die Saribi- und Panietti-Leute. Bei solchen Stämmen ist dann das Stammland zum grössten Teil vergeben, d. h. bereits im Besitz der einzelnen Familien, und da an die Stammesgrenzen sich das Gebiet anderer Stämme unmittelbar anschliesst, ist es nicht gut möglich, die Pflanzungen noch weiter auszubreiten.

Verschiedenartig gestaltet sich bei den einzelnen Stämmen die Landerbfolge. In Port Moresby geht der Besitz des von den Eltern bebauten Landes stets auf das älteste Kind, gleich ob männlichen oder weiblichen Geschlechts über; im Rigo-Bezirk sind die Mädchen dem Herkommen nach von der Erbfolge ausgeschlossen, doch steht es dem Vater zu, auch anders darüber von Todeswegen zu verfügen. Die Kabadi-Leute sprechen die Erbfolge im Landbesitz den Neffen des Verstorbenen zu, die die übrigen Hinterbliebenen wieder ihrerseits versorgen. Im Nada-Distrikt ist es üblich, dass des Vaters Anteil an dem Lande an seine Geschwister fällt, während den der Mutter die Kinder erben; in Sariba, Wedau und Banarua sind die Brüder des Vaters die Erben im Landbesitz, in Dobu fällt das Land nach dem Tode der Vaters an die Kinder seiner Schwester, beim Tode der Mutter geht ihr Anteil auf ihren mütterlichen Oheim über, bei den Quaipo-, Ureni- und Saboia-Leuten endlich ist der Erbe des väterlichen Landanteils der älteste Sohn. Nirgends kann die Frau durch Verheiratung Land in den Besitz eines fremden Stammes übertragen, wohl aber kann der Ehemann, der eine Frau aus einem fremden Stamme nimmt, dadurch, dass er in das Dorf seiner Frau übersiedelt, Mitbesitzer ihres Landanteils werden.

Eine nur zu natürliche Folge des Mangels an unbebautem Land in einem Stamme ist, dass im Osten und Südosten von Britisch-Neu-Guinea die Familie unter Zustimmung des Stammes an Angehörige eines fremden Stammes sowohl Land veräussert als verpachtet; auch Erbpacht ist nicht unbekannt. Als Pachtpreis wird ein Teil des Ertrages der Ernte gefordert. Bei den Tupuselei-Leuten im Südosten können Frauen niemals Landbesitzerinnen sein. Die Wagawaga-Leute in der Milne-Bai verkaufen und verpachten nicht nur ihr Land an Eingeborene fremder Stämme, sondern lassen sich auch dazu herbei, es als Kriegsentschädigung oder Busse für zugefügte Unbilden fortzugeben. Im Westen wird dagegen Land Fremden überhaupt nicht überlassen. Bei den Masingara-Leuten kann eine Frau sehr wohl Land in Besitz haben, aber nur bis zu ihrer Verheiratung, denn dann geht ihr Anteil auf die männlichen Mitglieder ihrer Familie über. Im Nordwesten ist ebenfalls das Stammland im Besitz der einzelnen Familien. Stirbt dort jemand, so geht sein Landanteil zu gleichen Teilen auf seinen Sohn und die Kinder seiner Schwester über. Auch hier sind Landverkauf und -Verpachtungen üblich. Im Süden haben die Taupota-Leute ihr Land seit drei Generationen im Besitz, früher wohnten sie in den Bergen in Hidana. Bei dem Tode der Eltern geht das Land auf die Kinder zu gleichen Teilen über.[1]

Der Grund und Boden, auf dem die Häuser stehen, gehört in der Regel dem Hauseigentümer; im Westen dagegen, wo oft mehrere hundert Personen in einem Hause wohnen, gehört diesen das Haus zusammen, während der Hausplatz meist im Besitz eines

---

[1] British New Guinea. Annual Report for 1892/93, S. 38, for 1894/95, S. 10 ff.

anderen steht. In sehr seltenen Fällen gehört der ganze Grund und Boden, auf dem ein Dorf errichtet ist, einem einzelnen, und dies nur dann, wenn das Dorf noch nicht lange Zeit gegründet ist. Durch Verjährung des Rechtes des ursprünglichen Besitzers des Grund und Bodens gehen allmählich die Hausplätze in den Besitz der Hausbesitzer über. Im Taupota-Stamm giebt es kein besonderes Besitzrecht an Hausplätzen.

Der Wald ist Gemeingut; das Land, auf dem die Bäume stehen, geht durch Urbarmachung in den Besitz der Bebauer über. Die Fruchtbäume gehören in der Regel dem Besitzer des Bodens, auf dem sie stehen. Wurden sie erst angepflanzt, so hat der Bodenbesitzer kein Anrecht auf Baum und Früchte, sondern sie gehören dem, der den Baum gepflanzt hat. Der Bodenbesitzer hat nur Anspruch auf Entschädigung, meist aus einem Teil der Früchte. Oft tragen die Fruchtbäume am Stamm das Merkzeichen des Besitzers.

Flüsse stehen niemals im Privatbesitz, jeder kann sie befahren und in ihnen fischen, so viel ihm beliebt; doch werden die Zeichen (meist geknotetes Gras), durch die man sich einen Platz vorzubehalten pflegt, wohl geachtet. Die Jagd ist überall frei, und selbst auf fremdem Grunde wird das Recht des Schützen am geschossenen Wild nicht beeinträchtigt durch das Recht des Bodenbesitzers. Teiche und Lagunen stehen dagegen sehr oft im Privatbesitz. Haustiere gehören meist einzelnen Familienmitgliedern, oft sind Vater und Sohn Mitbesitzer an einem Schwein, meist aber werden die Schweine der Sitte gemäss bei festlichen Gelegenheiten gemeinsam von den Dorfgenossen verzehrt.

Das Erbrecht wird, wie wir bereits sahen, verschieden gehandhabt, je nachdem Vaterrechts- oder Mutterrechtssystem herrscht. Letztwillige Verfügungen werden befolgt und genau innegehalten, schon aus dem Grunde, weil man im anderen Falle die nachteiligen Folgen fürchtet, die der zum Geist gewordene Dahingeschiedene senden könnte. Die Motu-Leute nennen das Testament „Omoi".[1]) Um die Erben zu schützen, bestimmt eine Verordnung, die unlängst erlassen ist, dass im Falle der Ermangelung einer letztwilligen Verfügung der Nachlass eines Eingeborenen der Sitte und dem Herkommen des Stammes gemäss seine Regelung finden soll, dem der Verstorbene angehört hat. Da diese wie alle übrigen Ver-

---
[1]) Chalmers, Pioneering S. 162 ff.

ordnungen, welche Eingeborenen betreffen, in den Motu-Dialekt übersetzt worden sind, so sind sie einem sehr grossen Teil der Eingeborenen besser verständlich, aber auch ohnedem werden sie in der Regel befolgt und bringen so Eingeborene und Verwaltung immer näher zusammen.

Man muss damit rechnen, dass der Papua einem Naturvolk angehört, das als solches, ohne irgend eine Übergangsstufe durchgemacht zu haben, mit der Zivilisation in Berührung gekommen ist. Ob er dieser standhalten und sie überdauern wird, wird in erster Reihe davon abhängen, wie die Bringer der Zivilisation ihn behandeln. Die Vorbedingungen seiner Bildungsfähigkeit liegen in seinem Charakter. Der Papua des britischen Neu-Guinea ist der Ordnung und Reinlichkeit nicht abhold, hat Sinn für Familienleben und Ehrfurcht vor dem Alter, Verständnis für Gerechtigkeit und Obrigkeit, ist anstellig und folgt dem richtigen Führer gern. Demgegenüber stehen allerdings schlechte Eigenschaften: er ist grausam und hinterlistig, neidisch und habsüchtig, feige und unzuverlässig, misstrauisch und abergläubisch im höchsten Grade, und bei stark ausgeprägtem Individualismus leider ganz ohne Ehrgeiz. Sein Gesichts- und Gehörsinn ist ausserordentlich scharf, sein Gedächtnis dagegen nur kurz. Die allerwenigsten Papua wissen von ihren Grosseltern zu erzählen, noch seltener jemand von den Vorfahren über die Grosseltern hinaus; von einer Geschichte kann somit bei den Papua wohl kaum die Rede sein. Sie haben ihre Legenden über die Entstehung der Welt und der ersten Menschen, des Feuers, der Früchte u. s. w. wie andere Völker auf gleicher und höherer Kulturstufe, und Märchen und Erzählungen, besonders solche, in denen Übernatürlichkeit mitspielt, sind bei ihnen sehr beliebt.

Nach einer Überlieferung der Motu-Leute hat der Geist Kupa Himmel und Erde geschaffen und Ila die Menschen. Nach dem Glauben der Eingeborenen westlich von Port Moresby kamen die ersten Menschen Kerimaikuku und Kerimaikape aus der Erde hervor; beide aber waren Männer; sie hatten nur eine Hündin bei sich. Mit dieser paarten sie sich, und ihre Nachkommen waren ein Sohn und eine Tochter, die sich später heirateten und vierzehn Kinder hatten, die Begründer der Stämme zwischen Port Moresby und Taurama. Die Orokolo-Legende von der Entstehung der ersten Menschen ist weit ansprechender. Nach ihnen erschuf der Geist Kanitu zuerst zwei Männer, Leleva und Vorode, und dazu zwei Frauen. Diese zwei Paare wurden die Begründer des Orokolo-

Stammes. Das Wesen und die Bedeutung der Feste glauben diese Eingeborenen auch von den Geistern erfahren zu haben.

Wie die britischen Schutzbefohlenen Neu-Guineas, wie überhaupt die Papua viele Stunden am Tage mit Erzählen hinbringen, so haben sie auch viel Zeit zum Tanzen und zu Festen und unterscheiden sich auch hierin nicht von ihren Brüdern im Norden und Nordwesten. Weitaus die meiste Zeit im Jahre füllt die Vorbereitung und Abhaltung von Festen aus, und sicherlich muss dem gesteuert werden, falls man sich die Eingeborenen zu brauchbaren Arbeitern erziehen will. Schwieriger ist die Frage, wie man dieser Vergnügungssucht auf die beste Weise wird begegnen können. Die Festgelegenheiten sind die gleichen wie im übrigen Neu-Guinea. Mit besonderem Gepränge und Zeremonien feiert man im Südosten die Kriegsfeste, und den anderen gehen hier in die bereits erwähnten Legoa-Leute voran. Bei ihnen geben die Kepo-Kepo, das sind diejenigen, welche einen Feind gefangen oder erschlagen haben, den nächsten Verwandten derjenigen, um deren Rache willen der Kriegszug unternommen war, ein Fest. Sie selbst aber nehmen nicht teil an dem Schmause, sondern sehen demselben in vollstem Kriegsschmucke zu. Ist dann von den Feinden für die Getöteten eine Busse erlegt, so haben die Verwandten dieser wiederum ihrerseits alle diejenigen, die am Rachezuge teilgenommen haben, zu bewirten; hierbei wird erwartet, dass sie die als Busse erhaltenen Gegenstände unter ihre Gäste freigebig verteilen.[1]

Tänze führen die Eingeborenen im Südosten selten auf, nur bei ganz grossen Festen; im Westen dagegen sind Tänze und besonders Maskentänze sehr oft an der Tagesordnung. Man kleidet sich als Fisch oder als irgend ein Vogel an und sucht den Flug und die Bewegungen der Tiere, die man nachahmt, sei es des Delphins, des Kasuars oder der wilden Ente, vorzuführen. Geschmackvoll gearbeitete Masken haben die Tänzer bei solcher Gelegenheit auf dem Haupt, die nicht selten den Kopf des Tieres, das man darstellt, vorstellen sollen. Sonst giebt es Reigen und Einzeltänze wie im übrigen Neu-Guinea. Sie sind hier wie dort dieselben, bald schneller, bald langsamer, bald nach vorn, bald zur Seite gehend.

Zur Herstelung ihrer zylinderartigen Trommeln von der gleichen Form wie in Kaiser Wilhelms-Land nehmen die Eingeborenen

---

[1] Loria, a. a. O. S. 52.

gern bereits ausgehöhlte Äste oder kleine Stämme, die sie dann mit Feuerstein- und Muschelwerkzeugen bearbeiten. Im übrigen sind diese Trommeln nicht anders, als sie uns schon oben begegnet sind, an der einen Seite offen und an der anderen meist mit Eidechsenhaut überspannt. Man schlägt diese Trommeln mit den Fingern; nur einzelne Stämme wie die Leute am Purari-Fluss und an der britisch-holländischen Grenze bedienen sich grosser ausgehöhlter Baumstämme, wie wir sie schon in Kaiser Wilhelms-Land gefunden haben, als Trommeln. Sie sind wie die kleinen oben angeführten Trommeln die stete Begleitung bei den Tänzen der Eingeborenen. Diese erheben dazu meist einen melancholischen Gesang, der nach der Festgelegenheit einen verschiedenen Inhalt hat. Beim Erntefest preist man die Geister, weil sie die Früchte haben gut gedeihen lassen, bei Kriegsfesten höhnt man die Feinde, und bei Begräbnissen hebt man die Tugenden der Verstorbenen rühmend hervor. Die Melodie ist fast immer dieselbe, auf eine kurze Note folgt regelmässig eine lange und so fort.

Die Flöte spielt man oft zum Zeitvertreib, doch niemals zum Tanz; andere Musikinstrumente sind das Muschelhorn, das aber wie im übrigen Neu-Guinea mehr als Signalinstrument dient, sei es, um das Herannahen des Feindes oder das Bevorstehen eines Schweinemarktes oder Schweineschmauses benachbarten Dörfern zu verkünden. Die Eingeborenen in der Milne-Bai verwenden die Muschelhörner gern noch zu einem anderen Zweck. Sie blasen nämlich auf ihnen, wenn sie die Schweine schlachten, und zwar um des Hörers Ohr von dem Gequicke der Schweine abzulenken, oder auch ein Papuavater benutzt es, um das Schreien seines Sprösslings zu übertönen, dem er eine Tracht Prügel für irgend eine Unart verabreicht hat. Auch ein ähnliches Spielzeug wie unsere Waldteufel oder Knarren, die früher auf den Weihnachtsmärkten der Vorübergehenden Ohr mit ihrem Lärm und Geknatter erfüllten, ist besonders bei der Papuajugend sehr beliebt; harte Bohnen, die in einer Muschel an einem Faden lose aneinander gefügt sind, verursachen dadurch ein Geräusch, dass sie bei Bewegung dieser Muschel, die man an einem Bande im Kreise herumschwingt, aneinander klappern. Maultrommeln sind auch vertreten. Die Kinder vergnügen sich auf mannigfache Weise; die kleinen Mädchen mit Reifenspringen, die Knaben mit Kriegs- und Jagdspielen. Wie unsere Kleinen bauen auch die Papuakinder Häuser und spielen „Vater und Mutter" (Dubudubu), oder sie machen sich ein Vergnügen daraus, kleine Boote zu fertigen (Teretere), Greif- und Fussball zu spielen. Beliebt ist auch, besonders bei den Knaben, ein Spiel, bei dem sich zwei stärkere Jungen die Hände kreuzweise reichen, diesen improvisierten Sitz nimmt dann ein kleinerer Bursche ein, der hierauf so lange von den beiden grösseren in die Höhe geschnellt wird, bis er unter allgemeinem Gelächter von seinem „Throne" herunterpurzelt. Endlich mag noch ein ganz besonderes Vergnügen der papuanischen Jugend Erwähnung finden, das den kleinen Eingeborenen viel Spass macht. Fünf oder sechs Knaben legen sich der Reihe nach platt auf den Bauch zur Erde. Der sechste erhebt sich und macht im schnellsten Tempo einen Marsch über die Leiber der am Boden liegenden Gespielen, um sich hinter dem ersten wieder gemächlich niederzulegen. Ihm folgt in derselben Weise der fünfte und so fort, bis die Reihe erschöpft ist und sich alle unter grossem Jubel erheben, um das Spiel von neuem zu beginnen.[1]) — Die **Anführer** und Leiter im Spiel sind oft die Kinder, die schon auf Reisen gewesen sind, die mit ihren Vätern auf Handelsfahrten befreundete Stämme besucht und eine Zeit lang dort zugebracht haben. Dadurch, dass sie einen fremden Dialekt beherrschen, gewinnen sie an Ansehen unter den übrigen und leicht schon unter den Gespielen die Führerschaft.

Dass es eine einheitliche **Papua-Sprache** nicht giebt, ist bereits oben erwähnt worden, ebenso, dass die verschiedenen Hunderte von Papua-Dialekten alle unter sich verwandt sind. Ein englischer Sprachforscher hat bei dem Studium der Grammatik der Papua-Dialekte eine frappante Ähnlichkeit dieser mit dem hebräischen Idiom gefunden, insbesondere was die Zeitform des Verbums angeht, wie wir bereits auch bei der Poesie in der Form Anklänge an die hebräische zu bemerken Gelegenheit hatten. Weder Reim noch Rhythmus, sondern allein der Parallelismus der Glieder kennzeichnet die Poesie der Papua, besonders im Südosten. Jedenfalls gehören die Papua-Dialekte zu den ältesten Idiomen der Welt, wie die Sprachforschung festgestellt hat. Dass eine Schrift vorhanden ist, hat man ebenfalls bei den Papua im Südosten aus den Einzeichnungen auf Waffen und Messern herausgefunden, jedoch nur eine Art Runenschrift, die sich auf den ersten Stufen der Entwickelung befindet. Die Isolierung der Stämme, der geringe Verkehr, aber auch der Argwohn und die in dem Papua-Charakter begründete

---

[1]) Chalmers, Pioneering S. 162 ff.

abergläubische Furcht tragen eher dazu bei, die Sprachenzersplitterung zu fördern als zu beseitigen. Obwohl die einzelnen Worte in den verschiedenen Papua-Dialekten fast alle derselben Wurzel entstammen, können sich auch hier in Britisch-Neu-Guinea oft Eingeborene, die nur 7—8 km auseinander wohnen, nicht verständigen.

Die Sprachforschung wird dadurch erschwert, dass die Laune des Sprechers gar häufig diesem oder jenem Wort eine andere Aussprache wie üblich giebt. Die Buchstaben D, P oder V werden sehr oft ohne Unterschied gebraucht, und ebenso oft werden L, R und N miteinander verwechselt. Ferner schwächt auch das Durchbohren des Nasenknorpels die Nasallaute nicht unbeträchtlich, und endlich verdirbt das Betelkauen derart die Zähne und verschiebt die Mundwinkel, dass auch dieses die deutliche Aussprache hemmt. Noch eins kommt hinzu, was zur Sprachenverwirrung beiträgt. Bei dem Papua ist wie bei den Affen der Nachahmungstrieb sehr ausgebildet. Hört er nun den Europäer ein Wort seiner Sprache nicht ganz richtig oder geradezu falsch aussprechen und ihm gefällt diese Art der Aussprache, so behält er sie gleich bei. Von ihm nimmt sie sich ein anderer an, von diesem ein dritter, und so ist die ursprüngliche Aussprache des Wortes bald verwischt.

Mischungen mit polynesischen und malayischen Sprachelementen finden sich überall vor; am reinsten ist der Dialekt, der von den Eingeborenen am Fly gesprochen wird. Wie Mac Gregor berichtet, pflegen im Südosten die Angesehensten in respektvollerer Sprache angeredet zu werden als die Niedrigeren. Am meisten bekannt und verbreitet im Südosten ist der Motu-Dialekt, der das Gebiet von Port Moresby bis Kapa-Kapa umfasst; im Westen ist der Kiwai-Dialekt fast ebenso verbreitet wie der Motu-Dialekt im Osten; er wird auf einer Strecke von 250 km an der Küste verstanden. Ein anderer weit verbreiteter Dialekt im Westen ist der der Boigu-Insulaner. Gänzlich unbekannt sind der Verwaltung die Mundarten, die in der Nähe der holländischen Grenze von den Eingeborenen gesprochen werden. Ein grosses Verdienst um die Sammlung dieser Dialekte haben die Missionare und von diesen besonders diejenigen der Londoner Missionsgesellschaft sich erworben. Das Bestreben des derzeitigen Gouverneurs ist allerdings hauptsächlich darauf gerichtet, das Englische als sprachliches Verbindungsmittel zwischen den Eingeborenen einzuführen. Unterstützt von der zuletzt erwähnten Mission ist ihm dies bereits auch teilweise gelungen. Werden doch in den Missionsschulen in Port Moresby und Kwato die Kinder in der oberen Klasse nur in Englisch unterrichtet. Die Früchte dieser Einrichtung werden für die kommenden Generationen von unberechenbarem Werte sein.

Ein ausgezeichnetes Mittel, den Eingeborenen zugleich Sprache und Gesetz der Verwaltung einzuprägen, hat der in Kwato stationierte Missionar C. W. Abel gefunden. Er hat in Katechismusform den Kindern in englischer Sprache die 22 Eingeborenen-Ge-, bez. Verbote, welche in den die Eingeborenen-Angelegenheiten betreffenden Verordnungen enthalten sind, zusammengestellt und ausgezeichnete Erfolge damit erzielt. Es heisst darin z. B. kurz und bündig: „Du sollst Kokosnussbäume pflanzen und pflegen", „Du sollst Wege anlegen und erhalten" „Du sollst weder im Hause noch im Dorfe beerdigen", „Du sollst Zauberer verachten und der Regierung anzeigen", „Du sollst Deines Nächsten Gut schützen und Missethäter ausliefern" u. s. w. Auch die katholische Mission „vom Heiligen Herzen Jesu" auf Yule-Insel und am St. Joseph-Fluss giebt sich Mühe, ihren Knaben und Mädchen Englisch beizubringen, wie dies bezüglich des Deutschen in gleicher Weise im deutschen Schutzgebiet ihre Schwestermission in Kiningunan auf der Gazelle-Halbinsel im Bismarck-Archipel unter bewährter Leitung ihres Bischofs Coupé bereits seit Jahren mit Erfolg thut.

Bezüglich des Zählens und Rechnens stehen die Eingeborenen in Britisch-Neu-Guinea auf derselben tiefen Stufe wie die übrigen Papua; so fangen z. B. die Orokolo-Leute beim Zählen mit dem kleinen Finger der linken Hand an, gehen dann, wenn sie mehr Gegenstände bezeichnen wollen, zunächst die Finger der linken Hand durch, folgen dem Arm hinauf bis zu den Ohren, der Nase und den Augen und gehen die rechte Seite hinab bis zu den Zehen des rechten und dann des linken Fusses. Die Motu-Leute dagegen haben das vollendetste Zahlensystem, sie zählen bis Hunderttausend.

1 heisst	Tamona	10 heisst	Quanta
2 „	Rua	11 „	Quanta Tamona u. s. f.
3 „	Toi	20 „	Rua hui
4 „	Hani	30 „	Toi hui u. s. f.
5 „	Ima	100 „	Sinaluo
6 „	Taura Taura toi	1000 „	Daha
7 „	Hetu	10000 „	Domaja
8 „	Taura Taura hani	100000 „	Kerebu.
9 „	Ta		

Das malayische Lima für 5 kommt, wie bis jetzt festgestellt ist, in 16 Papua-Dialekten vor. Im übrigen rechnen sie auf ihre eigene Weise: beim Zählen von Tabak z. B. stecken sie kleine hölzerne Nadeln in ein Sagoblatt und merken sich dadurch die Anzahl der Stangen[1]) oder Blätter. Ein Mann, der auf Reisen geht, macht seine Rechenzeichen oder Merkmale in seinen Bogen, und der Krieger schneidet in seine Keule soviel Kerben ein, als er Feinde getötet hat.

Die Zeit wird genau nach dem Stande der Sonne bestimmt, und bei Handelsfahrten über Meer benutzt man die Sterne als Wegweiser, ist aber in den astronomischen Kenntnissen lange nicht so weit fortgeschritten als die Fiji- und Salomon-Insulaner. Es giebt Stämme im Westen wie die Kerepara, die die Woche nach drei Tagen berechnen und dann einen Ruhetag feiern. Doch die meisten Papua kennen eine solche Einteilung und den Begriff eines besonderen Ruhetages nicht: sie ruhen und feiern, wann es ihnen gerade beliebt.

4. Die Produktion des Landes.

Der Papua in Britisch-Neu-Guinea hat das mit seinen Brüdern im deutschen und holländischen Schutzgebiet gemein, dass er wenig arbeitet. Je weniger er zu arbeiten braucht, desto lieber ist es ihm, und die Anforderungen, die Mutter Natur im allgemeinen an ihn stellt, sind nicht bedeutend. Sie spendet ihm des Leibes und Lebens Notdurft, ohne den entsprechenden Tribut an Arbeit und Anstrengung zu fordern. Die Früchte der Kokosnuss- und Brotfruchtbäume wie die Bananen geniesst er ohne sich abzumühen; und auch die Taro-, Yams- und Bataten-Pflanzungen sowie die Sago-Bearbeitung erfordert nur ein kleines Mass und geringe Aufwendung von Kräften. Die Bestellung der Pflanzungen liegt auch hier den Weibern ob, die in den einzelnen Landschaften immer das anbauen, wozu der Boden gerade tauglich erscheint.

Yams und Süsskartoffeln wachsen z. B. besser auf trockenem Boden und sind die Hauptnahrung von Stämmen, die solches ihr eigen nennen; so wird Yams viel von den Motu-Leuten gebaut

---

[1]) Australischer Stangentabak ist als Handelsmarke ausserordentlich beliebt bei den Eingeborenen.

und ist dort Hauptnahrung. Sago findet man in fast allen Gegenden, in einigen im Überfluss, so in Elema und auf der anderen Seite an der deutschen Grenze im Mambare-Bezirk. Der Sago ist sozusagen das tägliche Brot der Papua in Britisch-Neu-Guinea. Sie geniessen ihn sowohl in gebackenem, als in gekochtem Zustande. Man formt ihn oft in kleinen Kügelchen und bäckt diese dann über glühenden Kohlen; die schöne braune Kruste, die sich von aussen bildet, erhöht den Appetit. Man kocht den Sago mit Grünzeug zusammen in einer Kokosnussstunke mit Bananenblättern oder mit Brotfruchtsamen. Wie in Holländisch-Neu-Guinea weiss man auch hier den Sago zu konservieren. Man verwahrt ihn entweder fest eingewickelt in Blättern oder in grossen Thontöpfen. Die Stämme am oberen Fly leben hauptsächlich von Bananen und Zuckerrohr, von ersteren haben die Eingeborenen auch hier über fünfzig Arten; in Zeiten der Hungersnot kochen sie sich die Blätter der Banane als eine Art von Spinat. Taro gedeiht besser in Kalkboden als in feuchter Erde; man hat davon verschiedene Sorten in der Taurawa-Bucht und auf den Trobriand-Inseln.

Die Pflanzungen sind im allgemeinen sorgfältig angelegt und mit eingerammten Pfählen und Stangenwerk umzäunt. Ist der für die Anlage einer Pflanzung bestimmte Platz mit Bäumen oder niedrigem Busch bestanden, so wird er erst geklärt und gesäubert. Demnächst stellt man sich in Reih und Glied auf; ein jeder hat einen langen, zugespitzten Stab in den Händen. Gleichmässig, wie auf Kommando, werden die spitzen Stöcke in die Erde hinein gesenkt und durch sie der Boden aufgewühlt. Kommt man an einer solchen Reihe emsig im Takt arbeitender Papua vorüber, so wird man unwillkürlich an den gleichmässigen Ruderschlag einer gut geschulten Ruderabteilung erinnert. Ist diese erste rohe Arbeit der Männer gethan, so kommen die Frauen an die Reihe. Sie reinigen und bereiten den Boden für die Saat vor, und auch die Aussaat selbst ist der Frauen Sache allein. Die Pflänzlinge werden sorgfältig in Reih und Glied eingepflanzt; man bedient sich hierbei sogar eines Bindfadens, um gerade Linie zu halten. Die Bananen werden, wenn sie zu reifen anfangen, sorgsam zum Schutze vor den Vögeln in trockene Baumblätter eingehüllt. Das Land wird nicht selten vermittelst tiefer Gräben drainiert, die nach allen Regeln der Papuakunst gezogen und erhalten werden, und überall dort, wo Pfade sie schneiden, überbrückt sind. Die Drainierungsanlagen sind in der Regel Stammessache. Da sie viel

Zeit und Arbeit erfordern, wird in der Regel der ganze Stamm dazu aufgeboten; die Plantagen-Anlage besorgen die männlichen Angehörigen einer Dorfgemeinde oder Familie gemeinsam wie in Kaiser Wilhelms-Land.

Wie ihre Brüder dort, sind auch die Papua in Britisch-Neu-Guinea in der Hauptsache Vegetarianer. Die Kokosnuss ist auch hier Hauptnahrungsmittel, sie dient in mannigfacher Weise als Kost. Häufig wird sie, d. h. ihr Inneres, zu einer Art Sauce zubereitet, dieses reibt man aber auch und streut es auf verschiedene Speisen als Zukost auf. Die Frucht des Brotfruchtbaumes bereiten sie folgendermassen zu: sie wird erst gekocht, dann abgeschält und das Innere zerschnitten. Hierauf werden die Stücken auf einem Bananenblatt mehrere Tage der Sonne ausgesetzt, schliesslich nochmals gekocht und dann in Puddingform zubereitet und mit Kokosnusssauce gegessen. Ein ähnliches Gericht bereiten die Eingeborenen von den Früchten des Mangrove-Baumes, geniessen diese aber nur in Zeiten der Hungersnot; dann nehmen sie ihre Zuflucht auch zu wilden Feigen, besonders zu zwei Sorten derselben, von den Eingeborenen Sabo und Igulara genannt. Pandanus-Früchte sind weiter ein Aushilfsmittel in Zeiten der Not wie auch der Samen der Farnpalme (Hatoro). Im Rigo-Bezirk geniesst man in solchen Zeiten die Frucht des Hogawa-Baumes, die giftig ist. Um sie zu entgiften, legt man die Früchte längere Zeit ins Wasser. Im Südosten giebt es verschiedenartige Nüsse, die wohlschmecken, aber schwer zu öffnen sind. Die Eingeborenen auf den Abhängen des Mount Knutsford auf dem Owen Stanley-Gebirge kultivieren eine Art Bohnen und Erbsen. Die wildwachsenden Mango-Früchte sind allgemein beliebt, ebenso eine ganze Reihe von Salaten (Lattichen), Kürbissen, Melonen und wohlschmeckenden Grenadillen. Die Knollenfrüchte werden im gerösteten oder gekochten Zustande gegessen, Reptilien, Fische, Hunde und Schweine nur in gebratenem oder geröstetem Zustande, selten ganz roh. Eidechsen-, Schildkröten- und Krokodilfleisch wird gern genossen, auch Schlangen weist man nicht zurück. Ihr Fleisch soll im Geschmack mit Schweinefleisch Ähnlichkeit haben. Kleine Knaben werden angehalten, die Köpfe der Schlangen zu essen, um klug und tapfer zu werden. Krokodile werden häufig in der Fly-Gegend gefangen und ihr Fleisch dort sehr häufig genossen. Ein grosser Leckerbissen bei allen Papua sind Schildkröteneier. Seltener ist der Genuss von Vögeln, abgesehen von häufiger gehaltenen Hühnern und Tauben.

Sie entfedern diese nur oberflächlich, legen sie dann für eine kurze Weile in die Asche, schneiden sie in Stücke und essen sie. Die Eingeborenen in der Nähe der Astrolabe-Berge scheuen sich auch nicht, Ratten und Frösche zu verzehren, nachdem sie diese vorher etwas in der Kohlenglut geröstet haben.[1]) Hunde- und Schweinebraten essen sie am liebsten von allem, doch sind diese als tägliches Gericht unerschwinglich. Ein unschöner Brauch giebt bei einzelnen Stämmen dem glücklichen Erleger des ersten Schweines auf einer Jagd gewisse Rechte auf die Frauen seiner Freunde.[2]) In einzelnen Dörfern dürfen die Schweine nur auf einem bestimmten Platze getötet und gegessen werden. In der Regel wird das getötete Schwein mit Haut und Haaren so lange gebraten, bis die Haare abgesengt sind. Dann wir es zerteilt, in kleine Stücke geschnitten und mit Hochgenuss verzehrt. Die Wildschweine sind viel grösser als die zahmen Papuaschweine; sie sind hochbeinig, schlank und tiefschwarz. Die Hunde gehören derselben Dingo-Art an, der wir bereits im übrigen Neu-Guinea begegnet sind, scheue, feige Tiere, die mehr heulen als bellen.

Man kocht häufiger in Töpfen als auf heissen Steinen. Meist wird die Frucht oder der zu bereitende Fisch in ein Bananenblatt eingewickelt, zusammengebunden und dann über dem Feuer geröstet. Zum Kochen der Speisen verwendet man nur in Ermangelung von Süsswasser Seewasser, bisweilen auch Kokosnussmilch. Hier und da hat man zum Auflegen der Speisen hölzerne Teller, jedoch dienen dazu in der Regel zusammengeflochtene Kokosnussblätter oder ein Bananenblatt. Die Töpfe reinigen sie in Behältern, die sie sich aus Sagoblättern verfertigen. Zur Aufbewahrung des Wassers werden Bambusröhren oder auch Kokosnussschalen benutzt; erstere sind zuweilen wie z. B. auf der Bennett-Gruppe hübsch verziert.

Wie die Frauen die Mahlzeiten bereiten, so tragen sie dieselben meist auch in hölzernen Schüsseln oder auf Bananenblättern auf und reichen sie den Männern, die sie in Gruppen sitzend einnehmen, dar; speisen die Männer im Versammlungshause, zu dem der Zutritt den Frauen versagt ist, so bedienen sie sich selbst. Frauen und Kinder essen gesondert von den Männern, oft ohne sich erst niederzulassen. Nur in wenigen Gegenden isst die Familie zu-

---

[1]) Chalmers, Work and adventure in New Guinea, S. 99 ff.
[2]) Mac Gregor, a. a. O., S. 70.

sammen, z. B. in Maupa. Hier ist Kängurufleisch sehr beliebt und eine Art Klösse aus Pfeilwurz *(Maranta arundinacea)*, in Fett gekocht. Ein allgemein bekanntes Gericht ist auch in Britisch-Neu-Guinea Yamsbrei, mit geriebener Kokosnuss bestreut. Man isst mit Löffeln aus Kokosnuss- oder Perlschalen. Hier und da werden sechszinkige Gabeln aus Kasuarknochen beim Essen verwandt. Zum Schälen der Bananen und Yams und zum Schneiden des Fleisches hat man Messer oder Schraper aus Bambus oder Muschel. In der Regel isst man mit den Händen, mit denen man auch, ohne dass es den andern irgendwie stört, in die Schüssel greift. Diese letzteren sind aus Holz, Thon oder Kokosnussschale.

Nicht selten sind auch in Britisch-Neu-Guinea an den Häusern der Eingeborenen kleine Gärten angelegt, in denen hübsche Ziergewächse wie Hibiskus und Croton gezogen, auch die Betelpalme. Tabak und Kawa (Piper methysticum), die beliebten Genussmittel der Papuas, kultiviert werden. Das Kawagetränk lieben die Bergbewohner ebenso sehr wie die Küstenbewohner. Knaben und Jünglingen ist der Kawagenuss ausdrücklich untersagt. Ingwer wird, wie erwähnt, von den Männern häufig genossen, ehe sie in den Kampf ziehen, um die Kräfte zu stählen, auch Hunden wird es aus gleichem Grunde vor der Jagd verabreicht. Man kaut den Ingwer und speit den Speichel den Hunden in den Rachen. Tabak wird, soweit bis jetzt bekannt ist, fast überall gezogen, ausser auf der kurzen Strecke zwischen Ipote und Mitrafels an der Nordostecke von Britisch-Neu-Guinea. Selbst auf den Abhängen der höchsten Berge tief im Innern sind bei den Eingeborenen gute Tabak-Pflanzungen angetroffen worden, so an den Abhängen des Mount Scratchley und Mount Knutsford. Der Tabak wird aus Pfeifen oder wie in Kaiser Wilhelms-Land aus Baum- oder Bananenblättern geraucht. Die Pfeifen sind sehr einfach, sie bestehen aus einem etwa 65 cm langen Bambuszylinder, der 6—9 cm im Durchmesser hat. Der Tabak wird in ein Blatt gewickelt und in diesem in ein Loch nahe am Ende des Bambusstabes gesteckt, dann wird der Rauch durch das Rohr eingesogen. Am Fly sind die Pfeifen vollkommener; dort ist dem Bambuszylinder noch ein Zigarrettenhalter angefügt.

Die Hausschweine sind mit den Hunden und Hühnern auch hier die einzigen Haustiere; ersteres ersteht man auf den Märkten, die die Eingeborenen meist auf den Grenzen zwischen zwei Stammesgebieten ziemlich regelmässig abhalten. Aber auch andere Lebensmittel, insbesondere Fische, Früchte, Gemüse und Handelsartikel der verschiedensten Art werden auf diesen Zusammenkünften erhandelt. Solche Marktplätze giebt es z. B. im Aroma- und Mekeo-Bezirk, im Gebiet des St. Josephs-Flusses und der Umgebung von Port Moresby, Samarai, Rigo, Boigo und anderen Regierungsstationen. Die Eingeborenen des Aroma-Bezirks beherrschen den Handel auf der ganzen Küstenstrecke zwischen Cloudy-Bai bis Keakaro-Bai. Sie gehören zu den Wenigen, die auch bereits aus freien Stücken mit der Kopra-Gewinnung einen Anfang gemacht haben. Zu dieser geringen Zahl sind ferner zu rechnen die Kerepunu-Leute, die auf einem, ihnen von der Verwaltung geschenkten Lande bereits 2000 Kokosnüsse ausgepflanzt haben, ferner die Maiwa- und Jokea-Leute, die unter dem Einfluss der Londoner Missionsgesellschaft mit Kopra und mit Sandelholz handeln. Auch die Bergstämme an den Abhängen der Kobio-Kette sind einigen dort angesessenen Händlern hilfreich bei der Kopra-Gewinnung. Seitdem die Regierung durch ihre Kokosnuss-Aufpflanzungs-Verordnung[1]) gewissermassen die Anpflanzung von Kokosnüssen den Eingeborenen zur Pflicht gemacht hat, schreitet die Anlage von Eingeborenen-Kokosnussplantagen langsam, aber stetig vorwärts. Die Verordnung überlässt es den in den verschiedenen Landschaften eingesetzten Beamten für Eingeborenen-Angelegenheiten (Magistrate for native matters) anzuordnen, wieviel Kokosnüsse jedes Jahr von den Eingesessenen jedes Dorfes mindestens anzupflanzen sind. Das Gesetz wird streng durchgeführt, und man sieht heutzutage allenthalben in den Küstendörfern sowie in den Ansiedlungen im Innern die reihenweise zum Keimen bez. Auswachsen niedergelegten Nüsse, die allerdings erst nach sechs Jahren zu tragfähigen Bäumen werden.

Ausser Kokosnussnahrung gehört der Sago zu den beliebtesten und am meisten im Handel stehenden Lebensmitteln. Es giebt sehr viele Stämme, die fast ausschliesslich von Sago leben, so eine grosse Anzahl in der Fly-Gegend und in der wasserreichen Umgegend desselben nach Osten, am Avid, Gama, Gawai, Bevea. Ein reicher Sago-Bezirk ist auch der Motu-Motu-Bezirk an der Mündung des William-Flusses, ferner das Gebiet der Orabu-, Lese-, Mowiawe-, Karama-, Umai-, Silo-, Pisi-, Kerema-Leute.

Trotzdem die Eingeborenen, besonders in der Nähe der Stationen gern und willig für ihre Beschützer arbeiten, so vermissen wir hier gänzlich selbst die Anfänge von europäischem Pflanzungsbetrieb

---

[1]) Regulation II of 1894, vgl. Annual Report 1893/94, S. 59.

und Plantagenbau, wie er in unserem Schutzgebiete bereits blüht. Wenn wir uns nach dem Grunde hierfür fragen, so finden wir ihn hauptsächlich in der Regierungspolitik des bisherigen, hochverdienten Gouverneurs. Sir William Mac Gregor hat es sich, als er vor ungefähr zehn Jahren zum Administrator von Britisch-Neu-Guinea berufen wurde, zunächst zur Hauptaufgabe gemacht, neben der wissenschaftlichen Erforschung des Landes für dessen kulturfähige, interessante Bewohner nach Möglichkeit zu sorgen, und die Sorge für sie hat ihm zunächst mehr am Herzen gelegen als die Förderung und Unterstützung der weissen Ansiedler. Erst in jüngster Zeit ist man der Frage der Besiedelung und Kultivierung des Gebietes durch die Weissen näher getreten. Es ist im Jahre 1897 von der Regierung zu diesem Zwecke eine Summe von 1000 £ in den Etat gestellt worden, vornehmlich um Land anzukaufen und zu billigem Preise an weisse Ansiedler abzugeben.[1]

Die Regierung besitzt ohnehin fast in jedem Bezirk von den Eingeborenen erworbenes oder in Besitz genommenes Land, das allerdings bereits zum grössten Teil von Regierungswegen zur Anpflanzung von Kokosnüssen verwendet worden ist. Soweit es sich hierzu nicht eignet — und es ist leider der grösste Teil, denn fast alles zu Ackerbauzwecken geeignete Land in der Nähe der Küste ist bereits von den Eingeborenen kultiviert — kann es möglicher Weise noch für Holzgewinnung und Bergbau verwertbar sein. Letzterer, insbesondere die Goldgewinnung, ferner die Perlmutter- und Trepangausbeute sind bisher in Britisch-Neu-Guinea die Hauptproduktionszweige.

Ausserdem werden Edelhölzer wie Sandel-, Zeder-, Gummi- und Cypressen-Bäume, auch Massoirinde gewonnen. Im Purari-Bezirk auf der Abukiru-Insel ist ein Kohlenlager und in demselben Bezirk ein grosses Sandsteinlager kürzlich entdeckt worden.

Handel und Industrie sind fraglos im Südosten und auf den Inseln mehr in Blüte als im Nordosten und Nordwesten. Dort sind es besonders die Perlenfischerei, Trepanggewinnung und Goldgräberei, die betrieben werden. Erstere ist besonders wegen ihrer Beschwerlichkeit und Arbeit, die sie verursacht, weniger beliebt als die beiden letztgenannten Erwerbszweige, aber mehr lohnend. An der Küste der Joannet-, Südost-, St. Aignan- und Rossel-Insel, wie auch an der Trobriand-Gruppe kommen Perl-

[1] Ordinance No. VI for 1896 in Annual Report for 1896/97, S. 7.

muscheln besonders häufig auf dem Meeresgrunde vor, doch liegen sie oft 24 Faden tief, und das Tauchen ist unter diesen Umständen ebenso beschwerlich wie gefährlich. Die Eingeborenen der Trobriand-Inseln betreiben die Perlfischerei aus eigenem Antriebe und verkaufen die Ausbeute dann an die Händler. Die Perlausfuhr betrug im Jahre 1893 allein 10000 Pfund Sterling, der Trepang-Export dagegen nur 1714 Pfund. Trepang sind zur Ordnung der Stachelhäuter gehörende Meerestiere mit langgestrecktem, walzenförmigem $1/2$—1 m langen Körper. Sie pflegen auf dem weichen Grunde der Korallenriffe zu liegen und verraten nur wenig animalisches Leben. Bei der Berührung entleeren sie ihre Eingeweide und lassen Wasser. Sie werden in grossen, flachen, eisernen Pfannen in Seewasser gekocht, am Tage darauf der Länge nach aufgeschnitten und ausgenommen, dann an der Sonne getrocknet; die Tonne gilt 40 bis 110 Pfund; selbstverständlich ist die Trepangfischerei im Schutzgebiet nur gegen Entrichtung einer Gebühr von 5 Pfund erlaubt. Schiffe, die Trepang- oder Perlfischerei betreiben, haben ausserdem eine Licenz zu lösen, die für Schiffe unter 10 Tonnen 1 Pfund, über 10 Tonnen 2 Pfund beträgt und jedes Jahr zu erneuern ist. Jeder Trepangfischer und Taucher an Bord muss ausserdem eine Licenz gegen Zahlung von 1 Pfund für das Jahr lösen.[1])

Mit der Kopragewinnung beschäftigen sich Händler sowohl im Südosten als auch im Nordwesten. Ein gutes Kopragebiet ist der Mekeo-Bezirk, in dem allein zwölf Händler in der Kopragewinnung von den Eingeborenen unterstützt werden. Die ersten auf Grund der Kokosnussanpflanzungs-Verordnung angepflanzten Kokosnüsse tragen bereits seit zwei Jahren.

Die Goldgewinnung hat besonders in den letzten Jahren einen ungeheuren Aufschwung genommen. Auf Misima, im Louisiaden-Archipel, waren im Jahre 1895 18 Goldgräber thätig, auf Murua (Woodlark-Inseln) 500, auf St. Aignan 400 und ebensoviel ungefähr auf Südostinsel. Von den Flüssen im britischen Schutzgebiet sollen der St. Josephs-Fluss, der Angabunga, Vanapa und Mambare goldhaltig sein. Im Jahre 1897 langten in Port Moresby auf Anregung der Verwaltung ungefähr 400 Goldgräber an, die in mehreren Abteilungen die Flüsse hinaufzogen, ihre Ausbeute hat aber den Erwartungen bisher nur wenig entsprochen. Von der Schar der nach Murua gegangenen Goldgräber war Ende 1897 nur noch die Hälfte dort.

---

[1]) Ordinance III for 1891 Annual Report 1890/91, S. 11.

die allerdings ganz gute Erfolge aufzuweisen hatte. Der obere Mambare ist seit mehreren Jahren ein beliebtes Expeditionsfeld der Goldgräber; an den schon früher aufgesuchten Stellen wurde im letzten Jahre von einer Abteilung unter Mr. Schmitt weitergearbeitet. Viel Erfolg hatten diese Leute nicht, mehr dagegen eine andere Schar unter Leitung eines gewissen M. W. Simpson. Aber im grossen und ganzen waren in letzter Zeit die Bemühungen der Goldgräber in Britisch-Neu-Guinea nicht von bestem Erfolge begleitet, und von den in den Jahren 1894 bis 1897 ausgegebenen 389 Schürfberechtigungen, wofür 262 Pfund Sterling in den Verwaltungssäckel flossen, haben wohl die wenigsten die dafür gezahlten Beträge eingebracht.[1])

5. Handel und Verkehr.

Der Handel und Verkehr beschränkt sich bei einigen Stämmen in Britisch-Neu-Guinea auf Ein- und Austausch von Lebensmitteln, insbesondere von geräucherten Fischen und dergleichen. Die Papua in den Astrolabe-Bergen verfertigen eine Art Kopfschmuck aus Vogelfedern, die sie an die Küstenstämme vertreiben. — Weiter nordwestlich steht die Eingeborenen-Bevölkerung um Port Moresby in sehr regen Handelsbeziehungen zu den Motu-Motu-Leuten und der Bevölkerung der reichen Sagobezirke westlich davon.

In grossen Kanu-Flottillen, in vier und noch mehr mit einander verknüpften Fahrzeugen (Lakatois), brechen sie im September oder Oktober von Port Moresby nach dem Papua-Golf auf, um gegen Thonwaren, Äxte, Armbinden, Kampfschmuck-Gegenstände, Perlen, Messer, Tabak, Lava-Lava (rote Katunschurze), hauptsächlich Sago, aber auch andere Lebensmittel und Kanus einzutauschen, die sie dann wieder weiter südlich nach der Hood-Bai, an die Kerepunu-, Hula- und Keile-Leute vertreiben. Oft behalten sie für sich nur soviel übrig, dass sie schon lange vor der Zeit mit ihren Vorräten zu Ende sind und dann darben müssen. Schon mehrere

---

[1]) Annual Report 1896/97, S. 32. — Ordinance No. VII for 1888 in Annual Report for 1888/89, S. 15 und Regulation in Annual Report 1894/95, S. 8. — Über die Goldausfuhr vgl. S. 348.

Monate vor dem Antritt der Handelsreise nach dem Westen beginnen die Motu-Leute Tauschwaren aufzuspeichern, die sie am Papua-Golf gegen Lebensmittel vertreiben wollen; die Frauen sind thätig in der Topf-Industrie, um die Reise der Männer recht lohnend zu machen. Frachten von 20000 Töpfen sind nichts Ungewöhnliches; dafür bringen sie dann etwa 150 Tonnen Sago heim.

Alljährlich wird zu Beginn des Südostpassates die Sagoreise nach dem Nordwesten unternommen. Regelmässig sind mit der Abfahrt gewisse Zeremonien verbunden. Der Führer oder Leiter der Handelsflottille ist längere Zeit vor der Abreise tabu, d. h. er hat sein Weib und gewisse Kost zu meiden, darf auch mit den anderen nicht verkehren und hat ein stilles und zurückgezogenes Leben zu führen. Bevor man sich zur Reise aufmacht, bringt man den Geistern der Verstorbenen Opfer dar, d. h. Speisen, die man vor den Mittelpfosten des Hauses stellt und dabei die Geister bittet, die Expedition gelingen zu lassen und sie zu geleiten, auch dafür zu sorgen, dass die Gastfreunde sie gut aufnehmen. Während die Frauen die Töpferwaren einpacken, machen die Männer die Kanus reisefertig. Die Handels-Fahrzeuge bestehen gewöhnlich aus einem ausgehöhlten, grossen Baumstamm, sind mit Auslegern und einer Plattform versehen, und auf ihr ist noch eine kleine Schutzhütte zur Unterbringung der Vorräte errichtet. Als Mast dienen Mangrovestämme, die oft so, wie sie aus der Erde gehoben sind, samt ihren Wurzeln in der Mitte des Kanus angebracht werden. Weite, aus geflochtenen Matten zusammengenähte Segel sind mit Seilen daran befestigt. Letztere sind meist aus Hibiskusrinde verfertigt; den Anker vertritt ein grosser Steinblock, der mit Stricken an einem langen Stock befestigt ist. Endlich befinden sich noch meistens auf den Lakatois, d. h. auf dem vordersten und letzten der zusammengefügten Kanus, kleine Hütten als Schlafkammern für den Führer und seine Leute, die aus so festem Material sind, dass sie die schwerste See aushalten. Die vorhin erwähnten Hütten, in die die Handelswaren verladen werden, sind auf der Plattform eines jeden einzelnen Kanus angebracht. Die Töpferwaren sind in getrockneten Bananenblättern so wohl verpackt, dass selten etwas davon zerbricht.

Ein oder zwei Tage vor der Abfahrt wird ein grosses Abschiedsfest mit Tanz und unter Trommelschlag gefeiert, sämtliche Festteilnehmer sind schön geschmückt. Ist die Ladung an Bord und alles zum Auslaufen bereit, so rudert man erst einige Meilen hinaus, ehe man die Segel aufsetzt. Mit dem Steuern wechseln sich die Leute ab. Die Steuerung wird mit langen Stangen am Ende des Lakatois gehandhabt und ist keine leichte Arbeit. Die übrigen Mitfahrenden vergnügen sich, rauchen, singen und schlagen die Trommel, und noch lange vernehmen die zurückbleibenden Freunde den Schall der Trommeln, der von den scheidenden Kanus zurücktönt. Die Dauer der Fahrt ist abhängig von Wind und Wetter. Es kommt nur selten einmal vor, dass ein Kanu verunglückt, da die Segelnden das Land fast nie aus den Augen verlieren. Ist man am Bestimmungsort angelangt, so ist der Empfang der lang erwarteten Gastfreunde ein sehr freundlicher und schon lange vorbereiteter; denn Schweine und Hunde sind geschlachtet, Sagokuchen gebacken und die Betelbüchsen gefüllt. Da die Zahl der Ankömmlinge in der Regel zu gross ist, um im Dorfe Aufnahme zu finden, schlafen und essen sie an Bord ihrer Kanus. Die Gastfreunde bringen ihnen die gekochte Nahrung auf die Boote. Die erste Zeit ist weniger dem Geschäft als dem Vergnügen und der Freude des Wiedersehens gewidmet, dann fangen die Ankömmlinge allmählich an, die mitgebrachten Töpferwaren an den Mann zu bringen, und schliesslich bereitet man sich auf die Heimreise vor. Nachdem alle Waren eingetauscht sind, fahren sie die Flüsse hinauf, um Holz zu fällen, denn die wenigen Kanus, auf denen man gekommen, reichen in der Regel nicht aus, um die schweren Sagoladungen, die man eingehandelt hat, heimzubringen. Fast immer kehren sie mit noch einmal so viel Fahrzeugen zurück, als sie gekommen waren, und die Rückfahrt ist gewöhnlich schwerer als die Hinfahrt, da sie wieder alle Kanus zu einem grossen Lakatoi vereinigen. Überrascht sie ein Unwetter und wird es so drohend, dass ihr Leben in Gefahr kommt, so lassen sie die gefährdeten Kanus fahren und retten sich auf den leichter beladenen ans Land.[1]) Ob die Eingeborenen bei solchen weiten Handelsfahrten die Sterne benutzen, ist nicht recht sicher, man nimmt es von den Bewohnern der grösseren Inseln und von einzelnen Küstenstämmen, z. B. von den Elema-, Motu- und Motu-Motu-Leuten mit ziemlicher Sicherheit an. Auch die Woodlark-Insulaner, die mit der Teste-Insel wegen ihrer berühmten Töpferwaren in Handelsbeziehungen stehen und stets eine Seereise von mehr als 130 Seemeilen dorthin zu machen haben,

---

¹) British New Guinea, Annual Report for 1888, S. 20; for 1889 90, S.

werden bei dieser langen Reise kaum der Sterne als Führer entraten können. Ebensowenig werden die Louisiaden-Insulaner und die Eingeborenen von den D'Entrecasteaux-Inseln bei ihren jährlichen Fahrten nach Teste diese kaum ohne jenes Hülfsmittel unternehmen können.

Die Teste-Insel ist durch ihre Topfindustrie ein Mittel- und Treffpunkt für alle Insulaner im näheren und weiteren Umkreise geworden, aber auch nach der Hauptinsel Neu-Guinea, nach der Chads-Bai, Suau, der Orangerie-Bai und noch weiter werden die Töpferei-Arbeiten der Teste-Insulaner verhandelt. Diese vertreiben ausserdem hier und da auf den umliegenden Inseln sauber gearbeitete Kanus, in deren Verfertigung sie Meister sind. Die an der Redscar-Bai gearbeiteten Töpferwaren kommen bis an den Aird-Fluss im Handelswege, der Motu-Stamm versieht hauptsächlich Kerepunu und Hood-Bai mit Thonwaren, auch die Roro-Eingeborenen sind nicht unerfahren im Töpferhandwerk und vertauschen ihre fertigen Waren gegen Sago an die Stämme im Westen. Im Aroma-Bezirk ist das Dorf Maupa bekannt durch seine Topfindustrie, und die Töpfe werden von hier aus bis Mailukolu und Kerepunu versandt.

Ausser den Töpferwaren sind weitverbreitete Handelsartikel in Britisch-Neu-Guinea: Armbänder, Muschelhalsbänder, von Lebensmitteln Kokosnüsse und Sago; letzterer wird, wie wir wissen, hauptsächlich im Westen produziert. Kokosnüsse bringen die Hula-Eingeborenen nach Port Moresby, Bura, Pari, Porebada und handeln dafür Töpferwaren ein. Die Motu-Leute versorgen mit ihnen die Gegend von Redscar-Bai und Motu-Motu; Fische liefern die Louisiaden-Insulaner und vertreiben sie bis nach den Trobriand-Inseln gegen Yams und Sago. Die Eingeborenen an der Hood-Bai wieder bringen ihre Fische in Port Moresby und Kalo an den Mann. Die besten Muschelarmbänder kommen von den D'Entrecasteaux-Inseln, die dafür von den Dahuni-Leuten im äussersten Süden von Neu-Guinea Töpferwaren eintauschen. Die Dahuni-Eingeborenen vertreiben diese Armspangen dann weiter nach Mailukolu und erhalten dafür Sago und Hunde. Die Mailukolu geben sie an die Eingeborenen des Aroma-Bezirks und erhalten dafür sogar Schweine und Kanus. Mit Aroma steht Hula und Kerepunu im regen Handelsverkehr, und ein gern in Tausch genommener Handelsartikel sind wieder jene Armbänder, für die die Aroma-Leute hauptsächlich Vogelbälge und Federschmuck erhalten. Schliesslich kommen die

Armbänder von hier auf dem Handelswege über Motu-Motu zu den Naara- und Elema-Leuten und von hier sogar nach der Fly-Gegend. Aber auch die Eingeborenen der Hauptinsel verstehen sich auf die Verfertigung von Muschelarmbändern, wie wir dies schon oben bei der Schilderung der Kleidung der Eingeborenen kurz berührt haben. Die hier Toia benannten Armbänder gelten im Südosten überdies als wichtiger Tauschmesser; ein gutes Toia-Armband gilt soviel wie ein grosser Topf Sago, ausserdem ist die Toia ein unumgänglich notwendiger Bestandteil des Kaufpreises für eine Frau. Man trägt diese Armbänder hauptsächlich im Aroma-Bezirk; sie bestehen aus 45—48 cm breiten Ringen aus dem Basisteil von *Conus millepunctatus* und bilden einen Haupttauschartikel ostwärts nach Kerepunu und westwärts bis Frischwasser-Bai. Die Kerepunu-Leute sind wieder geschickte Verfertiger eines Mokoro genannten, aus *Tridacna gigas* geschliffenen Nasenschmuckes, den sie westwärts an die Eingeborenen bis nach der Redscar-Bai verhandeln. Ein weiterer Schmuck, der als wichtiger Tauschartikel nicht unerwähnt bleiben darf, ist der Tauta, ein Stirnschmuck aus kleinen Muscheln, denen man mit einem Stein den Rücken zerbricht und die man durch die so gewonnene Öffnung aufzieht. Sie werden auch von den Eingeborenen an der Hood-Bai verfertigt. Die Elema-Leute wissen zierlich geflochtene und mit roten Farben bemalte Stirnbänder zu fabrizieren. Sie nennen dieselben Waake und verhandeln sie bis nach Keppel-Point. Ein aus Papagei-Federn gefertigter Kopfschmuck ist dort ebenfalls im Handel. Endlich kommen noch in Betracht als Handelsobjekte der sogenannte „Mairi", ein kleiner Brustschild aus Perlmutterschalen, der von den Hula-Leuten verfertigt und auf den Markt gebracht wird, und Schnüre aus aufgereihten Känguruhzähnen (Dodoma), die ebenfalls an der Hood-Bai zu Hause sind.[1]

Die Ausfuhr der Europäer betrug im Jahre 1888/89 noch 5943 £, war aber im letzten Jahre bereits auf 44345 £, also auf das 9fache gestiegen! Die Einfuhr betrug 1888/89 11108 £, 1896/97 51392 £.

Einfuhrartikel sind in der Hauptsache Nahrungsmittel (Kolonialwaren u. s. w.), Kleider und Leinenstoffe, Tabak und Zigarren, Eisen- und Stahlwaren, Spirituosen, Baumaterial u. s. w. Zu den hauptsächlichsten Ausfuhrartikeln gehören nachstehende

---

[1] Mitteil. der Anthrop. Gesellsch. Wien. Bd. XV. S. 21.

Mineralien und Erzeugnisse, die in den Jahren 1888/89 bezw. 1896/97 in folgenden Mengen ausgeführt wurden:

	1888/89		1896/97	
Gold	3850	Unzen	7184	Unzen
Perlenschalen	15$^{3}/_{4}$	Tonnen	147$^{1}/_{2}$	Tonnen
Kopra	76	„	440	„
Gummi 1895/96	3	„	16	„
Sandelholz	42	„	300	„
Trepang	38$^{1}/_{2}$	„	13	„
Perlen			Wert 980 Pfd. St.	
Schildpatt			„ 519	„

Der Schiffsverkehr (abgesehen von den Schiffen der Verwaltung) belief sich im Jahre 1897 im ganzen auf 150 Schiffe mit einem Gesamtgehalt von 28794 Tonnen, davon sind eingelaufen in die drei Eingangshäfen Port Moresby, Samarai und Daru 85 Schiffe, ausgelaufen 65 Schiffe.[1]) Der von der Regierung mit 80 Pfd. St. für jede Fahrt subventionierte Postdampfer (bis dahin von der Firma Burns, Philp & Co. gestellt) vermittelt die Verbindung zwischen Cooktown und Port Moresby über Samarai. Der Briefverkehr, einschliesslich der Packete und Zeitungen in Britisch-Neu-Guinea, der seit 1892 wie in Kaiser Wilhelms-Land Anschluss an den Weltpostverein gefunden,[2]) hat sich seit dem Bestehen des Schutzgebietes wie folgt gesteigert:

Es waren im Jahre:

1888/89			1896/97	
	angekommen	abgesandt		angekommen	abgesandt
Briefe	2366	2587	Briefe	11148	11550
Zeitungen	4071	574	Zeitungen	7441	1635
Packete	93	95	Packete	181	475[3])

6. Kolonisation des Landes.

Wenn wir zum Schluss an der Hand der obigen Schilderung einen Rückblick auf Land und Leute des britischen Schutzgebiets werfen, so müssen wir zugeben, dass das Land, insbesondere aber der Südosten und der Zentralbezirk, abgesehen von den Gebirgen, zum grössten Teil kulturfähig ist. Ausnehmen müssen wir aller-

---

[1]) Annual Report for 1896/97, S. 39.
[2]) Ordre in council of 2nd July 1892, Annual Report of 1892 93, S. 10.
[3]) Annual Report for 1888 89, S. 92. und 1896 97, S. 40.

Häuptlinge von Koran.

dings hiervon die sumpfigen Flussgebiete im Westen, besonders am Fly und am Mai und Wasi Kussa, sowie das Land westwärts davon bis zur holländischen Grenze. Die Bevölkerung ist im Gegensatz zu der von Kaiser Wilhelms-Land sehr zu Übergriffen geneigt; ihr Charakter birgt aber daneben Eigenschaften, die das Volk sehr wohl bildungsfähig erscheinen lassen.

Im Hinblick hierauf dürfte es nicht uninteressant sein zu prüfen, welche Fortschritte die Verwaltung des britischen Schutzgebietes in den ersten zehn Jahren ihrer Kolonisationsthätigkeit im Lande gemacht hat.

Wie wir in der Einleitung sahen, war bereits im Jahre 1792 Neu-Guinea von Kapitän Bligh für England annektiert worden; ein Jahr darauf hissten die englischen Schiffe der Ostindischen Kompagnie „Kormuzen" und „Chesterfield" im Westen in der Geelvink-Bai die englische Flagge, und von hier aus wurde das Gebiet um die Geelvink-Bai für eine Zeit von englischen Offizieren in Besitz gehalten; diese wie auch verschiedene spätere Besitzergreifungen fanden aber nicht die Bestätigung der Krone. Erst nachdem am 6. April 1884 die englisch-deutsche Abmachung erfolgt war, welche die Ansprüche der beiden Regierungen bezüglich ihrer Machtsphäre in der Südsee endgiltig regelte, erklärte am 6. November 1884 Kommandant Erskine zu Port Moresby auf Befehl der britischen Regierung mit aller Feierlichkeit die Übernahme des britischen Protektorats über Neu-Guinea innerhalb der in der Abmachung festgelegten Grenzen. Fünf englische Kriegsschiffe begaben sich, um der Feierlichkeit den gehörigen Nachdruck zu verleihen, zu diesem Zweck nach Port Moresby, und fünfzig Eingeborenen-Häuptlinge aus der Umgegend wohnten auf dem Flaggschiff „Nelson" der Zeremonie bei. Der Häuptling Bovaji von Port Moresby erhielt als von der Regierung bestätigter Häuptling in Ansehung seiner Würde einen Elfenbeinstock.

Als ungefähr ein Jahr später, am 28. Juli 1885, der Major-General Sir Peter Scratchley als der erste Gouverneur von Britisch-Neu-Guinea unter dem Titel „High Commissioner" den Boden von Britisch-Neu-Guinea betrat, fand er bereits eine Zivilisation in gewissem Sinne vor. Nach seiner altbewährten Methode hatte England den Kaufleuten und Missionaren den Vortritt in dem unkultivierten Lande gelassen. Die Londoner Missionsgesellschaft, die seit Anfang der siebziger Jahre im Lande war, besass im Jahre 1885 bereits hübsch angelegte Stationen in Port Moresby und Kerepunu und hatte das Land zu einem kleinen Teile erforscht.

Händler und grössere Firmen hatten sich ebenfalls hier und da an der Küste niedergelassen, so letztere z. B. in Port Moresby und Motu-Motu. In Port Moresby hatte Mr. Goldie bereits sein Warenhaus, und in Motu-Motu betrieb die grosse Handelsgesellschaft Burns, Philp & Co. durch ihren Agenten Edelfeld den Sago- und Koprahandel; in Manumanu arbeitete Mr. Page und führte Cedernholz aus. Bereits vor Erklärung des englischen Protektorats über Neu-Guinea waren Perlen, Trepang und Schildkrötenschalen im ungefähren Betrage von 920 000 Pfd. St. ausgeführt worden, und in den Jahren von 1875 bis 1888 hatten schon 373 Handelsschiffe den Handel zwischen Australien und Neu-Guinea vermittelt.[1]) Verschiedene Goldgräber hatten im Südosten ihre Ausbeute begonnen, und in allen Teilen des Landes machten Händler mit Trepang, Kopra, Perlen und Edelholz mehr oder minder gute Geschäfte.

Die erste Zeit seiner Verwaltung hatte Sir Peter Scratchley dazu verwendet, in Port Moresby die Hauptstation zu begründen; dann machte er Expeditionen, um das Land kennen zu lernen; zunächst besuchte er das Gebiet südöstlich von Port Moresby bis zum Südkap, dann ging er nach dem südlichsten Teil der Insel und endlich nach dem Nordosten des Schutzgebietes. Seine nächste Aufgabe war, alle diejenigen Eingeborenen zur Verantwortung zu ziehen, welche sich in den letzten Jahren bei der Plünderung und Ermordung von Weissen beteiligt hatten. Er stellte hierbei leider die Thatsache fest, dass die Weissen, sei es durch ihr brutales Vorgehen gegen die Eingeborenen, sei es durch Ausserachtlassung jeder Vorsicht, oder Nichtachtung der religiösen Anschauungen der Eingeborenen, sich fast regelmässig ihr Schicksal selbst zuzuschreiben hatten. Den meisten Fällen lag unmittelbare oder mittelbare Herausforderung seitens der Europäer zu Grunde. Jedenfalls kam die Verwaltung sehr bald zu der Einsicht, dass die Regierung sich unmöglich verantwortlich machen konnte für das Treiben von Leuten, welche durch Herausforderung der Leidenschaft der Eingeborenen oder durch Nichtachtung ihrer Sitten ihre Ermordung selbst verschuldet hatten. Ferner sah sie ein, dass in Fällen, wo die Bestrafung der Eingeborenen notwendig war, Kriegsschiffe allein nichts' ausrichten konnten, dass vielmehr eine starke, leicht bewegliche, im Schiessen und Rudern gleich gut geübte Polizeitruppe vor allem am Platze wäre. Man setzte eine solche Truppe zunächst aus Südsee-

---

[1]) Annual Report for 1888, S. 53.

Insulanern zusammen unter Heranziehung einiger Papua, die im Falle der Brauchbarkeit schliesslich ganz an Stelle jener treten könnten. Von Expeditionen, die unter Scratchleys Verwaltung ins Innere gemacht wurden, sind zu nennen die bereits im Kap. II erwähnte von Kapitän Everill den Fly-Fluss hinauf und die von Mr. Forbes in die Vorberge des Owen Stanley-Gebirges. Leider fiel Sir Peter Scratchley nur zu bald, schon im Dezember 1885, dem Klima zum Opfer.

Sein Nachfolger wurde John Douglas, der bis zur Erklärung der Souveränität Englands über Britisch-Neu-Guinea im Jahre 1888 seines Amtes waltete. Auch John Douglas und Sir William Mac Gregor, der etwa zehn Jahre mit dem Titel „Lieutenant-Governor" kraftvoll die Regierung des Landes führte, sind der Ansicht, dass eine möglichst aus Eingeborenen gebildete Polizeitruppe die Regierung besser unterstützt als Kriegsschiffe. Auch die übrigen Grundsätze des Regimes von Sir Peter Scratchley wurden von seinen Nachfolgern angenommen. Dazu gehört vor allem, die Stellung tüchtiger, angesehener Männer (Häuptlinge) eines Dorfes oder Stammes zu stützen und zu kräftigen.

Mac Gregor, ein kolonisatorisch ausserordentlich befähigter Mann und ein wahrer Freund der Eingeborenen und Beschützer derselben, wurde 1846 in Schottland geboren, widmete sich zunächst dem ärztlichen Beruf und studierte auf den Universitäten von Berlin und Paris. Mehrere Jahre war er als Arzt auf den Seychellen und auf Fiji thätig. Hier that er sich bei der Unterdrückung des Eingeborenen-Aufstandes rühmlich hervor, wurde in den achtziger Jahren von der Regierung zum stellvertretenden Gouverneur von Fiji ernannt und verblieb in dieser Stellung, bis er 1888 Administrator von Neu-Guinea wurde.

Die ersten Massnahmen von John Douglas und Mac Gregor in legislativer Beziehung beschränkten sich auf die Gültigkeitserklärung der in Queensland geltenden Gesetze für Neu-Guinea.[1] Sonderverordnungen wurden zunächst nur zum Schutze der Eingeborenen erlassen. Schon unter Douglas erging das Verbot der Verabreichung von Waffen, Munition, Sprengstoffen und berauschenden Getränken an die Eingeborenen sowie die Untersuchung ihrer Fortführung aus der Heimat ohne Erlaubnis der Regierung und des Ankaufs von Land ohne Vermittlung der Verwaltung.[2] Ein

---

[1] Ordinance No. IV and VII of 1888. British New Guinea Annual Report for 1888/89.

[2] Ordinance No. I, II and III, ebenda.

den Eingeborenen verständlicher Strafkodex und ein ganz einfaches Strafprozessverfahren wurden gegeben, Gerichtshöfe zur Aburteilung für Strafthaten der Eingeborenen, deren Mitglieder sowohl Europäer als Eingeborene sein konnten, eingerichtet.[1]) Unter den Begriff Eingeborene wurden hierbei auch die Vertreter anderer farbiger Stämme gestellt, die nach Eingeborenenart lebten. Das Verfahren ist so einfach geregelt, dass nicht einmal Schriftlichkeit bei demselben erforderlich ist. In dem Beweisverfahren soll der durch Augen- und Ohrenzeugen erbrachte Beweis stärker sein als jeder andere Beweis, insbesondere als der blosse durch Hörensagen. Die Gerichtssprache in diesen Verfahren ist die englische oder jeder Dialekt, der den Eingeborenen verständlich ist. Eingeborene unter 14 Jahren, die sich gegen das Gesetz vergangen haben, dürfen zu keiner höheren Gefängnisstrafe als zu einer solchen von sieben Tagen verurteilt werden, und im Falle, dass ein Eingeborener als Richter fungiert, ist die Höchststrafe in solchem Falle nur eine Gefängnisstrafe von drei Tagen. Die Verjährung ist eine sehr kurze, kein Eingeborener kann wegen einer Strafthat verurteilt werden, die länger als sechs Monate vor seinem Verhör zurückliegt, ausserdem darf er nur in dem Bezirk zur Verantwortung gezogen werden, in dem er die Strafthat begangen hat (forum delicti commissi). Es sind hier nur einige der hauptsächlichsten Paragraphen der Verordnung herausgegriffen, um ihre Einfachheit vor Augen zu führen.

Schwere Verbrechen und Vergehen der Eingeborenen kommen vor den eigentlichen Strafrichter, Milde in der Aburteilung ist auch hier Grundsatz; in allerseltensten Fällen kommt es zur Vollstreckung der Todesstrafe, und nur dann, wenn ein mildernder Umstand durchaus nicht herausgefunden werden kann. Meist bietet er sich im Hinblick auf Herkommen und feststehende Satzungen der Eingeborenen. Als Strafthaten gelten unter anderen Diebstahl, Verleumdung, Bedrohung, Körperverletzung, Beerdigung der Toten in Haus oder Dorf, Ehebruch, Zauberei u. a. Des weiteren sind in den letzten Jahren Verordnungen ergangen zum Schutz und zur Unterbringung verlassener Kinder[2]) und zur Hebung der Sittlichkeit.[3]) Weitere regeln den Schulbesuch, die Einsetzung von ein-

---

[1]) Ordinance No. IX of 1889, Annual Report for 1889/90, S. 13.
[2]) Ordinance V for 1892 in Annual Report for 1891/92, S. 14.
[3]) Ordinance for 1891 in Annual Report for 1890/91 und Ordinance VI for 1892 in Annual Report for 1891/92, S. 14.

geborenen Dorfpolizisten,[1]) die Anlage von Wegen,[2]) die Pflege von Kokosnussbäumen und verbieten das Zerstören der letzteren bei Gefängnisstrafe.[3]) Durch noch andere soll das Anstauen von Flüssen durch in dieselbe geworfene Baumstämme[4]) und das Fällen von nutzbringenden Bäumen[5]) verhütet werden; endlich ist auch, wie wir bereits sahen, durch eine besondere Bestimmung das Eingeborenen-Erbrecht im Falle, dass der Erbe unbekannt ist, geregelt.[6]) Eingeborene, die für Europäer arbeiten, sei es in den Pflanzungen, bei Händlern, bei Goldgräbern, oder die als Träger eine Expedition begleiten, werden durch die Native Labour Ordinance von 1892 und ihre Zusatzverordnung von 1897 geschützt.[7]) In jedem Falle wird sowohl auf die geistige Fassungsgabe wie auf Sitte und Herkommen der Eingeborenen thunlichst Rücksicht genommen.

So geschützt gegen etwaige Übervorteilung und schlechte Behandlung seitens ihrer Arbeitgeber arbeiten die Eingeborenen von Britisch-Neu-Guinea recht gern für Weisse. Auch ihre Zivilstreitigkeiten unter sich legen die Eingeborenen nicht selten dem Resident Magistrate zur Prüfung und Entscheidung vor und fügen sich willig seinem Urteil. Solche Fälle stehen nicht vereinzelt da. Als sich vor einigen Jahren die Massingara- und Mowatta-Leute wegen einiger Kokosnusshaine, die zwischen ihren Gebieten lagen, nicht einigen konnten, trugen sie ihren Streit dem im Westen stationierten Resident Magistrate vor, und seine Entscheidung brachte den Streit zu Ende. Im Jahre 1894 war ein grosses Stück Land im Aroma-Gebiet ein Gegenstand des Streites zwischen mehreren Stammesgenossen; das vom Oberrichter erlassene Urteil wurde sofort von den streitenden Parteien ohne Murren anerkannt. Andere Streitigkeiten im Dorf und Familienzwiste werden recht oft durch kluges und rechtzeitiges Eingreifen der Beamten auf den Regierungsstationen beigelegt. Diese sind heutzutage in den einzelnen Bezirken bereits der Mittelpunkt, nach dem die Eingeborenen aus der Umgegend, um zu handeln oder

---

[1]) Native Regulation No. 1 for 1892 in Annual Report for 1892/93, S. 9.
[2]) Native Regulation No. 3 for 1895 in Annual Report for 1895/96, S. 5.
[3]) Native Regulation II for 1894 in Annual Report for 1893/94, S. 59.
[4]) Native Regulation No. 2 for 1892 in Annual Report for 1895/96, S. 5.
[5]) Ordinance No. VIII for 1892 in Annual Report for 1892/93, S. 8 und Regulation No. IV for 1895 in Annual Report for 1895/96, S. 6.
[6]) Ordinance No. 1 for 1894 in Annual Report for 1893/94, S. 57.
[7]) Ordinance II for 1892 in Annual Report for 1891/92, S. 11 und Ordinance VI und V for 1897 in Annual Report for 1896/97, S. 8.

Arbeit zu suchen, zusammenströmen. So arbeiten z. B. in Samarai, der Hauptstation des Ostbezirks, allein 120 Eingeborene aus der Umgegend für die Verwaltung, im Zentral- und Ostbezirk die beträchtliche Anzahl von 511; im Westbezirk waren im Jahre 1895 163 Eingeborene aus demselben auf den Stationen thätig.

Durch die Bereitwilligkeit der Eingeborenen, für die Verwaltung zu arbeiten, und den weiteren Umstand, dass die Gefangenen als Arbeiter herangezogen und erzogen werden, erledigt sich für die Verwaltung die so lästige und kostspielge Anwerbung fremder Leute. In dem letzten Jahre wurde die Gesamtarbeit auf den Stationen einzig und allein von Gefangenen und einzelnen aus der Nähe angeworbenen eingeborenen Arbeitern ausgeführt, und dieser Arbeiten waren nicht wenige: im Zentralbezirk wurden die Lade- und Löschvorrichtungen zu Ende gebracht und eine Menge von Kokosnusspalmen angepflanzt, im Rigo- und Mekeo-Bezirk Brücken und eine Werft angelegt, im Westbezirk Häuser und Boote gebaut und Zäune errichtet, in Samarai grosse Sumpfstrecken trocken gelegt und ein Molenbau begonnen, in Tamata verschiedene Gemüsepflanzungen angelegt, in Novani grosse Strecken Land geklärt und endlich in Port Moresby und Rigo Kasernen von Holz- und Eisenkonstruktionen für die Polizeitruppe, ein Pulvermagazin und ein Bootshafen zur Vollendung gebracht. Falls die jetzt 80 Mann starke Polizeitruppe, die sich ebenfalls nur aus Eingeborenen zusammensetzt, sich nicht auf Strafexpeditionen befindet oder anderweitig dienstlich in Anspruch genommen ist, wird sie ebenfalls zur Hilfeleistung bei der Stationsarbeit herangezogen und giebt durch ihre Ausdauer und gute Schulung den Stationsarbeitern ein gutes Beispiel. Mehrere bisher zur Polizeitruppe gehörige Salomons- und Fiji-Insulaner haben nach Beendigung ihrer Vertragszeit sich im Schutzgebiet niedergelassen. Als Entschädigung für das von ihnen zu beanspruchende Rückreisegeld haben sie einige Morgen Land erhalten und Papua-Frauen genommen. Sie sind friedliche Ansiedler geworden, die durch ihre moralische Überlegenheit und Kenntnis des Motu-Dialekts in erziehlicher und bildender Weise auf ihre Umgebung in den Dörfern einwirken. Für die Eingeborenen ist der Dienst bei der Polizeitruppe das beste Erziehungsmittel. Sie erhalten im ersten Jahr 10 Schilling monatlich, im zweiten das Doppelte; dennoch lassen sich die allerwenigsten für ein zweites Jahr anwerben, da die Papua, sind sie fern von der Heimat, wie unsere Schweizer ein unwiderstehlicher Drang nach Hause zieht.

Gewissermassen eine Verstärkung der Polizeitruppe bildet die Dorfpolizei, die durch die Eingeborenen-Verordnung von 1892 ins Leben gerufen worden ist. Sie giebt dem Gouverneur die Befugnis, aus den Dorfeingesessenen zuverlässige Leute zu Dorfpolizisten zu ernennen, welche die Ordnung im Dorfe aufrecht erhalten, jede Übertretung zur Anzeige bringen und im Widersetzungsfall zur Waffe greifen können. Die Dorfpolizisten erhalten jährlich zwei Uniformen, deren jede 6 Schilling kostet; sie unterstehen dem nächsten Stationsbeamten und rekrutieren sich nicht selten zum Teil aus früheren Gefangenen, zum Teil auch aus alten Polizeisoldaten, und, wie Mac Gregor selbst zugiebt, sind jene nicht weniger zuverlässig als diese.[1]) Im Jahre 1896 gab es im Rigo-Bezirk 20 Dorfpolizisten, im Misima-Bezirk 16, im Zentralbezirk schon über 50. Durch diese Einrichtung erwächst der Verwaltung eine Macht, die besonders bei Aufständen und Expeditionen ins Innere nicht zu unterschätzen ist. Ausserdem erspart die Regierung durch die dadurch entbehrlich gewordene Anwerbung Fremder als Polizeisoldaten jährlich ganz erhebliche Summen.

Die Einnahmen der Verwaltung setzen sich aus folgenden einzelnen Beträgen zusammen. Es gingen ein:

	1888/89	1896/97
Zoll und Steuer	2416 Pfd. St.	9336 Pfd. St.
Schürfberechtigungen	187 „ „	262 „ „
Geldstrafen	25 „ „	51 „ „
Lizenzen	2 „ „	246 „ „
Andere Gebühren	2 „ „	448 „ „
Sonstiges (Post u. s. w.)	42 „ „	320 „ „

Dies giebt 1896/97 einen Gesamtbetrag von 10663 Pfd. St. und gegen 1888/89 eine Steigerung von 7989 Pfd. St. Dem gegenüber stehen die Ausgaben:

Gehälter	6747 Pfd. St.
Schiffe und Boote	1258 „
Bauten und Arbeiten	754 „ „
Anpflanzungen	94 „ „
Postdampfer	900 „ „
Sonstiges	6475 „ „
Im Ganzen	16228 Pfd. St.[2])

Das ergiebt einen Ausfall von 5565 Pfd. St., der in Ansehung der erheblichen Steigerung der Einnahmen von Jahr zu Jahr vor-

---

[1]) Report for 1893/94, S. 95.
[2]) Annual Report for 1896/97, S. 40, 41.

aussichtlich bereits in den nächsten Etatsaufstellungen fortgefallen sein wird. Die Prophezeiung des Premiers von Queensland Mr. S. W. Griffith vom Jahre 1888, dass Britisch-Neu-Guinea in zehn Jahren eines Zuschusses nicht mehr bedürfen würde, hat sich hiernach nahezu erfüllt.

Inzwischen werden die Verwaltungskosten mit jährlich 15000 Pfd. St., desgleichen auch z. T. die Kosten für den 260 Tonnen grossen Regierungsdampfer „Merrie England" und ein jährlicher Betrag von 500 Pfd. St. für Expeditionen von den drei australischen Kolonieen Queensland, Neu Süd-Wales und Victoria aufgebracht. Dafür werden aber die Einnahmen der Verwaltung der Regierung von Queensland zur weiteren Veranlassung überwiesen. Jedes Jahr wird durch besonderes Gesetz das Budget gemäss der British-New-Guinea- (Queensland-)Act von 1887 aufgestellt. Andere Gesetze sind, wie Mac Gregor bei Antritt seines Amtes verheissen hat, nur gegeben worden, wenn dringendes Bedürfnis sie erheischte. Mac Gregor sagt ganz richtig, dass, da die Ansiedlung von Europäern nur langsam im Schutzgebiet fortschreitet, für diese wenig neue Gesetze erforderlich sind, und dass eine Vielheit von Verordnungen die einheimische Bevölkerung eher verwirren als zur Ordnung führen würde.

Die Verordnungen und Gesetze, welche Eingeborenen-Sachen betreffen, haben wir bereits kennen gelernt. Ausser diesen bestehen Zollvorschriften,[1]) die alle in das Schutzgebiet eingeführten Waren mit dem in Queensland üblichen Zoll belegen. Der Betrieb des Bergbaus auf Edelmetalle unterliegt den Vorschriften der Gold Mining Act of 1888, Ordinance IV of 1896, V of 1897, das Prozessverfahren regeln Ordinance I und II of 1889, die Erwerbungen von Land, sei es durch Krone oder Dritte[2]) Ordinance X of 1889. Ordinance VIII of 1892 sichert das Schutzgebiet vor der Einfuhr von Parasiten und Haustieren, die an ansteckenden Krankheiten leiden. Ordinance II of 1894 ist zum Schutze der Vögel gegeben, wonach nach des Administrators Ermessen für gewisse Zeit in bestimmten Bezirken das Schiessen seltener Vögel wie Paradiesvögel u. s. w. untersagt werden kann; Ordinance IV of 1894 und IV of 1897 endlich regelt die Trepang- und Perlfischerei.

---

[1]) Ordinance VI u. VIII von 1888, III von 1889 in Annual Report for 1888/89, S. 14, 15 und Ordinance III of 1896 in Annual Report for 1895/96, S. 6.
[2]) d. h. vor dem 4. September 1888.

An der Spitze der Verwaltung des Schutzgebietes steht der Administrator, dem zwei Staatskollegien, der Exekutive und Legislative-Council, zur Seite stehen, den Vorsitz im ersteren führt der Administrator; weiter gehören dem Exekutiv-Komite an der Oberrichter (chief judicial officer), der Gouvernements-Sekretär und einer der höheren Stationsbeamten (Resident Magistrate); der gesetzgebende Rat, Legislative-Council, besteht aus denselben Mitgliedern und aus solchen Verwaltungsbeamten, welche der Administrator von Zeit zu Zeit ernennt. Endlich ist noch zu erwähnen der Native Regulation Board, den der Administrator bei der Gesetzgebung bezüglich der Eingeborenen einberufen kann. Wie schon oben erwähnt wurde, sind die Gesetze Queenslands mit entsprechenden Abänderungen auch für Britisch-Neu-Guinea verbindlich.

Gerichte I. Instanz (Courts of petty Sessions) giebt es an dem Sitze jedes Resident Magistrate, somit 4. Das Gericht II. Instanz ist der Central Court, der in Strafsachen gleichzeitig für die schwersten Verbrechen allein zuständig ist. Übersteigt in Zivilsachen der Wert der angeklagten Sache 100 £, so giebt es noch eine weitere Berufung an den Supreme Court of Queensland und ebenso in Strafsachen, wenn die erkannte Strafe höher ist als 3 Monate Gefängnis. Endlich giebt es einen Colonial Court of Admirality, von dem ebenfalls an den Supreme Court of Queensland in Brisbane appelliert werden kann. Im ersten Jahre des Bestehens der Gerichtshöfe in Britisch-Neu-Guinea war die Gesamtzahl der vor sie gebrachten Fälle 71, im Jahre 1897 war sie auf 459 gewachsen, darunter nur 39 Zivilsachen.[1]) Die ungeheure Steigerung ist hauptsächlich der Unmenge der vor die Native Magistrate Courts gebrachten Fälle zuzuschreiben.

Beamte, Missionare, Händler und Goldgräber bilden die weisse Bevölkerung von Britisch-Neu-Guinea. Die Hauptstation ist Port Moresby am Hafen gleichen Namens. Das zur Hauptstation gehörige Terrain ist 1281 Morgen gross; es ist leider wasserarm und fast nur für Weidezwecke verwendbar. Der Regierungssitz ist als Stadt in mehreren Abteilungen angelegt. Die Niederlassung der Weissen erstreckt sich vom Osteingang des Hafens weithin nördlich von der Küste, ist aber mehr einem Villenort als einer Stadt ähnlich; denn die Häuser und Schuppen liegen hier und da teils am Strande, teils an den kleinen Hügeln verstreut, die den Strand um-

---

[1]) Annual Report for 1896/97. S. 9.

säumen. Die Hügel sind ziemlich steil und machen einen kahlen, unfruchtbaren Eindruck. Eine am Hafen angelegte Mole erleichtert das Löschen und Laden. In der Nähe des Landungsplatzes steht ein Bureaugebäude mit einem grösseren und vier kleineren Räumen, die als Zentral-Post, Lager- und Schiffs-Kontore dienen. Der grössere Raum ist als Lesezimmer eingerichtet, in dem alle grösseren englischen und australischen Zeitungen ausliegen. Ein grosses, aus Holz und Eisen erbautes, mit Veranda rings umgebenes Hotel gewährt Fremden Unterkunft; es hat zwei Empfangs- und acht Schlafräume. Hier liegen auch die Stores und Schuppen der Firma Burns, Philp & Co., der grossen Queensländer Firma, die in Port Moresby das einzige Verkaufshaus hält. Von den oben erwähnten Hügeln wird das Trink- und Waschwasser in Röhren nach der Stadt und dem Eingeborenen-Dorf geleitet. Das Haus des Gouverneurs liegt in beherrschender Lage auf einem Hügel, ungefähr 45 m über dem Meere, an der Westseite des Hafens, ungefähr $1^{1}/_{2}$ km von den übrigen Gebäuden entfernt, und ist ein aus Holz und Eisen errichtetes einstöckiges Gebäude. Dazu kommen die Häuser des Oberrichters und der übrigen Beamten, alles luftige und gesunde Wohnungen. Das ursprüngliche 10 m lange und 5 m tiefe und nur für drei Zellen eingerichtete Gefängnis mag inzwischen durch ein geräumigeres ersetzt worden sein. Hübsche Gärten mit Apfelsinen-, Zitronen-, Mango-, Guaven-Bäumen, Bananen und Kokosnusshaine und eine grosse Pferde- und Rindviehherde, die sich auf einer eingefenzten Wiese tummelt, tragen zur Verschönerung und Belebung der Station wesentlich bei.

In der Nähe von Port Moresby haben sich an dem Dorfe Badili die bereits oben erwähnten, früher zur Polizeitruppe gehörigen Fiji- und Salomon-Insulaner in zwölf selbstgebauten Hütten niedergelassen, und am Laroki auf den Abhängen der Astrolabe-Berge, etwa 15 km von Port Moresby, hat ein europäischer Ansiedler eine Pflanzung angelegt. Wenn er auch bisher noch wenig erzielt hat, so ist er doch mit dem Wenigen, was er gewonnen, und insbesondere mit dem Boden und den klimatischen Verhältnissen ausserordentlich zufrieden.

In den letzten zwei Jahren setzten gerade in der Nähe der Hauptstation einige Bergstämme, die Kaohi, die nur 6 Meilen von Port Moresby auf den Abhängen der Astrolabe-Berge wohnen und die mit ihnen verbündeten Uberi- und Hegari-Stämme die Polizeitruppe etwas in Bewegung.

Port Moresby ist nicht nur der Hauptsitz der Regierung, sondern auch zugleich die Hauptstation des Zentralbezirkes. Ganz Britisch-Neu-Guinea ist in vier grosse Bezirke geteilt. Der Westbezirk erstreckt sich von der holländisch-britischen Grenze bis zum Aird-Fluss, der Zentralbezirk von hier bis zum Südkap, der Ostbezirk vom Südkap bis zur deutschen Grenze, während die Louisiaden- und die übrigen, im Südosten und Süden gelegenen Inseln den Südostbezirk bilden. An der Spitze der Hauptbezirke stehen die vier Resident Magistrates; in einzelnen sehr bevölkerten und steter Aufsicht bedürfenden Bezirken wie im Nordosten im Mambare- und im Osten im Rigo- und Mekeo-Bezirk, stehen unter dem Resident Magistrate des Bezirks noch besondere Government-Agents. Der Rigo-Bezirk, vormals einer der Regierung feindseligsten, ist jetzt einer der friedfertigsten geworden. Bei etwa noch vorkommenden Unruhen stellen die dort stationierten 6 Polizeisoldaten und 20 Dorfpolizisten bald die Ruhe wieder her. Die Rigo-Eingeborenen leisten der Verwaltung bei Anlage von Wegen und Anpflanzen von Kokosnüssen hilfreiche Hand. Der langjährige Leiter des wegen seiner etwas ungestümen und zahlreichen Bevölkerung nicht leicht zu regierenden Mekeo-Bezirks, Mr. Charles Kowald, ist leider durch unvorsichtiges Umgehen mit einer Dynamitpatrone im Jahre 1896 ums Leben gekommen. Er hatte seine Station zu einer Musterstation im Schutzgebiete gemacht und besonders den Wegebau in seinem Bezirk sehr energisch betrieben. Die im Mekeo-Bezirk angesessenen Händler geben sich besonders mit der Kopra- und Holzgewinnung ab. Im Westbezirk fehlt dagegen bisher jede europäische Niederlassung. Seine neue Hauptstation auf der Insel Daru erweist sich als viel gesünder als die vormalige auf dem Festlande gelegene Mabudauan. Eine Abteilung von 10 Polizeisoldaten und 36 Dorfpolizisten steht dem dortigen Resident Magistrate zur Verfügung, doch giebt seit letzter Zeit das friedliche Betragen der Eingeborenen zum Einschreiten keine Veranlassung; selbst die störrischen Wabuda-Leute sind friedliebend geworden. Die Bevölkerung dieses Bezirkes ist die am wenigsten sittenreine des Schutzgebietes, und richterliches Eingreifen wegen geschlechtlicher Vergehen ist hier häufiger erforderlich als in allen Bezirken zusammen. Das neuerbaute Gefängnis hat daher nicht lange leer gestanden. Die Errichtung eines steinernen Hafendammes an der sumpfigen Küste der Insel befriedigte ein lange empfundenes Bedürfnis.

Die Hauptstation des Ostbezirks Samarai liegt auf der kleinen Dinner-Insel. Hoch oben, auf einem die Insel beherrschenden Hügel steht das Regierungsgebäude. In der Nähe befinden sich die Store-Gebäude der Firma Kissack & Thompson, die hier in Samarai eine Niederlassung begründet hat und hauptsächlich zu den Eingeborenen in der Milne-Bai in regen Handelsbeziehungen steht. Gummi bildet den Haupthandelszweig. Der Wegebau hat auch in diesem Bezirk im letzten Jahre recht gute Fortschritte gemacht. Die Milne-Eingeborenen lassen sich sehr häufig als Besucher in Samarai blicken, aber auch gern als Arbeiter für kürzere oder längere Zeit anwerben. Die Station ist erst seit dem letzten Jahre gesünder geworden, nachdem eine in der Nähe der Station befindliche grosse Sumpffläche unter Anwendung von viel Zeit und Mühe ausgefüllt worden ist. Ausser dem Regierungsgebäude befinden sich in Samarai ein Zollhaus, Store und Gefängnis.

Der im Entstehen begriffene Nordost-Bezirk (Mambare) hat beim Aufbauen einer neuen Station am Zusammenfluss des Tanapa und Mambare erst im vorigen Jahre seinen Vorsteher verloren. Mr. John Green, der den Gouverneur auf mehreren seiner grösseren Expeditionen, so auch nach dem Owen Stanley-Gebirge begleitet hatte, soll eine hervorragende kolonisatorische Fähigkeit besessen haben. Um so mehr ist sein Verlust zu beklagen; er ist der Raub- und Mordlust der dortigen Eingeborenen nicht als erster Europäer zum Opfer gefallen. Zusammen mit ihm, dem stets das Wohl der Eingeborenen am Herzen gelegen hat, wurden 4 Polizeisoldaten und 4 andere farbige Begleiter Mr. Greens niedergemetzelt; sein Tod ist inzwischen vom Gouverneur gerächt und die Station weiter nach der Küste zu verlegt worden.

Die Hauptstation des Südostbezirks ist Nivani, das auf einer kleinen Insel der de Boine-Gruppe liegt. Für die Sicherheit im Machtbezirk sorgt eine kleine Abteilung der Polizeitruppe und sechzehn Dorfpolizisten. Auf Nivani sind wie auf allen übrigen Stationen bereits mehrere tausend Kokosnüsse gepflanzt, einige Bäume sind bereits tragfähig; ebenso überhebt der Ertrag mehrerer Gemüsegärten, in denen Knollenfrüchte, Bananen u. s. w. angepflanzt sind, den Leiter der Station der Mühe und der Kosten, Nahrungsmittel für Stationszwecke anzukaufen. In dieser Beziehung sind Daru und Rigo vorbildlich gewesen. Zu den vertrauenerweckendsten Stämmen in diesem Bezirk gehören jetzt die Misima-Leute, am weitesten sind dagegen in der Kultur zurück

Tafel 2.

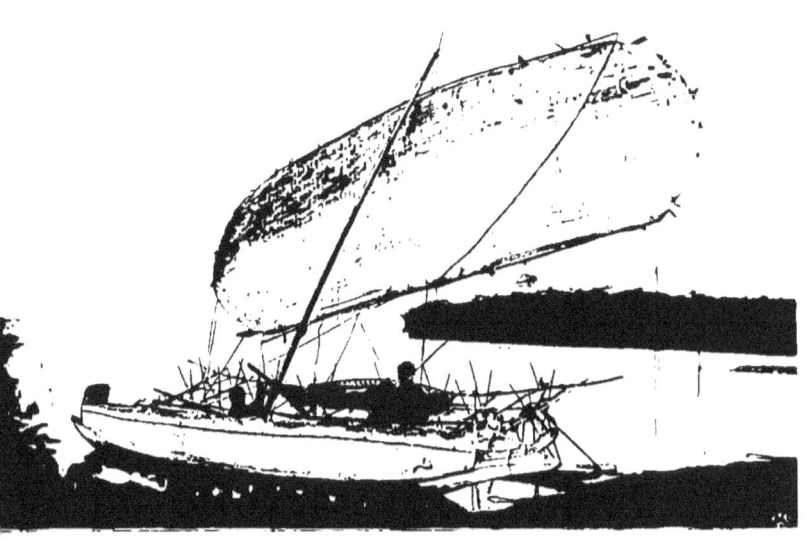

Kanu mit Mattensegel auf Britisch-Neu-Guinea.

Dorf in Britisch-Neu-Guinea.

die Eingeborenen auf Rossel-Insel. Eine grosse Hilfe und Unterstützung findet der derzeitige Leiter der Nivani-Station und des ganzen Bezirkes von seiten der hier im Panaietti stationierten Wesleyanischen Mission.

Im ganzen sind vier Missions-Gesellschaften im Schutzgebiet thätig, drei evangelische und die katholische Mission „Vom heiligen Herzen Jesu"; die beiden anderen evangelischen sind die anglikanische und die Londoner Missionsgesellschaft. Das Arbeitsfeld der Wesleyanischen Mission ist der Südostbezirk. Sie verfügt über 4 europäische und 4 Eingeborenen-Missionare. Diese Mission legt ihr Hauptaugenmerk darauf, Papua als Lehrer heranzuziehen und sie gleichzeitig zu tüchtigen Ackerbauern auszubilden, die durch ihr Beispiel in letzter Beziehung ihre Landsleute an Stetigkeit im Arbeiten gewöhnen sollen. Das Bekehrungsgebiet der Anglikanischen Mission dehnt sich nordöstlich vom Ostkap bis zur deutsch-englischen Grenze aus. Ihre Bestrebungen werden dadurch gehemmt, dass ihnen keine genügende Anzahl von europäischen Lehrern zur Verfügung steht. Das eigentliche Gebiet der katholischen Mission ist der Mekeo-Bezirk; während ihres zehnjährigen Bestehens hat sie ebenso viele Stationen an der Küste und im Inland begründet. Diese Mission ist gegen die anderen in mehrfacher Beziehung im Nachteil: zunächst sind ihr bei ihrem Werk die strengen Vorschriften des Cölibats hinderlich. Ferner ist das Klima sowohl auf Yule-Insel als auch im ganzen Mekeo-Bezirk noch beträchtlich schlechter als in den den übrigen Missionen zugeteilten Gebieten. Der katholischen Mission gehören 6 Patres, die ordinierte Geistliche sind, 6 Laienbrüder, grösstenteils Holländer und Westdeutsche, die sämtlich ein Handwerk verstehen, und 7 Schwestern an. An der Spitze befindet sich ein Erzbischof, dem ein Bischof zur Seite steht. Die Ordenssprache ist die französische. Von grossem Einfluss auf die religiöse Kindererziehung ist hier die Anwesenheit von Missionsschwestern, die es noch besser als Männer verstehen, auf das kindliche Gemüt einzuwirken. Unterrichtssprache in den katholischen Missionsschulen ist der Maiwa-Dialekt, in dem die Missionare einige Unterrichts- und besonders Liederbücher zusammengestellt haben. Auf eine Heranziehung der Erwachsenen zur Schule und zur Bekehrung ist vorläufig noch verzichtet worden; nur hier und da kommt es vor, dass ein Erwachsener Verständnis für die Lehren der Missionare zeigt.

Auch das Ziel der evangelischen Missionare ist zunächst darauf gerichtet, den religiösen Sinn der Kinder zu wecken. Diese hören gern den biblischen Geschichten zu, die ihnen die Missionare und Missionsfrauen erzählen, und noch lieber lernen sie die ihnen vorgesungenen geistlichen Lieder nach einfachen Melodien singen. Daneben haben die Kinder im Anfang Schreib- und Lese-Unterricht; aber das, was die fröhliche Kinderschar vor allem an die Missionsschule fesselt, ist der Gesangsunterricht; denn alle Papua sind von Jugend an dem Gesange leidenschaftlich ergeben.

Mit grösstem Stolze kann die Londoner Missionsgesellschaft auf ihre bisherige Wirksamkeit blicken; es ist aber in Rücksicht zu ziehen, dass die Mission bereits seit 25 Jahren im Lande ist. In der grossen Missionsschule zu Port Moresby bilden sie ihre Zöglinge (Papua) zu Lehrern aus, die nachher im stande sind, ihren Landsleuten sowohl die englische Sprache als Erziehung und Gottesfurcht beizubringen und einzuflössen. Das Lehrgebiet dieser Mission dehnt sich über das ganze Schutzgebiet aus; im Westbezirk und an der Fly-Mündung lehrt Revd. James Chalmers, im Zentralbezirk Revd. A. Hunter und im Osten in Kwato Revd. C. Abel, und alle beeifern sich, möglichst bald ihren Zöglingen in englischer Sprache das Heil zu verkünden.

Wir sehen so, dass die Regierung von Britisch-Neu-Guinea in ihren Bestrebungen, die Segnungen der Zivilisation ihren Schutzbefohlenen zu bringen, nachdrücklich Unterstützung seitens der Mission findet, und dass sie andrerseits darin nicht aufgehalten wird durch Elemente, die wie früher einzelne Goldgräber und Händler den Eingeborenen den Europäer im schlechtesten Lichte gezeigt haben. Ermordungen von Europäern durch Eingeborene, die vormals an der Tagesordnung, aber wie wir gesehen haben, in fast allen Fällen der Schuld der Opfer selbst zuzuschreiben waren, kommen auch noch heute vereinzelt vor. Auch von Feindseligkeiten und Widersetzlichkeiten der Eingeborenen gegen ihre Beschützer hören wir noch oft genug, doch hat die eingeborenenfreundliche, andrerseits aber sehr energische, zehnjährige Verwaltung Mac Gregors, der die Eingeborenen wie seine Kinder behandelte, diese davon überzeugt, dass man ihnen nützen und nicht schaden will. Sie haben eingesehen, um wie viel besser ihre Lage gegen früher geworden ist, und dankbar erkennen sie dies fast durchgängig an durch ihre entgegenkommende Bereitwilligkeit, einer solchen Obrigkeit zu dienen.

Wenn es erst der Verwaltung gelungen sein wird, durch fernere gleichmässige, kluge Rücksichtnahme auf das Herkommen der Eingeborenen ihr Vertrauen noch mehr zu gewinnen und durch immer weiteres Vordringen in das Innere die Erzeugnisse des Landes in noch grösserem Massstabe zu verwerten, so wird Neu-Guinea, die jüngste der britischen Kolonieen, dem benachbarten australischen Besitz an Reichtum und Wohlfahrt, Frieden und Gesittung in nicht allzu ferner Zeit gleichkommen.

IX. Holländisch-Neu-Guinea.

1. Küsten- und Oberflächengestalt.

Holländisch-Neu-Guinea nimmt den gesamten Westabschnitt der Insel ein. Die Grenze nach Osten gegen die deutsch-englische Machtsphäre bildet der 141. Meridian. Mit England insbesondere ist durch die Abmachung vom 20. Juli 1895 eine genaue Vereinbarung bezüglich der Abgrenzung getroffen. Nach dieser beginnt die südliche Grenze in der Mitte der Mündung des Bensbach-Flusses auf 141° 1′ 47,9 O; sie folgt diesem Meridian, bis derselbe den Fly-Fluss schneidet, geht dann im Thalweg desselben bis zum 141. Meridian aufwärts, der dann die Grenze bildet bis zu seinem Schnittpunkt mit der Grenzlinie, welche die deutschen, englischen und niederländischen Besitzungen auf der Insel von einander scheidet.

Die Küste des holländischen Teiles von Neu-Guinea von der britisch-holländischen Grenze bis zur Dourga- (Prinzess-Mariannen-) Strasse ist flach und sumpfig. Eine ganze Reihe kleiner Kriecks, darunter der Boudara- und Biminka-Bach, fliessen unmittelbar westlich der englischen Grenze ins Meer; das einzige nennenswerte Flüsschen ist auf dieser ganzen Strecke der Dararaska- oder Oranien-Fluss. Die Gegend ist noch wenig erforscht worden, nur die Engländer Bevan und Strachan haben sie in den letzten Jahrzehnten auf ihren Fahrten nach dem Nordwesten Neu-Guineas gestreift, während der holländische Leutnant Kolff sie bereits in den zwanziger Jahren dieses Jahrhunderts besucht hat. Der Strand ist hier und da mit Kokosnusspalmen bestanden, nur selten zeigt sich an der sumpfigen Küste eine Eingeborenen-Ansiedlung. Einige Kilometer von der Dourga-Strasse münden einige kleinere Küstenflüsse, darunter der Koroika, Baraka und Wamtuzaka.

Die Dourga-Strasse selbst (7° 45′ S. und 138° 44′ O.) trennt die **Prinz Frederik-Hendrik-Insel** von der Hauptinsel und hat an ihrer nördlichen Einfahrt eine Breite von 15 km. Die Westküste der Insel, welche wenig bevölkert ist, heisst Iymri-Küste; im äussersten Nordosten springt dieselbe im Kap Kolff, im Südwesten im „falschen Kap" vor. Der Landstrich von der Prinzess Mariannen-Strasse bis zum Utanata-Fluss heisst Timoraka oder Kapia. Die Physiognomie der Küste behält auch weiter noch den sumpfigen Charakter. Die erstere grössere Bai im Südwesten des holländischen Schutzgebietes ist die Pisang-Bai, mit dem Kap Steenbom an ihrer südlichen Ecke; kurz vorher münden zwei kleine Krieeks ein; inmitten der Bai liegt eine kleine bewohnte Insel; die beiden Wasserläufe westlich der Bai, Utanata und Wamuka, kommen beide höchst wahrscheinlich aus den Karl-Ludwig-Bergen, als deren letzter Ausläufer der Lakahia-Berg sich ganz in der Nähe der Küste (etwa 4° 15′ S.) erhebt.

Die nächste Bucht ist die durch viele Mordthaten der Eingeborenen berüchtigte Etna-Bai, auf welche nach Westen zu zuerst die Tritons-Bai mit mehreren kleinen vorgelagerten Inseln und dann die Speelmanns-Bai und Genoffo-Bai folgen. In der Nähe der Speelmanns-Bai hat Miklucho Maclay in einer Entfernung von nur wenigen Wegstunden von der Küste anfangs der siebziger Jahre dieses Jahrhunderts den grossen Kamaka-See entdeckt. Auf der Höhe zwischen Tritons- und Speelmanns-Bai liegt die Insel Aiduma; die Iris-Strasse trennt diese Insel von der Hauptinsel. Die Speelmanns-Bai[1]) ist mit hohen bewaldeten Ufern umrahmt, an ihrem Eingang liegt die Insel Namotolte.

Den nächsten Küsteneinschnitt bildet die Bucht von Kainani oder Kamrau-Bai, die nur durch eine schmale Landzunge von der vorhergehenden Bai getrennt ist. Zwischen der Kainani- und der darauffolgenden Sebakor-Bucht dehnt sich die Oranien-Nassau-Halbinsel aus und dahinter die Landschaft Onin. Ein kleiner Küstenfluss, Karufa, entwässert den südöstlichen Teil der Halbinsel. Der Kamran-Bucht ist die langgestreckte Korallen-Insel Adi vor-

---

[1]) 1678 vom Kaufmann Keyts entdeckt und nach dem damaligen Gouverneur von Niederländisch-Indien benannt.

gelagert. Den grössten Einschnitt im Westen von der Küste von Holländisch-Neu-Guinea bildet die grosse Mac Cluer-Bucht. Einige kleine dichtbewaldete Inseln liegen in diesem Golfe verstreut, zwischen denen tiefe Fahrstrassen eingeschnitten sind, darunter südlich im Golf, etwa unter 2° 45′ S. und 132° 30′ O., die kleine Insel Sekar (Segaar).

Im Süden des Golfs schneiden die Patipi-Bai und die Sekar-Bai ein, beide durch vorgelagerte kleine Inseln gut geborgen; die im Südosten der Bai sich erhebenden dichtbewaldeten Höhen bieten für die Ansegelnden einen malerisch schönen Anblick dar; im übrigen ist das Küstenland an der Bai durchweg sumpfig. Die Landstriche im Süden der Bucht sind von West nach Ost Jawisa, Kuwansori und Witehauri, in welchem letzteren der Jukati-Fluss in das Meer fliesst. Dieser entspringt auf den Ausläufern des Saripun-Berges (950 m) und empfängt von links den Gurumeul und Groben; einige Kilometer von der Mündung teilt sich der Fluss in zwei Arme, in den unteren und den oberen Jukati; von rechts erhält er noch den Waromba, Tatani und Wassina.[1]) In dem Flusse liegen mehrere kleine Inseln, von denen Utrakemi und Kemon die bedeutendsten sind. Etwas nördlich des Pakuti sind noch einige kleinere Flüsse zu merken, darunter der Arunum, Batan, Skroti, Unanim und Assassination-Krieck.

Hinter der Landschaft Juwisa im Süden der Bucht macht die Küste einen Vorsprung nach Westen; sehr weit hinaus in dem Mac Cluer-Golf liegt die grosse Insel Wenim oder Sabuda. Am nördlichen Ufer des Jukati liegt das unbewohnte Vorland Urako und in westnordwestlicher Richtung davon die Landschaft Kawirispei und ihr vorgelagert die kleine Insel Marori. Hinter diesem Landstrich beginnt eine bewohntere Gegend; das grösste Dorf, in dem auch der Unter-Radjah wohnt, der jene Gegend beherrscht, ist Pereperam. Die Nordküste ist wenig bekannt.

Im Westen des holländischen Schutzgebietes liegen noch die grossen Arru- und Kei-Inseln. Ungefähr 60—80 Seemeilen nordwestlich davon die Matabela- und ungefähr 20 Seemeilen nordwestlich von diesen die Karl-Albert-Inseln, endlich im Nordwesten Gebu, Salawatti mit dem Hauptorte Samale, Mysol mit den Dörfern

---

[1]) Vgl. Karte von Dr. Bernhard Meyer, Reise von der Geelvink-Bai nach dem Mac Cluer-Golf im Juni 1873.

Kassien und Battanata und im Norden die Insel Waign[1]) mit Numas, Agoan, Asia und zahlreiche andere, minder wichtige kleinere Inseln. Die wichtigsten der Kei-Inseln sind Gross-Kei und Klein-Kei; sie sind gebirgig und wild-romantisch, arm an Vierfüsslern und Vögeln, dagegen sehr reich an prächtigen Schmetterlingen. Die bedeutendsten Glieder der südöstlich von den Kei-Inseln gelegenen Arru-Inseln sind Wokan, Kobrur und einige kleinere Inseln. Auf der kleinsten und westlichsten Insel liegt der Hauptort Dobbo mit geräumigem Hafen (vgl. Tafel 30).

Wie die Mac Cluer-Bucht im Westen, so ist die grösste Bai im Osten des holländischen Schutzgebietes die Geelvink-Bai mit dem Haupthandelsplatz Doreh. Diese Bai wurde im Jahre 1705 durch das holländische Kriegsschiff „Geelvink" entdeckt, nach dem sie ihren Namen hat. Näher bekannt wurde sie später durch den Besuch des holländischen Kriegsschiffes „Circe". Die Bai enthält Korallengrund und ist für Schiffe schwer zugänglich. Im Hintergrund auf dem Festland erheben sich 200 m hohe Berge. Vor dem Hafen von Doreh liegt die kleine Insel Manaswari; in den Hafen mündet der Andei-Fluss, der auf den Vorbergen des Arfak-Gebirges seine Quelle hat. Dieses Gebirge entsendet ausserdem eine ganze Reihe von Wasserläufen zur Küste, so den Bripi, Maroni, Imari, Warmarei, Usei, Seiknasi, Pravi und Warmen. Die höchste Erhebung des Arfak-Gebirges, der Arfak-Berg (etwa 900 m), soll nach Dr. Bernh. Meyer ein noch thätiger Vulkan sein; von weiteren Bergspitzen sind zu nennen der Berg Mosiri (600 m), Wampen (400 m), Wumpsini oder Engulir (400 m). Die Einfahrt in den Andei-Fluss ist durch Sandbänke und eine hohe Brandung erschwert. Die Bucht, in welche der Andei mündet, liegt nach Osten offen und bietet nicht den geringsten Schutz für dort ankernde Schiffe. Das Vorgebirge im Norden der Bai heisst Kwasidori. Sumpfiges Küstenland ist der sich bis zur Halbinsel Joppengar hinziehende Strand, der von mehreren Flussläufen bewässert wird. Unter $1°50'$ S. fliesst der Küstenfluss Mum ein und unter $2°35'$ S. der Wapari, dessen Mündung der Ausgangspunkt der Dr. Meyerschen Expedition im Jahre 1873 war und der selbst für kleinere Boote unpassierbar ist. Der Wapari entspringt auf dem Mesmeri-Berge (400 m); er

---

[1]) Zuerst 1774 vom dem Engländer Forrest und später von dem Franzosen Freycinet auf der „Urania" besucht, weist eine Mischbevölkerung von Malayen und Papua auf und ist dicht bevölkert.

bildet einige Kilometer flussaufwärts einen hübschen Wasserfall, in dessen Nähe sich Gold finden soll. Der Mesmeri setzt sich in seiner höchsten Erhebung aus ungeheuren Felsblöcken zusammen und hat das Ansehen zertrümmerter Kalkstein-Felsmassen.[1])

Ungefähr 15 bis 20 km nördlich von der Mündung des Wapari erstreckt sich in geringer Entfernung von der Küste in der Richtung von Nord nach Süd etwa zwischen 2° 5′ und 2° 20 S. die längliche Insel Amberpon, etwas südöstlich davon die Eilande Meoswar, Ron, Arian, Job und Angarmeja und nach Nordosten zu die grossen Inseln Mysore und Jobi, denen Meosnum und Mefur westlich vorgelagert sind. Letztere ist die Heimat des einstmals mächtigen Mefurschen Stammes, heutzutage nicht stark bevölkert, aber auch noch auf den 300—500 m hohen, dicht bewaldeten Hügeln bewohnt. Der Strand dieser Inseln ist Korallenkalk. Das Hauptdorf auf Mysore ist Kordo, im Nordwesten der Insel an der Küste gelegen, vor der einige kleine Eilande ausgestreut liegen. Die äusserste Nordwestspitze der Insel bildet das Kap Rombo (Savedra); sie wird durch einige unbedeutende Flüsse entwässert. Einen ungefähr doppelt so grossen Flächeninhalt als Mysore hat die grosse Insel Jobi, auch Jappen, Joppengar und Job genannt. Zwischen der kleinen im Süden von Jobi gelegenen Insel Ansus und Jobi bietet sich für im Süden der Insel anfahrende Schiffe ein guter Ankerplatz. Das Innere von Jobi ist gebirgig. Die Gebirgszüge streichen von West nach Ost und erheben sich im Boukuari-Berge bis zu 700 m. Der Insel ist im Südosten die Schar der kleinen Padaweido-Inseln vorgelagert. Weiter nach Osten liegen die Arimoa-Inseln und im Süden der Bai noch einige kleine unbedeutende Eilande, von denen nur Moor und Mambansawei hervorzuheben sind.

Südlich des oben erwähnten Warapi-Flusses läuft die Küste des Festlandes zunächst in südöstlicher Richtung und wendet sich östlich des kleinen Flusses Karobi plötzlich nach Nordosten. In der Halbinsel Joppengar springt die Küste in der Nähe der kleinen Insel Ron merklich vor. Der Landstrich zwischen dieser Halbinsel und dem Wapari heisst erst Wandammen und weiter nordwestlich Wendessi. Kahle, nur mit Gras bewachsene Berge umsäumen die Küste südöstlich von Joppengar bis in die Gegend am Rubi-Fluss, der ebenso wie der nur einige Kilometer östlich einmündende

---

[1]) Dr. Bernhard Meyer, Auszüge aus Tagebüchern auf seiner Reise nach dem Mac Cluer-Golf im Jahre 1873. Dresden 1875. S. 1 ff.

Karobi, aus den Karobi-Bergen unweit der Küste kommt. Diese Berge steigen bis zu 700 m an, während der östlich davon sich erhebende Tafelberg ungefähr die doppelte Höhe erreicht. Nicht weit vom Tafelberg liegt wieder einer der wenigen Seeen von Holländisch-Neu-Guinea, der Jamoor-See, versteckt. Mehrere kleine Kriecks entwässern den Küstenstrich zwischen Karobi und Kap Elephant, die Ostgrenze der Geelvink-Bai.

Von hier hat die Küste bis zur Mündung des Ambernoh ein niedrig-sumpfiges Aussehen und ist gar nicht oder nur wenig besiedelt. Der Ambernoh, der grösste, 60 Meilen weit schiffbare, stromartige Fluss des holländischen Schutzgebietes, ergiesst sich in der Nähe des Kap d'Urville in mehreren Mündungen ins Meer; er wird von den Eingeborenen Mumberan, sonst auch noch Rochussen-Fluss genannt. In die weiter südöstlich gelegene Walckenaer-Bai münden zwei minder wichtige Flüsse, der Wiriwai und der Witriwai ins Meer. Der Küste sind südöstlich von den Arimoa-Inseln noch mehrere grosse Inseln wie Lamsulu, Jamma und die Podena-Inseln vorgelagert.

Das Land an der Küste von der Walckenaer- bis Humboldt-Bai heisst „Papua-Telandjang", eine Bezeichnung, die natürlich von der hier häufig verkehrenden malayischen Schiffsbevölkerung herrührt. Dieser Küstenstrich wird nur durch zwei kleine Flussläufe, den Barowai und Sikiawe, entwässert. Die drei letzten Küsteneinschnitte auf Holländisch-Neu-Guinea vor der deutschen Grenze bilden die Matterer-, Sadipi- und endlich die Humboldt-Bai, unter $2^0 42'$ S. und $140^0 54^1/_2'$ O.

Näher bekannt wurde die Humboldt-Bai durch die „Ätna-Expedition" im Jahre 1858. Später ist sie in den Jahren 1871, 1875 und 1881 durch holländische Kriegsschiffe, einmal durch das englische Expeditionsschiff „Challenger" und in neuerer Zeit endlich wiederholt durch den deutschen Forscher Finsch besucht worden. Sie bildet ein grosses Oval von 10 km Länge und 7 km Breite und wird im Südosten und Nordwesten von zwei, ungefähr 250 m hohen Kalkfelsen, Kap Bonpland und Kap Caillié, begrenzt. Der die Bai umsäumende, mässig hohe Bergrücken fällt allmählich zum Meeresufer ab. Der Innenhafen ist vom Aussenhafen durch eine schmale, niedrige Landzunge getrennt, eine 200 m breite Strasse ermöglicht den Eingang. $1/_2$ km nordwestlich von Kap Bonpland verschwindet das Vorland plötzlich. Das Vorgebirge, das sich dann erhebt, nennen die Eingeborenen Sekko, das dahinter im Westen von der Humboldt-Bai sich hinziehende 900 m hohe Gebirge „Euwaka".

2. Die Bevölkerung.

a. Farbe und Körperbau, Aussehen, Kleidung und Schmuck.

Ebenso lückenhaft und unvollständig wie von dem Lande sind unsere Kenntnisse von den Bewohnern des holländischen Schutzgebietes auf Neu-Guinea. Im allgemeinen sind hier allerdings die Eingeborenen in Aussehen und Wuchs, Sitten und Gewohnheiten von einander ebenso verschieden wie überall auf der Insel. Die Hautfarbe variiert vom tiefsten Schwarz der Neger bis zum Hellbraun der Malayen; hie und da findet sich einmal ein Albino. Finsch hat an verschiedenen Stellen solche vorgefunden, und während seines dreimonatlichen Aufenthalts auf Sekar sind Kühn ein Knabe von 10 Jahren und eine Frau von etwa 30 Jahren, beide mit rötlicher Hautfarbe, blondem Wollhaar und graublauen Augen begegnet; der Knabe war ein Sklave des Radjah, die Frau mit einem normalen Papua verheiratet, eine Freie. Man findet grosse, kernige und robuste Gestalten mit sehr schön geformten Zügen neben kleinen, zwerghaften und hässlichen Menschen, hier krauses üppiges Wollhaar, dort schlichtes.

In Aussehen und Kultur machen nach dem einstimmigen Urteil der Kenner Holländisch-Neu-Guineas die rohen und wilden Papuastämme an der Prinzess Mariannen-Strasse den am wenigst günstigen Eindruck: ein hässlicher Menschenschlag,[1] kraushaarig, mit dunkelbrauner, oft ins Schwärzliche übergehender Hautfarbe, platter Nase und aufgeworfenen, dicken Lippen, mit weitgeöffneten Nasenlöchern und mit schwarzen, gierig blickenden Augen. Südlich von ihnen wohnt der den britischen Grenznachbarn so lästig fallende Stamm der Tugeri, die sich im Aussehen von den Bewohnern der Mariannen-Strasse merkbar unterscheiden. In der Körperfarbe variieren sie von ganz heller bis zu pechkohlenschwarzer Färbung, haben haselnussfarbene Augen und vorstehende Stirnen.

Von der Prinzess Mariannen-Strasse bis zum Utanata-Fluss haben wir eine Küstenbevölkerung vor uns mit länglichovalem Gesicht, wenig vorspringenden Backenknochen, sehr breiter, platter Nase, deren Flügel oft durchbohrt sind, mit grossem Mund, sehr dicken Lippen, künstlich zugespitzten Zähnen, sanft gewölbter, hoher Stirn, grossen Augen und stark hervortretenden Augenbrauen.

---

[1] Finsch, a. a. O. S. 50 ff. — Waitz, Anthropologie V. S. 555.

Auffallend hässlich sind hier die Frauen. Ihre Schädel sind mehr rund, ihre Hüften und Gesäss stark entwickelt bei im übrigen zarter und schwächlicher Gestalt. Die Leute sind im Durchschnitt 1,60 bis 1,75 m gross.

Von ausserordentlich schönem Wuchs sollen die Eingeborenen auf der kleinen Insel Lakahia am Utanata-Fluss sein. In der Tritons-Bai finden wir eine Mischrasse von Timoresen und Papua, mit rötlich schwarzem, krausem Haar, breitem Gesicht und schwächlichem Körperbau. Alle Übergänge von fast reinen Malayen bis zum vollkommenen Papua bieten die Waigu-Insulaner in ihrem Äusseren dar. Sie sehen im grossen und ganzen den Bewohnern des nördlichen Neu-Guinea sehr ähnlich, haben ein Gesicht mit kleinen tiefliegenden Augen, breiten Backenknochen, plumper Nase, sehr guten Zähnen und vorstehenden, aufgeworfenen Lippen. Das schwarze Kopfhaar ist kraus oder schlicht, der Leib ungewöhnlich dick, die Hautfarbe schwarzbraun und die Beine dünn. Bartwuchs zeigt sich nur selten. Ihnen gleichen die Bewohner der Insel Gebe, die eine malayisch-papuanische Mischlingsrasse sind. Ein kräftiges, muskulöses Volk und im allgemeinen viel stärker gebaut als die Küstenbewohner sind die **Wuka** oder **Alfuren**, wie die Bergbewohner im Hinterland des Mac Cluer-Golfes gewöhnlich genannt werden, die früher für eine ganz andere Rasse als die der Papua gehalten wurden. Dr. F. Müller führt sie unter dem besondern Namen der Mairassi ein; andere nennen sie Endamanen; jedoch unterscheiden sie sich, abgesehen von kleinen Verschiedenheiten in Aussehen und Gewohnheiten, nicht viel von den Strandbewohnern. Im allgemeinen sind sie weniger intelligent als die Küstenbewohner. Sie gehören demselben einheitlichen Stamme an, und die geringen Unterschiede erklären sich dort auf dieselbe Weise wie z. B. bei uns zwischen unseren Alpenvölkern und Uckermärkern. Den ungewöhnlich muskulösen Körperbau verdanken die Alfuren ihrer Übung im Bergesteigen, worin sie grosse Kraft und Ausdauer zeigen. Mit der allergrössten Schnelligkeit eilen sie auf ebener Erde dahin und flinker als Hunde springen sie in das abschüssige Dickicht, um einen geschossenen Vogel herauszuholen. Die steilsten Abhänge erklimmen sie ohne die geringste Anstrengung. Im allgemeinen haben sie keine festen Wohnsitze, und der geringste Anlass bewegt sie, ihre Hütten zu verlassen und monatelang irgendwo anders hinzugehen, oder auch gar nicht wieder an den früheren Platz zurückzukehren.

In der Geelvink-Bai finden wir Leute von schönem Körperbau und dunkelbrauner Hautfärbung, die bisweilen ins Hellbraune, bei anderen ins Schwarzbraune übergeht. Die Stirn ist schmal und hoch, das Auge dunkelbraun. Im übrigen zeigt sich auch hier dieselbe Physiognomie wie überall, das krause Haar und die dicken, etwas aufgeworfenen Lippen, doch ragen die Jochbeine bei den einzelnen Individuen nicht so stark hervor als wie sonst bei den Papua.

Von kleiner, untersetzter Gestalt sind die Bewohner von Doreh und Umgegend, die sonst dasselbe Aussehen wie alle übrigen Einwohner an der Geelvink-Bai haben. In dem bald hinter Doreh aufsteigenden Arfak-Gebirge ist die Bevölkerung sehr spärlich. Erst in einer Höhe von 300 m finden sich Hütten, die so hoch angelegt sind, da die Bewohner den fortwährenden Angriffen der Doreh- und Karon-Leute ausgesetzt sind. Physisch und moralisch am höchsten stehen die Bewohner an der Humboldt-Bai; sie sind Leute von mittlerer Grösse und kräftiger gebaut als fast alle anderen Papuastämme. Sie haben ganz dunkelbraune Hautfarbe, schwarzes, wolliges Haar, dunkle, feurige Augen, die Mut und Verschlagenheit ausdrücken; dicke Lippen, eine breite Nase mit weitabstehenden Flügeln und ein spitzes Kinn verunzieren ihr sonst intelligentes Gesicht. Hübsch und stets vergnügt sind hier die Knaben und Mädchen, und auch die Weiber sind nicht so hässlich wie sonst. Die Männer sehen sehr wild aus: ihr schwarzes Haar haben sie auf dem Oberkopf in einem runden Ball und rings um den Kopf in kleineren Haarkugeln, oft bis zu zehn, zusammengebunden. Andere verteilen das Haar in mehrere grosse Wülste, zwei auf dem Vorderkopf und einen auf dem Hinterkopf. Ein dreizinkiger Kamm dient als Schmuck. Bisweilen lassen sich die Männer auf der Mitte des Kopfes längs des Scheitels einen bürstenartigen Kamm wachsen; hier und da findet man auch Perücken, die kahlköpfige Alte tragen. Sehr häufig wird das Haar mit Kalk zu einer gelblich roten Färbung gebeizt oder mit roter Lehmerde gepudert. Frauen flechten ihr nur mässig langes Haar in Zöpfen. Als Haarschmuck dienen Baumblätter, Farnkraut, Mohnblumen sowie Kronentauben- und Kakadufedern, bisweilen auch die sehr gesuchten Paradiesvogelfedern.

Die Eingeborenen zwischen Humboldt- und Geelvink-Bai wickeln das Haar in kleine Schnüre und verflechten sie geschickt mit einem Kokosnussblatt. Diese Schnüre sind dann in Schulterhöhe in den Haaren befestigt und bedecken den Rücken. Auch im westlichen Teil des Schutzgebietes pflegen die Eingeborenen ihr Haar sehr sorgfältig, selbst die sonst am wenigsten zivilisierten wilden Stämme am Utanata-Fluss. Diese bringen das Haar z. B. in lange regelmässige Zöpfe, denen elastische Binsenstempel als Stütze dienen;[1]) andere tragen am Hinterhaupt einen Haarschopf oder haben das Haar auch in grossen Knoten zusammengebunden. Die bequemste Haartracht haben die Eingeborenen auf Aiduma, die ihre „Wolle" ganz kurz schneiden. Die Kainani-Männer tragen das Haar in kurzen Flechten, während die schon sehr vom malayischen Einfluss berührten Papua in der Geelvink-Bai, die früher ihr Haar in mehrfachen Bündeln um den Kopf geflochten trugen,[2]) es jetzt mit Öl geschmeidig machen und mit aus Bambus oder dünnem Holz gefertigten Kämmen fein striegeln.

Von einer Bekleidung kann man bei den Papua in Holländisch-Neu-Guinea nur da reden, wo sie bereits mit der Aussenwelt mehr in Berührung gekommen sind. Die von der Kultur noch weniger berührten Eingeborenen an der Südwestküste und auch im Osten an der Humboldt-Bai gehen fast gänzlich unbekleidet. Am Utanata-Fluss binden die Frauen zur Bedeckung ihrer Scham eine grosse Muschel vor, während die Männer eine Bambusbüchse zu dem gleichen Zwecke tragen. Nur selten haben sie aus Pflanzenfasern geflochtene Schürzen. An der Humboldt-Bai tragen die Männer um den Leib meist eine gürtelartige Schnur, an der sie sich die Schamteile in Blätter gewickelt emporziehen. Waitz[3]) sieht in diesem eigentümlichen Brauch wohl mit Recht die erste Grundlage der menschlichen Kleidung und legt ihr eine religiöse Idee zu Grunde. Der Nabel, den man mit der Schnur bedeckte, war heilig; ihn wie die Eichel als lebenspendende Kraft wollte man den Augen der Welt verdecken; so erklärt sich auch, dass kleine Knaben, bei denen diese Kraft noch fehlt, die Eichel unverhüllt haben. Ebensowenig sind die Erwachsenen darauf bedacht, das männliche Glied zu verbergen; wenn es auch meistens zugleich mit der Eichel emporgezogen und an der Leibschnur befestigt wird, ist es jedoch so unvollkommen bedeckt, dass man leicht ein-

---

[1]) Finsch, a. a. O. S. 50.
[2]) Finsch, a. a. O. S. 125.
[3]) Waitz, Anthropologie. S. 575.

sieht, wie wenig ursprünglich die Art dieser Bekleidung dem Gefühl der Schamhaftigkeit entsprang. Die verheirateten Frauen in der Humboldt-Bai tragen ein grosses Stück Tapa um die Lenden, das mit einem grossen Strick befestigt und mit bunten Malereien versehen ist. Die Kleidung der Männer ist nur vereinzelt der „Maar". Er besteht in einem Streifen Baumrinde, die wie in Kaiser Wilhelmsland erst vor dem Gebrauch weich geklopft und ebenso wie dort erst um den Leib befestigt, dann zwischen den Beinen durchgezogen und hinten zusammengeknüpft wird. Vorn und hinten ragen die Enden in Form von Bändern herab, die durch farbige Läppchen fransenartig verziert werden. Von den Papua östlich der Geelvink-Bai wird zu dem Maar statt der Baumrinde Pisangbast, ein sehr dünner und leicht zerreissbarer Stoff verwandt.

Die Alfuren, die früher allgemein auch nur einen Schurz aus dem Bast des Papier-Maulbeerbaumes trugen, nehmen heute hierzu bereits Kattun, den sie in derselben Weise anlegen wie die übrigen Eingeborenen den Maar. Im grossen und ganzen haben die Eingeborenen dort, wo sie von fremden Einflüssen frei geblieben sind, die gleiche Tracht; in Gegenden, wo häufig Malayen und andere Fremde verkehren, zeigen sich recht bald bezüglich der Kleidung und des Schmuckes die fremden Einflüsse. So tragen die Frauen an der Geelvink-Bai jetzt den malayischen Sarong, nur die Sklavinnen begnügen sich noch mit dem Tapaschurz. Auch die Lobo-Eingeborenen, die sonst ganz unter malayischem Einfluss stehen, gehen mit baumwollenem Hemd und Hose bekleidet und tragen um den Kopf ein Tuch geschlungen; die hier ausnahmsweise hübschen Frauen sind ebenfalls mit Hemd und mit dem Sarong bekleidet; der Busen ist unbedeckt; ebenso haben die Kainani-Frauen bereits den Sarong angenommen. Selbst in den Arfakbergen im Innern der Geelvink-Bai besteht[1]) die Kleidung bereits zum Teil aus Kaliko oder blauem Kattun, der zwischen den Beinen hindurchgezogen wird.

Trotz ihrer im allgemeinen mangelhaften Bekleidung haben die Eingeborenen des nordwestlichen Neu-Guinea ebenso wie ihre Brüder im Südosten eine grosse Vorliebe für Schmuck und Ausputz ihres Körpers.

Einen eigentümlichen Kopfschmuck tragen die wilden, von der

---

[1]) Otto Hopp, in der Deutschen Rundschau für Geographie und Statistik. Bd. 4. S. 201 ff.

Kultur noch fast unbeleckten Prau-Leute im Mac Cluer-Golf, d. h. einen nach Art einer spanischen Halskranse gefertigten Ring.[1] Ihre Nachbarn, die Alfuren, haben auf dem Kopf einigen Federschmuck, der bisweilen aus den grossen Federn des Kakadus besteht. In den Kiel derselben fügen sie gern die blauen Schwanzfedern des Königsfischers oder des Paradiesvogels ein. Weiter im Südwesten ist bei den Utanata-Leuten eine Kopfbedeckung beliebt, die aus fein gespaltenem Bambus und Känguruhfell zusammengesetzt und mit Kasuar und Kakadufedern verziert ist.[2] Die einzigen „Hüte" im holländischen Schutzgebiet tragen die Eingeborenen an der Humboldt-Bai, aber nur bei festlichen Gelegenheiten. Es sind solche aus Kürbisschalen, die schwarz, weiss oder rot bemalt sind und für gewöhnlich im Versammlungshause aufbewahrt werden. Primitiv und nur selten vorkommend scheint Stirnschmuck zu sein; er besteht bei den Eingeborenen in der Humboldt-Bai aus 2 bis 5 an einem Bande aufgereihten Muschelschalen; westlich davon, zwischen dieser und der Geelvink-Bai befestigen sie als Zierde vorn an der Stirn oft eine grössere Muschel oder eine Feder des schwarzen Paradiesvogels flach oder aufrecht; die Arfak im Innern der Geelvink-Bai lieben es nach d'Albertis Berichten um die Stirn ein Band zu tragen, das sie „Lueza" nennen. Es besteht aus einem Stück breiter, sehr geschmeidiger Baumrinde, das mit kleinen, weissen Muscheln besetzt ist. Seine schmalen Enden sind hinten am Kopf zusammengebunden. Die Frauen ersetzen diesen Schmuck durch Muschelscheiben, Berée genannt, die oft zu drei oder vieren die Stirne der Frauen zieren.

In der durchbrochenen Nasenscheidewand tragen die Arfak das „Zigau", ein kleines rundes, fein poliertes Stück einer weissen Muschel.[3] Es giebt Eingeborene zwischen Geelvink- und Humboldt-Bai, die drei bis viermal ihre Nasen durchbohren. Als Schmuck fügen sie Hunde- und Eberzähne ein, und wenn sie nichts Besseres haben, einfache Bambusstäbchen oder Baumrinde. Die Leute am Utanata-Fluss schmücken die durchbohrten Nasenflügel mit Holzstückchen oder Federn. Oft werden die Nasen künstlich verbreitert und die Ohren verlängert, besonders von den Papua westlich der Humboldt-Bai; als Ohrgehänge dienen kleine Steinchen,

---

[1] Kühn, in der Festschrift zur Jubelfeier des 25jährigen Bestehens des Vereins für Erdkunde zu Dresden. Dresden 1888. S. 115.
[2] Finsch, Neu Guinea. Bremen 1865. S. 58.
[3] Otto Hopp, a. a. O. S. 201 ff.

Bambus, Rottang, und die Ohrringe sind aus Binsen wie bei den Eingeborenen an der Südwestküste, aus Muscheln wie bei den Arfak, aus Goldblech wie auf Aiduma. Die Eingeborenen hier haben auch bereits Ohrringe aus Kupfer und Silber; auch Schildpattohrringe sieht man ebenso häufig wie in der Geelvink-Bai im Osten, während sich die Utanata-Leute im Südwesten schon mit alten Zigarrenstummeln als Ohrenschmuck begnügen. Diese tragen auch um den Hals bisweilen einen absonderlichen Schmuck, an einem Bande aufgereihte Menschenzähne, während sonst für den Halsschmuck in Holländisch-Neu-Guinea in der Regel Hunde-, Schweine- und Walfischzähne, letztere besonders in der Humboldt-Bai, Verwendung finden. Die Ärmeren nehmen Bast oder Blätter, die sie dann auch in Büscheln gern am Rücken herunterhängen lassen.

Die Arme schmücken die Papua sowohl in ihrem oberen als unteren Teile mit Bastgeflecht, Muschelbändern oder mit zwei aus Eberhauern gefertigten Ringen. Dieser letztere Schmuck ist bei den Alfuren sehr beliebt; die Arfak-Frauen beziehen durch die Malayen Messing-Armbänder.

Den fehlenden Schmuck ersetzen die Frauen häufig durch das Färben des Gesichts oder des Körpers mit roter, schwarzer und weisser Farbe. Als Farbstoff verwendet man neben roter Erde und Holzkohle auch Kalk; die Stelle des Pinsels vertritt ein fein zugespitztes Hölzchen. Die Farben selbst werden mit Kokosnussöl aufgetragen. Als weiteren Ersatz des Körperschmucks betrachten die Eingeborenen an der ganzen Südwestküste von Holländisch-Neu-Guinea das Spitzfeilen der Zähne, das besonders bei den Eingeborenen am Utanata-Fluss sehr in Übung ist.

Die Tätowierung und das Einbrennen oder Einschneiden verschiedener Figuren in die Körperhaut, jene vornehmlich im Osten und diese hauptsächlich im Westen, sind weiterhin ein allgemein beliebter äusserer Schmuck. Das Einreiben des Körpers mit Kokosnussöl geschieht wohl mehr, um den Körper gegen die brennenden Sonnenstrahlen und Moskitos zu schützen als zum Schmucke desselben. Die Bewohner an der Prinzess Mariannen-Strasse, am Kapia- und Utanata-Fluss weiter nördlich an der Speelmanns-Bai und endlich die Alfuren brennen auf Oberarm, Schultern und Brust lange Striemen mit einer glimmenden Kohle ein, die Aiduma-Eingeborenen dagegen nur einen kleinen Fleck zwischen der Stirn und den Augenbrauen. Eine weit grössere Bedeutung hat die Tätowierung erlangt, die bekanntlich polynesischen Ursprungs ist: allerdings geschieht sie viel roher und ungeschickter als in Polynesien und fast ausschliesslich seitens der Frauen. Diese tätowieren hauptsächlich Lenden und Rücken, während die Männer mehr Arme, Brust und Schultern in dieser Weise durch Einzeichnung von Eidechsen, Schlangen und Fischen schmücken. Einfache eingebrannte Flecken sind bei ihnen ein Zeichen gethaner Seereisen. Waitz[1]) sucht den Grund, weshalb die Frauen insbesondere die oben bezeichneten Stellen schmücken in Folgendem zu finden: „Den Rücken tätowierten die Frauen, weil sie auf ihm Sachen der Männer trugen, die heiliger waren als die Frauen. Die Lenden und Bauchgegend, weil man den fruchtbaren Schoss durch die Tätowierung den Geistern weihen und profanen Blicken entziehen wollte." Unbekannt ist die Tätowierung bei den Eingeborenen westlich der Humboldt-Bai und wird an dieser selbst nur von den eingeborenen Frauen vorgenommen.

b. Wohnung, Hausrat, Werkzeuge.

Die Wohnstätten sind in der Regel Pfahlbauten, die teils im Wasser errichtet sind, teils auf dem Lande stehen. Die besten Häuser finden wir bei den Bewohnern an der Humboldt-Bai, die schlechtesten an der Prinzess Mariannen-Strasse und bei den Tugeris, die keine festen Wohnsitze haben. An der Prinzess Mariannen-Strasse sieht man hie und da einige verstreute Hütten. Sie bestehen aus vier eingerammten, unbehauenen Ästen und einem darüber gelegten Dach aus Baumrinde und sind so niedrig, dass man nur gebückt darunter sitzen kann. Dieselben elenden Wohnstätten findet man am Kapia- und Utanata-Fluss. Sie sind auf Bambusstämmen errichtet, nur fünf Fuss hoch und sechs Fuss breit und im übrigen wie die geschilderten, nur sehr viel länger als jene, oft 100 Fuss lang. Die Hütten sind in viele kleinere Abteilungen geteilt, deren jede ihre besondere Feuerstelle hat. Eine Hauseinrichtung giebt es nicht, nicht einmal Matten sind vorhanden, beim Schlafen legen sich die Bewohner getrocknete Blätter unter den Kopf. Bei den Aidama-Leuten findet sich als Abweichung in dem Innern der Hütte nur das Fehlen der besonderen Abteilungen, doch besitzen diese schon einiges Hausgerät, sodann Gefässe,

---

[1]) Anthropologie V. S. 575.

Kopfstützen aus Holz, die 13 cm hoch und 21 cm lang, etwas ausgehöhlt sind und auf einem geschnitzten Fusse ruhen. Auch Geräte zur Zubereitung des Sagos sind vorhanden. Die ersten Pfahlbauten trifft man von Südosten an in Namotette und an der Tritons-Bai an. Einzelne Eingeborene benutzen hier auch als Wohnungen Segelprauwen,[1]) die sie von den Ceramesen eintauschen. Auch an der Speelmanns-Bai finden wir bereits Pfahlbauten. Es giebt hier aber noch keine zusammenhängende Kampongs,[2]) sondern die Häuser liegen in den Bergen versteckt. Sie sind vorn und hinten offen, haben somit nur zwei Seitenwände und ein Dach. Der Fussboden des luftigen Gebäudes ist sehr wackelig. Um die Mosquitos[3]) zu vertreiben, zündet man häufig ein Feuer unter dem Hause an, dessen Rauch durch die weiten Zwischenräume, die die Rottangdiele enthält, leicht hindurchziehen kann. Matten sind der einzige Hausrat.

Auch auf der Insel Adie stehen die Wohnungen auf bis $1^1/_3$ m hohen Pfählen; die Häuser enthalten zu beiden Seiten eines Mittelganges zwei Räume und haben an der Vorder- und Hinterwand je eine Thür. In jedem Raume wohnt eine Familie für sich. Ein eingekerbter, an das Haus angelehnter Baumstamm dient als Treppe. Matten dienen gleichzeitig als Fussbodenbelag und Schlafstätte.

Ähnlich sind die Häuser am Mac Cluer-Golf konstruiert. Auf Sekar in der südlichen Ecke dieser Bucht sind die auf einer Unzahl von Pfählen im Wasser erbauten Hütten sämtlich mit einer Thür und einer Plattform versehen, von wo aus eine Leiter ins Wasser zu den am Hause angebundenen Kanus führt. Die Häuser sind unter sich durch $^1/_2$ bis 1 Fuss breite, unsichere Stege verbunden die aus nebeneinander gelegten Baumstämmen oder rohen Planken bestehen. In dem drei Tagereisen nördlich von Sekar entfernten Kannibalendorfe Prau finden wir 170 m lange, teils Wasser- teils Land-Pfahlbauten, die oft 150 Menschen Obdach gewähren; auch diese Häuser sind durch einen langen Gang in zwei Hälften geteilt. An beiden Seiten befindet sich eine Reihe von Kammern, deren Thüren auf diesen Gang hinausführen. Vor den beiden, am Ende des Ganges liegenden

---

[1]) Grössere kahnartige Fahrzeuge.
[2]) Siedelungen.
[3]) Mosquito kommt aus dem Portugiesischen und heisst Stechmücke; diese Stechmücken sind eine der grössten Plagen tropischer Länder, da die kleinen Blutsaugerinnen — nur die Weibchen stechen und saugen Blut — nachts schwer fernzuhalten sind und oft durch ihr lästiges Summen und ihre unangenehmen brennenden Stiche die Nachtruhe rauben.

Ausgängen befinden sich grössere Plattformen.¹) Von ihnen gelangt man mittelst Leitern nach unten zu den Booten bez. zur Erde und nach oben auf den Boden. Die Wände sind mit den dicken Blattstengeln der Sagopalme in der Weise bekleidet, dass ein Stengel an den andern angenagelt wird. Auf diese Weise bekommen sie eine sehr grosse Festigkeit und ein gefälliges Aussehen. Das Dach ist mit Atap gedeckt. Die Wohnungen der Radjah²) im Mac Cluer-Golf sind nicht besser erbaut als die ihrer Unterthanen. Der englische Kapitän Strachan, der in der Mitte der achtziger Jahre dem Radjah Abdul Delili von Roemmbatti einen Besuch abgestattet hat, schildert dessen „Palais" als wackelig und äusserst schlecht gebaut. Die ganze Einrichtung bestand aus einem vierbeinigen Tisch, zwei Armsesseln und verschiedenen Kisten und Kasten, die an den Wänden gruppiert waren, während der Fussboden mit einer weissen Matte belegt war.

Im östlichen Teile des holländischen Schutzgebietes haben die Eingeborenen zwischen der Humboldt- und Geelvink-Bai die primitivsten Wohnstätten: niedrige Pfahlbauten, ungefähr 4 m über der Erdoberfläche und ohne jede Einrichtung. Ein Bambusrohr dient zum Anblasen des Feuers, eine Menge trockener Blätter als Schlafstätte und eine Matte als Deckbett. Das Wasser wird ebenfalls in Bambusbehältern aufbewahrt. Sehr gut und reinlich sehen die Wohnungen der Bewohner an der Humboldt-Bai aus. „Die Perle der Humboldt-Bai und des Pfahlbautentums der Steinzeit" ist das Dorf Tobadi am nördlichen Eingang der Bai. Die Häuser³) ruhen dort auf Pfählen, die 1 m aus dem Wasser hervorragen und weniger starke Querbalken tragen. Die Diele ist aus schmal gespaltenen Latten der Betelpalme zusammengesetzt und sieht sehr sauber und glatt aus. Auf dieser Diele sind 3 m hohe Wände aus Bambusstäben angebracht, und darüber erhebt sich das kunstvolle, sechs- oder achteckige, spitz zulaufende Dach, dessen Stütze bei vielen Häusern nur ein einziger, im Wasser eingerammter Pfahl bildet und das aus viereckig zugehauenen, schräg ineinander gefügten Baumstämmen besteht. Das Dach ist auch hier mit Atap gedeckt und wird oft mit einer Holzscheibe gekrönt. Vor den zwei, einander gegenüber liegenden Thüren, durch die das Licht Eingang findet, sind Plattformen errichtet. Diese ragen 2—3 m

---
¹) Kühn, a. a. O., S. 115 ff.
²) Mohammedanische Häuptlinge.
³) Finsch, Neu-Guinea, Bremen 1865, S. 141 und Samoafahrten, S. 350 ff.

über der Wasserfläche hervor und stehen ebenfalls auf Pfählen. Die Plattform besteht meist aus morschen, wackeligen Brettern, die oft von verbrauchten Kanuseitenwänden hergenommen sind.

Als Feuerstätte dienen auch hier viereckige, mit Sand gefüllte Rahmen. Das Innere ist meist durch vier Scheidewände in vier ziemlich gleichgrosse Räume geteilt. Im mittelsten befindet sich der Feuerherd, und zwar gerade senkrecht unter dem Dachfirst, damit der Rauch besser abziehen kann. Darüber ist womöglich noch eine Art Hürde als Vorrichtung zum Räuchern der Fische angebracht. Jedes Haus dient nur einer Familie als Wohnstätte. Über jedem Hause thront eine auf dem Dache angebrachte Holzfigur „Karra-Karra", die einen Mann oder eine Frau in hockender Stellung darstellt und aus dem untersten Stammende einer Palmenart geschnitzt ist. Zum Schmuck sind an den Wänden zahlreiche Schweineschädel und Schildkrötenschalen angebracht, ausserdem Fisch- und Schweinefangnetze, letztere aus dicken Stricken geflochten, und Waffen. Als Hausrat finden wir in den Häusern noch irdene, aus roter Erde vorzüglich gebrannte Töpfe und den hier unentbehrlichen Kopfschemel. Der meiste Hausrat ist hängend untergebracht, wie Finsch meint, zum Schutze vor den hier überaus lästigen Ratten.

Die Pfahlbauten der Papuastämme an der Geelvink-Bai gleichen einem umgestürzten Boot, fallen nach den Seiten zu niedrig ab und sind an den Längsseiten nur wenige Fuss hoch. Der Mittelgang, der das Haus in zwei gleiche Hälften teilt, und an dessen beiden Seiten mehrere gleich grosse Kammern für die einzelnen Familien abgeteilt sind, ist wenigstens so hoch, dass man dort aufrecht stehen kann, ohne mit dem Kopfe an das Dach zu stossen. Unter dem Dach wird in der Regel die Pran untergebracht. Nach Missionar Hasselt, der lange Jahre auf Mansinam an der Geelvink-Bai gelebt hat, vereinigen sich in der Regel zum Bau eines Hauses alle die Familien, die es später gemeinsam bewohnen wollen. An der See- und Landseite werden gewöhnlich Veranden angebracht, von denen die erstere den Männer, die letztere den Frauen zum Aufenthalt dient. Mit dem Lande sind die Häuser durch eine etwas unsichere Brücke verbunden. Das Mobiliar ist reichhaltiger als in den Häusern an der Humboldt-Bai. Wir finden darin ausser der Matte einen aus Baumblättern geflochtenen, kistenartigen Behälter, der unser Kleiderspind ersetzt. Ein Blick in diese zeigt uns häufig wertvolle Familien-Erbstücke, die nur selten in Gebranch genommen werden, z. B. kupferne Kessel, Schüsseln, irdene Teller, ferner silberne Armbänder, Messer, Korallen, Sarongs[1]) und allerhand Tand wie Glasperlen, Tabaksfutterale, kleine Hölzchen, die als Gabel und Messer dienen u. s. w. Holztröge, die mit einem Deckel versehen sind, dienen als Speisekammern und bergen grosse Mengen von Reis und Sago. Feldfrüchte bewahrt man gewöhnlich in Säcken auf. Einzig in ihrer Art in Neu-Guinea sind die Nackenschemel der Geelvink-Bai; beide ansteigenden Enden des Ruhebänkchens sind mit Schnitzwerk verziert und laufen in eine Art Brustbild aus, das grosse Ähnlichkeit mit einer Sphinx hat. Die Figur hat zwei Hände, von denen jede einen kleinen Stab festhält. Endlich finden wir in den Kammern Fischnetze und Kochtöpfe aller Art, an Werkzeugen den Maarklopfer, d. h. ein mehrere Spannen langes, eingekerbtes Stück Holz, um den Maar[2]) weich zu schlagen, eine Art Besen, um kleine Fische zu fangen, eine Holzscheibe nebst rundem Stein zur Topffabrikation und endlich hier und da wohl auch ein Beil oder Hackmesser.

Wie die oben beschriebenen Häuser sind fast alle Wohnstätten der Eingeborenen an der Geelvink-Bai. In Doreh stehen die Häuser in zwei Reihen im Wasser, ihre Giebel sind ungewöhnlich hoch, und zwar ist der der See zugekehrte spitzer als der nach dem Lande zu gerichtete. Hier finden wir nicht selten neben dem Haupthaus noch ein kleineres errichtet, in dem nach dem Tode des Mannes die Witwe nebst den Kindern Unterkunft findet, während in das von ihnen verlassene Haus des verstorbenen Mannes Sippe einzieht.[3])

Die Häuser weiter im Innern stehen in der Regel auf niedrigeren Pfählen als die an der Küste. In den Arfak-Bergen sind sie zum Zwecke der Verteidigung nicht selten mit der Hinterwand an einen Felsen angebaut, ähnlich wie wir dies schon im Südosten im britischen Gebiet zu beobachten Gelegenheit hatten. Die Häuser liegen fast immer weit voneinander entfernt und beherbergen meist mehr als eine Familie. Zierrate der Häuser im Innern bilden aufgehangene Menschenschädel und geschnitzte Darstellungen von Eidechsen, Schlangen und Krokodilen.

---

[1]) Ungenähtes, um die Hüften geschlungenes, rockartiges Kleidungsstück aus Katum.
[2]) Schurz der Männer aus Bast (s. o. S. 374.)
[3]) Finsch, Neu-Guinea, S. 98.

c. Beschäftigung, Jagd, Fischfang.

Die Beschäftigung der männlichen Eingeborenen-Bevölkerung beschränkt sich auch in Holländisch-Neu-Guinea darauf, dass der Mann das Haus baut, die Kanus herstellt, die Pflanzung anlegt, Netze flicht, fischt und jagt. Die Frau besorgt die weitere Pflanzungsarbeit, holt Wasser, schleppt das Feuerholz heran, versieht Kinder und Haushalt und formt in ihrer Mussezeit Töpfe. Hierzu bedient sie sich wie die Weiber in Kaiser Wilhelms-Land eines Steines und Holzklopfers. Auch die übrigen Werkzeuge der Papua in Holländisch-Neu-Guinea sind, soweit sie von ihnen selbst verfertigt sind, sehr primitiv. Geschärfte Steine oder Lava, irgendwie an hölzernen Stielen befestigt, dienen als Beile. Sie sind zwar stark genug, um einen Baum an-, aber nicht umzuhauen, so dass man oft das Feuer benutzt, um Bäume zu fällen oder sie auszuhöhlen. Heute sind vielfach insbesondere durch Araber, Chinesen und Malayen eiserne Geräte eingeführt. Steinbeile findet man bisweilen noch im Osten, z. B. in Tabi und landeinwärts der Humboldt-Bai. Ferner haben die Eingeborenen an Werkzeugen hölzerne Stösser, um den Reis zu stampfen, Wurfschaufeln und Siebe aus Kokosnussfasern zur Sagobereitung oder zur Absonderung der Spreu vom Reis.

Ihre technische Fertigkeit ist nicht gering. Geschickte Verfertiger von Thontöpfen sind die Kei-Insulaner im Westen des holländischen Schutzgebietes. Als Töpfermarkt gilt für die ganze Umgegend das bereits erwähnte Dorf Elwaling auf Gross-Kei. Die Fabrikate der Bewohner dieses Platzes, Thontöpfe, -Schüsseln und -Krüge, werden bis nach Singapore vertrieben. Im Osten ist besonders an der Humboldt- und Geelvink-Bai das Formen und Brennen von irdenen Töpfen zu einem hervorragenden Industrie- und Handelszweige geworden. Bei Doreh findet sich ein Überfluss gelber Thonerde und am Kap Bonpland am südlichen Eingang der Humboldt-Bai eine Art roter Thon.

Die Topffabrikation wird ähnlich wie in Kaiser Wilhelms-Land auch hier ausschliesslich von den Frauen betrieben. Oft werden die Töpfe nach ihrer Fertigstellung noch mit dem Safte einer Pflanze oder mit Damaraharz bestrichen, damit sie Glasur erhalten und nicht so leicht brüchig werden. Die Gefässe sind meist weitbauchig, doch finden sie sich in allen Formen und werden zu Wasserbehältern, Trinkgefässen und Kochtöpfen verwendet. Die

Tafel 29.

Handelsfahrzeuge im Hafen von Dobbo (Arru-Inseln).
(Nach einer photographischen Aufnahme von Prof. O. Warburg.)

Kann mit Ausleger in Dobbo (Arru-Inseln).
(Nach einer photographischen Aufnahme von Prof. O. Warburg.)

grossen Gefässe dienen vornehmlich als Wasserbehälter, in den kleineren wird gekocht, und sie ersetzen bei den Mahlzeiten die Schüsseln. In Dorch sind diese letzteren nicht selten mit schönen Mustern und mit bunten Malereien versehen, die zum Teil Figuren von Vögeln und Fischen darstellen.

Im Westen des holländischen Schutzgebietes haben es besonders die Alfuren in der Schnitzerei zu bewundernswerter Geschicklichkeit gebracht. Teils aus Holz, teils aus dem Zahn des Meerkalbes schnitzen sie ihre kleinen Götzen und Amulette, die sie an einer Schnur um den Hals tragen. Ferner schnitzen sie Holzmodelle für Goldblechketten, die sie in Makassar für ihre Frauen anfertigen lassen. Als Flechter von zierlichen Körbchen, die sie aus Palmenblättern herstellen, sind die Eingeborenen an der Speelmanns-Bai bekannt.

Die Schnitzerei wird merkwürdiger Weise nur von den Männern betrieben. Hervorragendes leisten darin die Eingeborenen an der Humboldt-Bai, die ebenso als geschickte Zeichner charakteristischer Figuren, die sie aus dem Kopfe entwerfen, bekannt sind. Über gerade und gebrochene Linien kommen sie indessen nicht hinaus; ihre Lieblingsfigur ist das Dreieck. Buntbemalte, kunstvolle Holzschnitzereien schmücken das Vestibül und die Dachspitzen ihrer Versammlungshäuser. Landeinwärts der Humboldt-Bai sind die Eingeborenen am Santani-See wegen ihrer schönen Schnitzarbeiten bekannt; auch sie haben ausser Steinbeilen, Muscheln und rohen Messern, die sie von irgend woher eingehandelt haben, keine Werkzeuge. Das Material zu ihren Steinbeilen kommt von dem Steinlager in der Nähe von Rusmar; die Steinblöcke werden hier gleich in Stücke geschlagen, zu einer für die Benutzung geeigneten Form abgeschliffen und dann zu ihrer Verwendung nach den betreffenden Ansiedelungen gebracht.[1]

Den höchsten Grad der Vollendung hat die Schnitzerei an der Geelvink-Bai und hauptsächlich in Dorch erlangt. Wallace[2] schreibt hierüber: „Wo an der Aussenseite ihrer Häuser nur eine Planke vorhanden ist, ist diese mit rohen, aber charakteristischen Figuren bedeckt; die hochspitzigen Schnäbel ihrer Boote sind mit durchbrochener Arbeit verziert, und an Kanuschnäbeln sieht man oft menschliche Figuren kunstvoll eingeschnitten. Ihre hölzernen Thonschlägel, ihre Betel-

---

[1] Bink, Drei Monate in der Humboldt-Bai, in Mitteil. d. geogr. Gesellsch. für Thür. zu Jena. 13. S. 22.
[2] Wallace, II. S. 300.

büchsen und Hausgeräte sind ebenfalls mit Schnitzereien versehen." Recht ansprechend sind die Verzierungen gearbeitet, die sie an ihren Ahnenbildern anbringen. Doch ist Schnitzerei [nicht jedermanns Sache. Andere finden mehr Gefallen an anderen Arbeiten und sind geschickt im Waffenschleifen oder in der Bearbeitung von Muscheln und Schmuckgegenständen. Wieder andere befleissigen sich der Weberei und weben u. a. Beutel aus starken, gefärbten Baumfasern, von denen besonders die kleineren recht geschmackvoll sind und bisweilen eine ansprechende Färbung aufweisen. Endlich betreibt man die Flechterei. Matten und Körbe entstehen aus schmalen Pandanusblättern, die vorher ebenfalls rot, schwarz oder gelb bemalt worden sind. Beim Zusammenflechten fügen sie diese Blätter so geschickt abwechselnd aneinander, dass die Körbe ein sehr gefälliges Aussehen erhalten.

Eine besondere Verbreitung hat unter den Papua an der Geelvink-Bai das Schmiedehandwerk erfahren.[1]) Aber auch die Lobo-Leute und Kei-Insulaner verstehen etwas von Schmiedearbeit. Ein Stein dient ihnen als Amboss, die Hämmer haben sie von Fremden erhandelt und den Blasebalg sich selbst konstruiert. Hasselt schildert einen solchen ausführlich: „das Ding besteht aus zwei Bambusröhren, die aufrecht nebeneinander stehen und ungefähr drei Fuss lang sind. Als Windkanal dient ein am unteren Ende der Röhren angebrachtes dünnes, zwei Fuss langes Stück Bambus. In jedem der beiden Zylinder befindet sich als Pumpe ein Stempel, der am unteren Ende, um besser zu schliessen, mit Lappen oder Federn umwickelt ist. Der Stempel wird dann in Bewegung gesetzt von jemandem, der zwischen den beiden Bambuszylindern sitzt; während er den einen Stempel in die Höhe zieht, drückt er den anderen gleichmässig nieder, so dass der Luftzug das Feuer anfacht." Das Schmiedehandwerk sollen die Gebe-Insulaner nach der Geelvink-Bai eingeführt haben. Es ist in Doreh einer besonderen Zunft vorbehalten: wer es erlernen will, muss sich vorher erst einigen Formalitäten unterziehen, die von den mohammedanischen Lehrmeistern herstammen. So muss er sich vorher verpflichten, hinfort kein Schweinefleisch mehr zu essen. Bei seiner Einführung wird er mit Öl gesalbt und durch eine Beschwörungsformel, die hierbei gesprochen wird, gegen alle Fährlichkeiten gefeit, die mit dem Handwerk verbunden sind.

---

[1]) Hasselt, a. a. O., S. 7.

Kein besonderes Gewerbe ist der Kanubau. Er wird von allen Männern betrieben. Man findet nur melanesische Schiffsformen. Alle Kanus, von den kleinen Übungsspielzeugen der Knaben bis zu den grossen Segel- und Kriegskanus der Männer, die oft für zwanzig Ruderer eingerichtet sind, werden aus Baumstämmen hergestellt. Die Fahrzeuge variieren mannigfach in Bau und Ausschmückung. Am weitesten zurück sind auch auf diesem Gebiet wie in allem die Eingeborenen im Südwesten des holländischen Schutzgebietes. Unansehnliche, höchst unvollkommene Fahrzeuge dienen den Eingeborenen an der Prinzess Mariannen-Strasse und an der Tritons-Bai zu ihren Küstenfahrten und zu Fischereizwecken. Sie sind ohne Ausleger, gewähren nur zwei, höchstens drei Personen Platz und werden im Stehen gerudert. Am Utanata-Fluss hat man bereits Schnitzerei an den Kanus, die hier viel grösser, bisweilen sogar so lang sind, dass sie zwanzig bis dreissig Personen Raum geben. Da sie ohne Ausleger sind, schlagen sie häufig um. Die Insassen springen dann schnell heraus, kehren mit vereinten Kräften geschwind das Fahrzeug um, schöpfen das Wasser aus, und die Fahrt geht weiter, als ob nichts vorgefallen wäre. An der Speelmanns-Bai finden wir von den Kei-Insulanern eingeführte Kanus, die zwölf und mehr Personen fassen, mit Mast und viereckigem Segel versehen sind und eine aufgebaute Plattform haben. Ebenfalls Segel führen die kleinen Kanus der Bewohner der Insel Adie, die aber nicht mehr als acht Personen aufnehmen können.

Während der Ebbe bedienen sich die Eingeborenen des Dorfes Prau als Fahrgelegenheit langer Bretter, auf denen sie am unteren Ende kniend, sich bald mit dem einen, bald mit dem anderen Fusse auf dem Schlamme vorwärts stossen. Auf diesen elenden Fahrzeugen führen sie noch ihre Produkte mit, Sagobrote, die auf einer Unterlage von Blattrippen vor ihnen aufgestapelt sind.[1]) Sehr hohe mit Auslegern versehene Boote haben dagegen die Bewohner der Insel Sekar im Mac-Cluer-Golf.

Im Osten sind die Fahrzeuge im allgemeinen besser als im Westen. Gute Kanus verfertigen die Bewohner an der Geelvink-Bai. Zuerst wird der für eine Prau bestimmte Baumstamm behauen und ausgehöhlt, dann mit Wasser ausgefüllt, um hierdurch den Saft aus den Stämmen zu ziehen; endlich werden, um dem Fahrzeug das Gleichgewicht zu geben, an beiden Seiten Schwebe-

---

[1]) Kühn a. a. O. S. 142.

angebracht, die mit den Längsseiten parallel laufen und durch Querhölzer an dem Kanu befestigt sind. Oft werden auch hier vier oder noch mehr solcher Kanus zu einem Floss zusammengefügt. Kunstvolle Schnitzerei und Federschmuck zieren das Vorderteil der Kanus. Die Schnitzereien stellen hier meist einen Menschenkopf mit Haaren von Kokosnussfasern dar. Auch Kakadufedern schmücken den Schnabel, aber nur dann, wenn der Eigentümer des Fahrzeuges ein Kriegsheld ist, der bereits mehrere Feinde erschlagen hat. Die Ruder oder Paddeln sind in der Regel aus Eisenholz gefertigt und am Handgriff ebenfalls mit Schnitzereien verziert. Als Segel dient eine ausgezackte, aus Palmenblättern geflochtene Matte, als Anker ein grosser Holzklotz oder schwerer Stein, Lianen als Ankertau und Rottang oder fest zusammengedrehte Baumfasern ersetzen das Tauwerk. Das meist 3—4 m lange und 80 cm breite Segel ist in der Regel höher als der Mast und an der Spitze mit Federn geschmückt. Der Mast ist in Form einer Staffelei konstruiert und kann nach Belieben beseitigt oder wieder eingesetzt werden.[1]) In keinem Kanu fehlen eine oder mehrere Kokosnussschalen zum Ausschöpfen des Wassers. Nicht selten machen die Eingeborenen der Geelvink-Bai bei guter Brise mit ihren grossen Segelkanus fünf bis sieben Knoten in der Stunde und fahren oft hundert Meilen weit ohne Land zu Gesicht zu bekommen. Zu ihren grossen Handelsfahrten benutzen sie in der Regel den Nordwest-Monsun und zur Rückfahrt den Südost-Passat. Von allen Bewohnern der ganzen Ostküste unternehmen zweifellos die weitesten Handelsfahrten die Dorehsen, die bis Ternate und weiter segeln. Die Kriegsfahrzeuge, die grösser und stärker als die übrigen gebaut sind, sind ebenso aus einem Baumstamm gefertigt und werden mit einer Art Wasserschaufel gerudert, mit der die Ruderer das Wasser im Takte schlagen.

Die Kanus an der Humboldt-Bai sind denen an der Geelvink-Bai ähnlich, aber unbeholfener. Sie sind weniger ausgehöhlt und nur mit einem 1—2 m langen Ausleger versehen. An dem $2^1/_2$—3 m hohen Mast ist eine aus Pandanusblättern geflochtene Matte als Segel angebracht. Vorn und hinten läuft das Kanu spitz zu. Die Schnabelverzierungen bestehen hier gewöhnlich in grob geschnitzten Vögeln und Fischen. Die Seiten des Fahrzeugs sind mit regelmässig eingebrannten Figuren versehen und weiss, rot oder schwarz bemalt.

---

[1]) Hasselt a. a. O. S. 5.

Ein Büschel Kasuarfedern ziert die Mastspitze. Die meist 1½ m langen Ruder sind zierlich geschnitzt. Hier wie auch in der Geelvink-Bai haben die Kanus eine Plattform. Ein solches Verdeck ist in der Mitte des Kanus aus Bambus aufgebaut, auf dem die Passagiere sitzen, die Waffen niedergelegt sind und sich der Feuerkasten befindet, d. i. ein mit Sand gefüllter Kasten, in dem ein fortwährendes Feuer unterhalten wird. Die Boote haben eine geringe Ladefähigkeit und fassen meist nur fünf bis sieben Mann, segeln schlecht und lassen sich selbst bei angestrengtem Rudern nur langsam vorwärts bringen. Die Frauen müssen sich an der Humboldt-Bai mit ganz primitiven Fahrzeugen, ausgehöhlten Baumstämmen ohne Ausleger begnügen. Westlich der Humboldt-Bai sind die Kanus 4½—5 m lang. Gerudert wird hier meist im Stehen. In jedem Boot befindet sich ein Bambusrohr als Trinkwasserbehälter, der für die Eingeborenen dort einen ganz besonderen Wert haben muss, da sie ihn um keinen Preis in den Tauschhandel geben.

In Doreh hält man zur allgemeinen Belustigung nicht selten Segelregattas ab. Bei solcher Gelegenheit werden immer drei Kanus zu einem Segelfahrzeug vereinigt, damit sie das Segel besser tragen können. Als Preisrichter fungieren die Zuschauer; der Preis ist lediglich der Beifall, mit dem der jedesmalige Sieger begrüsst wird.[1]) Die Eingeborenen am Santani-See halten auf dem Wasser grosse Scheingefechte zum Vergnügen ab, bei denen sich die feindlichen Parteien gegenseitig mit stumpfen Pfeilen beschiessen.

Ausser zu Handelszwecken dienen den Eingeborenen ihre Fahrzeuge für den Fischfang. Man fängt Fische mit der Angel, mit Netzen, indem man sie speert oder mit dem Pfeil erlegt. Nicht selten vergiftet man sie aber auch, so häufig mit der Wurzel einer Schlingpflanze oder dem Saft einer Liane. In Batimburak im Süden des Mac Cluer-Golfes haben die Eingeborenen sogar grosse Seeadler, wie Kühn erzählt, zum Fangen der Fische abgerichtet. Sehr häufig gehen die Papua bei Nacht mit Fackeln in ihren Kanus auf den Fischfang aus, indem sie die Fische durch den Fackelschein anlocken; es gewährt dann einen eigentümlichen Anblick, die Fahrzeuge in der Dunkelheit Irrwischen gleich auf dem Meere herumflattern zu sehen.

Der Angelsport ist sehr beliebt. Der Angelhaken ist meist aus Knochen gefertigt. Die Netze stellen die Eingeborenen aus Kokos-

---

[1]) Girard, La Nouvelle Guinée, Paris 1883. S. 47.

nussfasern oder aus Geweben anderer Pflanzen her. Mit einer Art Schleppnetz, das zum Niedersinken mit Muschelschalen beschwert ist, sieht man die Eingeborenen gar häufig am Ufer entlang ziehen. Andere bedienen sich einer Art von Beutelnetz, das an einem Bambusstock befestigt und auf korallenlosem Grunde hingezogen wird. Vermutet man, dass sich ein Fisch darin gefangen hat, so schliesst man vermittels eines Schiebers den Beutel. Oft unternehmen ganze Dörfer Fischzüge, wozu sie sich dann mit allen ihren Kanus vereinigen. In der Humboldt-Bai insbesondere, deren Binnenhafen und Aussenbucht sehr fischreich sind, ist die Fischerei in grossem Schwunge, ebenso in Doreh. Im Westen des Schutzgebietes verfolgen die Alfuren die grösseren, wenig scheuen Klippfische meist im Boot und harpunieren sie mit einer zweizinkigen Lanze, oder man erbaut auch, um Fische zu fangen, ein Gitterwerk in folgender Weise: von einem flachen Ufer aus wird bis zu drei Faden Tiefe in die See ein enger Zaun aus Bambuslatten oder Holzstangen errichtet und dieser dann in einem beinahe rechten Winkel erst längs des Ufers und dann in einer Kurve nach dem Ufer bis zu einem Faden Tiefe zurückgeführt. In dem Winkel wird dann ein mit einer sich nach innen leicht öffnenden Doppelthür versehener Raum abgegrenzt, und man wartet so auf einen am Ufer entlangziehenden Fischschwarm, der durch die Fischenden mit den Booten leicht umgangen und durch Geschrei und ähnliches Geräusch in die Falle gelockt wird. Dort werden die Fische gespeert oder auch vergiftet. Endlich bringt man auch bisweilen unter einem Hause, das im Wasser steht, ein Bambusgitter an, das nach dem Lande zu immer niedriger wird, um die dort während der Ebbe angesammelten Fische durch das Gitter zurückzuhalten.[1]) Fischfang wie Jagd ist lediglich Sport bei den Eingeborenen, nur die Papua im südwestlichen Teil des holländischen Neu-Guinea, von der Prinzess Mariannen-Strasse bis zur Tritons-Bai betreiben den Fischfang als Nahrungszweck.

Daneben beschäftigen sich die Männer mit Aufsuchen von Trepang, Tauchen nach Perlen und dem Schildkrötenfang.

Auf der Jagd werden vornehmlich Vögel und wilde Schweine erlegt. Die Wildschweine stöbern die eingeborenen Jäger im Dickicht auf und speeren sie, oder treiben sie auch dem Meere zu und fangen die Tiere dann bei dem Versuche, ins Wasser zu entkommen. Gute Jäger auf Wildschweine sind die Dorehsen. Diese verstehen sich

---

[1]) Kühn a. a. O. S. 138.

auch auf das Räuchern des Fleisches. Das Rauchfleisch vertauschen sie dann an die Binnenbewohner gegen andere Produkte. Die Bergvölker sind geschickte Aufspürer und Erleger des Paradiesvogels, den sie mittels mit Harz bestrichener Ruten fangen oder mit dem Pfeil von seinem hohen Sitz herabschiessen. Hierzu erklettern sie erst die Kronen der Bäume und liegen hier tagelang auf der Lauer nach der edlen Beute. Haben sie dann den Vogel erlegt, so wird er ausgenommen und der Balg getrocknet. Ausserdem kommt als Jagdbeute noch in Betracht der Baumbär und das kleine Känguruh; von Vögeln der Kasuar, die Kronentaube, verschiedene andere Taubenarten, Papagei, Königsvogel und eine Anzahl anderer Vögel.

d. Geburt, Kindheit und Familienleben.

Ist der Papua in Holländisch-Neu-Guinea nicht durch seine nur allzu häufigen Fehden in Anspruch genommen, so führt er zu Hause in seinem Dorfe ein beschauliches Dasein und ein seinen Sitten gemäss sehr behagliches Familienleben.

Die Geburt allerdings vollzieht sich bei einzelnen Stämmen unter einer, wenigstens nach unseren Begriffen nichts weniger als humanen Behandlung. So wird an der Speelmanns-Bai die Gebärende von den hülfeleistenden Frauen fortwährend über Brust und Rücken stark mit Fäusten bearbeitet. Nachdem das Kind dann zur Welt ist, bringt man die Mutter in eine abgelegene Hütte, wo sie ungefähr drei Wochen lang abgeschieden leben muss. An der Geelvink-Bai giesst man der Frau ausserdem während der Geburt des Kindes so lange Wasser über den Kopf, bis sie ihr Kind zur Welt gebracht hat. Bei den Arfak wird die Frau bereits ein oder zwei Wochen vor der Geburt des Kindes von jedem Verkehr mit der Aussenwelt getrennt und muss abgeschieden in einer kleinen Hütte leben. Ganz allein der Ehemann hat Zutritt zu ihr.[1]) Um jeden Unberufenen fern zu halten, sind rings um das Haus in einem Abstand von 1—1¾ m kleine Pflöcke in den Erdboden eingegraben. Die Hütten stehen auf sehr hohen Pfählen, sind 2 m lang und nur 1 m breit und besonders am Tage ein schrecklich heisser Aufenthaltsort, am allerwenigsten geeignet für Wöchnerinnen. Auch in Doreh hält die Mutter ihr Wochenbett in solcher kleinen Hütte

---

[1]) Waitz, Anthropologie V. S. 635. — Finsch, Neu Guinea. S. 84.

ab und darf es mit dem Kind erst geraume Zeit nach der Geburt verlassen. Die Hütte ist so eng, dass ein Erwachsener darin nicht aufrecht stehen kann Der Gatte darf auch hier nur allein die Wöchnerin besuchen. Die Mutter selbst darf während ihrer Schwangerschaft nur bestimmte Speisen geniessen. Nach der Geburt wird die Frau in manchen Gegenden stundenlang vor ein so starkes Feuer, wie sie es nur aushalten kann, gesetzt. Bei den Alfuren haben sich die Frauen auch zur Zeit ihres monatlichen Unwohlseins in kleine Hütten zurückzuziehen, die nur 1 qm Raum einnehmen und kaum Schutz gegen Regen und Sonne gewähren.[1]) In dieser Zeit dürfen die Frauen mit der Aussenwelt nicht in Berührung treten.

Aus Anlass der Geburt eines Kindes wird häufig ein Fest gegeben, das sich beim Abfallen der Nabelschnur bisweilen wiederholt. Im allgemeinen gehen die Geburten sehr leicht von statten. Immerhin lassen die Frauen nach der Geburt eines Kindes erst einige Jahre vergehen, ehe sie ein zweites Kind zur Welt kommen lassen, da sie schon ohnehin genug durch die auf ihnen ruhende Arbeitslast geplagt sind. Mehr als zwei oder drei Kinder lassen auch hier die Frauen selten am Leben, die übrigen beseitigen sie durch Abtreibung. Diese Unsitte ist z. B. in Doreh sehr verbreitet. Im allgemeinen werden die Kinder meist schon an ihrem zweiten Lebenstage nach der Geburt in einem hübschen Korbgeflecht, das die Mutter auf dem Rücken trägt, mit zur Arbeit genommen. Sie wachsen im übrigen fast ohne Erziehung auf. Wenn die Papua auch hier es vermeiden, zu viele Kinder zu haben, so spielt hierbei wohl auch mancherlei Aberglauben mit. Die Kinder aber, die sie am Leben haben, möchten sie nicht gern verlieren; sie hüten und pflegen und verziehen sie, besonders die Knaben. Man giebt ihnen in allem nach, auch wenn sie noch ganz klein sind; auch später straft der Vater oder die Mutter selten. Dies geschieht höchstens, wenn die Eltern in Leidenschaft sind. In solchen Fällen kommt es dann häufig vor, dass sich die Kinder der Autorität der Eltern widersetzen, besonders der Mutter gegenüber. Schlägt dann das Kind die Mutter, so freut sich nicht selten der Papuavater über seinen tapferen Sohn. So kann man sich nicht wundern, nur zu oft altkluge und frühreife Kinder unter den Papua zu finden. Die Eingeborenen in der Geelvink-Bai machen viel Wesens von zwei

---

[1]) Kühn a. a. O. S. 139.

Geistern, einem männlichen und weiblichen, Narwar und Ingier,¹) die ihren Sitz in den Nebelwolken haben. Wie das Volk sagt, lieben diese Geister kleine Kinder und töten sie, nicht etwa aus Bosheit, sondern, weil sie die Kleinen, die durch den Tod ihr Eigentum werden, zu sich ziehen wollen. Deshalb lässt eine sorgsame Papuamutter bei Anbruch der Dunkelheit ihr Kleines nicht gern ohne Begleitung das Haus verlassen; auch die Leichen ihrer kleinen Lieblinge werden nicht in der Erde bestattet, sondern in die höchsten Baumäste für Narwar und Ingier gelegt, in der Hoffnung, dass diese die übrigen Kinder verschonen werden.

Etwa bis zum sechsten Jahre gehen die Kinder im allgemeinen nackt. Dann erhält das Mädchen einen Schurz oder Kattunsarong und der Knabe eine Tapabinde. Ferner werden dem Knaben Ohrläppchen und Nasenknorpel durchbohrt. Noch ist er aber Kind, und mit mannigfachen frohen Spielen vertreibt er sich die Zeit, während auch hier das Mädchen schon früh der Mutter zur Hand geht. So ist der Knaben Los ein viel heitereres und glücklicheres als das ihrer Schwestern; sind die Knaben grösser, so gehen sie wohl mit dem Vater auf die Jagd oder zum Fischen oder spielen auch untereinander mit ihren kleinen Bogen, die der Vater ihnen gemacht hat, Jagd oder Krieg oder sie vergnügen sich mit Peitschen oder Reifen.

Mit eingetretener Geschlechtsreife erfolgt, allerdings nicht bei allen Stämmen, die Beschneidung des Knaben, die Gelegenheit zu grösseren Festlichkeiten giebt. Wird das Mädchen heiratsfähig, so wird sie möglichst viel im Hause gehalten. Bei den Stämmen an der Humboldt-Bai darf sie sich selten ohne geziemende Begleitung weiter vom Hause entfernen. Auch werden hier die Töchter nicht an Fremde verhandelt, wie im Südwesten des holländischen Schutzgebietes. Strenge Tabugesetze lassen eine gegenseitige Neigung zwischen den verschiedenen Geschlechtern schwer aufkommen. Männer und Weiber essen gesondert. Gewisse Verwandte dürfen nicht mit einander sprechen, sie müssen sich selbst ausweichen, wenn sie sich von fern sehen. Bei den Stämmen an der Geelvink-Bai werden die zukünftigen Paare schon in frühester Jugend, oft schon im Alter von acht Jahren miteinander verlobt. Das Mädchen verbringt dann seine Brautzeit in dem Hause der Schwiegereltern, und dort wird sie sorgsam vor jeder Annäherung

---

¹) Hasselt a. a. O. S. 103.

an ihren Bräutigam und andere Männer behütet. Vor dem 16. Jahre wird sie nicht verheiratet, selten geschieht dies früher. Polygamie gilt fast überall, doch hat kaum jemand mehr als zwei Frauen, da der Kaufpreis zu hoch ist. Die Frau wird auch hier ihren Angehörigen abgekauft; die Preise oder die Geschenke, welche Bezeichnung der Eingeborene für die Hingabe an Wertgegenständen für seine Frau vorzieht, sind bei den einzelnen Stämmen verschieden wie auch die Heiratszeremonien. Unter den Bergvölkern herrscht noch die Sitte des Brautraubes, der in eine freiwillige Flucht der Braut mit dem Bräutigam gemildert ist. Der Jüngling macht dem Mädchen bei passender Gelegenheit einen Antrag, und beide verabreden einen Tag zur Flucht. Bald werden sie von der Familie aufgesucht, und, da die Eltern ihren Zufluchtsort wissen, nach kurzer Zeit ins Dorf zurückgeführt. Es folgt hier die Regelung des Kaufpreises und die Heiratszeremonie. Diese besteht darin, dass sich sämtliche Beteiligte, die beiderseitigen Eltern mit eingeschlossen, alle an den Stirnen blutig ritzen, zum Zeichen dafür, dass sie nun alle zueinander gehören. Hierauf zieht das junge Paar in die neuerbaute Hütte und bildet einen eigenen Hausstand. Mann und Frau schlafen nicht zusammen, denn ersterer bringt mit den anderen Männern in dem Versammlungshause die Nächte zu.

Den Bewohnern im äussersten Südwesten ist jede Zeremonie bei der Zusammenführung der Eheleute unbekannt. Bei den Bewohnern an der Speelmanns-Bai wird die Ehe nach Zahlung des Heiratspreises oder Kaufgeldes, der hauptsächlich aus Sarongs und Eisen besteht, geschlossen. Die Frau wird dem Manne übergeben, und ein Fest beschliesst das Ganze. Auf Adie bietet der Freier den Verwandten seiner Auserwählten Brautgeschenke an, eisernes Kochgeschirr, Goldblechketten und Sklaven. Werden diese Gegenstände nicht verweigert, so holt der Bräutigam seine Braut von ihrem Hause feierlich ab, was Anlass zu einem mehrtägigen Feste giebt. Hierbei wird ein berauschendes Getränk, gewonnen aus der Nipa- und Kokosnusspalme, Tuak[1]) genannt, getrunken, Gewehre werden abgeschossen, und die mit Ziegenfell überspannte Tifa-Trommel wird geschlagen. Das Fest hat hier schon mehr einen malayischen Anstrich, wie denn überhaupt der Einfluss der Malayen auf den Neu-Guinea vorgelagerten Inseln ein grösserer ist, als auf der Hauptinsel selbst. Eine eigentliche Zeremonie findet auf

---

[1]) Identisch mit dem Sagower.

Adie nicht statt; auch ist Polygamie aus dem bereits oben erwähnten Grunde selten. Schon an dem Kaufpreis für eine Frau hat der Ehemann noch mehrere Jahre, nachdem er seine Frau heimgeführt hat, zu tragen. Sobald Mann und Frau zusammenleben, ist ihr sittliches Leben meist ohne Tadel, wie denn überhaupt Ehebruch und Blutschande auf Holländisch-Neu-Guinea und den umliegenden Inseln selten sind.

Sehr teuer werden die Frauen am Mac Cluer-Golf von den Männern erkauft und als ein so teures Gut sehr streng gehalten. In Sekar hat Kühn nicht selten gesehen, wie ein Ehemann seine Frau prügelte, um sie nach seiner Methode zu erziehen und nur einmal das Gegenteil, nämlich dass ein Mann eine hübsche Tracht Prügel von seiner Ehehälfte erhielt. In der Sekar-Bai und Umgegend beläuft sich der Kaufpreis für eine Frau häufig bis auf 2000 Gulden, in der That für eine Papua-Frau ein sehr hoher.[1] Man nennt diesen Preis Herta; er schwankt je nach dem Stand des Vaters, in der Regel besteht er aus Kattun, Dolchen, Ketten, Goldblechwaren, Ohrringen, die von den Papua selbst in einer in Ossa Sepia ausgeschnittenen Form gegossen werden, und endlich aus Sklaven, die je nach Brauchbarkeit 50 bis 200 Gulden Wert haben. Letztere werden jetzt nur noch selten in Zahlung gegeben. Zu den Goldblechwaren gehören die schon oben geschilderten Goldblechketten; jede dieser Ketten, Uhurmas, ist 2 m lang und gilt nach Kühn bei den Papua 100 bis 600 Gulden. Die Dolche (Kriess-mas) sind aus Makassar und ebenfalls in einer Goldblechscheide gehalten.

Im Osten an der Geelvink-Bai bei den Dorehsen ist auch die Braut zu Geschenken an die Eltern des Bräutigams verpflichtet, jedoch ist der Brautschatz ein ungleich höherer. Vor allem wird hier bei der Heirat darauf gesehen, dass der Brautschatz da ist, und es vollzieht sich in der Hauptsache ein Kaufgeschäft zwischen dem Bräutigam und den Angehörigen der Braut. Der Preis besteht aus Eisenwaren, Kattun, wohl auch schon aus Gewehren und früher noch aus 6 bis 10 Sklaven. Ist das Geschäftliche erledigt, so wird in Doreh die Braut in feierlichem Zuge nach dem Hause des Bräutigams geleitet und den Eltern des Bräutigams übergeben. Der Bräutigam selbst kommt erst später nach dem Hause der Braut, wo er erst nach mehrmaligem Pochen Einlass findet. Das Paar

---

[1] Kühn a. a. O. S. 127 ff.

setzt sich dann im Hause selbst vor einem Ahnenbilde nieder, und die Vermählungs-Zeremonie geht vor sich:[1]) der Älteste der Anwesenden legt die Hände des Paares ineinander und hält ihnen hierbei die Rechte und Pflichten des Ehestandes vor. Aus einem vor dem Paare in einer Schüssel stehenden Sagogericht giebt er dann dreimal dem Bräutigam und dreimal der Braut zu essen. Darauf erhält der Mann von der Frau Tabak und sie von ihm Betel zum Kauen. Hiermit ist die Sache aber noch nicht zu Ende. Es beginnt mit Anbruch der Nacht, während die andern sich vergnügen und schmausen, für das Paar selbst eine richtige Folter; beide werden neben ein Feuer gesetzt und haben vor demselben in wachem Zustand sitzend die Nacht zu verbringen, ohne sich noch anzugehören. Bei jeder Neigung zum Einschlafen werden sie jäh von einem der Festteilnehmer aufgerüttelt. Wer diese Probe des Wachens in der Hochzeitsnacht gut besteht, soll nach dem Glauben der Papua lange und glücklich leben, daher unterzieht sich jedes Brautpaar gern dieser Folter.

Bei anderen Stämmen in der Geelvink-Bai besteht die Heirats-Zeremonie darin, dass die künftigen Eheleute gemeinschaftlich von einer gebratenen Banane essen, die sie vorher, zum Zeichen, dass sie von nun an zusammengehören, teilen. Die Verheirateten pflegen ferner in dem Rottangband des linken Oberarms ein langes vergilbtes Baumblatt zu tragen. In der Humboldt-Bai werden Ehen nur aus Neigung geschlossen. Der Brautschatz besteht in der Regel aus zwei Steinbeilen und einem Faden blauer Korallen in Form abgeflachter Scheiben. Der Brautvater nimmt, wie Missionar Bink erzählt, diese Gaben in Empfang und verteilt die Korallen unter die Verwandten der Braut so, dass die Brautmutter die Hälfte, und die Schwestern, Brüder, Neffen und Nichten der Braut je ein Achtel davon erhalten. Nach Regelung dieser Angelegenheiten geht der Bräutigam in das Haus seiner Schwiegereltern, wo die Ehe unter Beobachtung von Formalitäten geschlossen wird. In den ersten Monaten wohnt das junge Paar abwechselnd in dem Hause der beiderseitigen Eltern oder nahestehenden Verwandten, bis für sie ein eigenes Haus erbaut ist.

Durch die Verheiratung geht wohl überall die Frau in die Familie des Mannes über; wird sie Witwe, so muss sie in der Regel der Bruder des Verstorbenen zu sich nehmen. An der Speel-

---

[1]) Finsch, Neu-Guinea. S. 102.

manns-Bai[1]) trägt sie längere Zeit nach dem Tode des Mannes einen dichten Schleier aus Baumfasern, der Kopf und Gesicht fast vollständig bedeckt. Erst nach ungefähr einem Jahre darf sich die Witwe hier wieder verheiraten. In der Kainani-Bucht ist es ihr nicht erlaubt, sich während des Trauerjahres zu reinigen, sie hat auch bis zur Beisetzung ihres Mannes jeglichen Verkehr mit der Aussenwelt zu meiden. Als Trauerkleidung trägt sie bis zu ihrer Wiederverheiratung eine sonderbare Kappe und ein Rottangarmband um den linken Oberarm. Bis zu diesem Zeitpunkt kehrt sie in das Haus ihrer Eltern zurück. In Doreh bewohnen die Witwen mit ihren Kindern eine besondere kleine Hütte neben dem Hause ihres verstorbenen [Mannes. An der Geelvink-Bai[2]) tätowieren sich die Frauen meist zum Andenken an den verstorbenen Ehemann, wie sich auf der anderen Seite die Männer, um das Andenken an ihre verstorbenen Angehörigen zu bewahren, deren Bildnisse auf Teilen ihres Körpers einbrennen. Missionar Hasselt erzählt in seiner Schilderung der Trauerfeierlichkeiten der Dorehsen, dass er einst auf dem Rücken eines Mannes die eingebrannte Figur eines Knaben bemerkte. Auf seine Frage gab der liebevolle Vater in seiner Sprache zur Antwort: „Das stellt meinen verstorbenen Sohn dar, den ich nun immer bei mir trage."

Leben die Ehegatten im allgemeinen auch verträglich und gut zusammen, so trennen sie sich andererseits sehr leicht, schon bei einiger Unzufriedenheit des einen der Ehegatten. Auf Adie bleiben dann alle Kinder beim Vater, an der Kainani-Bucht gehen die Mädchen mit der Mutter, die Knaben mit dem Vater. Im Osten ist Ehebruch wie Ehetrennung selten. Vor wie nach der Ehe herrscht hier grösste Keuschheit, und kommt einmal Ehebruch vor, so wird er mit dem Tode bestraft bez. gerächt. Bei den Eingeborenen an der Geelvink-Bai insbesondere ist der Verführer eines Mädchens gehalten, die Verführte zu heiraten, und wird so lange befehdet, bis er dieser Forderung nachkommt oder das Land verlässt. Im Westen herrscht vor der Ehe meist geschlechtliche Freiheit, nur vor dem Europäer hält man die eingeborenen Mädchen überall vorsichtig zurück.

[1]) Finsch, Neu-Guinea. S. 86 ff.
[2]) Hasselt a. a. O. S. 117.

c. Krankheit, Tod, Begräbnis.

Krankheit ist wie bei allen Papua so auch nach der Einbildung der Eingeborenen in Holländisch-Neu-Guinea die Wirkung von Zauberei oder das Werk feindlicher Dämonen. Man hilft dem Kranken durch Opfer, die man selbst den Geistern bringt, oder durch die Vermittlung von Zauberern, indem man den Dämon, der seinen Sitz in dem Körper des Kranken aufgeschlagen hat, vertreiben lässt. Kranke, welche länger leiden, erbitten oft von ihren Verwandten den Tod, und phantasierende oder unheilbare Kranke tötet man auch gegen ihren Willen aus Furcht vor den bösen Geistern, die in ihnen hausen. Man fürchtet auch, dass sie durch ihren Auswurf oder Ausdünstungen die bösen Geister auf die Matten, Gefässe und Speisen der Gesunden übertragen. In Sekar ist die Furcht vor Ansteckung so gross, dass, wenn jemand ausserhalb des Hauses gestorben ist, die Leiche nicht in das Haus gebracht werden darf. Ebenso müssen in Doreh die Totengräber, ehe sie nach dem Begräbnis das Haus wieder betreten, sich erst reinigen und baden, damit alles Unreine, was ihnen von dem Toten noch anhaftet, entfernt werde;[1]) so treibt die Geisterfurcht die Eingeborenen zu hygienischen Vorkehrungen, die sie vor Ansteckungsgefahr und Epidemien aufs beste bewahren. Als häufigste Krankheiten finden sich Hautübel (Cascas); die Haut der Leute ist dann ganz mit Schuppen bedeckt und nach den Schneckengängen, die sich auf der Haut zeigen, scheint die Krankheit durch eine Milbe erzeugt zu werden. Schnitt-, Stich- und andere Wunden werden als zu geringfügig erst gar nicht gepflegt, eitern aber und verschlimmern sich oft derart, dass sie nicht selten den Tod des damit Behafteten herbeiführen.

Beachtung findet bei den Papua überhaupt das Leiden erst dann, wenn der Kranke nicht mehr herumgehen kann und keine Nahrung mehr zu sich nimmt. Man versucht dann alles mögliche, und wie ein Opferlamm lässt der Leidende alles über sich ergehen. Man legt zunächst grüne Blätter auf die eiternde Wunde oder den kranken Körperteil, nimmt Fischbrühe oder den Aufguss einer grossblättrigen, schleimigen Pflanze zu sich, schnürt kranke Glieder fest ein oder ritzt mit einem Flaschenscherben die Kopfhaut, um Bluterguss herbeizuführen. Bleibt das alles wirkungslos, so muss

---

[1]) Hasselt, Trauerfeierlichkeiten u. s. w. S. 118 ff.

Grab eines Häuptlings in Sekar am Mac Cluer-Golf.

Nach einer photographischen Aufnahme von Prof. O. Warburg.

der Zauberer helfen. Versagt auch dessen Kunst, und nimmt die Krankheit schliesslich einen so ernsten Charakter an, dass der Kranke glaubt, sterben zu müssen, so kommt alles noch einmal zu ihm, um ihn zu sehen, wodurch die Luft des Krankenzimmers noch mehr verschlechtert wird. Rücksicht kennt der Papua nicht, und hat er vielleicht auch Mitgefühl mit dem Kranken, so schwatzt und lärmt er in der Krankenstube, ohne auch nur im mindesten daran zu denken, wie sehr er damit den Kranken peinigt. Der unbehagliche Zustand des Kranken wird bei den Eingeborenen im Osten erhöht durch heulende Weiber, die nach der dortigen Sitte den Kranken umgeben und eigens dazu gedungen sind, ihren Klagegesang noch bei Lebzeiten des dem Tode Nahen anzuheben.

Ist der Kranke verschieden, so wird von diesen Klageweibern der Totengesang angestimmt, der mannigfachen Inhalts und nicht ohne poetischen Reiz ist.[1]) Er schildert die treue Sorge des Dahingeschiedenen für Weib und Kind, seine Kriegs- und Heldenthaten und seine übrigen Tugenden. Die Klageweiber waschen auch die Leiche des Verstorbenen, hüllen sie in Kattun und Matten ein und umschnüren sie mit festem Bast, worauf dann die Bestattung in der Erde erfolgt. Andere Stämme in der Geelvink-Bai bewahren ihre Toten als Mumien. Bei dem Tode eines Mambri versammelt sich in der Regel das ganze Dorf im Sterbehause und nach Absingung der Klagelieder trägt man die Leiche nach dem Grabe, bringt das Ahnenbild des Verstorbenen herbei, stellt es neben dem Grabe auf und schilt es tüchtig dafür aus, dass es einen solchen tapferen Mann wie den Verstorbenen hat sterben lassen. Das Bild bleibt hinfort auf dem Grabe stehen, während Waffen und Gerätschaften aller Art in das Grab gelegt werden, das dann noch einen Monat lang von den Leidtragenden ständig besucht wird.

In Dorch ist die Begräbnis-Zeremonie ganz eigenartig. Während der Leichnam auf einer Bahre von Bambus nach dem Begräbnisplatz gebracht wird, muss sich alles im Dorfe still verhalten. Die Leiche wird in halbsitzender Stellung in das Grab gelegt und mannigfache, für den täglichen Gebrauch nötige Dinge, Waffen und selbst ein kleines Kanu werden dem Toten mit ins Grab gegeben.[2]) Man glaubt, dass der Tote dort, wohin er gehe, die Sachen nötig habe. Bevor die Leidtragenden das Grab verlassen, stellt sich der

---

[1]) Hasselt a. a. O. S. 117.
[2]) Waitz a. a. O. S. 687.

Älteste von ihnen mit einem von der Erde aufgehobenen Blatt auf das Grab. Er hält dieses einige Zeit lang über dem Kopfende des Grabes und spricht dazu die Worte: „Rur i rana", d. i. „der Geist kommt". Hiermit sucht er den Geist des Verstorbenen zu bannen, damit dieser niemanden in Zukunft beunruhige. Die Angehörigen des Verstorbenen halten schliesslich ein Festmahl, nachdem das Grab noch vorher umzäunt und auf demselben ein Ahnenbild aufgestellt worden ist.[1])

Stirbt in einer Familie der Erstgeborene, ohne das Jünglingsalter erreicht zu haben, so ist eine besondere Trauer-Zeremonie üblich. Die Leiche wird auf ein Pfahlgerüst gelegt und darunter so lange von der Mutter ein Feuer unterhalten, bis das Haupt vom Rumpfe abgefallen ist. Dann wird der Rumpf begraben, der Kopf dagegen im Hause aufbewahrt; ist dieser endlich vollständig getrocknet und Ohren, Nase und Augen daran, bez. darin, nicht mehr kenntlich, dann werden die Angehörigen und Freunde zu einer Feier zusammengebeten. Der Vater erhebt einen monotonen Gesang, und die anderen schnitzen derweil Ersatz-Ohren und -Nase aus Holz, die dann feierlich an Stelle der verwesten angebracht werden. Die ausgelaufenen Augen werden durch rote Fruchtkerne ersetzt. Es folgt ein Festmahl, an dem der Tote, symbolisch vertreten durch seinen Schädel, auch teilnehmend gedacht wird. Ihm wird wie den anderen von den aufgestellten Speisen dargereicht, und durch diese ganze Feierlichkeit wird der Schädel zum Ahnenbild geweiht.[2])

Als Trauerzeichen gilt bei den nächsten Verwandten der Verstorbenen ausser der bereits erwähnten Tätowierung das Abschneiden der Haare, das sich bei einzelnen Stämmen der Mann sogar bis auf eine Locke über der Stirn und eine über den Ohren ganz abrasieren lässt. Als sonstiges Trauerzeichen haben die Papua von Doreh ein um den Oberarm gelegtes schwarzes Rottangband und ein weisses Halsband. Auf der Insel Run in der Geelvink-Bai tragen die Männer zum Zeichen der Trauer einen groben Sack um den Kopf und die Frauen einen Gürtel von Rottang, der mehrere Male um den Leib geschlungen ist.[3])

Die Arfak und andere Bergstämme landeinwärts der Geelvink-Bai bestatteten früher ihre Toten nicht in der Erde, sondern

---

[1]) Über Begräbniszeremonien auf den Arru-Inseln vgl. Ribbe a. a. O. S. 191.
[2]) Finsch, Neu-Guinea. S. 104.
[3]) Finsch a. a. O. S. 124.

liessen die Leichen auf einem eigens dazu errichteten hohen Gerüst vermittelst eines beständig darunter unterhaltenen Feuers austrocknen. Es begraben auch diese Stämme jetzt ihre Verstorbenen fast allgemein in der Erde, allerdings fast immer in der Nähe ihrer Häuser. Sie legen dem Toten Waffen auf's Grab und erneuern ihm dort in den ersten zwei Monaten nach dem Tode jeden Tag die Lebensmittel. „Der Tote isst die Speisen", erklären sie; wendet man ihnen ein, dass nicht der Tote, sondern vielmehr das Ungeziefer die Sachen vertilge, so beruhigen sie sich mit der Erwiderung: „Mögen sie die Speisen essen oder nicht, wir lieben unsere Toten und stellen deshalb die Speisen hin".[1]

Nur selten noch hängt man die Leichen im Hause auf. Eine ekelhafte Gewohnheit war früher dabei üblich: aus dem allmählich verwesenden Körper fing man nämlich den Leichensaft in einem darunter befindlichen Gefässe auf[2] und reichte diesen scheusslichen Trank der Witwe mit der Drohung, dass sie, im Falle sie sich weigern würde, das ekelhafte Getränk zu sich zu nehmen, sterben müsste. Die Leichen der Sklaven werden in der Geelvink-Bai entweder im Meere versenkt oder nur ganz oberflächlich in der Erde verscharrt, so dass Hunde und Schweine die Kadaver leicht auffinden und zerfleischen.

Gesitteter dagegen ist die Bestattungsweise an und in der Nähe der Humboldt-Bai. Man bestattet dort die Gebeine der Verstorbenen entweder in einer Felsgruft oder in der Erde und errichtet über dem Grabe eine kleine achteckige Hütte, die man mit einem dichten Atapdache versieht. Die Bewohner von Tobadi bringen nach Missionar Bink ihre Leichen nach einer kleinen Insel im Binnenhafen, wo sie sie bestatten, die von Ingeros nach einem benachbarten Walde, die von Engerau auf die schmale Landzunge hinter ihrem Dorfe. Im Westen des Schutzgebietes von der Prinzess Mariannen-Strasse bis Speelmanns-Bai hat man vielfach gemeinsame Begräbnisshöhlen, wohin man die Gebeine der Toten unter Festlichkeiten bringt, nachdem diese schon geraume Zeit vorher in der Erde gelegen haben. Auch auf Aiduma birgt man die Gebeine der Verstorbenen, die man unmittelbar nach dem Tode vorerst auf neben den Wohnungen befindliche Bambusgestelle gelegt, schliesslich in Felsenhöhlen.[3]

---

[1] Hasselt, Trauerfeierlichkeiten. S. 117 ff.
[2] Dieselbe Sitte ist im Jahre 1896 von Kpt. C. Webster auf den Keiinseln beobachtet worden.
[3] Finsch, Neu-Guinea. S. 76.

In der Speelmanns-Bai befinden sich wie in der Geelvink-Bai nicht selten über den Gräbern kleine Hütten, auf deren Dach ein aus Holz geschnitzter Vogel, das Bild der Seele des Verstorbenen, thront. Hölzerne Figuren in knieender Stellung finden wir auch auf den Gräbern in Lobo. Nach einiger Zeit gräbt man auch hier wieder die Leichen aus und verwahrt sie in Körben. In Sekar wurde früher die Leiche auf einer Bahre im Walde oder in einer Grotte niedergelegt. Dort liess man sie ganz unbedeckt achtlos faulen. Auf Veranlassung der jetzt in Sekar lebenden Araber werden die Toten nunmehr allgemein in Gräbern bestattet und über den Gräbern kleine Häuschen errichtet. In der Nähe von Sekar liegt die kleine Insel Ugar, auf der längs des Strandes auf einer Höhe von 3 bis 4 m Nischen mit Schädeln aufgefunden sind, richtigen Schädelstätten gleichend.[1]) Man hat hier auch zierlich geschnitzte Bretter unter den Schädeln vorgefunden, wohl Überreste der Bahren, auf denen die Leichen dorthin gebracht worden sind. Ganze Generationen müssen dort früher bestattet worden sein.

---

3. Religiöse und soziale Verhältnisse.

Die religiösen Vorstellungen und Gebräuche der holländischen Schutzbefohlenen auf Neu-Guinea sind noch ebenso unbestimmt und verworren wie die ihrer Brüder in Kaiser Wilhelms-Land und Britisch-Neu-Guinea, und eine viel genauere Kenntnis, als wir sie heute besitzen, gehört dazu, um zu einer klaren Vorstellung über ihren Glauben und Kultus zu gelangen.

Eine grosse Verehrung wird seitens der Papua im Nordwesten von Neu-Guinea den Ahnenbildern zu teil. Die Bezeichnung für diese Ahnenbilder, die meist nach dem Muster der die Pfosten der Rumsram[2]) bedeckenden grossen Figuren geschnitzt sind, ist „Korvar". Dieses Wort bedeutet ursprünglich Schädel von Ahnen. Die Abstammung des Wortes ist nicht bekannt. Man hat es aus dem Sanskrit von Rara (wie Beccari will) oder von Arnvala (Bezeichnung für Dorfgeister auf Timorlaut) herleiten wollen. Die Verehrung der Ahnen und ihre Darstellung durch Holzfiguren

---

[1]) Kühn a. a. O. S. 146.
[2] Versammlungshäuser.

findet sich insbesondere in der Geelvink-Bai. Vermutlich ist sie von Westen her, aus dem ostindischen Archipel, wo sie auch von altersher üblich war, nach der Geelvink-Bai gekommen. Während aber dort, wie z. B. auf Sumatra, sich die Korvar nur als Abbilder der Verstorbenen finden, ist im Nordwesten Neu-Guineas der Ahnenkultus ziemlich vielgestaltig. Es findet sich die Verehrung mumienartig getrockneter Leichen, die Aufbewahrung und Verehrung von Ahnenschädeln (Dorch), die Verehrung in der Darstellung menschlicher Figuren, geschnitzter Tierfiguren, von hölzernen Gestellen, die einen Schädel tragen, und endlich von Amuletten, die eine menschliche Figur darstellen.[1]) In Dorch hat jede Familie ihren besonderen Korvar, der das Medium bildet, durch welches der dahingeschiedene Geist mit seinen Hinterbliebenen in Verbindung bleibt. Es giebt aber auch Ahnenbilder, die man den Abgeschiedenen als ihr Eigentum auf die Gräber stellt, und zu dieser Gattung mögen die Ahnenbilder gehören, die man auf den Grabstätten in Dorch findet.

Man ehrt auch hier das Andenken der Toten in jeder Weise, weil man den Geistern der Gestorbenen einen grossen Einfluss auf das Leben der Zurückgebliebenen zuschreibt. Die Ajamboresen glauben an eine Seelenwanderung eigentümlicher Art. Nach ihnen geht nach dem Tode die Seele der Mutter in die älteste Tochter, die Seele des Vaters in die des ältesten Sohnes über. So lange der Mensch lebt, hat die Seele nach dem Glauben der Dorehsen ihren Sitz im Blute des Menschen, nach anderen Stämmen in dem Auge und wieder nach anderen im Unterleib, und wie von der Seele im Leben alles Gute und Böse herkommt, so wirkt sie nach dem Tode als Geist, meist Böses bringend, fort. Sie sucht, wie gesagt, besonders gern nachts die Nähe der alten Wohnstätten und die des Grabes auf, weshalb man besonders bei Nacht die Nähe der Gräber meidet und bei Anbruch der Dunkelheit nur mit einem Feuerstock versehen hinausgeht. Hauptsächlich die Geister der Mambri (Helden) flössen ihnen grosse Furcht ein. So hört man, wie Hasselt erzählt, in jedem Dorfe nach dem Begräbnis eines Mambri nach Sonnenuntergang in fast allen Häusern entsetzliches Geschrei und Lärm. Man will damit den Geist des verstorbenen Helden, nachdem man ihm das ihm Zukommende gegeben, ver-

---

[1]) Dr. Uhle, Holz- und Bambusgeräte aus Nordwest-Neu-Guinea. Globus Bd. 48 (1885). S. 9.

treiben und die Überlebenden vor Ansteckung und Ungemach, das ihnen durch den Geist widerfahren könnte, behüten.

Nach dem Glauben der Papua bringen die Geister Krankheiten, schlechte Ernten und Krieg wie überhaupt jedes Missgeschick. Und nicht zum mindesten aus Furcht hiervor, und, um sie von vorn herein gut zu stimmen, sorgt man für die Geister der Verstorbenen nach dem Tode. Ebenso opfert man ihnen vor jedem grösseren Ereignis und unterlässt es nie, vorher sie um ihren Rat anzugehen, in der Geelvink-Bai häufig unter Mitwirkung des Zauberers. Vor solcher Befragung schmückt man gewöhnlich die Figur des Korvar mit buntem Kattun und bietet ihm, um ihn gut zu stimmen, Tabak und Betel an. Man nähert sich der Figur in ehrerbietiger Weise, indem man die Hände an die Stirn presst und sich zur Erde neigt. Endlich tritt man mit seinem Anliegen hervor; bewegt sich dann durch irgend einen äusseren Einfluss die Figur, so wird dies in jedem Falle für bedenklich angesehen[1]) und das Vorhaben wird verschoben oder unterbleibt. Verharrt die Figur unbeweglich und giebt dadurch ihre Zustimmung zu erkennen, so wird es als günstiges Zeichen betrachtet, und die Ausführung des Planes geht vor sich. So erkundigt man sich bei dem Korvar danach, ob ein krankes Familienmitglied wieder gesund wird, ob man auf Trepang-Fischerei gehen soll oder nicht, ob die bevorstehende Handelsreise gut oder schlecht ausfallen wird u. s. w. Man schwört auf die Untrüglichkeit dieses Orakels, schilt es dagegen, wenn es die Pläne kreuzt oder sich nicht willfährig zeigt, was wieder beweist, dass man auf ziemlich vertrautem Fuss mit seinem Korvar' steht. Die Bewohner von Sekar haben nach Kühn[2]) einen solchen Glauben an diese Korvar und andererseits wieder eine solche Scheu vor ihnen, dass sie vertrauensvoll in ihrer Nähe Goldsachen und Schätze aller Art, ja ihr ganzes Hab und Gut offen liegen lassen, da sie gewiss sind, dass niemand es wagen werde, vor den Augen des Korvar etwas zu stehlen. Die Eingeborenen glauben, dass das Ahnenbild die Macht hat, jeden, der sich an den Sachen vergreift, zu strafen und zu töten. Sehr schwer trennen sie sich von diesen ihren Beschützern. Als es Kühn einmal gelang, einen Sekarmann zum Verkauf eines Ahnenbildes an ihn zu bewegen, hat ihm der biedere Papua das Wohl der Figur

---

[1]) Hasselt a. a. O. S. 100.
[2]) a. a. O. S. 145.

dringend ans Herz gelegt und sich mit Thränen in den Augen von seinem treuen Beschützer getrennt. Die Figur war ein grob geschnitztes Bildnis mit hochgezogenen Füssen und mit einer grossen Feder auf dem Kopfe; Nasenrücken, Nasenflügel und Augen waren geschwärzt, das übrige Gesicht mit Kalk bestrichen.

Die gleiche Bedeutung wie der Korvar bei den Dorehsen hat wohl in der Humboldt-Bai der Karra-Karrau, eine Holzfigur, die aus dem Wurzelende eines Stammes geschnitzt ist und einen Mann oder eine Frau in hockender Stellung darstellt. Die Figuren sind meist auf den Dachspitzen angebracht, und die Bevölkerung hält grosse Stücke auf die Zuverlässigkeit der Karra-Karrau. Wie man es einerseits nie unterlassen wird, ihnen ihren Anteil am Handelserlös oder Fischfang zuzuerteilen, so nimmt man andererseits ihren Rat vor jedem Jagd-, Kriegs- oder Fischzug und jedem andern grossen Ereignis gern in Anspruch. Wohl eine List der Frauen ist es, durch die einem Ahnenbilde auf Sekar ein auf junge Mädchen gefährlicher Einfluss zugeschrieben wird. Es soll dort ein Ahnenbild Aerfanas in Verehrung stehen, dessen Nähe schöne Mädchen meiden müssen, falls sie nicht nach neun Monaten eines jungen Papuakindes genesen wollen. Kühn,[1]) der diese Figur gesehen hat, meint wohl nicht mit Unrecht, dass alle Männer Sekars sich weidlich gefreut hätten, wenn er gerade diese Figur mit sich genommen hätte.

Ein anderer Gegenstand des Aberglaubens der Papua in Holländisch Neu-Guinea sind die Amulette, denen sie in allen Lebenslagen grosse Wichtigkeit beimessen. Sie bestehen meist aus einem einfachen oder geschnitzten Hölzchen oder einem Vogelknochen. Man trägt sie an einer kleinen Schnur am Halse; auch bergen oft zierlich geflochtene Täschchen Amulette verschiedenen Inhalts. In Sekar heissen sie Kaijuras. Die Hölzchen sind hier eine Spanne lang, teils aus Holz, teils aus dem Zahn der Meerkuh geschnitzt. In den Täschchen befinden sich Wurzelstückchen, Baumrinde, Haarbüschel von Menschen und Beuteltieren, Nägel, Muscheln, Eberhauer u. a. Dies alles soll dem Träger jedes zu seiner Zeit und an seinem Orte bei den Kriegs- und Raubzügen und anderen Unternehmungen den Erfolg sichern. In der Geelvink-Bai zeigt das obere Ende des Hölzchens die Form eines roh ausgeschnitzten Gesichts. Sorgsam hütet jeder Papua sein Amulett, hüllt es, um es vor

---

[1]) Kühn a. a. O. S. 145.

Schaden zu bewahren, in Kattunläppchen ein[1]) und trägt oft mehrere um den Hals, das eine zum Schutz vor Tieren, das andere vor Menschen, das dritte vor Sturm und Wetter und vielleicht noch ein anderes vor Gefahren auf der See.

Am häufigsten sind die Amulette, welche menschliche Figuren in hockender Stellung darstellen. Mitunter findet sich vor der menschlichen Figur noch die Gestalt eines Fisches oder Reptils, und zwar sieht es so aus, als ob sich der Mensch hinter dem Tier verbirgt. Die enge Verbindung von Mensch und Tier kommt auch bei der Verzierung der Rumsram vor und kehrt wieder bei der der Karewaris, an deren Pfosten bunt bemalte Holzfiguren, Vögel, Fische und Eidechsen eingeschnitzt sind, wie die Eingeborenen sagen, zum Andenken an Verstorbene, die von diesen Tieren abstammen. Die gleiche Deutung finden die Bilder auf den Amuletten, welche Schlangen, Fische oder Eidechsen darstellen. Die Gestalt, welche der Ahne vor Zeiten gehabt, ist zur Erinnerung auf dem Amulett eingefügt. Die Dorehsen sowie auch im Westen die Bewohner an der Speelmanns-Bai und an der Prinzess Mariannen-Strasse brennen sich sogar am Körper selbst, auf Stirn, Brust und Armen Bilder von Tieren ein, „sie weihen sich dem Geist ihrer Vorfahren, indem sie den ursprünglichen Leib ihrer Vorfahren auf ihrem Körper einzeichnen." Auf der Insel Arru werden Krokodile deshalb nicht gegessen, weil sie als die Ahnen der dortigen Eingeborenen gelten. Figuren von Krokodilen sind dort in die Hauptpfosten der Rumsram eingeschnitzt. Nach Beccari enthalten sich viele Leute in Masur des Kasuarfleisches, weil nach ihrem Glauben die Seele ihrer Vorfahren in jenes Tier übergegangen ist. Wir finden somit bei den Papua auch den Glauben, dass die Seele wie in Menschen- so auch in Tierleiber übergeht. In der bildlichen Darstellung der Tiere auf den Amuletten wollte man lediglich die Eidechse, die Schlange, den Fisch oder das Krokodil als Vorfahren ehren, und es ist wohl mit Sicherheit anzunehmen, dass dieser Kultus den Papua aus dem ostindischen Archipel überkommen ist. Auf Sumatra, Java, besonders auf Makassar glaubt die Bevölkerung fest an eine Verwandtschaft mit dem Krokodil, und es ist ja bekannt, dass gerade die Javanen beim Baden keine Furcht vor den Krokodilen zeigen, denen sie als ihren Ahnen keine Raubgier zutrauen.

---

[1]) Kühn a. a. O. S. 144.

Neben der Ahnenverehrung und dem Geisterglauben finden sich wie in Kaiser Wilhelms-Land und Britisch-Neu-Guinea auch im holländischen Gebiet unleugbare Spuren des Naturdienstes. Überall bezeugt man dem Monde eine grosse Verehrung; die Bewohner an der Geelvink-Bai glauben, dass der Mond von einer Frau bewohnt werde, die sich mit Weben von Gewändern beschäftigt, und rufen sie häufig zum Schutze an,[1]) wenn sich ihre Angehörigen auf einer Handelsreise befinden. Das Erscheinen des neuen Mondes ruft jedesmal freudige Erregung hervor, und in langen Mondnächten hört das Tanzen und Singen gar nicht auf. Die Wuka oder Alfuren opfern der Sonne, indem sie Speisen in die Höhe halten. Schliesslich werfen sie unter Hersagung von Sprüchen die Speisen fort, ohne davon etwas zu geniessen. Naturerscheinungen sucht man sich durch den Einfluss von Geistern zu erklären. So wird nach dem Glauben der Dorehsen der Blitz durch die bösen Geister hervorgebracht, die in der Luft wohnen, und das Gewitter ist nach ihrem Dafürhalten die jedesmalige Folge eines Streites der Luftgeister untereinander. Das Donnern ist ihnen nicht angenehm, sie verstopfen sich die Ohren, um es nicht zu hören. Vulkane, Berge und das Meer gelten als Sitz von unsichtbaren Geistern. Bei Wahrheitsversicherungen rufen die Bewohner an der Geelvink-Bai den Himmel, die Alfuren die Sonne als Zeugen an, während die Bewohner am Utanata-Fluss zur Bekräftigung der Wahrheit sich eine kleine Wunde am Körper beibringen, das Blut mit Salzwasser vermischen und dann trinken.

Während die Geister, mit denen der Glaube der Papua fest verknüpft ist, fast alle böser Art sind, die dem Menschen Schlimmes zufügen, finden wir in Dorch wunderbarerweise eine religiöse Vorstellung, die an das altpersische Zweigöttersystem erinnert: Manuval, der böse Geist, streift des Nachts überall umher und beunruhigt die Menschen, Narvoje dagegen ist der gute Geist, der in dem Nebel wohnt und oft aus Liebe die Menschen, die er gern hat, zu sich nimmt.[2]) Von Fetischanbetungen sind die Papua fern. Sie denken sich die Geister als nebelhafte Wesen, und die Bäume und die anderen Aufenthaltsorte der Geister gelten nur für verehrungswürdig, weil sich auf oder an ihnen die Geister niederlassen. Wohl die meisten Stämme haben ausserdem die

---

[1]) Hasselt a. a. O. S. 102.
[2]) Finsch, Neu-Guinea. S. 107.

Vorstellung von einem höheren Wesen, das die Welt geschaffen hat, doch verbinden sie damit nebelhafte und unklare Vorstellungen, und es kann bei ihnen weder von ausgesprochenem Monotheismus noch von Polytheismus die Rede sein. Die Kainani-Leute in der Speelmanns-Bai bezeichnen als Schöpfer der Welt Auwre,[1]) die Bewohner an der Geelvink-Bai Konori, die Dorehsen Manseran-Nangi, ohne jedoch diesen Wesen irgend welche Verehrung darzubringen oder ihre Hülfe anzurufen. Die Dorehsen glauben ferner an eine böse Macht der Manoin, Geister, die Krankheit und Tod verursachen, und die der Faknik. Die Manoin haben in der Regel auf dem Festlande ihren Wohnsitz. Durch einschmeichelnden Gesang locken sie Vorüberfahrende ans Land und berauben sie ihrer Köpfe. Mit Hülfe eines Zaubermittels setzen sie dann ihren Opfern die Köpfe wieder auf und veranlassen sie, vor ihnen Tänze aufzuführen. Schliesslich werden die Unglücklichen nach der Heimat entlassen, wo sie aber ihrer Freiheit nicht froh werden, sondern in langsamem Siechtum dahinwelken. Nach Hasselt giebt dieser Manoin-Glaube nicht selten Veranlassung zu Fehden zwischen Nachbarstämmen: da in dem Leben der Papua nichts auf natürliche Weise zugeht, jede Krankheit und jeder Todesfall eine übernatürliche Ursache haben muss, so schreibt man nur zu häufig den Manoin eines feindlichen Stammes Tod oder Krankheit im eigenen zu. Rache ist die Folge, und eine Fehde wechselt die andere ab. Die Faknik[2]) sind Geister, die Regen und Unwetter beim jedesmaligen Verlassen ihrer Wohnsitze bringen. Um dem bösen Treiben der Faknik entgegenzuwirken, schlagen die Eingeborenen bei schlechtem Wetter in die Luft, indem sie sich einbilden, dadurch die Geister wieder in ihre Höhle zurückzutreiben.

Bei einem Volke, das so kindliche Begriffe hat, ist es nicht wunderbar, dass der Aberglaube ihr ganzes Thun und Treiben beeinflusst. Zufällige Erscheinungen, Vogelflug, Fallen eines Blattes, Rascheln, das der Wind in den Bäumen verursacht, legen sie als Stimmen der Geister, als ihr Zu- oder Abraten aus. Finsch erzählt, dass die Dorehsen bisweilen nach dem Schnitte, den sie in eine Banane machen, sich ihre abergläubische Deutung für Kommendes machen. In der Geelvink-Bai ist es verboten, auf einen Baum zu klettern, von dem man einen Reisacker übersehen kann, denn dann

---

[1]) Hasselt a. a. O. S. 99.
[2]) Hasselt a. a. O. S. 101.

missrät der Reis. Ist eine Plantage von Wildschweinen stark heimgesucht worden, so sagt man wohl, dass eine Schwangere beim Anlegen unberufen zugesehen und dadurch mittelbar den Schaden verursacht hat. Ist der Sago nicht geraten, so hat ebenfalls beim Fällen der Bäume ein Unberufener zugeschaut. Eine Missernte wird ferner dem Umstande zugeschrieben, dass jemand in der Nähe Kalk gebrannt hat. Die dabei sich bildenden Rauchwolken sollen Dürre verursachen. Und so beherrscht der Aberglaube auch ihr Verhältnis zu dem Europäer, den sie gastlich aufnehmen oder hinterlistig niedermachen, betrügen oder ehrlich bedienen, für den sie arbeiten oder nicht, je nachdem gerade ihr Aberglaube durch ihre Geister oder Ahnenbilder es sie heisst oder sie davon abhält.

Jede geistige Individualität ist dadurch im Keime erstickt. Andererseits sind wieder in ihren Anlagen gute Eigenschaften vorhanden, vermöge deren bei richtiger Anleitung und Erziehung sie Tüchtiges leisten könnten. Denken wir nur an ihre Technik, die sie bei ihren Bauwerken, und an ihren Kunstgeschmack, den sie bei ihren Schnitzereien entwickeln. Finsch schildert mit Begeisterung die „tempelartigen", grossartigen Bauwerke, die er in der Humboldt- und Geelvink-Bai von ihnen gesehen hat. Diese Bauwerke verdienen wegen ihres eigenartigen Baustils und des Zwecks ihrer Bestimmung, dass wir etwas näher auf sie eingehen. Sie heissen in der Geelvink-Bai Rumsram und dienen hier im allgemeinen denselben Zwecken wie im übrigen Neu-Guinea.

Sie sind nicht wie die Hütten und Wohnhäuser von Nord nach Süd, sondern von Ost nach West gebaut und befinden sich in der Regel in der Mitte des Pfahldorfes. Das Rumsram in Doreh ruht auf 24 Pfählen, die etwa 1 m hoch über den Wasserspiegel herausreichen. Den Fussboden bilden rohe Bambusstäbe. Auf den Seitenwänden erhebt sich ein doppeltes Dach. Das erste ist 2, das zweite $1^1/_3$ m hoch. Beide sind in Gestalt einer Prauwe gebaut und mit Palmenblättern gedeckt. Die Länge des Hauses beträgt gegen 30 m, die Breite 3—5 m. Die Eingänge sind sehr niedrig.[1]) Vor dem westlichen Eingang liegen zwei etwa $1^1/_3$ m lange Pfosten, die eine männliche und eine weibliche Figur bei der Begattung darstellen, während die Figur eines Kindes das Hinterteil des Mannes mit dem Fusse berührt. Die männliche Figur heissen sie Korven-

---

[1]) Finsch, Neu-Guinea, S. 107.

bobi, die Frau Saribi und das Kind Nanduwi.[1]) Diese Figuren sind ganz ungestalten, mit ungeheuer grossem Kopf und sehr kleinen Beinen. Die Beine des Mannes sind dem Kopf der Frau zugekehrt. Die Geschlechtsteile sind übertrieben gross dargestellt. Diese unsittliche Darstellung soll vielleicht die Bedeutung haben, dass das kleine Kind den Vater, der allzu schnell auf weitere Nachkommenschaft bedacht ist, von diesem Vorhaben abzubringen sucht, ein Gedanke, der mit der eben geschilderten Abneigung der Papuafrau, mehr als 2 oder 3 Kinder zu haben, im Einklang steht. An den Pfosten auf der Ostseite des Rumsram, sind ähnliche Figuren, jedoch ohne die des Kindes eingeschnitzt. Über den Grund der Unzüchtigkeit dieser Figuren konnte Finsch nichts erfahren; wie er sagt, teilen die Eingeborenen denselben erst bei ihrem Tode ihrem ältesten Sohne mit. Die Grundpfähle des Hauses tragen ebenfalls Schnitzereien von nackten menschlichen Figuren, Schlangen, Fischen, Krokodilen; darunter befindet sich eine Frau, die 8 kolossale Beine hat und die die Hand vor den Bauch hält; sie heisst Simbowi, die grösste Schlange Kaydosiwa und das Krokodil Ambranoki. Im Innern des Gebäudes sind an langen Balken wiederum Schnitzereien gleicher Art wie die eben geschilderten angebracht: die der männlichen Figuren heissen Baunani, Korombobi, Kowinki, Mamboki und Bauwé.[2]) Endlich sind an den zwei Stützpfählen des Daches männliche Korvar aufgehängt, des Konori und Magundi, der Stammväter der Papua. Unter dem Schutze und in der Nähe dieser Figuren fühlt sich jeder Papua sicher, und sind diese selbst oder das Haus dem Verfalle nahe, so müssen Haus und Bilder schleunigst durch neue ersetzt werden, damit die Ahnen nicht erzürnt werden. Unter Gesang und Tanz werden sie von neuem aufgeführt und fein geschmückt.

In der Humboldt-Bai sind die Versammlungshäuser ebenso gebaut. Im Dorfe Tobadi ist es ein riesiges Gebäude von 18—20 m Länge; von der Plattform führt ein schräger Steg auf die etwas höher liegende Hausdiele. Alle Teile des Hauses sind nur mit Stricken und Lianen zusammengehalten. Dem Dachaufsatz dienen 4 Hauptpfeiler als Stütze. An den Seiten des Daches ragen lange Stäbe heraus, an denen Schnitzereien von Tieren angebracht sind.

---

[1]) So Finsch; nach Hasselt entsprechend: Savari, Koibien und Kingini. Eine solche Figur befindet sich im Kgl. Museum für Völkerkunde zu Berlin.
[2]) Hasselt a. a. O. S. 99.

Palmwedel und Guirlanden verbinden die Figuren miteinander. Die Form des Gebäudes, dessen Seitenwände rundförmig in den Ecken abschliessen, ist achteckig. Vier Öffnungen führen in das Gebäude. Neben ihnen befinden sich vier hölzerne, mit Sand gefüllte Kasten zum Unterhalten des Feuers. Die vier Absätze des Bauwerks tragen ebenfalls bunt bemalte Holzschnitzereien. Endlich stecken auch noch im Dache bemalte Tierfiguren. Auf der äussersten Dachspitze ist eine menschliche Figur angebracht und über ihr ein Vogel. Finsch[1]) und Bink geben eine Beschreibung des Innern eines solchen Hauses, das in der Humboldt-Bai Karewari genannt wird; durch eine der 4 m breiten Öffnungen gelangt man in den unteren Raum, von dem aus eine mehrsprossige Leiter in den eigentlichen Innenraum führt. Dieser ist ziemlich dunkel. Waffen, Schweineschädel und Kanus ohne Ausleger hängen an den Wänden, in der Mitte des Raumes kurze, schwarze Bambusflöten. Sie sind sorgsam in Kattun eingehüllt und dienen als Blasinstrumente, die niemals veräussert werden. Bei ihrem Gebrauch bringen sie scharfe und weiche Töne hervor; man fügt sie zu diesem Zweck trichterförmig zusammen, bläst den Luftstrom hindurch und erzeugt durch abwechselndes Einziehen und Ausstossen diese Töne. Unberufene dürfen diese Instrumente niemals in die Hand nehmen, sonst könnte Karrakarran, dessen Figur hoch über dem Hause auf dem Dache thront, böse werden und das Gebäude vernichten. Endlich birgt das Innere des Karewari die bereits oben erwähnten, eigentümlichen Kopfbedeckungen, buntbemalte Kürbisschalen, die die Männer nur bei gewissen Festlichkeiten aufsetzen. Feuerkasten und Schlafbänke zeugen davon, dass das Haus gleichzeitig als Wohn- und Schlafraum dient. Auch jedes Dorf der Arfak hat ein Versammlungshaus; es ist höher als die übrigen Häuser und in der Regel 20—25 m lang. Schnitzereien an den Pfählen stellen männliche und weibliche Figuren in derselben unzüchtigen Lage dar, wie oben beschrieben.

Nach einer alten Überlieferung der Papuastämme an der Geelvink-Bai sollen diese Versammlungshäuser nach dem Willen der Stammväter zuerst errichtet sein. Einige wenige Stämme haben noch die Namen ihrer Stammväter im Gedächtnis. So bezeichnen die Dorehsen Konori als denjenigen, von dem sie ihre Abstammung herleiten. Dieser ist, wie sie erzählen, vom Himmel herabgestiegen

---

[1]) Neu-Guinea. S. 142. Bink a. a. O. S. 5.

und hat ihr Land geschaffen. Durch ein Zaubermittel[1]) hat er mit einem Mädchen einen Knaben gezeugt und ist dann wieder in den Himmel zurückgekehrt. Das Mädchen wird später in einen Stein verwandelt (weshalb, wird nicht gesagt), und der Sohn geht zum Vater in den Himmel.[2]) Eine andere Mythe stellt den Konori bereits als den Sohn des Weltschöpfers dar. Dieser, Mangundi,[3]) lebte, wie die Sage berichtet, in uralten Zeiten allein auf Biak, einer der Shouten-Inseln, und von hier zog er, bereits ein alter Mann, nach Mekokwondi oder Auki, einer der Boknik-Inseln. Hier erfand er den Sagower und vertrieb sich die Zeit damit, dieses berauschende Getränk zu bereiten. Schon zu verschiedenen Malen hatte er zu seinem Missfallen bemerkt, dass die Bambusgefässe, die er zum Auffangen des Saftes benutzte, während der Nacht verschwunden waren. Er beschloss sich auf die Lauer zu legen, um des Diebes habhaft zu werden. Wen erwischte er? Den Morgenstern Sampari, von dem er als Entgelt für die Freilassung eine Wundernuss erhielt, die er nur auf den Busen eines Mädchens zu werfen brauchte, um sie zur Mutter zu machen. Er that dies, und das Mädchen, das er zum Opfer ersehen hatte, gebar den Konori. Auf einer Prauwe, die er mit seinem Zauberstabe geschaffen, fuhr er mit Weib und Kind nach Mefur. Aus vier Hölzchen, die er hier in die Erde steckte, entstanden auf dieser Insel vier Häuser, der Grundstock zu den vier Dörfern des Mefur-Stammes, Rumberpon, Anggradifu, Rumansra und Rumberpur. Schliesslich zog Konori auf einige Zeit allein nach Mesra, einer Insel nördlich von Mefur, wo er sich lebendig verbrannte, um durch das Feuer geläutert aus demselben als ein schöner Jüngling herauszusteigen. Nach Mefur zurückgekehrt, lehrte er seinem Volke unter anderen nützlichen Dingen die Kunst, Feuer zu machen, verliess es aber nach kurzer Zeit, unwillig darüber, dass es ihm nicht vertraute und ungehorsam war. Er hatte ihm eröffnet, dass es für ewige Zeiten alles, was es zum Leben brauche, von selbst ohne Mühe und Arbeit haben würde. Als es nach einer Weile dem Volke schien, als ob die Lebensmittel zur Neige gingen, brach es besorgt nach einer der Nachbarinseln auf, um sich solche zu verschaffen. Zur Strafe für sein Misstrauen und seinen Ungehorsam verschwand aber

---

[1]) Marisbon genannt.
[2]) Waitz a. a. O. S. 663.
[3]) Hasselt a. a. O. S. 104.

Konori für immer und verdammte damit das Volk hinfort zur Arbeit, die es bisher nicht kannte. Wohin er gegangen, hat niemand erfahren; darin sind aber alle Papuastämme an der Geelvink-Bai einig, dass Konori nicht für immer fortgegangen ist, und dass mit seinem Wiederkommen Arbeit und Tod ein Ende haben werden.

Es giebt noch eine dritte Version der Konorisage,[1]) die vieles Gemeinsame mit unserer Schöpfungsgeschichte hat: Als der grosse Geist Konori das Land geschaffen, hatte er auf die Insel Meiokownndi die ersten Menschen gesetzt. In einem Garten hatte er ihnen insbesondere die Pflege zweier Fruchtbäume ans Herz gelegt mit dem gleichzeitigen Verbot, von den Früchten zu essen. Als sich bald darauf Konori entfernte, sandte er die Schlange Ikowaan zu den Menschen, um sie in seiner Weisheit auf die Probe zu stellen. Bald gelang es der Schlange, zuerst die Frau und dieser den Mann zur Übertretung des Verbots zu verleiten. Die Frau erkannte nun, dass ihr Mann und sie nackt waren, und verfertigte zu ihrer Bekleidung eine Schürze aus Bananenblättern. Als Konori zurückkam, fand er Mann und Weib bekleidet, die sodann nach Mefur übersiedelten, um dort die Stammeltern einer grossen Nachkommenschaft zu werden. Sie hatten eine Tochter, die jeden Bewerber zurückwies, bis ihr endlich einer derselben ergrimmt eine Wurzel auf die Brust warf; das Mädchen ward hiervon schwanger und gab einem Knaben das Leben. Vor Kummer über ihre Schmach warf sie sich kopfüber in die Brandung. Eine Schildkröte fing sie auf, verschlang sie aber nicht, da ihr noch rechtzeitig die Schlange Ikowaan zu Hilfe kam. Von dieser erfuhr sie das grosse Geheimnis, dass Konori selbst der Vater ihres Knäbleins war, und mit diesem kehrte sie dann nach ihrem Heimatsdorf zurück. Der Knabe entwickelte sich wunderbar schnell, offenbarte dem Stamme seine göttliche Abkunft und ermahnte das Volk, Gutes zu thun. Als dies nicht geschah, wurden zur Strafe eines Tages alle Papua braun und die Haare kraus. Die Mutter ward zu Stein und der Knabe ging zu seinem Vater Konori. Seitdem wird auf das Wiedererscheinen des Kindes vom Mefur-Stamme gewartet. Ja, Hasselt erzählt, dass heute noch an der Geelvink-Bai von Zeit zu Zeit Leute auftauchen, die sich als Konori oder Magundi ausgeben. Sie behaupten, im stande zu sein, Greise durch

---

[1]) Finsch a. a. O. S. 127.

Feuer zu verjüngen, Tote aufzuerwecken und andere Wunder zu vollbringen. Das Volk strömt von allen Seiten herbei, lässt sich betrügen und entlarvt schliesslich den Betrüger, bis ein neuer an dessen Stelle tritt. Wir finden im Konori-Mythus Anklänge an unser altes und neues Testament, während die Selbstverbrennung an das Heidentum erinnert. Der Grundstock der Mythe mag papuanischen Ursprungs sein, die Anklänge an das Heidentum stammen aus dem Verkehr der Eingeborenen mit den handeltreibenden Völkern des ostindischen Archipels, von deren Sitten und Gebräuchen sie schon so manches angenommen haben.

Die Institution des Tabu ist im holländischen Teil der Insel ebenso bekannt wie im übrigen Neu-Guinea. Neu ist hier, dass Männern, wenn sie in Trauer sind, das Betreten der Versammlungshäuser untersagt ist, bis sie die Trauer wieder abgelegt haben. Kurze Zeit vor der Mannbarkeitserklärung sperren die Alfuren ihre Knaben für mehrere Monate in den Rumsram ein, und während dieser Zeit haben selbst deren Väter dort keinen Zutritt. Eine alte Frau bringt ihnen Nahrung und sorgt dafür, dass sie abgesondert bleiben. Die Knaben sind „tabu". Kokospalmen und andere Gegenstände macht man auch hier dadurch „tabu", dass man solche durch ein äusseres, deutlich sichtbares Zeichen kennzeichnet. So behängt man z. B. Fruchtbäume in Sekar mit dem Dar-un-Sarsi, d. h. Blättern von jungen Kokospalmen. Wer die Dar-un-Sarsi nicht achtet, wird nach dem Aberglauben der Papua krank oder stirbt.[1]

Eine mehr untergeordnete Bedeutung hat die Person des Zauberers. Ab und zu wird er von den Papua bei der Befragung der Korwar herbeigezogen, er hilft z. B. an der Geelvink-Bai ausfindig machen, ob die Manoins dieses oder jenes Stammes die Krankheit oder den Tod eines Stammesgenossen verschuldet haben, oder er kommt durch seine Künste auf die Spur eines verlorenen oder gestohlenen Gegenstandes.

In der Geelvink-Bai geschieht es nicht selten, dass Frauen, die man für Zauberinnen hält, auf grausame Weise getötet werden. Mit Vorliebe bringt man Sklavinnen in den Verdacht, Zauberei zu treiben. Immerhin wird aber zunächst durch eine Art Gottesgericht ihre Schuld oder Unschuld festgestellt; sie werden z. B. gezwungen, den Arm bis zum Ellenbogen in sehr heisses Wasser zu halten.

---

[1] Kühn a. a. O. S. 26.

Entstehen hierdurch keine Blasen, so sind sie unschuldig und gehen frei aus; im anderen Falle werden sie von Sklaven auf das Meer hinausgerudert und ertränkt. Aus dem Leichnam kriechen dann nach dem Glauben der Papua allerhand Ungeziefer, böse Geister, von unten heraus. Auf Mansinam ist, wie Hasselt berichtet, eine Sklavin auf diese Weise vor mehreren Jahren ums Leben gekommen.

Wie wir hier und bereits oben verschiedentlich gesehen haben, giebt es in Holländisch-Neu-Guinea Sklaven, abgesehen von den Stämmen in der Humboldt-Bai; doch werden sie von ihren Herren fast durchgängig gut behandelt und im allgemeinen als zur Familie gehörig betrachtet. Auf den alljährlich besonders im Südwesten des holländischen Schutzgebietes veranstalteten Sklavenjagden fallen zahlreiche Eingeborene diesem Los zum Opfer. Rüstet man sich zum Aufbruch, so vergisst man zunächst nicht, die schützenden und glückbringenden Amulette umzuhängen, und verwirrt durch geschickte Manipulationen die Bedrohten so, dass diese auf ihrem eigenen Gebiet den Weg verlieren und dann leicht zu fangen sind. Haben die Sklavenjäger zufällig einmal gar nichts erbeutet, so ist mitunter die Erbitterung und der Ingrimm hierüber, wie Kühn erzählt, so gross, dass sie den ersten besten, der ihnen entgegenkommt, und mag er auch ein Freund sein, ermorden.

So ist es nicht zu verwundern, dass ein grosser Teil der Eingeborenen im holländischen Schutzgebiet, besonders im Westen des Landes, heute noch auf dem Standpunkt des „qui vive" lebt. Im Osten wie im Westen kommen die einzelnen Stämme aus Furcht vor den feindlichen Überfällen ihrer Nachbarn nicht dazu, mit diesen und weiterliegenden Stämmen in Verkehr zu treten, sie wagen sich selbst selten ohne Furcht bis über die Grenze des Nachbarstammes hinaus. Nur die Einwohner an der Humboldt-Bai erfreuen sich eines mehr friedlichen Daseins. Bei ihnen haben die Feuerwaffen noch keinen Eingang gefunden, und Menschenraub und Sklaverei bestehen bei ihnen nicht. Sie sind weder Kopfjäger noch Kannibalen. Aber schon einige Meilen landeinwärts am Santani-See sind einige Dörfer in Fehde miteinander und bekämpfen sich gegenseitig. Ferner sind die Dorehsen und Arfak seit jeher auf Kriegsfuss gewesen. Sehr häufig unternehmen die Dorehsen, oft nur zu zweien, Raubzüge nach den Arfak-Bergen. Der eine Krieger trägt dann Schild und Lanze, der andere Bogen und Pfeil; so schleichen sie sich an das feindliche Dorf heran, schiessen Männer aus dem Hinterhalt nieder und machen Weiber und Kinder zu Gefangenen, für die sie dann später ein hohes Lösegeld erpressen. Den Erschlagenen hauen sie den Kopf ab und nehmen die Schädel als Kriegstrophäe mit.

Die Bewohner der Insel Adie sind mit denen der Küste, dem Stamme der Kamrao, meist im Kriege. Die Bevölkerung der Geelvink-Bai fürchtet die Biask-Seeräuber, die sie mit ihren Fahrzeugen, die oft 50 bis 60 Mann halten können, häufig genug überfallen. Die Vandammen im Norden der Geelvink-Bai scheinen sich die Ausrottung des Mefur-Stammes geschworen zu haben. Weht der Wind von Süden, so kommen sie in Flotten von zehn bis fünfzehn Fahrzeugen und nähern sich vorsichtig der feindlichen Insel Mefur, um den Augenblick zu erspähen, wo sie über die armen Inselbewohner herfallen können. Endlich sind die Bewohner der Insel Jappen in fortwährender Fehde mit den Küstenbewohnern, die sie am Damar-Holen hindern wollen. Im Westen sind der Kriegsstamm κατ' ἐξοχήν die Tugeri, die der Regierung von Britisch-Neu-Guinea durch ihre häufigen Überfälle in das britische Gebiet oft genug Schwierigkeiten bereitet haben. Sie sind zuweilen bis zur ehemaligen britischen Station Mabudauan vorgedrungen, und die Grenzstämme der Wassi und Maut sind von ihnen so häufig heimgesucht und ausgeplündert worden, dass sie seitdem ihre festen Wohnsitze aufgegeben haben und zu Nomaden geworden sind; auch der ganze Küstenstrich von Mabudauan bis zur Tompson-Bai ist aus Furcht vor den Tugeri von den britischen Schutzbefohlenen verlassen worden. Der im Mai 1895 von dem Gouverneur von Britisch-Neu-Guinea gegen die Tugeri unternommene Rachezug und ihre Umzingelung an der Insel Boigu (Talbot-Insel), sowie nachdrückliche Vorstellungen bei der niederländischen Regierung haben dem räuberischen Treiben dieses Stammes endlich Einhalt gethan.[1]) Weiter im Norden im Mac Cluer-Golf sind die Dörfer Ruambatti, Patipi, Salakiti, Sang und Sekar in letzter Zeit häufig mit den Alfuren und insbesondere mit den Ati-Ati-Leuten im Kampfe

---

[1]) Die niederländische Regierung hatte bereits einmal zu Anfang des Jahres 1893 das niederländische Kriegsschiff „Java" nach der Küste von Holländisch-Neu-Guinea entsendet und Ruhe gestiftet. Die Tugeri hatten sich aber erneut gegen ihre Nachbarstämme erhoben. Bei jener Gelegenheit war gleichzeitig ein Aufstand der Eingeborenen auf den Arru-Inseln, die unter der Führung eines religiösen Fanatikers gegen die Regierung der Niederländer aufgestanden waren, gedämpft worden.

gewesen. Jene Dörfer bezeichnen sich als Freunde, die Ati-Ati-Leute als Feinde des Sultans von Tidore.

Die Alfuren haben einen schlimmen Ruf als Kopfjäger. Durch das Geringfügigste beleidigt, beginnen sie plötzlich den Krieg. Katzenartig suchen sie den Gegner zu beschleichen, und wehe demjenigen, der sich von den Feinden erblicken lässt. Von einem Pfeil- oder Flintenschuss niedergestreckt, wird ihm der Kopf abgehauen, der dann im Dorfe auf einem Bambus aufgesteckt wird. Der Held, der solche That vollbracht, wird als Mambri gefeiert, ohne Rücksicht darauf, ob das unglückliche Opfer ein Mann, Weib oder gar ein Kind gewesen ist; ihm zu Ehren wird im Dorfe ein Fest gegeben, das mehrere Tage währt. Der zu feiernde Held schmückt dann sein Haar mit Blumen und seinen Haarkamm mit den Federn des weissen Kakadu oder mit Papageifedern, durch die Anzahl der Federn andeutend, wieviel Feindesköpfe er bereits erbeutet hat. Männer, die sich nicht durch Tapferkeit ausgezeichnet haben, dürfen solchen Schmuck nicht anlegen, wie überhaupt nicht zahlreiche Federn tragen.

Ehe die Männer in den Krieg gehen, pflegen sie bisweilen das Gesicht schwarz zu färben und den Kopf und das Haar mit einem Büschel Kasuarfedern oder solchen des schwarzen Papageis zu schmücken. Um zu der Würde eines angesehenen Mambri zu gelangen, trachtet man darnach, möglichst viele Köpfe zu erbeuten. Mit solcher Würde erlangt man die Führerschaft im Kriege und für den Frieden das Privileg, bei Festlichkeiten vorzutanzen. Kopfjäger sind ferner die Kaimani-Eingeborenen und ihre Nachbarn an der Speelmanns-Bai. Die Schädel erschlagener Feinde werden von ihnen im Feuer getrocknet und später in Felsenhöhlen niedergelegt. Um einen feindlichen Kopf zu erobern, greift man zu den verwerflichsten Mitteln. Man scheut sich nicht, den Feind im Schlafe zu überrumpeln und macht ihn wehrlos, indem man ihm eine Hand voll Kalk oder Asche ins Gesicht streut; dann schlachtet man ihn in diesem hilflosen Zustande ab. Das Opfer zu rächen ist dann gewöhnlich Stammessache, und da die Wiedervergeltungsidee bei den Papua tief ausgeprägt ist, so führt die Kopfjägerei und die Sucht, ein Mambri zu werden, schon allein zu endlosen Fehden der Stämme unter einander. Ist ein Dorf des feindlichen Überfalls gewärtig, so flüchten sich die Bewohner oft in den Busch und erschweren dem Feinde die Verfolgung dadurch, dass sie den Weg nach ihrem Zufluchtsorte mit scharf zugespitzten und im Feuer gehärteten Bambusstöcken spicken, die bis zu 1$^1/_2$ Zoll aus dem Boden hervorragen. Da die dem Fuss bei der Verletzung durch diese Pflöcke zugefügten Wunden schwer heilen, so ist der Verletzte gewöhnlich für längere Zeit kampfunfähig gemacht.

Einen ähnlichen Grund zu Reibereien und Kämpfen unter den Eingeborenen giebt im Dorf Sekar die Sitte, dass ein Jüngling, bevor er Sirih essen darf, d. h. als Erwachsener gilt, „einen Kopf geholt" haben muss.

Nicht selten geben auch Weiber Anlass zu Streitigkeiten, und eigentümlich ist oft die Art und Weise, in der der Geschädigte sein Recht sucht. So hatte ein Mann am Mac Cluer-Golf das Weib eines anderen zum Ehebruch verführt. Der Geschädigte ging nun nicht direkt gegen den Schuldigen vor, vielleicht wohl auch, weil dieser sich verborgen hielt; sondern kühlte seine Rache an dem ersten besten, der ihm aus des Verführers Dorf in den Weg kam, und nahm dessen Kopf als Sühne. Der Verführer hat den Verwandten des Getöteten und gleichzeitig dem Manne der Verführten für den für seine Frau hingegebenen Kaufpreis eine Entschädigung zu leisten.

Bei Stammesfehden wird in der Regel erst in gemeinsamer Versammlung der Kriegsplan beraten. Alle Hülfsmittel werden in Anspruch genommen, man opfert den Geistern, bewirbt sich um die Bundesgenossenschaft benachbarter Dörfer und prahlt in lächerlichster Weise, wie man dem Feinde zusetzen werde. Ein mächtiges, lang unterhaltenes Feuer bedeutet Kriegserklärung. Befestigungen werden aufgeführt; so erzählt Lesson von hochgelegenen Dörfern,[1]) die mit Pallisaden verschanzt werden. Fussangeln werden aufgestellt und der Feind wird durch Anlegung von Irrwegen verwirrt. Hervorragend tapfer und mutig ist der Papua nicht, meist kämpft er aus dem Hinterhalt. Mit List und Tücke bemächtigt er sich seines Gegners; und bei Überrumpelung eines feindlichen Dorfes wird alles niedergemacht. Offener Kampf ist selten. Kommt es doch einmal hierzu, so werden gegenseitig Speere abgeschleudert; dann kommt es zum Keulengefecht, alles bei fürchterlichstem Geschrei, bis die Verwundung oder Tötung eines oder einiger Leute auf der einen Seite den Sieg auf der andern bewirkt. Selten werden Gefangene im Kampf gemacht; jedenfalls werden diese gut behandelt.

---

[1]) Voyage. S. 311.

Leider geschieht es gar häufig, dass Frauen bei der Plantagenarbeit, Kinder beim Wasserholen oder auch zufällig unbewaffnete Männer bei der Arbeit des Holzfällens von feindlichen Nachbarstämmen überfallen werden. So erzählt Kühn,[1] dass bald nach seiner Ankunft zwei Sekarleute, ein alter Mann und ein Knabe, beim Wasserholen wahrscheinlich von den Bewohnern des Dorfes Prau überrumpelt und getötet worden seien. Das Kind soll buchstäblich in zwei Stücke gehauen worden sein. Gefährliche Räuber sind die Bewohner an der Etna-Bai; ihrer Mord- und Raublust fielen 1885 50 friedliche Goramesen, die sich, um zu handeln, dort an die Küste gewagt hatten, zum Opfer. Die Eingeborenen des Dorfes Lahabia plünderten vier Jahre später ein an die Küste der Etna-Bai verschlagenes holländisches Schiff und ermordeten die Besatzung desselben. Vor zwei Jahren endlich verlor Kpt. Webster hier mehrere seiner farbigen Begleiter, die sich auf der Jagd nach Paradiesvögeln zu weit in das Innere gewagt hatten. Auch den Arru-Leuten ist nicht zu trauen, besonders nicht auf Korbrur. Hier wurde gleichsam vor Websters Augen im Jahre 1896 eines Tages beim Morgengrauen ein chinesischer Händler auf seiner eigenen Prau von der Eingeborenen-Bevölkerung ermordet und sein Schiff verbrannt.

Die Anthropophagie ist für einige Gegenden jedenfalls nicht in Abrede zu stellen. Wenn aber Girard[2] die Einwohner an der Geelvink-Bai als Menschenfresser hinstellt, so trifft das für heute sicherlich nicht mehr zu. Sie fröhnen heute nicht mehr diesem Laster, ebenso wenig die Bewohner an der Humboldt-Bai. Wohl aber sollen die Karon-Leute im Norden die Leiber der erschlagenen Feinde, ja auch die ihrer Kinder, falls sie die Zweizahl übersteigen, auffressen. Am Mac Cluer-Golf sind die Eingeborenen des Dorfes Prau verbürgtermassen Kannibalen; das Fleisch der Weissen soll ihnen, wie der Eingeborene Dophik aus Prau dem Reisenden Kühn seiner Zeit versichert hat, lange nicht so schmackhaft sein wie das ihrer Landsleute. Auch an der Südwestküste scheint bei manchen Stämmen der Kannibalismus kaum ausser Zweifel zu stehen. Von den Tugeri wird erzählt, dass sie getrocknete Teile des menschlichen Kadavers, den Rest ihrer Mahlzeit, als Schmuckgegenstand an sich tragen. Wie wir oben gesehen haben, sind gerade die

---

[1] Kühn a. a. O. S. 26-27.
[2] Girard, Parmi les sauvages de la Nouvelle Guinée. Paris 1885. S. 55.

Tugeri ein Stamm, der sich kümmerlich von Fischen und Kokosnüssen nährt. Sie mag wohl der Mangel an Besserem zu der Menschenkost geführt haben. Bei anderen mag der Beweggrund Rache sein; man isst den Feind auf, der einen geärgert oder gekränkt hat. Die Scham als das lebenspendende Glied wird dem Häuptling zuerteilt. Gewöhnlich wird die Stirn zuerst gegessen, dann folgen die Schenkel und das übrige. Waitz bringt den Kannibalismus der Papua mit ihrem Geisterglauben in Verbindung. Wie die Geister die Seelen der Menschen verschlingen, um sie zu reinigen und sich einzuverleiben, so fressen die Lebenden den Feind auf, um dadurch in den Besitz seiner guten Eigenschaften zu gelangen, die Leiber der Verwandten aber werden vertilgt, um sie schneller in das herrliche Geisterreich gelangen zu lassen, wo sie alles in Fülle bekommen und niemals Hunger leiden.

Als Friedenszeichen gelten bei den Papua im Nordwesten häufig grüne Zweige. Beim Friedensschluss kommen oft beide Parteien zusammen und legen die Waffen einander zu Füssen, oder sie stehen auch einander in voller Rüstung gegenüber, und Vertreter der einen Partei pflanzen eine Knollenfrucht, wobei die andere Partei ruhig zusieht, ohne sie zu stören. Von den Alfuren heisst es, dass ihnen der Schurz lose herabhängt, wenn sie sich auf dem Kriegspfade befinden; ist er dagegen straff zugezogen, so gilt dies als Zeichen dafür, dass sie nichts Feindseliges vorhaben. Als Entschädigung für einen Verwundeten verlangen beim Friedensschluss die Ansoes-Eingeborenen drei Paradiesvögel, für einen Getöteten sechs.

In der Regel bedient sich der Papua im nördlichen Neu-Guinea neben dem Pfeil und Bogen des Speeres und der Keule. Durch den Gebrauch des Bogens unterscheidet er sich insbesondere von dem Polynesier, so dass man aus dem Vorkommen des Bogens als Hauptwaffe in Neu-Guinea auf die melanesische Abkunft der Papua schliessen kann. An manchen Orten kommen auch Schilder aus Flechtwerk und Baumrinde vor. Die Eingeborenen im äussersten Südwesten beschränken sich auf Pfeil, Bogen und Lanze. Die Pfeilspitzen der Papua in der Prinzess Mariannen-Strasse sind aus gehärtetem Palmenholz oder Kasuarknochen und mit Widerhaken versehen. Die Bewohner am Utanata-Fluss haben als besondere Waffe eine Art Beil aus Kieselstein, das mit einem Strick an einem langen Stock befestigt ist. Ferner bedienen sie sich als Waffe einer Keule aus Kasuarinen- oder Palmenholz. Diese sind $^3/_4$ m lang, der Stiel ist rund, das breitere Ende viereckig und mit rohen Verzierungen versehen. Bei den Lobo-Eingeborenen (Namototte, Tritons-Bai) kommen schon einige Feuerwaffen vor, die sie nebst Pulver und Blei von den Ceramesen im Tauschverkehr erhalten.[1]) Am Mac Cluer-Golf haben die Eingeborenen des Dorfes Prau angeblich noch Pfeile mit vergifteter Spitze. Die Sicherheit, mit der die Leute mit ihren Bogen und Pfeilen umgehen, ist erstaunlich, und sie üben sich frühzeitig. Schon sechsjährige Knaben können damit Fische und Vögel erlegen. Die kleinen Bogen bestehen aus Bambus und einer aus Bambusbast gedrehten Sehne, die Pfeile aus der Rippe der Blätter der Sagopalme; die mit Widerhaken versehenen Spitzen sind durch zwei gegenüberliegende Einschnitte so eingerichtet, dass sie beim Ausziehen aus der Wunde abbrechen müssen. Es ist erklärlich, dass bei Wunden, die durch solche Pfeile beigebracht sind, ein schweres Wundfieber ausbricht, und vielleicht hat auch dieser Umstand dazu geführt, den Pfeilen den üblen Ruf zu verschaffen, dass sie vergiftet seien.

Um den Anprall der Bogensehne abzuhalten, haben die Bergbewohner teils aus einem Stück gearbeitete, teils aus mehreren Ringen zusammengesetzte Rottangbänder, die sie beim Abschnellen des Pfeiles um den Puls des linken Armes legen. Im übrigen sind auch überall in den Dörfern am Mac Cluer-Golf von den Ceramesen Feuerwaffen schlechtester Art eingeführt. Die Nachfrage nach diesen ist sehr gross; daneben haben sie die üblichen Papuawaffen. Im Osten haben von den Eingeborenen an der Geelvink-Bai die Dorehsen vor den übrigen Eingeborenen ein Verteidigungsmittel voraus, das sind mit Schnitzwerk versehene Holzschilde, etwa 2 m lang und $2/3$ m breit. Die von ihnen geführten Bogen sind über 2 m lang und aus sehr festem Holz. Die Sehne besteht aus Bastfasern. Ihre Pfeile sind aus Bambus mit einer Spitze aus Kasuarknochen oder Fischgräten gefertigt; ist die Pfeilspitze aus Holz, so läuft sie in Form eines spitzen Widerhakens aus und ist vor dem Gebrauch im Feuer gehärtet. Auch diese Pfeile bringen gefährliche Wunden bei, die sehr schwer heilen. Die Lanzen der Dorehsen haben eine scharfe eiserne Spitze, die an einem langen, mit Kasuarfedern geschmückten Holzschaft befestigt ist, oder sie bestehen auch aus einem scharf zugespitzten Bambusstab. Auch dient ihnen bisweilen ein kurzer Wurfspiess als Waffe. Sie tauschen

---

[1]) Finsch, Neu-Guinea. S. 76.

diese Waffen zum Teil von anderen Stämmen ein, von den Waropen, Wendessi oder Wandamanen. Endlich haben sie ein grosses Hackmesser, Kerawang, das sie von den sie besuchenden Händlern im Tauschverkehr erhalten und fast immer bei sich tragen. Von diesen beziehen sie ferner ein kleineres Messer, Klewang genannt. Leider sind auch bei ihnen durch die malayischen Händler bereits Schusswaffen eingeführt. Die Bewohner der Humboldt-Bai haben noch keine Feuerwaffen. Ihre Lanzen sind aus Eisenholz, und die meisten Männer tragen am linken Arm an einem Rottangbande einen aus Menschenknochen gefertigten Dolch, der gegen die Spitze zu scharf geschliffen ist. Die Bogen und Pfeile sind dieselben wie in der Geelvink-Bai. Hier in der Humboldt-Bai findet man noch die Steinkeule; auch nördlich der Humboldt-Bai, zwischen dieser und Sadipi-Bai bedienen sich die Eingeborenen derselben. Auf ihren Kriegszügen schlagen die Eingeborenen ab und an Kriegslager auf. So ist Mr. Strode, ein Regierungsbeamter von Britisch-Neu-Guinea, auf einer Rekognoszierungstour im Jahre 1888 auf ein Feldlager der kriegerischen Tugeri gestossen. Er fand eine Anzahl Schutzhütten, jede gross genug, um 300 Mann zu bergen, aus Zweigen und Buschwerk zusammengefügt, alle von derselben Grösse und demselben Aussehen, aber sämtlich verlassen.

Abgesehen von dem Sklaventum giebt es unter den holländischen Schutzbefohlenen Standesunterschiede nicht, noch auch findet sich, wenigstens im Westen, irgend eine Spur einer Verfassung. Einzelne Stämme haben zwar einen Häuptling, doch ist seine Macht wie im übrigen Neu-Guinea meist unbedeutend und sein Einfluss gering. Nur selten sind es persönliche Eigenschaften, geistiges Hervorthun, Tapferkeit, Zuverlässigkeit oder Klugheit, denen ein Papua die Häuptlingswürde verdankt. Meist erlangt der, welcher wohlhabend und recht freigiebig ist, einen gewissen Einfluss auf seine nächste Umgebung, der sich dann bisweilen auf alle Dorfgenossen erstreckt. Nach und nach wird er so angesehen, dass ihn alle mit Häuptling bezeichnen, und es kommt dann vor, dass sich seine Machtsphäre sogar über den Stammm hinaus erstreckt; so z. B. auf Manaswari die des Häuptlings von Sapapi, der Malayisch spricht und wegen seiner Tapferkeit und Schlauheit auch von anderen Stämmen gefürchtet wird. Im allgemeinen ist es nur der Titel, der die Häuptlinge vor den andern Dorfgenossen auszeichnet, nur selten thun sie sich auch noch durch besseren Schmuck vor den übrigen hervor. Meist haben aber andere, besonders ältere Leute oft grössere Autorität als sie. Es kann dann nicht auffallen, dass sich einzelne Häuptlinge wie z. B. Abrau am Utanata-Fluss selbst ihre Hütte bauen und selbst ihr Kanu rudern. Alle öffentlichen Angelegenheiten sind Sache der Allgemeinheit, werden von den Dorfgenossen gemeinsam im Versammlungshause beraten, und hier gilt die Stimme des Häuptlings nicht mehr wie die jedes andern. Jedes Dorf setzt sich in der Regel aus verschiedenen Abteilungen, grösseren Familienverbänden, zusammen, und mehrere Dorfgemeinschaften bilden den Stamm. So sind im Südwesten die Tugeri, an der Tritons-Bai der Lobo-Stamm, die Kainani an der Speelmanns-Bai, im Innern des Mac Cluer-Golfs die Alfuren und der Onin-Stamm, im Norden die Karon ansässig; im Osten sitzen an der Geelvink-Bai der Mefursche-Stamm, die Wendessi, Waroki, Kudiri, an der Mündung des Amberno der Stamm der Odambessoe und an der Walckenaer-Bai die Bongos sowie endlich an der Humboldt-Bai die Jotafur.

Nur bei wichtigen Veranlassungen vereinigt sich dieser oder jener Stamm zu gemeinsamem Thun, im übrigen behält jede Dorfgemeinschaft oder jeder Dorfgenosse die Freiheit des Handelns. In der Humboldt-Bai, wo die Bewohner die meiste Gesittung zeigen, haben wir noch am ersten Spuren einer Verfassung. Dort gebietet als Oberhäuptling der Dörfer Tobadi, Engeran, Ingeros und Naberi der Häuptling von Tobadi; sein Titel als solcher ist Karessori, und von ihm gehen alle Befehle, Preutas, an die Jente-Karessori, Unterhäuptlinge, aus, deren es vier giebt.[1] Der Karessori hat in Tobadi ein Haus, das einem chinesischen Pagoden ähnlich sieht und dessen Hausgiebel wie alle dortigen Gebäude eine Holzfigur ziert. Im Westen ist der Titel dieser vom Sultan von Tidore eingesetzten Oberhäuptlinge „Korano". Als Zeichen ihrer Investitur, die stets zu Tidore stattfindet, erhalten die Koranos oder Karessoris ein baumwollenes Hemd (Rabai) und ein Tuch aus Kattun (Sarong). Die Häuptlinge sind verpflichtet, einen jährlichen Tribut, den die Dorfgenossen zusammenbringen müssen, nach Tidore abzuliefern. Sonst geniessen diese Häuptlinge nur geringes Ansehen und haben nichts vor den anderen Dorfgenossen voraus. Grösser im allgemeinen als der Einfluss der Eingeborenen-Häuptlinge ist die Autorität der vom Sultan von Tidore eingesetzten mohammedanischen Radjahs. Auf Mysool im Nordwesten haben wir zwei, den Radjah von Wai-

---

[1] Bink, 3 Monate in der Humboldt-Bai, S. 2 u. 3.

guma und den von Lilinta, im Südwesten den Radjah von Namotette und in der Mac Cluer-Bai Abdul Delili von Rnambatti und Pandi von Sekar. Auf Aidmna in der Tritons-Bai ist Webster einem weiblichen Radjah begegnet, der dort ein verhältnismässig strenges Regiment über seine schwarzen Unterthanen ausübte. Stirbt in Neu-Guinea der Radjah, so folgt zuerst sein jüngster Bruder, dann der Sohn seines älteren Bruders und schliesslich erst der eigene Sohn des Radjah.

Das Eigentum wird unter den Papua auch in Holländisch-Neu-Guinea nur durch den Besitz gekennzeichnet. Trotz der Solidarität, d. h. des gemeinschaftlichen Eigentums an Grund und Boden, ist auch hier die Individualität auf das äusserste getrieben. An beweglichen Sachen kommt individuelles Eigentum vor, jedoch beschränkt sich dieses lediglich auf Kanus, Hausgeräte, Waffen und Schmuck.

Das Vermögen wird durch die Mutter vererbt,[1]) wobei indes die Söhne bevorzugt werden. Hat die Erblasserin nur Töchter hinterlassen, so gehen erst die Söhne ihres Bruders vor. Überlebt die Frau den Mann, so behält sie den Hauptanteil, aber auch die überlebenden Eltern und die übrigen männlichen Familienmitglieder werden bedacht. Ist kein näherer Blutsverwandter da, so wird das Vermögen in der weiblichen Linie an weitere Verwandte vererbt.

Vergeltung der Beleidigung eines Stammesgenossen ist in der Regel Stammessache. Schwere Verbrechen innerhalb des Stammes sind selten. Ehebruch, Diebstahl und andere schwere Verbrechen ahndet der Geschädigte selbst, wie wir oft gesehen haben, auf eigenartige Weise; kleinere Vergehen werden mitunter durch den Häuptling oder den Dorfältesten mit Vermögensbussen belegt. Doch selten ist die Macht jener bedeutend genug dazu. Weigert sich der Angeschuldigte, die Busse zu leisten, und behauptet er seine Unschuld, so wird diese hie und da auf die Probe gestellt. So werden z. B. in solchem Falle in der Geelvink-Bai zwei Pfähle in die See eingerammt, auf die der Ankläger und der Angeklagte sich setzen müssen. Auf ein gegebenes Zeichen stürzen sie sich beide ins Meer und tauchen unter. Hält der Angeklagte länger unter dem Wasser aus als der Ankläger, so beweist das seine Unschuld. Tötet auf den Arru-Inseln ein Sklave einen Freien, so ist er dem Tode verfallen; ist der Getötete ein Sklave, so ist Ver-

---

[1]) Waitz, Anthropologie V. S. 661.

geltung durch Busse möglich, ebenso wenn ein Freier der Rache eines Freien zum Opfer fällt. Wird die geforderte Busse nicht erlegt, so führt dies zur Fehde zwischen den beteiligten Familien. Bei Fehden unter verschiedenen Dörfern scharen sich die Waffenfähigen eines jeden Dorfes unter einem geeigneten Führer.

Auf eigentümliche Weise vollzieht sich oft der Ausgleich bei Schuldverhältnissen. So erzählt Kühn, dass die Sekarleute in solchen Fällen sich folgendermassen helfen. Schuldet z. B. ein Papua einem andern ein Schwein und ist er mit der Abtragung der Schuld im Verzuge, so nimmt der Gläubiger einfach das Schwein irgend eines beliebigen Dorfeingesessenen und hält sich daran schadlos. Der so Geschädigte zwingt nun seinerseits den ursprünglichen Schuldner zum Ersatze. Wir sehen, der Papua schafft sich sein Recht auf seine Weise, und man kann nicht leugnen, dass ihm ein gewisses Rechtsbewusstsein innewohnt. Es liegt nicht in seinem Charakter, seinen Nächsten mit Absicht zu schädigen, doch ist andererseits der Egoismus bei ihm zu sehr ausgeprägt, als dass er sich über die Art und Weise, wie er zu seinem Rechte kommt, Skrupel macht.

Als Höflichkeitsbezeugung oder Zeichen der Begrüssung gelten Nasenreiben, Beschnüffeln des zu Begrüssenden am Gesicht, Kratzen am Nabel, selten Händeschütteln. Rüstet sich der Gastfreund zum Gehen, so sagt man nicht: „Lebe wohl", sondern „Du gehst" und begleitet ihn ein Stück Weges. Vor dem Schlafengehen heisst es nicht „Gute Nacht", sondern „Lege dich hin", worauf man zu antworten pflegt: „Morgen auf Wiedersehen."[1]) In der Humboldt-Bai ist ein Zeichen der Wertschätzung das Streichen mit der Hand über die Brust des zu Ehrenden.[2]) Als ein anderes Freundschaftszeichen gilt das Anspucken mit Sirihspeichel und am Utanata-Fluss das Anspritzen von Wasser aus dem Munde. Auch die Hingabe eines Hundes gilt als Zeichen der Freundschaft. So haben Eingeborene der Besatzung des „Basilisk" zu verschiedenen Malen Hunde dargebracht, um ihre friedliche Absicht auszudrücken.

Oft nehmen die Papua ein durch liebenswürdiges Wesen, mit dem sie auch Europäern, die sie schon länger kennen, entgegenkommen, sowie durch die Liebe zu ihren Kindern und durch ihr für ihre Verhältnisse geordnetes Familienleben. Die Zärtlichkeit,

---

[1]) Waitz a. a. O. S. 622.
[2]) Bink a. a. O. S. 6.

mit der sie ihre Kinder und die Güte, mit der sie im allgemeinen ihre Frauen behandeln, scheinen dafür zu sprechen, dass sie nicht ganz ohne Gefühl sind. Ihre devote Ahnenverehrung mag wohl mehr auf scheuer Furcht vor den Geistern der Vorfahren als auf trauernder Hingabe beruhen.

Viele Bedürfnisse hat der Papua nicht: er nimmt mit dem vorlieb, was die Natur ihm bietet, und legt sein Haupt nieder, wo er gerade vor Regen geschützt ist. Zu diesem Zwecke tragen die Arru-Insulaner wie auch andere Eingeborene in der Regel eine aus Pandanus-Blättern zusammengeflochtene, wasserdichte, viereckige Matte mit sich, die an den Seiten zusammengenäht ist und in der Mitte zusammengelegt wird. Auf diese Weise kann diese Matte als Schutzdach gebraucht werden. Die Eingeborenen auf Arru bezeichnen sie mit Lia-Lia.

Wie wir gesehen haben, lieben die Papua im allgemeinen Schmuck und Putz, Tanz und Gesang, und nur zu häufig benutzen sie die Gelegenheit, Feste zu feiern. Ihre Tänze unterscheiden sich nicht viel von den bereits oben geschilderten in Kaiser Wilhelms-Land und Britisch-Neu-Guinea.

Als Musikinstrument finden auch bei ihnen Holztrommeln Anwendung. Geschickte Verfertiger solcher in der Geelvink-Bai sind die Dorehsen. Die Trommeln bestehen hier aus einem ausgehöhlten Stück Holz von einem Fuss Durchmesser, sind unten offen und oben mit einer Eidechsenhaut überspannt. Der Handgriff ist meist mit Schnitzerei versehen. Ähnlich sind die Trommeln im Osten des holländischen Schutzgebietes beschaffen. Am Mac Cluer-Golf sind sie oft mit Schlangen oder Beutelrattenhaut überspannt. Die Trommeln werden bald mit der Hand bald mit Stöcken geschlagen. In der Tritons-Bai sind die Trommeln bei einem Durchmesser von fünf Zoll zwei Fuss lang, laufen nach unten spitz zu, um sich nach dem Ende zu wieder auszubreiten. Auch diese Trommeln sind mit Schnitzwerk versehen und mit Eidechsenhaut überzogen. Ausser den Trommeln finden wir in der Humboldt-Bai die bereits erwähnten Blasinstrumente. Mehr zu Signalzwecken als zur Belustigung dienen ihnen die Muschelhörner, grosse Seemuscheln, auf denen sie vermittelst eines eingebohrten Loches blasen. Finsch erzählt von einem Tanze in der Tritons-Bai, den er dort durch zwölf Eingeborene hat darstellen sehen, von denen der Vortänzer einen Kopfputz von Mattenwerk auf dem Kopfe hatte. Aber auch die übrigen Tänzer, die sich in zwei Reihen aufgestellt hatten, waren mit bunten Blättern geschmückt und im Gesicht bemalt. Während der Haupttänzer zwischen beiden Reihen hin und hertanzte und durch gewaltige Sprünge und lautes Schreien die Aufmerksamkeit auf sich zu lenken suchte, bestand der Tanz der übrigen nur aus Hin- und Hertrippeln. Hörten diese auf, so begann der Solotanz des Vortänzers. Bei einem derselben suchte er ein Fieber zu markieren, indem er so that, als ob er von einem Schüttelfrost befallen war. Darnach führte er noch andere charakteristische Tänze auf, und das Ende seiner Vorführung wurde durch einen lauten Schrei der übrigen Festgenossen gekennzeichnet und gekrönt.[1])

Die Eingeborenen auf den Arru-Inseln richten ihre Hähne dazu ab, mit denen des Nachbars zu kämpfen, ja, um die Tiere zum Kampfe geschmeidiger und gelenkiger zu machen, massieren sie dieselben. Den Hähnen scheint diese Prozedur ganz wohl zu behagen, da sie sich während der Massage ganz still verhalten.

Eine andere Belustigung haben die Papua an der Tritons-Bai, die sich bei ihren Festen mit merkwürdigen, 5 Fuss langen und 1 Fuss dicken Stöcken schlagen und zwar ziemlich stark. Das Ende der Stöcke läuft spitz aus und ist mit Halbringen verziert. Die geführten Schläge müssen ziemlich schmerzhaft sein, jedoch sollen die Getroffenen niemals die gute Laune dabei verlieren, sondern im Gegenteil über den lustigen Spass mit den anderen herzhaft mitlachen. Harmloses Spiel harmloser Naturkinder!

Mitunter führen sie auch Kriegsspiele auf, bei denen sich zwei feindliche Parteien gegenseitig befehden und dabei auch mit Schlamm und kleinen Holzstückchen bewerfen; unter fürchterlichem Geheul und Geschrei zieht sich dann unter dem Hagel dieser sonderbaren Geschosse bald die eine, bald die andere Partei im Laufschritt zurück.[2]) Der Papua liebt über alles Unterhaltung, Tanz und Gesang, und aus den wenigen Sagen und Mythen, die uns bekannt sind, lässt sich auch auf poetische Regung der holländischen Schutzbefohlenen schliessen. Je phantastischer eine Geschichte ist, desto lieber ist sie ihnen; leider dichten sie gern hinzu, wodurch die Sagen an Originalität verlieren. Jeder erzählt die gehörte Geschichte, so wie er sie sich in seiner Phantasie schliesslich zurechtgelegt hat, und so kommt es dann, dass sie zu so verschiedenen Versionen ihrer Sagen gelangen, wie wir oben gesehen haben.

[1]) Finsch, Neu-Guinea, S. 70.
[2]) Ebenda S. 71.

Wenig Ahnung hat der Papua von einer Zeitrechnung, und die meisten können auch darüber, wie lange sie und ihre Vorfahren in ihrem Heimatsdorfe wohnen, keine Auskunft geben. Die wenigsten wissen den Namen ihrer Ahnen über den Grossvater hinaus. Wenn sie rechnen, so geht ihr Zahlensystem meist nur bis fünf, und selten zählen sie weiter, als sie Finger und Zehen besitzen. Eine Ausnahme hiervon machen die Humboldt-Bai-Leute. Die Bewohner am Santani-See zählen wie die übrigen nur bis fünf. Für die Zahlen von sechs bis neun setzen sie ein Praefix vor die ersten fünf Zahlenbegriffe. Zehn heisst *molee*, und, um zwanzig auszudrücken, sagen sie *molee* und stellen die beiden Füsse nebeneinander oder ergreifen die beiden Hände des ersten besten und sagen dann *megeri*, d. h. zehn Zehen und zehn Finger. Die Sekar-Leute zählen bis zehn, eins heisst *sa*, zwei *nua*, drei *teni*, vier *fat*, fünf *nima*, sechs *nam*, sieben *wudares*, acht *wuderua*, neun *masfuti*, zehn *wusuo*. Von zehn ab findet Zusammenstellung von zehn und den Einern statt, zwanzig heisst: *tomate sa*, d. h. ein Mensch, das will sagen, die zehn Finger und die zehn Zehen eines Menschen. Einundzwanzig heisst *tomatesa isiresa*, d. i. ein Mensch und ein Finger; vierzig *tamate-nua*, hundert *ratesua*.[1] Letztere Zahl und das ganze Zahlensystem zeigt eine grosse Ähnlichkeit mit dem malayischen. Eine Art Zeitrechnung finden wir bei dem Lobo-Stamm. Man rechnet hier nach der Wiederkehr des Westmonsuns und des Vollmondes. Die Wiederkehr des Vollmondes bezeichnet man mit Uransa, und fünf solcher werden angenommen für die Periode des Westmonsuns, wogegen sechs für den Südostpassat gerechnet werden. Die eine Hälfte des Jahres bildet somit die Periode des Westmonsuns, die andere die des Südostpassats. Von den Monaten des Westmonsuns geht einer ab für die grosse Ebbe, Kenterang meti bessaar, die Zeit, wenn der Wind umschlägt. Das Jahr, *ngaraska*, beginnt mit Eintritt des Westmonsuns, einen Zeitpunkt, den sie auch anderweitig so z. B. an dem Ausschlagen des Eisenholzbaumes und der Kasuarinen erkennen.[2] Ebenso rechnen die Eingeborenen der Humboldt-Bai nach *uransa*, Mondmonaten, und wie auch die Lobo-Leute nicht nach Tagen, sondern nach Nächten.

---

[1] Kühn a. a. O. S. 47.
[2] Finsch a. a. O. S. 76.

4. Die Produktion des Landes.

Die Gärten und Anpflanzungen sind selten in der Nähe der Dörfer angelegt. Meist befinden sie sich weit davon, insbesondere weit von der Küste, wo man nie sicher vor räuberischen Überfällen fremder Piraten ist.

Ackerbau ist gänzlich unbekannt bei den Tugeri. Sie leben von Kokosnüssen, Weichtieren, grösseren Fischen und wilden Schweinen. Ebensowenig findet sich weiter nördlich, bei den Bewohnern der Prinzess Mariannen-Strasse und am Utanata-Fluss eine Spur von Anpflanzung. Auch hier nährt man sich hauptsächlich von Krabben, Schaltieren und Fischen. Da sie feste Wohnsitze nicht haben, so führen sie ihre primitiven Nahrungsmittel stets bei sich. Die Frauen tragen diese in grossen, um die Stirn gebundenen Säcken auf dem Rücken, die Männer an einem um den Hals befestigten Hibiscus-Bande vorn auf der Brust. Die Stämme am Utanata-Fluss kennen überdies die Zubereitung des Sagos, des Markes der Sagopalme. Sie nähren sich aber hauptsächlich von Schweinen und Fischen. Gleichfalls fast nur von Jagd und Fischfang leben die Eingeborenen an der Speelmanns- und Tritons-Bai, wo allerdings die Weiber bereits einige Feldfrüchte wie Taro anbauen. Die Hauptnahrung besteht jedenfalls aus Sago, Weichtieren, grösseren Vögeln und wilden Schweinen.

Die Papua von Lobo im Südwesten betreiben bereits Landbau; in der Nähe ihrer kleinen, nur aus wenigen Hütten bestehenden Ansiedelungen findet sich meist eine kleine Anpflanzung von Bataten, Bananen, Zuckerrohr und Yams. Die Zubereitung der Erdfrüchte besteht einfach darin, dass sie in heisser Asche gebraten werden. Auch Paprika (span. Pfeffer), Mais und Sirih findet sich in ihren Gärten. Auf Lakahia und in der Landschaft Onin und Adie sind eingeführter Sago und Fische die Hauptnahrung. Diese oder andere Tiere werden, ohne dass sie vorher ausgenommen oder gewaschen worden sind, über dem Feuer oder in der Asche gebraten. Am Mac Cluer-Golf sind die Bewohner des grossen Dorfes Fran weniger wählerisch in ihren Nahrungsmitteln; ja sie scheuen sich nicht, Schlangen, selbst halbverweste, ohne jede Zubereitung oder Zuthat zu verzehren; sie betreiben Landbau und sind geschickt in der Zubereitung des Sago. Die Hauptnahrung der Kei-Insulaner sind Fische, und für einige Cent erhält man hier so viel, dass sich davon eine Familie tagelang ernähren kann; Anpflanzungen finden sich hier nicht. Ausser Fischen isst man Reis und Kokosnüsse, die von den Arru-Leuten gegen hölzerne Schüsseln und Töpferwaren eingetauscht werden. Die Alfuren machen kleine Stellen des Urwaldes urbar und pflanzen dort Kürbisse, Zuckerrohr, Süsskartoffeln und anderes an und versehen die Küstenbewohner vielfach mit den Produkten ihres Landbaues. Auch Mais und Tabak wird neben den bereits erwähnten Früchten gezogen. Im ganzen sollen die Papua 4 ölgebende und 5 stärkegebende Pflanzen haben, ferner 4 Gewürz-, 36 Frucht-, 11 Gemüsearten und 12 essbare Wurzeln.

Am häufigsten wird Taro angebaut und zwar auf terrassenförmigen Anpflanzungen besonders von den Bergbewohnern. Zuerst wird hierzu der Boden geklärt, die Bäume werden (oft noch mit Steinäxten) gefällt, verbrannt oder fortgeschafft; mit lanzettförmigen, etwa eine Elle langen Holzstäben wird sodann das Unterholz und Buschwerk umgebrochen und ebenfalls durch Feuer vertilgt, oder auch mit einem besonderen Holzinstrument fortgeräumt. Ist der Boden endlich so weit hergerichtet, so werden mit harten, spitzen Stöcken die Löcher für die Taro-Knollen aufgewühlt. Sago wird weniger von den Bergstämmen gezogen; dagegen ist auch hier die Kokosnuss als Nahrungsmittel unentbehrlich. Reiche Kokospalmenbestände finden sich im Innern der Humboldt-Bai, in der Prau-Ebene, am unteren Witriwai und auf der kleinen Insel Yamma. Leider fehlt es im holländischen Schutzgebiet ganz an der Anregung, diese Bestände zu pflegen und neue zu schaffen. In dem weiten Sumpflande des Ambernoh-Stromes würde ferner sehr gut das malayische Einfuhrprodukt, der Reis, gedeihen, doch wird er nur selten von den Eingeborenen angebaut. Bisweilen aber nur sehr selten sieht man hie und da Versuchspflanzungen mit Gurken, Melonen und Bohnen. Vorgeschrittener als ihre übrigen Landsleute sind die Bewohner der Humboldt-Bai im Plantagenbau; sie betreiben den Feldbau mit abgezäunten Feldern, in denen Knollenfrüchte, Pisang und Zuckerrohr sorgfältig gebaut werden. Die um die Pflanzung angebrachte Hecke soll die Anlage vor den Verwüstungen der Schweine schützen. Auch Zimmt- und Tabakbau wird hier mit Erfolg getrieben. Die Plantagen des Schutzhafens Doreh liegen zum grossen Teil auf der Insel Manasvari, wo Reis, Mais, Bananen und Knollenfrüchte angepflanzt werden. Auch Sago wird von ihnen kultiviert. Das Verfahren bei der Zubereitung ist dasselbe wie in Kaiser Wilhelms-Land. Zur Mahlzeit wird der Sago von den Eingeborenen meist in Klössen zubereitet, die, in Wasser gekocht, eine für einen Europäermagen sehr schwer verdauliche Kost sind. Häufig bereiten sie aus dem Sago auch einen Brei; beim Essen bedienen sie sich dann zweier kleiner Hölzchen, die sie sehr geschickt handhaben. Sehr beliebt sind ferner als Kost die Früchte des Brotfruchtbaumes. Die Papua schneiden diese in Scheiben und rösten sie in der Asche. In Ermangelung von Salz werden die Speisen mit Salzwasser bereitet. Aus der Asche einiger Pflanzen verstehen sie indes Salz zu gewinnen, wie d'Albertis berichtet.

Was die animalische Kost der Papua anbetrifft, im grossen und ganzen sind sie auf die vegetabilische beschränkt, so ist ihre Auswahl nicht gross. Schweine, Hunde und Känguruhs sind, wie wir wissen, die einzigen grösseren Säugetiere, die die Insel hervorbringt. Miklucho Maclay hat versucht, bei ihnen Rinder einzuführen; doch was soll damit, sagt Finsch mit Recht, ein Volk von Ackerbauern? Es kann sich nicht mit einem Male zu einem Hirtenvolke aufschwingen. Zwei Arten von Schweinen kommen auf Neu-Guinea vor, *Sus papuensis* und *Sus niger*. Beide sind Abkömmlinge der Wildschweine. Die Hunde sind eine kleine, glatthaarige Dingo-Art, eine feige, diebische, unschöne Rasse, von rotbrauner oder gelbbrauner Färbung, mit kleinem fuchsartigen Kopfe, stumpfem Schwanz und aufrecht stehenden Ohren. Ihr ohrenbetäubendes Geheul ist für den Fremden beim Betreten eines Papuadorfes eine sehr unangenehme Zugabe. Die Hunde eignen sich weder zur Jagd noch zur Wacht, dem Papua sind sie aber ein stets willkommener Festbraten. Da sie wie auch meist ihre Herren Vegetarianer sind, mag das Fleisch so übel nicht schmecken. Mit den Schweinen sind sie die armen Opfer bei den so häufig wiederkehrenden Festen der Papua. Gezüchtet wird sonst nichts. Hie und da findet man eine Katze oder ein Huhn, nur die Eingeborenen an der Geelvink-Bai haben den Versuch gemacht, Kronentauben aufzuziehen.

An berauschenden Getränken ist der Sagower oder Palmenwein, an narkotischen Genussmitteln sind der Tabak und Betel bekannt. Wenn der Stamm der Nipa- oder Kokospalme in den Saft tritt, wird ein Loch in die Rinde gebohrt und in einem darunter gehaltenen Bambus das aus dem Loche heruntertrüufelnde Wasser aufgefangen. Im nördlichen Teile des Arfak-Gebirges finden sich vortreffliche Tabakplantagen; geraucht wird der Tabak von den Eingeborenen, indem sie ein Pisang- und Pandanusblatt als Deckblatt verwenden.

Weit verbreitet bei den Papua in ganz Holländisch-Neu-Guinea ist das Betelkauen. Das aromatisch bitterschmeckende Blatt der zu den Piperaceen gehörigen *Chavica betle* oder eine noch ganz unreife Betelnuss wird zerkaut; dazu wird vermittelst eines langen Spatels aus Holz oder Knochen pulverisierter, ungelöschter Kalk aus einer langen Kalebasse, die die Männer stets bei sich tragen, zum Munde geführt. In einem kleinen, am Gürtel befestigten Beutel wird das übrige Zubehör getragen.

Durch die mohammedanische Bevölkerung werden überall an der Küste des holländischen Schutzgebiets trotz des strengen Verbots der holländischen Regierung immer häufiger Spirituosen, insbesondere Rum und auch Opium in grösseren Mengen eingeführt und leider gewöhnt sich die eingeborene Bevölkerung nach und nach an diese gefährlichen Genüsse.

Plantagenbau von Europäern besteht noch kaum auf Holländisch-Neu-Guinea. Ganz in der Nähe von Doreh hatten die Niederländer selbst im Anfang dieses Jahrhunderts eine Niederlassung begründet, die aber wie Fort Dubu heute kaum noch Spuren ihrer Gründung aufzuweisen hat. In neuerer Zeit hat ein englisches Konsortium der niederländischen Regierung an der Nordostküste zwischen Doreh und Humboldt-Bai ein grösseres Gebiet zu Kultivationszwecken auf 99 Jahre gegen mässiges Entgelt abgepachtet. Die Abmachung geht überdies dahin, dass nach diesem Zeitpunkt das Land ganz in das Eigentum der Gesellschaft übergehen soll. Trotzdem diese Niederlassung mit englischer Energie und reichlichen Geldmitteln angelegt war, hat sie ganz und gar nicht die auf sie gesetzten Erwartungen erfüllt.

---

5. Handel und Verkehr.

Im äussersten Südwesten des holländischen Schutzgebietes sind auch noch nicht einmal die Anfänge eines Handelsverkehrs zu verzeichnen; denn an dem ganzen Küstenstrich von der britischen Grenze bis zum Utanata-Fluss wird von den Papua ausser Jagd und Fischfang so gut wie nichts betrieben. Die Eingeborenen in der Gegend der Prinzess Mariannen-Strasse befleissigen sich allerdings der Jagd, jedoch scheint der Ertrag wenig ergiebig zu sein.

Weder Vogelfedern noch Säugetierzähne sind als Schmuck gesehen worden. Weiter nördlich bietet das Beschaffen der Massoirinde eine lohnende Beschäftigung. Die Rinde stammt von einem zu den Laurinaceen gehörigen Baume, der in Niederländisch-Indien als ein vorzügliches Heilmittel von Neu-Guinea eingeführt ist. Diese Bäume werden von den Papua mit grossem Eifer aufgesucht und gefällt. Haben sie solche Bäume auf steilem Abhang erspäht, so klimmen sie mit katzenartiger Geschwindigkeit und bewunderungswürdiger Gewandtheit hinan und fällen die Stämme, die dann mit grossem Getöse oft 1000 Fuss in die Tiefe hinabstürzen und alles mit sich reissen. Dann eilen die Eingeborenen hinab und schälen die Rinde von den Bäumen. Von den Alfuren insbesondere wird die Rinde nach Aiduma und von diesen Insulanern nach Ceram, Amboina, Ternate und Banda gebracht und hauptsächlich gegen Tabak und Kattun, von den Eingeborenen weiter nördlich mehr gegen Opium, Eisen und Waffen umgetauscht. Die Lobo-Eingeborenen fischen daneben Trepang, tauchen nach Perlen, fangen Schildkröten und betreiben mit all diesem einen grossen Tauschhandel; sie sind gerissene Handelsleute und verhandeln nichts ohne vorherige Bezahlung. Durch Übervorteilungen und hinterlistige Überfälle seitens der Ceramesen und anderer mohammedanischer Handelsleute sind sie misstrauisch und vorsichtig geworden. Ebenso geben die Kainani-Leute in der Nähe der Speelmanns-Bai nichts fort, ohne vorher befriedigt zu sein. Zur Zeit des Westmonsuns treiben sie einen bedeutenden Tauschhandel mit Handelsleuten von Ceramlaut; sie müssen aber erst von den Bewohnern im Innern die Lebensmittel und Produkte eintauschen, die sie an die Handelsprauwen weitergeben. Grosse Handelsplätze sind Dobbo (vergl. Taf. 28) und Gumugumu auf den Arru-Inseln. Die Kei-Leute bringen ihre mit grossem Geschick verfertigten Boote dorthin zum Verkauf oder Tausch, die Ceramesen Sago; von den Sunda-Inseln werden Baumwolle, Kattun und Messer eingeführt, von Banda und Amboina Muskatnüsse, Nelken und Tabak, von Singapore endlich hauptsächlich Steingut und Spirituosen. Dagegen werden ausgeführt Trepang, Schildpatt, Perlmutter, Perlen, Paradiesvogelbälge und endlich Thongeschirr, das von den Töpfereihauptplätzen zu Watula, Cumul und Kanphori kommt.[1])

---

[1]) Ribbe, Arru-Inseln, in Festschrift des Vereins f. Erdkunde zu Dresden 1888, S. 196.

Von den Eingeborenen der Dörfer Patipi, Salikiti und Taug am Mac Cluer-Golf und landeinwärts derselben werden Muskatnüsse in grossen Quantitäten gesammelt, in besonders dazu errichteten Häusern getrocknet und demnächst an den Strand hinabgebracht. Hier werden sie an die Bughis, Araber und andere Handeltreibende verhandelt, die den Golf in der günstigen Jahreszeit mit ihren kleinen Prauwen und Djunken aufsuchen. Die Muskatnuss ist der Samenkern der *Myristica aromatica* aus der Familie der Myristiceen mit gelblichen Blättern und fast birnengrossen Beeren. Der in diesen Beeren befindliche Samenkern ist umschlossen von einem rötlichen Samenmantel, der als Muskatblüte in den Handel kommt, während der Kern als Muskatnuss vertrieben wird. Ausserdem wird mit Sago und Pfeilwurz, Gelbholz, Perlmutter und Paradiesvögeln von der Sekar- und Patipi-Bai besonders mit Makassar und Ternate ein schwungvoller Handel getrieben. Die Eingeborenen landeinwärts des Capaner Hafens, südlich des Mac Cluer-Golfes, stehen ebenfalls mit den Ceramesen und Makassaren in Handelsbeziehungen, an die sie gegen Kattun und Eisen Massoirinde und Muskatnüsse eintauschen. Die Paradiesvögel bilden eins der hauptsächlichsten Tauschobjekte der Eingeborenen im nordwestlichen und nordöstlichen Neu-Guinea. Sie dienen insbesondere den Bergvölkern zugleich mit der Massoirinde als Handelsartikel. Für beides erhalten sie von den Strandbewohnern Kattun, Eisen oder Waffen, Gegenstände, die die Küstenbevölkerung wieder von den Ceramesen im Tauschverkehr einhandelt.

Im grossen und ganzen ist der Tauschhandel unter den Eingeborenen selbst sehr unbedeutend. Im Osten stehen die Papua am unteren Ambernoh in den Dörfern Mapi, Kabuni, Merabui und Worombirki mit den Bewohnern der Geelvink-Bai in Handelsbeziehungen und tauschen Töpferwaren, Schnitzereien und Sago gegen andere Lebensmittel ein. Die Bewohner von Doreh erhalten von den Schonern der Firma Koldenhoff in Ternate im Tauschverkehr europäische Waren, um sie gegen Naturprodukte an die Eingeborenen an der Nordküste der Geelvink-Bai abzugeben. Die Tobadi-Leute handeln mit den Dörfern im Osten der Humboldt-Bai, Sekar, Jaki und Numbi, ja selbst mit den Kampongs in der Walckenaer-Bai. Die Bewohner der Matterer-Bai stehen wieder in Handelsbeziehungen zu den Yamma-Insulanern. Auch im Westen treiben einzelne grössere Dorfgemeinden mit anderen Handel, wenn dies auch oft bei der Raubgier und Mordlust ihrer Geschäftsfreunde mit Schwierigkeiten verbunden ist, so z. B. bei Handelsbeziehungen von den Sekar- zu den Prau-Leuten. Die Sekar-Leute holen bisweilen ihren Sagobedarf von Prau, da sie solchen nicht selbst kultivieren, und geben dafür von Ternate- und Makassar-Leuten gegen Muskatnüsse eingetauschten Tand. Jedoch gehen sie nur immer in grosser Anzahl und stets bis an die Zähne bewaffnet in vielen Kanus nach Prau und bleiben mit den Booten in der Regel eine gute Strecke vom Dorfe entfernt liegen. In das Dorf selbst trauen sie sich aus Furcht vor einem Überfalle nicht.

Handeln im Mac Cluer-Golf Eingeborene mit Europäern, so müssen diese letzteren sich erst allmählich an die eigentümlich langsame Art der Eingeborenen beim Handeln gewöhnen. Selten geschieht es, dass die Handelsleute ihre Absicht, ihre Waren an den Mann zu bringen, offen und deutlich kund geben. Sie ergreifen nie die Initiative, sondern lassen die Händler an sich herankommen, warten dann so lange, bis man sie anspricht, und gar oft erhält man dann auf die Frage: „Nun, was hast du, oder was bringst du?" die Antwort: „„Nichts, Herr."" Schliesslich kommen sie dann mit der Sprache heraus, fordern gewöhnlich den zehnfachen Preis von dem, was die angebotene Sache wert ist, begnügen sich aber in der Regel mit dem, was man nach eigener Wertschätzung ihnen giebt. Im Handel mit den Malayen und Arabern sind sie vorsichtiger und gewitzter, da sie wissen, dass sie von diesen nur zu häufig betrogen werden. Handelsartikel bilden im Verkehr nach aussen neben den bereits erwähnten Gegenständen Sago, Pfeilwurz, edle Holzarten wie Sandel- und Ebenholz und Kopra, schliesslich im Osten Sklaven.

Am Witriwai geben die Eingeborenen für ein malayisches Parang im Werte von 50 Pf. bis 1 Mark 250 Kokosnüsse, weniger erhält man dafür in der Geelvink- und Humboldt-Bai; im Westen sind Opium und Spirituosen am meisten begehrte Tauschartikel. Andere Sachen wie Kattun, kleine Spiegel, Nadeln und Messer sind nur Gratiszugaben. Tüchtige Handelsleute sind auch die Kei-Leute und Arru-Insulaner. In dem Hafen von Tocal auf Gross-Kei herrscht zu allen Jahreszeiten ein reger Verkehr. Die Bugis von Celebes, chinesische Handelsleute von Singapore und Malayen von Makassar kommen in ihren Handelsprauen mit günstigem Winde von ihren Stapelplätzen dorthin, bringen Kleiderstoffe, Spirituosen, Messer und Eisenwaren und kehren bei entgegengesetztem Winde mit Schildpatt, Perlmutter und Trepangladungen zurück. Der Umsatz belief sich hier früher auf mehrere tausend Pfund Sterling. Die Ein- und Ausfuhr haben holländische Beamte zu überwachen, sogenannte Postmeister; hauptsächlich sollen diese ihr Augenmerk darauf richten, dass keine Spirituosen eingeführt werden. Ihre Kontrolle soll aber eine sehr oberflächliche sein. In den Stores zu Toeal und Dobbo bekommt man für verhältnismässig billiges Geld allerhand nützliche Sachen und Gebrauchsgegenstände.

Der Handelsplatz Dobbo liegt auf der kleinen Insel Wamma auf einer nur 150 m breiten Sandbank und erstreckt sich in mehreren Reihen von Häusern ungefähr 400 m weit ins Meer. Die Häuser sind leicht gebaut und mit Palmenblättern gedeckt (vergl. Taf. 28). Dobbo ist einer der Plätze, die der alle drei Monate an den Küsten von Holländisch-Neu-Guinea verkehrende Postdampfer anläuft. Es bestehen zwei regelmässige Postdampferverbindungen zwischen Niederländisch-Indien und -Neu-Guinea und zwar bereits seit 1877. Die eine geht von Makassar auf Celebes über Amboina, Banda, Sekar, Sekro nach den Kei- und Arru-Inseln und von dort nach Sileraka, das auf der Hauptinsel etwa unter 141° O. liegt. Die zweite führt von Ternate (Halmaheira) durch die Dampier-Strasse, berührt Sorrong im Norden, Doreh an der Geelvink-Bai, die Run-, Ansoes- und Djamma-Inseln und hat zur Endstation die Humboldt-Bai an der holländisch-deutschen Grenze.

Eine weitere regelmässige Verbindung wird durch das grosse Handelshaus Bruijn und Duivenboden auf Ternate mit Holländisch-Neu-Guinea vermittelt. Die Firma hat hier und auf den benachbarten kleinen Inseln mehrere Filialen, so in Doreh in der Geelvink-Bai, Ansoes auf Yamma und eine dritte auf der Yappen-Insel und sendet zweimal im Jahre seine Schoner nach diesen Plätzen, um Kopra, die ihre Agenten inzwischen von den Eingeborenen für Tauschwaren erhandelt haben, abzuholen. Die Firma Koldenhoff in Ternate hat ebenfalls eine Niederlassung in Doreh, um Dammar und Massoirinde dort einzuhandeln. Auf Ansoes hat die Firma Bruijn & Co. zur Erleichterung das Ladens und Löschens der Handelsware eine Mole in die See hinausgebaut. Hieraus lässt sich der Schluss ziehen, dass die Firma keine schlechten Geschäfte macht. Ausser den Schiffen dieser Häuser verkehren an den Küstenplätzen amboinesische, ceramesische und andere Prauwen, sowie kleinere Segelschiffe von Ternate und Makassar; an der Westküste treiben ausser mit den Arru- und Kei-Insulanern die Papua hauptsächlich mit den Lobo-Eingeborenen und den Sekro-

und Sekar-Leuten, an der Ostküste mit Dorch, den Eingeborenen der Yappen- und Yamma-Insel und den Bewohnern am Wiriwai-Fluss Handel.

Was dieser Handel alles in sich begreift, haben wir bereits oben gesehen. Da aber auf die Eingeborenen gar kein Verlass ist, und ihren Versicherungen, die versprochenen Produkte zu einem bestimmten Zeitpunkte bereit zu halten, nicht zu trauen ist, somit ein Schiff nicht selten umsonst den weiten Weg macht, so werden im allgemeinen die Unkosten für grössere Schiffe kaum gedeckt. Für kleinere Fahrzeuge ist dagegen eher der Handel lohnend. In letzter Zeit sind auch mehrfach Chinesen mit ihren kleinen Segelschiffen bis nach der Humboldt-Bai und darüber hinaus nach dem deutschen Gebiet gekommen und haben sich besonders auf den Paradiesvogelhandel gelegt. In Sekro fand Kühn, als er im Jahre 1888 diesen Ort auf seiner Fahrt nach Sekar berührte, auf der Reede drei kleine Schoner und 18 malayische Prauwen liegen, ein Beweis dafür, dass auch in dieser Gegend der Handel mit den Eingeborenen Fortschritte macht. Im ganzen beläuft sich an der holländischen Küste von Neu-Guinea die Zahl der Handelsplätze kaum auf zwanzig, und der ganze Handel beziffert sich nicht höher als 2000 Pfund Sterling im Jahr.

6. Kolonisation des Landes.

Das Bild, das wir in dem Vorhergehenden von den Papua des holländischen Schutzgebietes auf Neu-Guinea entworfen haben, zeigt, dass die Holländer es dort mit einem Volk zu thun haben, das sich trotz des verderblichen Einflusses der malayischen Händler und Piraten seine Ursprünglichkeit bewahrt hat. Wie wir gesehen haben, stehen am tiefsten in der Kultur von den geschilderten Papua die Bewohner an der Prinzess Mariannen-Strasse und am höchsten die Eingeborenen an der Geelvink- und Humboldt-Bai. Dann folgen abwärts die Lobo-Eingeborenen und die Eingeborenen am Mac Cluer-Golf, sodann die Papua an der Speermanns-Bai und die von Namotötte, die Kainani-Leute und endlich die Arfak und Alfuren. Ungefähr auf der gleichen Stufe wie die Bewohner an der Prinzess Mariannen-Strasse stehen in kultureller Beziehung die Tugeri und die Papua an den Flussmündungen des Cranata, Ambernoh und Wiriwai.

Die Bekehrungsversuche, die die Mohammedaner im Westen des holländischen Schutzgebietes mit den Eingeborenen gemacht haben, sollen nach der Behauptung jener nicht ohne Erfolg gewesen sein. Vielleicht ist der Brauch der Schmiedezunft in der Geelvink-Bai, den in diese Zunft Eintretenden den Genuss des Schweinefleisches zu entziehen, bereits eine Folge des mohammedanischen Ritus. Jedenfalls ist wohl nicht in Abrede zu stellen, dass es den Arabern gelungen ist, unter den Papua im Nordwesten und teilweise auch im Südwesten wenigstens äusserlich viele Anhänger ihrer Lehre zu gewinnen. Dagegen haben die am Mac Cluer-Golf auf der Insel Run in der Geelvink-Bai und an der Doreh-Bucht stationierten Missionare von der Utrechter Mission trotz ihrer sichtlichen Bemühungen bisher nur wenige Bekehrungserfolge unter der Eingeborenen-Bevölkerung aufzuweisen gehabt; in sittlicher und erzichlicher Beziehung haben sie immerhin einen günstigen Einfluss auf die dortigen Papua ausgeübt. Auch die französische Jesuiten-Mission, welche, wie wir bereits oben gesehen haben, in Toeal auf den Kei-Inseln ihren Sitz hat, hat merkliche Erfolge noch nicht zu verzeichnen. Zwar dient dort schon eine hübsch erbaute grosse Holzkirche den bereits getauften Eingeborenen zu ihrer Erbauung, die aber mehr zur Schau getragen, als empfunden wird.

Unter mohammedanischer Einwirkung stehen im Südwesten die Arru-Insulaner und die Lobo-Eingeborenen. Jährlich kommen, wie Finsch berichtet, mohammedanische Mollahs dorthin, um Proselyten zu machen. Die Eingeborenen haben auch bereits vieles von ihrem Ritus angenommen, so z. B. die Art der Bestattung, die Enthaltung vom Genuss des Schweinefleisches, die Ablegung des Eides auf mohammedanische Art; doch beten sie nicht, noch fasten sie dem Koran gemäss, von dessen Existenz sie kaum etwas wissen dürften. Demoralisierend auf die Eingeborenen wirkt dagegen der Genuss von Opium, das die Mohammedaner mit ihrer Lehre bei den Schwarzen einführen. So ist z. B. auf allen Dörfern des Vorlandes auf der Inhel Wamma, wohin die Mohammedaner gekommen sind, um Bekehrungsversuche zu machen, bereits ein grosser Teil der dortigen Papua dem Opiumgenuss ergeben. Weiter nördlich im Mac Cluer-Golf ist wieder ein Strich mit mohammedanischer Eingeborenenbevölkerung. So haben wenigstens die Bewohner der Dörfer Ruambatti, Patipi, Salakiti und Taur dem englischen Kapitän Strachan erklärt, sie alle wären Mohammedaner. Auch die Sekarleute sind, wie Kühn angiebt, zum grossen Teil Mohammedaner, aber nur dem

Moschee in Sokar am Mau Obere Gedi

Namen nach, da sie nach wie vor an der Verfertigung und dem Befragen der Ahnenbilder festhalten.

Nur ein kleiner Theil des holländischen Schutzgebietes ist bisher erschlossen, und, wenn Versuche unternommen worden sind, in das Innere vorzudringen, so sind es jedesmal Fremde und nicht Holländer gewesen, die sich dieser Aufgabe unterzogen haben. Die Holländer haben sich lediglich darauf beschränkt, den zur Zeit der Proklamierung ihrer Schutzherrschaft bereits bestehenden Handel durch ihre Flagge zu decken und die Eingeborenen vor den verderblichen Einflüssen und Gefahren, die ihnen durch den Verkehr mit den malayischen und arabischen Händlern drohen, möglichst zu schützen. Auf dem 390560 qkm grossen Gebiet auf Neu-Guinea besitzt Holland keine einzige feste Niederlassung; denn das im Jahre 1828 mit grossen Kosten in der Tritons-Bai angelegte Fort Dubus wurde, wie oben bereits bemerkt, sehr bald wieder aufgegeben. Die Holländer sind auf Neu-Guinea lediglich die Erben des Sultans von Tidore, als dessen Oberlehnsherren sie gleichzeitig die Lehnsherrschaft über den Nordwesten von Neu-Guinea übernommen haben.

Durch einen Vertrag mit diesem Fürsten zu Anfang dieses Jahrhunderts ist es demselben seitdem zwar benommen, seinen jährlichen Tribut einzufordern. Doch kann er heute noch mit der Genehmigung der holländischen Regierung auf dem Festland wie auf den umliegenden Inseln Radjahs einsetzen und übt dort wie hier durch sie und auch durch seinen blossen Namen einen erheblichen Einfluss aus.

Als ein weiteres Recht nimmt der Sultan in Anspruch, dass auf jeder Rekognoszierungsfahrt des Residenten von Ternate, zu dessen Ressort Neu-Guinea gehört, oder auf jedem Neu-Guinea besuchenden holländischen Kriegsschiffe ein Prinz von Tidore als Vertreter des Sultans mitfährt.

Die Holländer haben auf Neu-Guinea eigentlich nur sogenannte Schutzhäfen wie Doreh, Amberkaki, Dobbo, Tocal u. a., die den Kriegs- und Handelsschiffen den erforderlichen Schutz und Ankerplatz gewähren. Ab und zu laufen ausser dem Postdampfer auch holländische Kriegsschiffe hier und da die Küste an und rufen den Eingeborenen durch Hissung der Flagge und Verleihung der holländischen Fahne an hervorragende Eingeborene (Häuptlinge) das Ansehen der holländischen Regierung ins Gedächtnis zurück; und ist auch deren Autorität im Osten allgemein und im Westen wenigstens bis

Aidnma auf diese Weise gekennzeichnet, so ist dies doch nur äusserlich. Der Sklavenhandel blüht nach wie vor im holländischen Schutzgebiet. Durch Androhung schwerer Kerkerstrafen und Entsendung ihrer Kriegsschiffe haben die Holländer diesem Treiben Einhalt zu thun versucht, und die Regierung hat bereits Unsummen ausgegeben, um die vor ihrer diesbezüglichen Verordnung im Sklavenjoch befindlichen Eingeborenen aus dieser Lage zu befreien. Doch weder nachdrückliche Bestrafung im Ertappungsfalle, noch das häufige Zeigen der Flagge und Mitführen der Schuldigen haben bisher einen Umschwung zum Bessern gebracht. Sobald Kriegsschiffe und der Postdampfer wieder ausser Sicht sind, beginnt das Treiben von neuem. Ja, im Mac Cluer-Golf haben einzelne Dörfer fest abgegrenzte Sklavenjagdbezirke, die der Abmachung gemäss zu diesem Behufe von keinem anderen Dorfe besucht werden dürfen. Mit den Einwohnern an der Prinzess Mariannen-Strasse, der Speelmanns-Bai, der Insel Adie, selbst mit den Bewohnern der Geelvink-Bai wird leider noch heute von den Molukken aus ein blühender Sklavenhandel betrieben. Der Wert eines Sklaven beziffert sich dort auf 25 bis 30 holländische Gulden.

Sämtliche Radjahs an der Westküste Neu-Guineas machen sich kein Gewissen daraus, auf Menschenfang zu gehen, oder aber, was ihnen bequemer ist, Sklaven von Händlern zu kaufen. Von den Lobo-Eingeborenen heisst es, dass sie selbst ihre Frauen verhandeln, und die Papua an der Prinzess Mariannen-Strasse sollen sogar ihre kleinen Kinder im Tauschverkehr als Sklaven hingeben. So ist der Sklavenraub besonders im Westen und das Piratenunwesen im Osten ein Hemmnis friedfertigen Verkehrs; und dass die Holländer so sehr wenig dagegen ausrichten, liegt wohl hauptsächlich daran, dass die Regierung im Lande selbst keinen festen Fuss fasst und dort keine Beamten einsetzt.[1]) Ihr Einfluss reicht nur so weit wie der des Sultans von Tidore, und ausserhalb dieser Machtsphäre zeigt nur hier und da ein halb zerbrochenes Wappenschild aus Holz oder Gusseisen an, dass Holland in diesem Lande „herrscht".

Steht nicht die Devise des Wappens „Je maintiendrai" im krassesten Widerspruch zu der Wirklichkeit? Und bislang sind die Aussichten, diese Devise zur Wahrheit zu machen, noch äusserst

---

[1]) Nur auf einigen kleineren oder grösseren Inseln wie Arru, Gross-Kei u. a. sind holländische Zollbeamte thätig, die gleichzeitig die Post besorgen.

gering. In der Regel werden diese Wappenschilder mit Rottang oder Nägeln an geeigneten Punkten an der Küste, meist in der Nähe von Kampongs, an Bäumen oder Pfählen angebracht. Doch kaum hat das Kriegsschiff, dessen Besatzung das Schild befestigt hat, den Rücken gekehrt, so liegt dieses am Boden; die Nägel, die es hielten, sind der papuanischen Begehrlichkeit zum Opfer gefallen. Das nächste Kriegsschiff findet das Schild, von Regen und Witterung stark mitgenommen und kaum noch kenntlich am Boden, der stolzen Devise zum Hohn! Ein gleiches Schicksal haben nicht selten die an die Häuptlinge verteilten Flaggen, die bei dem nächsten Besuche des Kriegsschiffes, das sie verliehen, insbesondere bei den Eingeborenen im Südwesten des holländischen Schutzgebietes, häufig genug als Lendenschurz am Leibe einer Papuaschönen prangen.

Die Gründe [der holländischen Regierung, in ihrem dortigen Schutzgebiete keine Beamten einzusetzen und keine festen Stationen zu errichten, entspringen in erster Reihe zweifellos pekuniären Motiven. Wohl würde die Urbarmachung des Landes ungeheure Summen verschlingen, ehe daraus dem Kolonisator ein voller Nutzen würde. Die Holländer kennen aber vor allen Dingen ihr Land noch nicht, sie wissen nicht, ob ausser dem Ambernoh, Witriwai und Utanata noch andere bedeutende Wasserläufe ihnen in das Innere den Weg erleichtern und die Pfade ebnen, und ob nicht im Innern Schätze verborgen liegen, welche der Hebung wert sind. Mit den kolonisatorischen Fähigkeiten, welche die Holländer vor anderen Nationen in so hohem Masse auszeichnen, würde es ihnen bei ihrer Energie und ihrem rastlosen Fleiss, allerdings unter pekuniären Opfern, ein Leichtes sein, in nicht allzu ferner Zeit aus einem Lande ein zweites Java zu machen, das anscheinend alle Vorzüge in sich birgt, um dereinst ein solches zu werden.

X. Beiträge zur Ethnographie von Neu-Guinea.

Von Prof. Dr. F. v. Luschan.

Verfasser und Verleger dieses Buches haben mich um einen ethnographischen Beitrag ersucht. Diesem an sich gewiss gerechtfertigten und für mich persönlich sicher sehr ehrenvollen Wunsche komme ich nicht ohne die schwersten Bedenken nach. So wie die Dinge gerade jetzt liegen, würde es ganz leicht sein, sechs oder acht grosse gelehrte Bücher zur Völkerkunde von Neu-Guinea zu schreiben, aber es ist gegenwärtig noch völlig unmöglich, in drei oder vier Druckbogen ein richtiges und abgerundetes Bild der ethnographischen Verhältnisse dieser ebenso grossen als wenig bekannten Insel zu geben. Zu einem solchen fehlen bisher noch fast alle Grundlagen, und wenn uns diese in Zukunft nicht in rascherem Tempo als bisher zugehen, wird es erst in einigen Jahrzehnten möglich sein, eine erschöpfende Völkerkunde von Neu-Guinea zu schreiben.

Wenn ich es gleichwohl jetzt versuche, einer in so freundlicher Weise an mich gerichteten Aufforderung zu entsprechen und einen ethnographischen Beitrag für dieses Buch zu liefern, so thue ich das in erster Linie aus persönlicher Hochachtung für Dr. Krieger, dem ich vielfache Belehrung in Einzelheiten verdanke und an dessen zukünftige Thätigkeit auf melanesischem Gebiete ich die allergrössten Hoffnungen knüpfe. Ich muss aber von vornherein darauf verzichten, eine in sich geschlossene Skizze zu entwerfen; eine solche würde so unsicher und lückenhaft sein müssen und so viele schwankende Hypothesen enthalten, dass sie, besonders für einen grösseren Leserkreis, nur von sehr problematischem Wert sein könnte.

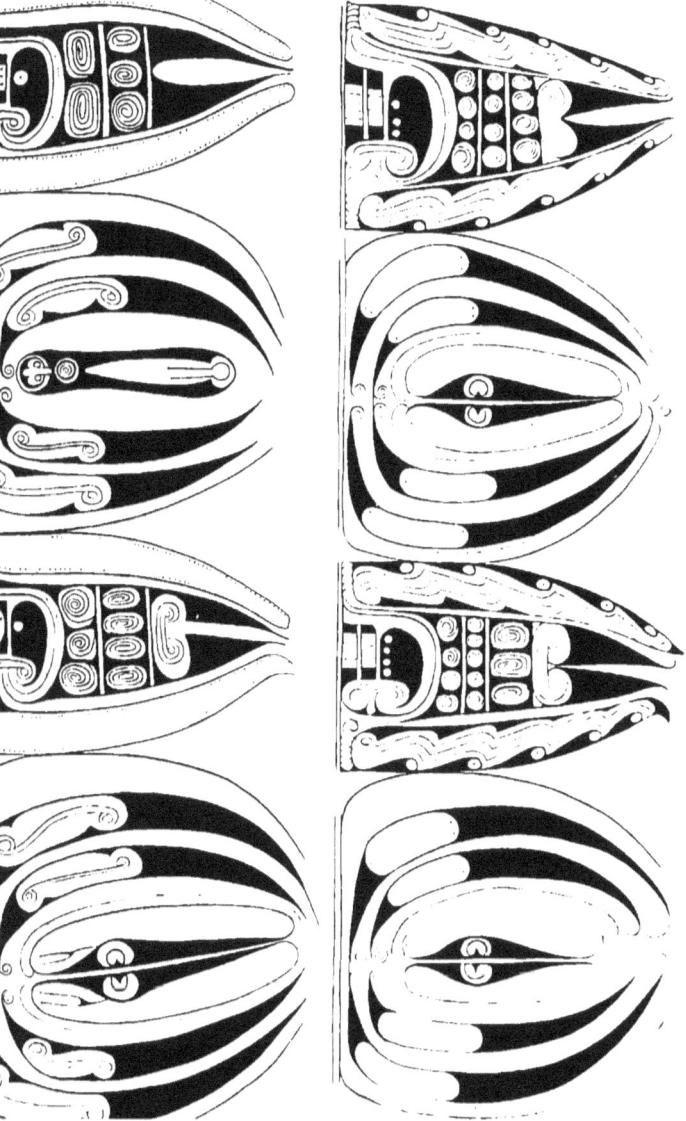

Hingegen erscheint es mir angebracht, gerade als Beitrag zu dem vorliegenden Werke einige Neu-Guinea angehende Einzelfragen zu behandeln, die mir nicht nur an sich interessant sind, sondern die auch im allgemeinen und selbst bei Laien einige Vorstellungen über Ziele und Wege der Völkerkunde zu erwecken oder richtig zu stellen geeignet sein möchten. Dabei werde ich mich im wesentlichen auf ethnographische Fragen im engeren Sinne des Wortes beschränken, da wir über die physische Anthropologie und über die sprachlichen Verhältnisse der Insel noch weit weniger unterrichtet sind, als über das rein ethnographische Charakterbild.

Immerhin ist es aber nötig, dass wir auch über die anthropologischen Verhältnisse hier so weit handeln, dass wir wenigstens bis zu einer Fragestellung gelangen und zeigen, nach welcher Richtung hin die zukünftigen Arbeiten am zweckmässigsten zu leiten sein werden. Das bisher greifbar vorliegende Material ist sehr gering; A. B. Meyer hat 135 Schädel publiziert und O. Schellong hat 63 Lebende gemessen; was etwa zwei Dutzend andere Autoren an Maassen und Beschreibungen von Schädeln und Lebenden mitgeteilt haben, reicht zusammen kaum an die Arbeit eines der beiden ersteren heran. Die heillose Verwirrung, welche C. E. v. Baer mit seiner unglücklichen Einteilung in Papua und Alfuren angestiftet, und die völlig unbrauchbaren Beschreibungen, welche Friedrich Müller von den Papua entworfen hat, lasten noch heute schwer auf den Arbeiten der jüngeren Generation und sind mit ein Grund für das so peinlich langsame Fortschreiten unserer Erkenntnis.

Im grossen und ganzen scheint es gegenwärtig, als ob die Bevölkerung der Insel somatisch nicht einheitlich wäre. Dass sie allerhand fremde Elemente enthält, ist bei den geographischen Verhältnissen eigentlich selbstverständlich. Polynesische Kolonien, angetriebene Mikronesier, Einwanderer aus dem Bismarck-Archipel und selbst aus dem Festland Australien sind teils einwandfrei nachgewiesen, teils wenigstens mit einiger Sicherheit anzunehmen. Aber alle diese fremden Elemente treten numerisch weit gegen den eigentlichen Kern der einheimischen Bevölkerung zurück. Wenn von diesem Kerne eben gesagt wurde, dass auch er physisch nicht einheitlich erscheint, so darf man nicht vergessen, dass der grösste Teil der Insel noch gänzlich unbekannt ist, dass unsere gegenwärtige Kenntnis sich auf einige Küstenplätze und ein paar Flussläufe beschränkt und dass die anscheinend dicht bevölkerten Thäler im Innern der

Insel bisher noch nicht in den Bereich eingehender anthropologischer Untersuchung gezogen wurden. Es ist also durchaus nicht ausgeschlossen, dass uns in Neu-Guinea noch grosse Überraschungen

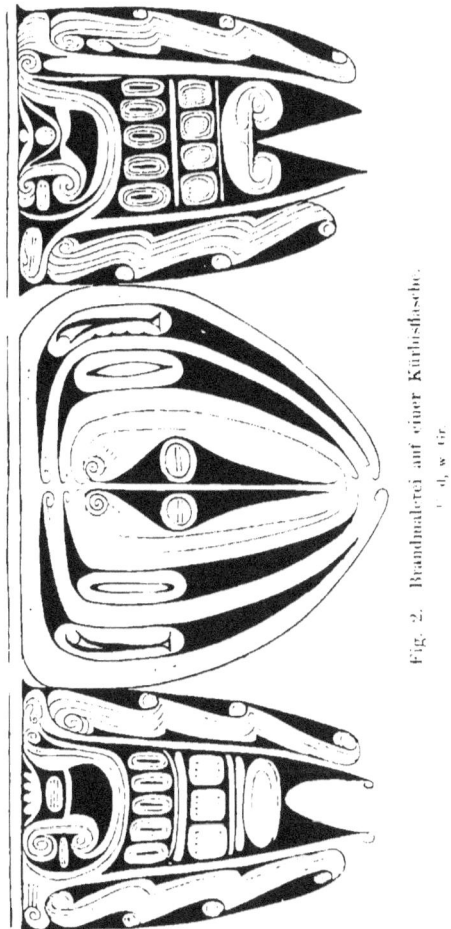

Fig. 2. Brandmalerei auf einer Kürbisflasche.

auch in anthropologischer Beziehung bevorstehen, und nach Analogie mit anderen grossen pacifischen Inseln musste sogar von vorn herein erwartet werden, dass die Bevölkerung im Innern von der an der Küste somatisch verschieden ist. Einstweilen aber würden wir schon froh sein müssen, wenn es uns nur gelänge, wenigstens die Frage nach Heimat und Rassenzugehörigkeit der Küstenbevölkerung von Neu-Guinea, der „Papua", einwandfrei zu beantworten. Leider sind wir gegenwärtig noch nicht in der Lage, das zu thun — einfach desshalb, weil wir überhaupt über die physischen Eigenschaften auch der übrigen Ozeanier noch nicht so vollkommen unterrichtet sind, dass wir zu völlig einwandfreien, in sich geschlossenen und allgemein anerkannten Ergebnissen gelangt wären. Im allgemeinen freilich darf die Irrlehre Fr. Müllers von der nahen Verwandtschaft der Polynesier mit den Melanesiern als gestürzt gelten, aber noch wirkt seine Schule nach, und selbst ein so ausgezeichneter und scharfsinniger Gelehrter wie Gerland hat sich ihrem Einflusse nicht entziehen können und ist erst kürzlich wieder für die genetische Verwandtschaft der Australien, Poly- und Melanesier eingetreten.

Dem gegenüber ist es nötig, dass wir einige besser bekannte Völker der Südsee vom rein naturwissenschaftlichen und anatomischen Standpunkt aus betrachten und uns also hier zunächst einmal z. B. einen Tonganer vorstellen: Schlichtes schwarzes Haar, helle Haut und ein extrem kurzer und breiter Schädel — das ist die anatomische Formel für einen solchen typischen Vertreter der eigentlichen Polynesier. Stellen wir ihm einen typischen Ostmelanesier gegenüber, etwa einen Mann aus Viti-Levu, oder aus dem Innern von Neu-Kaledonien, mit krausem Haar, dunkelbrauner Haut und extrem langem und schmalem Schädel, so müssen wir vom rein anatomischen Standpunkt aus sagen, dass grössere Unterschiede innerhalb des menschlichen Geschlechtes überhaupt nicht möglich sind. Der Unterschied zwischen dem typischen Tonganer und dem typischen Ostmelanesier ist grösser als der zwischen einem Europäer und einem Chinesen, er ist ebenso gross als der zwischen Europäern und Negern. Dieser anatomischen Thatsache gegenüber müssen sprachliche Verwandtschaften ganz besonders vorsichtig beurteilt werden. Die alte Vorstellung, dass Sprache und Rasse sich stets decken, ist als unhaltbar erkannt; wir wissen jetzt, dass die physischen Eigenschaften mit grosser Energie durch Hunderte von Generationen vererbt werden, und wir kennen andererseits zahlreiche Fälle, in denen ein Stamm dem anderen binnen weniger Generationen seine Sprache, seine Sitten und seine Gebräuche so völlig aufgedrängt hat, dass keine Spur mehr von dem alten ethnographisch-linguistischen

Charakter erhalten blieb und dass der wirkliche Sachverhalt allein aus dem anatomischen Befund und aus der historischen Überlieferung erschlossen werden kann. Irgend eine nahe genetische Verwandtschaft zwischen Polynesiern und Melanesiern muss daher mit aller Entschiedenheit abgelehnt werden, um so mehr, als schon seit vielen Jahrhunderten Mischungen zwischen diesen beiden Rassen stattfinden und die so entstandenen Mischformen ohnehin schon viel dazu beitragen, den wahren Sachverhalt zu verschleiern.

Aus einer durch lange fortgesetztes Zwischenheiraten entstandenen Mischgesellschaft die ursprünglichen Elemente nachzuweisen, ist nicht so ganz unmöglich, als es früher den Anschein hatte, erfordert aber gleichwohl ein sehr grosses Material an Schädel- und Körpermessungen und eine ganz besonders sorgfältige Bearbeitung derselben. Solange man freilich die Ziffern von Männern und Frauen unterschiedslos zusammenwirft oder gar auf die früher so sehr beliebt gewesenen arithmetischen Mittel Gewicht legt, so lange wird man vernünftige Ergebnisse nicht erwarten können. Erst wenn die durch Messung gewonnenen Zahlen und die aus ihnen berechneten Indices reihenweise geordnet und gruppiert werden, wird man zu sicheren und wertvollen Ergebnissen gelangen. Mein Schüler W. Volz hat 1895 im Archiv für Anthropologie (Bd. XXIII) eine grössere Arbeit zur Anthropologie der Südsee veröffentlicht. Das von ihm benutzte Material, die Messungen an 1403 Schädeln aus verschiedenen Gebieten von Ozeanien, ist nicht entfernt genügend, um für jede einzelne Insel und Inselgruppe der Südsee abschliessende Ergebnisse zu ermöglichen, aber die gesicherten Ergebnisse dieser Untersuchung sind doch so wichtig und von so grossem allgemeinen Interesse, dass ich gern die Gelegenheit ergreife, auch an dieser Stelle auf die Arbeit zu verweisen.

Inzwischen will ich hier an einem ganz schematischen Beispiele die Gefahren des arithmetischen Mittels und den Nutzen der Serienbildung erläutern. Gesetzt, wir hätten auf einer bestimmten Insel der Südsee, die wir A nennen wollen, von hundert Männern die Länge und Breite des Kopfes gemessen und aus diesen Maassen dann für jeden einzelnen Mann das Verhältnis von $B:L = x:100$, also den sogenannten „Längen-Breiten-Index", berechnet und dabei gefunden, dass vierzig Männer einen solchen Index von 65, zwanzig einen Index von 80 und die übrigen vierzig Männer einen solchen von 95 haben, so hätten gewisse Dilettanten sich für die Gesamtbevölkerung der Insel einen „mittleren" Längen-Breiten-Index von

80 berechnet. Dieselben Herren messen dann weitere hundert Männer auf einer andern Insel, *B*, und finden 10 % mit einem Index von $79^1/_2$, 80 % mit einem solchen von 80 und 10 % mit einem Index von $80^1/_2$, berechnen abermals einen mittleren Index von 80 und teilen dann urbi et orbi als grossen Fund ihrer Untersuchung mit, dass beide Inseln von genau derselben Bevölkerung bewohnt sein müssten, weil ihre Kopfmaasse untereinander völlig übereinstimmten. Natürlich ist ein solcher Schluss völlig thöricht, und jeder vernünftige Mensch wird sich ohne Zweifel selbst sagen können, dass allerdings auf *B* eine recht einheitliche Bevölkerung sitzt (vorausgesetzt natürlich, dass auch alle anderen anatomischen Eigenschaften innerhalb so ganz geringer Breite schwanken), dass aber auf *A* zwei von einander ganz verschiedene Rassen sitzen, eine extrem langköpfige und eine ganz extrem kurzköpfige, und dass nur 20 % der Bevölkerung keiner dieser beiden Rassen angehören, sondern entweder als Mischformen zu betrachten oder mit der Bevölkerung von *B* in genetische Beziehung zu bringen sind. Man könnte dann noch weiter gehen und sich die Frage vorlegen, ob nicht auch auf der Insel *B* vor Hunderten von Generationen die Verhältnisse genau waren wie heute auf *A*, und dass sich erst im Laufe der Zeit durch fortwährende Vermischung ein neuer einheitlicher Typus, eine neue Rasse, gebildet habe. Unsere neueren Erfahrungen lassen uns diese Frage kategorisch verneinen: wo immer wir Gelegenheit haben, die lang andauernde Vermischung zweier sehr verschiedener Rassen zu beobachten, da sehen wir, dass stets und allezeit ein gewisser Procentsatz der Nachkommen in allen physischen Eigenschaften völlig auf die Ureltern zurückgeht und dass jeweilig nur ein Teil der Bevölkerung wirklich „gemischte" Eigenschaften hat; aber auch diese Mischlinge besitzen noch die Fähigkeit, die latent in ihnen vorhandenen Eigenschaften ihrer reinen Stammeltern auf ihre Nachkommen zu vererben. So kann ein Mann, der unter seinen Voreltern gleich viel Leute von einem Stamme X und von einem Stamme Y hat, seinerseits entweder die Eigenschaften von X haben oder die von Y, oder er kann auch Eigenschaften haben, die schematisch der Formel $\frac{X+Y}{2}$ oder einer ähnlichen entsprechen. Hat er die Eigenschaften X, so wird er sie auch auf den grössten Teil seiner Nachkommen vererben; hat er aber Eigenschaften in der Art der Formel $\frac{X+Y}{2}$, so kann ein

Teil seiner Nachkommen dieselbe Formel aufweisen, ein anderer Teil aber kann die reinen Eigenschaften von X, ein dritter die von Y haben. Die Energie der Vererbung arbeitet also der Entstehung von Mischrassen entgegen, und die Vermischung zweier von einander stark verschiedener Rassen muss nicht notwendig stets mit einer chemischen Auflösung zu vergleichen sein, sondern hat oft nur den Charakter eines rein mechanischen Gemenges.

Ob es überhaupt wirkliche, d. i. anatomisch einheitlich gewordene Mischrassen giebt, erscheint zweifelhaft; wo man sie früher nachgewiesen zu haben glaubte, da war der Nachweis stets nur der schönen Methode des arithmetischen Mittels zu verdanken gewesen.

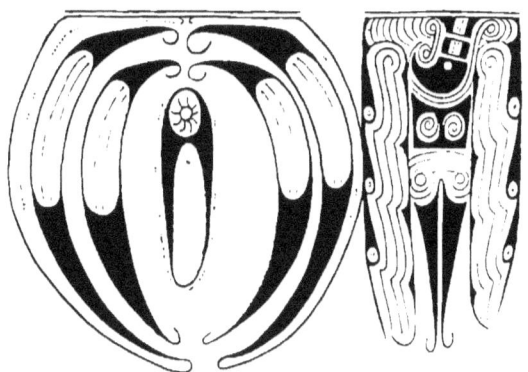

Fig. 3. Brandmalerei auf einer Kürbisflasche, Samarai.
$^1/_6$ d. w. Gr.

Vorhandene Menschenrassen können sich in langen Zeiträumen ändern, und im Laufe sehr vieler Jahrtausende können neue Rassen entstehen, durch Zuchtwahl oder durch natürliche Auslese oder durch Anpassung an eine veränderte Umgebung und vielleicht noch durch andere Ursachen. Dass aber jemals eine neue Menschenrasse durch Vermischung zweier anderen Rassen entstanden ist, konnte bisher niemals unter Beweis gestellt werden, so verbreitet der Glaube an die Möglichkeit eines solchen Vorganges auch zu sein scheint.

Was nun die thatsächlichen Verhältnisse in Ozeanien angeht, so verweise ich hier im wesentlichen auf die Arbeit von W. Volz, aber nicht ohne die ganz besonderen Schwierigkeiten zu betonen, die sich einer richtigen Beurteilung gerade der melanesischen Schädel entgegenstellen. Ein typischer Ostmelanesier, etwa ein Mann von Viti-Levu, oder von Ovalau, oder von Neu-Kaledonien, oder von den Neu-Hebriden, ist ja allerdings sofort und auf den ersten Blick zu erkennen. Aber schon im Bismarck-Archipel erscheinen alle die charakteristischen Eigenschaften der Ostmelanesier wesentlich abgeschwächt und noch mehr so in Neu-Guinea, so dass Volz dem ostmelanesischen geradezu einen westmelanesischen Typus gegenüberstellt. Dabei ist es nun höchst bemerkenswert, dass in demselben Maasse wie in Neu-Guinea und im Bismarck-Archipel das ostmelanesische Element zurücktritt, andere Elemente auftreten, die wir nur auf das australische Festland beziehen können.

Nun ist der typische Australier durch seine dunkle Haut, sein schlichtes Haar und seinen sehr niedrigen, schmalen Schädel ohne jedwede Schwierigkeit unter allen übrigen Menschenrassen sofort zu erkennen — wenn wir nur von seinen wirklichen Verwandten, den Dravida und den Wäddah, absehen, die hier nicht in Betracht kommen — aber neben diesem so gut abgegrenzten Typus finden sich ungemein zahlreiche Australier mit etwas schmäleren und höheren Schädeln, die allmählich zu den westmelanesischen Formen überleiten, und bei denen man sogar an recente melanesische Beimischung denken könnte, wenn nicht das schlichte Haar auch dieses Zweiges der Australier gegen einen solchen Verdacht auf Vermischung mit kraushaarigen Elementen geltend gemacht werden müsste. Es giebt zwar in Australien gegenwärtig in der That vereinzelte Mischlinge mit melanesischem Blut, aber diese finden sich fast nur auf die Gegend des Carpentaria-Golfes beschränkt, haben krauses Haar und weisen auch in ihrem ethnographischen Besitz melanesische Elemente auf; so haben sie Pfeil und Bogen und gute Auslegerboote, was beides sonst in Australien völlig unerhört ist. Wir werden deshalb eine grosse melanesische Einwanderung in Australien für die neuere Zeit nicht annehmen dürfen; für eine sehr weit zurückliegende Vorzeit scheint eine solche aber nicht abzuweisen, da sonst eine andere befriedigende Erklärung für das Auftreten höherer, den melanesischen ähnlicher Schädel nicht leicht gefunden werden könnte. Das krause Haar dieser Einwanderer scheint allerdings im Laufe der Jahrtausende fast ganz geschwunden zu sein und nur bei sehr wenigen Individuen ab und zu einmal sich wieder geltend zu machen, dann aber auch in solchen Gegenden des Erdteils, in denen ein recenter melanesischer Einschlag nicht anzunehmen ist.

In ähnlicher Weise ist es wahrscheinlich, dass ungefähr zur selben Zeit, als Verwandte der Dravida und Wäddah Australien besiedelten, ein Teil dieser indischen Einwanderer sich auch über Neu-Guinea und den Bismarck-Archipel ergoss. Ihre Nachkommen sind dann später, im Laufe sehr vieler Jahrhunderte, von den seefahrenden Melanesiern und später auch von den Polynesiern mit fortgerissen und in entsprechender Verdünnung bis nach Ostpolynesien, ja selbst bis nach der Ultima Thule der Südsee, der Osterinsel, verschleppt worden, wo überall die kraniologische Untersuchung das Vorhandensein solcher indisch-australischen Elemente mit einiger Sicherheit nachweisen lässt.

So scheint es also heute, als ob die Bevölkerung von Neu-Guinea, von verschiedenen späteren und numerisch unbedeutenden Einwanderungen und von den uns bisher so gut wie unbekannten Inlandstämmen abgesehen, im wesentlichen aus zwei Elementen gemischt wäre, einem indisch-australischen und einem melanesischen. Aber dieser Satz soll hier nicht als absolute Thatsache hingestellt werden, sondern bleibt besser in die Form einer Vermutung gekleidet, denn das uns bisher aus Neu-Guinea zugegangene anthropologische Material ist noch viel zu spärlich und gestattet keinerlei sichere Schlüsse. Noch müssen zahlreiche Köpfe gemessen und viele Hunderte von Schädeln aus allen Teilen der Insel gesammelt werden, ehe wir zu wirklich klarer Einsicht in diese Verhältnisse gelangen können. Der Ruf nach Beschaffung von anthropologischem Untersuchungsmaterial, vor allen von Schädeln und Skeletten, Haarproben und Körpermessungen muss also auch an dieser Stelle erhoben werden. Mehr als anderswo ist gerade in Neu-Guinea Gefahr im Verzuge; schon die jetzige Plantagenwirtschaft mit den von aussen eingeführten fremden Arbeitern ist der Erhaltung der Rassenreinheit wenig förderlich. Ganz besonders unheilvoll aber sind in dieser Beziehung die mehrfach auf der Insel bereits gemachten Goldfunde; über kurz oder lang wird Gesindel aus allen Teilen der Erde da zusammenströmen, und dann wird in wenigen Jahren alles zerstört und unwiederbringlich verloren sein, was da in langen Jahrtausenden zu eigenartiger Entwicklung gelangt war. Also nicht nur für das ethnographische, auch für das anthropologische Sammeln ist es in Neu-Guinea jetzt allerhöchste Zeit; was nicht in den nächsten Jahren gerettet und für die Wissenschaft erhalten wird, das geht einem rasch drohenden völligen Untergang entgegen. Da heisst es also in der That sofort zugreifen, ehe es hierzu für immer zu spät sein wird.

Inzwischen gebe ich hier eine kleine Tabelle, in der das Verhältnis von Länge zur Breite und von Breite zur Höhe des Schädels bei einigen hier in Frage kommenden Stämmen eingetragen ist. Die Ziffern beruhen meist auf recht grossem Material und werden voraussichtlich auch durch Heranziehung weiterer Schädelserien nicht sehr wesentlich beeinflusst werden. Nur die Zahlen für Neu-Guinea sind aus dem oben angeführten Grunde mit einem gewissen Vorbehalt gegeben. Auch habe ich es nicht gewagt, die beiden Elemente, aus denen die Bevölkerung von Neu-Guinea zusammengesetzt erscheint, in dieser Tabelle auseinander zu halten. Zu einer deutlichen Trennung dieser Elemente würde es nicht nur eines viel grösseren Materials, sondern auch eines sehr viel grösseren Aufwandes an Ziffern und Kolumnen bedürfen, als an dieser Stelle angebracht erscheint. Indes weist schon die mittlere Stellung, welche die Insel in der Tabelle gerade zwischen dem Festland Australien und dem Bismarck-Archipel einnimmt, auf die genetischen Beziehungen zu den Bewohnern dieser beiden Gebiete hin.

Statt der durchaus zu verwerfenden Mittelzahlen sind in der Tabelle diejenigen Ziffern eingesetzt, die bei der Mehrzahl der untersuchten Schädel der betreffenden Gruppe gefunden wurden; sie schwanken innerhalb weniger Prozente, also wohl innerhalb der auch bei einheitlichem Ursprunge stets vorhandenen individuellen Schwankungsbreiten.

	L : B	B : H
Australier Brachystenocephale-Gruppe nach Volz	71—73	95— 98
Australier uborthostenocephale-Gruppe nach Volz	69—72	89—101
Wäddah	69—71	95— 97
Tamil	73—75	95— 97
Neu-Guinea	70—73	102—105
Bismarck-Archipel	69—72	105—108
Viti-Levu	65—68	108—112
Ovalau	64—68	114—117
Tonga	85—89	95— 97

Sehr auffallend ist da die fortwährende „Verschärfung" des melanesischen Typus, bis dieser in den Formen von Ovalau der Fidschi-Gruppe seinen extremen Entwicklungsgrad erreicht. Würden wir mit Mittelzahlen arbeiten, so läge es natürlich nahe, diesen

Ovalau-Typus auf das Fehlen der tonganischen Elemente zurückzuführen, die sonst im Fidschi-Archipel eine so grosse Rolle spielen. Nachdem wir aber für die Herstellung der Tabelle ohnehin die fremden Elemente ausgeschieden haben, werden wir die auffallende Erscheinung nur durch die Annahme erklären können, dass sich gerade in der insulären Abgeschlossenheit von Ovalau durch natürliche Auslese eine Gesellschaft herangezüchtet habe, die ausser durch andere Eigenschaften auch durch ganz extrem schmale und hohe Schädel ausgezeichnet ist.

Besonders lehrreich ist ein Vergleich zwischen den zwei letzten Zeilen der Tabelle; er zeigt die ungeheure Kluft zwischen den Polynesiern und den Melanesiern, und dies gerade in dem Teile von Ozeanien, auf dem es seit Jahrhunderten schon zu zahlreichen Vermischungen zwischen beiden Rassen gekommen ist. Nirgends in Ozeanien sind die wechselseitigen Beziehungen zwischen zwei Inselgruppen so zahlreich als wie gerade zwischen Tonga und Fidschi; dass sich da trotzdem die somatischen Unterschiede so gut erhalten haben, ist ein schönes Beispiel für die Energie der Vererbung, und lässt uns hoffen, dass es in nicht

Fig. 4. Brandmalerei auf dem Boden einer Kürbisflasche. Duau.

allzulanger Frist möglich sein wird, auch über die anthropologische Zusammensetzung der Bevölkerung von Neu-Guinea positive Kenntnisse an die Stelle unserer bisherigen Vermutungen setzen zu können.

Ungleich schwankender noch als unsere anthropologischen Vorstellungen sind gegenwärtig unsere Kenntnisse über die Sprachen von Neu-Guinea. Der erste Eindruck ist der einer völligen Zerrissenheit in eine Unzahl gänzlich voneinander verschiedener Sprachen und Dialekte. Eine und dieselbe Sprache wird immer nur innerhalb einiger weniger Nachbardörfer verstanden, und eine Verständigung zwischen entfernten Nachbarn ist unmöglich oder nur durch Vermittelung von Dolmetschern zu erreichen. Die gleiche babylonische Verwirrung schien auch im Bereiche anderer melanesischer Gebiete zu herrschen, wie man z. B. für Neu-Kaledonien nicht weniger als 20 verschiedene Sprachen festzustellen bemüht war. Wir fangen erst seit wenigen Jahren an, auch hier etwas klarer zu sehen, und auch für die Sprachen in Neu-Guinea treten uns jetzt die verbindenden Gemeinsamkeiten allmählich gegen die trennenden Unterschiede in den Vordergrund. Immerhin aber muss betont werden, dass der schon von W. v. Humboldt erkannten Einheit der polynesischen Sprachen eine grosse Mannigfaltigkeit der melanesischen gegenübersteht, ganz abgesehen von dem mächtigen Einflusse, den polynesische Elemente auf die Sprachen fast aller melanesischen Gebiete ausgeübt haben.

Nur einige wenige Sprachen und Dialekte von Neu-Guinea sind bisher studiert worden; eine zusammenfassende wissenschaftliche Behandlung des ganzen Gebietes steht noch aus und ist auch bei der grossen Dürftigkeit der gegenwärtig gesichert vorliegenden Quellen nicht zu erwarten. Sie ist besonders auch dadurch erschwert, dass es meistens Dilettanten sind, die sich bisher mit melanesischen Sprachen beschäftigt haben, und dass diese sich nicht darauf beschränken, die Sprache ihrer Umgebung als solche genau zu studieren und festzulegen, sondern sich sofort auf das schwierige Gebiet der Sprachvergleichung begeben und da natürlich rasch zu Fall kommen. So betonte kürzlich ein solcher Sprachvergleicher den flüssigen Charakter der melanesischen Sprachen und führte sie auf das mangelhafte Denkvermögen der Melanesier zurück. Leute, die keinen Unterschied zwischen Arm und Hand, zwischen Bein und Fuss, zwischen Haaren, Federn und Blättern kennten,[1]) die seien auch nicht im stande, zwischen verschiedenen Lauten zu unterscheiden; als klassisches Beispiel sind hierfür aufgeführt, dass nach Macdonald auf den Neu-Hebriden ein und dasselbe Wort *bo, fo, mo, uo* und *o* laute. Ebenso verwechselten die Leute auch Milch und Wasser und gebrauchten daher das Wort *sien = si = ti* oder

---

[1]) Wir wissen aber, dass sehr viele melanesische Stämme Dutzende von verschiedenen Worten für die einzelnen Vögel oder Fische ihrer Umgebung besitzen, und die Berliner Sammlung verwahrt eine grosse Reihe buntbemalter Schnitzwerke von den Salomonen, welche einer fast vollständigen Aufzählung der Vogelfauna der Inselgruppe entsprechen und vom künstlerischen wie vom systematisch naturwissenschaftlichen Standpunkt aus, gleich bemerkenswert sind. Mit dem „mangelhaften Denkvermögen", dem Stumpfsinn und der geistigen Armut der Melanesier scheint es also doch nicht so arg zu stehn, als manche Leute uns glauben machen wollen.

anderswo das Wort *wa = owa = ware = vai = tai* nicht nur für Wasser, sondern auch für die Muttermilch, für die weibliche Brust und für die Frau selbst!! Dasselbe sei übrigens auch bei europäischen Sprachen nachweisbar, vergl. la mère, die Mutter = la mer, das Meer; mater = mare! Ähnlich sei es in Westaustralien: an der Shark-Bai ist *baba* = Wasser = Brust, und an der Nickol-Bai wird *bibi* für Milch, für Brust und für Weib gebraucht. Es ist ein wahres Glück, dass dieser kühne Sprachforscher nicht auch das Sswahili-Wort *bibi* kennt, das sowohl Grossmutter, als vornehme Dame bedeutet und auch einfach für Mädchen oder für die Geliebte gebraucht wird — welch ein Meer von Verwirrung würde sich bei solcher Betrachtungsweise über die ostafrikanischen Sprachen und auch über das Arabische ergiessen, wo mit *Ya habibi* der „Liebling" angeredet wird. Ja selbst für den nahen genetischen Zusammenhang der Australier und Melanesier mit den afrikanischen Negern würde diese Übereinstimmung des Wortes *bibi* sicher in Anspruch genommen worden sein.

Unter solchen Umständen erscheint es geboten, erst das Abschwellen dieser Hochflut von Dilettantismus abzuwarten und einstweilen auf jede zusammenfassende Behandlung der sprachlichen Verhältnisse Neu-Guineas an dieser Stelle ganz zu verzichten. Allerdings liegen bereits mehrere sehr tüchtige und ernste Arbeiten auf diesem Gebiete vor, aber sie reichen nicht entfernt aus, uns ein sicheres Urteil über das Wesen der Sprachen von Neu-Guinea zu ermöglichen. So darf ich nicht versäumen, auch an dieser Stelle auf die dringende Notwendigkeit sorgfältiger Sprachaufnahmen hinzuweisen. Was uns in Neu-Guinea vor allem fehlt, das sind genaue monographische Untersuchungen aller einzelnen Sprachen und Dialekte; zu vergleichenden Arbeiten wird später immer noch Zeit genug übrig bleiben.

Somit würden wir jetzt an den rein ethnographischen Teil meines Beitrages zu dem vorliegenden Buche gelangen. Er wird in einzelnen getrennten Abschnitten eine Reihe von Fragen behandeln, die mir gerade bei der gegenwärtigen Sachlage von Bedeutung erscheinen.

1. **Die geographische Verbreitung von Bogen und Wurtholz in Neu-Guinea und den angrenzenden Gebieten.**

Der Bogen, der als Jagd- und Kriegswaffe in ganz Asien eine so herrschende Rolle gespielt hat und da mehrfach, so in China, in Japan und in Turkestan, zu einer sonst völlig unerhörten und wahrhaft erstaunlichen technischen Vollendung gelangt ist, scheint in anderen Erdteilen weder eine ähnlich allgemeine Verbreitung gefunden, noch eine ähnliche Vollendung erreicht zu haben wie in Asien. Für Afrika hat besonders Fr. Ratzel diese Verhältnisse studiert und ist zu der Ansicht gelangt, dass der Pfeilbogen dort früher allgemeiner verbreitet war, als er es jetzt ist, und dass er dort mehr durch den Stossspeer, seltener durch den Wurfspeer verdrängt wurde. Für die beiden amerikanischen Kontinente steht eine solche Untersuchung noch aus, und ebenso wenig sind wir bisher für die Südsee zu einer durchaus befriedigenden Theorie der geographischen Verbreitung des Bogens gelangt. Die Verhältnisse liegen da ganz besonders schwierig sowohl wegen der vielfachen Wanderungen der Ozeanier als auch wegen der innigen Durchdringung so vieler verschiedener Stämme, sowie wegen des scheinbar regellosen Auftretens des Wurfholzes, das manchmal vikarierend an die Stelle des Bogens tritt, oft aber zugleich mit dem Bogen vorgefunden wird.

Ein solches „Wurfholz" ist ein stab- oder brettförmiger Apparat, mit dem ein Speer etwa in derselben Art geschleudert werden kann wie ein auf einen Stab gesteckter Apfel oder ein in einen gespaltenen Stock geklemmter Stein. Derartige Apparate[1]) sind in Nord- und Südamerika sehr verbreitet und für die prähistorische Rentierzeit auch aus dem südlichen Frankreich bekannt, ein Vorkommen, das wir wohl auf gewisse arktische Beziehungen zurückführen dürfen, auf die ja auch schon das Ren hinweist; diese alte französische Speerschleuder ist aber wohl durch die ähnlichen Formen in Grönland mit den Wurfhölzern des arktischen Amerika verbunden und gehört mit diesen in einen Kreis. Ähnliche Wurfhölzer aber finden wir auch in Australien, auf Neu-Guinea und auf den Carolinen, und bei diesem Vorkommen müssen wir etwas verweilen.

Das eigentliche Zentrum für die Verbreitung des Wurfholzes scheint in Australien zu sein; jedenfalls fehlt es in keiner der ethnographischen Provinzen des australischen Kontinentes und ist oder war wenigstens früher über das ganze grosse Gebiet annähernd gleichmässig verteilt. Man kann jetzt zehn verschiedene Typen

---

[1]) Vergl. meine Arbeit über Wurfhölzer in der Festschrift für Bastian, Berlin, Reimer 1896, und einen Nachtrag dazu in meinen „Beiträge zur Völkerkunde der deutschen Schutzgebiete", Berlin, Reimer 1897, S. 65 ff.

des australischen Wurfholzes unterscheiden, die untereinander durch keine Übergangsformen verbunden sind und immer nur in je einer bestimmten geographischen Provinz vorkommen und für diese durchaus charakteristisch sind. Das schliesst aber nicht aus, dass diesen jetzt so mannigfachen Typen doch ursprünglich eine einzige Urform zu Grunde lag, deren Alter wir allerdings kaum nach Jahrhunderten, sondern wohl eher nach Jahrtausenden zu schätzen haben dürften. Im übrigen haben alle australischen Wurfhölzer, ohne eine einzige Ausnahme, das mit einander gemein, dass sie an ihrem freien Ende einen „Zahn" haben, der beim Schleudern in eine flache Delle am Fusse des Speeres eingreift. Das unterscheidet sie auf den ersten Blick von allen bisher bekannten Wurfhölzern aus Ozeanien, die stets eine Grube zur Aufnahme des Speerendes haben, also nach der Analogie von Ösen und Haken,

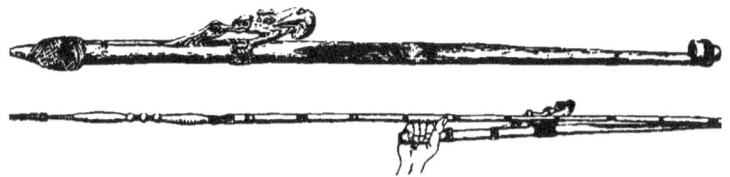

Fig. 5. Wurfhölzer vom Augusta-Fluss.
$^1/_8$ u. $^1/_{12}$ d. w. Gr.

im Gegensatz zu den „männlichen" Wurfhölzern Australiens, als „weibliche" bezeichnet werden könnten.

Sehr auffallend ist die geographische Verbreitung dieser „weiblichen" Wurfhölzer; wir finden sie auf einige wenige kleine Gebiete von Deutsch-Neu-Guinea und auf die Karolinen beschränkt; in Neu-Guinea sind sie da, wo sie überhaupt vorkommen, sehr häufig und ausnahmslos mit schön geschnitzten Widerlagern versehen, wie die vorstehende Abbildung zeigt; auf den Karolinen aber scheinen sie sehr selten und eigentlich im Aussterben begriffen zu sein. Die Berliner Sammlung besitzt nur zwei Wurfhölzer aus Mikronesien, eins aus Palau und eins von Uleai (Zentral-Karolinen); aus anderen Sammlungen sind mir mikronesische Wurfhölzer überhaupt nicht bekannt, wohl aber wissen wir von Chamisso, dass noch im Anfange dieses Jahrhunderts das Wurfholz auch in Yap allgemein gebraucht wurde; seither ist keine Nachricht von dem dortigen Vorkommen des Wurfholzes zu uns gelangt. Dies und die rohe, schmucklose

— 456 —

Fig. 6. Zusammengesetzter Bogen, Sekar.
Sammlung von Prof. Warburg. ⅐ und ⅕ d. w. Gr.

Ausführung der Wurfhölzer von Palau und Uleai gestatten wohl den Schluss, dass wir es da mit den letzten Resten einer aussterbenden Waffe zu thun haben, während in Kaiser Wilhelms-Land das Wurfholz sich noch in voller Jugendkraft erhalten zu haben scheint. Ebenso aber, wie das Wurfholz jetzt auf den Karolinen ausstirbt, so kann es vor Jahrhunderten schon auf anderen Inselgruppen Ozeaniens und im südlichen und westlichen Neu-Guinea ausgestorben sein, so dass trotz des gegenwärtig seltenen und scheinbar regellos zerstreuten Vorkommens doch eine früher grössere Verbreitung und damit auch ein gemeinsamer Ursprung wahrscheinlich wird. Auch der zunächst so durchgreifend erscheinende Unterschied zwischen den „männlichen" Wurfhölzern Australiens und den „weiblichen" in Neu-Guinea und auf den Karolinen braucht dann nicht überschätzt zu werden.

Dem Zwecke nach sind ja beide Typen vollkommen übereinstimmend — nur ihre Form wechselt mit der geographischen Provinz und ist in erster Linie wohl durch das Material bedingt, das zu ihrer Herstellung da oder dort gegeben war. Wo man hartes, zähes Holz nehmen musste, lag es nahe, einen Zahn aus dem Vollen zu schnitzen oder einen solchen fest mit dem Wurfstock zu verschnüren; wo man aber Rohr wählte, war die Anbringung eines Zahnes technisch so gut wie unmöglich, da musste man ihn also durch eine Grube ersetzen.

Ähnlich wie das Wurfholz ist nun auch der Bogen über Neu-Guinea ganz unregelmässig verteilt. Im Nordosten, also im deutschen Teile, ist der Bogen entschieden die Hauptwaffe. Da ist er nicht nur so allgemein verbreitet, dass er nur in wenigen kleinen Bezirken ganz fehlt, sondern er ist auch in der Regel durch sorgfältiges Flechtwerk, durch bunte Federn oder durch schön eingeritzte Verzierungen reich geschmückt. Im Südosten der Insel, im britischen Teile, ist er sehr selten, fehlt in den meisten Bezirken ganz und ist meist unverziert; ähnlich ist es im westlichen Teil, in Holländisch-Neu-Guinea, auch da fehlt der Bogen in weiten Bezirken und scheint gleichfalls im Rückgange zu sein. Auf Misol und Salawati, am Mac Cluer-Golf und auch sonst

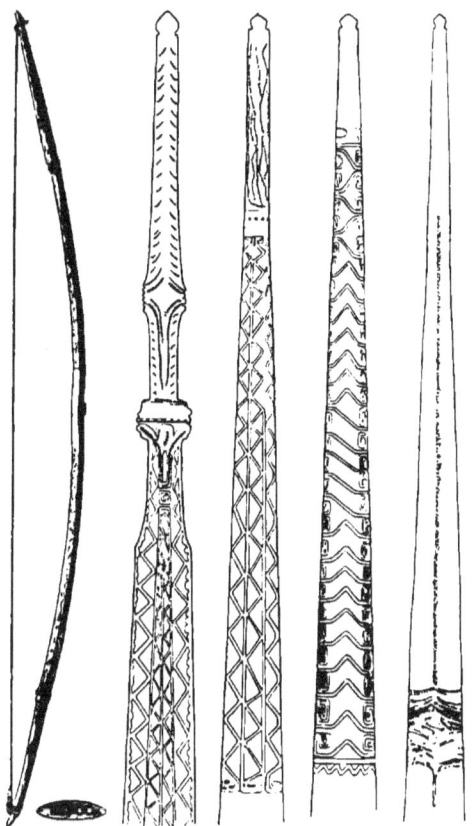

Fig. 7. Kinderbogen aus Sekar.
(Sammlung von Prof. Warburg. ⅓ und ⅓ d. w. Gr)

im äussersten Westen der Insel kommt neben dem gewöhnlichen Bogen aus Palmholz auch der Bambusbogen vor, den wir sonst nur aus Indonesien und aus einigen wenigen Bezirken aus Britisch-Neu-Guinea kennen. Es ist bisher noch nicht genügend untersucht, ob das Auftreten des Bambus-Bogens neben dem Bogen aus Palmholz auf eine besondere Einwanderung bezogen werden kann, oder ob sein Fehlen etwa mit dem Fehlen der Pflanze selbst oder der zu ihrer Bearbeitung nötigen Werkzeuge zusammenfällt.

Auf den äussersten Westen der Insel beschränkt ist auch das Vorkommen ganz kleiner Bambusbogen als Spielzeug für Kinder. Ich gebe umstehend eine Abbildung eines solchen Bogens und der gewöhnlichen Verzierungen, die wohl auf unmittelbaren indonesischen Einfluss zurückzuführen sein dürften.

Ganz besondere Aufmerksamkeit verdient aber der umstehend abgebildete Bogen, den Professor Warburg in Sekar erworben und kürzlich dem Berliner Museum geschenkt hat. Er ist aus zwei Stäben, einem längeren und stärkeren aus Palmholz und einem etwas kürzeren und dünneren aus Bambus, zusammengebunden und steht, soviel mir bekannt ist, in seiner Art bisher völlig einzig da. Echte „zusammengesetzte" Bogen[1]) sind sonst auf Asien und Amerika beschränkt und kommen nur ganz ausnahmsweise im äussersten Osten von Europa vor und in wenigen afrikanischen Bezirken, da und dort unter unmittelbarem asiatischen Einfluss, wenn wir von den Bogen im alten Benin und von denen der Pygmäen am Kiwu-See absehen, deren wahre Heimat uns einstweilen noch nicht sicher bekannt ist. Echte zusammengesetzte Bogen bestehen meist aus fest miteinander verleimten Stücken von Holz, Sehnenmasse und Horn, oder auch nur aus Holz und Schichten von fest haftenden Sehnen, oder auch nur aus mehreren verschiedenen Hölzern. Solche Bogen sind den einfachen mächtig überlegen, sie haben sich in China und Japan zu grossartig raffiniert gebauten Waffen entwickelt, und sind auch in Vorderasien mindestens schon im 15. vorchristlichen Jahrhundert in erstaunlicher Vollendung hergestellt worden. Eine Abart solcher echter „zusammengesetzter" Bogen sind die „verstärkten", die besonders im äussersten Nordwesten von Nordamerika in Gebrauch sind; da befindet sich auf dem Rücken des Bogens ein dichtes Geflecht aus gedrehten oder gezöpften Sehnen oder auch nur eine einzelne dicke Schnur, die durch zahlreiche ringförmige Verschnürungen fest mit dem Bogen verbunden wird.

Dem gegenüber ist der Bogen in Ozeanien durchweg einfach, und der hier abgebildete Bogen von Sekar steht zunächst völlig ver-

---

[1]) Vergl. Z. f. Ethn. 1899. Februar-Sitzung.

einzelt da. Doch ist auch er nicht ganz ohne Analogie in der Südsee. H. Balfour teilt mit, dass Dr. Hickson aus Neu-Guinea einen zusammengesetzten typisch javanischen Bogen mitgebracht habe, der sich durch irgend einen Zufall nach Neu-Guinea verirrt habe und dann dort, in ganz verkehrter und missverstandener Weise besehnt und behandelt worden sei. Es würde also nicht ganz ausgeschlossen sein, dass unser Bogen auch eine einfache und sehr primitive Nachahmung eines zufällig einmal in die Gegend gelangten zusammengesetzten Bogens darstellt. Andererseits scheint es früher auf Tonga und auf Tahiti Bogen gegeben zu haben, deren Rücken durch eine Schnur verstärkt war. Allerdings sind solche Bogen gegenwärtig völlig verschwunden, aber W. M. Moseley beschreibt sie für Tahiti aus eigener Anschauung so genau, dass ein Missverständnis so gut wie völlig ausgeschlossen ist. Auch die wenigen Bogen, die heute noch aus Tonga erhalten sind, haben eine tiefe Längsfurche, die ursprünglich kaum einem andern Zwecke gedient haben kann, als zur Aufnahme einer verstärkenden Schnur; allerdings ist diese Schnur schon für die Zeit von Cook und Forster nicht mehr mit Sicherheit nachweisbar, und da diente die Furche anscheinend auch zur Aufnahme eines zweiten Pfeiles; aber wir wissen jetzt, dass schon damals in Tonga der Bogen aufgehört hatte Kriegswaffe zu sein, und nur noch zum Sport des Rattenschiessens, *fanna gooma*, diente ebenso wie schon zur Zeit von W. Ellis in Tahiti das Bogenschiessen so degeneriert war, dass man nicht einmal nach einem Ziele schoss, sondern unter allerhand Zeremonien, die fast religiösen Charakter hatten nur das Schiessen auf Entfernung zu üben pflegte

Die älteren Beschreibungen des tonganischen Bogens sind leider durchweg ungenau, aber eins geht doch klar aus ihnen hervor, dass er nicht, wie sonst ein einfacher Bogen, durch stärkere Biegung seiner im Ruhezustand vorhandenen Krümmung gespannt wurde, „sondern völlig umgekehrt, so dass der Bogen erst gerade, und dann, nach der entgegenstehenden Seite hin, krumm gebogen wird." (Forster, 1778, I, S. 330.) Das ist nicht ohne Bedeutung, denn reflex oder παλίντονος ist sonst nur der zusammengesetzte Bogen oder ein Bogen, der sich der Form nach an einen zusammengesetzten anlehnt. Von diesem Gesichtspunkt aus muss also an die Möglichkeit gedacht werden, dass der polynesische Bogen, den wir jetzt nur aus einer Periode völliger Degeneration kennen, nicht aus dem gewöhnlichen einfachen Bogen hervorgegangen ist, sondern aus einem zusammengesetzten oder verstärkten. In diesem Sinne würde also der verstärkte Bogen von Sekar auch in Ozeanien nicht ganz ohne Analogie sein und könnte den Gedanken erregen, dass der Bogen dort von mehr als einer Seite her seinen Eingang gefunden.

Das bisher bekannte Material ist auch lange nicht ausreichend, um hier ein abschliessendes Urteil zu ermöglichen, aber gerade in Neu-Guinea scheint der Schlüssel zur Lösung auch dieser Frage zu liegen. Dass der Bogen in Australien, im Bismarck-Archipel, auf den Fidschi- und Admiralty-Inseln ganz fehlt, in Neu-Kaledonien und in ganz Polynesien und Mikronesien entweder fehlt oder nur eine sehr untergeordnete Rolle spielt, das sind Befunde, die wir einfach als solche hinnehmen müssen; wenn wir aber von Sir W. Mac Gregor erfahren, dass in Britisch-Neu-Guinea Stämme ohne Bogen Hängematten haben, und Stämme mit Bogen keine Töpferei kennen, so giebt das zu denken; ähnliche Befunde, wenn sie erst einmal zahlreicher festgestellt sein werden, würden sicher viel zur Kenntnis des wahren Ursprunges der Ozeanier beitragen.

2. Bogenförmige Geräte zum Aderlassen.

Bogen zum Scarifizieren und Aderlassen sind seit 1819 von den Cayapo in Brasilien bekannt, Bartels hat sie in seiner „Medicin der Naturvölker" für die Isthmus-Indianer in Anspruch genommen, und ich habe in meiner Besprechung dieses Buches im „Archiv für Anthropologie" darauf hingewiesen, dass diese Methode nicht vereinzelt dasteht, sondern ganz ebenso auch bei den Massai und anderen ostafrikanischen Hirtenvölkern, sowie in Neu-Guinea geübt wird. Auf dieses letztere Vorkommen möchte ich hier näher eingehen. Der Aderlassbogen ist aus Holländisch-Neu-Guinea bisher nicht bekannt, er ist aber schon aus vielen Bezirken von Deutsch- und Britisch-Neu-Guinea nachgewiesen und scheint über den ganzen Osten der Insel gleichmässig verbreitet zu sein. Er ist in Deutsch-Neu-Guinea meist aus Rohr, in Britisch-Neu-Guinea, wie es scheint, stets aus mehreren zusammengebundenen Grasstengeln, nur 26—30 cm lang. Der Pfeil ist mit einem kleinen spitzen Haifischzahn (neuestens mit einem Glassplitter) bewehrt und läuft in Grasschlingen, die sowohl um die Mitte des Bogens als um die Mitte der Sehne geschlungen sind; er kann also wie aus einer Armbrust mit grosser Sicherheit auf eine ganz bestimmte Stelle der Haut geschnellt werden. Einen solchen Bogen von der Astrolabe-Bai bildet Heger in den Wiener „Mitteilungen der Anthr. Gesellsch." 1894 ab; die nachstehende Figur zeigt einen aus Puinapaka auf der Yule-Insel

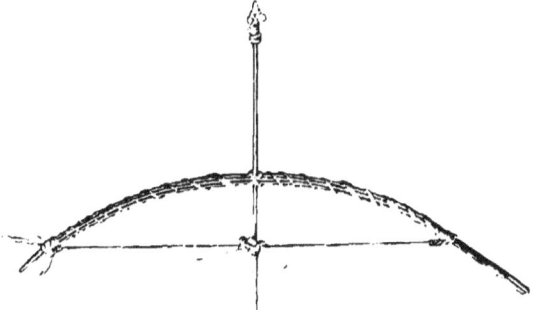

Fig. 8. Aderlass-bogen von der Yule-Insel, Britisch-Neu-Guinea.
¹/₄ d. w. Gr.

im Papua-Golf von Britisch-Neu-Guinea. Er heisst dort *nitó* = Haifischzahn, und wird zumeist bei Kopfschmerzen angewandt, sowohl zum Scarifizieren als zum eigentlichen Aderlass.

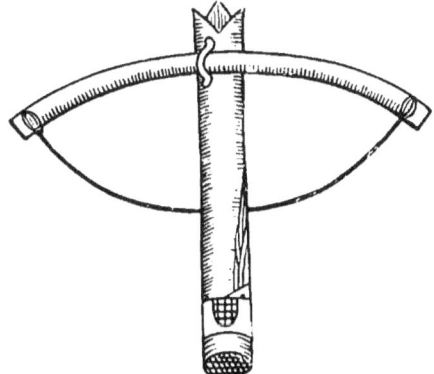

Fig. 9. „Balestra," Instrument zum Aderlassen, Athen, 17. Jahrh.
Facsimile nach Spon.

Ein im wesentlichen gleichartiges Instrument war unter dem Namen „Balestra" im 17. Jahrhundert auf dem Berge Athos, wo damals 20000 Mönche gewohnt haben sollen, und auch in Athen und auf einigen griechischen Inseln in Gebrauch. Ich gebe vorstehend eine Abbildung nach dem Buche von Jacob Spon.[1]) Es besteht aus einem kleinen Bogen aus Fischbein mit einer Darmsaite als Sehne; der Bogen ist armbrustartig an einer kupfernen Röhre befestigt, die oben etwas gelappt ist, sodass die zwischen den kurzen Lappen gefasste Ader nicht ausweichen kann; der eiserne Pfeil selbst ist stumpf lanzettförmig.

So finden wir also dasselbe Gerät in Brasilien, in Ost-Afrika, in Neu-Guinea und im östlichen Mittelmeer und stehen vor der Frage, ob es jedesmal einzeln und von neuem erfunden wurde, oder ob es da oder dorthin durch Übertragung gelangt sein kann. Die Beantwortung dieser Frage erfordert zunächst eine eingehende Geschichte des Aderlasses, die bisher noch nicht geschrieben ist, und ausserdem eine sehr viel breitere ethnographische Grundlage als die bisher vorhandene. Von Indien ist die Banane und das Rindenzeug sowohl nach Afrika als nach Ozeanien gelangt; wenn nun auch ein solcher Aderlassbogen gleichfalls in Indien nachzuweisen wäre, so würde sein Vorkommen in drei von den vier oben erwähnten geographischen Bezirken leicht zu verstehen sein; das Vorkommen in Brasilien freilich würde auch dann noch nur schwierig erklärt werden können. Jedenfalls ist die Frage noch nicht spruchreif, und es wird noch viel Material gesammelt werden müssen, bevor sie ihrer Lösung sich nähern kann. Das möchte aber schon jetzt als sicher gelten, dass der Aderlassbogen nur in solchen ethnographischen Provinzen erfunden werden kann, in denen man auch den grossen Pfeilbogen kennt.

3. Schilde zum Umhängen.

Schild und Speer gelten meist als ganz untrennbar zu einander gehörig. In grauer Vorzeit schon sehen wir die Anlage der „skäischen" Thore dadurch bedingt, dass man den angreifenden Speerträger zwingen wollte, seine vom Schilde ungeschützte rechte Seite den Geschossen der Verteidiger bloss zu stellen; genau dieselbe Anlage des nach links verschobenen inneren Festungsthores finden wir heute noch im tropischen Afrika, und auch sonst erscheint der Schild fast stets nur zur Abwehr des Speeres verwandt. Allerdings giebt es kleine Faustschilde auch gegen Dolche, und

---

[1]) Italiänische, griechische und orientalische Reisebeschreibung, Nürnberg 1681, II. Teil, S. 49.

— 463 —

selbst gegen Keulen werden Schilde benutzt, die allerdings dann meist stockförmig aussehen, oder manchmal auch ganz wie Bogen, die von manchen dann auch wirklich irrigerweise für Bogen erklärt wurden — stets aber muss der Schild in einer Hand gehalten werden und lässt also nur die zweite, meist die rechte Hand für den Angriff frei, wenn der Krieger nicht etwa über einen besonderen Schildträger verfügt. Nur die mykenischen Schilde wurden panzerartig um den Hals oder die Schulter gehängt. Sonst hat besonders der Gebrauch von Pfeil und Bogen häufig zur Erfindung wirklicher Panzer geführt, wie am schönsten in Ost- und Zentral-Asien gesehen werden kann.

Ganz allein nur aus Kaiser Wilhelms-Land kennen wir nun Bogenschützen mit wirklichen Schilden. Die Abb. 11. für die ich Herrn Schmidt in Charlottenburg zu Dank verpflichtet bin, zeigt einen Mann aus der Astrolabe-Bucht mit einem grossen kreisrunden Schild, das er um die Schulter gehängt hat,

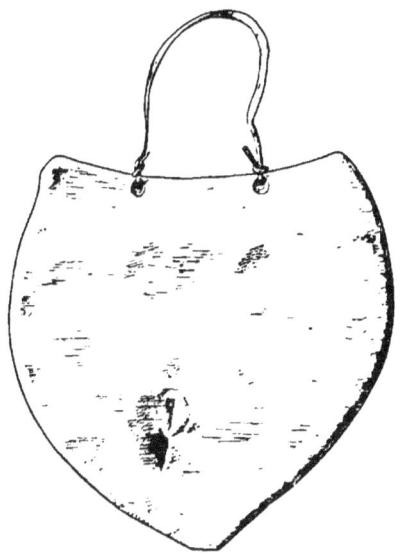

Fig. 10. Herzförmiger Schild zum Umhängen. Astrolabe-Bucht.
Sammlung von Kurt v. Hagen. ¹/₄ d. w. Gr.

um beide Hände für die Handhabung von Pfeil und Bogen frei zu bekommen. Derartige Schilde, die bis nahezu ein Meter im Durchmesser haben und oft 15 Pfund und darüber wiegen, sind in der Gegend der Astrolabe-Bucht ganz allgemein verbreitet, aber bisher scheint niemand bemerkt zu haben, dass sie nicht in der Hand gehalten, sondern um die Schultern gehängt getragen werden. Auch in dem Texte zu der prachtvollen Photographie Parkinson's[1] von

[1] Taf. 34 in Meyer und Parkinson, Album der Papua-Typen. Das

Männern aus Siar wird das nicht hervorgehoben. Man sieht aber sehr deutlich, dass einer der Leute den grossen Rundschild auf der linken Schulter trägt, der andere auf der rechten.

Fig. 11 Mann aus der Astrolabe-Bucht mit an der linken Schulter
getragenem Rundschild.
Negativ von Herrn Schmidt, Charlottenburg.

In der Astrolabe-Bucht kommen aber auch kleinere Schilde dieser Art vor, herzförmige, die am oberen Rande zwei Bohrlöcher

Gerät in der Hand des mittleren der stehenden Männer ist übrigens, ganz nebenbei gesagt, kein Dolch, wie es im Text heisst, sondern selbstverständlich ein Spatel für Betelkalk.

haben und an einer dünnen Schnur oder einem Baststreifen um den Hals gehängt werden (vergl. Fig. 10) und unregelmässig querovale oder rundliche, die in genetzten Beuteln hängen oder mit einem netzartig gearbeiteten Rahmen eingefasst sind (vergl. Fig. 12) und gleichfalls um den Hals oder nach Bedarf um die eine oder die andere Schulter gehängt werden. Es ist klar, dass derartige kleine Schilde an und für sich keinen sehr wesentlichen Schutz gewähren können, aber sie bieten doch den grossen Vorteil, dass sie beide Hände frei lassen. Ausserdem wird berichtet, dass die Leute eine grosse Gewandtheit darin haben, ihren ganzen Körper mit dem Schilde so zu drehen und zu wenden, wie es eben die augenblickliche Lage von Fall zu Fall erfordert.

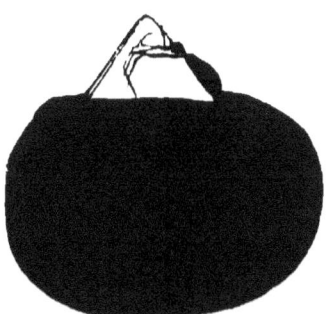

Fig. 12. Querovaler Schild aus der Astrolabe-Bucht, in einem netzartig gearbeiteten Beutel um den Hals oder an der Schulter zu tragen.

Neuestens wird uns sogar mitgeteilt, dass die bekannten schönen herzförmigen Schmuckstücke aus Flechtwerk, mit gespaltenen Schweinezähnen, Nassa-Muscheln und roten Paternoster-Bohnen, die wir zuerst durch Finsch aus der Gegend von Dallmann-Hafen kennen gelernt haben, und die dieser sehr richtig als „Brustkampfschmuck" bezeichnet, nicht bloss als Schmuck, sondern wirklich als kleine Schilde aufzufassen seien, welche das Herz vor Verletzung durch Pfeilschüsse schützen sollen. Eine solche Auffassung hat zunächst sehr viel Befremdliches; wenn man aber die thatsächliche Unterempfindlichkeit der Eingeborenen in Betracht zieht und ihre fast völlige Immunität gegen Wundkrankheiten aller Art, so wird man sich schliesslich doch mit der Vorstellung vertraut machen können, dass die Leute sich unter Umständen darauf beschränken, im Interesse einer möglichst leichten und wenig hindernden Ausrüstung nur das Herz selbst zu schirmen und auf die Deckung anderer, weniger lebenswichtiger Organe ganz zu verzichten.

4. Drillbohrer und ähnliche Geräte.

Zwei Arten von Bohrern sind in Neu-Guinea und auf den benachbarten Inseln sicher einheimisch, d. h. nicht von Europäern eingeführt. Die eine Art habe ich ausführlich in meinen „Beiträgen zur Völkerkunde der Deutschen Schutzgebiete"[1]) beschrieben, weshalb ich unter Verweis auf die dort gegebene Abbildung sie hier kurz erledigen kann, die zweite muss hier etwas ausführlicher behandelt werden.

Die erste Art ist besonders aus Berlinhafen bekannt und dient da zur Herstellung der *rapa* genannten grossen Armringe aus Tridacna. Das Werkzeug besteht im wesentlichen aus einem etwa 90 cm hohen und 7 cm im Durchmesser haltenden Bambus-Zylinder und wirkt wie ein ganz richtiger Kronenbohrer. Nahe dem oberen Ende befindet sich ein quer festgebundener länglicher Stein, der sowohl als Handhabe wie auch als Gewicht dient; am unteren Ende entsteht beim Gebrauch von selbst eine scharfe kreisförmige Schneide. So entspricht das Werkzeug genau den Forderungen, welche die Prähistoriker bei uns schon lange an das Gerät gestellt haben, mit dem der vorgeschichtliche Mensch seine Steinhämmer durchbohrte. An unfertigen Bohrlöchern solcher Hämmer kann man sehen, dass in ihrer Mitte ein zylindrischer Zapfen stehen geblieben ist und dass der Bohrer deshalb notwendig röhrenförmig gewesen sein muss. Eine solche Einrichtung bedeutet natürlich einen sehr grossen Gewinn an Zeit und Kraft und ist daher in unserer Zeit für die Sprenglöcher bei den grossen Tunnelbauten angewandt und, wie es scheint, sogar eigens „erfunden" worden. Die Priorität der „Erfindung" gebührt also ganz zweifellos den „Wilden" von Neu-Guinea

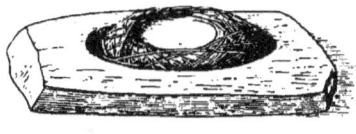

Fig. 13. Tridacna-Scheibe zur Ausbohrung vorbereitet. Berlinhafen.
Wendland. ¼ d. w. Gr.

---

[1]) Berlin, Reimer, 1897, S. 74 ff. Eine noch viel eingehendere Beschreibung ist inzwischen in dem ausgezeichneten „Katalog der ethnogr. Sammlung Ludwig Biro's", Budapest 1899, erschienen.

und unseren prähistorischen Ahnen. Die Art und Weise, in der das zu durchbohrende Stück befestigt wird, war mir, als ich das Gerät 1897 zuerst beschrieb, nicht ganz klar. Ich kann das jetzt, nach einem uns seither zugegangenen Stück der Sammlung Wendland und nach der Publikation L. Biro's nachtragen. Die dichte runde Tridacna-Scheibe, aus der das Armband hergestellt werden soll, wird am Rande dicht und fest umflochten, so dass oben und unten gerade nur so viel frei bleibt, als dem Umfange des Bohrers, bez. dem inneren Umfange des Armreifens entspricht. Das so vorbereitete Stück wird dann auf ein Brett gelegt, in dem sich zu seiner Aufnahme eine Grube befindet, in der es fest und unbeweglich ruht. Die vorstehende Abbildung zeigt nach einem Stücke von der Insel Angul, Berlinhafen, oben das Brett und das darin festgekeilte umflochtene Tridacnastück, unten dasselbe im Querschnitte, aber ohne die Umflechtung und nach Beginn der Bohrung.

Nach Biro wird meist nur die innere Mantelfläche des Armreifens in dieser Weise gebohrt, die äussere aber aus freier Hand geschliffen. Natürlich kann mit einem Bohrer von grösserem Durchmesser auch die äussere Fläche in gleicher Weise hergestellt werden, was aber nur selten zu geschehen scheint. Theoretisch würde es natürlich möglich sein, durch Ineinanderschieben und festes Verkeilen zweier solcher Bambus-Zylinder beide Flächen auf einmal zu bohren und dadurch in einer einzigen Operation ein fertiges Armband zu bekommen. Es scheint aber, dass die praktischen Schwierigkeiten hierbei grösser wären als der theoretische Gewinn; derartige Doppelbohrer scheinen wenigstens nicht vorzukommen. Aber auch schon der einfache Kronenbohrer muss uns als eine sehr beachtenswerte Erfindung erscheinen, die ganz unabhängig von irgend welchen fremden Ein-

Fig. 14. Bohrer und Schlotholz z. Herstellung v. Muschelgeld.

flüssen gemacht zu haben, unseren „Wilden" sicher zum grossen Ruhme gereicht.

Der zweite in der Südsee einheimische Bohrer ist in seiner einfachsten und typischsten Form durch das vorstehend, Fig. 14, abgebildete Gerät vertreten. Er besteht im wesentlichen aus einem einfachen Holzstabe, an dessen unterem Ende irgend eine harte Spitze aus Stein, ein Tridacna-Splitter oder ein kleiner Haifischzahn oder auch eine spitze Schnecke befestigt war. Ähnliche Apparate sind fast über die ganze Südsee verbreitet; der hier abgebildete Bohrer, wohl der kleinste und zierlichste seiner Art, stammt aus Neu-Irland, wo er zum Durchbohren der kleinen Scheibenperlen für das Muschelgeld dient; in ein ganz dünnes zartes Holzstäbchen ist unten ein hartes Steinsplitterchen eingekeilt und mit einem dünnen Faden befestigt.

Ganz ähnliche Bohrer, nur grösser, und unten statt mit einem Steine mit einer spitzen Turmschnecke bewehrt, sind vielfach in Neu-Guinea verbreitet; sogar die kleinen Schildpattohrringe von den Tami-Inseln bei Finschhafen werden mit einem solchen Gerät hergestellt, wie aus einer schönen technischen Serie hervorgeht, welche die Berliner Sammlung Herrn Dr. Schellong verdankt. Nach einer mündlichen Mitteilung von Herrn Senfft, der seinen mehrjährigen Aufenthalt in Jaluit zu sehr eingehenden ethnographischen Forschungen benutzt hat, werden die Haifischzähne, die auf den Gilberts-Inseln und auch sonst mehrfach — auch auf Nauru — zur Ausstattung von Speeren und Dolchen verwendet werden, stets mit kleinen spitzen Zähnen von *Carcharias lamia* durchbohrt, die in einen solchen Stäbchenbohrer eingeklemmt sind. Überall da werden diese Bohrer zwischen den beiden Händen gedrillt, genau ebenso wie die Feuerbohrer in Afrika und in Australien. In diesem Zusammenhange erscheint es erwähnenswert, dass gerade in der Südsee, wo der einfache zwischen den Händen gequirlte Stab überall zum Bohren von Löchern verwendet wird, seine Anwendung als Feuerbohrer gänzlich unbekannt ist. Soviel ich weiss, wird mit sehr wenig Ausnahmen[1]) auf allen Südsee-Inseln das Feuer fast niemals durch Quirlen, sondern stets[2]) nur durch Hin- und Her-

---

[1]) Vgl. Finsch in den Wiener Annalen, VIII, 1893, S. 7 [275]. Hier wird Quirlen für „Mikronesien" mit erwähnt, aber ohne nähere Angaben und Beläge.

[2]) Nur in Britisch-Neu-Guinea (bei den Koiäri im Hinterland von Port Moresby) kommt, wie Finsch in den Wiener Annalen, III, 1888, S. 5 [109] 323, zuerst gezeigt hat, noch eine andere Art vor, Feuer zu erzeugen. Da wird ein Stück Bambusstreifen an einem gespaltenen Aststück hin und her gerieben.

reiben eines härteren Holzes in einer Furche eines weicheren erzeugt. Das giebt zu denken und lässt jedenfalls die Vermutung aufkommen, dass der Zusammenhang zwischen dem Bohrer als Handwerkszeug und dem Feuerbohrer doch nicht so einfach ist, als man gewöhnlich annimmt. Eine Betrachtung über den Ursprung und die Geschichte der künstlichen Herstellung des Feuers würde unvollständig sein, wenn sie derartige geographische Verbreitungserscheinungen ausser acht liesse; leider sind unsere gegenwärtigen Kenntnisse über die Verbreitung der verschiedenen Arten der Feuererzeugung noch so lückenhaft, dass eine solche Betrachtung augenblicklich noch weit eher einen philosophischen als einen naturwissenschaftlichen Charakter haben würde und sich notwendig in unnütze Spekulationen verlieren müsste. Ich beschränke mich daher darauf, auch an dieser Stelle und immer wieder von neuem auf die Wichtigkeit der Materialbeschaffung hinzuweisen. Wir müssen erst wirklich genau wissen, ob in der That in ganz Australien ausschliesslich nur der Feuerbohrer bekannt war, und ob er thatsächlich überall in Neu-Guinea und auf den anderen Südsee-Inseln völlig fehlt, und wie diese Verhältnisse in Indien und in Indonesien liegen, bevor wir diese Frage anders als bloss spekulativ behandeln können.

Neben den beiden bisher erwähnten Arten von Bohrern finden wir nun in Neu-Guinea noch eine dritte, von der ein typischer Vertreter hier auf S. 470 abgebildet ist. Das ist ein Drillbohrer, genau wie er noch im vorigen Jahrhundert ganz allgemein im täglichen Gebrauche der Handwerker und Matrosen gestanden hat und wie wir ihn noch heute ab und zu bei uns gebraucht finden, nicht nur in kulturell zurückgebliebenen Landschaften, sondern auch gerade für einzelne, besonders feine und subtile Arbeiten. In Neu-Guinea

F.'s Beschreibung ist unklar und scheint mit dem von ihm überbrachten Stücke der Berliner Sammlung nicht gut zu stimmen; jedenfalls aber handelt es sich hier um ein dem „Feuersägen" analoges Verfahren. Dieses ist, soweit mir bekannt ist, hauptsächlich in Birma üblich gewesen, kommt aber auch ab und zu in Indonesien und vielleicht auch bei einigen wenigen australischen Stämmen, jedenfalls aber auch in Indien vor.

Bei dieser Gelegenheit möchte ich übrigens darauf aufmerksam machen, dass die sonst auf die Südsee beschränkte Art, Feuer durch Hin- und Herreiben in einer Furche, also durch „Pflügen", wie Hough will, zu erzeugen, von Ascherson auch in der Libyschen Wüste nachgewiesen worden ist, wie in der Z. f. E., VIII, 1876, S. 351, ausführlich mitgeteilt wird, aber doch so gut wie unbeachtet geblieben zu sein scheint.

besteht das Gerät aus einem runden Holzstab, in den unten ein scharfer Steinsplitter, ein Fischzahn, oder gelegentlich auch schon ein eiserner Nagel befestigt wird und an den in der Nähe des oberen Endes die Drillschnur angebunden ist. Diese ist unten mit einem hölzernen Stäbchen versehen und so angelegt, dass, wenn sie einmal aufgerollt wird, der Bohrer durch einfaches Heben und Senken des Stäbchens in rotierende Bewegung setzt wird. Fast stets trägt ein solcher Bohrer noch einen Schwungkörper, entweder eine grosse schwere Scheibe aus Holz oder auch aus Stein, also ein richtiges Schwungrad oder wenigstens einen Holzstab, der ja auch dieselbe Bedeutung hat, wenn er auch weniger gut funktioniert.

Die Frage, die sich uns hierbei sofort aufdrängt, ist natürlich die, ob wir es hier mit einer selbständigen Erfindung zu thun haben oder mit europäischem Import. Auch diese Frage kann gegenwärtig noch nicht sicher beantwortet werden, da uns noch zu wenig Material über die Verbreitung und die einheimischen Namen dieses Gerätes in der Südsee bekannt ist. Noch in den letzten Jahren galt sein Vorkommen da für sehr selten; so geht aus der vergl. Tabelle in der 1893 erschienenen Ethn. Beschreibung von Niederl. Neu-Guinea von de Clercq und Schmeltz hervor, dass die gelehrten Verfasser es nur aus der Astrolabe-Bucht, aus Port Moresby, vom Fly-River und natürlich aus Indonesien, nicht aber aus ganz Ozeanien, kannten.

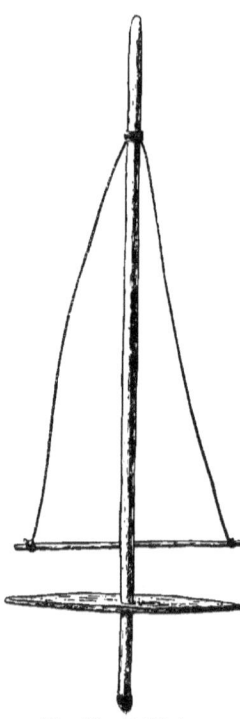

Fig. 15. Drillbohrer, nach Warburg wahrscheinlich aus Sekar. $^1/_6$ d. w. Gr.
Am unteren Ende statt des sonst üblichen Schwungrades nur ein spindelförmiger Holzstab; sonst stimmt das Stück vollkommen mit denen von Port Moresby überein.

Ob es thatsächlich in Niederl. Neu-Guinea fehlt und das oben aus Sekar abgebildete Stück dort nur eingeschleppt worden war, kann ich nicht beurteilen, aber in Britisch- und Deutsch-Neu-Guinea ist es sehr verbreitet und jedenfalls viel häufiger, als aus jener Tabelle hervorgeht. Ebenso lässt sich die Angabe, dass es sonst in der ganzen

Südsee fehle, durchaus nicht aufrecht erhalten. Es ist im Gegenteil auf dem ganzen Gebiete von Neu-Kaledonien bis nach den Marquesas-Inseln so weit und so allgemein verbreitet, dass es wahrscheinlich einfacher wäre, die Inselgruppen aufzuzählen, auf denen es bisher noch nicht nachgewiesen ist, als diejenigen, von denen wir es schon jetzt kennen.

Nach einem Stücke der Berliner Sammlung von den Marshall-Inseln, für das Finsch 1883 als einheimischen Namen *dribal* angegeben hatte,[1]) schien es eigentlich so gut wie ausgemacht, dass wir es hier mit europäischem Import zu thun hätten; denn nicht nur das Gerät selbst schien durchaus europäisch, sondern auch der Name, der doch nur mit „Trepanum" und „Driller" in Zusammenhang gebracht werden konnte. Aber das Wort *dribal* fehlt in dem einzigen bisher gedruckten Wörterverzeichnis der Marshallanischen Sprache (von Franz Hernsheim, Leipzig 1880), ist auch sonst weiter nicht beglaubigt und dürfte auf einem Schreib- oder Gedächtnisfehler beruhen. Dass Hernsheims Liste ein Wort *dribelli* = Fremdling kennt, ist wohl nur Zufall und sei nur der Vollständigkeit willen erwähnt, hingegen teilt mir Herr Senfft, der gerade jetzt mit der Herausgabe seines umfassenden linguistischen Materials von den Marshall-Inseln beschäftigt ist, mit, dass der richtige Name für den Drillbohrer dort *Kimlidsch* oder *Keïnreïl* ist, dass man ihn aber auch wegen seiner Form schlechtweg als *rabuêl* = „Kreuz" bezeichnet, während der Jaluit-Name für den mit einem Haizahn bewehrten Quirlbohrer *men in eril* ist.

Jedenfalls darf also das Finsch'sche *dribal* jetzt nicht mehr als ein Beweis für die europäische Abstammung des Drillbohrers auf den Marshall-Inseln angesehen werden; trotzdem muss die Frage nach dem Ursprung des Drillbohrers in der Südsee noch immer offen bleiben.[2]) Wenn man bedenkt, wie rasch europäische Geräte und Fertigkeiten sich in Ozeanien verbreiten, wenn man z. B. sieht, dass die samoanischen Frauen ihre Rindenzeugkleider jetzt auf der Nähmaschine nähen, oder wenn man erfährt, dass die alte Art der Feuererzeugung durch „Pflügen" in einer Furche auf vielen Inseln schon völlig durch schwedische Streichhölzer verdrängt ist und auf anderen nur mehr in den Gefängnissen geübt wird, wo die Leute

---

[1]) Auch gedruckt in Wiener Annalen, VIII, 1893, S. [411] 155.
[2]) In diesem Zusammenhange möchte ich darauf hinweisen, dass auf den Banks-Inseln eine aus einem spiralig aufgewundenen Bambusstreifen bestehende Säge *sao-sao* heisst. Ist das einheimisch und dann natürlich onomatopoetisch, oder von einem englischen Matrosen übernommen?

sich das ihnen sonst nicht erreichbare Feuer für ihre Pfeife durch Reiben auf dem mit Brettern belegten Fussboden beschaffen — dann wird man doch immer an die Möglichkeit denken müssen, dass auch der ozeanische Drillbohrer ursprünglich den europäischen Matrosen abgelernt ist. Es scheint mir in der That schwer anzunehmen, dass ein so raffiniertes Gerät öfter als einmal erfunden worden sei, wenn ich auch gern zugeben will, dass verwandte Formen wie z. B. der Bohrer mit dem Bogen und der Bohrer mit der Schnur und dem im Munde gehaltenen Axenlager in Nordwest-Amerika unabhängig von europäischen Einflüssen entstanden sein können. Jedenfalls würden weitere Untersuchungen auf diesem Gebiete sehr erwünscht und verdienstlich sein und vielleicht schliesslich doch zu einer sicheren Lösung der Frage führen, die einstweilen nur gestellt und erläutert, nicht beantwortet werden kann.

5. Entwicklungsgeschichte und geographische Verbreitung der Kopfbänke in Neu-Guinea.

Harte Bänkchen vertreten bei sehr vielen Völkern die Stelle unserer Kopfkissen; wir kennen sie aus dem alten Ägypten, wo sie schon Jahrtausende vor Beginn unserer Zeitrechnung in Gebrauch waren, wir finden sie heute noch bei sehr vielen afrikanischen Völkern, von den Zulu im äussersten Südosten des Weltteils bis hinauf nach Abessinien; wir kennen sie aus Ostasien, wo sie nicht nur aus Holz oder Elfenbein, sondern oft sogar aus Porzellan und Steingut hergestellt werden, und wir finden sie in den mannigfachsten Formen in der Südsee, aber da nicht etwa allgemein verbreitet, sondern auf einzelne Inselgruppen beschränkt und in anderen völlig fehlend. So vermissen wir sie u. a. im Bismarck-Archipel, auf den Salomonen und in Neu-Kaledonien, auf den meisten Inseln Mikronesiens, in Neu-Seeland, auf den Marquesas und auf der Hawaii-Gruppe, während sie z. B. auf Samoa, Tonga, Fidschi und Tahiti regelmässig vorkommen.

Ihre weitaus grossartigste Entwicklung erreicht die Kopfbank aber in Neu-Guinea; sie ist zwar auch nicht gleichmässig über die ganze Insel verbreitet und scheint z. B. im ganzen südöstlichen Teil, also in Britisch-Neu-Guinea, vollkommen zu fehlen, dafür gehört sie aber im Norden und Westen der Insel zu den schönsten und wichtigsten Elementen des ethnographischen Besitztums, und ist da von einer Mannigfaltigkeit der Formen und Typen, die unsere höchste Bewunderung erregt.

Sucht man in dieser zunächst verwirrenden Mannigfaltigkeit nach den ursprünglichen Formen und nach bestimmten Entwicklungsgesetzen, so scheint der in der umstehenden Fig. 16 abgebildete Typus der Kopfbank von Finschhafen sich am meisten der Stammform zu nähern, aus der sich die übrigen Typen entwickelt haben müssen. Wenigstens habe ich früher einmal[1]) ganz einwandfrei nachweisen können, dass eine zweite in Deutsch-Neu-Guinea vorkommende Form der Kopfbänke (vergl. hier die Abbild. 25 u. 26) sich notwendig aus dieser Grundform entwickelt haben muss.

Betrachten wir diese Stammform näher, so sehen wir ein aus dem Vollen geschnitztes Holzgerät vor uns, das etwa einen Spann hoch ist und im wesentlichen aus zwei übereinanderliegenden, drei Querfinger breiten Platten besteht, von denen die obere leicht sattelförmig gekrümmt und zur Aufnahme des Kopfes bestimmt ist, während die untere, stärker gekrümmte, auf zwei menschlichen Figuren aufruht, die sich gegenseitig den Rücken zuwendend, auf einer gemeinsamen Plinthe knieen. Diese Figuren sind bei allen derartigen Kopfbänken stets so behandelt, als sollten sie eine grosse und schwere Last nur mühsam zu stützen scheinen und sollen deshalb im folgenden der Kürze wegen einfach als Telamonen bezeichnet werden. Dass sie nicht bloss zufällig und aus blosser willkürlicher Laune immer und immer wieder auf diesen Kopfbänken erscheinen, ist ganz selbstverständlich; aber noch ist ihre Bedeutung nicht erforscht. Die alte Ansicht von Finsch, dass den Bildwerken der Melanesier überhaupt kein tieferer Gedanke zu Grunde liegt und dass sie nur phantastischen Augenblickslaunen ihre Entstehung verdanken, kann zwar jetzt als völlig überwunden gelten, aber sie ist doch wohl mit am meisten Schuld daran, dass die späteren Reisenden es bisher versäumt haben, die wahre Bedeutung dieser Kunstwerke zu erforschen.

Es ist sehr möglich, dass unsere Telamonen mit einer uralten mythologischen Vorstellung zusammenhängen und dass sie den zwei Männchen auf den Buka-Speeren und den zwei Figuren der ostpolynesischen Ornamentik zu vergleichen sind, welche letztere man versucht ist, auf Rangi und Papa, auf Himmel und Erde, zurückzuführen. Die grosse administrative Umwälzung, der unsere Schutzgebiete in der Südsee gerade in diesem Augenblicke entgegengehen, wird hoffentlich auch eine bessere ethnographische Durchforschung

---

[1]) Beiträge zur Völkerkunde u. s. w. Berlin, Reimer 1897, S. 66 ff.

derselben zur Folge haben und unsere bisher noch sehr beschränkten Kenntnisse auch auf dem Gebiete der ozeanischen Ornamentik wesentlich erweitern. Einstweilen müssen wir es uns durchaus versagen, auf die innere Bedeutung derartiger Schnitzwerke einzugehen und müssen uns auf die Betrachtung ihrer äusseren Form beschränken.

Aber auch diese ist schon sehr lehrreich; diese Kopfbänke sind nämlich ihrer Entstehung nach als richtige Kapitelle aufzufassen, die von zwei Telamonen gestützt werden. Ich habe das an anderer Stelle[1]) ausführlich erörtert und weise hier nur ganz kurz darauf hin, dass die obere Platte dem *abacus* entspricht, die mittlere dem *cymatium* und das Strebewerk zwischen den beiden einem verkümmerten *canalis = pulvinus*. Dass die Zacken unter dem *cyma* als Reste des *astragalus* zu deuten sind, geht aus dem hier abgebildeten Stücke allerdings nicht klar hervor, scheint aber bei sehr vielen anderen Kopfbänken leicht erweisbar zu sein.

Fig. 16. Kopfbank aus Finschhafen.
Finsch. Etwa ½ d. w. Gr.

Das Auftreten eines solchen Kapitells, also eines durchaus vorderasiatischen Motives in der Südsee, hat für den ersten Augenblick etwas sehr Überraschendes, aber der Weg, auf dem Elemente westasiatischer Kunst nach Neu-Guinea gelangen konnten, ist durch die Gândhâra-Kunst und durch Bârâ-Budur genau festgelegt, und niemand wird in Abrede stellen wollen, dass Kunstformen, die aus Kleinasien nach Indien und nach Java gelangt sind, ebenso gut auch noch ein bischen weiter nach Osten verschleppt worden sein können.

Viel merkwürdiger als die Thatsache selbst, dass ein antikes

---

[1]) Beitr. z. Völkerkunde u. s. w. S. 67 ff. Tafel XXXIX und XLVI; deutliche Astragale zeigen die Kopfbänke ebenda XLVI, Fig. 2, 3 und 4.

Kapitell nach Neu-Guinea gelangen konnte, ist die zweite Thatsache, dass es sich da so lange in einer Form erhalten konnte, in der es noch als solches erkennbar ist. Das muss als ein ganz besonders glücklicher Zufall betrachtet werden; denn sehr viele Kopfbänke in Neu-Guinea, die wir leicht auf das Kapitell zurückführen können, wenn wir den bisher beschriebenen Finschhafen-Typus im Auge haben, würden ohne ein solches Mittelglied schwer verständlich sein.

Über die mannigfaltigen Abweichungen von der Grundform, welche diese aus einem Stücke Holz geschnitzten, also „monoxylen" Kopfbänke in Deutsch-Neu-Guinea erfahren, muss ich auf die oben erwähnte Arbeit verweisen; hier müssen wir zunächst die holländischen Formen derselben kennen lernen. Sie sind anscheinend

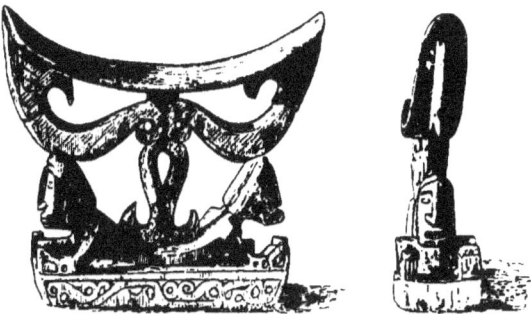

Fig. 17. Kopfbank aus Doré, Holländisch-Neu-Guinea.
(Bastian 1880.) ¼ d. w. Gr.

über den ganzen Nordwesten der Insel verbreitet, finden ihre schönste und eigenartigste Entwicklung aber in der Gegend von Doré. Freilich zeigen die hier Fig. 17—19 abgebildeten drei Stücke, dass diese „Entwicklung" eigentlich vielmehr ein Verfall ist: nur die erste dieser Kopfbänke lässt die alten Formen noch ohne Schwierigkeit erkennen. Besonders *abacus* und *cyma* sind noch deutlich vorhanden, aber *canalis* und *pulvinus* sind kaum mehr angedeutet, der *astragalus* ist so gut wie verschwunden. Auch die Telamonen haben sich völlig verändert: sie stützen das Kapitell zwar noch immer mit dem Kopfe, aber sie haben ihre ursprünglich stehende oder hockende Stellung aufgegeben und liegen auf dem Bauche, sich auf die Ellbogen stützend, mit vorgestreckten Armen, oft ganz an Sphinxe erinnernd. Als neues Element tritt gerade bei der hier abgebildeten Bank und bei vielen ihr ähnlichen eine Art Strebepfeiler auf, der nur eine rein mechanische Bedeutung hat und das Kapitell besser stützen soll, als die weit auseinander gerückten Köpfe der Telamonen allein dies zu thun im Stande wären. Dieser Pfeiler ruht breit und in kurze Schnörkel ausladend auf den in

Fig. 18 u. 19. Zwei Kopfbänke aus der Gegend von Doré, Holländisch-Neu-Guinea.
¹/₃ und ¹/₅ d. w. Gr.

der Mitte miteinander verwachsenen Leibern der Telamonen und stützt die Mitte des *cymatium*.

Noch viel weiter geht der Verfall aber bei anderen Kopfbänken des Doré-Typus. Die Abbildung Fig. 18 zeigt das *cymatium* bis auf einen ganz unscheinbaren Streifen beschränkt, der längs der Rücken der Telamonen verläuft; die darunter stehende Abb. 19 zeigt dann, wie das *cymatium* völlig verschwinden und in seiner Funktion einfach durch die Leiber der Telamonen ersetzt werden kann. Dabei wird der Zwischenraum zwischen diesen und dem *abacus* so gross, dass er notwendig durch irgend ein Strebewerk ausgefüllt werden muss. Bei der Kopfbank Fig. 18 S. 476 ist dieses noch ganz einfach und völlig dem Strebepfeiler analog, den wir Fig. 17 S. 475 zwischen *abacus* und *cymatium* gefunden haben; auf Fig. 19 S. 476 sehen wir es in ein ganz unentwirrbares Ranken- und Schnörkelwerk aufgelöst — wie denn überhaupt durch die ganze Ornamentik des nordwestlichen Neu-Guinea ein Hang zur Schnörkelbildung geht, der höchst merkwürdig ist und auch von Schurtz erkannt wurde. Es ist in der That nicht unmöglich, dass diese Doré-Schnörkel in einen genetischen Zusammenhang mit den prächtigen Spiralen der Maori-Kunst gebracht werden können; jedenfalls sehen wir oft genug auch in Holländisch-Neu-Guinea schon den Anfang zu richtigen Spiralen; so auch hier sehr schön an den Armen des rechten Telamonen der Abb. 19. Im übrigen überwuchert gerade an diesem Stücke die Schnörkelbildung derart alle eigentlichen Grundformen, dass die Telamonen sogar aufhören, die Kopfplatte unmittelbar zu tragen und durch eine breite Schicht von Schnörkeln von ihr getrennt bleiben. Ohne die Fig. 16 und 17 abgebildeten einfachen Formen würde er überhaupt nicht mehr möglich sein, diese Kopfbank richtig zu verstehen.

Fig. 20. Kopfbank aus Potsdamhafen.
Tappenbeck   Etwa ⅑ d. w. Gr.

Eine völlig andere Entwicklungsweise ist durch die vier Fig. 20 bis 23 abgebildeten Formen vertreten, die uns wieder nach Deutsch-Neu-Guinea zurückführen. Schon in der oben erwähnten Untersuchung („Beiträge u. s. w.") habe ich gezeigt, dass die beiden Telamonen des Finschhafen-Typus sich bei vielen Kopfbänken so weit nähern, dass sie zu einer einzigen Figur zusammenfliessen. Es entstehen zunächst zwei Figuren, die Rücken an Rücken aneinander stehen; dann drehen sich diese um 90°, so dass die Köpfe nicht mehr nach rechts oder links sehen, sondern nach vorne und hinten; dann verschmelzen die beiden Figuren zu einer einzigen, die aber noch einen Januskopf trägt; schliesslich verschwindet aber auch der zweite Kopf, indem sich sein Gesicht allmählich in ein, oft reich verziertes, Hinterhaupt verwandelt, und so ist aus den zwei Telamonen ein einziger geworden.

Hier aber setzt nun eine neue Entwicklungsreihe ein. Wie das im einzelnen vor sich ging, ist vielleicht nicht mit ganz absoluter Sicherheit zu ermitteln. Vermutlich war der Vorgang der, dass solche Kopfbänke die Leute an eine Frau erinnerten, die eine der bekannten kahnförmigen Schüsseln auf dem Kopfe trägt; das ist ein auch sonst in der Ornamentik von Nordost-Neu-Guinea häufig vorkommendes Motiv, und es liegt sehr nahe, dass wir es auch bei den Kopfbänken verwendet finden. Sei der Vorgang nun im einzelnen so oder anders gewesen — jedenfalls finden wir, und zwar am schönsten in der Gegend von Potsdamhafen, Kopfbänke, bei denen der einzelne Telamone durch eine weibliche Figur, also wenn man will, durch eine Karyatide ersetzt ist. Fig. 20 giebt ein ganz typisches Beispiel für die Gattung; die sehr roh und ungefällig behandelte Figur steht auf einer Plinthe und trägt eine einfache, leicht sattelförmige Platte, genau so, wie die eingeborenen Frauen dort die grossen Speiseschüsseln zu tragen pflegen. Dass diese Platte ursprünglich ein Kapitell war, das jetzt bis auf den *abacus* zusammengeschrumpft ist, würde niemand ahnen können, der nicht grosse Serien von Neu-Guinea-Kopfbänken genau studiert hat.

Fig. 21. Kopfbank von Tappenbeck's „20 Meileninsel" im Ramu.
Etwa ⅓ d. w. Gr.

Die Kopfbänke vom Typus der Figur 20 bilden nun ihrerseits wieder den Ausgangspunkt für eine neue Serie und finden ihre Fortsetzung zunächst in dem hier, Fig. 21 abgebildeten Typus.

Er schliesst sich eng an den eben beschriebenen an und unterscheidet sich von ihm im wesentlichen nur dadurch, dass die Vorderarme der weiblichen Figur zu kleinen Männchen geworden sind, welche nun ebenso wie die Hauptfigur die Kopfplatte (= abacus = Speisenschüssel) tragen und stützen. Diese Entwicklung von menschlichen Armen zu ganzen Figuren würde allen Prinzipien der melanesischen Kunst widersprechen; so flüssig diese auch immer ist, so giebt es doch auch für sie Schranken, und der eben geschilderte Vorgang würde innerhalb dieser Schranken völlig unverständlich sein. Ich werde bald zeigen können, dass es sich hier in der That nicht um eine eigentliche Umwandlung handelt, sondern um eine

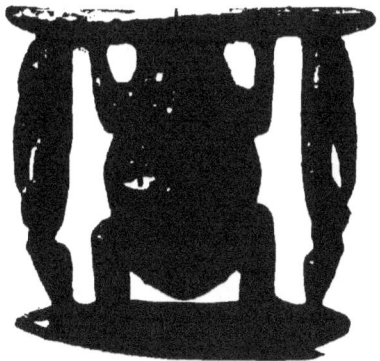

Fig. 22. Kopfbank aus Potsdamhafen.
Tappenbeck. ¹/₃ d. w. Gr.

Neuaufnahme fremder Elemente. Aber ich möchte zunächst die weitere Entwicklung dieses Typus verfolgen und kann daher erst später, S. 485, wieder auf seine wirkliche Entstehungsart zurückkommen. Diese ist ebenso interessant als einfach und lehrreich, aber wir wollen den Typus vorläufig so wie er ist als vorhanden annehmen und nun sehen, wie er sich weiter entwickelt. Das lehrt uns die hier, Fig. 22, abgebildete Kopfbank: da haben sich die kleinen Männchen aus den Vorderarmen der weiblichen Figur wieder losgelöst, sie sind grösser geworden und stehen jetzt als selbstständige Figuren zwischen Plinthe und Abacus, sind also ebenso lang wie die Mittelfigur geworden und nur noch viel schlanker und dünner geblieben als diese.

Ein weiteres (und das letzte) Stadium dieser Entwicklungsreihe zeigt die hier, Fig. 23, abgebildete Kopfbank; hier sind die Figuren schliesslich alle gleich gross geworden und auch völlig gleichartig behandelt; sie haben sich auch um eine vermehrt und tragen nun zu viert an der Kopfplatte. Auf die grossartig stilisierten Köpfe dieser Figuren mit ihren Knebelbärten und dem auch bei manchen lebenden Papua so auffallend und karikiert jüdisch aussehendem Profil will ich hier nur ganz nebenbei aufmerksam machen, sind doch auch die früheren hier abgebildeten Stücke dieser

Fig. 23. Kopfbank mit Tragschnur von der Bertrand-Insel.
Sammlung Kurt von Hagen, Etwa ½ d. w. Gr.

Serie künstlerisch sehr hochstehend, wenn sie auch natürlich unseren eigenen Schönheitsbegriffen nicht immer entsprechen.

Wir haben also jetzt gesehen, wie sich aus zwei Telamonen ein Janus entwickelt hat und aus diesem eine „Karyatide"; wir haben ferner gesehen, dass diese „Karyatide" kleine Telamonen an Stelle ihrer Vorderarme bekommt, dass diese Telamonen später wieder grösser werden und dass schliesslich die Kopfbank von vier gleichgrossen Figuren getragen wird. Beim Doré-Typus hingegen haben wir gefunden, dass die beiden Telamonen, die auch hier einen wesentlichen Teil der Kopfbank ursprünglich ausgemacht haben müssen, zu sphinxartigen Wesen sich umbilden, in ihrer Grösse zurückgehen und von anscheinend bedeutungslosem Schnörkelwerk überwuchert werden. Neben den bisher geschilderten Typen kommen, wenn auch weit seltener, hauptsächlich in Finschhafen und seinem Bezirk auch Formen vor, die sich in dieses Schema nicht eingliedern lassen. Wie ich in den mehrerwähnten „Beiträgen" gezeigt habe, tritt unter diesen selteneren Formen nur ein Typus etwas mehr in den Vordergrund, bei dem die Telamonen durch einen Adler oder durch ein Schwein ersetzt sind. Die Kopfbänke mit dem Adler sind deshalb ganz besonders bemerkenswert, weil wenigstens bei einigen von ihnen noch deutlich zu sehen ist, dass zu dem Adler auch eine Schlange gehört; allerdings ist diese

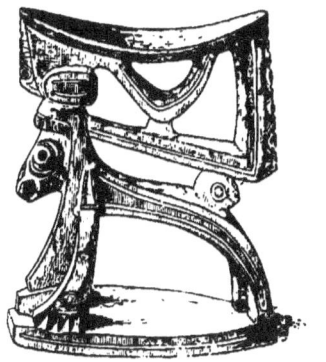

Fig. 24. Kopfbank von Tami-Insel.
Dr. Krieger. ¼ d. w. Gr.

oft schon sehr reduziert und nur mehr durch einen Ring oder durch an sich schon ganz unverständlich gewordenes Schnitzwerk angedeutet, aber es ist doch ganz klar, dass die Darstellung ursprünglich auf einen Kampf zwischen Adler und Schlange hinausging, also mit den bekannten grossen Schnitzwerken aus Neu-Irland parallel lief, auf denen gleichfalls ein Adler im Kampf mit einer Schlange dargestellt ist.[1]) Wir werden deshalb nicht zögern dürfen, auch das Motiv dieser Kopfbänke auf Garuda und Nâga zurückzuführen, also auf rein indischen Einfluss.[2])

[1]) Vergl. meine „Beiträge", Taf. XLVII, Fig. 8 und 11.
[2]) Über den Garuda-Suparna als Todfeind der Schlangen vergl. vor allem Grünwedel, Buddhistische Kunst in Indien, Berlin, Spemann, 1893, S. 17 ff. und S. 97.

— 482 —

Noch andere Formen sind so stilisiert und degeneriert, dass wir vorläufig nicht im Stande sind, sie zu deuten; sie sind übrigens so selten, dass sie gegenüber der grossen Menge von leicht verständlichen Formen kaum ernsthaft ins Gewicht fallen.

Nur die hier, Fig. 24, abgebildete Kopfbank möchte ich noch hervorheben; sie ist durch ihren ganz ungewöhnlichen Aufbau und durch ihre Assymmetrie sehr bemerkenswert. Ein ihr verwandtes Stück[1]) von Finschhafen ist womöglich noch schöner und interessanter; da liegt der einzelne „Telamone" flach auf dem Bauche wie beim Doré-Typus, steckt aber seine Beine hinten hoch, so dass die eigentliche Kopfbank in fast symmetrischer Weise auf der einen

Fig. 25. Kopfbank auf Rottang-Füssen, Krauelbucht.
Sammlung K. v. Hagen's. ¹⁄₃ d. w. Gr.

Seite von dem Kopfe, auf der anderen von den Füssen der Figur getragen wird.

Dass dieses Stück wirklich aus Finschhafen stammt und von Finsch ausdrücklich mit dieser Angabe veröffentlicht wurde, ist zweifellos; es scheint aber, als ob spätere Autoren durch eine nicht ganz übersichtliche Anordnung der Tafel-Unterschrift irregeführt, diese Kopfbank als von Teste-Insel stammend betrachtet haben. Dies ist wenigstens die einzige Erklärung, die ich dafür finden kann, dass Finsch als Quelle für das Vorkommen einer Kopfbank

---

[1]) Abgebildet im Atlas zu Finsch's Samoa-Fahrten, Taf. III, Fig. 1. Wo es sich gegenwärtig befindet, ist mir nicht bekannt.

auf Teste-Insel bezeichnet wird. Wie wir später sehen werden, fehlen Kopfbänke im südöstlichen Teile von Neu-Guinea und auf den vorgelagerten Inseln fast vollständig, und Finsch hat auch niemals und nirgends mitgeteilt, dass er solche auf Teste-Insel gefunden hätte.

Bei allen bisher geschilderten Kopfbänken handelt es sich um aus dem Vollen geschnitzte, aus einem Stück hergestellte, also um „monoxyle" Geräte; im Gegensatz zu diesen giebt es in Neu-Guinea auch Kopfbänke, bei denen die eigentliche Bank auf angebundenen und festgeklemmten Füssen aus Rottang ruht. Zu ihrer näheren Kenntnis verweise ich auf Taf. XLVI und auf S. 69 ff. der „Beiträge", wo dieser Typus durch zahlreiche Abbildungen festgestellt

Fig. 26. Kopfbank auf Rottang-Füssen, Augusta-Fluss.
Sammlung K. v. Hagen's ¹/₄ d. w. Gr.

und genau beschrieben ist. Zunächst scheinen diese zusammengesetzten Kopfbänke von den monoxylen völlig verschieden zu sein und nichts mit ihnen gemein zu haben. Bei näherer Betrachtung entdecken wir aber einen merkwürdigen Parallelismus, der für das Wesen der melanesischen Kunst so bezeichnend ist, dass er auch an dieser Stelle erläutert zu werden verdient. Es zeigt sich nämlich, dass bei sehr vielen dieser Kopfbänke, genau wie bei den monoxylen, noch deutliche Reste eines Kapitells vorhanden sind; wenn man z. B. die hier Fig. 16 und 25 abgebildeten Kopfbänke miteinander vergleicht, so findet man, dass auch bei der letzteren ein *abacus* und ein *cymatium* vorhanden sind und sogar den ganz gleichen halbmondförmigen Zwischenraum einschliessen wie bei dem Typus von Fig. 16; in dem einen Falle ist er durch zwei Balken, im anderen Falle durch zwei Masken ausgefüllt, von denen eine nach vorn, eine nach hinten sieht, aber die Analogie ist schlagend und lässt sich an der ganzen grossen Reihe ähnlicher Kopfbänke in gleicher Weise zeigen. In vielen Fällen stehen auf jeder Seite zwei Masken nebeneinander, so dass dann im ganzen vier Masken dem *canalis* entsprechen; ausserdem aber finden wir mit grosser Regelmässigkeit bei einer überwiegenden Mehrzahl derartiger Kopfbänke auch seitlich, da, wo *abacus* und *cymatium* einander berühren, jederseits je eine weitere Maske, welche dann natürlich dem *pulvinus* entspricht, wobei es sicherlich kein Zufall ist, dass gerade *canalis* und *pulvinus*, diese beiden zusammengehörigen und unter sich einheitlichen Elemente des antiken Kapitells auch hier wieder gleichmässig durch Masken vertreten sind, und dass die dem *canalis*

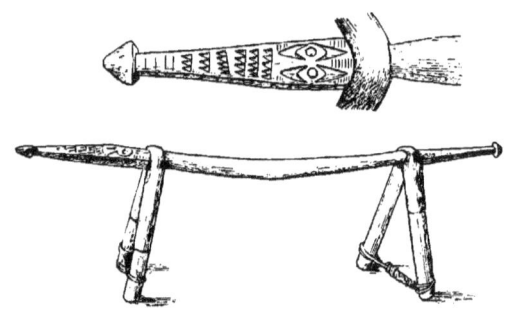

Fig. 27. Kopfbank von der Humboldt-Bucht.
Sammlung Missionar Bink, 1896. $^1/_4$ und $^1/_8$ d. w. Gr.

entsprechenden nach vorn und hinten, die dem *pulvinus* entsprechenden nach der Seite sehen. Auf Taf. XLVI der „Beiträge" wird man dies im einzelnen studieren können, hier verweise ich nur auf Fig. 26 der vorigen Seite, welche wenigstens die *pulvinus*-Masken sehr schön zeigt; allerdings sind gerade bei diesem Stücke die *canalis*-Masken in ganz ungewöhnlicher und von der Norm abweichender, willkürlicher Art durch eine quergestellte Figur ersetzt.

Ganz besonders lehrreich und interessant ist aber das Schicksal, das die Telamonen bei diesen Kopfbänken erfahren haben. Sie sind durch die Rottang-Füsse nicht etwa einfach ersetzt worden, wie man zunächst annehmen könnte, sondern nur — verdrängt! Wir erkennen sie mit Sicherheit an den seitlichen Enden unserer Kopfbänke in den beiden menschlichen Figuren wieder, die sonst völlig unverständlich wären. Von den Rottang-Säulchen verdrängt und durch diese überflüssig geworden, schweben sie jetzt völlig zwecklos an den äussersten Enden des Gerätes wie zwischen Himmel und Erde, ohne irgend einen inneren Zusammenhang mit der übrigen Kopfbank und rein nur, weil sie einmal vorhanden waren und weil der primitive Schnitzer sich nicht entschliessen konnte, sie ganz aufzugeben. Es ist bei sehr vielen Kopfbänken dieser Gattung geradezu belustigend, zu sehen, wie diese Telamonen a. D. noch immer die frühere Körperhaltung bewahrt haben und genau so geschnitzt werden, als ob sie noch immer die Last zu tragen hätten, die ihnen die Rottang-Säulen doch schon längst abgenommen haben.

Jetzt ist es auch an der Zeit, nochmals auf den durch Fig. 21 S. 478 vertretenen Typus von Kopfbänken zurückzukommen; früher, S. 479, habe ich angedeutet, dass die beiden kleinen Männchen sich nicht etwa einfach aus den Vorderarmen der „Karyatide" entwickelt haben können, sondern als fremde Elemente aufgefasst werden müssen; jetzt ist es klar, woher diese Elemente stammen — sie sind die seitlichen Endfiguren von zusammengesetzten Kopfbänken, welche der Bildschnitzer offenbar unbewusster Weise aus einer ganz anderen Kunstgattung entlehnt hat; sie sind einer rückläufigen Bewegung entsprungen, und könnten als reaktivierte Telamonen a. D. bezeichnet werden, wenn der Ausdruck nicht allzu trivial klänge.

Inzwischen nimmt auch bei den zusammengesetzten Kopfbänken die Verkümmerung ihren Fortgang; *abacus* und *cymatium* verschmelzen zu einer einzigen Platte, während *canalis*- und *pulvinus*-Masken gleichzeitig natürlich ganz verschwinden; auch der *astragalus*, der gerade bei den zusammengesetzten Kopfbänken guten Stils viel schöner erhalten war als bei den monoxylen und häufig in der Form von Eidechsen uns entgegentrat, schwindet mehr und mehr, bis schliesslich nur mehr ein dünnes Brettchen überbleibt, das zwischen Rottang-Füssen festgeklemmt ist. Eine solche Kümmerform zeigt die Fig. 27 S. 484; beide Enden des Brettchens sind noch verziert, aber es würde ganz unnütz sein, darüber zu speculieren, ob die Verzierung etwa auf Masken oder auf Telamonen zurückgeführt werden könnte. Da ist jede Erinnerung an gute alte Formen längst geschwunden und von hülfloser Willkür abgelöst worden. Schliesslich wird die ganze Bank zum einfachen Stabe, der dann meist die Form einer Eidechse oder eines Krokodils annimmt und in nichts mehr an seine früheren Entwicklungsstufen erinnert; die rückläufige Bewegung führt sogar nicht selten so weit, dass auch die Rottangbeine wieder verloren gehen und die Beine des Krokodils wieder aus dem Vollen geschnitzt werden.

Fast an das Ende einer solchen Entwicklungsreihe gehört auch die hier, Fig. 28, abgebildete Kopfbank; sie endet seitlich in roh geschnitzte Masken und würde sonst als unscheinbar und belanglos gelten müssen, wenn sie nicht die ganz bestimmte Angabe „Admiralty-Inseln" tragen würde. Kopfbänke von dieser Gruppe sind bisher nicht bekannt; dem Stile nach würde das Stück nicht sehr gut dahin passen, der Form nach gehört es zweifellos in die Gegend der Humboldt-Bucht. Wir werden daher am besten thun, hier an eine ganz recente Verschleppung oder an eine Beeinflussung zu denken, die vielleicht mit dem labour-trade in Zusammenhang steht. Ich habe die Kopfbank gleichwohl hier abbilden lassen, einerseits

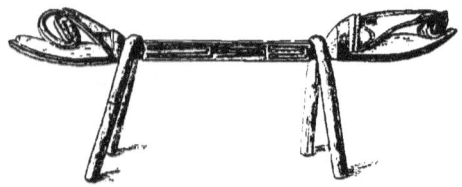

Fig. 28. Kopfbank von den Admiralty-Inseln.
Sammlung S.M.S. Möwe, 1898. $^1/_{10}$ d. w. Grösse.

um auch hier die Aufmerksamkeit auf die Möglichkeit solcher bona fide-Verschleppung zu lenken und andererseits, weil es ja doch nicht ganz ausgeschlossen ist, dass ähnliche Formen entweder wirklich schon jetzt auf den Admiralty-Inseln zu Hause sind und sich nur bisher unserer Aufmerksamkeit entzogen haben, oder da jetzt von neuem Wurzel fassen und sich selbständig weiter entwickeln werden. In beiden Fällen würde es nicht ohne Interesse sein, die hier mitgeteilte Form zu kennen.

Zwei typische Rückbildungsformen seien hier, am Schlusse dieser Betrachtung, noch beschrieben; sie sind Fig. 29 und 30 abgebildet. Beide sind monoxyl, beide vom Potsdam-Hafen. Die erstere ist zweifellos aus einer Kombination der einfachen mit der zusammengesetzten Kopfbank hervorgegangen; ihre obere Hälfte geht auf den Typus von Fig. 16 zurück; zwischen *abacus* und *cymatium* sind in der Mitte zwei Paare von winklig gestellten

Stützbalken und an den Seiten je ein hinaufgerückter, sehr verkümmerter, nur mehr durch eine kaum als solche erkenntliche Maske angedeuteter Telamone; die untere Hälfte der Kopfbank aber enthält, aus demselben Stücke Holz geschnitzt, eine Plinthe und die Nachbildung von Rottang-Füssen zusammengesetzter Bänke.

Noch viel verwickelter scheint mir die Kopfbank Fig. 30 zu sein; ich wage nicht, sie mit Bestimmtheit zu erklären, aber ich glaube, dass auch sie als eine Kombination einer zusammengesetzten mit einer einfachen Kopfbank aufzufassen ist. Sie wird von einem plumpen Telamonen getragen, über dessen Arme und Beine freilich nichts Sicheres gesagt werden kann; beinahe möchte es scheinen, als ob die letzteren stark verkümmert, die Arme aber um so mächtiger entwickelt wären und jederseits, V förmig gebogen, von der Mitte bis fast an das Ende der Kopfplatte reichten; aber ich möchte diese Deutung nicht für ganz gesichert halten, hingegen ist es um so wichtiger, dass an den Enden der Bank wieder dieselben kleinen Figuren herabhängen, welche wir oben als typisch für die zusammengesetzten Kopfbänke kennen gelernt haben. Sie sind allerdings etwas verkümmert, aber sie

Fig. 29. Kopfbank vom Potsdam-Hafen. Tappenbeck

sind doch noch mit absoluter Sicherheit nachzuweisen. Ihr Leib ist zwar zu einem keilförmigen Körper zusammengeschrumpft, der sich jederseits an den „Vorderarm" der Mittelfigur anlehnt, aber ihr Kopf ist fast unverändert geblieben und ebenso die so ungemein bezeichnende gebückte Haltung.

Im wesentlichen hätten wir es also hier mit einer monoxylen Bank zu thun, die aber sonst alle Eigenschaften einer zusammengesetzten hat. Natürlich könnte die Form ebenso gut auch umgekehrt, von dem Typus der zusammengesetzten Bank aus abgeleitet werden, man würde dann sagen können, dass die Rottangbeine verloren und durch einen Telamonen ersetzt worden seien.

Beide Erklärungen würden gleich viel für sich haben; für die Sache selbst ist es aber völlig gleichgültig, ob eine einzelne Kopfbank auf diesem oder auf jenem Wege entstanden ist. Worauf es uns hier allein ankommt, das ist die Erkenntnis, dass überhaupt ein innerer Zusammenhang zwischen den verschiedenen Typen der Kopfbank besteht.

Ebenso wie „Ornamente nicht frei erfunden werden, sondern eine lange geschichtliche Entwicklung haben"[1]) so müssen wir das auch von allen anderen Schöpfungen der primitiven Kunst annehmen; auch diese gehen alle auf die Natur zurück und sind nicht willkürlich, sondern unterliegen ganz bestimmten natürlichen Gesetzen. Die Hautfalten zwischen unseren Zehen und Fingern und unsere Ohrmuscheln werden bei den Fledermäusen zu gewaltigen Flug- und Steuerapparaten; die fünf Knochen unserer Mittelhand ver-

Fig. 30. Kopfbank vom Potsdam-Hafen.
Tappenbeck. Etwa ¼ d. w. Gr.

kümmern bei den Einhufern bis auf einen einzigen Metacarpus; Pferd und Schwein sind durch eine Reihe jetzt ausgestorbener, aber gleichwohl in ihren Resten genau gekannter Zwischenglieder genetisch eng verbunden. Die Giftdrüse der Schlangen und die von Martin in Sydney neuentdeckte Leistendrüse von Ornithorhynchus, die ihr giftiges Secret durch eine spornartig verlängerte sechste Zehenklaue entleert, sind gleichartige Bildungen, hervorgegangen aus analogen Uranlagen, aus richtigen Elementargedanken der Schöpfung. Die Zellen der Bienen und der Bau des Bibers, die Wespennester und die Gänge der Borkenkäfer sind Gegenstände der naturwissenschaftlichen Betrachtung — dass aber die gleichen ewigen Gesetze wie für den Körper und für die

---

[1]) Vgl. v. Luschan, Tätowierung in Samoa, Z. f. Ethn. XXVIII, 1896, S. 556.

Leistungen der Tiere auch für die menschlichen Artefacte gelten müssen, scheint zwar a priori selbstverständlich, ist uns aber doch noch nicht ganz in Fleisch und Blut übergegangen, und es giebt geistig sonst sehr hochstehende Menschen, denen für eine solche Betrachtung jedes Verständnis abgeht.

So hatte ich 1894[1]) gezeigt, dass unser heraldischer Doppeladler sich aus der geflügelten Sonnenscheibe der alten westasiatischen Kunst entwickelt hat. Die Zwischenformen sind lückenlos vorhanden und besonders ein jetzt in Berlin befindliches Relief des 8. vorchr. Jahrh. aus Sendschirli zeigt eine Sonnenscheibe, die sich der Form eines zweiköpfigen Vogels derart nähert, dass sie ganz einwandfrei als Übergangsform zu den nur wenig jüngeren Doppeladlern von Pteria und Hüjük betrachtet werden muss; diese sind aber später von den seldschukischen Fürsten als Wappenzeichen angenommen und geführt worden, bis schliesslich die Kreuzfahrer wie so viele andere heraldische Embleme auch den Doppeladler aus dem Orient nach Europa überbracht haben. Der Zusammenhang ist völlig lückenlos und scheint mir durchaus gesichert. Ich weiss nicht, ob sich jemand öffentlich gegen denselben ausgesprochen hat, aber mündlich wurde mir mehr als einmal nahegelegt, dass ein derartiger Übergang nur bei den bekannten Verwandlungsbildern der „Fliegenden Blätter" vorkommen könne, nicht in der wirklichen Kunstgeschichte.

Dass solche Übergänge auch im Ernste vorkommen und sogar zu den regelmässigen und typischen Erscheinungen der primitiven Kunst gehören, ist heute wohl allen Ethnographen bekannt und braucht nicht immer von neuem unter Beweis gestellt zu werden. Weil aber diese Übergänge gerade im Bereiche der melanesischen Kunst am schönsten studiert werden können, und auch weil das vorliegende Buch sich an einen grösseren Kreis, als den der eigentlichen Fachleute wendet, ist es nötig, diese Frage auch hier zu beleuchten. Zu eingehender Beweisführung fehlt es freilich an Raum, aber ich verweise die Zweifler auf irgend welche Ornament-Serien, wie sie in den letzten Jahren mehrfach veröffentlicht wurden, so z. B. auf die in meinen „Beiträgen u. s. w." auf Taf. 32, 36 und 37 abgebildeten Brandmalereien aus Neu-Britannien und Neu-Irland, auf die dort Taf. 38 gezeichnete Reihe von Speerverzierungen von den Salomonen, und auch auf die ebenda Taf. 42 und 43 photo-

---

[1]) Z. f. Ethn. XXVI. Verh. S. 493.

graphierten Sswahili-Matten. Wer auch durch diese Serien nicht überzeugt wird, dem rate ich, einen schönen Versuch zu wiederholen, der zuerst von H. Balfour angegeben wurde und der nicht nur sehr lehrreich ist, sondern zugleich auch als „Gesellschaftsspiel" dienen kann. Man nimmt eine gewöhnliche einfache Strichzeichnung, die etwa ein Haus oder einen Vogel oder einen menschlichen Kopf darstellen kann, und lässt sie von irgend jemandem kopieren. Die Kopie giebt man einem zweiten wieder als Vorlage für eine neue Kopie, diese in gleicher Weise einem dritten u. s. w., bis etwa zwanzig oder fünfundzwanzig Personen ihre Kunst in dieser Weise bethätigt haben. Das Ergebnis ist höchst überraschend und pflegt in der Regel darin zu bestehen, dass die letzte Zeichnung etwas völlig anderes darstellt, als die erste.

Eine solche Erscheinung ist übrigens auch sonst durchaus nicht ohne Analogie auf anderen Gebieten; am nächsten mit ihr verwandt ist das bekannte Anschwellen und die Veränderlichkeit der Gerüchte und auch die Veränderungen, denen geographische und andere Namen unterworfen sind, wenn die Bevölkerung sich ändert. Die neuen Einwanderer haben dann immer das Bestreben, die alten Namen so lange zu verändern, bis sie auch in ihrer Sprache einen Sinn geben; so haben die Türken aus Capria lacus *köprü-su* = „Brückenwasser" gemacht, obwohl gerade da gar keine einzige Brücke vorhanden ist, und aus Sozopolis *susuz-han* = Han ohne Wasser, obwohl bei diesem Han eine schenkelstarke Quelle aus dem Felsen entspringt. Ähnliche Beispiele liessen sich zu Dutzenden und Hunderten anführen, auch aus ganz anderen Gegenden. Hierher würden auch Bildungen gehören, wie das Wort „Ridicule" für die Arbeitstasche unserer Damen, das aus *reticula* entstanden ist. Auch solche Umänderungen könnten zu Dutzenden verzeichnet werden. Sie sind gleichfalls im wesentlichen analog den Schwankungen, die uns bei der Kunst der Naturvölker entgegentreten; da wie dort handelt es sich um zufällige Abweichungen von der ursprünglichen Form, die allmählich missverstanden werden, dann unverständlich sind und schliesslich zu einer neuen Form führen, die wieder verstanden wird, aber mit der alten wenig oder gar nichts mehr gemein hat.

Nur in solcher Weise können wir auch für die verschiedenen Typen der Kopfbänke von Neu-Guinea eine befriedigende Erklärung finden. Doch wäre das Bild, das wir bisher von ihnen entworfen, unvollständig, würden wir nicht auch noch die in Britisch-Neu-Guinea vorkommenden Typen erwähnen. Diese sind allerdings höchst unscheinbar und können an Schönheit und künstlerischer Behandlung nicht entfernt mit den Formen verglichen werden, die wir aus Holländisch- und ganz besonders aus Deutsch-Neu-Guinea kennen gelernt haben. Sie sind durchwegs monoxyl, teilweise einfach rohe Aststücke, deren unregelmässige Verzweigungen so zugeschnitten sind, dass sie als Füsse dienen, oder ganz rohe Tierfiguren, ähnlich den Kopfbänken der Sa. Cruz-Inseln, oder Formen, die an die Doré-Typen erinnern, bei denen aber die Telamonen bis zur völligen Unverständlichkeit in vogelschnabelartige Bildungen übergegangen sind. Ausserdem sind die Kopfbänke im ganzen südöstlichen Neu-Guinea und auf den vorliegenden kleinen Inselgruppen nicht nur an und für sich sehr selten, sondern auch sehr unregelmässig verteilt, so dass sie in weiten Bezirken gänzlich zu fehlen scheinen. Wir wissen augenblicklich noch nicht, ob sie in allen diesen Bezirken durch Hängematten abgelöst werden, oder in welcher Weise sonst Ersatz für sie vorhanden ist.

Ebenso müssen wir uns vorläufig mit der blossen Kenntnis der Thatsache begnügen, dass monoxyle Kopfbänke über ganz Neu-Guinea zerstreut vorkommen und wahrscheinlich von der Gegend um Finsch-Hafen ihren Ausgang genommen haben, während die auf Rottangfüssen ruhenden „zusammengesetzten" Typen nur auf einen kleinen Teil der Nordküste beschränkt sind; ihr Zentrum scheint, soweit unsere bisherige Kenntnis reicht, in der Gegend der Ramu-Mündung zu liegen, jedenfalls greifen sie nicht auf britisches Gebiet über und auch im Westen reichen sie nur eben noch bis an die Humboldt-Bucht und an den Distrikt von Tanah-merah, während sie im ganzen übrigen holländischen Gebiet vollständig zu fehlen scheinen.

Es ist wahrscheinlich, dass sich weitgehende ethnographische Schlüsse aus derartigen Befunden ziehen lassen würden. Einstweilen aber beschränke ich mich darauf, hier nur die Aufmerksamkeit auf diese Frage zu lenken und auch aus diesem Anlasse wieder auf die Lücken unserer bisherigen Kenntnisse hinzuweisen. Die Frage ist an sich interessant und verdiente schon deshalb auch vor einem grösseren Kreise erörtert zu werden; mein letzter Appell wendet sich aber auch diesmal an jenen kleineren Kreis derer, die an Ort und Stelle leben und daher im Stande sind, im unmittelbaren Verkehr mit den Eingeborenen weiteres Material an Sammlungsstücken, Beobachtungen und Erklärungen zu beschaffen. Möge er nicht ungehört verhallen.

6. Verzierte Signal-Trommeln.

Neben den eigentlichen Trommeln, den meist zylindrischen Röhren, welche an einem Ende mit einer Haut bespannt sind, giebt es noch eine zweite Art von Geräten, die man gleichfalls gewöhnlich als Trommeln bezeichnet, grosse, ungefähr zylindrische Holz-

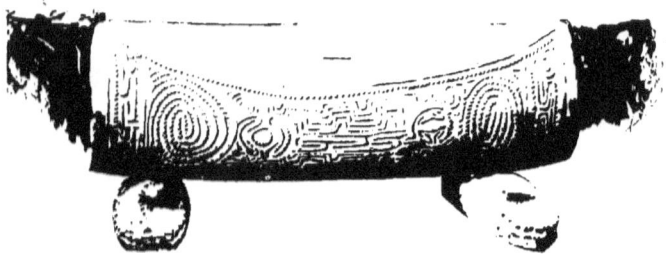

Fig. 31. Signaltrommel von der Mündung des Ramu.
Museum in Stuttgart. Etwa ¹/₁₆ d. w. Gr.

blöcke, die an den Stirnflächen geschlossen sind und nur einen schmalen Längsschlitz haben, von dem aus sie auch ausgehöhlt werden. Mit Stöcken angeschlagen, geben sie einen sehr lauten Ton und dienen als Alarm- oder Signaltrommeln. Sowohl in Afrika als in der Südsee sind sie weit verbreitet; ganz besonders in

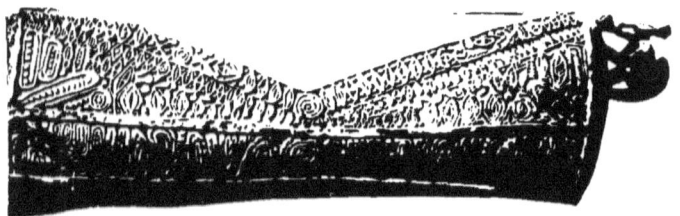

Fig. 32. Signaltrommel vom Huon-Golf.
Etwa ¹/₁₆ d. w. Gr.

Kamerun sind sie die Grundlage einer hochentwickelten „Trommelsprache" geworden, welche unsere alten optischen Telegraphen weit übertrifft und fast auf der Höhe der modernen Telegraphie steht, da sie die rasche Übertragung jeder beliebigen Mitteilung auf sehr grosse Entfernungen gestattet, und ohne jede Einschränkung durch Wind und Wetter, bei Tag und Nacht immer gleich gut functioniert.

Durch Einschaltung der nötigen Anzahl von Relais-Trommeln können die Dualla auf die Entfernung vieler Tagereisen telegraphieren und sind dadurch den Europäern, ehe das Geheimnis entdeckt war, nicht selten in sehr unerfreulicher Weise auch strategisch zuvorgekommen.

In der Südsee sind die grössten Trommeln dieser Art bisher aus Samoa und aus Neu-Irland bekannt gewesen, sie werden aber noch weit von solchen aus Neu-Guinea übertroffen, die wir in den letzten Jahren kennen gelernt haben. Diese sind auch durch reiche Verzierung ausgezeichnet und gehören so zu den grossartigsten Prachtstücken der ethnographischen Sammlungen; soviel mir bekannt ist, sind bisher acht solche Trommeln nach Europa gelangt.

Fig. 33. Teil einer Signaltrommel vom Huon-Golf.
Etwa ⅕ d. w. Gr.

fünf in die Berliner Sammlung und je eine nach Budapest, Stuttgart und Wien. Die grösste derselben ist 2,85 m lang und hat einen Umfang von über 2 m, aber auch die anderen Stücke sind von gewaltigen Dimensionen und haben zu ihrer Herstellung sicher mehrjähriger Arbeit bedurft, denn sie sind aus sehr hartem Holz, und sowohl das, allerdings namentlich durch Feuer unterstützte Aushöhlen durch den engen Schlitz als die Verzierung der Oberfläche mit einem Netze feinen Schnitzwerkes kann nur sehr langsam vor sich gegangen sein, besonders da eiserne Werkzeuge gänzlich fehlten und wahrscheinlich nur Haifischzähne und Stein- und Muschelbeile zur Verwendung kamen.

Auf die Erklärung der Flächenornamente einzugehen, muss ich mir hier versagen; sie sind fast ausnahmslos so stilisiert, dass es mir mehr als gewagt erscheinen würde, sie am grünen Tische und ohne die Hülfe von Eingeborenen zu deuten. Zwar besitzen wir für eine solche Untersuchung in einigen kürzlich erschienenen Schriften von Dr. Preuss[1]) eine ungemein fleissige Vorarbeit, aber ich fürchte, dass es gegenwärtig noch nicht möglich ist, über diese hinaus zu weiteren gesicherten Ergebnissen zu gelangen, solange uns nicht die Eingebornen selbst über Namen und Bedeutung der einzelnen Verzierungen belehren. Solche Arbeiten fehlen bisher noch vollständig; nur in Berlinhafen hat ein ungarischer Forscher, Biro, begonnen, sich dieser schwierigen Aufgabe zu widmen. Seine bis-

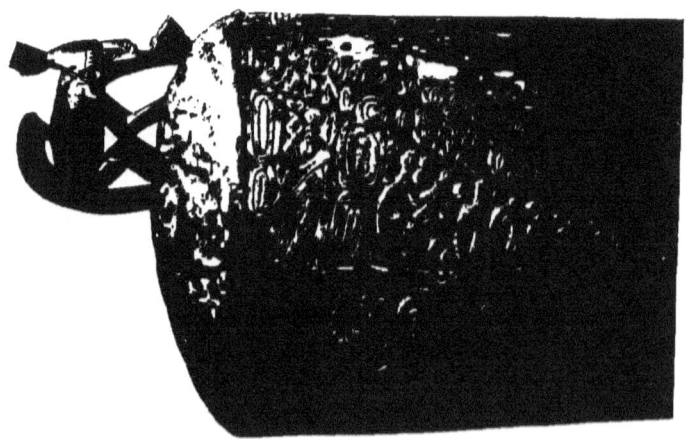

Fig. 34. Teil einer Signaltrommel vom Huon-Golf.
Etwa ¹/₄ d. w. Gr.

herigen Ergebnisse hat er dem Ungarischen National-Museum mitgeteilt, das sie hoffentlich recht bald veröffentlichen wird. Einstweilen teilt er mir brieflich mit, dass das sogenannte „Vogelkopf-Ornament" auf die bekannten kreisförmig gekrümmten Eberhauer zurückgehe, die „Salamander" und die „fliegenden Vögel" auf Fische und dass auch Preuss' „hangender Pteropus" zweifelhaft sei. Jedenfalls ist die Sache noch nicht spruchreif, und es ist sehr dringend zu wünschen, dass auch an anderen Orten Neu-Guineas eingehende Untersuchungen über die Bedeutung der einzelnen Ornamente angestellt werden. Die hier gegebenen Abbildungen von Trommeln

---

[1]) Z. f. Ethn. XXIX. 1897. Verh. S. 77 ff.; i. A. F. E. 1898.

sind deshalb nicht nur ihrer Schönheit wegen ausgewählt worden, sondern auch in der Hoffnung, dass unsere in Neu-Guinea lebenden Landsleute versuchen möchten, die Eingebornen selbst zu genauen Erklärungen zu veranlassen.

In diesem Sinne möchte ich auch auf die merkwürdigen Handhaben dieser Trommeln aufmerksam machen. Diese sind, wie die Abbildungen 32 bis 35 zeigen, sehr kunstvoll aus dem Vollen geschnitzte Rundfiguren und Gruppen. Ihrer Bedeutung als Henkel entspricht es, dass sie nicht nach der Senkrechten, sondern wagrecht orientiert sind, dass man sie also um 90° drehen muss, wenn man sie bequem zeigen will, wie das Fig. 35 versucht worden ist.

Fig. 35. Henkel der Fig. 33 abgebildeten Trommel vom Huon-Golf.

Am einfachsten finden wir die Darstellung bei der oben erwähnten ganz grossen Trommel der Berliner Sammlung; da befindet sich auf jeder Seite nur eine menschliche Figur, auf der einen eine weibliche, die eine grosse ovale Schüssel auf dem Kopfe trägt, auf der anderen eine männliche, welche mit den gleichfalls erhobenen Händen nach breiten Ausladungen greift, von denen es zweifelhaft ist, ob sie zu einer Kopfbank gehören oder ob sie die eigenen Ohren vorstellen soll. Gleichfalls ziemlich durchsichtig ist wenigstens der eine Henkel einer anderen Trommel, der Fig. 35 links abgebildet ist. Da sehen wir ein grosses, vierfüssiges, auf allen Vieren kriechendes männliches Tier, dessen Kopf in einer sehr hohen menschlichen Maske steckt; es ist freilich nicht ganz ausgeschlossen, dass dieses

Tier auch ein auf Händen und Füssen heranschleichender Mann sein könnte; das, was man als den Schweif des Tieres betrachten muss, würde dann als Bosse aufzufassen sein, die man nur der grösseren Festigkeit wegen stehen gelassen hat. Hingegen sieht man auf dem Rücken dieses Tieres (oder Menschen?) deutlich ein zweites vierfüssiges, gleichfalls männliches Tier stehen, mit einem grossen sägeartig bezahnten Rachen und einem Ringelschwanz, ähnlich dem Tiere, das etwa in der Mitte von Fig. 34 zu erkennen ist. Die Bedeutung dieser Gruppe ist mir unklar, aber sie macht völlig den Eindruck, eine Szene darzustellen, die den Eingebornen bekannt und auf den ersten Blick verständlich ist. Viel merkwürdiger noch ist die Darstellung auf dem anderen Henkel derselben Trommel, der Fig. 35 rechts abgebildet ist, und dessen andere Seite auch auf Fig. 33 verglichen werden kann. Die Stelle der grossen Maske des anderen Henkels vertritt auf diesem eine ganze menschliche Figur; hinter dieser befindet sich eine höchst eigenartige Missbildung, die im wesentlichen aus zwei kopflosen weiblichen Körpern besteht, die mit dem Rücken aneinander gewachsen sind. Genau wie bei manchen wirklichen Janus-Bildungen kommt es dadurch zu einer Doppelbildung, die so aussieht, als ob die linken Extremitäten des einen Zwillings und die rechten des anderen zu dem einen Körper und die rechten des ersten mit den linken des zweiten zu dem anderen gehören würden. Das kann unmöglich frei erfunden sein, sondern entspricht zweifellos einer wirklichen Beobachtung, ebenso wie wir auch schon jetzt wissen, dass derartige Doppelbildungen in der ozeanischen Mythologie thatsächlich eine Rolle spielen. So waren Taema und Tilafainga Zwillingsschwestern, die nach Art der „Siamesischen Zwillinge" mit einander verwachsen waren, aber später dadurch von einander frei wurden, dass sie einmal heftig erschreckt wurden und ins Meer sprangen. Sie stehen mit der Kunst und mit der Verbreitung des Tätowierens in Zusammenhang und sind sogar von Fidschi nach Samoa geschwommen, um dort das Tätowieren einzuführen. Eine andere Version derselben Mythe kennt die zusammengewachsenen und dann wieder frei gewordenen weiblichen Zwillinge unter den Namen Taema und Titi. Ähnliche Mythen sind nun sicher auch auf Neu-Guinea vorhanden und bilden die Grundlage für die Darstellung auf unserem Henkel. Diese hat übrigens neben der aufrechten Figur und der Doppelmissbildung noch ein drittes Element, ein vierbeiniges, geschwänztes Tier, welches dem oberen Tiere auf dem anderen Henkel derselben Trommel entspricht, aber mit seinen Füssen auf den Händen und Füssen der nach oben gewandten Hälfte der Missbildung aufruht.

Von der Fig. 34 abgebildeten Trommel ist nur eine Handhabe erhalten, die andere abgebrochen; die erhaltene ist der Fig. 35 links abgebildeten sehr ähnlich, auch sie zeigt ein auf allen Vieren schreitendes Tier mit einer grossen menschlichen Maske; die letztere hat die für einen Teil von Deutsch-Neu-Guinea so bezeichnenden Ω förmigen Schmuckstücke im Septum der Nase. Auf dem Rücken des Tieres stehend war ein zweites Tier geschnitzt gewesen; es ist leider abgebrochen, aber Kopf und Schweif sind noch erhalten und lassen mit einiger Sicherheit erkennen, dass die Gruppe ursprünglich der Fig. 35 links abgebildeten sehr ähnlich gewesen sein muss; neu und eigenartig ist nur der Gegenstand, auf den sich das Kinn der Maske zu stützen scheint; er ist um die Längsaxe der Trommel symmetrisch angeordnet, und jede Hälfte hat ungefähr die Form einer mit den Löchern nach aussen sehenden Nase; ich habe keine Erklärung für diesen Teil des Schnitzwerkes. Eine einzige von den mir bekannten acht solchen Trommeln hat auch auf der Mantelfläche eine fast rund vorstehende Figur; wie Abb. 33 zeigt, ist sie sehr roh und steht in auffallendem Gegensatz zu der Sorgfalt, mit der das Flächenschnitzwerk derselben Trommel und das aller übrigen behandelt ist.

Zwei unserer Trommeln sind in ganzer Ausdehnung mit einem schürzenartigen Behang aus feinen Grasfasern bedeckt, vielleicht zum Schutze der Schnitzereien gegen den Regen. Die Fig. 34 abgebildete Trommel hat aber auch an ihrer unteren Hälfte, in der etwas vorspringenden Leiste, welche den untersten verzierten Streifen von dem mittleren trennt, mehrere Gruppen von je drei Bohrlöchern, die wohl auch zur Befestigung eines Grasbehanges gedient haben, der an solcher Stelle allerdings nur die Bedeutung eines Schmuckes gehabt haben kann. Drei solche Bohrlöcher sind auf der Abbildung nahe dem linken Ende zu sehen. Zum Schutze gegen die Bodenfeuchtigkeit und auch wohl zur Verstärkung des Schalles werden die Trommeln auf kleine aus dem vollen geschnitzte Böcke gestellt, wie solche, allerdings eigentlich zu einer anderen Trommel gehörig, Fig. 34, an ihrer richtigen Stelle mitphotographiert werden konnten.

7. Ahnenfiguren und Schädelkult.

Zu den dunkelsten Punkten der Ethnographie des dunklen Inselreiches gehören die kleinen Schnitzwerke in der Form menschlicher Figuren, die wir in so grosser Zahl, hauptsächlich von den Salomonen und aus dem deutschen und dem holländischen Teile von Neu-Guinea besitzen. Getreu den alten, von Finsch übernommenen Traditionen, pflegten die Reisenden sie als müssige Spielerei zu betrachten und sie einfach als Kuriositäten zu sammeln. So besitzt das Berliner Museum Hunderte von solchen Figuren ohne eine einzige bestimmte Angabe über Zweck und Bedeutung. Meist gelangen diese Bildwerke unter der nichtssagenden Bezeichnung „geschnitzter Götze" in unsere Sammlung, und auch in Holland wurden sie früher einfach als „houten Beeldjes" verzeichnet. Vermutungsweise wird bei einigen angegeben, dass es „Ahnenfiguren" sein möchten, andere werden als „Talismane" erklärt, aber irgend welche zuverlässigen Angaben stehen noch aus. Wir können sie auch erst erwarten, wenn sprachkundige Missionare sich solchen Untersuchungen widmen, und wenn auch unsere anderen Landsleute draussen sich einmal entschlossen haben werden, die einheimischen Sprachen zu lernen. Wer immer aber in Neu-Guinea eine solche Untersuchung aufnimmt, der wird sich ein grosses Verdienst erwerben und sich ein unvergängliches Denkmal in den Annalen der Völkerkunde stiften.

Fig. 86. Ahnenfigur v. d. Ramu-Mündung. Tappenbeck. Etw. ¹/₄ d. w. Gr.

Dass die früheren Reisenden derartige Schnitzwerke überhaupt gesammelt und nach Hause gebracht haben, ist sicher schon sehr verdienstlich gewesen — aber mit dem blossen Sammeln ist es gerade bei derartigen Dingen nicht gethan. Speere und Schilde kann man freilich sammeln wie Käfer und Schmetterlinge, bei welchen die Angabe von Ort und Zeit genügt. Aber bei Gegenständen, die mit uns völlig unbekannten religiösen Vorstellungen zusammenhängen, ist es dringend nötig, zu jedem einzelnen Stücke auch seine Bedeutung zu erkunden. Und das ist das Gebiet, auf dem die Völkerkunde in erster Linie auf die Mitarbeit der Missionare angewiesen ist; denn diese sind vor allen Andern berufen, die religiösen Vorstellungen der Eingebornen zu studieren und auf die Nachwelt zu bringen. Das ist nicht nur ihre Pflicht der Wissenschaft gegenüber, weil sie ja auch mehr als alle Andern zum raschen Schwinden der alten Sitten und Gebräuche beitragen, sondern es ist auch ihr eigenster Vorteil, denn wie könnten Missionare überhaupt daran denken, mit Erfolg eine neue Religion zu lehren, ohne die alte zu kennen. So sind die bisher noch recht kümmerlichen

Fig. 37. „Ahnenfiguren" und verwandte Bildwerke von der Ramu Mündung. Sammlung Tappenbeck. Etwa ¼ d. w. Gr.

Erfolge der Missionsthätigkeit gerade in den meisten melanesischen Bezirken zum allergrössten Teile auf unsere fast völlige Unkenntnis der einheimischen Religionen zurückzuführen, und so erscheinen Mission und Völkerkunde genau ebenso auf gegenseitige Förderung und Hülfe angewiesen, wie wir längst schon eingesehen haben, dass auch politische Erfolge in den Schutzgebieten stets nur auf der Grundlage ethnographischer Erfahrungen erwartet und erreicht werden können, und dass Unkenntnis der ethnographischen Verhältnisse nur allzuoft von politischen Misserfolgen und von grossen Verlusten an Geld und Menschenleben gefolgt war.

Die grossartigen Erfolge, wie sie in anderen Schutzgebieten

etwa von Sir George Grey oder von Hermann von Wissmann erreicht wurden, beruhten in erster Linie auf dem feinen Verständnis, das diese Männer der Völkerkunde entgegenbrachten, und auf ihrem liebevollen Eingehen in die Psyche der ihnen anvertrauten Bevölkerung, und es ist sicher kein Zweifel, dass auch ein dritter hoher Kolonial-Beamter, Sir William Mac Gregor, der frühere Gouverneur von Brit. Neu-Guinea, nicht nur als Forscher, sondern auch als politischer Beamter unvergänglichen Ruhm erworben hat.

So ist nun auch für den deutschen Teil von Neu-Guinea unsere ganze Hoffnung auf die neue kaiserliche Regierung und auf die Missionare gerichtet, und wir erwarten, dass es der gemeinsamen Arbeit aller Beteiligten gelingen möchte, im letzten Augenblicke noch die Rätsel der papuanischen Religion und Mythologie für die Wissenschaft und für die Nachwelt festzuhalten und zu retten, bevor es hierzu für immer zu spät sein wird, bevor sie vor der überlegenen Macht des weissen Mannes wie Maienschnee dahinschmilzt, unwiederbringlich und wegen der Schriftlosigkeit des Papua auch niemals wieder zu rekonstruieren, wenn einmal der richtige Augenblick, sie festzuhalten, in gedankenlosem Leichtsinn und brutalem Hochmut versäumt worden ist.

Einstweilen können wir die meisten Schnitzwerke aus Neu-Guinea nur ihrer äusseren Form nach beurteilen und müssen uns darauf beschränken, ihren Stil und ihre geographische Verbreitung zu untersuchen. Die Abbildungen 36—43 geben typische Vertreter aus dem deutschen Teile der Insel. Fast ohne Ausnahme sind die Figuren dieser Art ohne irgend einen Sockel, können daher nicht selbst stehen und werden irgendwie an- oder aufgehängt; die viereckigen Sockel, auf denen stehend sie abgebildet sind, sind eine spätere, museale Zuthat. Genaue Beschreibung der einzelnen Typen würde uns zu weit führen und ist durch die Abbildungen wenigstens teilweise entbehrlich gemacht. Nur darauf sei auch hier hingewiesen, dass neben völlig stilisierten Figuren auch solche vorkommen, die fast naturalistisch behandelt sind und wohl geradezu als Porträts aufgefasst werden müssen. Dies scheint mir besonders für die Fig. 36 und 41 abgebildeten Stücke wahrscheinlich, sowie auch für die unter No. 42 abgebildete Figur, die mit ihrem Kopfputz aus wirklichem Menschenhaar und ihrem der Wirklichkeit entlehnten Ohr- und Nasenschmuck einen durchaus naturalistischen Eindruck macht. In gewissem Sinne könnte das auch von jener Reihe von Schnitzwerken gelten, für welche die Figuren 38 und 39

Fig. 38 und 39. Zwei „Ahnenfiguren" von der „20 Meilen-Insel".
Tappenbeck. Etwa ⅓ d. w. Gr.

als typische Vertreter hier abgebildet sind; obwohl sie in den Proportionen durchaus unnatürlich erscheinen, macht doch wenigstens die Bemalung des Gesichtes und des übrigen Körpers einen individuellen und persönlichen Eindruck. Das wird man von einem Schnitzwerke, wie das Fig. 43 abgebildete, niemals behaupten wollen, und auch die grosse Reihe der Figuren

Fig. 40 und 41. Zwei „Ahnenfiguren" von der Ramu-Mündung.
Tappenbeck. Etwa ¹/₃ d. w. Gr.

mit den übermässig langen Nasen, wie solche unter Fig. 37c, 37f und 40 abgebildet sind, kann nicht auf wirkliche Porträt-Darstellungen bezogen werden. Die Bezeichnung „Talismane" für derartige

Fig. 42 und 43. Zwei „Ahnenfiguren" von der Ramu-Mündung. Tappenbeck. ¹/₅ und ¹/₇ d. w. Gr.

Figuren ist in keiner Weise befriedigend, und die von Biro für verwandte Formen erkundeten Namen geben noch keinerlei Anhaltspunkte für ihre richtige Deutung. Ebenso sind uns die nicht selten vorkommenden Doppelfiguren in der Art der Abb. 37d noch ganz unverständlich. Hingegen ist es nicht ausgeschlossen, dass die Schnitzwerke, welche eine Figur darstellen, die eine zweite kleinere auf den Schultern trägt, wirklich Leute vorstellen, die ihre Kinder tragen; freilich wissen wir, dass wenigstens kleinere Kinder in Neu-Guinea nicht in dieser Art auf den Schultern getragen werden, sondern in grossen genetzten Beuteln.

Fig. 44. Ahnenfigur v. d. Geelvink-Bucht. Etwa ¹/₃ d. w. Gr.

Völlig anders ist der Typus, den wir bei den analogen Figuren im holländischen Teile von Neu-Guinea finden; diese sind in grosser Anzahl in dem bereits erwähnten Buche von De Clercq und Schmeltz abgebildet, so dass es genügt, hier, Fig. 44, nur ein einziges Stück vorzuführen. Fast ohne Ausnahme stehen diese Figuren auf einer Plinthe mit der zusammen sie aus einem Stücke geschnitzt sind; stilistisch sind sie ungleich einheitlicher als die so weit auseinander gehenden Formen im Osten; besonders bezeichnend für sie ist der grosse viereckige Kopf, der beinahe die Hälfte der Gesamthöhe der hockenden Figur erreicht. In der Regel hält die Figur einen schildförmigen, meist durchbrochen geschnitzten Gegenstand gerade vor sich, der bei den meisten Stücken dieser Art aus sich selbst heraus nicht gedeutet werden kann. Es giebt aber andere Stücke, bei denen es ganz unzweifelhaft ist, dass es sich da um eine zweite menschliche Figur handelt. Ein Blick auf die Tafeln XXXIV und XXXV in dem eben genannten Buche wird das bestätigen, und auch bei unserer Abbildung 45 kann man die kleinere, von der grösseren gehaltene Figur leicht erkennen. In diesem Zusammenhange scheint es möglich, dass wir auch bei den anderen Stücken in dem schildförmigen Gegenstand eine stilisierte und verkümmerte menschliche Figur zu erkennen haben. Man kann das bei dem gegenwärtigen kümmerlichen Stand unserer Kenntnisse natürlich nicht als gesichert hinnehmen, aber es würde sich doch lohnen, einmal eine grössere Reihe solcher Figuren daraufhin zu untersuchen. Einstweilen möchte ich darauf hinweisen, dass selbst der herzförmige Schild unserer Fig. 44 noch Elemente aufweist, die auf zwei Augen und auf einen geöffneten Mund mit den Zahnreihen bezogen werden könnten.

Über die Bedeutung dieser zweiten Figur ist vorläufig gar nichts bekannt; sie findet sich in ähnlicher Art auch in Britisch-Neu-Guinea. Dort scheinen zwar Schnitzwerke in der Art der „Ahnenfiguren" des Nordens und Westens der Insel so gut wie völlig zu fehlen, dafür haben wir aber besonders in den dort stets in grossartiger Weise künstlerisch ausgestalteten Kalkspateln der Betel-

Fig. 45. Ahnenfigur, sicher aus Holl. Neu-Guinea, aber auf einer Insel der Admiralty-Gruppe gefunden.

S.M.S. Möwe. ¹/₄ d. w. Gr.

kauer eine reiche Quelle für die Kenntnis der einheimischen Kleinkunst. Diese Spatel werden mit ihrer flachen Spitze im Munde befeuchtet, dann in ein Gefäss mit gebranntem Korallenkalk gesteckt und mit dem Betel wieder in den Mund gebracht. Ihr Griff ist stets reich verziert, so dass diese Spatel zu den schönsten und kostbarsten Stücken der ethnographischen Sammlungen gehören. Leider sind sie aber auch bei den Eingeborenen Gegenstand eines weit ausgedehnten Tauschhandels, so dass sie oft in grosser Entfernung von ihrem Herstellungsorte angetroffen werden und deshalb auch zur Feststellung des Kunststils der einzelnen ethnographischen Provinzen nicht sehr geeignet sind, da ihre wirkliche Heimat in vielen Fällen kaum mehr ermittelt werden kann. Fig. 46 zeigt einen solchen Spatel, am Griffe mit zwei Figuren, einer grösseren und einer kleineren, die anscheinend demselben Kreise von Vorstellungen angehören wie die oben beschriebenen Schnitzwerke aus dem Nordwesten der Insel. Ich gebe im Anschluss hieran in Fig. 47 noch die Abbildung eines zweiten solchen Spatels, der sowohl durch die bei dieser Kunstgattung sehr seltene Asymmetrie als auch durch seine besonders feine und sorgfältige Ausführung höchst bemerkenswert ist. Wir sehen da eine hockende Figur, das Kinn mit der rechten, die Stirn mit der linken Hand stützend, in einer Stellung, die man als „nachdenkend" bezeichnen könnte, wenn man nicht vorzieht, sie etwa auf eine Verwundung zurückzuführen, oder noch besser, sie vorläufig noch ganz unerklärt zu lassen. Das Stück ist auch, abgesehen von seiner Bedeutung, schon an sich so merkwürdig, dass es wohl verdient, hier einem grösseren Kreise bekannt gemacht zu werden, obwohl es vermutlich nicht in die Gruppe der eigentlichen „Ahnenbilder" gehört, denen sonst dieser Abschnitt gewidmet ist.

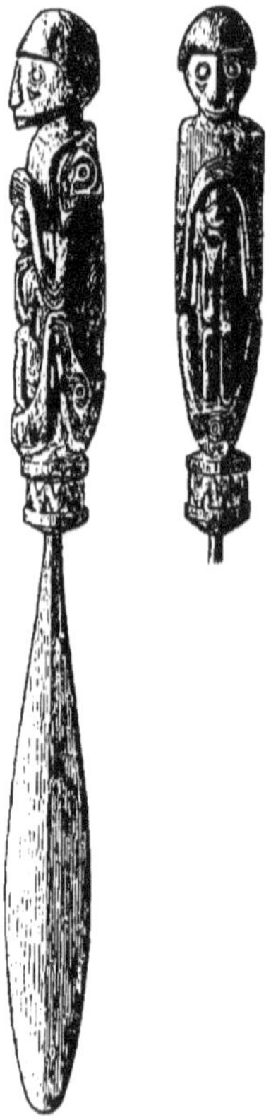

Hingegen würde es hier vielleicht am Platze sein, in eine allgemeine Erörterung über das Wesen der Ahnenbilder einzutreten; Raummangel sowohl, als besonders auch die grosse Unsicherheit, welche gerade für die Südsee noch über dieser Frage schwebt, hindern mich, sie an dieser Stelle ausführlich zu behandeln. Ich darf aber gleichwohl andeuten, dass vermutlich auch in Neu-Guinea es die im Traume erscheinenden Verstorbenen sind, welche die erste Veranlassung zur Bildung der meisten religiösen Vorstellungen geben. Seien es nun betrauerte und geliebte Freunde und Verwandte, oder gefürchtete Häuptlinge oder gehasste Feinde, die uns nach ihrem Tode im Traume wieder erscheinen, lebend und genau so, wie wir sie im Leben gekannt, immer wird ein solches Traumbild den Anstoss zu Gedanken über die Fortdauer des Lebens nach

Fig. 46. Spatel für Kalk z. Betelkauen, wahrscheinl. Samarai oder Kiriwina.
Geschenk v. Dr. Krieger. ¹/₃ d. w. Gr.

dem Tode geben können und dadurch zur Quelle für religiöse Begriffe und besonders auch für den Ahnenkult werden. Unter welchen Formen dieser gerade in Neu-Guinea geübt wird, ist uns einstweilen nur in den gröbsten äusseren Umrissen bekannt, während wir über sein eigentliches Wesen noch völlig unwissend sind.

Hand in Hand mit der Pflege der Ahnenbilder finden wir in Neu-Guinea auch den Schädelkult zu hoher Blüte entwickelt. Im britischen Teile der Insel werden Schädel ähnlich wie bei den Dayak auf Borneo geschnitzt und schön bemalt. In einigen Bezirken werden sogar die Zähne kunstvoll mit Bindfäden umflochten, um das Herausfallen zu verhindern. Am Fly-River werden nach d'Albertis Schädel mit roten Abruskernen geschmückt und mit Kauri-Augen versehen, und von mehreren Inseln der Torres-Strasse kennen wir bemalte Schädel mit künstlichen Nasen aus Schildpatt. Das Auffallendste in dieser Art sind aber die Schädel, wie sie die Neneba am Mount Scratchley präparieren, mit einer ungeheuren, aus Holz geschnitzten Nase, stachelartig vorspringenden Augen und einem aus einer harzigen Masse geformten und mit Coix-Kernen überkleidetem Gesicht.

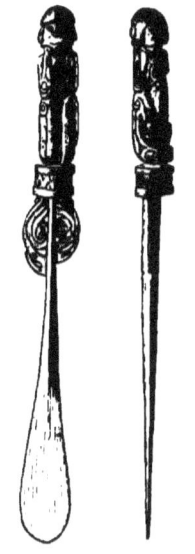

Fig. 47. Spatel für Kalk zum Betelkauen, in Port Moresby erworben.

Aus dem Nachlass von Prof. W. Joest. ¹/₂ d. w Gr.

In Kaiser Wilhelms-Land ist der Schädelkult, soweit unsere bisherigen Kenntnisse reichen, nur wenig entwickelt, hingegen finden wir ihn im Westen der Insel, besonders an der Geelvink-Bucht verbreitet. Finsch hat schon 1865 berichtet, in welcher Art in Doré die Schädel der verstorbenen Familienmitglieder zu Hausgötzen präpariert und geweiht werden, und seitdem haben wir eine Reihe von weiteren Nachrichten, alle von der Geelvink-Bucht, nach denen Schädel bemalt, oder in Körben oder gar im Innern des Kopfes grosser geschnitzter Holzfiguren aufbewahrt werden. Bei der Schwierigkeit sprachlicher Verständigung ist es in einzelnen Fällen schwer zu entscheiden, ob es sich hierbei immer um die Reste von Angehörigen handelt, die man ehren will, oder etwa um die Schädel von Feinden, die man nun als Trophäen und Apotropaia aufbewahrt. Ähnlich wie in Neu-Seeland scheinen auch in Neu-

Guinea beide Formen des Schädelkultus neben einander vorzukommen, während sonst in der Südsee meist nur die Schädel erschlagener Feinde in besonderer Art verwahrt werden. Genauere Nachrichten und Belege zur Aufhellung dieses Verhältnisses würden ungemein erwünscht und wertvoll sein.

In diesem Zusammenhange ist es nötig, auch eine Hypothese zu erwähnen, welche die menschliche Figur, wie sie uns so oft in den Schnitzwerken der Naturvölker entgegentritt, nicht als ein Abbild des wirklichen Menschen betrachtet wissen will, sondern sie aus dem „Schädelpfahl" hervorgehen lässt. Die Idee ist durchaus pervers, aber sie wird so ernsthaft vorgetragen, dass es mir unrecht schiene, sie an dieser Stelle ganz zu ignorieren. Neidstangen

Fig. 48. Menschlicher Schädel, Neneba (Mount Scratchley), mit einer riesigen hölzernen Nase, das Gesicht mit Coix-Kernen ausgelegt.

und des Tacitus *truncis arborum antefixa ora* sind ja sicher über einen grossen Teil der Erde verbreitet,[1] aber es geht gegen den gemeinen Verstand, sie als die Quelle der menschlichen Figur in der Kunst der Naturvölker zu betrachten; eine solche Vorstellung ist genau ebenso pervers, als wollte uns jemand glauben machen, die Darstellung des Menschen in der modernen europäischen Kunst hätte ihren Ausgang von einer mit Kleidern behängten Vogelscheuche genommen.

---

[1] Vgl. hierzu das lehrreiche und noch immer zeitgemässe Kapitel „Schädelkultus" in Richard Andree's „Ethnographische Parallelen und Vergleiche", Stuttgart, 1874.

8. Masken.

Die am weitesten verbreiteten ethnographischen Merkwürdigkeiten sind die Masken. In Europa, wo sie noch für das antike Schauspiel so bedeutungsvoll waren, sind sie gegenwärtig nur mehr auf einige wenige Gebirgsgegenden beschränkt und im übrigen zu einem geistlosen Karnevals-Gerät degeneriert, aber in den übrigen Erdteilen spielen sie dafür eine um so wichtigere Rolle, die freilich erst seit wenigen Jahrzehnten anfängt, näher gekannt und in ihrer wissenschaftlichen Bedeutung studiert zu werden. Tibet und Ostasien, Ceylon und Alaska, sowie die westafrikanische Guinea-Küste und ihr Hinterland sind grosse Zentren für den Gebrauch von Masken, nirgends aber finden wir diese in so überwältigender Mannigfaltigkeit als gerade in Neu-Guinea. Allein nur mit den Abbildungen der uns bisher von dort überkommenen Maskenformen liessen sich Bände füllen. Leider ist über ihre wahre Bedeutung aus Neu-Guinea bisher noch gar nichts bekannt geworden. Meist kommen sie bei Festlichkeiten zur Verwendung, wo sie bestimmte Personen, Ahnen, Häuptlinge, Fürsten, Dämonen oder Gottheiten darstellen helfen; anderswo sollen sie ihren Träger vor Menschen, anderswo auch vor höheren Wesen verbergen und unkenntlich machen.

Fig. 49. Motu-Motu-Mann mit grosser Maske. Berliner Museum.

anderswo haben sie noch andere Bedeutungen — immer gehört ihr Studium zu den wichtigsten Aufgaben der Völkerkunde.

In Britisch-Neu-Guinea hat Haddon begonnen, sich etwas eingehender als seine Vorgänger mit der Bedeutung der Masken zu beschäftigen, und besonders seine letzte Reise, von der er in diesen Wochen heimgekehrt ist, dürfte wichtige Ergebnisse auch auf diesem Gebiete zu verzeichnen haben. Jedenfalls gebührt dem englischen Teile von Neu-Guinea der Ruhm, die grössten Masken der Welt hervorzubringen; eine Maske vom Papua-Golf von 2 m Länge und 4 m Höhe befindet

Fig. 50. Maske von der Ramu-Mündung. Tappenbeck. ¹⁄₅ d. w. Gr.

Fig. 51. Brustschmuck mit einem maskenartigen Schnitzwerk, umgeben von Eberzähnen, Muschu-Insel. Etwa ¹⁄₅ d. w. Gr.

sich im British-Museum, kann aber dort wegen Raummangel leider nicht aufgestellt werden, und ähnlich grosse Masken befinden sich auch in Edinburg und Glasgow. Das grösste Stück der Berliner Sammlung ist in Fig. 49 abgebildet. Es ist über mannshoch und

---

[1] The decorative art of British-New-Guinea. Dublin 1894.

aus bunt bemaltem und reich verziertem Rindenzeug angefertigt, das über ein Gestell aus Rohrstreifen und Palmblattrippen gespannt ist. Unter den vielen anderen Masken-Typen von Britisch-Neu-Guinea sind besonders die Masken von der Torres-Strasse bemerkenswert, die ganz aus Schildpatt verfertigt sind und zu den interessantesten und kostbarsten Stücken der grösseren Sammlungen gehören.

Noch ungleich mannigfaltiger als im britischen Süden von Ost-Neu-Guinea ist der Maskenreichtum im deutschen Norden. Es kann hier nicht meine Aufgabe sein, auch nur den kleinsten Teil dieser fast zahllosen Typen zu beschreiben oder auch nur zu verzeichnen; ich gebe als Probe nur eine einzige Maske aus der grossen Sammlung der Ramu-Expedition, welche das Berliner Museum in diesen Tagen erworben hat; die Nase ist Vogelschnabel-artig verlängert und zugespitzt; in der Stirngegend ist ein groteskes Tier dargestellt, dessen Kopf auf den Nasenrücken herabreicht. Die ganze Maske ist bunt bemalt und trotz ihrer bizarren Form von grosser Schönheit.

Über die Bedeutung dieser Form und aller anderen Masken aus Kaiser Wilhelmsland sind wir noch völlig im unklaren. Einer mündlichen Mitteilung meines Kollegen Janko vom Ungarischen Museum zufolge hat Herr Biro berichtet, dass er allein in der Gegend von Berlinhafen an sechzig verschiedene Tänze kennen gelernt habe, die meist mit Masken durchgeführt werden. Biros neue Berichte werden hoffentlich bald veröffentlicht werden, aber auch aus den anderen Gegenden von Kaiser Wilhelmsland werden genaue Untersuchungen über die Masken nun hoffentlich nicht mehr lange ausbleiben.

Auch kleine maskenähnliche Schnitzwerke, viel zu klein für den wirklichen Gebrauch, finden wir, besonders im deutschen Teil von Neu-Guinea, mehrfach in Gebrauch, wie es scheint, etwa in der Art von Talismanen. Möglicherweise gehört auch der eigenartige Brustschmuck von der Muschu-Insel hieher, der oben, Fig. 51, abgebildet ist. Da sehen wir eine kleine, buntbemalte Maske mit Vogelschnabelartiger Nase, umgeben von einem Kranz aus Eberzähnen und mit einem Barte aus wirklichem Menschenhaar, eingefasst mit einer Reihe von Nassa-Muscheln und in eine grosse leuchtende Ovula ovum-Schnecke endend; das Ganze hängt an einer gelochteten Schnur, an der es um den Hals getragen werden kann.

9. Zur Kenntnis der Ornamentik von Neu-Guinea.

Zu diesem schwierigsten Kapitel der melanesischen Ethnographie können hier nur einige leitende Gesichtspunkte kurz mitgeteilt werden. Zunächst hat Haddon den Beweis geliefert, dass die Stämme von Britisch-Neu-Guinea besser als in irgend einer anderen Weise nach ihrer Ornamentik eingeteilt und zu einzelnen ethnographischen Provinzen zusammengefasst werden können. In ähnlicher Weise hat Preuss das auch für den deutschen Teil der Insel versucht, während für den holländischen das noch immer allzu spärlich vorhandene Material eine weitere Teilung bisher nicht gestattet, wie denn auch für den Osten der Insel unsere Kenntnis noch so lückenhaft ist, dass wir die bisher gemachten Scheidungsversuche nicht als völlig definitiv und unfehlbar betrachten können. Immer aber geben uns gerade die Ornamente einen verhältnismässig sicheren Leitfaden, an dem wir allmählich zu einer abschliessenden Übersicht gelangen zu können hoffen.

Die Zeit der Raritäten- und Kunstkammern, in der man Neu-Guinea mit Neu-Holland und mit allen Inselgruppen der Südsee als „Australien" zusammenfasste, wich einer Periode, in der man Neu-Guinea als ein ethnographisches Individuum betrachten konnte. Mit der weiteren Erschliessung der Insel erkannte man aber bald, dass da von einer Einheit keine Rede sein könne und gelangte zu der Anschauung, dass den gegenwärtigen politischen Grenzen auf der Insel zufällig auch ethnographische Scheidelinien entsprächen. Aber auch diese Ansicht ist jetzt erschüttert. Kaiser Wilhelmsland zerfällt ethnographisch in mindestens fünf oder sechs Gebiete, Britisch-Neu-Guinea in sechs oder sieben und in ebensoviel wohl auch der holländische Teil der Insel, von dem freilich der ganze Süden noch so gut wie unbekannt ist, von dem aber die Gegend von Misol und Salawati, der Mac Cluer-Golf und die Geelvink-Bucht sicher je eine ethnographische Provinz bilden, während der äusserste Osten von Holl. Neu-Guinea, mit Witriwai, Tanah-merah und der Humboldt-Bai ethnographisch sich an das benachbarte deutsche Gebiet anschliesst.

Weitaus am schönsten lassen sich diese ethnographischen Provinzen im englischen Teile festhalten. Von diesen umfasst die am weitesten nach Westen liegende die Inseln der Torres-Strasse und das unmittelbar vorliegende Küstengebiet der Hauptinsel, das als Daudai bekannt ist, und die südwestliche Hälfte des grossen

— 513 —

Fly-River-Delta's bildet. Das ist das Gebiet der grossen schönen Masken aus Schildpatt und der auf vielen Gegenständen des täglichen Gebrauches eingeritzten und eingebrannten Tierfiguren. Besonders auf den *bau-bau* genannten Röhren zum Tabakrauchen finden sich im ganzen über zwanzig Darstellungen von Tieren, alle in den denkbar einfachsten Linien und doch mit solcher Sicherheit umrissen, dass sie ohne Schwierigkeit zoologisch bestimmt werden können; so sind z. B. die Haie stets an der heterocerken Schwanzflosse kennbar. Abb. 52 zeigt den abgerollten Mantel eines solchen Rauchrohres mit den schönen Möwen, von denen eine, um auch die Technik besser zu zeigen, unter 53 in der Grösse des Originals abgebildet ist. Dieses eine Rauchrohr, das zu den älteren Beständen des Berliner Museums gehört und 1872 durch Tausch mit einer auswärtigen Sammlung erworben wurde, ist deshalb ganz besonders bemerkenswert, weil sich unter seinen Verzierungen auch eine richtige „Landschaft" findet, eine leicht zu erkennende Skizze der Insel Mer der Torres-Strasse, welche die Eingeborenen ihrer Form wegen mit einem Dugong vergleichen. Die Skizze zeigt deutlich die vulkanische Spitze der Insel mit einer grauen Wolke, an beiden Enden Hütten von Eingeborenen; in der Mitte des rechten Abhanges eine jähe Wand, mehrere Palmbäume und neben dem grössten dieser Bäume, unter dem Gipfel des Berges eine Art Auge, das einer wirklichen Terrainbildung entspricht, die von den Eingeborenen für das Auge des Dugong erklärt wird. Haddon hat vor wenigen Jahren an Ort und Stelle eine Skizze der Insel Mer gezeichnet und weist auf die Ähnlichkeit beider Skizzen

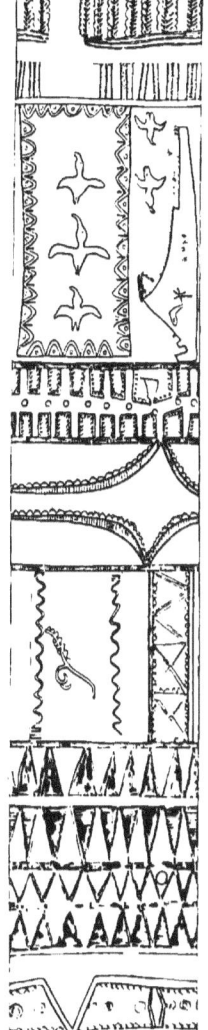

Fig. 52. Tabakspfeife mit einer Darstellung der Insel Mer. ⅔ d. w. Gr

hin. Höchst merkwürdiger Weise ist die Skizze auf dem Berliner Rohr aber verkehrt gezeichnet, wie ein Spiegelbild. Dies erinnert lebhaft an die bekannte Thatsache, dass sehr viele Eingeborene unbewusst Spiegelschrift schreiben, wenn sie versuchen, europäische Buchstaben nachzumalen. Belege hiefür könnten aus Hawaii und Samoa, aus Neu-Seeland und von den Marquesas, aber auch mehrfach aus West-Afrika beigebracht werden. Irgend ein plausibler Grund für diese Erscheinung ist bisher noch nicht beigebracht worden; die Erklärung, dass man beim Zählen mit dem kleinen Finger der linken Hand beginne und dann (bei zehn) bis zum Kleinfinger der Rechten fortzähle, scheint mir hierfür nicht ausreichend zu sein; eher würde ich hierbei an eine ähnliche Art von Unbeholfenheit denken, wie diejenige, die uns selbst veranlasst, Spiegelschrift zu schreiben, wenn wir unser Papier auf die untere Seite der Tischplatte legen und so zu schreiben versuchen.

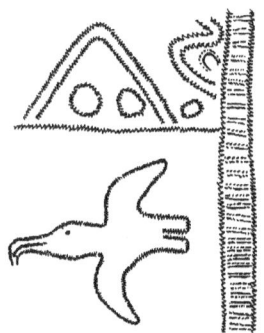

Fig. 53. Detail der Tabakspfeife in Fig. 52.
Wirkliche Grösse.

Diese *bau-bau*-Pfeifen sind übrigens nicht nur durch ihre Verzierung, sondern auch durch ihr Prinzip höchst merkwürdig. Sie haben nämlich ausser der grossen Öffnung an einer der Stirnflächen noch ein kleines rundes Loch in der Mantelfläche; in dieses wird eine kleine mit Tabak gefüllte Blattdüte gesteckt und angezündet. Dann raucht man zunächst von dem grossen Loche aus so lange, als bis das ganze Rohr mit Rauch gefüllt ist; dann entfernt man die ausgebrannte Düte, schliesst die grosse Öffnung und zieht nun den Rauch durch das seitliche kleine Loch ein. Sonst ist unter den Ornamenten des Daudai-Gebietes vor allen eines noch sehr interessant, weil es auf die Larve des Ameisenlöwen (Myrmecoleon) zurückgeht. Ein anderes Ornament hat sich aus zwei ankerartig nebeneinander gelegten Angelhaken entwickelt, während die Pfeile meist mit Krokodilen und Schlangen verziert werden, aber oft auch mit menschlichen Figuren, deren Köpfe ganz im Stile der grossen Schildpattmasken behandelt sind.

Die zweite ethnographische Provinz umfasst das ganze Gebiet des Fly-River und die Küstenstrecke bis zum Kap Blackwood; sehr eigenartige Trommeln, eine bestimmte Art von verzierten Bambu-Pfeifen und ein Blattornament sind für dieses Gebiet bezeichnend.

Die dritte Provinz begreift die Ostküste des Papua-Golfs von Aird-River bis zum Kap Possession; hierher gehören die riesigen Masken, wie eine solche Fig. 49 abgebildet ist, prächtige geschnitzte Holzgürtel und schöne geschnitzte und bunt bemalte Schilde. Die vierte Provinz erstreckt sich vom Kap Possession bis zu Mullen's Harbour und vom Küstensaum bis zum Kamme der Owen-Stanley-Kette. Sie ist durch auffallend viele polynesische Elemente charakterisiert, die hier den melanesischen bald schroff gegenüberstehen, bald wieder sich innig mit ihnen vermengt haben. Haddon nennt diese Provinz unglücklich den „Zentral-Distrikt"; wir haben in Berlin angefangen, sie als Mac-Gregor-Distrikt zu bezeichnen, weil sie Port-Moresby, den Sitz der Landesregierung, einschliesst, wo sich Se. Excellenz Sir William Mac Gregor, auch um die Wissenschaft so grosse und unvergängliche Verdienste erworben hat.

Die fünfte Provinz, der Massim-Distrikt, umfasst das Ostende der Insel, von Mullen's Harbour bis zur Bartle-Bai an der Nordküste und alle die kleinen Inselgruppen im Osten, die wir jetzt mit ihren einheimischen Namen als Moratau-, Kiriwina-, Murua- u. s. w. Gruppen kennen, während sie früher äusserst unzweckmässig als D'Entrecasteaux-Inseln, Trobriand-Inseln, Woodlark-Gruppe u. s. w. aufgeführt werden. Von da stammen vor allen die reich verzierten Kiriwina-Schilde, die schön geschnitzten Kalkspatel und die prächtigen mit Brandmalerei geschmückten Kalebassen, von denen einige Muster hier, Fig. 1—4, abgebildet sind und auf die wir noch einmal kurz zurückkommen werden.

Die sechste Provinz umfasst die Nordostküste, von der Bartle-Bai bis zur deutschen Grenze, also bis zur Gira-Mündung in der Mambare-Bucht oder einfacher gesagt, bis zum deutschen Huon-Golf. Dieses Gebiet ist noch so gut wie unbekannt, dürfte aber, wenn nach dem Reichtum seiner beiden Nachbargebiete an ethnographischen Prachtstücken auf seinen eigenen geschlossen werden kann, noch eine Quelle vieler freudiger Überraschungen werden. In wie weit sich diesen ethnographischen Bezirken, die meist nur auf die Küstenregion beschränkt sind, im Innern des Landes noch weitere neue Provinzen anschliessen werden, ist einstweilen nicht einmal mit annähernder Sicherheit vorauszusagen.

In ähnlicher Weise zerfällt auch der deutsche Teil der Insel in eine Reihe einzelner ethnographischer Provinzen; beginnen wir

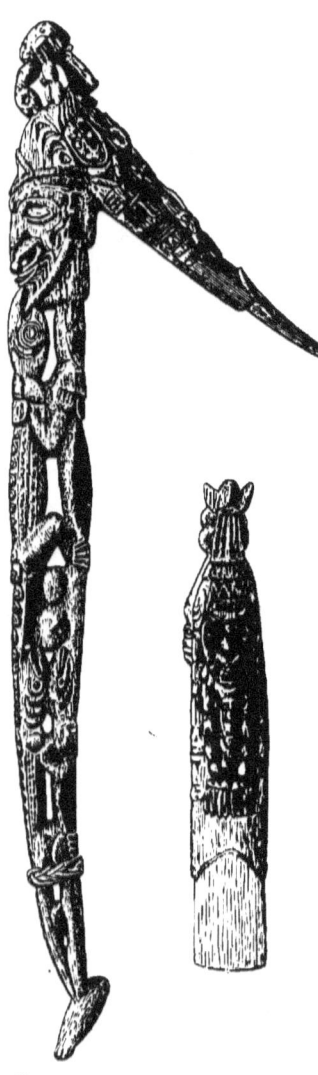

Fig. 54. Geschnitzter Beilgriff vom Potsdamhafen.
Tappenbeck. ¹/₅ d. w. Gr.

im Osten, so haben wir zunächst einen noch wenig bekannten Distrikt, dem südlichen Teile des Huon-Golfes entsprechend, von der britischen Grenze bis zum Kap Parsee. Er ist durch das Auftreten besonders bizarrer Schmuckstücke und quer gestellter Schilde besonders gekennzeichnet. Viel besser gekannt ist der nächste Distrikt, der bis zum Fortification-Point reicht, also Simbang, Tami und Finschhafen einschliesst. Hierher gehören vor allen die S. 473 ff. beschriebenen monoxylen Kopfbänke, schöne geschnitzte Trommeln und reich verzierte Kokosschalen und bis zu 4 und 5 m lange geschnitzte und bunt bemalte Bretter als Hausverzierungen.

Der nächste Bezirk, der vom Fortification-Point bis etwa zum Kap Croisilles reicht, schliesst die Astrolabe-Bucht ein. Hier tritt die Kunst gegen die der Nachbarbezirke stark zurück; Masken und Schnitzwerke sind roh, fast sorglos geschnitzt und bemalt, nur die Verzierungen auf Kämmen und Schildpattarmringen sehen verhältnismässig gut aus; neben geflochtenen Schilden haben wir hier, besonders auf der kleinen Insel Bili-Bili und dem benachbarten Festland auch die grossen runden, wie ein solcher hier, Fig. 11, S. 464, abgebildet ist.

Der vierte Bezirk, vom Kap Croisilles bis Berlinhafen reichend, ist durch eine überwältigende Fülle prächtiger Schnitzwerke ausgezeichnet. Hierher gehören die schönen „zusammengesetzten" Kopfbänke (vgl. S. 482 ff.), hierher die Wurfbretter mit ihren geschnitzten Widerlagern, auf denen wir den Beuteldachs, das Krokodil, den Buceros und vielleicht auch eine Orthopterenart dargestellt finden, hierher auch die schönsten Masken und „Ahnenfiguren" der ganzen Insel.

Einen fünften und einen sechsten Bezirk bilden die Landschaften am Ramu und am Augusta-Fluss, die beide noch zu wenig bekannt sind, als dass es möglich wäre, sie schon jetzt kurz zu charakterisieren. Als siebenten und letzten Bezirk endlich haben wir hier die Gegend vom Berlinhafen bis zur Humboldt-Bucht zu verzeichnen; hierher gehören schöne Brustschmuckplatten (oder „Herzschilde", vergl. S. 465) mit gespaltenen Eberzähnen und roten Abrus-Kernen verziert, hierher die stark degenerierten Kopfbänke (vergl. S. 485), hierher auch die kleinen verzierten Kalebassen für die Eichel. Wie schon oben erwähnt, scheint es keine scharfe Grenze zwischen diesem Bezirke und dem von Tanah-merah im holländischen Teil der Insel zu geben.

Neben dieser mehr geographischen Art der Betrachtung können wir die Kunstleistungen der Eingebornen von Neu-Guinea auch nach ihrer natürlichen Entwicklung in verschiedene Gruppen bringen. Wir würden da mit solchen Stücken zu beginnen haben, welche uns als treue oder möglichst treue Nachbildungen der Natur entgegentreten. Als typische Beispiele hierfür würden manche Masken anzuführen sein, die thatsächlich ein wirkliches menschliches Gesicht mit seinem Ausdrucke und mit seiner landesüblichen roten oder bunten Bemalung naturgetreu wiedergeben, oder Figuren wie die unter No. 41 auf S. 502 abgebildete, die Tierfiguren der Torres-Strasse und natürlich auch jene landschaftlichen Darstellungen, die so getreu sind, dass man sie geradezu als richtige Bilder einer bestimmten Gegend erkennen kann. Allerdings scheinen derartige Kunstwerke in Neu-Guinea ausserordentlich selten zu sein; ausser der hier, Fig. 52, S. 513, wiedergegebenen Ansicht der Insel Mer scheint nur noch eine einzige ähnliche Darstellung nach Europa gelangt zu sein, die sich in Oxford befindet.

Unendlich viel häufiger finden wir in Neu-Guinea Schnitzwerke, die sich von der Natur stark entfernen; manche von ihnen, wie etwa die unter No. 43 auf S. 503 abgebildete Figur mögen vielleicht noch als individuelle Karrikaturen aufzufassen sein; weitaus die meisten sind stilisierte und verknöcherte Formen von ganz bestimmter, uns leider bis jetzt freilich meist unbekannter Bedeutung.

An diese schliessen sich die bizarren, uns gleichfalls noch unverständlichen Kombinationen an, für welche Fig. 54. S. 516 ein klassisches Beispiel von hervorragender Schönheit giebt. Es handelt sich um einen alten, reich geschnitzten Griff für ein Muschel- oder Steinbeil von Potsdamhafen, und um ein Stück, von dem man fast sagen könnte, dass es trotz seinem echten Neu-Guinea-Typus doch eine Art Mittelstellung zwischen melanesischer und polynesischer Kunst einnimmt und etwas an Maori-Art erinnere. Der eigentliche Griff besteht aus vier Eidechsen oder Krokodilen, von denen je zwei einander gegenüber angeordnet sind und sich umklammern; das grössere Paar trägt eine kräftig stilisierte Maske, die bis an das Knie des Schaftes reicht, während das Griffende in einen menschlichen Fuss ausläuft; das Schaftknie selbst ist durch einen Vogel hervorgehoben, das kürzere Querstück durch drei menschliche Figuren, von denen die grössere nach oben sieht, die zwei kleineren nach den Seiten; daran schliesst sich ein flaches, zungenförmiges Stück, das unverziert ist und zur Befestigung

Fig. 55 und 56. Schlagbeil mit runder Steinscheibe und reich geschnitztem Griff. Finschhafen. Warburg. ¹⁄₁₈ u. ¹⁄₇ d. w. Gr.

der Muschel- oder Steinklinge diente.

Eine völlig andere Reihe von künstlerischen Leistungen hat zwar auch von der Natur ihren Ausgang genommen, ist aber vielleicht weniger aus Laune, denn durch das Missverhältnis zwischen der Härte des Materials und der Minderwertigkeit der metallosen Werkzeuge veranlasst, so degeneriert, dass bei sehr vielen Formen der ursprüngliche Ausgang für uns nur sehr schwer und oft überhaupt gar nicht mehr zu erkennen ist. Hierher gehört die weitaus grösste Anzahl aller Kunstformen von Neu-Guinea. Als ein sehr typisches Beispiel soll hier die Fig. 55 u. 56 abgebildete Steinkeule von Finschhafen angeführt sein; der Griff zeigt eine Reihe von Figuren, die man früher einfach als „geometrische" bezeichnet haben würde. Jetzt spricht Mancher, vielleicht etwas zu weit gehend, hier von einem Augen-, einem Zahn-, einem Mund-Motiv, und die Darstellung in der untersten Reihe wird als ein Reigen tanzender Männer aufgefasst, die allerdings im Laufe ihrer rückschreitenden Entwickelung ihre Köpfe völlig eingebüsst haben würden. Es ist natürlich, dass die Deutung solcher Verzierungen zu den verlockendsten Beschäftigungen angehender Ethnographen gehört, aber es scheint, dass man da leicht zu weit gehen kann, besonders wenn solche Arbeiten mit ungenügendem Material und ohne die sachkundige Mithülfe eingeborener Künstler unternommen werden. Aus diesem Grunde verzichte ich hier auch auf die genauere Analyse der prächtigen Verzierungen an Kalk-Kalebassen, die Fig. 1—4 abgebildet sind; sie gehören zu den schönsten Kunstleistungen in Britisch-Neu-Guinea, aber auch zu den am schwierigsten zu deutenden. Ich würde mich sehr glücklich schätzen, wenn die guten hier gegebenen Abbildungen nicht nur hier bei uns einen richtigen Begriff von dieser Kunstgattung geben, sondern auch draussen im Massim-Distrikt unsere englischen Freunde zu einer eingehenden Untersuchung veranlassen würden. Eine fast ebenso schwierige Aufgabe, die Analyse der Kiriwina-Schilde, scheint in der allerletzten Zeit dem Rev. S. B. Fellowes glücklich gelungen zu sein. Die auf diesen Schilden, von denen unsere Sammlungen eine grosse Anzahl übereinstimmend bemalter Stücke besitzen, am häufigsten vorkommenden Tierelemente sind die folgenden:

1. *kubwana*, der Morgenstern, der gerade vor der Dämmerung aufgeht, wenn die *sikwaikwa*-Vögel und die *leko-leko*-Hühner zu krähen beginnen.
2. *kaiuna*, Schlangen.
3. *sasaona*, kleiner Fisch in den Creeks und in seichtem Wasser.
4. *siwai*, ein flacher (Sohlen-ähnlicher) Fisch.
5. *vikia*, Fregattvögel.

6. *sikwaikwa*, der oben genannte, in der Morgendämmerung sich meldende Vogel.
7. *bulibuli*, der Schweif von Manucodia.
8. *haia*, Ohrschmuck der Eingeborenen.
9. *lubaka idoga*, der Regenbogen.
10. *ubwala*, Sterne, kleiner als der *kubwana*.

10. Zur geographischen Nomenklatur in Neu-Guinea.

Die geographischen Namen in der Südsee sind in unserer Zeit für die Völkerkunde unendlich viel wichtiger, als für die Erdkunde. Es giebt gegenwärtig viel mehr Ethnographen, die sich mit der Südsee beschäftigen, als Geographen, und schon von diesem Standpunkt aus muss es berechtigt erscheinen, auch an dieser Stelle die geographischen Namen des Gebietes in den Kreis der Betrachtung zu ziehen.

Den fürchterlichen Unfug, der gerade in der Südsee mit dem Umändern geographischer Namen getrieben wird, habe ich kürzlich in der „Zeitschrift für Ethnologie"[1]) beleuchtet und mich bei dieser Studie der ausdrücklichen und rückhaltslosen Zustimmung der meisten geographischen Zeitschriften zu erfreuen gehabt. Nirgends aber, in keinem Gebiete der Südsee ist der geographische Wiedertäufer-Unfug ärger und schamloser betrieben worden, als in Neu-Guinea. Unser Auswärtiges Amt ist allen Versuchungen und Zumutungen, ähnlichen, offenbar in den Strömungen oder vielmehr Unterströmungen der Zeit gelegenen Unfug auch in unsere afrikanischen Schutzgebiete einzuführen, allzeit mit dem grössten Nachdruck und mit unerbittlicher Energie entgegengetreten, wofür ihm noch kommende Jahrhunderte dankbar sein werden. Nur in der Südsee hat ihm bisher die Möglichkeit gefehlt, thatkräftig einzugreifen und die Sturmflut täglich sich mehrender neuer Namen einzudämmen. Das wird nun anders werden, und ebenso wie sonst der Segen unmittelbarer kaiserlicher Herrschaft sich nun in reichem Maasse auch über Neu-Guinea ergiessen wird, so dürfen wir erwarten, dass dort auch die geographische Nomenklatur bald wieder in richtige Bahnen gelenkt, und, wo es not thut, gezwungen werden wird.

[1]) 1898, Bd. XXX. Verh. S. 390.

Die Prinzipien, nach denen hier vorgegangen werden kann, habe ich in der erwähnten Studie in der „Z. f. E." klargelegt und in die folgenden Thesen zusammengefasst:

1. Wenn irgend möglich, sind auch in der Südsee, genau so, wie es anderswo als selbstverständlich gilt, die einheimischen Namen beizubehalten und deshalb mit der grössten Sorgfalt festzustellen.
2. Wo einheimische Namen nicht existieren oder noch nicht mit Sicherheit ermittelt sind, kommen in erster Reihe die von den ersten Entdeckern gegegebenen Namen in Betracht.
3. Die willkürliche Änderung längst vorhandener und allgemein bekannter und anerkannter Namen ist ein grober Unfug, der absolut zu verwerfen ist.

Wo unrichtige und willkürlich gebildete Namen vorhanden sind, da empfiehlt es sich, sie so bald als möglich durch die einheimischen oder sonst richtigen zu ersetzen. Irgend einmal muss dies ja doch geschehen und je früher dies geschieht, um so weniger haben die falschen Namen Zeit gehabt, sich einzubürgern, und um so geringer sind die vorübergehenden Störungen, die sich bei der Rückkehr zu Vernunft und Wahrheit nicht ganz vermeiden lassen. Nichts aber wäre verkehrter, als aus Scheu vor diesen kleinen Störungen auf diese Rückkehr ganz zu verzichten. Die Geschichte der ozeanischen Namen lehrt uns, dass diese Rückkehr bisher noch stets erfolgt ist und erfolgen musste, mit elementarer Naturgewalt, gegen die anzukämpfen völlig vergebens gewesen wäre. Wer kennt heute noch die „Schiffer-Inseln" oder die „Inseln der Freundschaft", mit denen unsere Grossväter noch so phantastische Vorstellungen verbunden hatten; selbst die Sandwich-Inseln sind endlich von den Karten verschwunden, auf denen jetzt nur mehr die Namen der Samoa-, Tonga- und Hawaii-Gruppe erscheinen; ebenso bürgern sich für die Cook- und für die Gesellschafts-Inseln jetzt die Namen Rarotonga- und Tahiti-Gruppe ein, und werden in absehbarer Zeit als die alleinherrschenden verzeichnet stehen.

In klarer und zielbewusster Weise hat auch die Regierung von Britisch-Neu-Guinea in den letzten Jahren diesen Anschauungen Rechnung getragen und den ganzen Plunder unzweckmässiger und verwirrender Namen, mit dem auch sie schwer zu kämpfen gehabt hatte, einfach über Bord geworfen. Die neuen amtlichen Karten, die in ihren Annual Reports erschienen sind, haben die alten

Namen entweder gar nicht mehr oder nur in Klammern, und so werden wir uns in Zukunft nur an Namen wie Tarawai, Duau, Moratau, Tauwarra, Kiriwina, Vakuta, Murua, Nada, Samarai u. s. w. zu halten haben und die unbequemen Namen Bertrand, Normanby, Fergusson, Milne-Bay, Trobriand, Lagrandière, Woodlark, Laughlan, Dinner-Island und Hunderte von anderen, mit denen unser Gedächtnis bisher unnützer Weise belastet war, bald ganz vergessen können. Bedenkt man, dass wir allein in der Südsee uns mit ungefähr 6000 geographischen Namen herumzuschlagen haben, zu denen jeder *would be*-Entdecker täglich neue hinzuzufügen sich für berechtigt hält, so begreift man das Gefühl der Dankbarkeit, mit dem jeder wissenschaftliche Mensch das mutige und energische Vorgehen von Sir William Mac-Gregor und der Britischen Kolonial-Regierung begrüsst.

Deshalb wird auch bei uns das Auswärtige Amt jetzt, wo die Bahn frei ist, auch in der Südsee die ruhmvollen Traditionen nicht verleugnen, die es bisher bei der afrikanischen Nomenklatur als maassgebend und richtig erkannt hat — und der Dank der wissenschaftlichen Welt nicht nur, sondern auch der aller Behörden und Privaten, die nur irgend wie an den Geschicken unserer ozeanischen Schutzgebiete beteiligt sind, wird ihm hierfür für alle Zeit gesichert bleiben.

Verzeichnis der wichtigeren Schriftwerke und Karten.

A. Kaiser Wilhelms-Land.

Nachrichten für Kaiser Wilhelms-Land und den Bismarck-Archipel, herausgegeben von der Neu-Guinea-Kompagnie. Berlin 1887—1898.
Waitz, Anthropologie. Leipzig 1865.
Otto Finsch, Neu-Guinea. Bremen 1865.
Otto Finsch, Samoa-Fahrten. Leipzig 1888.
E. C. Hopp, Neu-Guinea und Madagaskar. Deutsche Rundschau für Geographie. Bd. IV. Heft 5. 1882.
Octave Sachot, Récits de voyages. Nègres et Papous. L'Afrique équatoriale et la Nouvelle Guinée. Paris 1883.
Vetter, Balum-Kultus der Eingeborenen von Kaiser Wilhelms-Land. Bd. XII.: Mitteilungen der Geographischen Gesellschaft für Thüringen zu Jena. Bd. IV.
Derselbe, Jabim-Aberglaube. daselbst Bd. XI. u. XII.
Schellong, Musik und Tanz der Papua. Globus. Bd. 61. 1889.
Schellong, das Balum-Fest der Eingeborenen von Finsch-Hafen. Internationales Archiv für Ethnographie II.
Zöller, Hugo, Deutsch-Neu-Guinea und meine Ersteigung des Finisterre-Gebirges. Stuttgart 1891.
Rüdiger, Der Huon-Golf. Verhandlungen der Gesellschaft für Erdkunde zu Berlin 1897.
Hoffmann, Sagen und Geschichten aus Bogadji, Mitteil. der Geogr. Gesellsch. für Thüringen zu Jena. Bd. XVI.

B. Britisch-Neu-Guinea.

British New Guinea Annual Reports for 1887—1897. London printed for Her Majesty's Stationary Office by Eyre and Spottiswoode.
Proceedings of the Geographical Society 1885—1897.
Cpt. John Moresby, New Guinea and Polynesia. London 1876.
Rev. S. Mc. Farlane, Among the Cannibals of New Guinea. London 1888.
Sir William Mac Gregor, British New Guinea, Country and people. London 1897.
Rev. Mc. Farlane, The story of the Lifu Mission. London 1873.
Rev. William Wiatt Zill, Life in the Southern isles. London.

E. C. Hopp, Neu-Guinea und Madagaskar, Deutsche Rundschau für Geographie und Statistik. Bd. IV. Heft 5.
J. W. Lindt, Picturesque New Guinea. London 1887.
J. P. Thompson, British New Guinea. London 1892.
J. Strachan, Explorations and adventures in New Guinea. London 1888.
Hugh Hastings Romilly, From my Verandah in New Guinea. London 1889.
Derselbe, The Western Pacific and New Guinea. London 1886.
J. Chalmers, Pioneering in New Guinea. Oxford 1887.
Derselbe, Pioneer Life and Work in New Guinea. London 1895.
Derselbe, Work and adventure in New Guinea. London 1885.
R. Bevan, Fifth expedition to New Guinea. 1887.
Pitcairn, Two years among the savages of New Guinea. London 1891.
Cpt. Webster, Trough New Guinea. London 1899.
Richard Semon, Im australischen Busch und an den Küsten des Korallenmeeres. Leipzig 1896.

C. Holländisch-Neu-Guinea.

Duperrey, Voyage autour du monde exécuté par ordre du Roi sur la Corvette „La Coquille" pendant 1822—1825. Paris 1826/29.
Otto Finsch, Neu-Guinea. Bremen 1865.
Dr. Bernhard Meyer, Auszüge aus Tagebüchern auf seiner Reise nach dem Mac Cluer-Golf im Jahre 1873. Dresden 1875.
Jules Girard, La Nouvelle Guinée. Paris 1883.
P. J. B. C. Robidé van der Aa, Reizen van D. F. van Braam Morris naar de Nordkust van Nederlandsch Nieuw Guinea 1885.
A. Haaga, Neederl. Nieuw Guinea. Historische Bijdrage 1500 bis 1883. Batavia 1885.
Bonaparte, Prince Roland, Récentes découvertes de Néerlandais à la Nouvelle Guinée. Société de géographie de Paris. Versailles 1885—1888.
H. O. Forbes, Mitteilungen über die Nordostküste von Neu-Guinea und von 8° südlicher Breite bis Ostkap. Nachrichten für Kaiser Wilhelms-Land.
Heinrich Kühn, Mein Aufenthalt in Neu-Guinea. Festschrift des Vereins für Erdkunde zu Dresden. 1888.
Fernand Hartzer, Cinq ans parmi les sauvages de la Nouvelle Bretagne et la Nouvelle Guinée. Issoudun 1888.
J. L. van Hasselt, Die Papua-Stämme an der Geelvink-Bai und Trauerfeierlichkeiten der Papua an der Dorch-Bai, in Mitteilungen der Geograph. Gesellschaft für Thüringen zu Jena. Bd. IX und Bd. IV.
Elisée Reclus, Nouvelle Géographie Universelle. La terre et les hommes. XIV. Paris 1889.
Bink, Drei Monate in der Humboldt-Bai. Mitteil. der Geograph. Gesellschaft für Thüringen zu Jena. Bd. XIII.
Ribbe, Arru-Inseln. Festschrift des Vereins für Erdkunde zu Dresden. 1888.

Register.

Abel, C. W. 334, 362.
Aberglaube 186, 311, 406, 407, 409.
Abessynien 472.
Abstammung 137.
Abtreibung 396, 399.
Abuhi 120.
Ackerbau 214.
Adaberdana, Insel 266.
Adana, Fluss 254.
Adele, Insel 256.
Adic, Insel 365, 378, 392.
Adler, Fluss 133.
Administrator 357.
Admiralitäts-Inseln 357, 460, 486.
Adolf-Hafen 135.
Aerfanas 403.
Agamen 107.
Ahnenverehrung 183, 383, 400, 498.
Aiduma, Insel 265, 376, 377, 399, 432.
Aird, Fluss 270, 515.
Aird, Hügel 18.
Aivalib 118.
Akikia 120.
Alaska 50.
Albert, Berge 18, 260.
Albert, Edward Berge 17.
Albert, Victor Berge 14, 18, 252, 264.
Albino 268, 370.
Albrecht-Fluss 114.
Alice-Hargrave-Fluss 252, 260.

Alligator-Spitze 135.
Alluvial-Ebene 261.
Aly-Insel 114.
Ama 122.
Amazonen-Inseln 257.
Amberkaki 437.
Ambernoh 2, 12, 369.
Ambranoki 408.
Ameisenigel 87, 88.
Ameisenlöwen 514.
Amulette 383, 401, 402.
Amutak 120.
Andei-Fluss 367.
Angarmeja 368.
Augeel-Insel 114.
Angeln 387.
Anglikanische Mission 361.
Angriffshafen 114.
Animalische Kost 430.
Anjiga-Leute 253.
Anpflanzungen 428.
Ansons 368, 434.
Anthropophagie 260.
Anwerbung 236, 274.
Apanaipi 417.
Arbeiter-Behandlung 237.
Archipel der zufriedenen Menschen 123.
Arfak-Gebirge 12, 367, 371.
Arfak-Leute 374, 376, 381, 398.
Arian 368.
Arimoa-Inseln 368.
Arkona-Spitze 16, 132.
Armit 7.
Armschmuck 270.

Arnold-Fluss 115.
Aroma-Bezirk 257, 270, 290, 305.
Arru-Inseln 43, 366, 417, 434, 436.
Assa 190.
Astrolabe-Bai 124, 470, 516.
Astrolabe-Kette 18.
Atap 397.
Athos 461.
Ati-Ati 414.
Auwre 406.

Babuin-Insel 115.
Baden-Bai 135.
Baer, C. von 442.
Baerberg 14.
Bagabag 127.
Bagili 122.
Bajn 130.
Balestra 461.
Balfour, H. 459, 490.
Balum-Kultus 168.
Bammler 70.
Bamu-Fluss 263.
Banane 217, 265.
Banda-Strasse 434.
Banian-Baum 269.
Baraka-Fluss 365.
Barkly 262.
Barowai-Fluss 369.
Bartels 460, 490.
Bartle-Bai 255, 515.
Basari-Fluss 254.
Basilisk-Kette 17.
— Insel 256.

Basilisk-Hafen 258.
Bastian-Fluss 115.
Bastschurz 144.
Batanta 43.
Bau-bau-Pfeifen 514.
Baudissin-Huk 113, 114.
Baumhäuser 152, 279, 280.
Baumwollenkultur 222.
Baunani 408.
Baunachena 260.
Bayern-Bucht 134.
Baxter-Fluss 265.
— Bay 257.
Beagle-Bai 257.
Bebea-Fluss 263.
Beccari, Dr. 5, 6, 400.
Begräbnis 179, 397, 398, 399, 400.
Behm-Fluss 115.
Bekleidung 373.
Beliao 123.
Belford-Mt. 18.
Belim-Spitze 127.
Belustigungen 426.
Bemalen 143.
Benin 458.
Bennet-Insel 265.
— Junction 263.
v. Bennigsen 234.
Bensbach-Fluss 364.
Bentley-Bai 255, 279.
Beréc 375.
Bergmann 248.
Bergwald-Flora 62.
Beri-Beri 178.
Berlin-Hafen 114, 467, 517.
Bernstein 5.
Beroc 268.
Bertrand-Insel 115.
Beru-Gebiet 265.
Beschneidung 167, 296.
Besen 381.
Bessel-Huk 115.
Besuche 193.
Beswick 7, 257.
Betel 215, 339, 431.
Beutel-Dachs 517.
— Eichhörnchen 80.
— Marder 87.
— Maus 81.
— Tiere 76, 79.
Bevan 7, 262, 270.
Bevölkerungsziffer 113, 149.
Biaru-Fluss 279.

Bienen-Insel 135.
Big 120.
Bilan-Bucht 120.
Bili-Bili 123, 516.
Binaturi-Fluss 265.
Bink 399.
Biro 467, 494, 504, 511.
Bismarck-Archipel 472.
— Gebirge 14, 119.
Blackwood 5.
Blackwood-Capitain 514.
Bligh 4, 349.
Blosseville-Insel 116.
Blücher-Berge 252, 265.
— Spitze 130.
Blumensauger 99.
Blumenthal-Kap 135.
Blutrache 199, 318.
Boden 226.
Bok 127.
Bosch-Missionar 121.
Bogadji 126.
Bogen 456.
Boigu 114, 265, 456.
Bole 130.
Bominka 364.
Boudara-Bai 364.
Bongu 127.
Bonito 264, 265.
Bonkuari-Berg 368.
Boniu-Bucht 120.
Bonpland-Kap 357, 382.
Bonvouloir 256.
Bora 466.
Borneo 507.
Bougainville 4.
Brandgans 104.
Brasilien 462.
Braunschweig-Bai 135.
Brautzeit 391.
Brautgeschenke 393.
Brautpreis 172, 298, 393.
Brecher-Bai 118.
Bremen-Kap 120.
Brew, Mr. 266.
Bricut-Berg 265
Bronsart-Kap 135.
Brotfruchtbaum 57, 429.
Brown-Fluss 258.
Bruambrambra 190.
Brücken 290.
Bruju und Duiwenboden 434.
Buschwald 47.
Buyts W. 4.

Brandenburg-Küste 114.
Briefverkehr 348.
Brustschmuck 121, 148, 271, 465, 517.
Bubarun 132.
Bubui 130.
Buceros 517.
Budup 122.
Buja 131.
Bukuang 131.
Bunn 122.
Bupollum-Fluss 130.
Busum 131.
Busso 132.
Butaueng 131.

Caillié-Kap 309.
Campbell 262.
Cantamaran 285.
Caprivi-Fluss 2, 116.
Cascas 396.
Cassowary-Iusel 265.
Cecilia-Insel 254, 279.
Centenary-Fluss 263.
Central-Court 357.
Ceramesen 378, 432.
Ceramlaut 432.
Cerisy-Spitze 128.
Ceylon 505.
Chads-Bai 255, 268.
Chagur-Insel 115.
Challenger 369.
Chalmers, Revd. 5, 7, 362.
Cham-Bezirk 116.
Chamisso 455.
Chapman-Berg 260.
Charakter der Papua 207, 423, 424.
Charon 128.
Chester Mr. 5, 7, 266.
Chester-Fluss 266.
— Field 4, 349.
Chestnut-Bai 257.
China-Strasse 256.
Chisima-Fluss 253.
Chissi 130.
Clark-Hügel 263.
Clerq de 470, 504.
Cloudy-Berg 257, 279, 340.
Clyde-Fluss 137, 253.
Collingwood-Bai 2, 254, 269.
Colomb-Insel 124.
Colonial Court of Admiralty 357.

— 527 —

Coogland-Spitze 258.
Cook, James 4, 459.
Coombes-Fluss 259.
Coriz-Spitze 128.
Cretin-Kap 132.
Critchett-Berge 262.
Croisilles-Kap 122, 516.
Cromwell-Berge 16.
Cuthberston 7.
Cypräa 273.

Dagaputa 120.
Dahuni-Landschaft 257.
Daigun-Fluss 121.
Dajak 507.
Daku 120.
Damaraharz 382, 414.
D'Albertis 5, 6, 37, 357, 507.
D'Albertis Long-Island 267.
Dalley-Berg 262.
Dallmann-Kap 114.
Dallmann-Hafen 115, 465.
Dalua-Bucht 120.
Dampling-Insel 135.
Dampier-Insel 121, 122, 127.
Danila-Insel 254.
Dararaska-Fluss 364.
Daru 312, 359.
Dasem 170.
Daudai 512, 514.
Danmori-Insel 262, 264.
Dawes-Hügel 262.
Dawson-Strasse 254.
Deaf Adders-Bai 135.
Deblois-Insel 116.
De Boyne-Gruppe 256.
Deceptions-Bai 262.
Delphine 76.
D'Entrecasteaux-Gruppe 4, 254, 267, 288, 515.
Dfudur 121.
Dialekte 208, 452.
Djamma 434.
Dibiri-Fluss 263.
Didania-Berge 254.
Dinner-Insel 122, 256.
Dobbo 432, 434.
Dohn 254.
Dodo 121.
Dokura Inlet 258.
Domara-Fluss 257.
Dorch 367, 372, 381.
Dorfgemeinschaft 421.
Dorf-Insel 130.

Dorfpolizei 355.
Donb 125.
Douglas-Fluss 262, 263.
— Hafen 353.
— John 357.
Dourga-Strasse 364, 365.
Dove-Spitze 121.
Dragena-Bai 125.
Drawida 449.
Dreger-Hafen 132.
Drillbohrer 469.
Duau-Insel 259.
Dubu 308.
Dudemaine-Insel 114.
Dugumenu-Insel 255.
Dugumir-Bucht 120.
Dugeny 76, 513.
Duk 120.
Dumont d'Urville 48.
Duperry 48.
Dyke Akland-Bai 254, 269.
Dysenterie 203.

Eaboahme 310.
Ebenholz 58.
Eckardstein-Fluss 116.
Edelfeld 7.
Edelholz 341, 350.
Edwards 4.
Eheleben 394, 395.
Ehehindernisse 173.
Eheliche Treue 174.
Eheversprechen 287.
Ehlers, O. 9, 259, 260.
Eich, Missionar 278.
Eidechsen 107, 377, 381.
Eidibal 120.
Einbrennen 376.
Eigentumsverhältnisse 422
Einfuhr 347.
Eingeborene als Arbeiter 353.
Eingeborenenverordnungen 356.
Einnahmen 241, 355.
Einsame Insel 134.
Eintrachtspitze 113.
Elamo 308.
Elema-Stamm 2, 259, 308.
Elephantiasis 312.
Ellangowan 260.
Ellis 45.
Elisabeth-Fluss 125.
Elraling 382.

Emapura 314.
Endamancn 371.
Engeneer-Inseln 256.
Engeran 299, 491.
Enten 104.
Erbfolge 98, 326, 328, 422.
Erdbeben 29, 309.
Erde, essbare 218.
Erembi 122.
Erima 234.
Erima-Hafen 238.
Erziehung 105, 164.
Ethelfluss 259.
Etna-Bai 1, 365, 417.
Etna-Expedition 369.
Euabn 259.
Eucalyptus 37.
Euwaka 369.
Evelyn-Fluss 258.
Everill, Cpt. 7, 264.
Executive Council 357.
Exton-Fluss 250.

Fairfax-Hafen 258.
— Inseln 265.
Faknik 406.
Falkenstein-Kap 135.
Familienleben 205.
Faraguet-Insel 114.
Färbpflanzen 69.
Faserpflanzen 68.
Fastre-Insel 262, 263.
Federschwanzbeutler 82.
Fehden 155, 321, 323, 416.
Feldarbeit 214.
Fellowes, Revd. 529.
Fergnsson 254.
Feste 330, 424.
Festungs-Huk 130.
Feuerbohrer 468.
Feuerstelle 283.
Fidschi 451, 460, 472.
Finisterregebirge 15, 119.
Finsch, Dr. Otto, 6, 9, 227, 268, 273, 369, 370, 380, 406, 436, 465, 473, 482, 498.
— Hafen 131, 468, 473, 481, 511, 519.
— Küste 2.
Fischfang 162, 284, 285, 377, 380, 381, 387, 388.
Flechtarbeit 161, 291.
Fledermäuse 76, 77.

Fledermaus-Insel 116.
Fliegende Hunde 77.
Fliegenfänger 90, 97.
Fliegen-Insel 135.
Flierl, Missionar 21.
Flora 42.
Florengebiete 43, 45.
Flüsse 328.
Fly-Fluss 5, 263—268, 283, 288, 367, 470, 507, 514.
— Kriegsschiff 264.
Follenius-Insel 123.
Forbes-Berge 258.
Forbes, Mr. 7.
Forrest 4.
Forster 459.
Forteseue-Strasse 256.
Fortifikationspoint 130, 510.
Fosbery 262.
Franklin-Bai 121.
Fransky-Point 118.
Franziska-Fluss 134.
Frauen 172, 175, 298, 398.
Fregatvogel 104.
Frederik Hendrick-Insel 1.
Friedenszeichen 418.
Friedrich Karl-Hafen 123.
Friedrichsen-Bucht 114.
Friedrich Wilhelms-Hafen 123, 238.
Früchte 66.

Gabaron 122.
Gabina 127.
Gabitsch 121.
Galelum 129.
Gama-Fluss 262.
Garnot-Inseln 116.
Gärten 339.
Gauss-Bai 116.
— Spitze 130.
Gauta-Fluss 123.
Gautier-Gebirge 12.
Gebe 366, 371.
Geburt 292, 293, 389.
Geschlechtsreife 391.
Geisteskrankheit 178.
Geisterdienst 183, 207, 307, 396.
Geelvink-Bai 367, 374, 379, 380, 381, 382, 383, 385, 399, 507, 512.
— Kriegsschiff 367, 401.
Gemüsearten 65.

Gennersdorp, Frederik 4.
Genussmittel 67, 339.
Georg-Fluss 257, 263.
Gerberei 161.
Gerhards-Kap 132.
Gerichte 245, 357.
Gerland 444.
Germania-Huk 113.
Gesang 213.
Geschwüre 179.
Gewitter 29.
Gilbert-Insel 115, 468.
Gilib 128.
Gill-Berg 262.
Gillies-Berg 17.
Giugala-Inseln 132.
Gipfelwaldflora 62.
Gira 515.
Göben-Kap 135.
Gogol-Fluss 125.
Golangsamba 127.
Goldgräberei 341, 350.
Goldi, Andrew 255.
— Fluss 258.
Gonuro-Leute 253.
Goodenough-Bai 254, 255, 269, 271.
— Insel 254.
Gorima 125.
Gossler-Fluss 114.
Götzen 383.
Götz-Insel 123.
Goulvain 254.
Gourdon-Kap 121.
Government Agents 359.
Graatspitze 129.
Graget 123.
Grasflächen 42, 46.
Green, John 360.
— Fluss 253.
Grenadillen 337.
Gressien-Insel 115.
Grey 500.
Grigalva 3.
Grippe 178.
Gröben-Fluss 366.
Groneman-Insel 124.
Grösse 113.
Grossfürst Alexis-Hafen 122.
Guangji 125.
Guawng-Inseln 255, 268.
Guido Cora-Huk 115.
Gum-Fluss 124.
Gumbu 127.

Gurken 66.
Gürtel 149.
Gurumeul 366.
Gurur 127.

Haartracht 142, 146, 147, 273.
Habsucht 322.
Haddon, C. 510, 512, 513, 515.
Haftzeher 107.
Hagen, C. v., 232, 235.
Hagen-Gebirge 14.
Hahnenkampf 426.
Hakeko-Leute 261.
Hall Sound 259, 267.
Handel 223.
Handelsartikel 346.
— Fahrten 287, 343, 386.
— Kanus 289.
Hängematten 460.
Hannabada 286.
Hann-Fluss 115.
Hansa-Bucht 119.
Hansemann, v., 6.
— Gebirge 123.
— Küste 116.
Hanudamava 258.
Harai 309.
Harze 70.
Hasselt, Missionar, 380, 384, 395, 401.
Häuptlinge 316, 420.
Hausberg 16.
Heath-Fluss 259, 261.
Heger 461.
Heilmittel 396.
Hein-Insel 128.
Heirat 171, 297, 301, 392, 393, 394.
Heller 86.
Hellwig-Berg 15.
Helmholtz-Spitze 129.
Hennessy-Hafen 254.
—, Kapitän 260.
Herbert-Berg 15, 129.
Herkules-Fluss 135.
— Kette 17.
Herta 393.
Herwarth-Spitze 129.
Herzog-Berge 16.
— Seen 133.
Hessen-Bai 135.
Hickson, Dr., 459.

Hilda-Inseln 254.
— Fluss 283.
Hirt-Insel 116.
Hochwaldflora 42, 45.
Hogawa-Bäume 337.
Holincote-Bai 254, 269, 287.
Hollrung, Dr., 9.
Hölzer 69.
Holzgeräte 157.
Honigfresser 90, 95.
Hood-Bai 257, 270, 281.
Horegon 14.
Hornby-Berge 17.
Horseley-Berge 258.
Huhunana-Kette 258.
Hüjük 489.
Humboldt-Bai 2, 114, 369, 372, 377, 379, 382, 386, 399, 486, 496.
Hunde 338.
Hunstein 9.
— Gebirge 13.
Hunter, Revd. 362.
— Berg 262.
Huon-Golf 1, 132, 515.
Hüte 357.
Hydrographen-Kette 17, 254.

Jabbering-Inseln 254.
Jadi-Jadi-Fluss 257.
Jagd 162, 284, 388, 389, 428.
Jaguda 118.
Jahoi 129.
Jaluit 468.
Jamma 369.
Jamoor-See 369.
Jams, William, 4.
Jane-Insel 258.
Janko 511.
Jappen-Insel 414.
Jaquinot-Insel 116.
Jarrad-Insel 254.
Jauer-Berge 12.
Jawisa 366.
Jelegde 127.
Jena-Insel 256.
Jesuitenmission 436.
Ikaikero-Inseln 256.
Ikore-Fluss 253, 269.
Impedimenta matrimonii 300.
Ingeros 399, 411.
Ingier 391.

Insekten 111.
Joanet-Insel 256.
Job-Insel 368.
Jobi-Insel 368.
Jodda-Thal 17.
Joest-Fluss 115.
Jomba-Fluss 123, 127.
— Inseln 124.
Joppengar-Halbinsel 367, 368.
Jori-Fluss 125.
Iris-Spitze 127.
— Strasse 365.
Ju-Fluss 123.
Jukati-Fluss 366.
Jünglingshäuser 283.
Juno-Spitze 122.
— Kap 123.
Iwaiaberi 294.

Kabadi-Distrikt 270.
Kabenau 127, 221.
Kaboka 258.
Käfer 112.
Kainani-Bucht 365, 395.
— Leute 374, 406, 437.
Kajuras 403.
Kairu-Inseln 115.
Kaiserin Augusta-Fluss 2, 116, 517.
Kaitu 121.
Kakadus 91, 375.
Kalebassen 144, 517, 519.
Kalelat 121, 378.
Kaliko 374.
Kamaka-See 12, 365.
Kämme 145.
Kampf 324, 416.
— Schmuck 27.
Kamrao-Stamm 315, 414.
Känguruh 79, 286.
Kannibalismus 256, 324, 417.
Kant-Berg 16.
Kauus 157, 287—290, 343, 385, 386.
Kanu-Insel 265.
Kapa-Kapa 284.
Kap della Torre 116.
— Falsches 365.
— Königstuhl 132.
— König Wilhelm 127, 130.
— Kusserow 123.
— Labilladière 255.
— Verdy-Inseln 135.

Kap Vogel-Halbinsel 2, 254.
Kapia 365, 376, 377.
Karegulan 126.
Karewari 170, 409.
Karfa 14.
Karl Albert-Inseln 367.
Karl Ludwig-Berge 12, 367.
Karkar 121, 123.
Karressori 420.
Karobi-Fluss 368, 369.
Karolinen 454, 455.
Karon 372.
Karufa 365.
Karra-Karrau 380, 403, 409.
Karstens-See 4.
Kaskaden-Fluss 115.
Kasuar 90, 105.
Kasuarinen 57, 116.
Kau 122.
Kaurefrena 260, 261, 267.
Kaurepinu 260.
Kawa 139, 216.
Kawa-Kussu 265.
Kawirispei 366.
Kawowen 121.
Kaydosiwa 408.
Keakaro-Bucht 257, 340.
Keapara 289.
Kei-Inseln 2, 43, 366, 367.
Keile 310.
Kekeni-Fluss 259.
Kelana-Hafen 130.
Kella 133.
Kemon-Insel 266.
Kemp Welch-Fluss 257.
Keppel-Point 269, 270, 287.
Keppler-Spitze 129.
Kerukera-Inseln 256.
Kerbarbeit 287.
Kerepunu 267, 281, 287, 291.
Kersting, Dr. 9.
Kethel-Fluss 266.
Kewakuku 309.
Kewotu-Fluss 254.
Keyts, Johannsen 4.
Kilibott 121.
Kimuta-Insel 126.
Kinder-Armut 292, 293, 302.
— Austausch 296.
Kindheit 295, 390, 391.
Kior-Fluss 126.
Kiranni 118.
Kirchhofs-Insel 120.
Kiriwauui-Inseln 255.

Kiriwina 515, 519.
Kiwai 264, 290.
Kisk-Fluss 126.
Klageweiber 397.
Kleakentiere 76.
Knutsford, Mt. 18, 272.
Kobio-Kette 17, 259, 268.
Kochen 219.
Koch-Insel 123.
Koiari 281.
Koitapu 313.
Kokosnuss 216.
— Öl 376.
Koldenhoff 434.
Kolff, Leutnant 50, 364.
Koliku 127.
Kolle 127.
Kommunismus 195.
Koner Huk 113.
König-Insel 124.
Konnubinin 192, 297.
Konstantin-Berg 14, 127.
— Hafen 12, 124, 237.
Konori 406.
— Sage 153, 409.
Kopf-Bänke 373, 380, 387, 473, 517.
— Jäger 415.
— Schmuck 147, 269, 270.
Korano 324, 421.
Kormnzen 4, 349.
Korombobi 409.
Körperbau 141.
Körpergrösse 143.
Korrendu 127.
Kortümhuk 116.
Korwar 400.
Kowald, Charles 354.
Kowiuki 409.
Kräben 97.
Krankheiten 177, 396.
Krätke, Landeshauptmann 231.
— Gebirge 15, 119.
Krauel-Bucht 116.
Kriechtiere 105.
Kriegsmas 393.
Krokodil 107, 381.
Kronen-Insel 127.
Kronprinzen-Hafen 121.
Kröten 111.
Kubary 9.
Kudiri-Berge 12.
Kühn 370, 387, 402, 403, 417.

Kukuk 94.
Kukur-Bai 127.
Kulturpflanzen 71.
Kultus 400.
Kumban 132.
Kumusi-Fluss 253, 269.
Kunstfertigkeit 155.
Kuper-Berge 17, 134.
Kurian 309.
Kuskus 83.
Küstenwald 48.
Kutter-Insel 124.
Kuwansori 266.
Kuwasidori 367.
Kyklopen-Gebirge 12.

Labuga 126.
Lagunen-Insel 115.
Laing-Fluss 120.
Lakahia 371.
— Berg 365.
Lakatois 289, 343.
Lakemaku 259, 260.
Lala-Fluss 257.
Lambon 181.
Lamsnln 369.
Landverkauf 323.
Langemak-Bucht 130.
Lappentaucher 105.
Laroki 258.
Laubenvogel 99.
Lauterbach, Dr. 9.
Lawes-Berge 5, 258.
Layard-Inseln 135.
Legislative-Council 357.
Lebrun-Insel 256.
Legoa 310.
Legoaraut-Inseln 120.
Leibgürtel 275.
Le Maire-Insel 116.
Lepsius-Spitze 130.
Lesson 4.
— Insel 116.
Liancu 9.
Lilly, Mt. 18.
Limbrock 249.
Lindemann-Fluss 115.
Lobo 374, 400, 432.
Lodewijkcz, Jan 4.
Londoner Missionsgesellschaft 344, 361, 362.
Logan-Insel 256.
Long-Insel 256.
Longuerue-Cap 135.

Longuerue-Inseln 135.
Loria 325.
Lottin-Insel 128.
Lonsiaden-Archipel 43, 256, 267.
Luard-Insel 132, 135.
Luczn 59.
Lurche 111.
Luther-Hafen 129.

Maar 374, 381.
Määt-Inseln 266.
Mabudauan 265, 288, 414.
Maclareu-Hafen 254.
Maclay-Küste 129.
Mac Cluer-Golf 1, 12, 366, 457, 512.
— Farlane 5, 7, 264, 266.
— Gilliwray-Kette 18.
— Ilwraith Mt. 18.
— Gregor Sr. William 7, 37, 260, 262, 264—267, 290, 311, 341, 351, 460, 501, 515, 522.
Mädchenhäuser 283.
Mafur 92.
Magundi 408.
Mahde-Insel 120.
Mahlzeiten 219.
Mai Kussa 265, 266.
Maipua-Distrikt 257, 283, 326.
Mairassi 371.
Maiwa-Distrikt 270.
— Bucht 270.
Makassar 383, 393, 404, 434.
Maku 127.
Makunafluss 259.
Mal 145.
Male-Landschaft 126.
Maly 118.
Mambarefluss 252.
Mambri 397, 401, 415.
Manaswari 367, 429.
Manemanema-Inseln 255.
Mangi 118.
Mango-Frucht 337.
Mangrove 48, 260, 265.
Manja 126.
Mannbarkeit 107.
Männerhäuser 282.
Manoïu 406.
Manseran Nangi 406.
Mansinam 380.

Mannmann 282.
Maori 518, 366.
Maraga 125.
Marbel 262.
Marea 308.
Margaret-Fluss 121, 257.
Marien-Berg 15.
Marien-Fluss 124.
Marjenga 127.
Marien-Hafen 129.
Markesas-Inseln 471, 472.
Markham-Berg 16.
— Fluss 16, 133.
Markt 339.
Maro 308.
Maroni 127.
Marshall-Inseln 471.
Martha-Seen 136.
Masken 156, 274, 330, 509.
Massai 129, 460.
Massoi-Nussbaum 57.
— Rinde 432, 434.
Matabela-Inseln 366.
Matowotau 120.
Matten 378.
Matterer-Bai 369.
Mattura 132.
Matuka 122.
Mauat 383.
Maulbeerbäume 269.
Maulwurf-Insel 116.
Maupa 281.
Maus-Insel 116.
Mbudsip 121.
Mechan 118.
Medizinalpflanzen 70.
Meerkalb 286.
Mekeo-Distrikt 259, 260, 283, 289.
Melamu 127.
Meneses Don George 3.
Menschenschädel 381.
Meoswar 368.
Mer-Insel 513, 517.
Merrie England 264, 336.
Meschtersky-Berg 14.
Mesmeri-Berg 367.
Meta-Insel 115.
Meyer, Dr. Bernhard 5, 367, 442.
Miklucho Maclay 9.
Milne-Bai 256, 257, 315.
Minjin 126.
Mipor 290.

Misima-Insel 256.
Misol 512.
Missur 247, 361, 436, 499.
Mitre Rook 132.
Mobiliar 380.
Mohamedaner 436.
Moltke-Kap 135.
Money-Berge 16.
Moni-Fluss 254.
Monsun 23.
Morhead Mt. 18.
— Fluss 266—268, 288.
Moresby Cpt. 5, 9.
— Archipel 256, 315.
— Hügel 258.
— Insel 256.
— Strasse 254.
Moreton 18.
Morison 7.
Mosiri-Berg 421, 456.
Moskitos 376, 378.
Motu-Stamm 280, 281, 286.
Motu-Motu 351.
Mowiawi 261.
Mudschi 121.
Müller, J. F. 371, 444.
Mulawaja 128.
Mumien 397.
Murua-Inseln 255.
Musa-Fluss 254.
Muschelhorn 337.
Muschelschleiferei 161.
Muschu 511.
Musgrave Mt. 8, 272.
— Fluss 257.
Musikinstrumente 331, 424.
Muskatnüsse 433.
Mussing 132, 137.
Mysol 517.
Mysore 92, 368.
Mythen 294, 310, 329, 409.

Naberi 421.
Nachtraubvögel 94.
Nadi-Insel 255.
Nährpflanzen 222.
Nahrungsmittel 337.
Nama-Bezirk 303.
Nambur 120.
Namengebung 165, 294.
Namototte 365, 378.
Nanidsinwang 120.
Narkotische Genussmittel 430.

Narutu-Fluss 260.
Narwai 391.
Nasenschmuck 148, 270.
Nashornvögel 94.
Nassau-Fluss 135.
Native Labour Ordinance 353.
Nattern 110.
Natterange 109.
Naturdienst 184, 405.
Nauru 468.
Nawiu-Insel 263.
Nekumara 254, 255.
Neueba 271, 507.
Neptun-Spitze 121.
Neu-Caledonien 460, 471, 472.
Neu-Hebriden 448.
Neu-Holland 454, 460.
Neu-Irland 468.
Neu-Seeland 472, 507.
Neven du Mont-Berg 15.
Neville, Port 258.
Niederschläge 23.
Nielsen-Inseln 120.
Nivani 215, 360.
Nomenklatur 520.
Nordkanal 259.
Normanby-Insel 254.
Novareberg 18.
Novosilsky-Spitze 129.
Nutzholz 322.
Nutzpflanzen 65, 322.
Nyuho-Inseln 115.

Obo 145.
Obree-Berge 17, 18, 257, 273.
Oertzen, von 230.
— Gebirge 14.
— Insel 123.
Ohrenschmuck 144, 270, 271.
Onin 365.
Ope-Fluss 253.
Opium 432, 436.
Orangerie-Bai 257.
Oranien-Fluss 364.
Oranien-Nassau-Halbinsel 365.
Ornamentik 512.
Oro 254.
Oroimo 265.
Orokolo-Landschaft 261, 309.
Oropai-Insel 263.
Ossa Sepin 393.
Ost-Kap 121, 255.

34*

Otovia-Gebirge 17, 253.
Ottilien-Berg 17, 136.
— Fluss 118.
Otto-Berg 15.
Ovalau-Typus 451.
Owen-Stanley-Kette 5, 17, 64, 65, 92, 254, 267.

Padaweido-Inseln 366.
Pahoturi 265.
Paihania 283.
Paimono-Fluss 259.
Paiwa-Distrikt 254.
Pallas-Spitze 121.
Palmer-Fluss 283.
Panaetti-Insel 236.
Pandanus 260, 337.
Papageien 90, 91.
Papaya-Frucht 217.
Papua 1, 137.
— Golf 269, 289, 510, 515.
— Telandjang 369.
Paradiesvögel 90, 91, 98, 375, 435.
Paris-Spitze 115.
Parkes-Berge 17.
Parkinson 463.
Parsee-Halbinsel 133.
— Kap 516.
Passat-Winde 33.
Patipi-Bai 366, 414.
Pelau-Inseln 456.
Pelikane 104.
Pereperam 366.
Perlen 160, 341, 350.
Petermann-Fluss 115.
Pflanzungen 336, 431.
Pflanzenformationen 48.
Phillips-Hafen 254.
Philps-Fluss 262, 263, 267.
Piering 9.
Pirol 99.
Pisang-Bai 365.
Pittas 97.
Pocken 178, 303.
Podena-Insel 369.
Polizeitruppe 354.
Pollard Peak 261.
Polygamie 171, 392.
Polynesien 377.
Pommern-Bucht 129.
Pool, Gerhard, 4.
Port Moresby 254, 257, 258, 267, 349, 350.

Port Romilly 261, 262.
Porzellan 472.
Possession Cap 515.
Postanschluss 228.
Potsdam-Hafen 120, 486.
Prau 380.
— Dorf 378.
— Leute 374, 385, 433.
Preuss, Dr., 499.
Prince Leopold River 266.
Prinz Adalbert-Berg 13.
— Adalbert-Hafen 120, 122.
— Albrecht-Hafen 120.
— Alexander-Berge 130.
— August-Berg 13.
— Eitel Friedrich-Hafen 121.
— Frederik Hendrik-Insel 365.
— Hendrik-Hafen 123.
Prinzess Mariannen-Strasse 365, 370, 376, 377, 385, 399, 418.
Prinz Oskar-Berg 113.
— Wilhelm-Fluss 118.
Privateigentum 314.
Pteria 489.
Pumapaka 461.
Punkt-Insel 134.
Purari-Fluss 268, 288.
Purdy-Inseln 116.
Puttkamer-Spitze 128.
Pygmäen 458.

Quarantäne 303.
Queen's Jubilee-Fluss 261, 263.

Radjah 379, 421, 438.
Ramufluss 11, 118.
— Expedition 11, 501, 517.
Ranga 11.
Rangunterschiede 191.
Ratten 380.
— schiessen 459.
Ratzel-Fluss 114.
—, Fr., 454.
Raubbeutler 86.
Räuchern 388.
Rauchrohr 513.
Rawdon-Bai 255.
Rawlison-Berge 130.
Reaumur-Spitze 128.
Rechnen 334.

Rechtspflege 241.
Redlick-Inseln 257.
Redscar-Bai 258.
Rees-Gebirge 12.
Regenmenge 24.
— Verteilung 25, 31.
— Pfeifer 101.
— Zeit 23.
Reigen 212.
Reiher 103.
Reiss-Spitze 132.
Religiöse Vorstellungen 181, 400.
Rete, Ortiz de, 3.
Rheinische Mission 248.
Rich-Insel 127.
Richthofen-Huk 116.
Rigny-Kap 124, 129.
Rigo-Bezirk 359.
Ringelschwanzbeutler 83.
Ritter-Insel 129.
— Huk 116.
Robidé-Huk 113.
Rocbussen-Fluss 12.
Rocambatti 379, 414.
Robinson-Bucht 253.
— Fluss 257.
Roissi-Insel 116.
Rolles-Fluss 259.
Rombi-Insel 120.
Romilly Hugh Hastings 9, 325.
Ron 368.
Rook-Insel 128.
Roon-Kap 135.
Rosenberg 6.
Rosengeyn 4.
Rossberg 17.
Rossel-Insel 256.
Round Head Cap 258.
Rubi-Fluss 368.
Rubu 308.
Rüdiger 232.
Rumsram 400, 407.
Ruo 123.
Rusby 262.
Rusmar 383.
Rüsselbeutler 85.

Saavedra, Alvarez de 3.
Sabak 122.
Saberi-Inseln 256.
Sabi 314.
Sachsenbay 135.

Sadipi 369.
Sagara-Fluss 257.
Sagen 128, 188, 286.
Sago 60, 216, 261, 265, 336.
Sahlhuk 116.
Saibai-Insel 265, 288.
Salomons-Inseln 422, 489.
Samson-Inseln 114.
Samarai 256, 360.
Sambu Mana 114.
Samoa 472.
— Hafen 133.
— Huk 121.
Sandelholz 340.
Sang 414.
Sangur 120.
Sankua-Fluss 130.
Sanssouci-Inseln 114.
Santani-See 12, 383.
Sapahuk 115.
Sarenak-Bai 129.
Sargoot-Berg 262.
Sariba 256, 271.
Saripun-Berg 103.
Sarong 374, 381.
Sattelberg 16.
Sattelstorch 101.
Säugetiere 74.
Saul-Samuel-Berg 261.
Savannen 37.
Schädelkult 438.
Schädelmessungen 450.
Schädelstätten 400.
Scheidt 121, 248.
Schellong, Dr. Otto 442, 468.
Schering-Halbinsel 124.
Schiffahrt 227.
Schiffsverkehr 348.
Schilde 462, 463.
Schildkröten 105, 285, 388.
Schildkrötenschalen 350.
Schlafsäcke 153.
Schlangen 109, 377, 381.
Schlammboote 385.
Schleinitz, Freiherr von 9, 231.
Schlossberg 16.
Schmeltz 470, 504.
Schmetterlinge 111.
Schmiedehandwerk 384.
Schmiele, Landeshauptmann 114, 232.
Schmuck 143.
Schnecken 111.

Schneefälle 22.
Schneider, Dr. 9.
Schnepfen 105.
Schnitzerei 287, 291, 383.
Schokra 9.
Schopenhauer-Berg 16.
Schouten, William 4.
Schrader, Dr. 9.
Schrift 209.
Schuldverhältnisse 423.
Schuppenfüsser 107.
Schutzbrief, Kaiserlicher 230.
Schwalben 97, 104.
Schwalme 96.
Schwangerschaft 209, 293, 390.
Schweine 381, 430.
Scratchley-Berg 17, 253, 271.
Scratchley-Hafen 257.
Scratchley, Sir Peter 349.
Sebakar-Bucht 365.
Seeadler 387.
Seelenwanderung 401, 403.
Seereisen 377.
Segelprauwen 378, 386.
Segelregattas 387.
Segler 96.
Segu 123.
Seichte Bucht 257.
Sekar 366, 378, 379, 385, 393, 399, 402, 414, 433, 458, 460.
Sekko 369.
Sekro 113, 434.
Seleo 114.
Semese 308.
Sempi 122.
Senfft, Arno 468, 471.
Septum 270.
Service Mt. 18.
Siar 123, 464.
Siassi-Inseln 128.
Sickler 103.
Sidney-Inseln 254.
Siegesberg 17.
Signaltrommeln 294.
Sikiawo 369.
Sileruka 434.
Simbang 131, 510.
Simpson M. W. 145.
Singor 130.
Sittlichkeit 174, 299, 301, 302, 393, 395.
Sitzbänke 135.

Sklaven 393, 399, 413, 438.
Skopnick, Rechtsanwalt 232.
Sobola 127.
Sorrong 434.
Speelmannsbay 365, 376, 378, 383, 385, 399.
Sphinx 381.
Spiele 176.
Spitzfeilen der Zähne 376.
Spon, Jacob 462.
Sprachen 208, 333, 451.
St. Aignan 256.
St. José 249.
St. Joseph-Fluss 259, 305.
Stämme 317, 421.
Stationsarbeit 354.
Steemboom 5.
— Kap 365.
Standesunterschiede 191.
Stanhope-Fluss 262.
— Kette 262.
Stephansort 234.
Stephanstrasse 120.
Steinäxte 288, 519.
Steinfluss 135.
Steingeräte 154.
Steinmetz-Spitze 133.
Stirlingkette 17.
Stirnschmuck 197, 270.
Strachan Cpt. 7, 266, 379.
— Halbinsel 265, 266.
Strafen 245, 352.
Strandwald 49.
Strickland-Fluss 264, 265.
Strodehall 7, 266.
Stubbenkammer-Kap 132.
Suckling-Kap 259.
— Berge 17, 18.
Suam 131.
Sum 257.
Südostpassat 23.
Südostinsel 256.
Suor-Mana 14.
Susurol 122.
Südkanal 259.
Südkap 256, 257.
Süsskartoffel 335.
Süsswasserbucht 289.
Süsswasserhorn 60.
Suwainbezirk 116.
Szigaun-Berg 14.
Szirit 190.

Tabak 215, 221, 239, 429.
Tabi 382.
Tabu 187, 313, 314, 391, 412.
Taema 496.
Tafelbai 257.
Tagai 115.
Tagraubvögel 90.
Tahiti 459.
Talbot-Insel 265.
Talismane 186, 498, 512.
Tambokoro-Fluss 254.
Tamboran 170.
Tami 131, 468, 516.
Tamonga 128.
Tann Merah 491, 512.
Tänze 210, 425.
Tapa 144, 374.
Taparu 301.
Tappenbeck, Ernst, 9, 11.
Taro 65, 215.
Tarawai 115.
Tarowa 257.
Tatani 366.
Tätowieren 143, 275, 276, 296, 377, 396.
Tauari 266.
Tauben 90, 100.
Tauta-Fluss 259.
Tauri-Fluss 260.
Tauschhandel 225, 432, 433, 435.
Teichhuhn 103.
Teliata 130.
Temperatur 21.
Ternate 434.
Teste 273, 292, 305, 346.
Themioku 127.
Thimbin 121.
Thonerde 382.
Thorspecken-Fluss 114.
Thymne, Mount, 18.
Tibet 509.
Tidore 421, 437, 438.
Tikini 269.
Tilafainga 496.
Timalien 100.
Timoraka 365.
Timorlaut 400.
Titi 496.
Tobia Kussa 266.
Tobadi 379, 399, 400.
Tocal 437.
Toias 270.
Tolimbi 127.

Tolumbu 127.
Tombenam-Bucht 120.
— Kap 120.
Tompson-Spitze 414.
Tonga 459, 472.
Töpferei 162, 292, 346, 382.
Torres, L. Vaez de la Torres 5.
— Strasse 517.
Torricelli-Gebirge 13.
Totemismus 313.
Toto 121.
Toulon-Insel 257.
Trafalgar-Berg 17.
Traitors-Bai 253.
Trauerfeierlichkeiten 205, 305, 397, 398, 399.
Trepang 341, 350, 381.
Tridacna-Muschel 266, 270.
Trinkgefässe 382.
Tritons-Bai 365, 378.
Trobriand-Inseln 255, 267, 517.
Trockenzeit 23.
Trommeln 330.
Tschas-Insel 258, 266.
Tschiria 121.
Tschirimotsch-Insel 120.
— Bucht 120.
Tu 128.
Tugeri 370, 377, 414, 417.
Tully-Berg 18.
Tumurawa 122.
Tupinier-Insel 127, 128.
Tupsulelei 258, 281.
Tusito-Insel 263.

Übernahme von Neu-Guinea durch das Reich 233.
Übernahme des britischen Protektorats über Neu-Guinea 349.
Ugar-Insel 399.
Ugara-Fluss 264.
Ulnrmas 393.
Umboi-Insel 128.
Umunda-Fluss 254.
Uneheliche Kinder 301.
Unterholz 58.
Urako 366.
Urwaldflora 39.
Utanata 365, 370, 373, 376, 385.
Utrechter Mission 436.

Vailala 260, 261, 267.
Valise 115.
Varapa 258.
Varbada 261.
Vegetation 36.
Venus-Spitze 118.
Verdy-Kap 135.
Verfügungen, letztwillige 193.
Verheiratung 392.
Verjus-Berg 18.
Verlobung 391.
Verordnungen 352.
Versammlungshäuser 153, 190, 308, 315, 383, 407, 409.
Verteidigungsmittel 320.
Verwaltung 231.
Verwandtschaft 166, 391.
Verzauberung 184.
Viktor Emanuel-Berge 13.
Viktoria Mt. 18.
Vielweiberei 254.
Vink, Nikolaus 4.
Virchow-Fluss 115.
Vischer, Abel Tasman 4.
Viti Leou 444, 448.
Vögel 89.
Völkerkunde 499.
Volz, W. 447.
Vom göttlichen Wort, Mission 219.
Vorsicht-Bai 258.
Vos, Jan 4.
Vriess, Martin 4.
Vulkan-Insel 120.

Wachteln 102.
Waeddah 449.
Waffen 202, 318, 384, 418, 419.
Wagwag-Insel 127.
Waigu 43, 366, 371.
Waitz 373, 377.
Wakseri-Berge 12.
Wald 48, 328.
Walili, Eingeborener, 326.
Walkenaer Bai 369.
Walker 262.
Wallace 5, 383.
— Fluss 266.
Wamma 434.
Walfischzähne 376.
Wampen-Berge 367.

Wamnka-Fluss 365.
Wamtuzaka 365.
Wandammen 12, 368.
Wanigara-Fluss 289.
Wapari 366, 368.
Warakana-Inseln 266.
Waranen 108.
Warburg, Prof. Otto, 458.
Ward Hunt-Strasse 255.
Warkaragi-Berg 263.
Wari-Inseln 256.
Wärmeverhältnisse 21.
Waromba-Fluss 366.
Wasserbehälter 382.
Wassi-Kussa 266, 267.
Wassina-Fluss 366.
Wauwa 312.
Weber-Kap 135.
Weiber 416.
Wein-Fluss 127.
Wendland, Dr. 467.
Wendessi 368.
Wenim-Insel 366.
Weoru-Fluss 258.
Werkzeuge 382.
Wert 196.
Wesleyanische Mission 361.
Westkap 121.

Whartonberg 17.
Wiedehopfe 95.
Wiedervergeltung 311, 415.
Wiederverheiratung 306.
Wildschweine 338.
Wilhelm-Berg 15.
William-Fluss 257.
Wiriwai 2, 369.
Wissmann, v., 500.
Witchauri 366.
Witriwai 2, 368, 433, 512.
Witwe 300, 395.
Wochenbett 389.
Wohnstätten 123, 150, 277, 377.
Wollembik 123.
Wonad 123.
Wonnam 131.
Wonagagg 120.
Woodhouse-Funktion 261.
Woodlark-Inseln 255, 268, 515.
Wrangel-Kap 136.
Wühlechsen 108.
Wuka 371.
Wumpsini 367.
Wunsuddu-Berg 12.
Wurfholz 454.

Würger 97.
Württemberg-Bai 135.
Wynne-Berge 252.

Yamma 429.
Yams 65, 335.
Yamoor-See 12.
Yamboney 118.
Yap 455.
Yappen 435.
Yen 127.
Yodda-Fluss 253.
Yule-Insel 259, 277, 461.
Yule, Mount 5, 18, 259, 268.

Zahlensystem 209, 334, 427.
Zauberei 184, 303, 304, 323.
Zauberer 312, 412.
Zeitrechnung 336, 427.
Zenap 118.
Zerstreute Inseln 135.
Ziegenmelker 96.
Zierpflanzen 71.
Zigau 375.
Zimmt 429.
Zöller 9, 230.
— Berg 15.
Zuckerrohr 66.

Druckfehler.

S. 237, Z. 33 v. o.	statt:	einen	einige
S. 234, Z. 6 v. o.	statt:	dritter Klasse	zweiter Klasse
S. 255, Z. 27 v. o.	statt:	Guaway	Guawag
S. 365, Z. 20 v. o.	statt:	Paknti	Jukati
S. 368, Z. 9 v. u.	statt:	Warapi	Wapari
S. 369, Z. 15 v. u.	statt:	Ätna	Etna
S. 366, Z. 1 v. u.	statt:	Gebu	Gebe
Tafel 27	statt:	Korari	Koiari
S. 365, Z. 1 v. u.	statt:	Adi	Adie
S. 379, Z. 10 v. o.	statt:	Roeambathi	Roeambatti
S. 380, Z. 12 v. u.	statt:	Prau	Pran
S. 380, Z. 12 v. o.	statt:	Karra-Karra	Karra-Karran
S. 418, Z. 16 v. u.	statt:	Ansoos	Ansoes
S. 432, Z. 2 v. u.	statt:	Kei	Key
S. 434, Z. 16 v. o.	statt:	Alebes	Celebes.

www.ingramcontent.com/pod-product-compliance
Lightning Source LLC
Chambersburg PA
CBHW021227300426
44111CB00007B/454